第四次全国中药资源普查（湖北省）系列丛书

湖北中药资源典藏丛书

总编委会

湖北公安
药用植物志

主　编

谢朝林　李　芳

副主编

何普红　陈高炎　黄　莉

编　委

刘亚洲　黄发慧　晏雨露　杨演兵

技术顾问

李晓东

華中科技大學出版社
http://www.hustp.com
中国 · 武汉

内容简介

本书是公安县第一部资料齐全、内容翔实、系统分类的地方性专著和中药工具书。本书以通用的植物学分类系统为纲目，共收载公安县现有药用植物 484 种，隶属于 124 科，分别介绍其形态、生境、药用部位、采收加工、化学成分、药理作用等内容，并配有原植物彩色图片。

本书图文并茂，具有系统性、科学性和科普性等特点。本书可供中药植物研究、教育、资源开发利用及科普等领域人员参考使用。

图书在版编目 (CIP) 数据

湖北公安药用植物志 / 谢朝林，李芳主编. — 武汉：华中科技大学出版社，2021.5

ISBN 978-7-5680-6885-7

Ⅰ. ①湖…　Ⅱ. ①谢…　②李…　Ⅲ. ①药用植物－植物志－公安县　Ⅳ. ① Q949.95

中国版本图书馆CIP数据核字(2021)第065406号

湖北公安药用植物志　　谢朝林　李 芳　主编

Hubei Gong'an Yaoyong Zhiwuzhi

策划编辑：郭逸贤

责任编辑：郭逸贤　马梦雪

封面设计：廖亚萍

责任校对：刘　竣

责任监印：周治超

出版发行：华中科技大学出版社（中国·武汉）　电话：(027)81321913

武汉市东湖新技术开发区华工科技园　邮编：430223

录　排：华中科技大学惠友文印中心

印　刷：湖北恒泰印务有限公司

开　本：889mm×1194mm　1/16

印　张：34　　插页：2

字　数：908 千字

版　次：2021 年 5 月第 1 版第 1 次印刷

定　价：398.00 元

\编 写 说 明\

1. 本志收载湖北省荆州市公安县野生、栽培或引种成功的药用植物 484 种，包括菌类、地衣类、蕨类和种子植物等。每种植物均附有原植物的彩色照片。

2. 本志收载的药用植物的排列，除菌类、地衣类外，蕨类、种子植物均按照《中国植物志》所列的顺序。

3. 本志中药用植物按中文名称、拉丁学名、别名、形态、生境、分布、药用部位、采收加工、化学成分、药理作用、性味、功能主治、附注编写。

4. 植物的中文名和拉丁学名均采用《中国植物志》所用的名称。

5. 别名，选择本地较为习用或具有一定代表性的名称。

6. 形态，主要参考《中国植物志》中的植物形态描述。

7. 生境，主要记述药用植物野生状态下的生长环境。

8. 分布，主要记述药用植物在公安县域内的分布概况。

9. 药用部位，记述药用植物的药用部位或药材名称。

10. 采收加工，简要记述采集季节和产地加工方法。

11. 化学成分，根据资料记述部分药用植物的化学成分。

12. 药理作用，根据资料记述部分药用植物的药理作用。

13. 性味，先写味，后写性，若为有毒植物，则按其毒性大小，写明小毒、有毒或大毒，以便引起注意。

14. 功能主治，功能记述该药用植物的主要功能，主治只记述其所治的主要病症；病症的术语，采用地方性医生常用术语或中西医常用术语，主要参考当地中草医的用药习惯。

15. 附注，记述以上各项未能说明的内容。

16. 索引分为中文名索引和拉丁名索引。

17. 本志所用的度、量、衡单位均采用米制。

\ 序 \

中药资源是集生态资源、医疗资源、经济资源、科技资源以及文化资源于一体的特殊资源，是中药产业的根基。中药资源事业关乎民生福祉和大众健康，关乎生态环境保护和新兴战略产业发展，具有国际竞争优势和国家战略意义。回顾20世纪中叶，新中国刚成立，百废待兴，作为祖国优秀传统文化宝库的中医药，也亟待整理、发掘和提高。就在那时，中国医学科学院一批刚跨出校门的青年科技工作者，在毛主席关于“中国医药学是一个伟大的宝库，应当努力发掘，加以提高”的精神鼓舞下，翻山越岭，深入到中药的各个原产地，开展了新中国成立后的第一次中药资源普查。自此之后，中药资源“家底勘察”风雨兼程，开展了第二次和第三次全国中药资源普查。如今，继1983—1987年第三次全国中药资源普查后，于2011年启动第四次全国中药资源普查试点工作，现已全面推广，这不仅是进入新世纪后的第一次全国性中药资源“家底勘察”，更肩负着新时代国家战略使命。作为湖北省第二批试点县，公安县成立了中药资源普查领导小组、普查办公室和普查工作队，根据国家和湖北省的统一要求，组织相关专业人员对县域内野生植物资源进行了调查，查明植物中药资源484种，收集具有代表性的种质资源21种，采集和制作腊叶标本455份，拍摄照片20000余张，为探明当地中药资源家底付出了辛勤的劳动，掌握了丰富的第一手资料。

公安县位于湖北省中南部，江汉平原南部，隶属荆州市，地处长江中游南岸，东联汉沪，西接巴蜀，南控湘粤，北通陕豫，有“七省孔道”之称。此外，公安县还是名符其实的“百湖之县”，是闻名全国的鱼米之乡。其地处洞庭湖平原，地势平坦，土地肥沃，水源充足，河流湖泊众多，自然环境独特，为林业、水产、畜牧提供了理想的环境，同时也是品种繁多的药用植物资源理想的生长场所。

经过公安县普查队队员几年的艰苦努力，公安县中药资源普查工作取得了较多的成果，其中《湖北公安药用植物志》作为重要成果现已成书，这是一件造福当地子孙的好事。《湖北公安药用植物志》系统记载和论述了公安县野生和常见栽培植物，共124科484种，每种植物以中文名称、拉丁学名、形态、生境、分布、功能主治等条目进行记录。全书编排严谨，通俗易懂，种类较为齐全，记载内容丰富、图文并茂，具有地方性、科学性和实用性的特点。本书的出版不仅填补了公安县没有地方植物志的空白，同时为公安县药用植物资源保护、利用提供了依据。相信本书的出版必将为发展和振兴公安县的经济发挥应有的作用。谨此为序。

吴和珍

博士，教授，博士生导师

湖北中医药大学药学院院长

\前 言\

公安县地势平坦，湖泊棋布，河流纵横，属平原湖滨地区；地处亚热带季风气候区，四季分明，日照充足，雨量充沛，适宜植物生长，植物资源较为丰富。

中药资源是中药产业的根基，关系到中医药事业的发展。为了摸清现有中药资源家底，解决中药资源短缺、分布不清和信息不对称等一系列问题，由国家中医药管理局组织部署，开展了第四次全国中药资源普查工作。公安县作为湖北省第二批普查试点县之一，在县委、县政府的高度重视和支持下，在有关部门的密切配合下，组建了公安县中药资源普查领导小组、普查办公室和普查工作队。公安县野外资源普查于 2014 年启动，2018 年普查工作告一段落。四年多的时间里，普查队队员跑样地、采集标本、制作标准，为记录植物全面生境特征，多次前往样地拍摄，拍摄到大量珍贵的植物照片。通过本次普查我们全面了解我县中药种类、分布情况，摸清本县中药资源家底，初步了解野生药材的蕴藏量和家种药材的年产量及年收购量，为制定本县中药产业发展规划和资源保护利用提供依据。

本书依据公安县第四次中药资源普查结果编写，此次普查工作我们共完成样地 39 个，样方套 185 个，样方 1100 个；经鉴定和查证有明确药用功效的植物有 117 个科，328 个属，436 个种，采集、制作、鉴定的腊叶标本达 2000 余份；拜访当地名老中医，收集到 15 个单方和 3 个复方；走访调查栽培品种 25 个；走访医药公司 2 家；整理的影像资料达 70 万字节，涉及图片 20000 余张，为本书的编撰提供了充足的原始资料。该书的出版，旨在填补公安县无药用植物志的空白，是公安县第一部资料齐全、内容翔实的地方性专著和中草药工具书。本书中科按从低等到高等排列，蕨类植物按秦仁昌系统排列，裸子植物按郑万钧系统排列，被子植物按恩格勒系统排列，属及属以下按拉丁学名的字母排列；共收载植物 124 科，358 属，484 种和变种，其中包括菌类 1 科 2 种，苔藓类 1 科 1 种，蕨类植物 12 科 15 种，裸子植物 5 科 6 种，被子植物 105 科 460 种。为了便于识别和比较，绝大多数植物都附有形态插图，共收载图片 485 张。

本书的编写工作是在公安县中医医院的主持下进行的，编写工作得到了湖北中医药大学、公安县卫生健康委员会的大力支持和协助。在编写过程中，得到了武汉植物园李晓冬等教授的认真审校，并承蒙湖北中医药大学药学院院长吴和珍赐序，谨在此一并表示深切的感谢。

由于受相关条件的限制，书中难免存在不足和错误，恳请读者批评指正。

编　者

\ 目录 \

单子叶植物纲

公安县自然资源条件概况

地理位置及地势地貌

公安县地处东经 111°48′ ~ 111°25′，北纬 29°37′ ~ 30°19′，位于湖北省中南部边缘，长江上荆江南岸。公安北与市府荆州市城区隔江相望，2002 年 10 月 1 日，荆州长江公路大桥建成通车，“一桥飞架，南北天堑变通途”，公安与荆州连为一体。公安南临湖南省安乡、澧县，东挽石首，西挽松滋，地处洞庭湖平原，地势平坦，湖泊棋布，河流纵横，属平原湖滨地区。地面高度一般为海拔 36 米左右，境内主要为平原湖区，西南部分地方为平岗和丘岗地。虎渡河自北向南穿越全境，把公安县全县分为虎东、虎西两片。境内山丘分布在县境南部，海拔高度均在 100 米以下。位于县境南与湖南省安乡县交界处的黄山，顶峰海拔高 263.6 米。

1. 平原　县内河流交叉，围垸大致分为 10 块，分别是虎东平原、小虎西平原、南五洲、三善垸、大同垸、东港大垸、合顺大垸、永和大垸、港关大垸、孟溪大垸，总面积达 1519.85 平方千米。其中虎东平原为最大的围垸，原属荆江分洪区，由金城垸、恒德垸、东大垸、西大垸、大定垸、大兴垸、黄山大垸等 14 个垸子组成。北起太平口，南至黄天湖，长 68 千米，最宽处为 13.55 千米，面积为 815.57 平方千米，地面高程北部海拔为 41 米，中部为 34.5 米，南部为 32 米。

2. 山丘　全县有 7 个山丘，分为山丘、丘陵和岗地 3 类，分别为黄山、虎山、马鞍山、甑箪山、永和丘陵、黄山岗地、吴达河岗地。其中最高的山为黄山，位于县境南端，与湖南省安乡县交界，总面积为 3.52 平方千米，中峰海拔 264 米。黄山头东麓建有荆江分洪工程纪念碑和横跨虎渡河的荆江分洪节制闸。

3. 河流　公安县素称“洪水走廊”“百湖之县”。全县境内共有外江河流 14 条，分别是长江、梓柳河、虎渡河、松东河、松西河、藕池河、安乡河、浀水河、界溪河、官支河、中和口汊河、莲支河、苏支河和瓦窑河，过境长 422.84 千米，且纵横串汊，交织过境，将我县划分为 10 个水系相对独立、排灌自成一体的民垸，总水域面积为 198.85 平方千米，从水系上划分属洞庭湖水网湖区。荆南“四河”有“三河”（松滋河、虎渡河、藕池河）流经我县，是分泄长江洪水入洞庭湖的主要行洪道，对确保荆江防洪安全有着十分重要的意义和作用。

4. 湖泊　全县现有湖泊 52 个，总面积 89.27 平方千米，容积 13846.4 万立方米。其中面积超过 1 平方千米的湖泊有 13 个（含 1 平方千米以下城中湖 1 个），分别是崇湖、淤泥湖、牛浪湖、玉湖、陆逊湖、北湖、湖滨垱、三眼桥、郝家湖、黄天湖、马尾套、扁担湖、朱家潭。面积超过 10 平方千米的湖泊有 3 个，分别是崇湖、淤泥湖和牛浪湖。

5. 水库　全县有中型水库 1 座，即卷桥水库，位于章庄铺镇，承雨面积 16 平方千米，总库容 1220 万立方米，设计灌溉面积 31.73 平方千米，担负着湘、鄂两省 65.33 平方千米耕地灌溉和 8.5 万人民生命财产安全的重任。县内有小型水库2座，即杨麻水库和鹅支河水库。杨麻水库位于杨家厂东青河上段，自杨公堤起至麻豪口止，长10千米，正常库容156万立方米，有效库容80万立方米，灌溉面积4.67平方千米。鹅支河水库位于斑竹垱镇，属长江流域洞庭湖水系。水库系历史溃口形成，总库容207万立方米，坝址以上承雨面积7平方千米，主河道长7.2千米，平均坡降0.3‰。水库距斑竹垱集镇2.4千米。

气候条件

公安县的气候属亚热带季风气候，四季分明，具有霜期短、日照长、雨量充沛的特点。春季冷暖多变，温度上升快，雨量递增；夏季炎热潮湿，雨量不均；秋季日暖夜凉，雨量锐减；冬季寒冷干燥，低温少雨。热量丰富，无霜期长，低温冻害频次较少，适宜粮、棉、油等多种作物生长，有发展亚热带果木、特产等多种经济的水资源。通常以平均气温稳定通过10 ℃为春季的开始日，大于22 ℃为夏季的开始日，小于10 ℃为冬季的开始日，在10～22 ℃间为春、秋季节。

土地资源

公安县总面积达2258平方千米，耕地面积1396平方千米，土地适宜性广，种植条件好，生物生长量大，具有较强的生产能力；其主要分布在西南红土丘岗和南部的黄土平岗地带、沿河的冲积平原和湖积平原上。根据全国第二次土壤普查结果，公安县全县共有4个土类，7个亚类，12个土属，99个土种。西南岗地广泛分布着黄棕壤，中部和东北以及西部平原湖区则分布着潮土、草甸土等。由于流水的分选，河流沉积物的颗粒大小以及泥沙比例，都呈有规律的水平分布。靠近河床的地方沉积较细的沙粒、粉粒和黏泥。从河床到岗地，土壤质地从砂质逐渐向黏质过渡，土壤种类也相应变为飞砂土、灰砂土、灰油砂土、灰正土、黄土。

生态资源

（一）植被类型

公安县滩涂多、堤防长，草场资源丰富，是全国高标准平原绿化先进县、全国造林绿化百佳县。全县森林资源总面积373.33平方千米，森林覆盖率17%，林木蓄积量145万立方米。县内植被主要为通道绿化、村庄绿化和江河洲滩荒地绿化。

1. 通道绿化 通道绿化是公安县推进“绿满公安”行动的重要突破口。该县境内有公路2430千米，其中高速公路115千米，国省道184千米。去年冬季至今年春季期间，全县共完成通道绿化540千米，90%的村级以上道路得到绿化。

2. 村庄绿化 在农村，“绿满公安”以整村推进方式开展村庄绿化。全县今年新增村庄绿化面积33.33平方千米，80%的村庄完成村庄绿化任务，通过三年接力，形成多个村庄绿化示范片。

3. 江河洲滩荒地绿化 结合长江防护林工程建设，“绿满公安”行动还向江河洲滩荒地挖潜。近年来，该县在长江洲滩栽植防护林 3.33 平方千米。埠河镇在长江雷州和杨潭段外滩开发宜林荒滩荒地，栽植杨树速生丰产林 12 万多株，绿化洲滩约 2 平方千米。甘家厂乡红双村在松东河外滩开发外滩荒地，栽植杨树 15000 多株，绿化面积 0.2 平方千米。

公安县大力开展“绿满公安”行动，公安县委、县政府始终把打造休闲林业，助推发展森林旅游作为创新林业经济的重要措施来抓。该县组织开展了毛家港镇智者故里桃花节、闸口镇乡村旅游节、黄山头森林公园大型徒步穿越、章庄铺镇走近橘乡等大型林业观光旅游活动，以提高公安的知名度和美誉度。闸口镇抢抓开发崔家湾古村落旅游的机遇，以同强、中河绿色示范乡村为重点在闸口集镇至崇湖湿地公园的桂园大道两侧，栽植桂花、樱花、紫薇、大叶女贞等 15000 多株。章田寺乡长春村按照公园的设计理念，结合村庄环境整治，新栽植广玉兰、大叶女贞、桂花等 4000 多株，成为远近闻名的“最美村庄”。

（二）植物、矿物

公安县地处亚热带季风气候区，四季分明，适合多种植物生长，因而植物资源丰富。境内地形比较简单，野生动物资源较少。全县有杜仲、银杏、半夏、天冬、麦冬、牡荆、细柱五加、曼陀罗、菝葜、牵牛、金银花、蒲公英、芦苇、芡实、荷花、酸橙、地榆、威灵仙、茜草等一百多种药材。公安县盛产葡萄、柑橘等经济作物，公安葡萄被授予湖北省二十强农产品区域公共品牌，章庄铺镇生产的“卷桥”牌蜜橘名扬全国，并出口到新加坡、英国、马来西亚等国家。县域内种植有荸荠、菱角、草莓、石榴、柚、梨、李、蓝莓、桃、枇杷、橘子等；花卉植物种类繁多，供观赏的花卉有一品红、金桂、紫薇、杜鹃、木芙蓉、迎春花、月季、吊兰、蔷薇、蜡梅、紫荆、广玉兰、君子兰、木槿、菊花、牡丹等。

县内盐矿（含芒硝）资源较为丰富，现已初步在松滋－公安南湖峪盐矿区苏家垸和石子滩探明资源储量为 1.5 万吨，芒硝 625.5 万吨，有较高的开采价值。

真菌门

Eumycota

一、多孔菌科 Polyporaceae

子实体多种形状，平伏，带菌盖，有柄或无柄，一年生或多年生，肉质、革质、木栓质或木质。菌肉通常无色或褐色。菌丝体有一体型、二体型和三体型。子实层生于菌管内。菌管通常位于子实体下面，一般是管状或齿状，它们紧密地联结在一起，有共同的管壁，有囊状体、刚毛、菌丝柱等不孕器官。担子棒状，有 2 ~ 4 个孢子。孢子有多种形状，无色至褐色，平滑。绝大多数种类木生，少数地生。公安县境内的多孔菌科植物有 1 属 2 种。

灵芝属 Ganoderma Karst.

子实体一年生或多年生，生于林下或树干上，木质或木栓质，侧生、偏生或中生；菌盖表面常有硬质皮壳，皮壳有油漆样光泽。菌肉 1 层，单色，或 2~3 层，不同色；三系菌丝。菌管单层至多层；孢子卵形，顶端平截，内孢壁褐色，有小刺突或较粗糙。公安县有 2 种。

1. 菌肉白色、淡白色或者分两层，上层淡白色，近菌管层淡褐色至褐色；菌盖的皮壳由栅状细胞组成……………………………………………………………………………………………… 赤芝 G. *lucidum*

1. 菌肉为均匀的褐色至栗褐色；菌盖的皮壳由不同的栅状细胞组成……………………………… 树舌 G. *applanatum*

1. 树舌 *Ganoderma applanatum* (Pers. ex Wallr.) Pat.

【形态】子实体菌盖无柄，新月形、半圆形或肾形，上表面扁平，平展或呈半球形，一般长径 25 厘米，短径 18 厘米，大型个体可达 80 厘米 ×30 厘米，厚达 15 厘米，小型个体为 15 厘米 ×10 厘米，上表面呈灰褐色，有同心棱纹；高低不平或具大小不等的瘤状突出物，有脆角质的皮壳，坚硬，浅栗壳色，边缘钝，

图 1 树舌

菌肉木质，有时在近皮壳处呈苍白色；管口近白色或黄白色，受伤或用手摸时即变为淡褐色；管口圆形，每毫米内有 4 ～ 6 个，菌管多层，每层厚约 0.6 厘米；孢子成堆时褐色，显微镜下观察，孢子呈卵圆形，壁 2 层，内壁褐色且布以不显著的小疣，外壁透明无色，顶端截形，(7.6 ～ 9.5) 微米 ×(4.55 ～ 6) 微米。

【生境】生长在皂荚树的树干上。

【分布】分布于章庄铺镇。

【药用部位】子实体。

【采收加工】全年可采，晒干。

【化学成分】树舌子实体含粗多糖、粗纤维、蛋白质、维生素 A、维生素 C、灰分、总三萜、人体所必需的矿物质、多种氨基酸和粗脂肪。

【药理作用】树舌具有抗癌、抗肿瘤、抗氧化、防衰老、调节免疫力、消炎抗菌、降血糖和保肝等药理作用。

【性味】苦，平。

【功能主治】抗癌，用于食道癌。

【附注】民间认为，只有生长在皂荚树上的赤色老母菌才能用以治疗食道癌。

2. 赤芝　*Ganoderma lucidum* (Leyss ex Fr.) Karst

【形态】腐生真菌，子实体伞状，菌盖木栓质，肾形或半圆形，宽 12 ～ 20 厘米，厚约 2 厘米，皮壳坚硬，黄色渐变为红褐色，表面光泽如漆，有环状棱纹或辐射状皱纹，边缘薄而平截，常稍内卷。菌盖下表面菌肉白色至浅棕色，后变为浅褐色，有细密管状孔洞，内生担子器及担孢子，菌柄侧生，少偏生；长达 19 厘米，直径约 4 厘米，稍弯曲，紫褐色，坚硬，亦有漆样光泽。担孢子褐色，卵形，(8.5 ～ 11.5) 微米 ×(5 ～ 6) 微米。

图 2　赤芝

【生境】多生于栎及其他阔叶林的根部或枯树主干上。

【分布】分布于章庄铺镇。

【药用部位】子实体。

【采收加工】全年可采，洗净，晒干。

【化学成分】赤芝主要化学成分为多糖类、核苷类、呋喃类、甾醇、生物碱类及氨基酸等。

【药理作用】赤芝孢子粉具有抗肿瘤、抗氧化、保肝、免疫调节等药理作用。

【性味】苦，凉。

【功能主治】补气安神，止咳平喘。用于心神不宁，失眠心悸，虚劳短气，不思饮食。

【附注】赤芝、紫芝及其栽培品均为灵芝。

苔藓植物门

Bryophyta

二、地钱科 Marchantiaceae

植物体叶状，长达10厘米，鲜绿色至暗绿色，有内部相通的气腔，气孔生于叶状体背面或生殖托上，筒形。鳞片清楚，2～4列，生于叶状体腹面或生殖托腹沟。油细胞生于叶状体中。雌雄异株。雌器托柄长，雄器托柄短，生殖托均高出叶状体。颈卵器被总苞围绕，受精后配子体分裂形成2～3层细胞的假蒴萼。孢蒴球形或长椭圆形，蒴壁细胞壁呈环状加厚。弹丝细长，具两条等宽的螺纹。孢子小，平滑或具粗糙表面，不具网格状花纹，孢子数多。孢芽杯生于叶状体背面中肋上，边缘有细齿；芽孢扁圆形，两侧生长点凹陷。成熟后自由散落。

本科约8属，多生于温热带地区，但有些属种为世界广布。中国已知3属。

公安县境内的地钱科植物有1属1种。

地钱属 *Marchantia* L.

植物体深绿色，中间有条黑色中肋。气室中有分枝的营养丝，气孔有4个环绕细胞。基本组织具黏液细胞和油细胞，腹面具鳞片及假根。鳞片无色透明至红色，形态各式各样。雌器托高出叶状体，盘形浅裂或具8～9裂；每个总苞中有多个颈卵器，每个颈卵器苞为钟形。孢蒴长圆形，黄绿色，壁细胞有环状加厚。孢子具瘤状突起或近于平滑。孢芽杯生于叶状体表面。本属约70种。我国已知14种。公安县有1种。

3. 地钱 *Marchantia polymorpha* L.

【别名】地浮萍、一团云。

【形态】叶状体扁平，呈阔带状，多回二歧分叉，长5～20厘米，宽1～2厘米。色淡绿色或深绿色，边缘波曲状，多交织成片生长；上面常有杯状无性孢芽杯，叶状体上面有六角形整齐排列的气室，每室中央具一气孔，气孔为烟突式；叶状体下面具紫色鳞片及假根，假根分细胞壁平滑的与细胞壁具增厚花纹的两种。雌雄异株。雌器托果裂成9～11个指状瓣，托柄长3～5厘米，颈卵器着生于雌器托的下面。雄器托呈圆盘状，波状浅裂成7～8瓣，精子器生于雄器托上面，叶状体上面常有杯状的无性孢芽杯。

图3　地钱

【生境】生于阴凉潮湿处。

【分布】各乡镇均有分布。

【药用部位】全草。

【采收加工】全年可采，洗净，鲜用或晒干。

【化学成分】全草含金鱼草素、柠檬酸、荠草酸、葡萄糖、果糖、蔗糖、淀粉。

【性味】淡，凉。

【功能主治】清热解毒，祛瘀生肌。主治烧烫伤、毒蛇咬伤、疮痈肿毒、癣、刀伤、骨折。

蕨类植物门

Pteridophyta

三、卷柏科 Selaginellaceae

土生或石生，极少附生，常绿或夏绿，通常为多年生草本植物。茎具原生中柱或管状中柱，单一或二叉分枝；根托生分枝的腋部，从背轴面或近轴面生出，沿茎和枝遍体通生，或只生于茎下部或基部。主茎直立或长匍匐，或短匍匐，然后直立，多次分枝，或具明显的不分枝的主茎，上部呈叶状的复合分枝系统，有时攀缘生长。叶螺旋排列或排成 4 行，单叶，具叶舌，主茎上的叶通常排列稀疏，一型或二型，在分枝上通常成 4 行排列。孢子叶穗生于茎或枝的先端，或侧生于小枝上，紧密或疏松，四棱形或压扁，偶呈圆柱形；孢子叶 4 行排列，一型或二型，孢子叶二型时通常倒置，和营养叶的中叶对应的上侧孢子叶大，长过和侧叶对应的下侧孢子叶，少有正置、不倒置的。孢子囊近轴面生于叶腋内叶舌的上方，二型，在孢子叶穗上各式排布；每个大孢子囊内有 4 个大孢子，偶有 1 个或多个；每个小孢子囊内小孢子多数，100 个以上。孢子表面纹饰多样，大孢子直径 200 ～ 600 微米，小孢子直径 20 ～ 60 微米。配子体微小，主要在孢子内发育。

本科有 1 属，全世界广布，主产于热带地区，约 700 种。中国有 60 ～ 70 种，全国各地均有分布。

卷柏属 *Selaginella* P. Beauv.

卷柏属的形态特征与卷柏科相同。公安县有 1 种。

4. 伏地卷柏 *Selaginella nipponica* Franch. et Sav.

【别名】小地柏。

【形态】茎纤细，匍匐蔓生，处处生根，植株呈苔藓状群落。叶二型，互生，在枝两侧及中间各 2 行，排列稀疏；侧叶斜卵形，长 2 ～ 3 毫米，宽 0.8 ～ 1 毫米，先端渐尖，基部斜心形，边缘有细齿；中叶与侧叶相似而较狭，长 1.5 ～ 2 毫米，宽 0.5 ～ 0.7 毫米。生孢子的小枝直立，高 4 ～ 10 厘米，孢子囊生在枝上部叶腋，不形成特化的孢子囊穗；孢子囊卵圆形，大孢子囊位于下部，小孢子囊位于上部。孢子二型。

图 4 伏地卷柏

【生境】生于林中、田边湿地。

【分布】分布于章庄铺镇、黄山头镇。

【药用部位】全草。

【采收加工】夏、秋季采收，晒干。

【化学成分】全草含穗花杉双黄酮。

【性味】微苦，凉。

【功能主治】止咳平喘，止血，清热解毒。主治咳嗽气喘、吐血、痔血、外伤出血、淋证、烫火伤。

四、木贼科 Equisetaceae

小型或中型蕨类，土生、湿生或浅水生。根茎长而横行，黑色，分枝，有节，节上生根，被茸毛。地上枝直立，圆柱形，绿色，有节，中空有腔，表皮常有小瘤，单生或在节上有轮生的分枝；节间有纵行的脊和沟。叶鳞片状，轮生，在每个节上合生成筒状的叶鞘（鞘筒）包围在节间基部，前段分裂呈齿状（鞘齿）。孢子囊穗顶生，圆柱形或椭圆形，有的具长柄；孢子叶轮生，盾状，彼此密接，每个孢子叶下面生有 5 ～ 10 个孢子囊。孢子近球形，有 4 条弹丝，无裂缝，具薄而透明周壁，有细颗粒状纹饰。

本科仅 1 属约 25 种，全世界广布；中国有 1 属 10 种 3 亚种，全国广布。

木贼属 *Equisetum* L.

木贼属的形态特征与木贼科相同。公安县有 2 种。

1. 地上茎二型，直立……………………………………………………………………………………问荆 *E. arvense*

1. 地上茎一型，直立或倒伏……………………………………………………………………节节草 *E. ramosissimum*

5. 问荆 *Equisetum arvense* L.

【形态】多年生草本，根茎匍匐生根，黑色或暗褐色。地上茎直立，二型。营养茎在孢子茎枯萎后生出，高 15 ～ 60 厘米，有棱脊 6 ～ 15 条。叶退化，下部连合成鞘，鞘齿披针形，黑色，边缘灰白色，膜质；分枝轮生，中实，有棱脊 3 ～ 4 条，单一或再分枝。孢子茎早春先发，常为紫褐色，肉质，不分枝，鞘长而大。孢子囊穗 5—6 月抽出，顶生，钝头，长 2 ～ 3.5 厘米；孢子叶六角形，盾状着生，螺旋排列，边缘着生长形孢子囊。孢子一型。

【生境】生于田边、沟边阴湿处及砂石旱地。

【分布】全县广布。

【药用部位】全草。

【采收加工】夏、秋季割取地上部分，晒干或阴干。

【化学成分】全草含问荆皂苷、木贼苷、异槲皮苷、硅酸、微量生物碱及多种氨基酸。

【药理作用】问荆具有抑制中枢神经系统、保肝、降血压、降血脂以及利尿等作用。

【性味】苦，凉。

【功能主治】清热，衄血，凉血，止咳，利尿。主治吐血、便血、月经过多、咳嗽气喘、小便不利、淋证。

【附注】所含沼泽木贼碱即犬问荆碱，对马有毒，对人无害，不宜作马草料。

图 5 问荆

图 6 节节草

6. 节节草 *Equisetum ramosissimum* Desf.

【别名】笔杆草。

【形态】多年生草本，高 20 ～ 120 厘米。根茎长而横走，黑褐色，生少数黄褐色须根。茎直立，直径 1 ～ 3 毫米，节间长 2 ～ 6 厘米，中空，表面灰绿色，主枝多在下部分枝，常形成簇生状。主枝有脊 5 ～ 14 条，脊的背部弧形，有一行小瘤或有浅色小横纹；鞘筒狭长达 1 厘米，下部灰绿色，上部灰棕色；鞘齿 5 ～ 12 枚，三角形，灰白色或少数中央为黑棕色，边缘（有时上部）为膜质，背部弧形，宿存，齿上气孔带明显。侧枝较硬，圆柱状，有脊 5 ～ 8 条，脊上平滑或有一行小瘤或有浅色小横纹；鞘齿 5 ～ 8 个，披针形，革质但边缘膜质，上部棕色，宿存。孢子囊穗紧密，矩圆形，无柄，长 0.5 ～ 2 厘米，有小尖突，顶生，黄褐色，孢子同型，具 2 条丝状弹丝，呈“十”字形着生，绕于孢子上，遇水弹开。

【生境】生于路边、田边湿地、沟边。

【分布】全县均有分布。

【药用部位】全草。

【采收加工】夏、秋季割取地上部分，晒干。

【化学成分】全草含烟碱、犬问荆碱、谷甾醇、豆甾醇等化学成分。

【药理作用】节节草具有保肝降酶、降血糖、抗氧化、利尿、抑菌、凝血等多种作用。

【性味】甘、微辛，凉。

【功能主治】清热，利尿，明目退翳，祛痰止咳。用于目赤肿痛、角膜云翳、肝炎、咳嗽、支气管炎、尿路感染。

五、里白科 Gleicheniaceae

陆生植物，有长而横走的根状茎，具原始中柱，被鳞片或被节状毛。叶为一型，有柄，不以关节着生于根状茎；叶片一回羽状，或由于顶芽不发育，主轴都为一回至多回二叉分枝或假二叉分枝，每一分枝处的腋间有一被毛或鳞片和叶状苞片所包裹的休眠芽，有时在其两侧有一对篦齿状的托叶；顶生羽片为一至二回羽状；末回裂片（或小羽片）为线形。叶为纸质或近革质，下面往往为灰白色或灰绿色；叶轴及叶下面幼时被星状毛或有睫毛状毛的鳞片或二者混生，老则大都脱落。孢子囊群小而圆，无盖，由2～6个无柄孢子囊组成，生于叶下面小脉的背上，成1行（少有2～3行）排列于主脉和叶边之间。孢子囊为陀螺形，有一条横绕中部的环带，从一侧以纵缝开裂。孢子为四面型或两面型，透明，无周壁。原叶体为扁形，绿色，有脉。

本科有6属150多种，大都分布于热带地区。中国有3属，产于热带及亚热带地区。

公安县境内的里白科植物有1属1种。

芒萁属 *Dicranopteris* Bernh.

根状茎细长而横走，分枝，具原始中柱，密被红棕色多细胞的长毛。叶远生，直立或蔓生，无限生长，主轴常多回二叉或假二叉分枝，不同回的主轴上均无叶片，在末回主轴顶端有一对不大的一回羽状的羽片；每回主轴分叉处（末回分叉除外）通常有一对平展或下向的篦齿状托叶，稀有缺如；每回叶轴分叉处有一个处于休眠状态的小腋芽，密被茸毛，外面包有一对叶状小苞片，稀有缺如；末回一对羽片二叉状，披针形或宽披针形，羽状深裂，无柄；裂片篦齿状排列，平展，线形或线状披针形，全缘，顶钝或微凹，叶脉分离，二至三回分枝，每组具3～6条小脉，基部一组的下侧一小脉达于缺刻。叶纸质至近革质，下面通常为灰白色，幼时多少被星状毛。孢子囊群生于叶下面小脉的背上，圆形，无囊群盖，通常由6～10个无柄的孢子囊组成，在中脉与叶边间排成1列（稀为2～3列），稍近中脉，孢子囊群托小而不凸出。孢子四面型，无周壁，白色透明。本属约有10种，分布于旧大陆热带或亚热带地区。我国有6种，广布于长江以南。公安县有1种。

7. 芒萁 *Dicranopteris dichotoma* (Thunb.) Bernh.

【形态】多年生草本，高30～60厘米，直立或蔓生。根状茎细长横走，褐棕色，被棕色鳞片，下生多数细根。叶远生，叶柄长24～56厘米，褐棕色，无毛；羽轴重复假二叉分枝，在每一交叉处均有侧羽片（托叶）着生，在最后一分叉处有羽片两叉着生；羽片纸质，披针形或宽披针形，长20～30厘米，宽4～7厘米，先端渐尖，羽片深裂；裂片数十对，密生，长线形，长3.5～5厘米，宽4～6毫米，先端渐尖，钝头，边缘干后稍反卷；叶下面白色，与羽轴、裂片轴均被棕色鳞片；细脉2～3次分叉，每组3～4条。孢子囊群着生于每组侧脉的上侧小脉的中部，在主脉两侧各排1行，有孢子囊6～8个。

图7　芒萁

【生境】生于荒坡、灌丛中及林下。

【分布】分布于章庄铺镇、黄山头镇。

【药用部位】全草。

【采收加工】全年均可采收，洗净，晒干或鲜用。

【性味】苦，平。

【功能主治】清热利尿，化痰止咳，接骨，止血。主治尿道炎、膀胱炎、小便不利、鼻衄、肺热咳血、水肿、月经过多、血崩、带下、跌打损伤、创伤出血。

六、海金沙科 Lygodiaceae

陆生攀缘植物。根状茎颇长，横走，有毛而无鳞片。叶远生或近生，单轴型，叶轴为无限生长，细长，缠绕攀缘，常高达数米，沿叶轴相隔一定距离有向左右方互生的短枝（距），顶上有一个不发育的被茸毛的休眠小芽，从其两侧生出一对开向左右的羽片。羽片为一至二回二叉掌状或为一至二回羽状复叶，近二型；不育羽片通常生于叶轴下部。能育羽片位于上部；末回小羽片或裂片为披针形，或为长圆形、三角状卵形，基部常为心形、戟形或圆耳形；不育小羽片边缘为全缘或有细锯齿。叶脉通常分离，少为疏网状，不具内藏小脉，分离小脉直达加厚的叶边。各小羽柄两侧通常有狭翅，上面隆起，往往有锈毛。能育羽片通常比不育羽片狭，边缘生有流苏状的孢子囊穗，由两行并生的孢子囊组成，孢子囊生于小脉顶端，并被由叶边外长出来的一个反折小瓣包裹，形如囊群盖。孢子囊大，如梨形，横生短柄上，环带位于小头，由几个厚壁细胞组成，以纵缝开裂。孢子四面型。原叶体绿色，扁平。

本科有1属约45种，分布于热带和亚热带地区。中国现有10种。

海金沙属 *Lygodium* Sw.

海金沙属的形态特征与海金沙科相同。公安县有1种。

8. 海金沙 *Lygodium japonicum* (Thunb.) Sw.

图 8 海金沙

【形态】多年生草质攀缘藤本，长 1 ～ 6 米。根茎细而匍匐生长，上有黑褐色有节的细柔毛。根须状，黑褐色，坚韧，亦被毛。茎细弱，呈干草色，有白色微毛。叶多数，对生于茎上的短枝两侧，二型，为一至二回羽状复叶，两侧均被细柔毛，能育羽片卵状三角形，长 10 ～ 20 厘米，宽 10 ～ 16 厘米；小叶卵状披针形，边缘有锯齿或不规则分裂，上部小叶无柄，羽状或戟形，下部小叶有柄；不育羽片尖三角形，长、宽各 10 ～ 12 厘米，二回羽状，小羽掌状或 3 裂，宽 3 ～ 8 毫米，边缘有不整齐的细钝锯齿。孢子囊穗生于能育羽片的背面，在二回小叶的齿及裂片顶端呈穗状排列，穗长 2 ～ 5 毫米，黑褐色，孢子囊盖鳞片状，卵形，每盖下生一横卵形的孢子囊，环带侧生，聚集一处，孢子表面有小疣。孢子囊多在夏、秋季产生。

【生境】生于林边、灌木林中及荒坡草地。

【分布】各乡镇均有分布。

【药用部位】孢子、全草及其根和根茎。

【采收加工】秋季孢子未脱落时采割藤叶，晒干，揉搓或打下孢子，除去藤叶。全草于夏、秋季采割，根及根茎于 8—9 月采挖，洗净泥土，分别晒干。

【化学成分】孢子：含脂肪油，另含一种水溶性成分海金沙素。

全草：藤含氨基酸、糖类、黄酮和酚类，叶含黄酮类。

【药理作用】海金沙具有利胆、防治结石、抗氧化、抗菌、促进毛发生长和抗雄性激素、抗血管生成、降血糖、促进创面愈合等多种作用。

【性味】孢子：微辛，淡。全草：甘，寒。根及根茎：甘、淡，寒。

【功能主治】孢子：清热利湿，通淋止痛；主治热淋、石淋、血淋、膏淋、尿道涩痛、白浊、带下、肾火水肿、咽喉肿痛。

全草：清热解毒，利水消肿；主治肺炎、腮腺炎、腹泻、黄疸型肝炎、淋证、水肿、疔毒口疮、刀伤、乳痈、白浊带下。

根及根茎：清热解毒，利湿消肿；主治肺炎、乙脑、黄疸型肝炎、湿热、淋证。

七、鳞始蕨科 Lindsaeaceae

陆生植物，少有附生（有攀缘的根状茎）。根状茎短而横走，或长而蔓生，具原始中柱，有陵齿蕨型的“鳞片”（即仅由 2 ～ 4 行大而有厚壁的细胞组成，或基部为鳞片状，上面变为长针毛状）。叶同型，有柄，与根状茎之间不以关节相连，羽状分裂，或少有为二型的，草质，光滑。叶脉分离，或少有为稀疏的网状，形成斜长六角形的网眼而并不具分离的内藏细脉。孢子囊群为叶缘生的汇生囊群，着生在 2 至多条细脉的结合线上，或单独生于脉顶，位于叶边或边内，有盖，少为无盖；囊群盖为两层，里层为膜质，外层即为绿色叶边，少有变化，里层的以基部着生，或有时两侧也部分着生叶肉，向外开口；孢子囊为水龙骨型，柄长而细，有 3 行细胞；孢子四面型或两面型，不具周壁。

本科有 8 属约 230 种，分布于热带及亚热带各地。中国现有 5 属 31 种。

公安县境内的鳞始蕨科植物有 1 属 1 种。

乌蕨属 *Stenoloma* Fee

陆生。根状茎短而横走，密被深褐色的钻状鳞片，维管束同陵齿蕨属，为原始中柱。叶近生，光滑，三至五回羽状，末回小羽片楔形或线形。叶脉分离。孢子囊群近叶缘着生，顶生脉端，每个囊群下有一条细脉，或有时融合 2 ～ 3 条细脉；囊群盖卵形，以基部及两侧的下部着生，向叶缘开口，通常不达于叶的边缘；孢子囊有细柄，环带宽，有 14 ～ 18 个加厚的细胞；孢子长圆形或球状长圆形，少有为球状四面型的。本属有 18 种，中国有 3 种。公安县有 1 种。

9. 乌蕨　*Stenoloma chusanum* Ching

图 9　乌蕨

【形态】多年生草本，高 30 ～ 100 厘米，根茎横走，坚硬而粗短，密被赤褐色的钻状鳞片。叶柄自根状茎长出，长达 25 厘米，禾秆色，有光泽，直立，基部有毛；叶片披针形至卵圆形，长 20 ～ 40 厘米，宽 5 ～ 12 厘米，先端渐尖，基部不变狭，三至四回羽状分裂，近革质，无毛；下部羽片卵状披针形至三角状披针形，斜展，长 5 ～ 10 厘米，宽 2 ～ 5 厘米；小羽片矩圆形或披针形，末回裂片楔形或宽楔形，先端截形，有齿，基部楔形，下延，叶脉下面明显，二叉状分枝。孢子囊群顶生，圆形，每裂片上 1 ～ 2 枚，囊群盖灰棕色，杯形或浅杯形，宽与叶缘等长，口部全缘或多少啮蚀，宿存。

【生境】生于山坡路旁草丛中。

【分布】分布于章庄铺镇、黄山头镇。

【药用部位】全草。

【采收加工】秋季采集，洗净，晒干或鲜用。

【化学成分】乌蕨中含有大量的黄酮类、酚酸类、挥发油等成分，其中黄酮类成分包括牡荆素、芹菜素等，酚酸类成分有丁香酸、香草酸、龙胆酸、原儿茶酸等。

【药理作用】乌蕨具有良好的抗菌、抗氧化、抗酪氨酸酶及抗肿瘤等活性。

【性味】微苦，寒。

【功能主治】清热解毒，利湿，止血。主治风热感冒咳嗽、扁桃体炎、腮腺炎、肠炎、肝炎、痢疾、白浊、带下、吐血、便血、烫伤。

八、姬蕨科 Dennstaedtiaceae

陆生中型植物，少为蔓性植物。根状茎横走，有管状中柱，被多细胞的灰白色刚毛。叶同型，叶柄基部不以关节着生，叶片一至四回羽状细裂，叶轴上面有一纵沟，两侧为圆形，和叶之两面多少被与根状茎上同样或较短的毛，小羽片或末回裂片偏斜，基部不对称，下侧楔形，上侧截形，多少为耳形凸出；叶脉分离，羽状分枝。叶为草质或厚纸质。孢子囊群圆形，小，叶缘生或近叶缘顶生于一条小脉上，囊托横断面为长圆形或圆形，不融合；囊群盖或为叶缘生的碗状，或为多少变质的向下反折的叶边的锯齿（或小裂片），或为不齐叶边生的半杯形或小口袋形，其基部和两侧着生于叶肉，上端向叶边开口，或仅以阔基部着生；孢子囊为梨形，有细长的由 3 行细胞组成的柄；环带直立，侧面开裂，常有线状多细胞的夹丝混生；孢子四面型或少为两面型，不具周壁，平滑或有小疣状突起。

本科约有 9 属，分布于热带及亚热带地区。中国有 3 属。

公安县境内的姬蕨科植物有 1 属 1 种。

鳞盖蕨属 *Microlepia* Presl

陆生中型植物。根状茎横走，有管状中柱，被多细胞的淡灰色刚毛，无鳞片。叶中等大小至大型，叶柄基部不以关节着生，有毛，上面有纵的浅沟；叶片从长圆形至长圆状卵形，一至四回羽状复叶，小羽片或裂片偏斜，基部上侧的比下侧的大，常与羽轴或叶轴并行，或多少呈三角形，少为披针形，通常被淡灰色刚毛或软毛，尤以叶轴和羽轴为多。叶脉分离，羽状分枝，小脉不达叶边。孢子囊群圆形，边内（即离叶边稍远）着生于一条小脉的顶端，常接近裂片间的缺刻；囊群盖为半杯形，以基部及两侧着生于叶肉，上方向叶边开口，上边截形，或囊群盖为肾圆形，仅以基部着生；囊托短；环带直立，基部为囊柄中断。孢子四面型，光滑或有小疣状突起。本属约有 70 种，主要分布于旧大陆热带和亚热带。中国现有 57 种。公安县有 1 种。

10. 边缘鳞盖蕨 *Microlepia marginata* (Houtt.) C. Chr.

【形态】植株高约 60 厘米。根状茎长而横走，密被锈色长柔毛。叶远生；叶柄长 20 ～ 30 厘米，粗 1.5 ～ 2 毫米，深禾秆色，上面有纵沟，几光滑；叶片长圆状三角形，先端渐尖，羽状深裂，基部不变狭，长与叶柄略等，宽 13 ～ 25 厘米，一回羽状；羽片 20 ～ 25 对，基部对生，远离，上部互生，接近，平展，有短柄，披斜形，近镰刀状，长 10 ～ 15 厘米，宽 1 ～ 1.8 厘米，先端渐尖，基部不等，上侧钝耳状，下侧楔形，边缘缺裂至浅裂，小裂片三角形，圆头或急尖，偏斜，全缘，或有少数齿，上部各羽片渐短，无柄。侧脉明显，在裂片上为羽状，2～3对，上先出，斜出，到达边缘以内。叶纸质，干后绿色，叶下面灰绿色，叶轴密被锈色开展的硬毛，在叶下面各脉及囊群盖上较稀疏，叶上面也多少有毛，少有光滑。孢子囊群圆形，每小裂片上 1 ～ 6 个，向边缘着生；囊群盖杯形，长、宽几相等，上边截形，棕色，坚实，多少被短硬毛，距叶缘较远。

图 10　边缘鳞盖蕨

【生境】生于林下灌丛或溪边。

【分布】分布于黄山头镇、章庄铺镇。

【药用部位】全草。

【采收加工】全年可采，以夏、秋季采集鲜嫩叶，随采随用为宜。

【性味】苦，寒。

【功能主治】消炎散结。主治下肢疖肿。

九、凤尾蕨科 Pteridaceae

陆生，大型或中型蕨类植物。根状茎长而横走，有管状中柱（如栗蕨属），或短而直立或斜升，有网状中柱（如凤尾蕨属），密被狭长而质厚的鳞片，鳞片以基部着生。叶一型，少为二型或近二型，疏生（如栗蕨属）或簇生（如凤尾蕨属），有柄；柄通常为禾秆色，间为栗红色或褐色，光滑，罕被刚毛或鳞片；叶片长圆形或卵状三角形，罕为五角形，一回羽状或二至三回羽裂，或罕为掌状，偶为单叶或三叉，从不细裂，草质、纸质或革质，光滑，罕被毛。叶脉分离或罕为网状，网眼内不具内藏小脉；在凤尾蕨属的少数种在表皮层下具有脉状异型细胞。孢子囊群线形，沿叶缘生于连接小脉顶端的一条边脉上，有由反折变质的叶边所形成的线形、膜质的宿存假盖，不具内盖，除叶边顶端或缺刻外，连续不断；孢子为四面型，或罕为两面型（如栗蕨属），透明，表面通常粗糙或有疣状突起。

本科约有 10 属，分布于热带和亚热带地区，尤以热带地区为多，我国仅有 2 属。

公安县境内的凤尾蕨科植物有 1 属 1 种。

凤尾蕨属 *Pteris* L.

陆生。根状茎直立或斜升（偶有短而横卧），有复式管状或网状中柱，被鳞片；鳞片狭披针形或线形，棕色或褐色，膜质，坚厚，向边缘略变薄，往往有疏毛，以宽的基部着生。叶簇生；叶柄面有纵沟，自基部向上有“V”字形维管束 1 条；叶片一回羽状或为篦齿状的二至三回羽裂，或三叉分枝，基羽片（有时下部几对）的下侧常分叉，各叉与羽片同型但较小，从不细裂，或很少为单叶或掌状分裂而顶生羽片常与侧生羽片同型。羽轴或主脉上面有深纵沟，沟两旁有狭边，偶呈啮蚀状，常有针状刺或无刺。叶脉分离，单一或二叉，或罕有沿羽轴（有时沿裂片主脉）两侧联结成 1 列狭长的网眼，不具内藏小脉，小脉先端不达叶边，通常膨大为棒状水囊；少数种的叶片表皮层下具有脉状异型细胞。叶干后草质或纸质，有时近革质，光滑或被毛。孢子囊群线形，沿叶缘连续延伸，通常仅裂片先端及缺刻不育，着生于叶缘内的联结小脉上，有隔丝（由 1 列细胞组成）：囊群盖由反卷的膜质叶缘形成；环带有 16 ～ 34 个增厚细胞；孢子四面型（但凤尾蕨属的一些种的孢子偶 1 条裂缝的两面型），灰色或黑色，表面通常粗糙或有疣状突起。本属约有 300 种，我国现知有 66 种。公安县有 1 种。

11. 井栏边草 *Pteris multifida* Poir.

图 11　井栏边草

【形态】多年生草本，高 30 ～ 70 厘米。根茎粗壮，质硬而短，密被线状披针形黑褐色鳞片。叶丛生，二型，革质，无毛，叶柄长 5 ～ 25 厘米，灰棕色或禾秆色，无毛；生孢子囊的叶二回羽状分裂，上面绿色，下面淡绿色，中轴具宽翅，羽片 3 ～ 7 对，对生或近对生，上部的羽片无柄，不分裂，先端渐尖，长线形，全缘，顶端的羽片最长，下部的羽片有柄，羽状分裂或基部具 1 ～ 2 裂片，羽状分裂者具小羽片数枚，长线形，小羽片在叶轴上亦下延成翅，叶脉明显，细脉由中轴羽状分出，单一或二叉分枝，直达边缘；不生孢子囊的叶片较小，二回小羽片较宽，线形或卵圆形，边缘有不整齐的尖锯齿。孢子囊群线形，沿孢子叶羽片下面边缘着生，连续分布，孢子囊群盖稍超出叶缘，膜质。

【生境】生于阴湿石缝、井边、墙角、灌丛下。

【分布】各乡镇均有分布。

【药用部位】全草。

【采收加工】全年可采，晒干或鲜用。

【化学成分】井栏边草含黄酮类、甾醇、氨基酸、内酯等成分。

【性味】淡、微苦，寒。

【功能主治】清热解毒，凉血止痢，利湿。主治黄疸型肝炎、肠炎、痢疾、咽痛、疮痈肿毒、乳腺炎、狗咬伤、淋浊、带下等。

十、金星蕨科 Thelypteridaceae

陆生植物。根状茎粗壮，具放射状对称的网状中柱，分枝或不分枝，直立、斜升或细长而横走，顶端被鳞片；鳞片基生，披针形，罕为卵形，棕色，质厚，筛孔狭长，背面往往有灰白色短刚毛或边缘有睫毛状毛。叶簇生，近生或远生，柄细，禾秆色，不以关节着生，基部横断面有两条海马状的维管束，向上逐渐靠合呈“U”形，通常基部有鳞片，向上多少有与根状茎上同样的灰白色、单细胞针状毛，罕有多细胞的长毛或顶端呈星状分枝的毛。叶一型，罕近二型，多为长圆状披针形或倒披针形，少为卵形或卵状三角形，通常二回羽裂，少有三至四回羽裂，罕为一回羽状，各回羽片基部对称，羽轴上面或凹陷成一纵沟，但不与叶轴上的沟互通，或圆形隆起，密生灰白色针状毛，羽片基部着生处下面常有一膨大的疣状气囊体。叶草质或纸质，罕为革质，干后绿色或褐绿色，两面（特别是叶轴、羽轴和主脉上面）被灰白色单细胞针状毛，极少光滑无毛；羽片下面往往饰有橙色或橙红色、有柄或无柄的球形或棒形腺体，偶有沿叶轴和羽轴下面被小鳞片。孢子囊群或为圆形、长圆形或粗短线形，背生于叶脉，有盖或无盖；盖圆肾形，以深缺刻着生，大都有毛，宿存或隐没于囊群中，早落；或不集生成群而沿网脉散生，无盖。孢子囊水龙骨型，有长柄，在囊体的顶部薄壁细胞处或囊柄顶部常有多种类型的毛或腺毛。孢子两面型，罕为四面型，表面有瘤状、刺状、颗粒状纹饰或往往有翅状周壁。原叶体绿色，心形或伸长的心形，常有阔翅，对称，往往具毛或有柄的腺体。

本科约有 20 属，近 1000 种，多生于低海拔地区，极少热带产种类达海拔 4500 米。中国有 18 属，现知约 365 种。

公安县境内的金星蕨科植物有 1 属 1 种。

毛蕨属 *Cyclosorus* Link

通常为中型的陆生林下植物。根状茎横走，或长或短，少有为直立的圆柱形，疏被鳞片；鳞片披针形或卵状披针形，质厚，通常多少被短刚毛，全缘或往往有刚毛状的疏毛。叶疏生或近生，少有簇生，有柄；叶柄淡绿色，干后禾秆色或淡灰色，基部疏被同样的鳞片（很少密生或向上分布），但通体有灰白色单细胞针状毛或柔毛；叶长圆形、三角状长圆披针形或倒披针形，顶端渐尖，通常突然收缩成羽裂的尾状羽片，基部阔或逐渐变狭，叶轴下面在羽片着生处不具褐色的疣状气囊体；二回羽裂，罕为一回羽状，侧生羽片通常 10 ～ 30 对或较少，狭披针形或线状披针形，无柄或偶有极短柄，顶部渐尖，基部截形、斜截形，或为圆楔形或渐变狭，下部羽片往往向下逐渐缩短，或变成耳形或瘤状（有时退化成气囊体），二回羽裂，从 1/5 到达离羽轴不远处，罕有近全缘或近二回羽状；裂片多数，呈篦齿状排列，镰状披针形，或三角状披针形至长方形，边缘全缘，罕有少数锯齿，钝头或尖头，基部一对特别是上侧一片往往较长。叶脉明显，侧脉在裂片上单一，偶有二叉，斜上，通直或微向上弯；以羽轴为底边，相邻裂片间基部一对侧脉的顶端彼此交结成钝的或尖的三角形网眼，并自交结点伸出一条或长或短的外行小脉，直达有软骨质的缺刻，或和缺刻下的一条透明膜质联线相接，第二对或多对（多至 4 对，偶达 5 对）侧脉的顶端或和外行小脉相连，或伸达膜质联线形成斜方形网眼，再向上的侧脉均伸达缺刻以上的叶边。叶质变化甚大，草质至厚纸质，干后淡绿色，罕为黄绿色或黑褐色，两面至少沿叶轴、羽轴、主脉及脉间上面被灰白色的单细胞针状毛，下面往往有或疏或密的橙黄色或橙红色、棒形或球形腺体。孢子囊群大，圆形，背生于侧脉中部，罕生于侧脉基部或顶部，有囊群盖；盖棕色或褐棕色，圆肾形，颇坚厚，宿存，偶早消失，上面往往被短刚毛或柔毛，有时有腺体。孢子囊光滑，或囊体顶部靠近环带处有刚毛，或具有柄或无柄的棒状腺毛，或囊柄顶部有具多细胞柄的球形或棒形腺体。孢子两面型，长圆肾形，偶四面型，半透明，表面有刺状或疣状突起。本属约 250 种，中国现知有 127 种，为世界分布中心之一。公安县有 1 种。

12. 渐尖毛蕨 *Cyclosorus acuminatus* (Houtt.) Nakai

图 12 渐尖毛蕨

【形态】多年生草本，高 70 ～ 80 厘米。根状茎长而横走，顶部密生棕色披针形鳞片，须根多数，纤弱。叶远生，叶柄长 30 ～ 42 厘米，褐色或深禾秆色，鳞片稀少，略有柔毛；叶片厚纸质，宽披针形或倒披针形，长达 60 厘米，宽 14 ～ 17 厘米，基部不变狭，上面密被短刚毛，下面仅羽轴上有针状毛疏生，二回羽状分裂，羽片 13 ～ 20 对，中部以下的羽片长 7 ～ 14 厘米，宽 8 ～ 12 毫米，披针形，渐尖头，基部上侧平截，下侧圆楔形，羽裂达 1/2 ～ 2/3，裂片斜上，宽 2 ～ 3 毫米，骤尖头，全缘或有微锯齿，基部裂片常稍长，叶脉羽状分布，侧脉 7 ～ 9 对，仅基部一对连接，第二对和第三对的上侧一脉伸达缺刻下的透明膜，中肋及叶下有脉偶或被毛，孢子囊群大，圆形，着生于叶下侧脉上而近于边缘，囊群圆肾形，有密柔毛。孢子期 6 ～ 12 周。

【生境】生于灌木林下、路旁草丛中。

【分布】各乡镇均有分布。

【药用部位】全草。

【采收加工】全年可采，晒干。

【性味】苦，平。

【功能主治】祛风除湿，舒筋活血。主治风湿筋骨痛、肢体麻木、狂犬咬伤。

十一、乌毛蕨科 Blechnaceae

土生，有时为亚乔木状，或有时为附生。根状茎横走或直立，偶有横卧或斜升，有时形成树干状的直立主轴，有网状中柱，被具细密筛孔的全缘、红棕色鳞片。叶一型或二型，有柄，叶柄内有多条维管束；叶片一至二回羽裂，罕为单叶，厚纸质至革质，无毛或常被小鳞片。叶脉分离或网状，如为分离则小脉单一或分叉，平行；如为网状则小脉常沿主脉两侧各形成 1 ～ 3 行多角形网眼，无内藏小脉，网眼外的小脉分离，直达叶缘。孢子囊群为长的汇生囊群，或为椭圆形，着生于与主脉平行的小脉上或网眼外侧的小脉上，均靠近主脉；囊群盖同型，开向主脉，很少无盖；孢子囊大，环带纵行而于基部中断。孢子椭圆形，两侧对称，单裂缝，具周壁，常形成褶皱，上面分布有颗粒，外壁表面光滑或纹饰模糊。

本科有13属约240种，主产于南半球热带地区。我国有7属13种，分布于西南、华南、华中及华东地区。

公安县境内的乌毛蕨科植物有 1 属 1 种。

狗脊属 *Woodwardia* Smith

土生，大型草本。根状茎短而粗壮，直立或斜生，或为横卧，有网状中柱，密被棕色、厚膜质的披针形大鳞片。叶簇生，有柄；叶片椭圆形，二回深羽裂，侧生羽片多对，披针形，分离，深羽裂，裂片边缘有细锯齿。叶脉部分为网状，部分分离，即沿羽轴及主脉两侧各有 1 行平行于羽轴或主脉的狭长的能育网眼，其外侧还有 1 ～ 2 行多角形网眼，无内藏小脉，其余的小脉均为分离，直达叶边。叶纸质至近革质。孢子囊群粗线形或椭圆形，不连续，呈单行并行于主脉（有时也沿羽轴）两侧，着生于靠近主脉的网眼的外侧小脉上，并多少陷入叶肉中；囊群盖与孢子囊群同型，厚纸质，深棕色，略隆起，亦着生于靠近主脉的网眼的外侧小脉上，成熟时开向主脉，宿存；孢子囊梨形，有长柄，环带纵行而中断，由 17 ～ 24 个增厚细胞组成。孢子椭圆形，周壁具褶皱，外壁表面光滑。本属约有 12 种，分布于亚洲、欧洲、美洲的温带至亚热带地区。我国有 5 种，产于长江以南各地。公安县有 1 种。

13. 狗脊蕨 *Woodwardia japonica* (L. f.) Smith

【形态】植株高 60 ～ 90 厘米。根状茎粗壮，直立，密生红棕色披针形大鳞片。叶柄残基横断面呈半月形或一面向内凹入，维管束 4 ～ 5 个，中间 3 个圆点状，叶簇生，深禾秆色，基部以上到叶轴有同样而较小的鳞片，叶片矩圆形，厚纸质，长 40 ～ 80 厘米，宽 25 ～ 40 厘米，羽裂 1/2 或略深，裂片三角形或三角状矩圆形，钝尖头，边缘具细锯齿，叶脉网状，有网眼 1 ～ 2 行。孢子囊群长形，生于主脉两侧相对的网脉上，囊群盖长肾形，革质，以外侧边着生于网脉上，开向主脉。

图 13 狗脊蕨

【生境】生于疏林下潮湿处。

【分布】分布于章庄铺镇、黄山头镇。

【药用部位】根茎及叶柄残基。药材名“狗脊蕨贯众”。

【采收加工】全年可采挖，洗净泥土，削去须根及叶柄（留下残基），晒干。

【化学成分】狗脊蕨含山柰酚、狗脊蕨酸、东北贯众素等成分。

【药理作用】狗脊蕨具有抗菌、抗病毒、促凝血等药理作用。

【性味】苦，凉。

【功能主治】清热，解毒，止血。用于流行性感冒、流行性乙型脑炎、麻疹、痢疾、子宫出血、吐血、衄血、肠风便血等。

十二、鳞毛蕨科 Dryopteridaceae

陆生植物。根状茎短而直立或斜升，具簇生叶，或横走具散生或近生叶，连同叶柄密被鳞片，内部放射状结构，有高度发育的网状中柱；鳞片狭披针形至卵形，基部着生，棕色或黑色，质厚，边缘多少具锯齿或睫毛状毛，无单细胞或多细胞的针状硬毛。叶簇生或散生，有柄；叶柄横切面具 4 ～ 7 个或更多的维管束，上面有纵沟，多少被鳞片；叶片一至五回羽状，极少单叶，纸质或革质，干后淡绿色，光滑，或叶轴、各回羽轴和主脉下面多少被披针形或钻形鳞片，如为二回以上的羽状复叶，小羽片或为上先出或除基部 1 对羽片的一回小羽片为上先出外，其余各回小羽片为下先出；各回小羽轴和主脉下面圆而隆起，上面具纵沟，并在着生处开向下一回小羽轴上面的纵沟，基部下侧下延，光滑无毛；羽片和各回小羽片基部对称或不对称，叶边通常有锯齿或有触痛感的芒刺。叶脉通常分离，上先出或下先出，小脉单一或二叉，不达叶边，顶端往往膨大呈球杆状的小囊。孢子囊群小而圆，顶生或背生于小脉，有盖（偶无盖）；盖厚膜质，圆肾形，以深缺刻着生，或圆形，盾状着生，少为椭圆形，草质，近黑色，以外侧边中部凹点着生于囊托，成熟时开向主脉，内侧边缘 1 ～ 2 浅裂；孢子两面型，呈卵圆形，具薄壁。

本科约有 14 属 1200 种。中国有 13 属 472 种，分布于全国各地，尤以长江以南地区最为丰富。

公安县境内的鳞毛蕨科植物有 3 属 3 种。

1. 孢子囊群有盖（或偶无盖）；盖圆肾形，以深缺刻着生。
    2. 根状茎长而横走；叶散生，叶片三角形或卵状三角形，基部三至四回羽状……………………复叶耳蕨属 *Arachniodes*
    2. 根状茎短粗直立；叶簇生，叶片阔披针形、长圆形、三角状卵形，有时五角形，一回羽状或二至四回羽状或四回羽裂……………………鳞毛蕨属 *Dryopteris*
1. 孢子囊群无盖或通常有盖；盖全缘，圆形、膜质、盾状着生或椭圆形，革质，以外侧边中部着生……贯众属 *Cyrtomium*

复叶耳蕨属 *Arachniodes* Blume

陆生，中型草本植物。根状茎粗壮，长而横走，罕斜升，连同叶轴基部被鳞片；鳞片棕色、褐棕色、黑褐色或黑色，披针形、线状披针形或钻形，顶部往往髯毛状，少有卵形，全缘，偶边缘有齿；叶远生或近生，叶片三角形、五角形、卵形或长圆形，大都为三回至四回羽状，少有二回或五回羽状，顶部急狭缩呈尾状或略狭缩呈三角形，或者顶部渐尖；羽片有柄，通常斜展，接近或密接，基部一对羽片较大，通常为三角形或长圆形，基部一片小羽片伸长，偶有缩短，一回至三回小羽片均为上先出，末回小羽片为菱形、斜方形、镰刀形、近披针形或长圆形，顶端常为刺尖头，边缘具芒刺状锯齿；叶脉羽状，分离。孢子囊群顶生或近顶生于小脉上，少有背生，位于中脉与叶边中间，或为近叶边生，圆形；囊群盖圆肾形，以深缺刻处着生，膜质，以后脱落。孢子两面型，椭圆状，有褶皱的周壁，透明，表面有疣状、瘤状或刺状纹饰。本属全世界约有 150 种，中国现知有 103 种 2 变种。公安县有 1 种。

14. 尾叶复叶耳蕨 *Arachniodes caudifolia* Ching et Y. T. Hsieh

【形态】植株高达 1 米。叶柄长 53 厘米，粗约 5 毫米，棕禾秆色，基部略被棕色、披针形鳞片，向上近光滑。叶片阔卵形，长 42 ～ 55 厘米，宽 25 ～ 38 厘米，顶部有一片具柄的羽状羽片，与其下侧生羽片同型，基部圆楔形，三回羽状；侧生羽片 7 ～ 9 对，互生，有柄，斜展，密接，基部下侧一片较大，三角状披针形，长 23 ～ 27 厘米，基部宽 9 ～ 14 厘米，尾状尖，基部楔形，二回羽状；小羽片约 25 对，互生，有短柄，基部下侧一片伸长，披针形，长 8 ～ 17 厘米，宽 1.5 ～ 3.2 厘米，尾状渐尖头；末回小羽片 11 ～ 20 对，下部 3 ～ 4 对对生，几无柄，卵状长圆形，基部上侧一片略较大，长 1.2 ～ 2.5 厘米，宽 8 ～ 10 毫米，急尖头，上侧边缘浅裂或仅有粗锯齿，均有短芒刺；基部上侧一片小羽片不伸长或伸长，若伸长，则为披针形，长达 10 厘米，羽状；第二、第三对羽片与基部的同型或不同型，若不同型则为披针形，羽状，基部一对小羽片不伸长。叶干后纸质，褐棕色或绿色，光滑，叶轴和羽轴下面偶有棕色、线形小鳞片。孢子囊群上侧 1 行（耳片 3 ～ 5 枚），下侧上部半行，位于中脉与叶边中间；囊群盖棕色，膜质，全缘，脱落。

图 14　尾叶复叶耳蕨

【生境】生于林下。

【分布】分布于黄山头镇、章庄铺镇。

鳞毛蕨属 *Dryopteris* Adanson

陆生中型植物。根状茎粗短，直立或斜升（偶为横走），顶端密被鳞片，鳞片卵形、阔披针形、卵状披针形或披针形，红棕色、褐棕色或黑色，有光泽，全缘，略有疏齿或呈流苏状，质厚，由狭长而不透明的细胞组成，细胞壁厚而曲折。叶簇生，螺旋状排列、向四面放射呈中空的倒圆锥形，有柄，被同样的鳞片（有时叶柄基部以上无鳞片）；叶片阔披针形、长圆形、三角状卵形，有时五角形，一回羽状或二至四回羽状或四回羽裂，顶部羽裂，罕为一回奇数羽状；如为多回羽状复叶，则分枝图式为除基部1对羽片的一回小羽片为上先出外，其余均为下先出，不被针状毛，但通常有鳞片（罕为光滑），鳞片披针形、线形、卷发形纤维状或基部为泡囊形，或基部扩大向顶端为钻状，全缘，或为流苏状，间为撕裂；末回羽片基部圆形对称，罕为不对称的楔形，边缘通常有锯齿，少有具针状刺头。叶通常为纸质至近革质，少为草质，干后淡绿色或草绿色；各回小羽轴或以锐角斜出，基部以狭翅下沿于下一回的小羽轴，下面圆形隆起，上面具纵沟，两侧具隆起的边，光滑无毛，且与下一回的小羽轴上面的纵沟互通。叶脉分离，羽状，单一或二至三叉，不达叶边，先端往往有明显的膨大水囊。孢子囊群圆形，生于叶脉背部，或罕有生于叶脉顶部，通常有囊群盖（少为无盖）；盖为圆肾形，通常大而全缘，光滑，棕色，平坦或有时为螺壳形，并笼罩整个孢子囊群，质较厚，有时为角质，宿存，以深缺刻着生于叶脉；孢子两面型，呈肾形或肾状椭圆形，表面有疣状突起或有阔翅状的周壁。本属约有230种，广布于世界各地。中国现知有127种。公安县有1种。

15. 阔鳞鳞毛蕨 *Dryopteris championii* (Benth.) C. Chr.

【形态】植株高50～90厘米。根状茎横卧或斜升，顶端及叶柄基部密被披针形、棕色、全缘的鳞片。叶簇生；叶柄长30～40厘米，粗达4～5毫米，禾秆色，密被阔披针形鳞片；叶片矩圆形，长与叶柄几相等，宽20～30厘米，顶部长渐尖，多少呈尾尖，沿叶轴和羽轴有棕色卵状披针形鳞片（有时鳞片下部隆起呈泡状），二回羽状或三回羽裂，羽片披针形，基部的长10～18厘米，宽3～4厘米，长渐尖头；小羽片矩圆状披针形，钝头，基部呈明显耳状，边缘浅裂或有疏钝齿。侧脉羽状分枝。孢子囊群生于小脉中部，囊群盖圆肾形。

图15 阔鳞鳞毛蕨

【生境】生于山坡林缘、路边灌丛。

【分布】分布于章庄铺镇、黄山头镇。

【药用部位】根状茎。

【采收加工】全年可采集，洗净泥土，鲜用或晒干。

【化学成分】阔鳞鳞毛蕨含有绵马素-BB、绵马素-AB、β-谷甾醇、(E)-3-二十九碳烯-2-酮等成分。

【药理作用】阔鳞鳞毛蕨具有抑制肿瘤、抗病毒和杀菌等药理活性。

【性味】苦，寒。

【功能主治】清热解毒，止咳平喘。用于感冒、气喘、便血、痛经、钩虫病、烧烫伤。

贯众属 *Cyrtomium* Presl

陆生。根状茎短，直立或斜生，连同叶柄基部，密被鳞片。鳞片卵形或披针形，边缘有齿或呈流苏状。叶簇生，叶柄腹面有浅纵沟，嫩时密生鳞片，成长后渐脱落；叶片卵形或矩圆状披针形，少为三角形，奇数一回羽状或一回羽状，少数仅具一枚顶生小叶（即单叶状），有时下部有 1 对裂片或羽片；侧生羽片多少上弯成镰状，其基部两侧近对称或不对称，有时上侧间或两侧有耳状凸起；主脉明显，侧脉羽状，小脉联结在主脉两侧成 2 至多行的网眼，网眼为或长或短的不规则的近似六角形，有内含小脉。叶纸质至革质，少有草质，背面疏生鳞片或秃净。孢子囊群圆形，背生于内含小脉上，在主脉两侧各 1 至多行；囊群盖圆形，盾状着生。本属约有 40 种，主要分布在亚洲东部，以中国西南为中心，极少种类达印度南部和非洲东部。公安县有 1 种。

16. 贯众 *Cyrtomium fortunei* J. Smith

图 16 贯众

【形态】多年生草本，植株高 25 ～ 50 厘米。根茎直立，密被棕色鳞片。叶簇生，叶柄长 12 ～ 26 厘米，基部直径 2 ～ 3 毫米，禾秆色，腹面有浅纵沟，密生卵形及披针形、棕色有时中间为深棕色鳞片，鳞片边缘有齿，有时向上部秃净；叶片矩圆状披针形，长 20 ～ 42 厘米，宽 8 ～ 14 厘米，先端钝，基部不变狭或略变狭，奇数一回羽状；侧生羽片 7 ～ 16 对，互生，近平伸，柄极短，披针形，多少上弯成镰状，中部的长 5 ～ 8 厘米，宽 1.2 ～ 2 厘米，先端渐尖少数成尾状，基部偏斜，上侧近截形有时略有钝的耳状突起，下侧楔形，边缘全缘有时有前倾的小齿；具羽状脉，小脉联结成 2 ～ 3 行网眼，腹面不明显，背面微突起；顶生羽片狭卵形，下部有时有 1 或 2 个浅裂片，长 3 ～ 6 厘米，宽 1.5 ～ 3 厘米。叶为纸质，两面光滑；叶轴腹面有浅纵沟，疏生披针形及线形棕色鳞片。孢子囊群遍布于羽片背面；囊群盖圆形，盾状，全缘。

【生境】生于林下。

【分布】分布于章庄铺镇。

【药用部位】根状茎和叶柄残基。

【采收加工】四季可采，以秋季采较好，除去须根和部分叶柄，晒干备用。

【性味】苦、涩，寒。

【功能主治】清热解毒，凉血祛瘀，驱虫。主治感冒、热病斑疹、白喉、乳痈、瘰疬、痢疾、黄疸、吐血、便血、崩漏、痔血、带下、跌打损伤、肠道寄生虫等。

十三、苹科 Marsileaceae

通常生于浅水淤泥或湿地沼泥中的小型蕨类。根状茎细长横走，有管状中柱，被短毛。不育叶为线形单叶，或有 2 ~ 4 片倒三角形的小叶组成，着生于叶柄顶端，漂浮或伸出水面。叶脉分叉，但顶端联结成狭长网眼。能育叶变为球形或椭圆状球形孢子果，有柄或无柄，通常接近根状茎，着生于不育叶的叶柄基部或近叶柄基部的根状茎上，一个孢子果内含 2 至多数孢子囊。孢子囊二型，大孢子囊只含一个大孢子，小孢子囊含多数小孢子。

本科有 3 属约 75 种，大部分产于大洋洲、非洲南部及南美洲；生于浅水或湿地上。中国仅有 1 属。

苹属 *Marsilea* L.

浅水生蕨类。根状茎细长横走，有腹背之分，分节，节上生根，向上长出单生或簇生的叶。不育叶近生或远生，沉水时叶柄细长柔弱，湿生时柄短而坚挺；叶片呈“十”字形，由 4 片倒三角形的小叶组成，着生于叶柄顶端，漂浮水面或挺立。叶脉明显，从小叶基部呈放射状二叉分枝，向叶边组成狭长网眼。孢子果圆形或椭圆状肾形，外壁坚硬，开裂时呈两瓣，果瓣有平行脉；孢子囊线形或椭圆状圆柱形，紧密排列成 2 行，着生于孢子果内壁胶质的囊群托上，囊群托的末端附着于孢子果内壁上，成熟时孢子果开裂，每个孢子囊群内有少数大孢子囊和多数小孢子囊，每个大孢子囊内只含一个大孢子，每个小孢子囊内含有多数小孢子。孢子囊均无环带。大孢子卵圆形，周壁有较密的细柱，形成不规则的网状纹饰；小孢子近球形，具明显的周壁。本属约有 70 种，遍布于世界各地。中国有 3 种。公安县有 1 种。

17. 苹 *Marsilea quadrifolia* L.

【别名】田字草。

图 17 苹

【形态】多年生水生草本。根状茎匍匐泥中，细长而柔软，节上生根。叶具长柄，长 5 ~ 20 厘米，叶柄顶端有小叶四片，“十”字形对生，薄纸质，小叶倒三角形，长与宽均 1 ~ 2.5 厘米，先端浑圆，全缘，无毛，叶脉扇形分叉，网状，下面淡褐色，有腺状鳞片。孢子果着生于从叶柄基部侧生的短柄上，通常 1 ~ 3 个丛集，柄长 1 厘米以下，基部多少毗连；孢子果斜卵形或圆形，被毛，坚硬，长 2 ~ 4 毫米，果内有孢子囊群约 15 个，每个孢子囊群具有少数大孢子囊，周围有数个小孢子囊。

【生境】生于沟边浅水处。

【分布】分布于埠河镇。

【药用部位】全草。

【采收加工】夏季采集全草，鲜用或晒干。

【化学成分】全草含环阿片甾烯醇。

【性味】甘，寒。

【功能主治】清热解毒，利尿消肿。主治肾炎水肿、肝炎、火眼、失眠、带下、牙痛、疖肿。

十四、槐叶苹科 Salviniaceae

小型漂浮蕨类。根状茎细长横走，被毛，无根，有原生中柱。无柄或具极短的柄；叶三片轮生，排成三列，其中二列漂浮水面，为正常的叶片，长圆形，绿色，全缘，被毛，上面密布乳头状突起，中脉略显；另一列叶特化为细裂的须根状，悬垂水中，称沉水叶，起着根的作用，故又称作假根。孢子果簇生于沉水叶的基部，或沿沉水叶成对着生；孢子果有大小两种，大孢子果体形较小，内生 8 ~ 10 个有短柄的大孢子囊，每个大孢子囊内只有一个大孢子；小孢子果体形大，内生多数有长柄的小孢子囊，每个小孢子囊内有 64 个小孢子，大孢子囊花瓶状，瓶颈向内收缩，三裂缝位于瓶口，不具周壁，外壁表面形成很浅的小凹洼；小孢子球形，三裂缝较细，裂缝处外壁常内凹，形成三角状，不具周壁，外壁较薄，表面光滑。

本科仅 1 属，分布于各大洲，但以美洲和非洲热带地区为主。

槐叶苹属 *Salvinia* Adans.

槐叶苹属的形态特征与槐叶苹科相同，约有 10 种，广布于各大洲。中国只有 1 种。公安县亦有分布。

18. 槐叶苹 *Salvinia natans* (L.) All.

【形态】小型漂浮植物。茎细长而横走，被褐色节状毛。三叶轮生，上面二叶漂浮水面，形如槐叶，长圆形或椭圆形，长 0.8 ~ 1.4 厘米，宽 5 ~ 8 毫米，顶端钝圆，基部圆形或稍呈心形，全缘；叶柄长 1 毫米或近无柄。叶脉斜出，在主脉两侧有小脉 15 ~ 20 对，每条小脉上面有 5 ~ 8 束白色刚毛；叶草质，上面深绿色，下面密被棕色茸毛。下面一叶悬垂水中，细裂成线状，被细毛，形如须根，起着根的作用。孢子果 4 ~ 8 个簇生于沉水叶的基部，表面疏生成束的短毛，小孢子果表面淡黄色，大孢子果表面淡棕色。

【生境】生于水田中、沟塘和静水溪河内。

【分布】分布于黄山头镇。

【药用部位】全草。

【采收加工】全年可采，鲜用或晒干。

【性味】辛，寒。

【功能主治】清热解毒，活血止痛。用于痈肿疔毒、瘀血肿痛、烧烫伤。

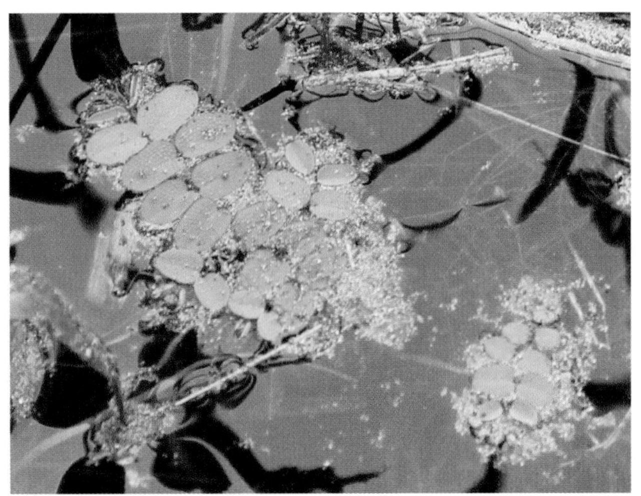

图 18 槐叶苹

裸子植物门

Gymnospermae

十五、银杏科 Ginkgoaceae

落叶乔木，树干高大，分枝繁茂；枝分长枝与短枝。叶扇形，有长柄，具多数叉状并列细脉，在长枝上螺旋状排列散生，在短枝上呈簇生状。球花单性，雌雄异株，生于短枝顶部的鳞片状叶的腋内，呈簇生状；雄球花具梗，柔荑花序状，雄蕊多数，螺旋状着生，排列较疏，具短梗，花药2，药室纵裂，药隔不发达；雌球花具长梗，梗端常分二叉，稀不分叉或分成二至五叉，叉顶生珠座，各具1枚直立胚珠。种子核果状，具长梗，下垂，外种皮肉质，中种皮骨质，内种皮膜质，胚乳丰富；子叶常2枚，发芽时不出土。

本科仅有1属1种，我国浙江天目山国家级自然保护区有野生状态的树木，其他各地栽培很广。

银杏属 *Ginkgo* L.

银杏属的形态特征与银杏科相同。

19. 银杏 *Ginkgo biloba* L.

【别名】白果树。

【形态】落叶乔木，高达40米。全株无毛，树干直立，树皮浅褐色，纵裂，粗糙，枝有长枝与短枝。叶在长枝上螺旋状散生，在短枝上呈簇生状，叶片扇形，长3～8厘米，上缘宽5～8厘米，浅波状，或中央有缺裂，叶脉二歧状，叶柄长2.5～7厘米，花单性；雌雄异株，稀同株；球花生于短枝的叶腋或苞腋；雄球花柔荑花序状，雄蕊多数，螺旋状着生，每雄蕊具2花药；雌球花有长梗，顶端二叉各生1心皮，胚球附生于上，胚球直生，通常仅1个发育成种子。种子核果状，椭圆形至近球形，长2.5～3.5厘米，外种皮肉质，有白粉，熟时淡黄色或橙黄色；中种皮骨质，白色，具2～3棱；内种皮膜质，胚乳丰富，胚具2枚子叶。传粉期3—4月，种子成熟期10—11月。

图19 银杏

【生境】栽于庭园或路边行道树。

【分布】全县广布。

【药用部位】干燥成熟种子。

【采收加工】银杏叶：秋末摘叶，阴干或晒干。

白果（除去外种皮的成熟种子）：秋后待外种皮转黄白色时采收，加生石灰拌匀堆集，自然发酵，5～6天后，移入竹筐中，踩踏去肉质外种皮，洗净，晒至中种皮（壳）呈乳白色，放通风处储存，不致变质。

【化学成分】银杏叶主要有效成分为黄酮类和萜类内酯化合物。

【药理作用】银杏叶具有保护肝脏、抗毒、抗肿瘤、抗辐射、保肾等作用。

【性味】叶：微苦，平。白果：甘、苦、涩，平；有毒。

【功能主治】叶：活血止痛。用于冠状动脉粥样硬化性心脏病，血清胆固醇过高症，痢疾，象皮肿。

白果：敛肺定喘，止带浊，缩小便。用于痰多喘咳，带下白浊，遗尿尿频。

【附注】中毒急救：银杏的种仁有毒，尤以绿色的胚为甚。据报道，婴儿食10粒左右即可中毒致死。3～5岁儿童食30～40粒亦可中毒致死。亦有报道成人食炒熟白果2000～3000粒而中毒者，但其症状严重程度与年龄、所食白果数量及机体抵抗力有密切关系。中毒的主要症状为发烧、呕吐、腹泻、脉搏弱而乱、极度恐惧，因而轻度刺激即可引起惊厥、抽搐、面色青紫、意识丧失以致神志昏迷，严重者可于1～2日出现心力衰竭、呼吸衰竭而死亡。

解救方法：洗胃，盐水灌肠，服鸡蛋清，静脉输注葡萄糖盐水，并进行对症治疗，如给予镇静剂、强心剂、吸氧等。

十六、松科 Pinaceae

常绿或落叶乔木，稀为灌木状；枝仅有长枝，或兼有长枝与生长缓慢的短枝，短枝通常明显，稀极度退化而不明显。叶条形或针形，基部不下延生长；条形叶扁平，稀呈四棱形，在长枝上螺旋状散生，在短枝上呈簇生状；针形叶2～5针（稀1针或多至81针）成一束，着生于极度退化的短枝顶端，基部包有叶鞘。花单性，雌雄同株；雄球花腋生或单生于枝顶，或多数集生于短枝顶端，具多数螺旋状着生的雄蕊，每雄蕊具2花药，花粉有气囊或无气囊，或具退化气囊；雌球花由多数螺旋状着生的珠鳞与苞鳞组成，花期时珠鳞小于苞鳞，稀珠鳞较苞鳞为大，每珠鳞的腹（上）面具两枚倒生胚珠，背（下）面的苞鳞与珠鳞分离（仅基部合生），花后珠鳞增大发育成种鳞。球果直立或下垂，当年或次年稀第三年成熟，熟时张开，稀不张开；种鳞背腹面扁平，木质或革质，宿存或熟后脱落；苞鳞与种鳞离生（仅基部合生），较长而露出或不露出，或短小而位于种鳞的基部；种鳞的腹面基部有2粒种子，种子上端通常具一膜质翅，稀无翅或几无翅；胚具2～16枚子叶，发芽时出土或不出土。

本科约有230种，分属于3亚科10属，多产于北半球。我国有10属113种29变种（其中引种栽培24种2变种），分布于全国。

公安县境内的松科植物有1属1种。

松属 *Pinus* L.

常绿乔木，稀为灌木；枝轮生，每年生一节或二节或多节；冬芽显著，芽鳞多数，覆瓦状排列。叶有两型：鳞叶（原生叶）单生，螺旋状着生，在幼苗时期为扁平条形，绿色，后则逐渐退化成膜质苞片状，基部下延生长或不下延生长；针叶（次生叶）螺旋状着生，辐射伸展，常 2 针、3 针或 5 针一束，生于苞片状鳞叶的腋部，着生于不发育的短枝顶端，每束针叶基部由 8 ～ 12 枚芽鳞组成的叶鞘所包，叶鞘脱落或宿存，针叶边缘全缘或有细锯齿，背部无气孔线或有气孔线，腹面两侧具气孔线，横切面三角形、扇状三角形或半圆形，具 1 ～ 2 个维管束及 2 个至 10 多个中生或边生稀内生的树脂道。球花单性，雌雄同株；雄球花生于新枝下部的苞片腋部，多数聚集成穗状花序状，无梗，斜展或下垂，雄蕊多数，螺旋状着生，花药 2，药室纵裂，药隔鳞片状，边缘微具细缺齿，花粉有气囊；雌球花单生或 2 ～ 4 个生于新枝近顶端，直立或下垂，由多数螺旋状着生的珠鳞与苞鳞组成，珠鳞的腹（上）面基部有 2 枚倒生胚珠，背（下）面基部有一短小的苞鳞。小球果于第二年春受精后迅速长大，球果直立或下垂，有梗或几无梗；种鳞木质，宿存，排列紧密，上部露出部分为“鳞盾”，有横脊或无横脊，鳞盾的先端或中央有呈瘤状突起的“鳞脐”，鳞脐有刺或无刺；球果第二年（稀第三年）秋季成熟，熟时种鳞张开，种子散出，稀不张开，种子不脱落，发育的种鳞具 2 粒种子；种子上部具长翅，种翅与种子结合而生，或有关节与种子脱离，或具短翅或无翅；子叶 3 ～ 18 枚，发芽时出土。本属约有 80 种，为世界上木材和松脂生产的主要树种。我国产 22 种 10 变种，分布几遍全国。公安县有 1 种。

20. 马尾松 *Pinus massoniana* Lamb.

【形态】常绿乔木。树皮下部灰褐色，上部赤色。一年生枝淡黄褐色，无毛；冬芽卵状圆柱形或圆柱形，褐色。针叶 2 针一束，稀 3 针一束，长 12 ～ 20 厘米，细柔，树脂道 4 ～ 8 个，在背面边生，或腹面也有 2 个边生；叶鞘初呈褐色，后渐变成灰黑色，宿存。雌雄同株；雄球花聚生于新枝下部苞腋；雌球花单生或 2 ～ 4 个聚生于新枝近顶端。球果卵圆形或圆锥状卵圆形，长 4 ～ 7 厘米，直径 2.5 ～ 4 厘米，有短梗，下垂，成熟前绿色，熟时栗褐色，陆续脱落；中部种鳞近矩圆状倒卵形或近长方形，长约 3 厘米；鳞盾菱形，微隆起或平，横脊微明显，鳞脐微凹，无刺，生于干燥环境者常具极短的刺；种子长卵圆形，长 4 ～ 6 毫米，连翅长 2 ～ 2.7 厘米，翅与种子易分离。传粉期 4—5 月，种子成熟期翌年 10—11 月。

图 20　马尾松

【生境】生于山坡丘陵或瘠薄向阳的沙砾地上。

【分布】分布于章庄铺镇、黄山头镇。

【药用部位】花粉粒、松节、油树脂除去挥发油后所留存的固体树脂即“松香”。

【采收加工】松花粉：清明前后摘取初放雄球花，放衬纸的竹匾中，上盖薄纸，晒 2 ～ 3 天，轻敲雄球花使花粉散落匾上，除去杂质，过筛烘干。

松节：全年可砍取松树枝节，削去树皮，劈成小块，阴干。

松香：清明前后至霜降均可采取，以 6—8 月为松脂分泌最盛期。冬季选生长 7 年以上的松树，在树上基部用刀自树皮至边材部割一个“V”形或螺旋形裂口，使树内油脂从伤口流出，收集在容器中，隔几日于其下再割一次，又可得松脂，收集后阴干，或加热使油脂蒸馏出松节油，继续加热除去水分，趁热过滤除去杂质，冷后即得透明松香。

【化学成分】马尾松油树脂含挥发油及树脂。树脂（松香）的主要成分为松香酸酐及游离的松香酸，并含树脂烃。挥发油（松节油）主要含 α－蒎烯、β－蒎烯及小量的左旋莰烯、二戊烯。此外，松香还含槲皮素苷及苦味物质。

【药理作用】松针提取物具有镇静催眠、抗衰老、抗疲劳、抗氧化、抗菌、降血糖、降血脂、保肝、抗肿瘤、改善血液循环等药理作用。

【性味】松花粉：甘，温。松节：苦，温。松香：苦、甘，温；有小毒。松针：苦，温。

【功能主治】松花粉：润肺，燥湿，止咳；外治金疮出血、初生儿红臀、皮肤湿疹。

松节：祛风燥湿。治跌打损伤、风湿痹痛、关节酸痛。

松香：生肌止痛，燥湿杀虫。治风湿痹痛、耳鸣耳聋；外治痈疖、疥癣、损伤肿痛。

松针：祛风。治风寒湿痹、浮肿、失眠、血小板减少性紫癜、夜盲症、冻疮。

松木皮：筋骨损伤。外治疮疽初起、头癣白秃、风疹烦痒、金疮出血、烫伤。

十七、杉科 Taxodiaceae

常绿或落叶乔木，树干端直，大枝轮生或近轮生。叶螺旋状排列，散生，很少交叉对生（水杉属），披针形、钻形、鳞状或条形，同一树上之叶同型或二型。球花单性，雌雄同株，球花的雄蕊和珠鳞均螺旋状着生，很少交叉对生（水杉属）；雄球花小，单生或簇生于枝顶，或排成圆锥花序状，或生于叶腋，雄蕊有 2 ～ 9（常 3 ～ 4）个花药，花粉无气囊；雌球花顶生或生于去年生枝近枝顶，珠鳞与苞鳞半合生（仅顶端分离）或完全合生，或珠鳞甚小（杉木属），或苞鳞退化（台湾杉属），珠鳞的腹面基部有 2 ～ 9 枚直立或倒生胚珠。球果当年成熟，熟时张开，种鳞（或苞鳞）扁平或盾形，木质或革质，螺旋状着生或交叉对生（水杉属），宿存或熟后逐渐脱落，能育种鳞（或苞鳞）的腹面有 2 ～ 9 粒种子；种子扁平或三棱形，周围或两侧有窄翅，或下部具长翅；胚有子叶 2 ～ 9 枚。

本科共有 10 属 16 种，主要分布于北温带地区。我国产 5 属 7 种，引入栽培 4 属 7 种。

公安县境内的杉科植物有 2 属 2 种。

1. 叶和种鳞均为螺旋状着生；叶条状披针形，有锯齿；球果的种鳞（或苞鳞）扁平，球果的苞鳞大，有锯齿，种鳞小，生于苞鳞腹面下部，能育种鳞有 3 粒种子……………………………………………………………………… 杉木属 *Cunninghamia*

1. 叶和种鳞均对生；叶条形，排列成两列，侧生小枝连叶于冬季脱落；球果的种鳞盾形，木质，能育种鳞有 5 ～ 9 粒种子；种子扁平，周围有翅 ……………………………………………………………………… 水杉属 *Metasequoia*

杉木属 *Cunninghamia* R. Br

常绿乔木，枝轮生或不规则轮生；冬芽卵圆形。叶螺旋状着生，披针形或条状披针形，基部下延，边缘有细锯齿，上下两面均有气孔线，上面的气孔线较下面为少。雌雄同株，雄球花多数簇生于枝顶，雄蕊多数，螺旋状着生，花药 3，下垂，纵裂，药隔伸展，鳞片状，边缘有细缺齿；雌球花单生或 2 ～ 3 个集生于枝顶，球形或长圆球形，苞鳞与珠鳞的下部合生，螺旋状排列；苞鳞大，边缘有不规则细锯齿，先端长尖；珠鳞小，先端三裂，腹面基部着生 3 枚胚珠。球果近球形或卵圆形；苞鳞革质，扁平，宽卵形或三角状卵形，先端有硬尖头，边缘有不规则的细锯齿，基部心形，背面中肋两侧具明显稀疏的气孔线，熟后不脱落；种鳞很小，着生于苞鳞的腹面中下部与苞鳞合生，上部分离，三裂，裂片先端有不规则的细缺齿，发育种鳞的腹面着生 3 粒种子；种子扁平，两侧边缘有窄翅；子叶 2 枚，发芽时出土。本属有 2 种及 2 栽培变种。公安县有 1 种。

21. 杉木 *Cunninghamia lanceolata* (Lamb.) Hook.

【形态】常绿乔木。树干通直，树皮灰褐色，裂成长条片脱落。叶螺旋状互生，条状披针形，扁平，长 3 ～ 6 厘米，宽 3 ～ 5 毫米，边缘有细锯齿，上面和下面有 2 条白色气孔带。雌雄同株；雄球花簇生于枝顶；雌球花单生或簇生于近枝顶，卵圆形，苞鳞和球鳞结合，螺旋状互生，苞鳞大，珠鳞先端 3 裂，每株鳞腹面着生 3 个直立胚球。球果近球形或卵圆形，长2.5 ～ 5 厘米，苞鳞革质，扁平，三角状宽卵形，顶端尖，边缘有细齿；种鳞小，生于苞鳞腹面的下部，较种子短，每种鳞具 3 粒种子。种子扁平，长 6 ～ 8 毫米，暗褐色，两侧有窄翅。传粉期 5 月，种子成熟期 11 月。

图 21 杉木

【生境】生于丘陵地疏林及路旁。

【分布】分布于章庄铺镇。

【药用部位】根、树皮、木材、叶、球果和杉节。

【化学成分】杉木中含有杉木精油，主要为柏木醇、松油醇、乙酸杉油酯。此外，还含 α－萜烯、柠檬烯、对伞花素、α－柏木烯、β－榄香烯等。叶中含双黄酮类成分，主要为穗花杉双黄酮、红杉双黄酮等。

【性味】辛，微温。

【功能主治】止咳祛痰，祛风止痛，解毒敛疮。主治慢性支气管炎、胃痛、风湿性关节痛，外治顽癣、过敏性皮炎。

水杉属 *Metasequoia* Miki ex Hu et Cheng

落叶乔木，大枝不规则轮生，小枝对生或近对生；冬芽有 6 ～ 8 对交叉对生的芽鳞。叶交叉对生，基部扭转排成 2 列，羽状，条形，扁平，柔软，无柄或几无柄，上面中脉凹下，下面中脉隆起，每边各有 4 ～ 18 条气孔线，冬季与侧生小枝一同脱落。雌雄同株，球花基部有交叉对生的苞片；雄球花单生于叶腋或枝顶，有短梗，球花枝呈总状花序状或圆锥花序状，雄蕊交叉对生，约 20 枚，每雄蕊有 3 花药，花丝短，药隔显著，药室纵裂，花粉无气囊；雌球花有短梗，单生于去年生枝顶或近枝顶，梗上有交叉对生的条形叶，珠鳞 11 ～ 14 对，交叉对生，每珠鳞有 5 ～ 9 枚胚珠。球果下垂，当年成熟，近球形，微具四棱，稀成矩圆状球形，有长梗；种鳞木质，盾形，交叉对生，顶部横长斜方形，有凹槽，基部楔形，宿存，发育种鳞有 5 ～ 9 粒种子；种子扁平，周围有窄翅，先端有凹缺；子叶 2 枚，发芽时出土。本属在中生代白垩纪及新生代约有 10 种，第四纪冰期之后，几乎全部灭绝，现仅有 1 孑遗种，现普遍栽培，为速生造林树种及园林树种。公安县境内亦有分布。

22. 水杉 *Metasequoia glyptostroboides* Hu et Cheng

【形态】乔木，树干通直，速生，高达 35 米。树皮有浅裂或片状纵裂，红褐色。小枝对生，下垂，有长枝与脱落性短枝。叶交互对生，2 列，羽状，条形，扁平，柔软，几无柄，长 1 ～ 1.7 厘米，宽约 2 毫米，上面中脉凹下，下面两侧有 4 ～ 8 条气孔线。雌雄同株；雄球花单生于叶腋，呈总状或圆锥状着生；雌球花单生于或对生，珠鳞交互对生。果球形，下垂，微带四棱。种子倒卵形，长约 6 毫米，扁平，周围有窄翅，先端有凹缺。传粉期 2 月下旬，种子成熟期 11 月。

图 22　水杉

【生境】栽培。

【分布】分布于黄山头镇、埠河镇、斗湖堤镇。

【附注】水杉为国家一级保护植物，是中国特有树种。

十八、柏科 Cupressaceae

常绿乔木或灌木。叶交叉对生或 3 ～ 4 片轮生，稀螺旋状着生，鳞形或刺形，或同一树本兼有两型叶。球花单性，雌雄同株或异株，单生于枝顶或叶腋；雄球花具 3 ～ 8 对交叉对生的雄蕊，每雄蕊具 2 ～ 6 花药，花粉无气囊；雌球花有 3 ～ 16 枚交叉对生或 3 ～ 4 片轮生的珠鳞，全部或部分珠鳞的腹面基部有 1 至多数直立胚珠，稀胚珠单心生于两珠鳞之间，苞鳞与珠鳞完全合生。球果圆球形、卵圆形或圆柱形；种鳞薄或厚，扁平或盾形，木质或近革质，熟时张开，或肉质合生呈浆果状，熟时不裂或仅顶端微开裂，发育种鳞有 1 至多粒种子；种子周围具窄翅或无翅，或上端有一长一短之翅。

本科共有 22 属约 150 种，我国产 8 属 29 种 7 变种，分布几遍全国，多为优良的用材树种及园林绿化树种。另引入栽培 1 属 15 种。

公安县境内的柏科植物有 1 属 1 变种。

侧柏属 *Platycladus* Spach

常绿乔木；生鳞叶的小枝直展或斜展，排成一平面，扁平，两面同型。叶鳞形，二型，交叉对生，排成四列，基部下延生长，背面有腺点。雌雄同株，球花单生于小枝顶端；雄球花有 6 对交叉对生的雄蕊，花药 2 ～ 4；雌球花有 4 对交叉对生的珠鳞，仅中间 2 对珠鳞各生 1 ～ 2 枚直立胚珠，最下一对珠鳞短小，有时退化而不显著。球果当年成熟，熟时开裂；种鳞 4 对，木质，厚，近扁平，背部顶端的下方有一弯曲的钩状尖头，中部的种鳞发育，各有 1 ～ 2 粒种子；种子无翅，稀有极窄之翅。子叶 2 枚，发芽时出土。本属仅侧柏 1 种，分布几遍全国。公安县有 1 变种。

23. 窄冠侧柏　*Platycladus orientalis* (L.) Franco cv. 'Zhaiguancebai'

【形态】乔木，高达 20 余米，胸径 1 米。树皮薄，浅灰褐色，纵裂成条片；枝条向上伸展或斜展，幼树树冠卵状尖塔形，老树树冠则为广圆形；生鳞叶的小枝细，向上直展或斜展，扁平，排成一平面。叶鳞形，长 1 ～ 3 毫米，先端微钝，小枝中央的叶的露出部分呈倒卵状菱形或斜方形，背面中间有条状腺槽，两侧的叶船形，先端微内曲，背部有钝脊，尖头的下方有腺点。雄球花黄色，卵圆形，长约 2 毫米；雌球花近球形，直径约 2 毫米，蓝绿色，被白粉。球果近卵圆形，长 1.5 ～ 2.5 厘米，成熟前

图 23　窄冠侧柏

近肉质，蓝绿色，被白粉，成熟后木质，开裂，红褐色；中间两对种鳞倒卵形或椭圆形，鳞背顶端的下方有一向外弯曲的尖头，上部 1 对种鳞窄长，近柱状，顶端有向上的尖头，下部 1 对种鳞极小，长达 13 毫米，稀退化而不显著；种子卵圆形或近椭圆形，顶端微尖，灰褐色或紫褐色，长 6 ～ 8 毫米，稍有棱脊，无翅或有极窄之翅。花期 3—4 月，球果 10 月成熟。

【生境】栽培于庭园。

【分布】各乡镇均有分布。

十九、罗汉松科 Podocarpaceae

常绿乔木或灌木。叶多型：条形、披针形、椭圆形、钻形、鳞形，或退化成叶状枝，螺旋状散生、近对生或交叉对生。球花单性，雌雄异株，稀同株；雄球花穗状，单生或簇生于叶腋，或生于枝顶，雄蕊多数，螺旋状排列，各具 2 个外向一边排列有背腹面区别的花药，药室斜向或横向开裂，花粉有气囊，稀无气囊；雌球花单生于叶腋或苞腋，或生于枝顶，稀穗状，具多数至少数螺旋状着生的苞片，部分或全部，或仅顶端之苞腋着生 1 枚倒转生或半倒转生（中国种类）、直立或近于直立的胚珠，胚珠由辐射对称或近于辐射对称的囊状或杯状的套被所包围，稀无套被，有梗或无梗。种子核果状或坚果状，全部或部分为肉质或较薄而干的假种皮所包，或苞片与轴愈合发育成肉质种托，有梗或无梗，有胚乳，子叶 2 枚。

本科共有 8 属约 130 种，我国产 2 属 14 种 3 变种。

公安县境内的罗汉松科植物有 1 属 1 种。

罗汉松属 *Podocarpus* L. Her. ex Persoon

常绿乔木或灌木。叶条形、披针形、椭圆状卵形或鳞形，螺旋状排列，近对生或交叉对生，基部通常不扭转，或扭转排成 2 列。雌雄异株，雄球花穗状，单生或簇生于叶腋，或呈分枝状，稀顶生，有总梗或几无总梗，基部有少数螺旋状排列的苞片，雄蕊多数，螺旋状排列，花药 2，花粉具 2 个气囊；雌球花常单生于叶腋或苞腋，稀顶生，有梗或无梗，基部有数枚苞片，最上部有 1 套被生 1 枚倒生胚珠，套被与珠被合生，花后套被增厚成肉质假种皮，苞片发育成肥厚或微肥厚的肉质种托，或苞片不增厚不成肉质种托。种子当年成熟，核果状，有梗或无梗，全部为肉质假种皮所包，生于肉质或非肉质的种托上。本属约有 100 种，我国有 13 种 3 变种。公安县有 1 种。

24. 罗汉松 *Podocarpus macrophyllus* (Thunb.) D. Don

【形态】乔木，高达 20 米，胸径达 60 厘米；树皮灰色或灰褐色，浅纵裂，呈薄片状脱落；枝开展或斜展，较密。叶螺旋状着生，条状披针形，微弯，长 7 ～ 12 厘米，宽 7 ～ 10 毫米，先端尖，基部楔形，上面深绿色，有光泽，中脉显著隆起，下面带白色、灰绿色或淡绿色，中脉微隆起。雄球花穗状、腋生，常 3 ～ 5 个簇生于极短的总梗上，长 3 ～ 5 厘米，基部有数枚三角状苞片；雌球花单生于叶腋，有梗，基部有少数苞片。种子卵圆形，直径约 1 厘米，先端圆，熟时肉质假种皮紫黑色，有白粉，种托肉质圆柱形，红色或紫红色，柄长 1 ～ 1.5 厘米。传粉期 4—5 月，种子成熟期 8—9 月。

【生境】栽培。

【分布】全县广布。

【药用部位】种子及花托。

【采收加工】秋季种子成熟后连同花托一起摘下，晒干。

【性味】甘，微温。

【功能主治】行气止痛，温中补血。主治胃脘疼痛、血虚。

图 24　罗汉松

被子植物门

Angiospermae

双子叶植物纲 Dicotyledoneae

二十、胡桃科 Juglandaceae

落叶或半常绿乔木或小乔木，具树脂，有芳香，被橙黄色盾状着生的圆形腺体。芽裸出或具芽鳞，常 2 ～ 3 枚重叠生于叶腋。叶互生或稀对生，无托叶，奇数或稀偶数羽状复叶；小叶对生或互生，具或不具小叶柄，羽状脉，边缘具锯齿或稀全缘。花单性，雌雄同株，风媒。花序单性或稀两性。雄花序常为柔荑花序，单独或数条成束，生于叶腋或芽鳞腋内；或生于无叶的小枝上而位于顶生的雌性花序下方，共同形成一下垂的圆锥式花序束；或生于新枝顶端而位于一顶生的两性花序（雌花序在下端、雄花序在上端）下方，形成直立的伞房式花序束。雄花生于 1 枚不分裂或 3 裂的苞片腋内；小苞片 2，花被片 1 ～ 4 枚，贴生于苞片内方的扁平花托周围，或无小苞片及花被片；雄蕊 3 ～ 40 枚，插生于花托上，1 至多轮排列，花丝极短或不存在，离生或在基部稍稍愈合，花药有毛或无毛，2 室，纵缝裂开，药隔不达，或发达而或多或少伸出于花药的顶端。雌花序穗状，顶生，具少数雌花而直立，或有多数雌花而成下垂的柔荑花序。雌花生于 1 枚不分裂或 3 裂的苞片腋内，苞片与子房分离或与 2 小苞片愈合而贴生于子房下端，或与 2 小苞片各自分离而贴生于子房下端，或与花托及小苞片形成一壶状总苞贴生于子房；花被片 2 ～ 4 枚，贴生于子房，具 2 枚时位于两侧，具 4 枚时位于正中线上者在外，位于两侧者在内；雌蕊 1，由 2 心皮合生，子房下位，初时 1 室，后来基部发生 1 或 2 不完全隔膜而成不完全 2 室或 4 室，花柱极短，柱头 2 裂或稀 4 裂；胎座生于子房基底，短柱状，初时离生，后来与不完全的隔膜愈合，先端有 1 直立的无珠柄的直生胚珠。果实由小苞片及花被片或仅由花被片，或由总苞以及子房共同发育成核果状的假核果或呈坚果状；外果皮肉质、革质或膜质，成熟时不开裂或不规则破裂，或者 4 ～ 9 瓣开裂；内果皮（果核）由子房本身形成，坚硬，骨质，一室，室内基部具 1 或 2 骨质的不完全隔膜，因而成不完全 2 室或 4 室；内果皮及不完全的隔膜的壁内在横切面上具或不具各式排列的大小不同的空隙（腔隙）。种子大型，完全填满果室，具 1 层膜质的种皮，无胚乳；胚根向上，子叶肥大，肉质，常成 2 裂，基部渐狭或呈心形，胚芽小，常被盾状着生的腺体。

本科共有 8 属约 60 种，我国产 7 属 27 种 1 变种。公安县境内的胡桃科植物有 2 属 2 种。

1. 小枝髓心坚实；小坚果扁平，两侧有窄翅，果序为球果状 ……………… 化香树属 *Platycarya*

1. 小枝髓心层片状；果为有 2 翅的小坚果 ……………… 枫杨属 *Pterocarya*

化香树属 *Platycarya* Sieb. et Zucc.

落叶小乔木，芽具芽鳞；枝条髓部不成薄片状分隔而为实心。叶互生，奇数羽状复叶，小叶边缘有锯齿。雄花序及两性花序共同形成直立的伞房状花序束，排列于小枝顶端，生于中央顶端的1条为两性花序，两性花序下部为雌花序，上部为雄花序（在花后脱落而仅留下雌花序）；生于两性花序下方周围者为雄性穗状花序。雄花的苞片不分裂；无小苞片及花被片；雄蕊常8枚，稀6～7枚，其中4～5枚的花丝与苞片结合，2～3枚的花丝与花序轴结合，花丝短，花药无毛，药隔不明显。雌花序由密集而成覆瓦状排列的苞片组成，每苞片内具1雌花，苞片不分裂，与子房分离。雌花具2小苞片，无花被片；小苞片贴生于子房，背面中央隆起成翅状；子房1室；无花柱，柱头2裂，内面具柱头面，柱头裂片位于两侧，着生于心皮的背脊方位。果序球果状，直立，有多数木质而有弹性的宿存苞片，苞片密集而成覆瓦状排列。果为小坚果状，较苞片小，背腹压扁状，两侧具由2花被片发育而成的狭翅，外果皮薄革质，内果皮海绵质，基部具1隔膜，成不完全2室。种子具膜质种皮；子叶皱褶。本属有2种，1种分布于我国黄河以南各省（区）及朝鲜和日本，1种为我国特有。公安县有1种。

25. 化香树 *Platycarya strobilacea* Sieb. et Zucc.

【形态】落叶灌木或小乔木，高4～6米。树皮灰色或暗褐色，有纵裂，髓部实心。小枝密被褐色细毛，后渐脱落，老枝深褐色，光滑无毛。奇数羽状复叶互生，薄革质，长16～30厘米，有较长的柄；小叶9～13，无柄，对生或近对生，卵状披针形或长椭圆状披针形，稍呈镰状，长3～11厘米，宽1.5～3.5厘米，先端渐尖，基部阔楔形或微心形，稍偏斜，边缘有细小重锯齿，上面暗绿色，无毛，下面黄绿色，幼时有密毛，老时仅脉腋有簇毛。花单性，雌雄同株，伞房状花序聚生于新枝顶或叶腋处；两性花序通常生于中央顶端。雌花序在下，雄花序在上，开花后脱落，生于两性花序下方周围者为雄花序。果序呈球果状，卵状椭圆形或短圆柱形，小坚果，扁平，圆形，具2狭翅。花期5—6月，果期9—10月。

图25 化香树

【生境】生于丘陵、疏林中。

【分布】分布于章庄铺镇。

【药用部位】根皮、树皮、果序及叶。

【采收加工】根皮全年可采集，树皮、果序于夏、秋季采集，叶于夏季采集。

【化学成分】化香树果序含酚类、黄酮类、生物碱、挥发油等化学成分。

【药理作用】化香树果序具有抗肿瘤、抗病毒、抗炎抑菌、抗衰老、促生长、降压镇静等多方面药理活性。

【性味】辛，热；有毒。

【功能主治】解毒杀虫，消肿散瘀。主治淋巴结结核、阴疽、疥、癣、骨结核等。

枫杨属 *Pterocarya* Kunth

落叶乔木，芽具 2 ~ 4 枚芽鳞或裸出，腋芽单生或数个叠生；木材为散孔型，髓部片状分隔。叶互生，常集生于小枝顶端，奇数（稀偶数）羽状复叶，小叶的侧脉在近叶缘处相互联结成环，边缘有细锯齿或细齿。柔荑花序单性；雄花序长而具多数雄花，下垂，单独生于小枝上端的叶丛下方，自早落的鳞状叶腋内或自叶痕腋内生出。雄花无柄，两侧对称或常不规则，具显明凸起的线形花托，苞片 1 枚，小苞片 2 枚，4 枚花被片中仅 1 ~ 3 枚发育；雄蕊 9 ~ 15 枚，药无毛或具毛，药隔在花药顶端几乎不凸出。雌花序单独生于小枝顶端，具极多雌花，开花时俯垂，果时下垂。雌花无柄，辐射对称，苞片 1 枚及小苞片 2 枚各自离生，贴生于子房，花被片 4 枚，贴生于子房，在子房顶端与子房分离，子房下位，两心皮位于正中线上或位于两侧，内具 2 不完全隔膜而在子房底部分成不完全 4 室，花柱短，柱头 2 裂，裂片羽状。果实为干的坚果，基部具 1 宿存的鳞状苞片及具 2 革质翅（由 2 小苞片形成），翅向果实两侧或向斜上方伸展，顶端留有 4 枚宿存的花被片及花柱，外果皮薄革质，内果皮木质，在内果皮壁内常有疏松的薄壁细胞的空隙。子叶 4 深裂，在种子萌发时伸出地面。本属约有 8 种，其中 1 种产于高加索地区，1 种产于日本和我国山东，1 种产于越南北部和我国云南东南部，其余 5 种为我国特有。公安县有 1 种。

图 26 枫杨

26. 枫杨 *Pterocarya stenoptera* C. DC.

【形态】落叶乔木，高达 20 ~ 30 米，胸径可达 1 ~ 2 米。小枝灰色，幼嫩枝具长柔毛，后渐脱落，散生淡黄色皮孔，枝上叶痕明显，肾形或倒心形。叶互生，奇数羽状复叶，常因顶生小叶不发育而成偶数羽状复叶，长 20 ~ 30 厘米，叶轴有狭翅，小叶 10 ~ 16 枚，无柄，长椭圆形至长椭圆状披针形，长 4 ~ 12 厘米，宽 2 ~ 3 厘米，先端钝尖或短尖，基部不对称，边缘有细锯齿，上面深绿色，有细小疣状突起，被毛，下面绿色，上下两面中脉及侧脉被短星状毛，侧脉腋内星状毛成簇。花单性，雌雄同株，雄柔荑花序单生于去年生枝条叶痕腋内，长 6 ~ 10 厘米，下垂；雌柔荑花序顶生，长 10 ~ 15 厘米，俯垂。果序长 20 ～ 45 厘米，下垂，果序轴常有宿存的毛；果实长椭圆形，长 6 ～ 7 毫米；果翅 2 片，条状矩圆形或矩圆形，长 12 ～ 20 毫米，宽 4 ～ 6 毫米。花期 4 月，果期 9 月。

【生境】生于溪边、河坎。

【分布】各乡镇均有分布。

【药用部位】枝、叶及根皮。

【采收加工】夏、秋季收取树皮、枝叶，根皮全年可采。

【化学成分】叶含水杨酸、内酯及酚类等成分。

【药理作用】枫杨具有抗肿瘤、抗病毒、抗氧化、抗菌等多种药理活性。

【性味】微苦，温；有小毒。

【功能主治】利水消肿，解毒杀虫。主治牙痛、急性黄疸型肝炎、关节肿痛、钩端螺旋体病、滴虫性阴道炎、皮肤湿疹、疖肿、创伤、化脓性溃疡、疥癣等。

二十一、桦木科 Betulaceae

落叶乔木或灌木，小枝及叶有时具树脂腺体或腺点。单叶，互生，叶缘具重锯齿或单齿，较少具浅裂或全缘，叶脉羽状，侧脉直达叶缘或在近叶缘处向上弓曲网结成闭锁式；托叶分离，早落，很少宿存。花单性，雌雄同株，风媒；雄花序顶生或侧生，春季或秋季开放；雄花具苞鳞，有花被（桦木族）或无（榛族）；雄蕊 2 ～ 20 枚（很少 1 枚）插生在苞鳞内，花丝短，花药 2 室，药室分离或合生，纵裂，花粉粒扁球形，具 3 孔或 4 ～ 5 孔，很少具 2 孔或 8 孔，外壁光滑；雌花序为球果状、穗状、总状或头状，直立或下垂，具多数苞鳞（果时称果苞），每苞鳞内有雌花 2 ～ 3 朵，每朵雌花下部又具 1 枚苞片和 1 ～ 2 枚小苞片，无花被（桦木族）或具花被并与子房贴生（榛族）；子房 2 室或不完全 2 室，每室具 1 个倒生胚珠或 2 个倒生胚珠而其中的 1 个败育；花柱 2 枚，分离，宿存。果序球果状、穗状、总状或头状；果苞由雌花下部的苞片和小苞片在发育过程中逐渐连合而成，木质、革质、厚纸质或膜质，宿存或脱落。果为小坚果或坚果；胚直立，子叶扁平或肉质，无胚乳。

全科共有 6 属 100 余种，我国 6 属均有分布，共约 70 种。

公安县境内的桦木科植物有 1 属 1 种。

桤木属 *Alnus* Mill.

落叶乔木或灌木，树皮光滑；芽有柄，具芽鳞 2 ～ 3 枚或无柄而具多数覆瓦状排列的芽鳞。单叶，互生，具叶柄，边缘具锯齿或浅裂，很少全缘，叶脉羽状，第三级脉常与侧脉成直角相交，彼此近于平行或网结；托叶早落。花单性，雌雄同株；雄花序生于上一年枝条的顶端，春季或秋季开放，圆柱形；雄花每 3 朵生于一苞鳞内；小苞片多为 4 枚，较少为 3 枚或 5 枚；花被 4 枚，基部连合或分离；雄蕊多为 4 枚，与花被对生，很少 1 枚或 3 枚；花丝甚短，顶端不分叉；花药卵圆形，2 药室不分离，顶端无毛，很少有毛；

花粉粒赤道面观为宽椭圆形，极面观具棱，呈四角形或五角形，很少三角形或六角形，具4～5孔，很少3～6孔，外壁两层，外层凸出于轮廓线处，具带状加厚；雌花序单生或聚成总状或圆锥状，秋季出自叶腋或着生于少叶的短枝上；苞鳞覆瓦状排列，每个苞鳞内具2朵雌花；雌花无花被；子房2室，每室具1枚倒生胚珠；花柱短，柱头2。果序球果状；果苞木质，鳞片状，宿存，由3枚苞片、2枚小苞片愈合而成，顶端具5枚浅裂片，每个果苞内具2枚小坚果。小坚果小，扁平，具或宽或窄的膜质或厚纸质翅；种子单生，具膜质种皮。本属共有40余种，我国产7种1变种。公安县有1种。

27. 桤木 *Alnus cremastogyne* Burk.

【形态】乔木，高可达30～40米。树皮灰色，平滑；枝条灰色或灰褐色，无毛；小枝褐色，无毛或幼时被淡褐色短柔毛；芽具柄，有2枚芽鳞。叶倒卵形、倒卵状矩圆形、倒披针形或矩圆形，长4～14厘米，宽2.5～8厘米，顶端骤尖或锐尖，基部楔形或微圆，边缘具几不明显而稀疏的钝齿，上面疏生腺点，幼时疏被长柔毛，下面密生腺点，几无毛，很少于幼时密被淡黄色短柔毛，脉腋间有时具簇生的髯毛，侧脉8～10对；叶柄长1～2厘米，无毛，很少于幼时具淡黄色短柔毛。雄花序单生，长3～4厘米。果序单生于叶腋，矩圆形，长1～3.5厘米，直径5～20毫米；序梗细瘦，柔软，下垂，长4～8厘米，无毛，很少于幼时被短柔毛；果苞木质，长4～5毫米，顶端具5枚浅裂片。小坚果卵形，长约3毫米，膜质翅宽仅为果的1/2。

图27 桤木

【生境】栽培于房前屋后。

【分布】分布于夹竹园镇。

【药用部位】嫩枝叶、皮。

【性味】苦、涩，凉。

【功能主治】枝梢：清热凉血，解毒；主治腹泻、痢疾、吐血、衄血、黄水疮、毒蛇咬伤。皮：凉血止血，清热解毒；主治吐血、衄血、崩漏、肠炎、痢疾、风火赤眼、黄水疮。

二十二、壳斗科 Fagaceae

常绿或落叶乔木，稀灌木。单叶，互生，极少轮生，全缘或齿裂，或不规则的羽状裂；托叶早落。

花单性同株，稀异株，或同序，风媒或虫媒；花被1轮，4～6(8)片，基部合生，干膜质；雄花有雄蕊4～12枚，花丝纤细，花药基着或背着，2室，纵裂，无退化雌蕊，或有但小且被卷丛毛遮盖；雌花1～5朵聚生于一壳斗内，有时伴有可育或不育的短小雄蕊，子房下位，花柱与子房室同数，柱头面线状，近于头状，或浅裂的舌状，或几与花柱同色的窝点，子房室与心皮同数，或因隔膜退化而减少，3～6室，每室有倒生胚珠2颗，仅1颗发育，中轴胎座。雄花序下垂或直立，整序脱落，由多数单花或小花束，即变态的二歧聚伞花序簇生于花序轴（或总花梗）的顶部呈球状，或散生于总花序轴上呈穗状，稀成圆锥花序；雌花序直立，花单朵散生或3数朵聚生成簇，分生于总花序轴上呈穗状，有时单花或2～3花腋生。由总苞发育而成的壳斗脆壳质、木质、角质或木栓质，形状多样，包着坚果底部至全包坚果，开裂或不开裂，外壁平滑或有各式姿态的小苞片，每壳斗有坚果1～3(5)个；坚果有棱角或浑圆，顶部有稍凸起的柱座，底部的果脐又称疤痕，有时占坚果面积的大部分，凸起，近平坦，或凹陷，胚直立，不育胚珠位于种子的顶部（胚珠悬垂），或位于基部（胚珠上举），稀位于中部，无胚乳，子叶二片，平凸，稀脑叶状或镶嵌状，富含淀粉或鞣质。

本科含7属约900种，我国有7属约320种。

公安县境内的壳斗科植物有2属2种。

1. 雄花序直立，雄花有退化子房，雌花花柱圆柱形，柱头细点状……栗属 *Castanea*

1. 雄花序为下垂的柔荑花序，雄花通常无退化子房，雌花有扁花柱，柱头着生在花柱内侧先端……栎属 *Quercus*

栗属 *Castanea* Mill.

落叶乔木，稀灌木，树皮纵裂，无顶芽，冬芽为3～4片芽鳞包被；叶互生，叶缘有锐裂齿，羽状侧脉直达齿尖，齿尖常呈芒状；托叶对生，早落。花单性同株或为混合花序，雄花位于花序轴的上部，雌花位于下部；穗状花序，直立，通常单穗腋生于枝的上部叶腋间，偶因小枝顶部的叶退化而形成总状排列；花被(5)6裂；雄花1～3(5)朵聚生成簇，每簇有3片苞片，每朵雄花有雄蕊10～12枚，中央有被长茸毛的不育雌蕊，花丝细长，花药细小，2室，背着；雌花1～3(7)朵聚生于一壳斗内，花柱9或6枚，子房9或6室，每室有顶生的胚珠2颗，仅1室1胚珠发育，柱头与花柱等粗，细点状；壳斗外壁在授粉后不久即长出短刺，刺随壳斗的增大而增长且密集；壳斗4瓣裂，有栗褐色坚果1～3(5)个，通称栗子；果顶部常被伏毛，底部有淡黄白色略粗糙的果脐；每果有1(2或3)种子，种皮红棕色至暗褐色，被伏贴的丝光质毛，不育胚珠位于种皮的顶部，子叶平凸，等大，若不等大，则为镶嵌状，富含淀粉与糖，种子萌发时子叶不出土。本属有12～17种，我国有4种及1变种。公安县有1种。

28. 栗 *Castanea mollissima* Bl.

【形态】灌叶乔木，高达15～20米，直径0.5～1米；树皮暗灰色，具不规则深纵裂纹，幼枝灰褐色，有茸毛。叶互生，排列成2列，叶片长圆形至长椭圆状披针形，长8～18厘米，宽4～6厘米，先端渐尖，基部圆形或宽楔形，间或两侧不对称，边缘有疏锯齿，齿端芒尖，下面密被灰白色短茸毛；叶柄长 1 ～ 1.5 厘米。花单性，雌雄同株，雄花序穗状，直立，花被 6 裂，雄花 10 ～ 20 枚，雌花生于枝条上部的雄花序基部，有 3 朵聚生于有刺的总苞内，花被 6 裂，子房下位，花柱 6 ～ 9。果时壳半球形，直径 3 ～ 5 厘米，刺密被星状柔毛，成熟时裂为 4 瓣，内藏 2 ～ 3 个坚果。花期 4—5 月，果期 8—9 月。

图 28　栗

【生境】栽培于向阳山坡及杂木林中。

【分布】各乡镇均有分布。

【药用部位】果实、果壳及根皮。

【采收加工】秋季采收成熟果实，除去毛壳得种仁。叶于夏季采集，多为鲜用。根皮随采随用。

【化学成分】果实含蛋白质、脂肪、淀粉、维生素 B、脂肪酶。花含氨基酸。树皮、叶、总苞含鞣质。

【药理作用】果实具有抗菌、抗糖尿病、抗炎、抗凝血、抗癌、抗疲劳等生物活性。

【性味】果实：甘，温。果壳：涩，平。叶：微苦，温。

【功能主治】果实：益气健胃，补肾；主治肾虚腰痛、伤损疼痛。果壳：清火，化痰散结。叶：祛风止痒，止咳。

栎属 *Quercus* L.

常绿、落叶乔木，稀灌木。冬芽具数枚芽鳞，覆瓦状排列。叶螺旋状互生，托叶常早落。花单性，雌雄同株；雌花序为下垂柔荑花序，花单朵散生或数朵簇生于花序轴下；花被杯形，4 ～ 7 裂或更多；雄蕊与花被裂片同数或较少，花丝细长，花药 2 室，纵裂，退化雌蕊细小；雌花单生，簇生或排成穗状，单生于总苞内，花被 5 ～ 6 深裂，有时具细小退化雄蕊，子房 3 室，稀 2 或 4 室，每室有 2 胚珠；花柱与子房室同数，柱头侧生带状或顶生头状。壳斗（总苞）包着坚果一部分，稀全包坚果。壳斗外壁的小苞片鳞形、线形、钻形，覆瓦状排列，紧贴或开展。每壳斗内有 1 个坚果。坚果当年或翌年成熟，坚果顶端有突起柱座，底部有圆形果脐，不育胚珠位于种皮的基部，种子萌发时子叶不出土。

本属约有 300 种，我国有 51 种 14 变种 1 变型。公安县境内的栎属植物有 1 种。

29. 槲栎　*Quercus aliena* Bl.

【形态】落叶乔木，高 4 ～ 25 米；树皮暗灰色，深纵裂。小枝灰褐色，近无毛，具圆形淡褐色皮孔；芽卵形，芽鳞具缘毛。叶片长椭圆状倒卵形至倒卵形，长 10 ～ 25 厘米，宽 5 ～ 12 厘米，顶端微钝或短渐尖，基部楔形或圆形，叶缘具波状钝齿，叶背被灰棕色细茸毛，侧脉每边 10 ～ 15 条，叶面中脉侧脉不凹陷；叶柄长 1 ～ 1.3 厘米，无毛。雄花序长 4 ～ 8 厘米，雄花单生或数朵簇生于花序轴，微有毛，花被 6 裂，雄蕊通常 10 枚；雌花序生于新枝叶腋，单生或 2 ～ 3 朵簇生。壳斗杯形，包着坚果约 1/2，直径 1.2 ～ 2 厘米，高 1 ～ 1.5 厘米；小苞片卵状披针形，长约 2 毫米，排列紧密，被灰白色短柔毛。坚果椭圆形至卵形，直径 1.3 ～ 1.8 厘米，高 1.7 ～ 2.5 厘米，果脐微突起。花期 (3)4—5 月，果期 9—10 月。

图 29 槲栎

【生境】生于田边灌丛。

【分布】分布于章庄铺镇、黄山头镇。

二十三、榆科 Ulmaceae

乔木或灌木。芽具鳞片，稀裸露，顶芽通常早死，枝端萎缩成一小距状或瘤状突起，残存或脱落，其下的腋芽代替顶芽。单叶，常绿或落叶，互生，稀对生，常二列，有锯齿或全缘，基部偏斜或对称，羽状脉或基部三出脉（即羽状脉的基生 1 对侧脉比较强壮），稀基部五出脉或掌状三出脉，有柄；托叶常呈膜质，侧生或生柄内，分离或连合，或基部合生，早落。单被花两性，稀单性或杂性，雌雄异株或同株，少数或多数排成或疏或密的聚伞花序，或因花序轴短缩而似簇生状，或单生，生于当年生枝或去年生枝的叶腋，或生于当年生枝下部或近基部的无叶部分的苞腋；花被浅裂或深裂，花被裂片常 4 ～ 8，覆瓦状（稀镊合状）排列，宿存或脱落；雄蕊着生于花被的基底，在蕾中直立，稀内曲，常与花被裂片同数而对生，稀较多，花丝明显，花药 2 室，纵裂，外向或内向；雌蕊由 2 心皮连合而成，花柱极短，柱头 2，条形，其内侧为柱头面，子房上位，通常 1 室，稀 2 室，无柄或有柄，胚珠 1 枚，倒生，珠被 2 层。果为翅果、核果、小坚果或有时具翅或具附属物，顶端常有宿存的柱头；胚直立、弯曲或内卷，胚乳缺或少量，子叶扁平、折叠或弯曲，发芽时出土。

本科有 16 属约 230 种。我国产 8 属 46 种 10 变种，分布遍及全国，另引入栽培 3 种。

公安县境内的榆科植物有 1 属 1 种。

朴属 *Celtis* L.

乔木，芽具鳞片或否。叶互生，常绿或落叶，有锯齿或全缘，具三出脉或 3 ～ 5 对羽状脉，在后者情况下，由于基生 1 对侧脉比较强壮也似为三出脉，有柄；托叶膜质或厚纸质，早落或顶生者晚落而包着冬芽。花小，两性或单性，有柄，集成小聚伞花序或圆锥花序，或因总梗短缩而化成簇状，或因退化而花序仅具一两性花或雌花；花序生于当年生小枝上，雄花序多生于小枝下部无叶处或下部的叶腋，在杂性花序中，两性花或雌花多生于花序顶端；花被片 4 ～ 5，仅基部稍合生，脱落；雄蕊与花被片同数，着生于通常具柔毛的花托上；雌蕊具短花柱，柱头 2，线形，先端全缘或 2 裂，子房 1 室，具 1 倒生胚珠。果为核果，内果皮骨质，表面有网孔状凹陷或近平滑；种子充满核内，胚乳少量或无，胚弯，子叶宽。

本属约有 60 种，我国有 11 种 2 变种。公安县境内的朴属植物有 1 种。

30. 朴树　*Celtis sinensis* Pers.

【形态】乔木，树皮平滑，灰色；一年生枝被密毛。叶互生，叶柄长；叶片革质，宽卵形至狭卵形，先端急尖至渐尖，基部圆形或阔楔形，偏斜，中部以上边缘有浅锯齿，三出脉，上面无毛，下面沿脉及脉腋疏被毛。花杂性（两性花和单性花同株），生于当年枝的叶腋；核果近球形，红褐色；果柄较叶柄近等长；核果单生或 2 个并生，近球形，熟时红褐色；果核有穴和突肋。果梗常 2 ～ 3 枚（少有单生）生于叶腋，其中一枚果梗（实为总梗）常有 2 果（少有多至 4 果），其他的具 1 果，无毛或被短柔毛，长 7 ～ 17 毫米；果成熟时黄色至橙黄色，近球形，直径约 8 毫米；核近球形，直径约 5 毫米，具 4 条肋，表面有网孔状凹陷。

图 30　朴树

【生境】生于山坡、林缘。

【分布】分布于黄山头镇。

【药用部位】叶、树皮和成熟果实。

【采收加工】叶和树皮：夏季采收，鲜用或晒干。果实：成熟时采收，晒干。

【化学成分】朴树含有黄酮类、三萜类、酚类、蒽醌类和酰胺类等成分。

【药理作用】朴树中各类化学成分的主要药理活性：抗氧化作用、抗炎作用、抗菌作用、抗肿瘤作用、AChE 抑制作用、抗突变作用等。

【性味】叶：微苦，凉。树皮：辛、苦，平。果实：苦、涩，平。

【功能主治】叶：清热，凉血，解毒；主治漆疮、荨麻疹。

树皮：祛风透疹，消食化滞；主治麻疹透发不畅、消化不良。

果实：清热利咽；主治感冒咳嗽音哑。

二十四、杜仲科 Eucommiaceae

落叶乔木。叶互生，单叶，具羽状脉，边缘有锯齿，具柄，无托叶。花雌雄异株，无花被，先于叶开放，或与新叶同时从鳞芽长出。雄花簇生，有短柄，具小苞片；雄蕊 5 ～ 10 枚，线形，花丝极短，花药 4 室，纵裂。雌花单生于小枝下部，有苞片，具短花梗，子房 1 室，由合生心皮组成，有子房柄，扁平，顶端 2 裂，柱头位于裂口内侧，先端反折，胚珠 2 个，并立、倒生，下垂。果为不开裂，扁平，长椭圆形的翅果先端 2 裂，果皮薄革质，果梗极短；种子 1 个，垂生于顶端，胚乳丰富；胚直立，与胚乳同长；子叶肉质，扁平；外种皮膜质。

本科仅有 1 属 1 种，为中国特有，现广泛栽培。

杜仲属 *Eucommia* Oliver

杜仲属的形态特征与杜仲科相同。

31. 杜仲 *Eucommia ulmoides* Oliver

【形态】落叶乔木，高可达 20 米。树皮灰色，小枝具皮孔，髓心片状分离，树皮、叶、枝、果折断时有银白色具弹性的细丝牵连。叶互生，椭圆形或椭圆状卵形，长 6 ～ 18 厘米，宽 3 ～ 7.5 厘米，先端渐尖，基部楔圆形，边缘有锯齿，叶脉羽状，下面脉上有毛；叶柄长 1 ～ 2 厘米，无托叶。花单性，雌雄异株，无花被，常先于叶开放，生于小枝基部；雄花有短梗，长约 9 毫米，雄蕊 6 ～ 10 枚，花药条形，长约 1 厘米，药隔伸出成短尖头，花丝极短；雌花具短梗，雌蕊扁平，顶端有二叉状花柱，子房上位，1 室。翅果狭椭圆形，扁平，棕褐色，翅革质，先端有缺刻，长 2.5 ～ 3.5 厘米。种子 1 粒。花期 4—5 月，果期 9—10 月。

图 31 杜仲

【生境】栽培。

【分布】分布于埠河镇、甘家厂乡、斗湖堤镇。

【药用部位】茎皮。

【采收加工】一般移栽 10 ～ 15 年以后即可收获，多在 4—5 月进行采收。首先刮去青苔、粗皮，然后按 65 ～ 85 厘米长度横向切断，再直划一刀，将树皮剥下，内皮向上，置于湿热的地面上，上压木条，直至晒干，或将剥下的杜仲皮用开水烫后（或烘至微热后），以内皮相对平叠，堆放压紧，用干草严密覆盖，使其发汗，使内皮变成紫褐色，取出，晒干。

【化学成分】杜仲的主要化学成分为木脂素类、环烯醚萜类、苯丙素类、黄酮类、甾类和萜类等。

【药理作用】杜仲具有抗高血压、降血脂、抗糖尿病、抗骨质疏松、抗炎、抗菌、抗氧化，以及保护神经的药理作用。

【性味】微苦，温。

【功能主治】补肝肾，强筋骨，安胎。主治肝肾不足、腰膝酸痛、筋骨无力、妊娠漏血、胎动不安。

【附注】为扩大药物来源，部分省份已将杜仲的叶入药，在霜降前后摘取或收集落叶，除去叶柄、杂质或枯叶，晒干。其功效同杜仲的茎皮。

二十五、桑科 Moraceae

乔木或灌木，藤本，稀为草本，通常具乳液，有刺或无刺。叶互生，稀对生，全缘或具锯齿，分裂或不分裂，叶脉掌状或为羽状，有或无钟乳体；托叶 2 枚，通常早落。花小，单性，雌雄同株或异株，无花瓣；花序腋生，典型成对，总状、圆锥状、头状、穗状或壶状，稀为聚伞状，花序托有时为肉质，增厚或封闭而为隐头花序或开张而为头状或圆柱状。雄花：花被片 2 ～ 4 枚，有时仅为 1 枚或多至 8 枚，分离或合生，覆瓦状或镊合状排列，宿存；雄蕊通常与花被片同数而对生。雌花：花被片 4，稀更多或更少，宿存；子房 1 室，稀为 2 室，上位、下位或半下位，或埋藏于花序轴上的陷穴中，每室有倒生或弯生胚珠 1 枚；花柱 1 或 2，具 1 或 2 个柱头臂，柱头非头状或盾形。果为瘦果或核果状，围以肉质变厚的花被，或藏于其内形成聚花果，或隐藏于壶形花序托内壁，形成隐花果，或陷入发达的花序轴内，形成大型的聚花果。种子大或小，包于内果皮中，有胚乳，胚通常弯曲。

本科约有 53 属 1400 种，分布于热带、亚热带至北温带地区。我国约有 12 属 153 种，主要分布于长江以南。

公安县境内的桑科植物有 5 属 9 种。

1. 乔木或灌木，或木质藤本。
  2. 托叶离生，脱落后无环状痕迹；花集生成柔荑花序或头状花序。
    3. 无枝刺；叶缘有锯齿；雄花及雌花集生成柔荑花序或头状花序。
      4. 雄花与雌花均成柔荑花序；复果呈短圆筒形，肉质多汁；腋芽鳞片 3 ～ 6……………………桑属 *Morus*
      4. 雄花为柔荑花序，极少数为头状花序，雌花密生成球形头状花序；复果呈球形，小核果内果皮硬脆；腋芽鳞片 2 ～ 3……………………构属 *Broussonetia*
    3. 有枝刺；叶全缘或 3 裂；雄花与雌花均成头状花序……………………柘属 *Cudrania*
  2. 托叶合生，包被顶芽，脱落后留有一环状痕迹；花集生成隐头花序……………………榕属 *Ficus*
1. 草本，茎蔓生；叶对生……………………葎草属 *Humulus*

桑属 *Morus* L.

落叶乔木或灌木，无刺；冬芽具 3 ～ 6 枚芽鳞，呈覆瓦状排列。叶互生，边缘具锯齿，全缘至深裂，基生叶脉三至五出，侧脉羽状；托叶侧生，早落。花雌雄异株或同株，或同株异序，雌雄花序均为穗状；雄花，花被片 4，覆瓦状排列，雄蕊 4 枚，与花被片对生，在花芽时内折，退化雌蕊陀螺形；雌花，花被片 4，覆瓦状排列，结果时增厚为肉质，子房 1 室，花柱有或无，柱头 2 裂，内面被毛或为乳头状突起；聚花果（俗称桑）为多数包藏于肉质花被片内的核果组成，外果皮肉质，内果皮壳质。种子近球形，胚乳丰富，胚内弯，子叶椭圆形，胚根向上内弯。本属约有 16 种，我国产 11 种，各地均有分布。公安县有 2 种。

1. 叶上面光滑，下面脉腋有须状毛；花柱甚短……桑 *M. alba*
1. 叶下面光滑无毛，或仅有微细毛，无腋生须状毛；花柱明显；叶形变化很大……鸡桑 *M. australis*

32. 桑 *Morus alba* L.

【形态】落叶灌木或小乔木，高 3 ～ 7 米或更高，通常因整枝修剪，多呈灌木状。树皮灰白色，常有条状裂缝，枝折断后有乳汁流出。叶互生，卵形至广卵形，长 5 ～ 20 厘米，宽 4 ～ 8 厘米，先端急尖或钝，基部圆形或浅心形或稍偏斜，边缘有粗锯齿，有时呈不规则分裂，上面无毛，有光泽，下面脉上有疏毛，并有腋毛；叶柄长 12.5 厘米。花单性，雌雄异株，穗状花序腋生；雄花序长 1 ～ 3 厘米，雄花花被片 4，无花柱或花柱极短，柱头 2 裂，宿存。聚花果长 1 ～ 2.5 厘米，初时绿色，后变黑紫色或白色。花期 4—5 月，果期 6—7 月。

图 32 桑

【生境】常栽培于田间、地边。

【分布】各乡镇均有分布。

【药用部位】叶、果穗、嫩枝、根皮。叶称“桑叶”，果穗称“桑葚子”，嫩枝称“桑枝”，根皮称“桑白皮”。

【采收加工】叶：多在秋末后采摘，除去树条，摊放通风处阴干。果穗：夏末秋初当果实成熟，表面呈红色时采摘，晒干或烘干，或略蒸后再晒干。嫩枝：秋冬季节修剪桑树时，剪取均匀细枝条，截成 30 厘米左右长的段或切断成薄的斜片，晒干。根皮：春、秋季均可采收，将根挖出后，除去须根和泥土，趁新鲜时刮去黄棕色栓皮，纵向剥开皮部，用木棒轻轻捶打，使皮部与木部分离，除去木心，晒干。

【化学成分】叶含芸香苷、槲皮素、异槲皮苷等黄酮类化合物，还含有微量的 β-谷甾醇、菜油甾醇、β-谷甾醇-β-D-葡萄糖苷、牛膝甾酮、蜕皮甾酮和绿原酸。果实含有芦丁、胡萝卜素、维生素 A、维生素 B_1、维生素 B_2、维生素 C、蛋白质、糖类（9% ～ 12%）。桑枝含鞣质及各种糖类。茎含桑素、桑色烯、环桑素、环桑色烯。根皮含桑根皮素、桑素、桑色烯、环桑素、环桑色烯、桑呋喃 A、白桦脂酸、东莨菪素、α－香树精和 β－香树精等。

【性味】桑叶：苦、甘，寒。桑葚子：甘、酸，寒。桑枝：微苦，平。桑白皮：甘，寒。

【功能主治】桑叶：散风，清热，明目；主治风热头痛、咳嗽、目赤肿痛。

桑葚子：补肝，益肾，熄风，滋液；主治肝肾亏损、消渴、便秘、目眩、耳鸣、关节不利等。

桑枝：祛风除湿，舒筋活络；主治风湿痹痛、肢体麻木、高血压等。

桑白皮：润肺平喘，行水消肿；主治肺热咳嗽、肺满喘促、小便不利。

33. 鸡桑 *Morus australis* Poir.

【形态】落叶灌木或小乔木，高达 2 ～ 8 米。树皮灰黑色，纵长裂，小枝光滑或幼嫩时有毛。单叶互生，卵圆形，长 4 ～ 15 厘米，宽 4 ～ 10 厘米，先端渐尖或急尖，基部截形或近心形，边缘有粗锯齿，有时 3 ～ 5 深裂，上面粗糙，下面有短毛；叶柄长 2 ～ 3 厘米；托叶线状披针形，早落。穗状花序生于新枝的叶腋，单性。雌雄异株，雄花被片和雄蕊均为 5 枚，不育雌蕊陀螺形，雌花柱头 2 裂，与花柱等长，宿存。桑葚果黄色，成熟时呈暗红色。花期 4 月，果期 5—6 月。

图 33 鸡桑

【生境】生于田边灌丛。

【分布】分布于章庄铺镇。

【药用部位】根和叶。

【采收加工】冬至前后采摘叶片，秋冬两季挖支根，去木心并刮去粗皮，晒干备用。

【性味】甘、辛，寒。

【功能主治】清热解表，宣肺止咳。主治风热感冒、肺热咳嗽、头痛、咽痛。

构属 *Broussonetia* L'Hert. ex Vent.

乔木或灌木，或为攀缘藤状灌木；有乳液，冬芽小。叶互生，分裂或不分裂，边缘具锯齿，基生叶脉三出，侧脉羽状；托叶侧生，分离，卵状披针形，早落。花雌雄异株或同株；雄花为下垂柔荑花序或球形头状花序，花被片 4 或 3 裂，雄蕊与花被裂片同数而对生，在花芽时内折，退化雄蕊小；雌花密集成球形头状花序，苞片棍棒状，宿存，花被管状，顶端 3 ～ 4 裂或全缘，宿存，子房内藏，具柄，花柱侧生，线形，胚珠自室顶垂悬。聚花果球形，每小核果有 1 橙红色的种子；种子长圆形，胚乳很少。本属约有 4 种，我国均产，主要分布在西南至东南各地。公安县有 2 种。

1. 灌木；叶柄长 1 ～ 2 厘米，叶下面无毛，或仅在幼时稍有毛；聚花果直径常不到 1 厘米 ························ 楮 *B.kazinoki*

1. 乔木；叶柄长 3 ～ 10 厘米，叶下面被细柔毛；聚花果直径 1.5 ～ 3 厘米 ··· 构树 *B.papyrifera*

34. 楮 *Broussonetia kazinoki* Sieb.

【别名】小构。

【形态】落叶灌木。枝条蔓生状。叶互生，卵形至卵状椭圆形，长 4 ～ 15 厘米，宽 3 ～ 10 厘米，先端长尖，基部圆形、浅心形或稍偏斜，边缘有锯齿，有时一侧有分裂，上面粗糙，或有粗毛，叶柄长 3 ～ 20 毫米，有细柔毛。花单性，雌雄同株，雄花为短圆筒状下垂的柔荑花序，花被 4，雄蕊 4；雌花序头状，苞片高脚碟状；花柱侧生，丝状。聚花果球形，直径约 5 毫米，肉质，成熟时红色。花期 4 月，果期 5—7 月。

图 34　楮

【生境】生于山坡林缘、沟边。

【分布】各乡镇均有分布。

【药用部位】嫩枝叶和根皮。

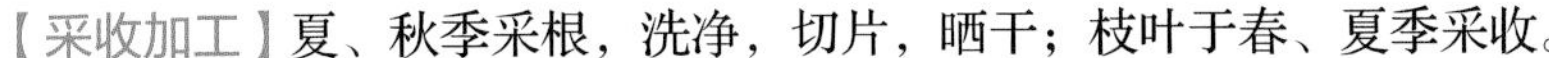

【采收加工】夏、秋季采根，洗净，切片，晒干；枝叶于春、夏季采收。

【性味】辛、涩，平。

【功能主治】利尿消肿，祛风活血，解毒止痢。主治痢疾、急性肠炎、黄疸型肝炎、水肿、疥癣、皮炎等。

35. 构树 *Broussonetia papyrifera* (L.) L'Hert. ex Vent.

【形态】落叶乔木，高达 16 米，胸径 60 厘米，有乳汁。树皮平滑，灰色，小枝密生长柔毛。叶互生，常于枝端对生，宽卵形或矩圆状卵形，长 7 ～ 20 厘米，宽 6 ～ 15 厘米，先端渐尖，基部圆形或稍呈心形，不分裂或不规则的 3 ～ 5 深裂，边缘有粗锯齿，上面暗绿色，粗糙，下面灰绿色，密生柔毛，三出脉；叶柄长 2.5 ～ 8 厘米，密生茸毛，托叶膜质，多脱落。花单性，雌雄异株，雄花序柔荑状，长 6 ～ 8 厘米，着生于叶腋，上方有毛，雄花花被 4 裂，内有雄蕊 4；雌花序头状，雌蕊为苞片所包围，苞片棒状，先端有毛，花被管状，具 3 ～ 4 齿，子房有柄，花柱侧生，单一，丝状。聚花果球形，直径 2 ～ 3 厘米，肉质，由橙红色小核果聚成，成熟时小核果借肉质子房柄向外挺出。花期 4—5 月，果期 8—9 月。

图 35　构树

【生境】生于山坡疏林内及田野或路旁。

【分布】各乡镇均有分布。

【药用部位】果实、根皮、叶。

【采收加工】8—10 月当果实成熟呈红色时打下，晒干，除去杂质。根皮全年可采，叶于春、秋季采集，晒干或鲜用。

【化学成分】果实含皂苷（0.15%）、维生素 B 及油脂。种子含油 31.7%，油中含皂化物 2.67%，饱和脂肪酸 9%、油酸 15%、亚油酸 76%。

【药理作用】构树具有抗血小板聚集、抑制芳香化酶、改善记忆、抑制类脂氧化和血管平滑肌增殖、抗氧化、抗菌、抑制心房收缩力和钙拮抗、降压等药理作用。

【性味】果实：甘，寒。根皮：甘，平。叶：甘，凉。白浆：甘，平。

【功能主治】清肝明目，益肾利尿。主治虚劳、目昏、目翳。

构白皮：利尿消肿。主治水肿、筋骨酸痛。

构叶：治鼻衄和顽癣。

构叶内白浆：治顽癣、神经性皮炎、湿疹。取白浆涂擦患处。

柘属 *Cudrania* Trec.

乔木或小乔木，或为攀缘藤状灌木，有乳液，具无叶的腋生刺以代替短枝。叶互生，全缘；托叶 2 枚，侧生。花雌雄异株，均为具苞片的球形头状花序，苞片锥形、披针形至盾形，具 2 个埋藏的黄色腺体，常每花 2～4 苞片，附着于花被片上，通常在头状长序基部，有许多不孕苞片，花被片通常为 4，稀为 3 或 5，分离或下半部合生，每枚具 2～7 个埋藏的黄色腺体，覆瓦状排列。雄花：雄蕊与花被片同数，芽时直立，退化雌蕊锥形或无。雌花：无梗，花被片肉质，盾形，顶部厚，分离或下部合生，花柱短，2 裂或不分裂；子房有时埋藏于花托的陷穴中。聚花果肉质；小核果卵圆形，果皮壳质，为肉质花被片包围。本属约有 6 种，我国产 5 种。公安县有 1 种。

36. 柘树 *Cudrania tricuspidata* (Carr.) Bur. ex Lavallee

【形态】落叶灌木或小乔木，高可达 8～10 米。树皮淡灰色，呈不规则的薄片脱落。枝无毛，具硬棘刺，刺长 5～35 毫米。叶互生，卵形至倒卵形，长 3～14 厘米，宽 2～7 厘米，先端钝尖或渐尖，基部楔形或圆形，全缘，不裂或有时 3 裂，幼时两面有毛；叶柄长 5～20 毫米。花单性，雌雄异株，排列成头状花序；雄花苞片 2 或 4，花被片 4，雄蕊 4，雌花花被片 4，花柱丝状。聚花果近球形，直径约 2.5 厘米，红色或橙黄色，表面微皱缩；瘦果为宿存的肉质花被和苞片所包裹。花期 5 月，果

图 36 柘树

期 9—10 月。

【生境】生于路边或灌丛中。

【分布】分布于章庄铺镇、黄山头镇。

【药用部位】全株或嫩枝。

【采收加工】全年可采，挖起全株，晒干；或趁鲜切段，晒干。

【性味】苦、微辛，平。

【功能主治】止咳化痰，散瘀止痛，舒筋通络。主治肺结核、黄疸、风湿性腰腿痛、风疹、劳伤疼痛、经闭、跌打损伤。

榕属 *Ficus* L.

乔木或灌木，有时为攀缘状，或为附生，具乳液。叶互生，稀对生，全缘或具锯齿或分裂，无毛或被毛，有或无钟乳体；托叶合生，包围顶芽，早落，遗留环状疤痕。花雌雄同株或异株，生于肉质壶形花序托内壁；雌雄同株的花序托内，有雄花、瘿花和雌花；雌雄异株的花序托内则雄花、瘿花同生于一花序托内，而雌花或不育花则生于另一植株花序托内壁（具有雄花、瘿花或雌花的花序托为隐花果，以下简称榕果）。雄花：花被片 2～6，雄蕊 1～3，稀更多，花在花芽时直立，退化雌蕊缺。雌花：花被片与雄花同数或不完全或缺，子房直生或偏斜，花柱顶生或侧生。瘿花：相似于雌花，为膜翅目榕黄蜂科昆虫所栖息。榕果腋生或生于老茎，口部苞片覆瓦状排列，基生苞片 3，早落或宿存，有时苞片侧生，有或无总梗。本属约有 1000 种，我国约有 120 种，主要分布于长江流域以南各地。公安县有 3 种。

1. 直立乔木或灌木。
  2. 栽培观赏植物；因叶卵圆形，呈掌状 3～7 裂……无花果 *F. carica*
1. 攀缘或匍匐灌木，或木质藤本。
  3. 匍匐地面的灌木或木质藤本；叶缘有细锯齿……地果 *F. tikoua*
  3. 用气生根攀缘上长的灌木，或为木质藤本；叶全缘……薜荔 *F. pumila*

37. 无花果 *Ficus carica* L.

【形态】落叶灌木或小乔木，高 1 米或更高。有白色乳汁。树皮暗褐色，分枝多，小枝粗壮，近无毛。单叶互生，叶片厚膜质，宽卵形或近球形，长 10～24 厘米，宽 6～20 厘米，通常 3～5 裂，偶有不分裂者，裂片先端钝或渐尖，边缘有粗疏波状钝齿，掌状叶脉明显，上面深绿色，粗糙，下面淡绿色，有细柔毛；托叶三角状卵形，早落。冬季于叶腋处单生花序托，花序托有短梗，梨形，成熟时紫黑色，直径 2.5～5 厘米，

图 37　无花果

基部有苞片3；雄花生于瘿花序托内面，花被片2～6，线形，雄蕊1～5；雌花另生在一花序托内，有长梗，花被片4～5，广线形，子房上位，椭圆形，与花被片等长，花柱侧生或近顶生，柱头2裂。瘦果三棱状卵形，淡棕黄色。花期4—5月，果期9—10月。

【生境】栽培于庭园或田间。

【分布】各乡镇均有分布。

【药用部位】果实、根、叶。

【采收加工】夏、秋季摘取未成熟青色聚花果，放在沸水中烫片刻，立即捞起，晒干或炕干。根、叶全年可采，晒干或鲜用。

【化学成分】果实含葡萄糖、果糖、蔗糖、柠檬酸和少量延胡索酸、琥珀酸、丙二酸、草酸、苹果酸、奎宁酸以及植物生长激素；未成熟果实和植物的乳汁都含抗瘤成分，乳汁还含糖化酶、脂肪酸、蛋白酶等。

【药理作用】无花果具有抗肿瘤、提高免疫力、降血糖、降血脂、抗氧化、抗炎、抗疲劳等作用。

【性味】果：甘、酸，平。根、叶：淡、涩，平。

【功能主治】果：润肺止咳；主治咳喘、咽喉肿痛、便秘、痔疮。根、叶：散痰消肿，止泻；主治肠炎、腹泻；外治痈肿。

38. 地果 *Ficus tikoua* Bur.

【形态】落叶匍匐木质藤本，全株具白色乳汁。茎棕褐色，节略膨大，触地生多数细长不定根伸入土中。叶互生，厚纸质，卵状椭圆形或倒卵形，长1.6～10厘米，宽1～5厘米，先端钝尖，基部圆形或浅心形，边缘具波状的锯齿，上面绿色粗糙，无毛或有疏短毛，下面淡绿色，无毛或脉上有疏毛；叶脉在下面隆起；叶柄长1～8厘米，托叶明显，披针形，长可达2米。花小，单生，藏于肥大花序托中，花序托具短柄，簇生于无叶的短枝上或埋于土中，球形或卵球形，直径0.4～1.5厘米，淡红色或紫红色，基生苞片3，雄花生于瘿花托的口部，花被片2～6，雄蕊1～6。雌花生于另一花序托内，发育为隐花果，单生，球形，直径0.4～1.5厘米，成熟时淡红棕色。果期5—6月。

图38 地果

【生境】生于阴湿的土坡、灌丛阴处、沟边，常成片生长。

【分布】分布于章庄铺镇。

【药用部位】全草。

【采收加工】夏、秋季挖起全株，除去泥土，晒干。

【性味】苦、微涩，平。

【功能主治】清热利湿，祛湿散瘀，强筋壮骨，健脾止泻。主治小儿消化不良、急性胃肠炎、痢疾及十二指肠溃疡、尿路感染、风湿筋骨疼痛。

39. 薜荔 *Ficus pumila* L.

图 39 薜荔

【形态】攀缘或匍匐灌木，叶两型，不结果枝节上生不定根，叶卵状心形，长约 2.5 厘米，薄革质，基部稍不对称，尖端渐尖，叶柄很短；结果枝上无不定根，革质，卵状椭圆形，长 5 ～ 10 厘米，宽 2 ～ 3.5 厘米，先端急尖至钝形，基部圆形至浅心形，全缘，上面无毛，背面被黄褐色柔毛，基生叶脉延长，网脉 3 ～ 4 对，在表面下陷，背面凸起，网脉甚明显，呈蜂窝状；叶柄长 5 ～ 10 毫米；托叶 2，披针形，被黄褐色丝状毛。榕果单生于叶腋，瘿花果梨形，雌花果近球形，长 4 ～ 8 厘米，直径 3 ～ 5 厘米，顶部截平，略具短钝头或为脐状凸起，基部收窄成一短柄，基生苞片宿存，三角状卵形，密被长柔毛，榕果幼时被黄色短柔毛，成熟时黄绿色或微红色；总梗粗短。雄花生于榕果内壁口部，多数，排为几行，有柄，花被片 2 ～ 3，线形，雄蕊 2，花丝短；瘿花具柄，花被片 3 ～ 4，线形，花柱侧生，短；雌花生于另一植株榕果内壁，花柄长，花被片 4 ～ 5。瘦果近球形，有黏液。花果期 5—8 月。

【生境】借气生根攀缘于树干上。

【分布】分布于黄山头镇。

【药用部位】茎叶或果实。

【采收加工】茎四季采收，鲜用或晒干。果实秋季成熟时采摘，用沸水浸泡约 1 分钟，取出晒干。

【化学成分】薜荔含有三萜、倍半萜、甾体、黄酮、香豆素和酚酸类等多种化学成分。

【药理作用】薜荔具有抗炎、镇痛、抗菌、抗氧化、抗肿瘤、降血糖、降血脂等药理作用。

【性味】茎叶：苦，寒。果实：甘，平。

【功能主治】茎叶：祛风除湿，舒筋通络；主治风湿痹痛、坐骨神经痛、腰肌劳损、水肿、疟疾、产后瘀血腹痛、慢性肾炎、慢性肠炎、跌打损伤。果实：补肾固精，活血，催乳；用于遗精、阳痿、乳汁不通、经闭、乳糜尿。

葎草属 *Humulus* L.

一年生或多年生草本，茎粗糙，具棱。叶对生，3 ～ 7 裂。花单性，雌雄异株；雄花为圆锥花序式的总状花序；花被 5 裂，雄蕊 5，在花芽时直立，雌花少数，生于宿存覆瓦状排列的苞片内，排成一假柔荑花序，结果时苞片增大，变成球果状体，每花有一全缘苞片包围子房，花柱 2。果为扁平的瘦果，成熟时形成球果状。本属有 3 种，主要分布于北温带地区。我国产 3 种，分布于西南部至东南部。公安县有 1 种。

40. 葎草 *Humulus scandens* (Lour.) Merr.

图 40 葎草

【形态】多年生蔓生草本，常缠绕于他物上，茎长可达数米，具纵棱，茎及叶柄均有倒生皮刺。叶纸质，通常对生，常作掌状 5 深裂，少数为 3 裂或 7 裂，边缘有粗锯齿或粗重锯齿，叶脉上疏生粗糙刚毛；叶柄长 3 ～ 13 厘米或更长，有倒沟棱及小钩刺。花单性，雌雄异株；雄花小，淡黄绿色，集生成 12 ～ 30 厘米的圆锥花序，花被片 5，呈披针形，外侧生较密茸毛及细小腺点，雄蕊 5，与花被对生，花丝很短，雌花绿色，每 10 余朵和苞片集结成近圆球形的下垂的穗状花序，生于叶腋，每 2 朵花外具 1 宽卵形、有白刺毛和黄色小腺点的苞片，花被退化为全缘的膜质片，紧包雌蕊，花柱 2，花轴特长。瘦果淡黄色，卵圆形或圆形，被增大的苞片所包裹。花期 6—9 月，果期 9—11 月。

【生境】生于路边、沟边、草丛中及住宅附近或垃圾堆上，常成片蔓生。

【分布】全县广布。

【药用部位】全草。

【采收加工】夏、秋季采集，鲜用或去净泥土，洗净，切段晒干。

【化学成分】全草含木犀草苷、胆碱及天门冬酰胺、挥发油、鞣质及树脂。球果含葎草酮及蛇麻酮，叶含大波斯菊苷。

【药理作用】葎草具有抗菌、抗炎、抗结核、抗氧化、止泻的作用。

【性味】甘、苦，寒。

【功能主治】清热解毒，利尿通淋。主治肺结核潮热、胃肠炎、痢疾、感冒发热、小便不利、肾盂肾炎、急性肾炎、尿路结石、痈疖肿毒、湿疹、皮肤瘙痒。

二十六、荨麻科 Urticaceae

草本、亚灌木或灌木，稀乔木或攀缘藤本，有时有刺毛。茎常富含纤维，有时肉质。叶互生或对生，单叶；托叶存在，稀缺。花极小，单性，稀两性，风媒传粉，花被单层，稀 2 层，花序雌雄同株或异株，少数两性，常由若干小的团伞花序排成聚伞状、圆锥状、总状、伞房状、穗状、串珠式穗状、头状，有时花序轴上端发育成球状、杯状或盘状多少肉质的花序托，稀退化成单花。雄花：花被片 2 ～ 5，覆瓦状排列或镊合状排列；雄蕊与花被片同数，花药 2 室，成熟时药壁纤维层细胞不等收缩，引起药壁破裂，并与花丝内表皮垫状细胞膨胀运动协调作用，将花粉向上弹射出；退化雌蕊常存在。雌花：花被片 5 ～ 9，稀2或缺，分生或多少合生，花后常增大，宿存；退化雄蕊鳞片状，或缺；雌蕊由1心皮构成，子房1室，与花被离生或贴生，具雌蕊柄或无柄；花柱单一或无花柱，柱头头状、画笔状、钻形、丝形或盾形；胚珠1，直立。果实为瘦果或核果状，常包被于宿存的花被内；种子具直生的胚；胚乳常为油质。

本科有47属约1300种，广布于热带、亚热带及温带地区。我国有25属352种，南北各地都有分布。

公安县境内的荨麻科植物有4属5种。

1. 植株有螫毛；雌花被大多数为4片或4裂……花点草属 *Nanocnide*
1. 植株无螫毛；雌花被大多数为3片或3裂，少数无花被。
    2. 子房无花柱，柱头有多数放射状的细毛，呈画笔状，自子房顶端生出……冷水花属 *Pilea*
    2. 子房大多数有花柱，柱头多样，有毛，不呈画笔状。
        3. 柱头宿存……苎麻属 *Boehmeria*
        3. 柱头脱落……雾水葛属 *Pouzolzia*

花点草属 *Nanocnide* Bl.

一年生或多年生草本，具刺毛。茎下部常匍匐，丛生状。叶互生，膜质，具柄，边缘具粗齿或近于浅窄裂，基出脉不规则三至五出，侧脉二叉状分枝，钟乳体短杆状；托叶侧生，分离。花单性，雌雄同株；雄聚伞花序，疏松，具梗，腋生；雌花序团伞状，无梗或具短梗，腋生。雄花：花被5裂，稀4裂，稍覆瓦状排列，裂片背面近先端处常有较明显的角状突起；雄蕊与花被裂片同数；退化雌蕊宽倒卵形，透明。雌花：花被不等4深裂，外面一对较大，背面具龙骨状突起，内面一对较窄小而平；子房直立，椭圆形；花柱缺，柱头画笔状。瘦果宽卵形，两侧压扁，有疣点状突起。本属有2种。公安县有1种。

41. 毛花点草 *Nanocnide lobata* Wedd.

【形态】多年生草本。茎丛生，高15～30厘米，上部多分枝，有向下生的白色细螫毛。叶互生，三角状卵形或扇形，长与宽相等为1～2厘米，先端钝圆，基部宽楔形或浅心形，边缘有粗钝锯齿，两面均有散生的白色长毛，上面有白色点状突起；有长柄，1～2厘米。花黄白色，单性，雌雄同株；雄花序生于枝梢叶腋，有长花梗，短于叶，雄花花被片5，雄蕊5；雌花序生于上部叶腋，均有短梗，雌花花被片4，有时雌花序边缘有雄花数朵。瘦果卵形，有小点状突起。花期4—5月，果期5—7月。

图41 毛花点草

【生境】生于屋边石缝潮湿处。

【分布】分布于埠河镇。

【药用部位】全草。

【采收加工】夏、秋季采集全草，除去泥土、晒干。

【性味】淡，凉。

【功能主治】清热解毒，活血化瘀，消肿止血。主治烧伤、烫伤、刀伤出血、疔疮痈肿等。

冷水花属 *Pilea* Lindl.

草本或亚灌木，稀灌木，无刺毛。叶对生，具柄，稀同对的一枚近无柄，叶片同对的近等大或极不等大，对称，有时不对称，边缘具齿或全缘，具三出脉，稀羽状脉；托叶膜质鳞片状，或草质叶状，在柄内合生。花雌雄同株或异株，花序单生或成对腋生，聚伞状或圆锥状，稀雄的盘状；苞片小，生于花的基部；花单性，稀杂性；雄花四基数或五基数，稀二基数：花被片合生至中部或基部，镊合状排列，稀覆瓦状排列，在外面近先端处常有角状突起；雄蕊与花被片同数；退化雌蕊小。雌花通常三基数，有时五基数、四基数或二基数：花被片分生或多少合生，在果时增大，常不等大，有时近等大；当三基数时，中间的一枚常较大，外面近先端常有角状突起或呈帽状，有时背面呈龙骨状；退化雄蕊内折，鳞片状，花后常增大，明显或不明显；子房直立，顶端多少歪斜；柱头呈画笔状。瘦果卵形或近圆形，稀长圆形，扁平，常稍偏斜，表面平滑或有瘤状突起，稀隆起呈鱼眼状。种子无胚乳，子叶宽。本属约有 400 种，我国约有 90 种。公安县有 1 种。

42. 矮冷水花 *Pilea peploides* (Gaudich.) Hook. et Arn.

【形态】无毛小草本。茎肉质，高 5～15 厘米，常有分枝。叶圆菱形或菱状扇形，长 4～14 厘米，宽 5～20 毫米，先端圆形或钝，底部宽楔形或圆形，边缘在基部或中部以上有波状小浅齿或全缘，上面密生线形钟乳体，下面生暗紫色或褐色腺点，基出脉 3 条，脉不明显；叶柄长 2～20 毫米。雌雄同株；花序长达 7 毫米，分枝多而密；雄花少数，直径约 1 毫米，花被片 4，雄蕊 4；雌花被片 3，其中 1 片明显大于另外 2 片。瘦果卵形，扁，长约 0.5 毫米，光滑，淡褐色。花期 3—4 月，果期 4—5 月。

图 42 矮冷水花

【生境】生于山地路旁。

【分布】分布于黄山头镇。

【药用部位】全草。

【采收加工】夏、秋季采收，鲜用。

【性味】辛，微寒。

【功能主治】清热解毒，祛瘀止痛。主治跌打损伤、骨折、痈疖肿毒。

苎麻属 *Boehmeria* Jacq.

灌木、小乔木、亚灌木或多年生草本。叶互生或对生，边缘有齿，不分裂，稀2～3裂，表面平滑或粗糙，基出脉3条，钟乳体点状；托叶通常分生，脱落。团伞花序生于叶腋，或排列成穗状花序或圆锥花序；苞片膜质，小。雄花：花被片3～5，多为4，镊合状排列，下部常合生，椭圆形；雄蕊与花被片同数；退化雌蕊椭圆球形或倒卵球形。雌花：花被管状，顶端缢缩，有2～4个小齿，在果期稍增大，通常无纵肋；子房通常卵形，包于花被中，柱头丝形，密被柔毛，通常宿存。瘦果通常卵形，包于宿存花被之中，果皮薄，通常无光泽，无柄或有柄，或有翅。

本属约有120种，我国约有32种。公安县境内的苎麻属植物有2种。

1. 多年生披散草本；叶无白色绵毛；花簇生于叶腋，或成穗状花序，花序上有与茎生叶同型的叶数片……序叶苎麻 *B. clidemioides*

1. 多年生大型直立草本，或为带木质多枝小灌木；叶下面密被白色绵毛；圆锥花序腋生……苎麻 *B. nivea*

43. 序叶苎麻 *Boehmeria clidemioides* var. *diffusa* (Wedd.) Hand.-Mazz.

【形态】多年生披散草本。高60～120厘米，稍带红褐色，疏生白色短伏毛。叶互生，椭圆状卵形，长2～10厘米，宽1～6厘米，基部楔形至宽楔形，边缘有粗锯齿，上面深绿色，粗糙，有白色粗短毛，下面淡绿色，脉上有白色粗毛，基出脉3条，两侧2主脉不达先端，向外有分枝，各支脉互相连接形成网状，最后各小支脉分别到达锯齿先端；叶柄长3～6毫米，密被白色粗短毛。雌雄异株，有时同株；花簇生于叶腋，或成穗状花序生在顶部的枝上，花序长6～12厘米，上部有与茎生叶同型的叶数片。瘦果小，近球形，长约1毫米，被白色细毛，有宿存柱头。花期6—8月，果期9—10月。

图43 序叶苎麻

【生境】生于树林下草丛中。

【分布】分布于南平镇、麻豪口镇。

【药用部位】全草。

【采收加工】夏、秋季采收，鲜用或晒干。

【性味】淡，平。

【功能主治】祛风除湿。主治水肿。

44. 苎麻 *Boehmeria nivea* (L.) Gaudich.

【形态】多年生大型直立草本，或为软木质多枝小灌木。茎高达2米，直立，分枝，有柔毛。叶互生，叶片宽卵形或近圆形，长5～16厘米，宽4～13厘米，先端突尖，边缘为粗锯齿，基部浑圆，上面绿色，粗糙，下面除叶脉外密生交织的白色柔毛，托叶锥尖形，脱落，具三条基生脉；叶柄长2～11厘米。花单性，雌雄通常同株，花小成束，腋生，圆锥花序；雄花黄白色，花被4片紧抱子房，花柱1。瘦果细小，椭圆形，集合成小球状，上有毛，花柱突出。花期5—6月，果期9—10月。

图44 苎麻

【生境】生于沟边路旁。

【分布】全县广布。

【药用部位】根。

【采收加工】夏、秋季采收，洗净泥土，晒干或鲜用。

【化学成分】全草含三萜（或甾醇）、绿原酸、黄酮类、香豆精苷类、有机酸及多种糖类。

【药理作用】苎麻具有抗炎、抗氧化、抗菌、抗糖尿病、抗肿瘤、止血、生发、抗乙型肝炎病毒及保肝作用。

【性味】甘、淡，凉。

【功能主治】清热利尿，消肿止血，解毒，安胎。主治吐血、下血、血淋、癃闭、赤白带下、崩漏下血、热毒疮疡、创伤出血、跌打损伤等。

雾水葛属 *Pouzolzia* Gaudich.

多年生草本或灌木。叶互生，稀对生，边缘有齿或全缘，基出脉3条，钟乳体点状；托叶分生，常宿存。团伞花序通常两性，有时单性，生于叶腋，稀形成穗状花序；苞片膜质，小。雄花：花被片4～5，镊合状排列，基部合生，通常合生至中部，椭圆形；雄蕊与花被片对生；退化雌蕊倒卵形或棒状。雌花：花被管状，常卵形，顶端缢缩，有2～4个小齿，果期多少增大，有时具纵翅。瘦果卵球形，果皮壳质，常有光泽。本属约有60种，我国有8种。公安县有1种。

45. 雾水葛 *Pouzolzia zeylanica* (L.) Benn.

【形态】多年生草本。茎长30～90厘米，细弱常呈匍匐状，无毛或疏被粗毛。叶互生，下部的叶有时对生，膜质，卵形或卵状披针形，长1～4厘米，宽0.5～2厘米，顶端渐尖，基部圆形或钝，全缘，两面疏被贴伏的粗毛，通常下面较密，下面钟乳体点状，稠密，基生脉3条；叶柄短而纤细，被毛；托叶卵状披针形，脱落。花小，组成腋生的团伞花序，雌雄同株；雄花淡绿色或带紫色，花被片卵圆形，顶端急尖或短芒尖，疏被短柔毛，雄蕊 4，突出；雌花花被壶状，上部 4 齿裂，被柔毛。瘦果卵形，顶端尖，黑色，有光泽。花期 3—9 月，果期 5—10 月。

【生境】生于树林下或路旁。

【分布】分布于埠河镇三台林场。

【药用部位】全草。

【性味】甘、淡，寒。

【功能主治】散毒消肿，排脓，清湿热。主治疮、痈疽、乳痈、风火牙痛、肠炎、痢疾、尿路感染。

图 45 雾水葛

二十七、蓼科 Polygonaceae

草本，稀灌木或小乔木。茎直立，平卧、攀缘或缠绕，节部通常膨大，具沟槽或条棱，有时中空。叶为单叶，互生，稀对生或轮生，边缘通常全缘；叶柄基部有膜质托叶鞘。花较小，两性，稀单性，雌雄异株或雌雄同株，辐射对称，排成顶生或腋生的穗状、总状、头状或圆锥状花序；花梗通常具关节；萼片 3 ～ 5，花瓣状，覆瓦状，或为 2 轮，宿存，内萼片有时增大，背部具翅、刺或小瘤；雄蕊 6 ～ 9，稀较少或较多，花丝离生或基部贴生，花药背着，2 室，纵裂；花盘环状，腺状或缺；子房上位，1 室，有基生直立胚珠 1，花柱 2 ～ 3，离生或下部合生，柱头头状、盾状或画笔状。瘦果具 3 棱或双凸镜状，极少具 4 棱，有时具翅或刺，包于宿存萼片或外露；胚直立或弯曲，通常偏于一侧，胚乳丰富，粉末状。

本科约有 50 属 1150 种，主产于北温带地区，少数分布于热带地区。我国有 13 属 235 种 37 变种，产于全国各地。

公安县境内的蓼科植物有 5 属 17 种。

1. 灌木，稀为半灌木。
    2. 花被片 6；柱头画笔状……酸模属 *Rumex*
    2. 花被片 5，稀 4；柱头头状。
        3. 茎缠绕……何首乌属 *Fallopia*
        3. 茎直立……蓼属 *Polygonum*
1. 一年生或多年生草本。
    4. 茎缠绕或直立，花被片外面 3 片果时增大，背部具翅或龙骨状突起，稀不增大，无翅无龙骨状突起。

5. 茎缠绕；花两性；柱头头状……何首乌属 *Fallopia*

5. 茎直立；花单性，雌雄异株；柱头流苏状……虎杖属 *Reynoutria*

4. 茎直立；花被果时不增大，稀增大呈肉质。

6. 瘦果具 3 棱，明显比宿存花被长，稀近等长……荞麦属 *Fagopyrum*

6. 瘦果具 3 棱或双凸镜状，比宿存花被短，稀较长……蓼属 *Polygonum*

酸模属 *Rumex* L.

一年生或多年生草本，稀为小灌木状。根通常粗壮，有时具根状茎。茎直立，通常具沟槽。叶基生和茎生，茎生叶互生，全缘，平坦或波状，托叶鞘膜质，易破裂而早落。花两性，有时杂性，稀单性，雌雄异株，簇生于叶腋或集成顶生及腋生的圆锥花序，花梗具关节；萼片 6，成 2 轮，宿存，外轮 3 片果时不增大，内轮 3 片果时增大，边缘全缘，具齿或针刺，背部具小瘤或无小瘤；雄蕊 6，花药基着；子房卵形，具 3 棱，1 室，含 1 胚珠，花柱 3，柱头画笔状。瘦果卵形或椭圆形，具 3 锐棱，包于增大的内轮萼片内。本属约有 150 种，分布于全世界，主产于北温带地区。我国有 26 种 2 变种，全国各省（区）均产。公安县有 4 种。

1. 果萼全缘或有细齿。

2. 果萼全缘，果萼片宽心形，直径约 5 毫米，部分或全部有长圆形或卵形瘤状突起……巴天酸模 *R. patientia*

2. 果萼有明显的齿，果萼片三角状卵形，每片有长约 2 毫米的长圆形瘤状突起……羊蹄 *R. japonicus*

1. 果萼边缘有细长针状的刺齿。

3. 叶长椭圆形；果萼边缘有刺齿 3 ～ 5 对，多为 3 对，刺齿先端直伸或稍弯曲……齿果酸模 *R. dentatus*

3. 叶披针形；果萼边缘刺齿 1 ～ 3 对，直伸或稍弯曲，也有极少数无针刺……刺酸模 *R. maritimus*

46. 巴天酸模 *Rumex patientia* L.

【形态】多年生草本。根肥厚，直径可达 3 厘米；茎直立，粗壮，高 90 ～ 150 厘米，上部分枝，具深沟槽。基生叶长圆形或长圆状披针形，长 15 ～ 30 厘米，宽 5 ～ 10 厘米，顶端急尖，基部圆形或近心形，边缘波状；叶柄粗壮，长 5 ～ 15 厘米；茎上部叶披针形，较小，具短叶柄或近无柄；托叶鞘筒状，膜质，长 2 ～ 4 厘米，易破裂。花序圆锥状，大型；花两性；花梗细弱，中下部具关节；关节果时稍膨大，外花被片长圆形，长约 1.5 毫米，内花被片果时增大，宽心形，长 6 ～ 7 毫米，顶端圆钝，基部深心形，边缘近全缘，具网脉，全部或一部分具小瘤；小瘤长卵形，通常不能全部发育。瘦果卵形，具 3 锐棱，顶端渐尖，褐色，有光泽，长 2.5 ～ 3 毫米。花期 5—6 月，果期 6—7 月。

图 46 巴天酸模

【生境】生于沟边湿地、水边。

【分布】全县广布。

【药用部位】根。

【采收加工】全年可采挖。生用（晒干或鲜用）或酒制后用。

【性味】苦、酸，寒。

【功能主治】凉血止血，清热解毒，杀虫。用于功能性子宫出血、吐血、咯血、鼻衄、牙龈出血、胃十二指肠出血、便血、紫癜、便秘、水肿，外用治疥癣、疮疖、脂溢性皮炎。

47. 齿果酸模　*Rumex dentatus* L.

图 47　齿果酸模

【形态】一年生草本。茎直立，高 30～70 厘米，自基部分枝，枝斜上，具浅沟槽。茎下部叶长圆形或长椭圆形，长 4～12 厘米，宽 1.5～3 厘米，顶端圆钝或急尖，基部圆形或近心形，边缘浅波状，茎生叶较小；叶柄长 1.5～5 厘米。花序总状，顶生和腋生，叶数个再组成圆锥状花序，长达 35 厘米，多花，轮状排列，花轮间断；花梗中下部具关节；外花被片椭圆形，长约 2 毫米；内花被片果时增大，三角状卵形，长 3.5～4 毫米，宽 2～2.5 毫米，顶端急尖，基部近圆形，网纹明显，全部具小瘤，小瘤长 1.5～2 毫米，边缘每侧具 2～4 个刺状齿，齿长 1.5～2 毫米，瘦果卵形，具 3 锐棱，长 2～2.5 厘米，两端尖，黄褐色，有光泽。花期 5—6 月，果期 6—7 月。

【生境】生于沟边湿地、山坡路旁。

【分布】全县广布。

【药用部位】叶。

【采收加工】4—5 月采叶，鲜用或晒干。

【化学成分】本品含蒽醌类衍生物（大黄素、大黄素甲醚和大黄酚等）及酸模素等。

【性味】苦，寒。

【功能主治】清热解毒，杀虫止痒。主治乳痈、疮疡肿毒、疥癣。

48. 羊蹄　*Rumex japonicus* Houtt.

【形态】多年生草本，高 50～100 厘米。根粗大，黄色，长达 20 厘米以上。茎直立，不分枝，稍粗壮。基生叶有长柄，叶片长椭圆形或卵状矩圆形，长 10～25 厘米，宽 4～10 厘米，顶端稍钝，基部心形，边缘有波状皱褶；基生叶较小，有短柄，基部楔形，两面都无毛；托叶鞘筒状，膜质，无毛。圆锥花序顶生或腋生，每节花簇略下垂；花两性；花被片 6，成 2 轮，在果时内轮花被增大，卵状心形，顶端急尖，基部心形，边缘具不整齐的微齿，每片有卵形瘤状突起；雄蕊6，成3对；子房具棱，1室，花柱3，柱头细裂。瘦果三棱形，先端尖，角棱锐利，长约2毫米，褐色，光亮，有3片增大的果被(即花被)包裹。花期4—5月，果期5—6月。

【生境】生于路旁潮湿地及沟边。

【分布】分布于杨家厂镇。

【药用部位】根。

【采收加工】春、秋季采挖，洗净，切片，晒干。

【化学成分】羊蹄含有挥发油、黄酮与蒽醌及其苷类、萜类、甾醇类、鞣质类、皂苷等化合物。

【药理作用】羊蹄具有活血止血、祛痰止咳平喘、抗菌、抗病毒、抗肿瘤、抗氧化、免疫调节的作用。

【性味】苦、酸，寒；有小毒。

【功能主治】清热解毒，止血，杀虫，通便。主治大便燥结、淋浊、黄疸、吐血、肠风下血、功能性子宫出血、秃疮、疮疖。

图48　羊蹄

49. 刺酸模　*Rumex maritimus* L.

【形态】一年生草本。茎直立，高15～60厘米，自中下部分，具深沟槽。茎下部叶披针形或披针状长圆形，长4～15(20)厘米，宽1～3(4)厘米，顶端急尖，基部狭楔形，边缘微波状；叶柄长1～2.5厘米，茎上部近无柄；托叶鞘膜质，早落。花序圆锥状，具叶，花两性，多花轮生；花梗基部具关节；外花被片椭圆形，长约2毫米，内花被片果时增大，狭三角状卵形，长2.5～3毫米，宽约1.5毫米，顶端急尖，基部截形，边缘具2～3针刺，针刺长2～2.5毫米，全部具长圆形小瘤，小瘤长约1.5毫米。瘦果椭圆形，两端尖，具3锐棱，黄褐色，有光泽，长1.5毫米。花期5—6月，果期6—7月。

【生境】生于河边湿地、田边路旁。

图49　刺酸模

【分布】分布于孟家溪镇、埠河镇。

何首乌属 *Fallopia* Adans.

一年生或多年生草本，稀半灌木。茎缠绕；叶互生，卵形或心形，具叶柄；托叶鞘筒状，顶端截形或偏斜。花序总状或圆锥状，顶生或腋生；花两性，花被5深裂，外面3片具翅或龙骨状突起，果时增大，稀无翅或无龙骨状突起；雄蕊通常8，花丝丝状，花药卵形；子房卵形，具3棱，花柱3，较短，柱头头状。瘦果卵形，具3棱，包于宿存花被内。本属约有20种，主要分布于北半球的温带地区。我国有7种2变种，产于由东北到西北、西南的各省（区）。公安县有1种。

50. 何首乌 *Fallopia multiflora* (Thunb.) Harald.

图50 何首乌

【形态】多年生草本。根细长，末端有膨大的块根；块根长椭圆形，外皮棕褐色或暗棕色。茎细长，达3～4米，缠绕，多分枝，红紫色，中空，基部木质化。单叶互生，卵形或近三角状卵形，长5～10厘米，宽3～5厘米，先端渐尖，基部心形或耳状箭形，无毛，全缘或微波状，上面深绿色，下面浅绿色，两面均光滑无毛；托叶鞘短筒状，膜质，棕褐色，长5～6毫米。圆锥花序顶生或腋生，大而开展，苞片卵状披针形；花小，白色，花梗纤细，有短柔毛；花被绿白色，5深裂，裂片舟状卵圆形，大小不等，外边3片肥厚，在果时增大，背部有翅；雄蕊8，比花被短，子房卵状三角形，花柱短，柱头3，扩大呈鞘状。瘦果椭圆形，有3棱，黑褐色，光滑，包于花后增大的花被内。花期6—9月，果期10—11月。

【生境】生于山坡石缝间、路旁或灌丛中。

【分布】分布于黄山头镇。

【药用部位】块根和藤茎。其块根称“何首乌”，藤茎称“夜交藤”。

【采收加工】根：春、秋季均可采挖，以秋季为好，洗净，切去两端，大者对半切开，切厚片，晒干、烘干或煮后晒干。藤茎：秋、冬季割取，折成把，晒干。

【化学成分】何首乌中含有的主要化学成分为蒽醌类、二苯乙烯苷类、黄酮类、磷脂类和酚类等。

【药理作用】何首乌具有抗氧化、抗肿瘤、抗动脉粥样硬化以及保护神经等作用。

【性味】何首乌：苦、涩，平；制熟则甘，温。夜交藤：苦、涩，平。

【功能主治】何首乌：熟首乌补肝肾，益精血；主治精血亏虚、头晕眼花、腰膝酸软、须发早白、久疟、遗精等症；生首乌润肠通便，解疮毒；用于肠燥便秘、疮疖、瘰疬等。

夜交藤：养血安神，活络。主治虚烦失眠、血虚痹痛，外治皮肤痒疹。

蓼属 *Polygonum* L.

一年生或多年生草本，稀为半灌木或小灌木。茎直立、平卧或上升，无毛、被毛或具倒生钩刺，通常节部膨大。叶互生，线形、披针形、卵形、椭圆形、箭形或戟形，全缘，很少分裂；托叶鞘膜质或草质，筒状，顶端截形或偏斜，全缘或分裂，有缘毛或无缘毛。花两性，稀单性，簇生，稀为单生；排成顶生或腋生的穗状、总状、头状或圆锥状花序，稀为花簇，生于叶腋；苞片及小苞片为膜质；花梗具关节；花被 5 深裂，稀 4 裂，宿存；花盘腺状、环状，有时无花盘；雄蕊 8，稀 4 ～ 7；子房卵形；花柱 2 ～ 3，离生或中下部合生；柱头头状。瘦果卵形，具 3 棱或双凸镜状，包于宿存花被内或突出花被之外。本属约有 230 种，广布于全世界，主要分布于北温带。我国有 113 种 26 变种，南北各省（区）均有。公安县有 9 种。

1. 叶柄具关节；托叶鞘 2 裂，先端多碎裂；花单生或数朵簇生于叶腋，花丝基部增大或至少是内侧的膨大。
  2. 叶短或长于节间；托叶鞘有明显脉纹；雄蕊 8；瘦果长 2 毫米以上……萹蓄 *P. aviculare*
  2. 叶长于节间；托叶鞘无明显脉纹；雄蕊 5；瘦果长常不到 2 毫米……习见蓼 *P. plebeium*
1. 叶柄无关节；托叶鞘非 2 裂；花丝线形，细长。
  3. 托叶鞘圆筒形，先端平。
    4. 总状花序呈头状，萼片 4 ～ 5，雄蕊 6 ～ 8……蓼子草 *P. criopolitanum*
    4. 总状花序呈穗状，萼片 3 ～ 5，雄蕊 4 ～ 8。
      5. 茎叶被扩展长毛……红蓼 *P. orientale*
      5. 茎叶无明显的扩展长毛。
        6. 茎近基部多分枝，无明显主茎……细叶蓼 *P. taquetii*
        6. 茎有分枝，有明显的主茎。
          7. 萼片有腺点……水蓼 *P. hydropiper*
          7. 萼片无腺点……酸模叶蓼 *P. lapathifolium*
  3. 托叶鞘是斜的。
    8. 叶长圆状披针形，基部箭形……箭叶蓼 *P. sieboldii*
    8. 叶三角形或三角状箭形……杠板归 *P. perfoliatum*

51. 萹蓄　*Polygonum aviculare* L.

【形态】一年生草本，高 15 ～ 50 厘米。茎平卧或斜上升，茎由基部分枝甚多，表面具棱。叶互生，狭椭圆形或披针形，长 1 ～ 4 厘米，宽 0.5 ～ 0.9 厘米，先端钝尖，基部楔形，全缘，两面无毛；叶柄短或近无柄；托叶鞘膜质，下部褐色，上部白色透明，多破裂，有多数脉纹，无毛。花 1 ～ 5 朵簇生于叶腋，小花不同时开放；苞片膜质透明；花梗细而短，顶部有关节；花被 5 深裂，裂片椭圆形，绿色，边缘白色或淡红色，宿存；雄蕊 8；子房上位，花柱 3。瘦果三棱状卵形，黑色或黑褐色，具不明显细纹及小点，稍伸出宿存萼之外。花期 5—9 月，果期 8—11 月。

【生境】生于山坡、路旁及园圃。

【分布】全县广布。

【药用部位】全草。

【采收加工】夏至至立秋拔取全草，除去泥沙、杂草，晒干。

【化学成分】萹蓄含有黄酮类、酚酸类、苯丙素类、生物碱类、醌类、糖类、氨基酸和人体必需的常量和微量元素等。

【药理作用】萹蓄具有利尿、降压、抑菌、抗氧化和保肝等作用。

【性味】苦，平。

【功能主治】清热解毒，利水通淋，驱虫。主治泌尿系感染、结石、肾炎、黄疸、细菌性痢疾、蛔虫病、蛲虫病、疥癣湿痒。

图 51　萹蓄

52. 习见蓼　*Polygonum plebeium* R. Br.

【形态】一年生草本。茎平卧，自基部分枝，长 10 ～ 40 厘米，具纵棱，沿棱具小突起，通常小枝的节间比叶片短。叶狭椭圆形或倒披针形，长 0.5 ～ 1.5 厘米，宽 2 ～ 4 毫米，顶端钝或急尖，基部狭楔形，两面无毛，侧脉不明显；叶柄极短或近无柄；托叶鞘膜质，白色，透明，长 2.5 ～ 3 毫米，顶端撕裂，花 3 ～ 6 朵，簇生于叶腋，遍布全株；苞片膜质；花梗中部具关节，比苞片短；花被 5 深裂；花被片长椭圆形，绿色，背部稍隆起，边缘白色或淡红色，长 1 ～ 1.5 毫米；雄蕊 5，花丝基部稍扩展，比花被短；花柱 3，稀 2，极短，柱头头状。瘦果宽卵形，具 3 锐棱或呈双凸镜状，长 1.5 ～ 2 毫米，黑褐色，平滑，有光泽，包于宿存花被内。花期 5—8 月，果期 6—9 月。

图 52　习见蓼

【生境】生于田边、路旁、水边湿地。

【分布】全县广布。

【药用部位】全草。

【功能主治】利水通淋，化浊杀虫。用于恶疮疥癣、淋浊、蛔虫病。

53. 蓼子草 *Polygonum criopolitanum* Hance

图 53 蓼子草

【形态】一年生草本。茎自基部分枝，平卧，丛生，节部生根，高 10 ～ 15 厘米，被长糙伏毛及稀疏的腺毛。叶狭披针形或披针形，长 1 ～ 3 厘米，宽 3 ～ 8 毫米，顶端急尖，基部狭楔形，两面被糙伏毛，边缘具缘毛及腺毛；叶柄极短或近无柄；托叶鞘膜质，密被糙伏毛，顶端截形，具长缘毛。花序头状，顶生，花序梗密被腺毛；苞片卵形，长 2 ～ 2.5 毫米，密生糙伏毛，具长缘毛，每苞内具 1 花；花梗比苞片长，密被腺毛，顶部具关节；花被 5 深裂，淡紫红色，花被片卵形，长 3 ～ 4 毫米；雄蕊 5，花药紫色；花柱 2，中上部合生，瘦果椭圆形，双凸镜状，长约 2.5 毫米，有光泽，包于宿存花被内。花期 7—11 月，果期 9—12 月。

【生境】生于河滩沙地、沟边湿地。

【分布】分布于黄山头镇。

54. 红蓼 *Polygonum orientale* L.

图 54 红蓼

【形态】一年生草本，高 2 ～ 3 米。茎直立，有节，多分枝，中空，全体密被粗长毛。单叶互生，具长柄；叶片卵形或宽卵形，长 10 ～ 18 厘米，宽 6 ～ 12 厘米，先端渐尖，基部近圆形或近楔形，全缘，两面疏生长毛；有长叶柄；托叶鞘筒状，下部膜质，褐色，上部草质，展开成环状，绿色。总状花序顶生或腋生，下垂，单一或数个花序集生成圆锥状，苞片宽卵形；花被淡红色或白色，5 深裂，裂片卵状椭圆形；雄蕊 7，长于花被，花柱 2，瘦果近圆形，扁平，黑色，有光泽。花期 6—7 月，果期 7—9 月。

【生境】生于沟边、路旁、潮湿地。

【分布】全县广布。

【药用部位】果实、根及全草。

【采收加工】10—11 月果实成熟时，挖起全草，打下种子，根和全草则分别晒干。

【化学成分】红蓼中含有木脂素、黄酮类、有机酸、甾体皂苷、胡萝卜苷等化学成分。

【药理作用】红蓼具有提高免疫力、抗氧化、抗心肌缺血、抗凝血、抗疲劳、抗心律失常、扩张血管等作用。

【性味】甘、淡，微寒。

【功能主治】散血，消积，止痛。主治胃痛、腹胀痞块等。

55. 细叶蓼 *Polygonum taquetii* Levl.

图 55 细叶蓼

【形态】一年生草本。茎细弱，无毛，高 30 ～ 50 厘米，基部近平卧或上升，下部多分枝，节部生根。叶狭披针形或线状披针形，长 2 ～ 4 厘米，宽 3 ～ 6 厘米，顶端急尖，基部狭楔形，两面疏被短柔毛或近无毛，边缘全缘；叶柄极短或近无柄；托叶鞘筒状，膜质，长 5 ～ 6 毫米，疏生柔毛，顶端截形，缘毛长 3 ～ 5 毫米。总状花序呈穗状，顶生或腋生，长 3 ～ 10 厘米，细弱，间断，下垂，通常数个再组成圆锥状；苞片漏斗状，长约 2 毫米，绿色，边缘具长缘毛，每苞内生 3 ～ 4 花，花梗细长，比苞片长；花被 5 深裂，淡红色，花被片椭圆形，长 1.5 ～ 1.7 毫米；雄蕊 7，比花被短；花柱 2 ～ 3，中下部合生。瘦果卵形，双凸镜状或具 3 棱，长 1.2 ～ 1.5 毫米，褐色，有光泽，包于宿存花被内。花期 8—9 月，果期 9—10 月。

【生境】生于林缘湿地。

【分布】分布于黄山头镇。

56. 水蓼 *Polygonum hydropiper* L.

【形态】一年生草本，高 20 ～ 100 厘米。茎圆柱形，直立或下部匐地，多分枝。茎红紫色，无毛，节常膨大，近地面处常生须根。叶互生，披针形或椭圆状披针形，长 2 ～ 5 厘米，宽 1 厘米左右，先端渐尖，常偏斜，基部楔形，全缘，有疏生缘毛，通常两面有腺点及毛，中脉及边缘有刺状毛；叶柄短或近无柄，基部偏宽，无毛；托叶鞘筒状，膜质，紫褐色，长 3 ～ 12 毫米，有疏短刺毛，先端有缘毛。穗状花序顶生或腋生，花稀疏，细弱下垂，花序梗无毛，伸出苞片外，间有 1 ～ 2 朵花包在膨胀的托叶鞘内；萼片 4 ～ 5，卵形，散生腺状小点；雄蕊 6，略短于萼片；雌蕊 1，花柱 2 ～ 3 裂，子房扁平，瘦果卵形，侧扁，少有 3 棱，一面平，一面凸起，长 2.5 毫米左右，有小点，包在宿存的萼片内。花期 7—9 月，果期 9—11 月。

【生境】生于山坡路旁的草丛中、水沟边阴湿处。

【分布】全县广布。

【药用部位】全草。

【采收加工】夏季拔起全草，除去泥土，晒干。

【化学成分】水蓼含有 β-谷甾醇、琥珀酸、槲皮素、没食子酸、胡萝卜苷、槲皮素-3-O-β-D-葡萄糖苷、山柰酚-3-O-β-D-半乳糖苷等化合物。

【药理作用】水蓼具有一定的抗菌、抗氧化、抗肿瘤活性。

【性味】辛，温。

【功能主治】利湿止泻，杀虫止痒。主治痢疾、肠炎、阑尾炎、湿疹、跌打损伤等。

图 56 水蓼

图 57 酸模叶蓼

57. 酸模叶蓼 *Polygonum lapathifolium* L.

【形态】一年生草本，高 30 ～ 200 厘米。茎直立，有分枝。叶柄有短刺毛；叶披针形或宽披针形，大小变化很大，顶端渐尖或急尖，基部楔形，上面绿色，常有黑褐色新月形斑点，无毛，下面沿主脉有贴生的粗硬毛，全缘，边缘生粗硬毛，托叶鞘筒状，膜质，淡褐色，无毛。花序为数个花穗构成的圆锥状花序；苞片膜质，边缘生稀疏短睫毛状毛；花淡红色或白色，花被通常 4 深裂，裂片椭圆形，雄蕊 6；花柱 2；向外弯曲；瘦果卵圆形，扁平，两面中央微凹，黑褐色，光亮，全部包于宿存的花被内。花期 6—8 月，果期 7—10 月。

【生境】生于山野水沟路旁草丛中。

【分布】全县广布。

【药用部位】全草。

【采收加工】夏季采收，晒干备用。

【性味】辛，温。

【功能主治】散寒活血，消肿止痛，解毒杀虫。主治麻疹、羊毛疔、痢疾、肠炎、急性扁桃体炎、蛇咬伤及蜂蜇伤等。

58. 箭叶蓼 *Polygonum sieboldii* Meisn.

【形态】一年生草本。茎基部外倾，上部近直立，有分枝，无毛，四棱形，沿棱具倒生皮刺。叶宽披针形或长圆形，长 2.5 ～ 8 厘米，宽 1 ～ 2.5 厘米，顶端急尖，基部箭形，上面绿色，下面淡绿色，两面无毛，下面沿中脉具倒生短皮刺，边缘全缘，无缘毛；叶柄长 1 ～ 2 厘米，具倒生皮刺；托叶鞘膜质，偏斜，无缘毛，长 0.5 ～ 1.3 厘米。花序头状，通常成对，顶生或腋生，花序梗细长，疏生短皮刺；苞片椭圆形，顶端急尖，背部绿色，边缘膜质，每苞内具 2 ～ 3 花；花梗短，长 1 ～ 1.5 毫米，比苞片短；花被 5 深裂，白色或淡紫红色，花被片长圆形，长约 3 毫米；雄蕊 8，比花被短；花柱 3，中下部合生。瘦果宽卵形，具 3 棱，黑色，无光泽，长约 2.5 毫米，包于宿存花被内。花期 6—9 月，果期 8—10 月。

图 58 箭叶蓼

【生境】生于山谷、沟旁、水边。

【分布】分布于黄山头镇。

【药用部位】全草。

【采收加工】夏、秋季采收，晒干。

【性味】酸、涩，平。

【功能主治】祛风除湿，清热解毒。用于风湿性关节痛、毒蛇咬伤。

59. 杠板归 *Polygonum perfoliatum* L.

【形态】多年生蔓生草本，长可达 2 米以上。茎细长，蔓延地面或攀缘他物，有棱角，绿色或红褐色，有倒生钩刺。单叶互生，近三角形，长 4 ～ 6 毫米，下部宽 5 ～ 8 厘米，先端略尖，基部截形或近心形，上面无毛，下面沿叶脉疏生钩刺，边缘疏生小刺；叶柄盾状着生于叶片近基部的中间，长 2 ～ 7 厘米，柄上有条棱和钩刺；托叶鞘近心形，抱茎。穗状花序顶生或腋生，苞片圆形，花被白色或淡红色，5 深裂，裂片卵形，裂片在果时增大，肉质，后变深蓝色；雄蕊 8；较花被短；雌蕊 1，子房卵圆形，花柱三叉状。瘦果球形，直径约 3 毫米，黑色，有光泽，花期 7—9 月，果期 9—10 月。

【生境】生于山坡路旁、沟溪边或荒草地上。

【分布】全县广布。

【药用部位】全草。

【采收加工】夏、秋季采收，晒干。

【化学成分】杠板归含黄酮类、蒽醌类、萜类、羧酸类、酰胺类和挥发油类等成分。

【药理作用】杠板归具有抗炎、抗病毒、止咳祛痰、保肝、抗肿瘤、抗氧化和抑制α－葡萄糖苷酶活性、抑制乙酰胆碱酯酶活性等药理作用。

【性味】酸，凉。

【功能主治】清热利湿，消肿解毒。主治水肿、小便不利、痢疾、腹泻、百日咳、痈疔疮毒、皮炎、湿疹、毒蛇咬伤等。

图 59 杠板归

虎杖属 *Reynoutria* Houtt.

多年生草本。根状茎横走。茎直立，中空。叶互生，卵形或卵状椭圆形，全缘，具叶柄；托叶鞘膜质，偏斜，早落。花序圆锥状，腋生；花单性，雌雄异株，花被 5 深裂；雄蕊 6 ～ 8；花柱 3，柱头流苏状。雌花花被片，外面 3 片果时增大，背部具翅。瘦果卵形，具 3 棱。本属约有 3 种，分布于东亚。我国有 1 种，产于陕西南部、甘肃南部、华东、华中、华南至西南地区。公安县亦有分布。

60. 虎杖 *Reynoutria japonica* Houtt.

【形态】多年生草本，高 1 ～ 1.5 米，根状茎蔓延地下，侧生数条粗根，木质，黄色，具节。节上生数条须根，茎直立，丛生，表面光滑无毛，绿色或淡红色，通常散生红色或紫红色斑点，中空。叶互生，广卵形或卵状椭圆形，长 6 ～ 12 厘米，宽 5 ～ 9 厘米，顶端短骤尖，基部圆形或楔形，全缘或具不明显的细锯齿；托叶鞘膜质；褐色，早落。花单性，雌雄异株；成腋生的圆锥花序；花梗细长，中部有关节，上部有翅；花被白色或黄绿色，5 深裂，裂片 2 轮，外轮 3 片在果时增大，背部生翅；雄蕊 8，雌花花柱 3，柱头呈鸡冠状。瘦果椭圆形，有 3 棱，黑褐色，光亮，包于增大的翅状花被内。花期 6—7 月，果期 9—10 月。

图 60 虎杖

【生境】喜生于温暖潮湿田野、水边、沟边或林下阴湿处。

【分布】分布于章庄铺镇。

【药用部位】根茎。

【采收加工】全年均可采收，一般多在秋季采挖，除去泥土、茎叶及须根，晒干或鲜用。

【化学成分】虎杖叶的主要化学成分包括黄酮、蒽醌、酚酸、二苯乙烯及萘酚类等。

【药理作用】虎杖具有抗菌、抗病毒、防治脑缺血、抗氧化、抗炎镇痛、抗血小板聚集、抗血栓、扩张血管等作用。

【性味】苦、涩，凉。

【功能主治】利湿退黄，清热解毒，散瘀止痛，止咳化痰。用于湿热黄疸、淋浊、带下、风湿痹痛、痈肿疮毒、水火烫伤、经闭、癥瘕、跌打损伤、肺热咳嗽。

荞麦属 *Fagopyrum* Mill.

一年生或多年生草本，稀半灌木。茎直立，无毛或具短柔毛。叶互生，三角形、心形、宽卵形或箭形；托叶鞘膜质，偏斜，顶端急尖或截形。花两性，排成总状花序或密集的伞房状花序；花被 5 深裂，果时不增大；雄蕊 8，排成 2 轮，外轮 5，内轮 3；花柱 3，柱头头状，花盘腺体状。瘦果具 3 棱，比宿存花被长。本属约有 15 种，广布于亚洲及欧洲。我国有 10 种 1 变种，有 2 种为栽培种，南北各省（区）均有分布。公安县有 2 种。

1. 茎比较粗壮；瘦果角棱不呈齿状……苦荞麦 *F. tataricum*

1. 茎细弱；瘦果角棱呈齿状……细柄野荞麦 *F. gracilipes*

61. 细柄野荞麦 *Fagopyrum gracilipes* (Hemsl.) Damm. ex Diels

图 61 细柄野荞麦

【形态】一年生草本。茎直立，高 20 ～ 70 厘米，自基部分枝，具纵棱，疏被短糙伏毛。叶卵状三角形，长 2 ～ 4 厘米，宽 1.5 ～ 3 厘米，顶端渐尖，基部心形，两面疏生短糙伏毛，下部叶叶柄长 1.5 ～ 3 厘米，具短糙伏毛，上部叶叶柄较短或近无梗；托叶鞘膜质，偏斜，具短糙伏毛，长 4 ～ 5 毫米，顶端尖。花序总状，腋生或顶生，极稀疏，间断，长 2 ～ 4 厘米，花序梗细弱，俯垂；苞片漏斗状，上部近缘膜质，中下部草质，绿色，每苞内具 2 ～ 3 花，花梗细弱，长 2 ～ 3 毫米，比苞片长，顶部具关节；花被 5 深裂，淡红色，花被片椭圆形，长 2 ～ 2.5 毫米，背部具绿色脉，果时花被稍增大；雄蕊 8，比花被短；花柱 3，柱头头状。瘦果宽卵形，长约 3 毫米，具 3 锐棱，有时沿棱生狭翅，有光泽，突出花被之外。花期 6—9 月，果期 8—10 月。

【生境】生于山坡草地、山谷湿地、田埂、路旁。

【分布】分布于藕池镇六合垸村。

62. 苦荞麦　*Fagopyrum tataricum* (L.) Gaertn.

图 62　苦荞麦

【形态】一年生草本。茎直立，高40～80厘米，上面略带淡红色，常有分枝，质轻，有细纵条纹，中空。叶宽三角形，宽与长近相等，为2～7厘米，先端短尖，基部心形，两侧裂片向外张开，全缘，边缘及脉上被短柔毛；叶柄长1.5～8厘米，有纵条纹及成列的细柔毛；托叶鞘近三角形，偏斜，长约5毫米，膜质，干后呈棕褐色。花排列成顶生及腋生的总状花序，花序疏散，花序梗长4～7厘米，其上一面有细柔毛；苞片卵形，绿色，长2～3毫米，无毛；萼片5，椭圆形，长约2毫米；雄蕊8，与萼片近等长，花丝细弱，花药黄褐色；花柱2，甚短。瘦果三棱形，长约5毫米，黑褐色，无光泽，表面中央有黑色深纵沟。花期5—9月，果期9—11月。

【生境】栽培。

【分布】分布于黄山头镇。

【药用部位】根茎。

【采收加工】秋、冬季采挖，除去地上部分和须根，洗净泥土，晒干。

【性味】苦，平。

【功能主治】理气止痛，健脾利湿。治胃痛、消化不良、腰腿疼痛、跌打损伤。

二十八、商陆科 Phytolaccaceae

草本或灌木，稀为乔木。直立，稀攀缘；植株通常不被毛。单叶互生，全缘，托叶无或细小。花小，两性或有时退化成单性（雌雄异株），辐射对称或近辐射对称，排列成总状花序或聚伞花序、圆锥花序、穗状花序，腋生或顶生；花被片4～5，分离或基部连合，大小相等或不等，叶状或花瓣状，在花蕾中覆瓦状排列，椭圆形或圆形，顶端钝，绿色或有时变色，宿存；雄蕊数目变异大，4～5或多数，着生于花盘上，与花被片互生或对生或多数成不规则生长，花丝线形或钻状，分离或基部略相连，通常宿存，花药背着，2室，平行，纵裂；子房上位，间或下位，球形，心皮1至多数，分离或合生，每心皮有1基生、横生或弯生胚珠，花柱短或无，直立或下弯，与心皮同数，宿存。果实肉质，浆果或核果，稀蒴果；种子小，侧扁，双凸镜状或肾形、球形，直立，外种皮膜质或硬脆，平滑或皱缩；胚乳丰富，粉质或油质，为一弯曲的大胚所围绕。

本科有17属约120种。我国有2属5种，其中一单种属为逸生，另一属亦有一种逸生。

公安县境内的商陆科植物有1属1种。

商陆属 *Phytolacca* L.

草本，常具肥大的肉质根，或为灌木，稀为乔木，直立，稀攀缘。茎、枝圆柱形，有沟槽或棱角，无毛或幼枝和花序被短柔毛。叶片卵形、椭圆形或披针形，顶端急尖或钝，常有大量的针晶体，有叶柄，稀无；托叶无。花通常两性，稀单性或雌雄异株，小型，有梗或无，排成总状花序、聚伞圆锥花序或穗状花序，花序顶生或与叶对生；花被片5，辐射对称，草质或膜质，长圆形至卵形，顶端钝，开展或反折，宿存；雄蕊6～33，着生于花被基部，花丝钻状或线形，分离或基部连合，内藏或伸出，花药长圆形或近圆形；子房近球形，上位，心皮5～16，分离或连合，每心皮有1粒近于直生或弯生的胚珠，花柱钻形，直立或下弯。浆果，肉质多汁，后干燥，扁球形；种子肾形，扁压，外种皮硬脆，亮黑色，光滑，内种皮膜质；胚环形，包围粉质胚乳。本属约有35种，我国有4种。公安县有1种。

63. 垂序商陆 *Phytolacca americana* L.

【形态】多年生草本，高1～2米。根粗壮，肥大，倒圆锥形。茎直立，圆柱形，有时带紫红色。叶片椭圆状卵形或卵状披针形，长9～18厘米，宽5～10厘米，顶端急尖，基部楔形；叶柄长1～4厘米。总状花序顶生或侧生，长5～20厘米；花梗长6～8毫米；花白色，微带红晕，直径约6毫米；花被片5，雄蕊、心皮及花柱通常均为10，心皮合生。果序下垂；浆果扁球形，熟时紫黑色；种子肾圆形，直径约3毫米。花期6—8月，果期8—10月。

图63 垂序商陆

【生境】生于山坡、路旁或草地上。

【分布】全县广布。

【药用部位】根。

【采收加工】秋季至翌年春季采挖，除去须根及泥沙，切成块或片，晒干或阴干。

【化学成分】垂序商陆含有三萜皂苷、黄酮类、酚酸类、甾醇类以及多糖类等成分。

【药理作用】垂序商陆具有利尿、抗菌、抗病毒、抗炎、抗肿瘤等作用。

【性味】苦，寒；有毒。

【功能主治】逐水消肿，通利二便，解毒散结。用于水肿胀满、二便不通，外治痈肿疮毒。

二十九、紫茉莉科 Nyctaginaceae

草本、灌木或乔木，有时为具刺藤状灌木。单叶，对生、互生或假轮生，全缘，具柄，无托叶。花辐射对称，两性，稀单性或杂性；单生、簇生或成聚伞花序、伞形花序；常具苞片或小苞片，有的苞片色彩鲜艳；花被单层，常为花冠状，圆筒形或漏斗状，有时钟形，下部合生成管，顶端5～10裂，在芽内镊合状或折扇状排列，宿存；雄蕊1至多数，通常3～5，下位，花丝离生或基部连合，芽时内卷，花药2室，纵裂；子房上位，1室，内有1粒胚珠，花柱单一，柱头球形，不分裂或分裂。瘦果状掺花果包在宿存花被内，有棱或槽，有时具翅，常具腺；种子有胚乳，胚直生或弯生。

本科约有30属300种，我国有7属11种1变种。

公安县境内的紫茉莉科植物有1属1种。

紫茉莉属 *Mirabilis* L.

一年生或多年生草本。根肥粗，常呈倒圆锥形。单叶，对生，有柄或上部叶无柄。花两性，1至数朵簇生于枝端或腋生；每花基部包以1个5深裂的萼状总苞，裂片直立，渐尖，折扇状，花后不扩大；花被各色，华丽，香或不香，花被筒伸长，在子房上部稍缢缩，顶端5裂，裂片平展，凋落；雄蕊5～6，与花被筒等长或外伸，花丝下部贴生花被筒上；子房卵球形或椭圆体形；花柱线形，与雄蕊等长或更长，伸出，柱头头状。掺花果球形或倒卵球形，革质、壳质或坚纸质，平滑或有疣状突起；胚弯曲，子叶折叠，包围粉质胚乳。本属约有50种，我国栽培1种，有时逸为野生。

64. 紫茉莉 *Mirabilis jalapa* L.

【形态】一年生草本，高20～100厘米。茎直立，多分枝，节部膨大，无毛或有稀生短柔毛，一侧往往紫红色。叶对生，纸质，卵形或卵状三角形，长3～12厘米，顶端渐尖，基部截形至宽楔形，全缘，无毛；叶柄长1～4厘米，下端叶叶柄长，上部叶无柄或具短柄。花单生，苞片5；萼片状，长约1厘米；花两性，单被，花被花冠状，花色不一，白色、红色、黄色、紫红色或粉红色，有的带有条纹，漏斗状，花被筒圆柱状，长4～6厘米，上部稍扩大，顶端5裂，基部膨大成球形而包裹子房；雄蕊常5～6，与花被等长或稍长，花丝不等长；子房上位，1室，卵圆形，花柱线形，柱头头状。瘦果卵形或近球形，果皮近革质，黑色，具棱，为宿存的苞片所包，内部充满白粉状胚乳。花期7—10月，果期10—11月。

图64 紫茉莉

【生境】栽培或野生。

【分布】各乡镇均有分布。

【药用部位】根或全草。

【采收加工】根秋后采挖，洗净切片，晒干；全草多随采随用。

【化学成分】根含葫芦巴碱、半乳糖、树脂、淀粉。

【药理作用】紫茉莉具有抗生育、杀虫、抑菌、抗癌、抗糖尿病，治疗便秘、外伤等药理作用。

【性味】淡、微涩，平。

【功能主治】清热利尿，活血解毒。主治淋浊、带下、劳伤体瘦、跌打损伤、水肿疔毒等。

三十、番杏科 Aizoaceae

一年生或多年生草本，或为半灌木。茎直立或平卧。单叶对生、互生或假轮生，有时肉质，有时细小，全缘，稀具疏齿；托叶干膜质，先落或无。花两性，稀杂性，辐射对称，花单生、簇生或成聚伞花序；单被或异被，花被片 5，稀 4，分离或基部合生，宿存，覆瓦状排列，花被筒与子房分离或贴生；雄蕊 3 ～ 5 或多数（排成多轮），周位或下位，分离或基部合生成束，外轮雄蕊有时变为花瓣状或线形，花药 2 室，纵裂；花托扩展成碗状，常有蜜腺，或在子房周围形成花盘；子房上位或下位，心皮 2、5 或多数，合生成 2 至多室，稀离生，花柱数同心皮数，胚珠多数，稀单生，弯生、近倒生或基生，中轴胎座或侧膜胎座。蒴果或坚果状，有时为瘦果，常为宿存花被包围；种子具细长弯胚，包围粉质胚乳，常有假种皮。

本科约有 130 属 1200 种。我国有 7 属约 15 种，其中 1 属约 5 种为栽培品。

公安县境内的番杏科植物有 1 属 1 种。

粟米草属 *Mollugo* L.

一年生草本。茎铺散、斜升或直立，多分枝，无毛。单叶，基生、近对生或假轮生，全缘。花小，具梗，顶生或腋生，簇生或成聚伞花序、伞形花序；花被片 5，离生，草质，常具透明干膜质边缘；雄蕊通常 3，有时 4 或 5，稀更多 (6 ～ 10)，与花被片互生，无退化雄蕊；心皮 3 ～ 5，合生，子房上位，卵球形或椭圆球形，3 ～ 5 室，每室有多数胚珠，着生于中轴胎座上，花柱 3 ～ 5，线形。蒴果球形，果皮膜质，部分或全部包于宿存花被内，室背开裂为 3 ～ 5 果瓣；种子多数，肾形，平滑或有颗粒状突起或脊具凸起肋棱，无种阜和假种皮；胚环形。本属约有 20 种，我国有 4 种。公安县有 1 种。

65. 粟米草 *Mollugo stricta* L.

【形态】一年生草本，高 10 ～ 30 厘米。全体无毛。直根较细，黄白色。茎铺散状多叉状分枝，枝纤细有棱，通常褐绿色。基生叶成莲花状叶丛，矩圆状披针形至匙形，茎生叶常 3 ～ 5 成假轮生或对生，披针形或条状披针形，长 1.5 ～ 4 厘米，宽 0.3 ～ 1 厘米。全缘，顶端急尖或长渐尖，基部渐窄；叶柄短或近无柄。秋季开黄色小花，二歧聚伞花序顶生或腋生，总花梗细长，小花稀疏着生，具细梗；花两性，单被，外有微小不显著的膜质苞；萼片 5，宿存，椭圆形或近圆形；通常 3，花丝基部扩大，雄蕊 1；子房上位，卵形，心皮 3，3 室，花柱 3；蒴果宽卵形或近球形，与宿存的花被等长，3 瓣裂。种子多数，肾圆形，稍扁平，栗色，有多数颗粒状突起，无种阜。花期 6—8 月，果期 8—10 月。

【生境】生于田埂边、路旁或草地上。

【分布】分布于章庄铺镇。

【药用部位】全草。

【采收加工】秋季采挖，晒干或鲜用。

【性味】微淡、涩，平。

【功能主治】清暑热，收敛，解毒。主治中暑、腹痛泄泻、疮疖。

图 65　粟米草

三十一、马齿苋科 Portulacaceae

一年生或多年生草本，稀半灌木。单叶，互生或对生，全缘，常肉质；托叶干膜质或刚毛状，稀不存在。花两性，整齐或不整齐，腋生或顶生，单生或簇生，或成聚伞花序、总状花序、圆锥花序；萼片 2，稀 5，草质或干膜质，分离或基部连合；花瓣 4 ～ 5，稀更多，覆瓦状排列，分离或基部稍连合，常有鲜艳色彩，早落或宿存；雄蕊与花瓣同数，对生，分离或成束或与花瓣贴生，花丝线形，花药 2 室，内向纵裂；雌蕊 3 ～ 5，心皮合生，子房上位或半下位，1 室，基生胎座或特立中央胎座，有弯生胚珠 1 至多粒，花柱线形，柱头 2 ～ 5 裂，形成内向的柱头面。蒴果近膜质，盖裂或 2 ～ 3 瓣裂，稀为坚果；种子肾形或球形，多数，稀为 2 颗，种阜有或无，胚环绕粉质胚乳，胚乳大多丰富。

本科约有 19 属 580 种，我国现有 2 属 7 种。

公安县境内的马齿苋科植物有 2 属 2 种。

1. 平卧或斜升草本；花单生或簇生，子房半下位；蒴果盖裂；种子无种阜 ……………………………… 马齿苋属 *Portulaca*

1. 直立草本或半灌木；总状或圆锥花序，子房上位；蒴果瓣裂；种子有种阜 ……………………………… 土人参属 *Talinum*

马齿苋属 *Portulaca* L.

一年生或多年生肉质草本，无毛或被疏柔毛。茎铺散，平卧或斜升。叶互生或近对生，或在茎上部轮生，叶片圆柱状或扁平；托叶为膜质鳞片状或毛状的附属物，稀完全退化。花顶生、单生或簇生；花梗有或无；常具数片叶状总苞；萼片 2，筒状，其分离部分脱落；花瓣 4 或 5，离生或下部连合，花开后黏液质，先落；雄蕊 4 至多数，着生花瓣上；子房半下位，1 室，胚珠多数，花柱线形，上端 3 ～ 9 裂成线状柱头。

蒴果盖裂；种子细小，多数，肾形或圆形，光亮，具疣状突起。本属约有 200 种，我国有 6 种。公安县有 1 种。

66. 马齿苋 *Portulaca oleracea* L.

【形态】一年生肉质草本，全株光滑无毛，高 20 ～ 30 厘米。茎圆柱形，下部平卧或斜向上，由基部分枝四散，向阳面带淡褐色或紫色。叶互生或近对生，叶柄极短，叶片肉质肥厚，倒卵形或匙形，长 1 ～ 3 厘米，宽 0.5 ～ 1.5 厘米，先端钝圆，有时微缺，基部阔楔形，全缘，上面深绿色，下面暗红色。花两性，较小，黄色，通常 3 ～ 5 朵丛生于枝顶叶腋，花苞片 4 ～ 5 枚，三角状卵形，萼片 2，卵形，基部与子房连合，花瓣 5，倒心形，先端微凹；雄蕊 8 ～ 12，花药黄色；雌蕊 1，子房异下位，1 室，花柱顶端 4 ～ 6 裂，形成线状柱头。蒴果短圆锥形，棕色，盖裂；种子多数，黑褐色，表面具细点。花期 5—6 月，果期 6—10 月。

图 66 马齿苋

【生境】生于菜园、旱地和田埂、沟边、路旁等。

【分布】各乡镇均有分布。

【药用部位】全草。

【采收加工】夏、秋季当茎叶茂盛时采收，割取全草，洗净泥土，用沸水略烫后，晒干，或鲜用。

【化学成分】马齿苋主要含生物碱类、萜类、香豆素类、黄酮类、有机酸类、挥发油及多糖等化学成分。

【药理作用】马齿苋具有抗炎、镇痛、抑菌、降血脂、降血糖、抗肿瘤、抗氧化、抗衰老、增强免疫、抗疲劳、抗惊厥、止咳平喘等作用。

【性味】酸，寒。

【功能主治】清热，解毒，凉血止痢。主治热毒痢疾、肠炎、痈肿疮毒、蛇虫咬伤等。

土人参属 *Talinum* Adans.

一年生或多年生草本，或为半灌木，常具粗根。茎直立，肉质，无毛。叶互生或部分对生，叶片扁平，全缘，无柄或具短柄，无托叶。花小，成顶生总状花序或圆锥花序，稀单生叶腋；萼片 2，分离或基部短合生，卵形，早落，稀宿存；花瓣 5，稀多数 (8 ～ 10)，红色，常早落；雄蕊 5 至多数 (10 ～ 30)，通常贴生花瓣基部；子房上位，1 室，特立中央胎座，胚珠多数，花柱顶端 3 裂，稀 2 裂。蒴果常俯垂，球形、卵形或椭圆形，薄膜质，3 瓣裂；种子近球形或扁球形，亮黑色，具瘤或棱，种阜淡白色。本属约有 50 种，我国有 1 种，栽培后逸为野生。公安县亦有分布。

67. 土人参　*Talinum paniculatum* (Jacq.) Gaertn.

【形态】多年生草本，高 20 ～ 65 厘米，全体无毛。主根粗壮，肉质，分枝如人参，棕褐色。茎直立，圆柱形，质嫩脆，多分枝，基部稍木质化。叶互生，倒卵形、椭圆形至倒卵状椭圆形，长 5 ～ 7 厘米，宽 2 ～ 4 厘米，先端尖或钝圆，基部狭楔形，全缘，两面无毛。圆锥花序顶生或侧生，多呈二歧分枝，小枝和花梗的基部都有三角状披针形的苞片；花两性，花小，多数，淡红色或淡红紫色，直径约 6 毫米，花柄细长；萼片 2，卵形，脱落；花瓣 5，倒卵形或椭圆形，长约 3 毫米；雄蕊多数；子房上位，圆球形，花柱线形，柱头 3 深裂，先端向外展而微弯。蒴果近球形，直径约 3 毫米，熟时灰褐色。种子细小，黑色，扁圆形，有光泽和小突起。花期 5—7 月，果期 8—9 月。

图 67　土人参

【生境】多为栽培或半野生状态。

【分布】各乡镇均有分布。

【药用部位】根。

【采收加工】冬季采挖，洗净，刮去粗皮，蒸透，烘干或晒干。秋季采叶鲜用。

【药理作用】土人参具有抗氧化、神经营养等作用。

【性味】甘，平。

【功能主治】补中益气，润肺生津，健脾止泻。用于病后体虚、神经衰弱、劳伤、咳嗽、遗尿、自汗、盗汗、咯血、月经不调、小儿脾虚泄泻等。

三十二、落葵科 Basellaceae

缠绕草质藤本，全株无毛。单叶，互生，全缘，稍肉质，通常有叶柄；托叶无。花小，两性，稀单性，辐射对称，通常成穗状花序、总状花序或圆锥花序，稀单生；苞片 3，早落，小苞片 2，宿存；花被片 5，离生或下部合生，通常白色或淡红色，宿存，在芽中覆瓦状排列；雄蕊 5，与花被片对生，花丝着生于花被上；雌蕊由 3 心皮合生，子房上位，1 室，胚珠 1 粒，着生于子房基部，弯生，花柱单一或分叉为 3。胞果，干燥或肉质，通常被宿存的小苞片和花被包围，不开裂；种子球形，种皮膜质，胚乳丰富，围以螺旋状、半圆形或马蹄状胚。

本科约有 4 属 25 种，我国栽培 2 属 3 种。

公安县境内的落葵科植物有 1 属 1 种。

落葵属 *Basella* L.

一年生或二年生缠绕草本。叶互生。穗状花序腋生，花序轴粗壮，伸长；花小，无梗，通常淡红色或白色；苞片极小，早落；小苞片和坛状花被合生，肉质，花后膨大，卵球形，花期很少开放，花后肉质，包围果实；花被短 5 裂，钝圆，裂片有脊，但在果时不为翅状；雄蕊 5，内藏，与花被片对生，着生于花被筒近顶部，花丝很短，在芽中直立，花药背着，“丁”字形着生；子房上位，1 室，内含 1 胚珠，花柱 3，柱头线形。胞果球形，肉质；种子直立；胚螺旋状，有少量胚乳，子叶大而薄。本属有 5 种，我国栽培 1 种。公安县有 1 种。

68. 落葵 *Basella alba* L.

【形态】一年生缠绕草本，全体肉质，光滑无毛，具块状地下茎；地上茎绿色或淡紫色，有分枝，长达 3 ～ 4 厘米，叶互生，肥厚肉质，卵形或近圆形，长 3 ～ 12 厘米，宽 3 ～ 10 厘米，顶端急尖，基部心形或近心形，全缘，叶柄长 1 ～ 3 厘米，无托叶。穗状花序腋生，长 5 ～ 20 厘米；花小，小苞片 2，呈萼状，矩圆形，长约 5 毫米，不脱落；花被片 5，淡紫色或淡红色，下部白色，连合成 5 管状雄蕊，生于萼管口，和萼片对生；花柱 3。果实卵形或球形，长 5 ～ 6 毫米，暗紫色，多液汁，为宿存肉质小苞片和萼片所包裹。种子单生，圆球形。花期夏、秋季，花期较长。

图 68 落葵

【生境】多栽培或半野生。

【分布】各乡镇均有分布。

【药用部位】全草。

【采收加工】夏、秋季采集，鲜用或晒干。

【性味】微苦、淡，寒。

【功能主治】清热解毒，润肠通便。主治关节肿痛、痢疾、大便秘结、疥疮、痈肿、烫伤、外伤出血。

三十三、石竹科 Caryophyllaceae

一年生或多年生草本，稀亚灌木。茎节通常膨大，具关节。单叶对生，稀互生或轮生，全缘，基部多少连合；有托叶，膜质，或缺。花辐射对称，两性，稀单性，排列成聚伞花序或聚伞圆锥花序，稀单生，少数呈总状花序、头状花序、假轮伞花序或伞形花序，有时具闭花受精花；萼片 5，稀 4，草质或膜质，宿存，覆瓦状排列或合生成筒状；花瓣 5，稀 4，无爪或具爪，瓣片全缘或分裂，通常爪和瓣片之间具 2 片状或鳞片状副花冠片，稀缺花瓣；雄蕊 10，2 轮排列，稀 5 或 2；雌蕊 1，由 2 ～ 5 合生心皮构成，子房上位，3 室或基部 1 室，上部 3 ～ 5 室，特立中央胎座或基底胎座，具 1 至多数胚珠；花柱 (1) 2 ～ 5，有时基部合生，稀合生成单花柱。果实为蒴果，长椭圆形、圆柱形、卵形或圆球形，果皮壳质、膜质或纸质，顶端齿裂或瓣裂，开裂数与花柱同数或为其 2 倍，稀为浆果状、不规则开裂或为瘦果；种子弯生，多数或少数，稀 1 粒，肾形、卵形、圆盾形或圆形，微扁；种脐通常位于种子凹陷处，稀盾状着生；种皮纸质，表面具有以种脐为圆心的、整齐排列为数层半环形的颗粒状、短线纹或瘤状突起，稀表面近平滑或种皮为海绵质；种脊具槽，圆钝或锐，稀具流苏状篦齿或翅；胚环形或半圆形，围绕胚乳或劲直，胚乳偏于一侧；胚乳粉质。

本科约有 75(80) 属 2000 种，全世界广布，地中海地区为分布中心。我国有 30 属约 388 种，几乎遍布全国。

公安县境内石竹科植物有 5 属 7 种。

1. 花多单生，少数为聚伞花序；蒴果果瓣先端不再裂……漆姑草属 *Sagina*
1. 花通常排成聚伞花序，少数单生；蒴果果瓣先端稍 2 裂。
  2. 花瓣先端不裂，有时微凹或流苏状，有时无花瓣……无心菜属 *Arenaria*
  2. 花瓣先端深 2 裂，有时浅 2 裂，极少数全缘或无花瓣。
    3. 花柱 3 ～ 5，如为 5，则必与萼片互生。
      4. 心皮 3，少数为 2，花柱 3，少数为 2……繁缕属 *Stellaria*
      4. 心皮 5，花柱 5……鹅肠菜属 *Myosoton*
    3. 花柱 5，少数 3 ～ 4，与萼片对生……卷耳属 *Cerastium*

无心菜属 *Arenaria* L.

一年生或多年生草本。茎直立，稀铺散，常丛生。单叶对生，叶片全缘，扁平，卵形、椭圆形至线形。花单生或多数，常为聚伞花序；花 5 朵，稀 4 朵；萼片全缘，稀顶端微凹；花瓣全缘或顶端齿裂至縫裂；雄蕊 10，稀 8 或 5；子房 1 室，含多数胚珠，花柱 3，稀 2。蒴果卵形，通常短于宿存萼，稀较长或近等长，裂瓣为花柱的同数或为其 2 倍；种子稍扁，肾形或近圆卵形，具疣状突起，平滑或具狭翅。本属有 300 余种，分布于北温带或寒带地区。我国有 104 种，集中分布于西南至西北的高山、亚高山地区。公安县有 1 种。

69. 无心菜 *Arenaria serpyllifolia* L.

【别名】蚤缀。

【形态】一年生或二年生草本，高10～30厘米。主根细长，支根较多而纤细。茎丛生，直立或铺散，密生白色短柔毛，节间长0.5～2.5厘米。叶片卵形，长4～12毫米，宽3～7毫米，基部狭，无柄，边缘具缘毛，顶端急尖，两面近无毛或疏生柔毛，下面具3脉，茎下部的叶较大，茎上部的叶较小。聚伞花序，具多花；苞片草质，卵形，长3～7毫米，通常密生柔毛；花梗长约1厘米，纤细，密生柔毛或腺毛；萼片5，披针形，长3～4毫米，边缘膜质，顶端尖，外面被柔毛，具显著的3脉；花瓣5，白色，倒卵形，长为萼片的1/3～1/2，顶端钝圆；雄蕊10，短于萼片；子房卵圆形，无毛，花柱3，线形。蒴果卵圆形，与宿存萼等长，顶端6裂；种子小，肾形，表面粗糙，淡褐色。花期6—8月，果期8—9月。

图69 无心菜

【生境】生于沙质荒地、田野。

【分布】分布于章庄铺镇、杨家厂镇。

【药用部位】全草。

【采收加工】夏、秋季采集全草，晒干。

【性味】辛，平。

【功能主治】止咳，清热明目。用于肺结核、急性结膜炎、睑腺炎、咽喉痛。

卷耳属 *Cerastium* L.

一年生或多年生草本，多数被柔毛或腺毛。叶对生，叶片卵形或长椭圆形至披针形。二歧聚伞花序，顶生；萼片5，稀为4，离生；花瓣5，稀4，白色，顶端2裂，稀全缘或微凹；雄蕊10，稀5，花丝无毛或被毛；子房1室，具多数胚珠；花柱通常5，稀3，与萼片对生。蒴果圆柱形，薄壳质，露出宿萼外，顶端裂齿为花柱数的2倍；种子多数，近肾形，稍扁，常具疣状突起。本属约有100种，主要分布于北温带地区。我国有17种，产北部至西南地区。公安县有2种。

1. 叶狭卵状长椭圆形；花排成二歧式聚伞花序；花瓣长等于或短于萼片……簇生卷耳 *C.fontanum*

1. 叶卵形至椭圆形，顶端钝；花序密集成头状；花瓣明显长于萼片……球序卷耳 *C.glomeratum*

70. 簇生卷耳 *Cerastium fontanum* subsp. *triviale* (Link) Jalas

【形态】一年生或二年生草本，高10～30厘米，全体具短柔毛。茎单一或簇生，基部稍倾斜，上部直立。叶对生，基部叶匙形或狭倒卵形，基部狭窄呈叶柄，中上部叶狭卵形至披针形，长1～1.5厘米，

图 70　簇生卷耳

宽 0.3～1 厘米，钝头或微凸，基部圆形，全缘，两面均贴生短柔毛，具睫毛状毛，近无柄。二歧聚伞花序顶生，基部有叶状苞片，花梗密生长腺毛，长为萼片的 2～4 倍或更长，花后顶端下弯，花两性；萼片 5，披针形，长 0.3 厘米，宽 0.1 厘米，边缘膜质，绿色，宿存花瓣 5，倒卵状矩圆形，白色，微短于萼片或等长，子房上位。蒴果长管形，长为宿存裂片的 2 倍。种子褐色，略呈三角形，有瘤状突起。花期 4—6 月，果期 6—10 月。

【生境】生于山坡林缘、路旁、田边等地的杂草中。

【分布】各乡镇均有分布。

【药用部位】全草。

【采收加工】冬、春季采集，晒干或鲜用。

【性味】酸、辛，微寒。

【功能主治】清热解表，消肿止痛。主治乳痈初起、疖痈肿痛。

71. 球序卷耳　*Cerastium glomeratum* Thuill.

图 71　球序卷耳

【形态】一年生草本，高 10～20 厘米。茎单生或丛生，密被长柔毛，上部混生腺毛。茎下部叶叶片匙形，顶端钝，基部渐狭成柄状；上部茎生叶叶片倒卵状椭圆形，长 1.5～2.5 厘米，宽 5～10 毫米，顶端急尖，基部渐狭成短柄状，两面皆被长柔毛，边缘具缘毛，中脉明显。聚伞花序呈簇生状或呈头状；花序轴密被腺柔毛；苞片草质，卵状椭圆形，密被柔毛；花梗细，长 1～3 毫米，密被柔毛；萼片 5，披针形，长约 4 毫米，顶端尖，外面密被长腺毛，边缘狭膜质；花瓣 5，白色，线状长圆形，与萼片近等长或微长，顶端 2 浅裂，基部被疏柔毛；雄蕊明显短于萼；花柱 5。蒴果长圆柱形，长于宿存萼 0.5～1 倍，顶端 10 齿裂；种子褐色，扁三角形，具疣状突起。花期 3—4 月，果期 5—6 月。

【生境】生于山坡草地。

【分布】全县广布。

【药用部位】全草。

【功能主治】清热，利湿，凉血解毒。主治感冒发热、湿热泄泻、肠风下血、乳痈、疔疮等。

鹅肠菜属 *Myosoton* Moench

二年生或多年生草本。茎下部匍匐，无毛，上部直立，被腺毛。叶对生。花两性，白色，排列成顶生二歧聚伞花序；萼片5；花瓣5，比萼片短，2深裂至基部；雄蕊10；子房1室，花柱5。蒴果卵形，比萼片稍长，5瓣裂至中部，裂瓣顶端再2齿裂；种子肾状圆形，种脊具疣状突起。本属仅有1种，分布于欧洲、亚洲、非洲的温带和亚热带地区；产于我国东北、华北、华东、华中、西南、西北等地区。公安县亦有分布。

72. 鹅肠菜 *Myosoton aquaticum* (L.) Moench

【形态】多年生草本，高15～40厘米。茎下部伏卧，上部直立，多分枝，有腺毛。叶互生，下部叶有柄，中上部叶先端急尖，基部圆形或近心形。二歧聚伞花序顶生，苞片叶状，边缘有腺毛，花梗长1～2厘米，密生腺毛；萼片5，卵状披针形，基部鞘合生，背面有腺毛；花瓣5，白色，长为萼片的3/4，顶端2深裂至基部，裂片长圆形，雄蕊10，比花瓣稍短；子房椭圆形，花柱5，偶为4，先端弯曲。蒴果卵圆形，比萼片稍长，5瓣裂。种子肾圆形，熟时暗棕色，表面有钝的疣状突起，边缘的突起大而明显。花期5—8月，果期7—9月。

图72 鹅肠菜

【生境】生于林缘沟边、路旁、河岸等处。

【分布】各乡镇均有分布。

【药用部位】全草。

【采收加工】夏、秋季可采收全草，除去杂草，晒干。

【化学成分】全草含黄酮苷、酚类、氨基酸、有机酸及皂苷等成分。

【性味】甘，平。

【功能主治】清热解毒，消肿止痛。用于急性肝炎、痢疾、痔疮肿痛等。

漆姑草属 *Sagina* L.

一年生或多年生小草本。茎多丛生。叶线形或线状锥形，基部合生成鞘状；托叶无。花小，单生于叶腋或顶生成聚伞花序，通常具长梗；萼片4～5，顶端圆钝；花瓣白色，4～5，有时无花瓣，通常较萼片短，稀等长，全缘或顶端微凹缺；雄蕊4～5，有时为8或10；子房1室，含多数胚珠；花柱4～5，与萼片互生。蒴果卵圆形，4～5瓣裂，裂瓣与萼片对生；种子细小，肾形，表面有小突起或平滑。本属约有30种，分布于北温带地区。我国有4种，南北地区均产。公安县有1种。

73. 漆姑草 *Sagina japonica* (Sw.) Ohwi

【形态】一年生或二年生草本。茎多数簇生，柔弱，稍铺散，高6～18厘米，上部疏生短柔毛。叶对生，线形，长0.4～2厘米，宽0.1～0.2厘米，先端锐尖，基部呈膜质短鞘状抱茎，无柄。花小，单生于枝顶或叶腋，花梗细弱，长1～3厘米，疏生短柔毛；萼片5，白色，卵形，短于萼片。蒴果卵形，略长于宿存萼片，5瓣裂。种子细小，褐色，长圆形，密生瘤状突起。花期4—5月，果期5—6月。

图73 漆姑草

【生境】生于路旁或园圃草地。

【分布】各乡镇均有分布。

【药用部位】全草。

【采收加工】春、夏季采挖全草，除去泥土，晒干。

【化学成分】漆姑草有黄酮类、三萜皂苷、氨基酸、还原糖、有机酸、油酯、香豆素、内酯和生物碱等化学成分。

【性味】苦，凉。

【功能主治】清热解毒，活血散瘀。主治跌打损伤、漆疮、毒蛇咬伤、淋巴结核、牙痛。

繁缕属 *Stellaria* L.

一年生或多年生草本。叶扁平，有各种形状，但很少针形。花小，多数组成顶生聚伞花序，稀单生于叶腋；萼片5，稀4；花瓣5，稀4，白色，稀绿色，2深裂，稀微凹或多裂，有时无花瓣；雄蕊10，有时少数（8或2～5）；子房1室，稀幼时3室，胚珠多数，稀仅数枚，1～2枚成熟；花柱3，稀2。蒴果圆球形或卵形，裂齿数为花柱数的2倍；种子多数，稀1～2，近肾形，微扁，具瘤或平滑；胚环形。本属约有120种，广布于温带至寒带地区。我国产63种，广布于全国。公安县有2种。

1. 叶缘稍带波状，无叶柄；植株全无毛；雄蕊5～7……雀舌草 *S. alsine*
1. 叶缘不呈波状，下部叶有长柄；茎一侧有一列细短柔毛；雄蕊3～5……繁缕 *S. media*

74. 雀舌草 *Stellaria alsine* Grimm

【形态】二年生草本，高15～30厘米，全株无毛。须根细。茎丛生，稍铺散，上升，多分枝。叶无柄，叶片披针形至长圆状披针形，长5～20毫米，宽2～4毫米，顶端渐尖，基部楔形，半抱茎，边缘软骨质，呈微波状，基部具疏缘毛，两面微显粉绿色。聚伞花序通常具 3 ～ 5 花，顶生或花单生于叶腋；花梗细，长 5 ～ 20 毫米，无毛，果时稍下弯，基部有时具 2 披针形苞片；萼片 5，披针形，长 2 ～ 4 毫米，宽 1 毫米，顶端渐尖，边缘膜质，中脉明显，无毛；花瓣 5，白色，短于萼片或近等长，2 深裂几达基部，裂片条形，钝头；雄蕊 5，有时 6 ～ 7，微短于花瓣；子房卵形，花柱 3（有时为 2），短线形。蒴果卵圆形，与宿存萼等长或稍长，6 齿裂，含多数种子；种子肾形，微扁，褐色，具皱纹状突起。花期 5—6 月，果期 7—8 月。

图 74　雀舌草

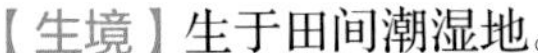

【生境】生于田间潮湿地。

【分布】分布于章庄铺镇、黄山头镇。

【药用部位】全草。

【性味】辛，平。

【功能主治】祛风散寒，续筋接骨，活血止痛，解毒。主治伤风感冒、风湿骨痛、疮疡肿毒、跌打损伤、骨折、蛇咬伤。

75. 繁缕　*Stellaria media* (L.) Cyr.

【形态】一年生草本，高 10 ～ 30 厘米。茎纤弱柔软，多分枝，下部伏卧，上部斜上，下部节上生不定根，上部为叉状分枝，茎上有一行白色短柔毛，其余部分平滑无毛。叶对生，下部叶有长柄，卵形，基部圆形或宽楔形，先端锐尖，全缘，无毛，上部的叶无柄。花单生于叶腋或成顶生疏散的聚伞花序，花梗纤细，长 0.3 ～ 1.5 厘米，具柔毛；萼片 5，披针形，有缘毛；花瓣 5，白色，与花萼等长或短于萼片，2 深裂近基部；雄蕊 3 ～ 5，花丝纤细；子房卵圆形，花柱通常 3，有时可有 4。蒴果卵圆形或长圆形，熟时顶端 5 瓣裂。种子多数，黑褐色，圆形，密生纤细的突起。花期 4 月，果期 5—9 月。

图 75　繁缕

【生境】生于丘陵、平地的路边草地、田间。

【分布】各乡镇均有分布。

【药用部位】全草。

【采收加工】春、夏季采挖全草，洗净，鲜用或晒干用。

【化学成分】全草含黄酮苷、酚类、氨基酸、有机酸、皂苷等成分。

【性味】酸，平。

【功能主治】清热解毒，凉血止痛。主治阑尾炎、产后瘀痛、跌打损伤、乳腺炎、牙痛、疖肿。

三十四、藜科 Chenopodiaceae

一年生草本、半灌木、灌木，较少为多年生草本或小乔木，茎和枝有时具关节。叶互生或对生，全缘，有齿或分裂，较少退化成鳞片状；无托叶。花为单被花，两性，较少为杂性或单性，如为单性时，雌雄同株，极少雌雄异株；有或无苞片，或苞片与叶近同型；小苞片2，舟状至鳞片状，或无小苞片；花被膜质、草质或肉质，3～5深裂或全裂，花被片（裂片）覆瓦状，很少排列成2轮，果时常常增大，变硬，或在背面生出翅状、刺状、疣状附属物，较少无显著变化；雄蕊与花被片（裂片）同数对生或较少，着生于花被基部或花盘上，花丝钻形或条形，离生或基部合生，花药背着，在芽中内曲，2室，外向纵裂或侧面纵裂，顶端钝或药隔突出形成附属物；花盘或有或无；子房上位，卵形至球形，由2～5个心皮合成，离生，极少基部与花被合生，1室；花柱顶生，通常极短；柱头通常2，很少3～5，丝形或钻形，很少近于头状，四周或仅内侧面具颗粒状或毛状突起；胚珠1个，弯生。果实为胞果，很少为盖果，通常包在宿存的花萼内，每果内有直立或横生的种子1；种子直立、横生或斜生，扁平圆形、双凸镜形、肾形或斜卵形；种皮壳质、革质、膜质或肉质，内种皮膜质或无；胚乳为外胚乳，粉质或肉质，或无胚乳，胚环形、半环形或螺旋形。

本科约有100属1400种，主要分布于温带、寒带的海滨或土壤含盐分较多的地区。我国约有39属186种，主要分布在我国西北、内蒙古及东北各省（区），尤以新疆最为丰富。

公安县境内的藜科植物有1属3种。

藜属 *Chenopodium* L.

一年生或多年生草本，有囊状毛（粉）或圆柱状毛，较少为腺毛或完全无毛，很少有气味。叶互生，有柄；叶片通常宽阔扁平，全缘或具不整齐锯齿或浅裂片。花两性或兼有雌性，不具苞片和小苞片，通常数花聚集成团伞花序，较少为单生，并再排列成腋生或顶生的穗状、圆锥状或复二歧式聚伞状的花序；花被球形，绿色，5裂，较少为3～4裂，裂片腹面凹，背面中央稍肥厚或具纵隆脊，果时花被不变化，较少增大或变为多汁，无附属物；雄蕊5或较少，与花被裂片对生，下位或近周位，花丝基部有时合生；花药矩圆形，不具附属物；花盘通常不存在；子房球形，顶基稍扁，较少为卵形；柱头2，很少3～5，丝状；胚珠几无柄。胞果卵形、双凸镜形或扁球形；种子横生，较少为斜生或直立；种皮壳质，平滑或具点洼，有光泽；胚环形、半环形或马蹄形；胚乳丰富，粉质。本属约有250种，分布遍及世界各处。我国产19种和2亚种。公安县有3种。

1. 叶下面具黄色腺点，有强烈香味（揉搓叶片）……………………………………………… 土荆芥 *C. ambrosioides*

1. 叶下面不具腺点，无气味。

  2. 叶明显呈三裂状，中裂片及侧裂片都有锯齿；种子表面有清晰的六角形细洼；花被裂片镊合状闭合 ……………………………………………………………………………………………………… 小藜 *C. serotinum*

  2. 叶非三裂状，叶两侧边缘显然不平行，先端急尖或渐尖；种子表面有浅沟纹；花被裂片覆瓦状闭合或展开 …… 藜 *C.* album

76. 藜　*Chenopodium album* L.

图 76　藜

【形态】一年生草本，高 60 ～ 120 厘米。茎直立，粗壮，具棱和绿色或紫红色的条纹，多分枝，枝上升或展开。叶片菱状卵形至披针形，长 3 ～ 6 厘米，宽 2.5 ～ 5 厘米，先端急尖或微钝，基部宽楔形，边缘有齿或作不规则的浅裂；叶柄长 3 ～ 6 厘米，上部叶披针形，下面常被白粉呈灰绿色。花两性，形小，黄绿色，每 8 ～ 25 朵集成一花簇，多数花簇排成腋生的大的圆锥花序；花被片 5，宽卵形或椭圆形，背部中央有绿色隆脊和膜质边缘，先端渐尖或微凹；雄蕊 5，伸出花被外；柱头 2，不露出花被外。胞果完全包于花被内或顶端稍露，稍扁，果皮薄和种子紧贴；种子横生，双凸镜形，直径 1.2 ～ 1.5 毫米，黑色，有光泽，表面有不明显的沟纹及点洼。花期 7—8 月，果期 9—10 月。

【生境】生于田间、路旁、荒地、住宅旁。

【分布】各乡镇均有分布。

【药用部位】果实和幼嫩全草。

【采收加工】6—7 月采收全草，晒干或鲜用。

【化学成分】全草含挥发油；叶含棕榈酸、油酸、亚油酸；根含甜菜碱、氨基酸；种子含油 5.54% ～ 14.86%。

【性味】甘、微苦，平。

【功能主治】止泻痢，杀虫止痒。主治痢疾泄泻、湿疹瘙痒、龋齿疼痛。

77. 土荆芥　*Chenopodium ambrosioides* L.

【形态】一年生或多年生草本，高 50 ～ 80 厘米，有强烈香味。茎直立，多分枝，有色条及钝条棱；枝通常细瘦，有短柔毛并兼有具节的长柔毛，有时近于无毛。叶片矩圆状披针形至披针形，先端急尖或渐尖，边缘具稀疏不整齐的大锯齿，基部渐狭具短柄，上面平滑无毛，下面有散生油点并沿叶脉稍有毛，下部的叶长达 15 厘米，宽达 5 厘米，上部叶逐渐狭小而近全缘。花两性及雌性，通常 3 ～ 5 个团集，生于上部叶腋；花被裂片 5，较少为 3，绿色，果时通常闭合；雄蕊 5，花药长 0.5 毫米；花柱不明显，柱头通常 3，较少为 4，丝形，伸出花被外。胞果扁球形，完全包于花被内。种子横生或斜生，黑色或暗红色，平滑，有光泽，边缘钝，直径约 0.7 毫米。花期和果期的时间都很长。

图 77 土荆芥

【生境】喜生于村旁、路边、河岸等处。

【分布】全县广布。

【药用部位】全草。

【采收加工】播种当年 8—9 月果实成熟时，割取全草，放通风处阴干。

【化学成分】果实含挥发油（土荆芥油）1% ～ 4%，油中以驱蛔素为有效成分，并含有伞花烃、黄樟醚、萜类化合物，如：柠檬烯、异柠檬烯、左旋香芹酮及土荆芥酮等。

【药理作用】土荆芥具有驱虫杀虫、抑菌、抗肿瘤等药理作用。

【性味】辛、苦，微温。

【功能主治】祛风除湿，杀虫止痒。主治蛔虫病、钩虫病、蛲虫病，外治皮肤湿疹、瘙痒，并杀蛆虫。

78. 小藜 *Chenopodium serotinum* L.

【形态】一年生草本，高 15 ～ 50 厘米。茎直立，有分枝，有角棱条纹。叶互生，下部的叶 3 裂，近基部的 2 裂片短，椭圆形或三角形，裂片边缘有齿或无齿，中央的裂片最长，它的两侧边缘几乎平行，每侧有 1 ～ 4 波状齿，两面略被粉粒；叶柄纤细，长 1 ～ 4 厘米，无毛。花两性，花序穗状，腋生或顶生；萼片 5，宽卵形，淡绿色，边缘白色，背部无隆脊，被粉粒，向内弯曲；雄蕊 5，稍长于萼片；柱头 2，胞果包在花萼内，果皮膜质，有明显的蜂窝状网纹；种子扁圆，黑色，有小点，边缘有棱。花期 5 月，果期 6—7 月。

图 78 小藜

【生境】生于路旁、田野。

【分布】各乡镇均有分布。

【药用部位】全草。

【采收加工】3—4 月采收全株，晒干

或鲜用。

【性味】甘，平。

【功能主治】祛湿，解毒。主治疮疡肿毒、疥疮瘙痒。

三十五、苋科 Amaranthaceae

一年生或多年生草本，少数为小灌木。叶互生或对生，全缘，少数有微齿，无托叶。花小，两性或单性同株或异株，或杂性，有时退化成不育花，花簇生在叶腋内，成疏散或密集的穗状花序、头状花序、总状花序或圆锥花序；苞片 1 及小苞片 2，干膜质，绿色或着色；花被片 3 ～ 5，干膜质，覆瓦状排列，常和果实同脱落，少有宿存；雄蕊常和花被片等数且对生，偶较少，花丝分离，或基部合生成杯状或管状，花药 2 室或 1 室；有或无退化雄蕊；子房上位，1 室，具基生胎座，胚珠 1 个或多数，珠柄短或伸长，花柱 1 ～ 3，宿存，柱头头状或 2 ～ 3 裂。果实为胞果或小坚果，少数为浆果，果皮薄膜质，不裂、不规则开裂或顶端盖裂。种子 1 个或多数，凸镜状或近肾形，光滑或有小疣点，胚环状，胚乳粉质。

本科约有 60 属 850 种，分布很广。我国产 13 属约 39 种。

公安县境内的苋科植物有 4 属 9 种。

1. 叶对生。

2. 茎四方形；花排成顶生及腋生的穗状花序，花药 2 室，有退化雄蕊……………………………………牛膝属 *Achyranthes*

2. 茎圆柱状；花排成小头状花序，腋生或顶生，花药 1 室，有时有 5 退化雄蕊……………………莲子草属 *Alternanthera*

1. 叶互生。

3. 花单性，雌雄同株或为杂性，花丝离生，子房内只有 1 胚珠……………………………………………………苋属 *Amaranthus*

3. 花两性，花丝下部连合成筒状，子房内有胚珠 2 ～ 8……………………………………………………………青葙属 *Celosia*

牛膝属 *Achyranthes* L.

草本或亚灌木，茎具明显节，枝对生。叶对生，有叶柄。穗状花序顶生或腋生，在花期直立，花期后反折、平展或下倾；花两性，单生在干膜质宿存苞片基部，并有 2 小苞片，小苞片有 1 长刺，基部加厚，两旁各有 1 短膜质翅；花被片 4 ～ 5，干膜质，顶端芒尖，花后变硬，包裹果实；雄蕊 5，少数 4 或 2，远短于花被片，花丝基部连合成一短杯，和 5 短退化雄蕊互生，花药 2 室；子房长椭圆形，1 室，具 1 胚珠，花柱丝状，宿存，柱头头状。胞果卵状矩圆形、卵形或近球形，有 1 种子，和花被片及小苞片同脱落。种子矩圆形，凸镜状。本属约有 15 种，分布于两半球热带及亚热带地区，我国产 3 种。公安县有 3 种。

1. 叶片披针形或宽披针形；退化雄蕊顶端有不显明齿；小苞片针状，基部有耳状薄片………………柳叶牛膝 *A. longifolia*

1. 叶片倒卵形、椭圆形或矩圆形；退化雄蕊顶端有缘毛或细锯齿。

2. 叶片倒卵形、宽卵状倒卵形或椭圆状矩圆形，顶端圆钝，具突尖；小苞片刺状，基部有 2 薄膜质翅；退化雄蕊顶端有具分枝流苏状的长缘毛……土牛膝 *A. aspera*

2. 叶片椭圆形或椭圆状披针形，少数倒披针形，顶端尾尖；小苞片刺状，基部有 2 卵形膜质小裂片；退化雄蕊顶端无缘毛，有缺刻状细锯齿……牛膝 *A. bidentata*

79. 土牛膝 *Achyranthes aspera* L.

【形态】多年生草本，高 30 ～ 100 厘米。茎直立或披散，有 4 棱，分枝多，节膨大如膝状，被柔毛。叶对生，倒卵形或长椭圆形，长 2 ～ 8 厘米，宽 1.5 ～ 3.5 厘米，顶端急尖或短尾尖，基部楔形，全缘，两面有白色短柔毛，沿叶脉更密。穗状花序顶生，总花梗有柔毛，花后伸长，每花有 2 个小苞片，小苞片顶端刺状，基部宽卵形，边缘有膜质翅；花被片 5，披针形，干膜质；雄蕊 5，与花被片对生，花丝基部连合成环状，退化雄蕊顶端平截状或细圆齿状，与花丝等长，背面有 1 流苏状的鳞片，子房长椭圆形，胚珠 1 枚。胞果卵形，外有 2 苞片。种子椭圆形，黑色。花期 7—8 月，果期 8—10 月。

图 79 土牛膝

【生境】生于林下、路旁、田边阴湿处。

【分布】各乡镇均有分布。

【药用部位】根。

【采收加工】秋末冬初挖取，除去茎叶、须根和泥土，晒干。

【化学成分】根含皂苷、甜菜碱、糖类及黏液质。其皂苷元为齐墩果酸。

【性味】微苦，微寒。

【功能主治】清热解毒，活血引产。主治感冒发热、咽喉肿痛、白喉、跌打损伤、风湿寒性关节痛、腰腿痛、经闭等。

80. 牛膝 *Achyranthes bidentata* Blume

【形态】多年生草本，高 70 ～ 120 厘米；根圆柱形，直径 5 ～ 10 毫米，土黄色；茎有棱角或四方形，绿色或带紫色，有白色贴生或开展柔毛，或近无毛，分枝对生。叶片椭圆形或椭圆状披针形，少数倒披针形，长 4.5 ～ 12 厘米，宽 2 ～ 7.5 厘米，顶端尾尖，尖长 5 ～ 10 毫米，基部楔形或宽楔形，两面有贴生或开展柔毛；叶柄长 5 ～ 30 毫米，有柔毛。穗状花序顶生及腋生，长 3 ～ 5 厘米，花期后反折；总花梗长 1 ～ 2 厘米，有白色柔毛；花多数，密生，长 5 毫米；苞片宽卵形，长 2 ～ 3 毫米，顶端长渐尖；小苞片刺状，长 2.5 ～ 3 毫米，顶端弯曲，基部两侧各有 1 卵形膜质小裂片，长约 1 毫米；花被片披针形，长 3 ～ 5 毫米，光亮，顶端急尖，有 1 中脉；雄蕊长 2 ～ 2.5 毫米；退化雄蕊顶端平圆，稍有缺刻状细锯齿。胞果矩圆形，长 2 ～ 2.5 毫米，黄褐色，光滑。种子矩圆形，长 1 毫米，黄褐色。花期 7—9 月，果期 9—10 月。

【生境】生于山坡林下。

【分布】分布于夹竹园镇。

【药用部位】干燥根。

【采收加工】冬季茎叶枯萎时采挖，除去须根及泥沙，捆成小把，晒至干皱后，将顶端切齐，晒干。

【化学成分】根含三萜皂苷：齐墩果酸 α-L- 吡喃鼠李糖基 -β-D- 吡喃半乳糖苷。其又含多种糖类，系葡萄糖醛酸、半乳糖醛酸、阿拉伯糖和鼠李糖；还含蜕皮甾酮、牛膝甾酮、精氨酸、甘氨酸、丝氨酸、天冬氨酸、生物碱类及香豆精类化合物。

图 80　牛膝

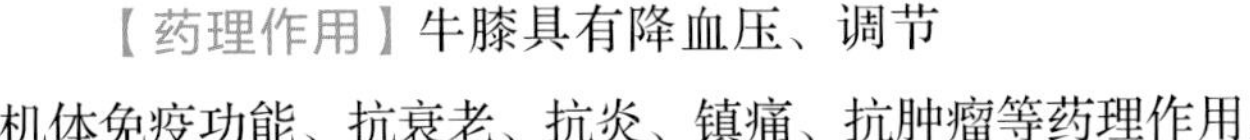

【药理作用】牛膝具有降血压、调节机体免疫功能、抗衰老、抗炎、镇痛、抗肿瘤等药理作用。

【性味】苦、酸，平。

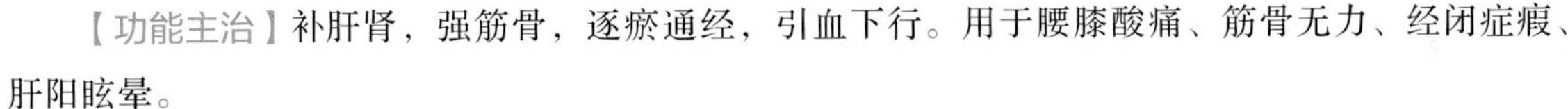

【功能主治】补肝肾，强筋骨，逐瘀通经，引血下行。用于腰膝酸痛、筋骨无力、经闭症瘕、肝阳眩晕。

81. 柳叶牛膝 *Achyranthes longifolia* (Makino) Makino

【形态】多年生草本。茎直立，四棱形，高约 1 米。叶披针形或窄长圆状披针形，长 5 ～ 15 厘米，宽 1 ～ 13 厘米，先端渐尖，基部楔形，全缘，两面散生细毛，下面紫红色或深紫红色；叶柄长 0.2 ～ 1 厘米，被细毛。穗状花序顶生或腋生，细长，花序梗有细柔毛；小苞片有卵状三角形薄膜；萼片 5；雄蕊 5，短于花萼，花丝基部连合；子房倒卵状球形。胞果包在宿存花萼中。花期 5—8 月，果期 8—10 月。

【生境】生于疏林下及路旁。

图 81　柳叶牛膝

【分布】分布于章庄铺镇、黄山头镇。

【药用部位】根。

【采收加工】秋季挖取根部，除去地上部分和须根，洗净泥土，晒干。

【化学成分】全草含促脱皮甾酮、牛膝甾酮、红苋甾酮。

【性味】酸、苦，平。

【功能主治】活血散瘀，祛湿利尿，清热解毒。主治淋证、经闭、风湿性关节痛、脚气、水肿、痢疾、疟疾、白喉、痈肿、跌打损伤。

莲子草属 *Alternanthera* Forsk.

匍匐或上升草本，茎多分枝。叶对生，全缘。花两性，成有或无总花梗的头状花序，单生在苞片腋部；苞片及小苞片干膜质，宿存；花被片5，干膜质，常不等；雄蕊2～5，花丝基部连合成管状或短杯状，花药1室；退化雄蕊全缘，有齿或条裂；子房球形或卵形，胚珠1，垂生，花柱短或长，柱头头状。胞果球形或卵形，不裂，边缘翅状。种子凸镜状。本属约有200种，分布于美洲热带及暖温带地区，我国有4种。公安县有2种。

1. 头状花序腋生，少数顶生，无总花梗；雄蕊3～5，花丝连合成杯状，花药卵形；退化雄蕊小，齿状或舌状……莲子草 *A. sessilis*
1. 头状花序腋生或顶生，有总花梗，单一；雄蕊5，花丝连合成管状，花药条状长椭圆形；退化雄蕊舌状，顶端流苏状……喜旱莲子草 *A. philoxeroides*

82. 喜旱莲子草 *Alternanthera philoxeroides* (Mart.) Griseb.

【形态】一年生草本，下部匍匐，上部上升，中空，有分枝。叶对生，长圆形、长圆状卵形或倒卵状披针形，长2～5厘米，宽0.5～1.8厘米，先端钝圆，具芒尖，基部渐狭，呈柄状，上面贴生长柔毛，全缘，有毛，叶面绿色，有贴生毛，背面淡绿色，主脉凸起。头状花序单生于叶腋，有总花梗，花梗长1～3厘米；苞片和小苞片干膜质，宿存；花被片5，白色，矩圆形；雄蕊5，花丝基部连合，花药1室，退化雄蕊顶端分裂成3～4细条；柱头头状。胞果扁平。花期6—9月，果期8—10月。

图82 喜旱莲子草

【生境】生于塘边、沟边、池沼路旁湿润处。

【分布】各乡镇均有分布。

【药用部位】全草。

【采收加工】夏季采集全草，洗净泥土，除去杂质，鲜用或晒干。

【化学成分】全草有黄酮苷、三萜皂苷、有机酸酚性成分、糖、脂肪、蛋白质、无机盐等。

【性味】淡、微苦，凉。

【功能主治】清热解毒，利尿。主治病毒性感染，如流行性感冒、麻疹、乙型脑炎、流行性出血热等病的治疗和预防。

83. 莲子草 *Alternanthera sessilis* (L.) DC.

【形态】多年生草本，高10～45厘米。圆锥根粗，直径可达3毫米；茎上升或匍匐，绿色或稍带紫色，有条纹及纵沟，沟内有柔毛，在节处有一行横生柔毛。叶片形状及大小有变化，条状披针形、矩圆形、

图 83 莲子草

倒卵形、卵状矩圆形，长 1 ～ 8 厘米，宽 2 ～ 20 毫米，顶端急尖、圆形或圆钝，基部渐狭，全缘或有不明显锯齿，两面无毛或疏生柔毛；叶柄长 1 ～ 4 毫米，无毛或有柔毛。头状花序 1 ～ 4 个，腋生，无总花梗，初为球形，后渐成圆柱形，直径 3 ～ 6 毫米；花密生，花轴密生白色柔毛；苞片及小苞片白色，顶端短渐尖，无毛；苞片卵状披针形，长约 1 毫米，小苞片钻形，长 1 ～ 1.5 毫米；花被片卵形，长 2 ～ 3 毫米，白色，顶端渐尖或急尖，无毛，具 1 脉；雄蕊 3，花丝长约 0.7 毫米，基部连合成杯状，花药矩圆形；退化雄蕊三角状钻形，比雄蕊短，顶端渐尖，全缘；花柱极短，柱头短裂。胞果倒心形，长 2 ～ 2.5 毫米，侧扁，翅状，深棕色，包在宿存花被片内。种子卵球形。花期 5—7 月，果期 7—9 月。

【生境】生于村庄附近的草坡、水沟、田边潮湿处。

【分布】分布于章庄铺镇。

【药用部位】全草。

【采收加工】夏、秋季采集，洗净泥土，晒干。

【性味】微甘、淡，凉。

【功能主治】清热凉血，利湿消肿，拔毒止痒。用于痢疾、鼻衄、咯血、便血、尿道炎、咽炎、乳腺炎、小便不利；外用治疮疖肿毒、湿疹、皮炎、体癣、毒蛇咬伤。

苋属 *Amaranthus* L.

一年生草本，茎直立或伏卧。叶互生，全缘，有叶柄。花单性，雌雄同株或异株，或杂性，成无梗花簇，腋生，或腋生及顶生，再集合成单一或圆锥状穗状花序；每花有 1 苞片及 2 小苞片，干膜质；花被片 5，少数 1 ～ 4，大小相等，绿色，薄膜质，直立或倾斜开展，在果期直立，间或在花期后变硬或基部加厚；雄蕊 5，少数 1 ～ 4，花丝钻状或丝状，基部离生，花药 2 室；无退化雄蕊；子房具 1 直生胚珠，花柱极短或缺，柱头 2 ～ 3，钻状或条形，宿存，内面有细齿或微硬毛。胞果球形或卵形，侧扁，膜质，盖裂或不规则开裂，常为花被片包裹，或不裂，则和花被片同落。种子球形，凸镜状，侧扁，黑色或褐色，光亮，平滑，边缘锐或钝。本属约有 40 种，分布于全世界，有些种为伴人植物，我国产 13 种。公安县有 2 种。

1. 叶先端深凹缺；茎通常直立；胞果不开裂，甚皱缩……皱果苋 *A. viridis*
1. 叶先端钝尖，有小突尖头；胞果呈环状开裂……苋 *A. tricolor*

84. 苋 *Amaranthus tricolor* L.

【形态】一年生草本，高 50 ～ 90 厘米。茎直立，多分枝，绿色或紫红色，单叶互生，卵状椭圆形或披针形，长 4 ～ 9 厘米，宽 2 ～ 7 厘米，绿色或红色、紫色、黄色及其他颜色；先端钝尖，稍有微凹，叶基沿叶柄下延；叶全缘或略成波缘，两面无毛，下面叶脉隆起；叶柄长 2 ～ 6 厘米。花密集成簇；花簇圆球形，腋生或集成腋生花穗，在茎顶集成断续状之顶生穗状花序，下垂。花黄绿色，单性，雌雄同株，苞片和小苞片卵状披针形，透明，先端芒尖；雄蕊比花被片长或短；柱头 3，细长，向外反曲，内侧有毛。胞果卵圆形，环状开裂。种子黑褐色，近于扁圆形，两面凸，平滑有光泽。花期 5—8 月，果期 8—9 月。

图 84 苋

【生境】栽培植物。

【分布】各乡镇均有分布。

【药用部位】全草及种子。

【采收加工】春末夏初采收根，洗净泥土，晒干。果实成熟时采收种子，晒干。

【性味】甘、微涩，凉。

【功能主治】种子：清肝明目；主治青盲翳障、乳糜血尿。

全草：清热，利窍；主治赤白痢疾、二便不通。

85. 皱果苋 *Amaranthus viridis* L.

【形态】一年生草本，高 40 ～ 80 厘米，全体无毛；茎直立，有不显明棱角，稍有分枝，绿色或带紫色。叶片卵形、卵状矩圆形或卵状椭圆形，长 3 ～ 9 厘米，宽 2.5 ～ 6 厘米，顶端尖凹或凹缺，少数圆钝，有 1 芒尖，基部宽楔形或近截形，全缘或微呈波状缘；叶柄长 3 ～ 6 厘米，绿色或带紫红色。圆锥花序顶生，长 6 ～ 12 厘米，宽 1.5 ～ 3 厘米，有分枝，由穗状花序形成，圆柱形，细长，直立，顶生花穗比侧生者长；总花梗长 2 ～ 2.5 厘米；苞片及小苞片披针形，长不及 1 毫米，顶端具突尖；花被片矩圆形或宽倒披针形，长 1.2 ～ 1.5 毫米，内曲，顶端急尖，背部有 1 绿色隆起中脉；雄蕊比花被片短；柱头 3 或 2。胞果扁球形，直

图 85 皱果苋

径约2毫米，绿色，不裂，极皱缩，超出花被片。种子近球形，直径约1毫米，黑色或黑褐色，具薄且锐的环状边缘。花期6—8月，果期8—10月。

【生境】生在宅旁杂草地上或田野间。

【分布】全县广布。

青葙属 *Celosia* L.

一年生或多年生草本、亚灌木或灌木。叶互生，卵形至条形，近全缘，有叶柄。花两性，成顶生或腋生、密集或间断的穗状花序，简单或排列成圆锥花序，总花梗有时扁化；每花有1苞片和2小苞片，着色，干膜质，宿存；花被片5，着色，干膜质，光亮，无毛，直立开展，宿存；雄蕊5，花丝钻状或丝状，上部离生，基部连合成杯状；无退化雄蕊；子房1室，具2至多数胚珠，花柱1，宿存，柱头头状，微2～3裂，反折。胞果卵形或球形，具薄壁，盖裂。种子凸镜状肾形，黑色，光亮。本属约有60种，分布于非洲、美洲和亚洲亚热带和温带地区，我国产3种。公安县有2种。

1. 野生植物；穗状花序塔状或圆柱状，无分枝；花被片白色或粉红色……青葙 *C. argentea*

1. 通常为栽培植物；穗状花序鸡冠状、卷冠状或羽毛状，多分枝，分枝圆锥状、矩圆形；花被片红色、紫色、黄色、橙色或红色黄色相间……鸡冠花 *C. cristata*

86. 青葙 *Celosia argentea* L.

【形态】一年生草本，高0.3～1米，全株无毛。茎直立，有分枝，绿色或紫红色，具纵条纹。叶互生，纸质，披针形或长圆状披针形，长5～9厘米，宽1～2.5厘米，先端渐尖，基部狭，下延，全缘。穗状花序顶生或生于分枝顶端，圆锥状或圆柱状，长3～10厘米，花密集；苞片、小苞片和花被片均披针形，干膜质，有光泽，白色；小苞片3，花被片5，长圆状披针形，顶端尖，初时淡紫红色，后转白色，具1中脉，向背面凸起；雄蕊5，花丝基部连合成杯状，子房1室，胚珠多数。胞果卵形，盖裂，包裹在宿存花被片内。种子扁圆形，黑色，光亮。花期5—7月，果期8—9月。

图86 青葙

【生境】生于田间。

【分布】分布于斗湖堤镇。

【药用部位】种子。

【采收加工】9—10月种子成熟时，割取

地上部分或摘取果穗晒干，搓下种子，簸净果壳、灰渣即可。

【化学成分】种子含脂肪油、淀粉、烟酸及丰富的硝酸钾。

【药理作用】青葙子具有保肝、抗氧化、防护晶状体及降血糖的作用。

【性味】淡，微寒。

【功能主治】清肝凉血，明目退翳。用于目赤肿痛、膜翳遮睛、畏日光、高血压等。

87. 鸡冠花 *Celosia cristata* L.

【形态】一年生草本，高 30 ～ 90 厘米。茎直立，粗壮，稀分枝，近上部扁平，绿色或带红色，有棱。叶互生，卵形至披针形，长 6 ～ 13 厘米，宽 2 ～ 3 厘米，先端长尖或渐尖，基部下延；全缘，叶面深绿色，背面浅绿黄色，叶柄红色。花序顶生，扁平鸡冠状（半野生状态的有时不形成鸡冠状），中部以下多花，颜色多变，白色、红色、黄色或紫红色；花序轴肉质，小花密生；小苞片 3，披针形，干膜质；花被片 5，披针形，长约 5 毫米，先端长尖或渐尖，干膜质而有光泽；雄蕊 5，花丝下部合生成杯状；子房上位，1 室；花柱细长，柱头 2 浅裂。胞果卵形，盖裂，有多粒扁圆形细小黑色种子。花期 8—10 月，果期 9—10 月。

图 87 鸡冠花

【生境】栽培。

【分布】各乡镇均有分布。

【药用部位】干燥花序。

【采收加工】秋季剪取花序，晒干，扎成小把。

【化学成分】鸡冠花含有黄酮类、皂苷类、甾类、有机酸类、萜类、鸡冠花红色素、鸡冠花黄色素、紫丁香苷等成分。

【药理作用】鸡冠花具有止血、对肝损伤的保护作用、抗阴道毛滴虫、抗衰老、抗肿瘤、防治糖尿病、防止动脉粥样硬化、防治骨质疏松、镇痛等药理作用。

【性味】甘，凉。

【功能主治】清湿热，止血，止带。主治崩漏、带下、痔疮出血、便血、痢疾等。

三十六、木兰科 Magnoliaceae

落叶或常绿乔木或灌木。植物体有油细胞，常有芳香。叶互生、簇生或近轮生，单叶不分裂，罕分裂；托叶大，包被着幼芽，早落，脱落后在小枝上留下环状的托叶痕。花两性，顶生或腋生，罕成为2～3朵的聚伞花序；花被片通常花瓣状，共3～5轮，每轮3片，覆瓦状排列；雄蕊多数，分离，螺旋状排列，花丝短或细长，花药线形，2室，纵裂；子房上位，心皮多数，离生，罕合生，虫媒传粉。果实为聚合果，小果为蓇葖，少数为带刺的小坚果，果皮通常革质或近木质，宿存；种子大，胚珠着生于腹缝线，胚小，胚乳丰富。

本科有3族18属约335种，主要分布于亚洲、拉丁美洲及北美洲。我国有14属约165种，主要分布于我国东南部至西南部地区，渐向东北及西北地区而渐少。

公安县境内的木兰科植物有2属3种。

1. 花单生枝顶……木兰属 *Magnolia*

1. 花单生叶腋……含笑属 *Michelia*

木兰属 *Magnolia* L.

乔木或灌木。芽有两型：营养芽（枝、叶芽）腋生或顶生，具芽鳞2，膜质，镊合状合成盔状托叶，包裹着次一幼叶和生长点，与叶柄连生；混合芽顶生（枝、叶及花芽）具1至数枚次第脱落的佛焰苞状苞片，包着1至数个节间，每节间有1腋生的营养芽，末端2节膨大，顶生着较大的花蕾；花柄上有数个环状苞片脱落痕。叶膜质或厚纸质，互生，有时密集成假轮生，全缘，稀先端2浅裂；托叶膜质，贴生于叶柄，在叶柄上留有托叶痕，幼叶在芽中直立，对折。花通常芳香，大而美丽，雌蕊常先熟，为甲壳虫传粉，单生于枝顶，很少2～3朵顶生，两性，落叶种类在发叶前开放或与叶同时开放；花被片白色、粉红色或紫红色，很少黄色，9～21片，每轮3～5片，近相等；雄蕊早落，花丝扁平，药隔延伸成短尖或长尖，药室内向或侧向开裂。心皮分离，多数或少数，花柱向外弯曲，沿近轴面为具乳头状突起的柱头面，每心皮有胚珠2颗。聚合果成熟时通常为长圆状圆柱形、卵状圆柱形或长圆状卵圆形，常因心皮不育而偏斜弯曲，成熟蓇葖革质或近木质，沿背缝线开裂，顶端具或短或长的喙，全部宿存于果轴。种子1～2颗，外种皮橙红色或鲜红色，肉质，含油分，内种皮坚硬。本属约有90种，分布于亚洲东部、拉丁美洲和北美洲。我国约有31种，分布于西南部、秦岭以南至华东、东北地区。

1. 花与叶同时或稍后于叶开放；花被片外轮与内轮不相等，外轮退化变小而呈萼片状，常早落；瓣状花被片紫色或紫红色；叶片基部明显下延；托叶痕达叶柄长的1/2；落叶灌木……紫玉兰 *M.liliflora*

1. 先出叶后开花；花被片近相似，外轮花被片不退化为萼片状；叶与叶柄离生，叶柄上无托叶痕；花大，白色；聚合果大，圆柱状长圆体形或卵圆形；常绿大乔木……荷花玉兰 *M.grandiflora*

88. 紫玉兰 *Magnolia liliflora* Desr.

【形态】落叶灌木，高达3米，常丛生，树皮灰褐色，小枝绿紫色或淡褐紫色。叶椭圆状倒卵形或倒卵形，长8～18厘米，宽3～10厘米，先端急尖或渐尖，基部渐狭沿叶柄下延至托叶痕，上面深绿色，幼嫩时疏生短柔毛，下面灰绿色，沿脉有短柔毛；侧脉每边 8 ～ 10 条，叶柄长 8 ～ 20 毫米，托叶痕约为叶柄长之半。花蕾卵圆形，被淡黄色绢毛；花叶同时开放，瓶形，直立于粗壮、被毛的花梗上，稍有香气；花被片 9 ～ 12，外轮 3 片萼片状，紫绿色，披针形长 2 ～ 3.5 厘米，常早落，内 2 轮肉质，外面紫色或紫红色，内面带白色，花瓣状、椭圆状倒卵形，长 8 ～ 10 厘米，宽 3 ～ 4.5 厘米；雄蕊紫红色，长 8 ～ 10 毫米，花药长约 7 毫米，侧向开裂，药隔伸出成短尖头；雌蕊群长约 1.5 厘米，淡紫色，无毛。聚合果深紫褐色，变褐色，圆柱形，长 7 ～ 10 厘米；成熟蓇葖近圆球形，顶端具短喙。花期 3—4 月，果期 8—9 月。

图 88 紫玉兰

【生境】栽培于庭园或道路两旁。

【分布】全县广布。

【药用部位】干燥花蕾。

【采收加工】冬末春初花未开放时采收，除去枝梗，阴干。

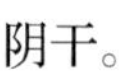

【化学成分】紫玉兰主要含有挥发油类、木脂素类、生物碱类等成分。

【药理作用】紫玉兰具有抗炎、抗过敏、抗菌、平喘、对酒精性肝损伤的保护等作用。

【性味】辛，温。

【功能主治】发散风寒，宣通鼻窍。用于风寒头痛、鼻塞、鼻渊、鼻流浊涕。

89. 荷花玉兰 *Magnolia grandiflora* L.

【形态】常绿乔木，树高可达 30 米；树皮灰褐色，芽和幼枝生锈色茸毛。叶厚革质，椭圆形或倒卵状椭圆形，长 16 ～ 20 厘米，宽 4 ～ 10 厘米，顶端尖或钝，基部宽楔形，全缘，上面有光泽，下面有锈色短茸毛；叶柄粗壮，长约 2 厘米，初时密生锈色茸毛；托叶与叶柄分离。花期 8—10 月。花单生于枝顶，荷花状，大型，直径 15 ～ 20 厘米，白色，芳香；花被片通常 9 枚，有时可达 15 枚，倒卵形，质厚，匙状，长 7 ～ 8 厘米；雄蕊花丝紫色；心皮多数，密生长茸毛。聚合果圆柱形，长 7 ～ 10 厘米，密生锈色茸毛；蓇葖果圆形，顶端有外弯的喙。

图 89 荷花玉兰

【生境】栽培于庭园或道路两旁。

【分布】各乡镇均有分布。

含笑属 *Michelia* L.

常绿乔木或灌木。叶革质，叶互生，全缘；托叶膜质，盔帽状，两瓣裂，与叶柄贴生或离生，脱落后，小枝具环状托叶痕，如贴生则叶柄上亦留有托叶痕。花两性，单生叶腋，通常芳香，为2～4枚次第脱落的佛焰苞状苞片所包裹，花梗上有与佛焰苞状苞片同数的环状的苞片脱落痕，如苞片贴生于叶柄，则叶柄亦留有托叶痕；花被片6～21片，3片或6片一轮；雄蕊多数，药室伸长，侧向或近侧向开裂，花丝短或长，药隔伸出成长尖或短尖，很少不伸出；雌蕊群有柄，心皮多数或少数，腹面基部着生于花轴，上部分离，通常部分不发育，心皮背部无纵纹沟，花柱近着生于顶端，柱头面在花柱上部分或近末端，每心皮有胚珠2至数颗。聚合果为离心皮果，常因部分蓇葖不发育形成疏松的穗状聚合果；成熟蓇葖革质或木质，全部宿存于果轴，无柄或有短柄，背缝开裂或腹背为2瓣裂。种子2至数颗，红色或褐色。本属约有50种，分布于亚洲热带、亚热带及温带地区。我国约有41种，主产于西南部至东部，以西南部较多。公安县有1种。

90. 含笑花　*Michelia figo* (Lour.) Spreng.

【形态】常绿灌木，高2～3米，树皮灰褐色，分枝繁密；芽、嫩枝、叶柄、花梗均密被黄褐色茸毛。叶革质，狭椭圆形或倒卵状椭圆形，长4～10厘米，宽1.8～4.5厘米，先端钝短尖，基部楔形或阔楔形，上面有光泽，无毛，下面中脉上留有褐色平伏毛，余脱落无毛，叶柄长2～4毫米，托叶痕长达叶柄顶端。花直立，长12～20毫米，宽6～11毫米，淡黄色而边缘有时红色或紫色，具甜浓的芳香，花被片6，肉质，较肥厚，长椭圆形，长12～20毫米，宽6～11毫米；雄蕊长7～8毫米，药隔伸出成急尖头，雌蕊群无毛，长约7毫米，超出于雄蕊群；雌蕊群柄长约6毫米，被淡黄色茸毛。聚合果长2～3.5厘米；蓇葖卵圆形或球形，顶端有短尖的喙。花期3—5月，果期7—8月。

图90　含笑花

【生境】栽培于庭园。

【分布】分布于斗湖堤镇、章庄铺镇。

三十七、蜡梅科 Calycanthaceae

落叶或常绿灌木。小枝四方形至近圆柱形，有油细胞。鳞芽或芽无鳞片而被叶柄的基部所包围。单叶对生，全缘或近全缘；羽状脉；有叶柄，无托叶。花两性，辐射对称，单生于侧枝的顶端或腋生，通常芳香，黄色、黄白色或褐红色或粉红白色，先于叶开放；花梗短；花被片多数，未明显地分化成花萼和花瓣，成螺旋状着生于杯状的花托外围，花被片形状各式，最外轮的似苞片，内轮的呈花瓣状；雄蕊2轮，外轮的能发育，内轮的败育，发育的雄蕊5～30，螺旋状着生于杯状的花托顶端，花丝短而离生，药室外向，2室，纵裂，药隔伸长或短尖，退化雄蕊5～25，线形至线状披针形，被短柔毛；心皮少数至多数，离生，着生于中空的杯状花托内面，每心皮有胚珠2颗，或1颗不发育，倒生，花柱丝状，伸长；花托杯状。聚合瘦果着生于坛状的果托之中，瘦果内有种子1颗；种子胚大，无胚乳。

本科有2属7种2变种，我国有2属4种1栽培种2变种。

公安县境内的蜡梅科植物有1属1种。

蜡梅属 *Chimonanthus* Lindl.

直立灌木，小枝四方形至近圆柱形。叶对生，落叶或常绿，纸质或近革质，叶面粗糙；羽状脉，有叶柄；鳞芽裸露。花腋生，芳香，直径0.7～4厘米；花被片15～25，黄色或黄白色，有紫红色条纹，膜质；雄蕊5～6，着生于杯状的花托上，花丝丝状，基部宽而连生，通常被微毛，花药2室，外向，退化雄蕊少数至多数，长圆形，被微毛，着生于雄蕊内面的花托上；心皮5～15，离生，每心皮有胚珠2颗或1颗败育。果托坛状，被短柔毛；瘦果长圆形，内有种子1个。本属有3种，我国特产。公安县有1种。

91. 蜡梅 *Chimonanthus praecox* (L.) Link

【形态】落叶乔木，高3～4米。芽具多数覆瓦状鳞片，枝外皮灰色，具椭圆形疣状皮孔。叶对生，近革质，椭圆形至卵状披针形，长5～18厘米，宽2～7厘米，先端渐尖，基部圆形或宽楔形，上面深绿色，粗糙，下面淡绿色，具短柄；叶柄长0.3～1厘米。花黄色，先于叶开放，芳香，直径约2.5厘米，外部花被片卵状椭圆形，内部的较短，基部有紫晕；雄蕊5～6；心皮多数，离生，着生于一空壶形的花托内；花托随果实的发育而增大，成熟时椭圆形，蒴果状，半木质化，长4厘米，上部有棱角，口部收缩。瘦果具种子1枚，花期12月至翌年2月。

图91 蜡梅

【生境】生于山坡灌丛。

【分布】分布于黄山头镇。

【药用部位】花蕾。

【采收加工】冬季采摘含苞待放的花蕾，摊放于筛内，用文火烘至七八成干时离火，待冷后再放于火上烘干或晒干。

【化学成分】蜡梅含挥发油，油中主要含龙脑（冰片）、桉油精、樟脑、芳樟醇、蒎烯及倍半萜醇等。此外其还含蜡梅碱、蜡梅苷、槲皮素、胡萝卜素。

【性味】甘、苦、辛，凉；有小毒。

【功能主治】清热解毒，润肺止咳。主治暑热烦闷口渴、小儿肺炎、百日咳、烫伤等。

三十八、樟科 Lauraceae

常绿、落叶乔木或灌木，少数为缠绕性寄生草本。叶互生、对生、近对生或轮生，具柄，全缘，少数分裂，与树皮一样常有多数含芳香油或黏液的细胞，羽状脉，三出脉或离基三出脉，小脉常为密网状；无托叶。花序为圆锥状、总状或小头状，花通常小，白色或绿白色，有时黄色，有时淡红色而花后转红色，通常芳香，花被片开花时平展或常近闭合；花两性或由于败育而成单性，雌雄同株或异株，辐射对称，通常 3 基数；花被筒辐状，漏斗形或坛形，花被裂片 6 或 4 呈 2 轮排列，或为 9 而呈 3 轮排列，等大或外轮花被片较小，互生，脱落或宿存花后有时坚硬；雄蕊着生于花被筒喉部，周位或上位，通常 12，排列成 4 轮，每轮 2 ～ 4 枚，通常最内一轮败育且退化为多少明显的退化雄蕊，稀第一、第二轮雄蕊亦为败育，第三轮雄蕊通常能育，极稀为不育的，通常在花丝的每一侧有一个多少具柄的腺体或腺体的柄与花丝合生而成为近无柄或无柄腺体，极稀全部各轮雄蕊具基生的腺体；花丝存在或花药无柄，花药 4 室或 2 室，内向或外向，裂片上卷；子房通常为上位，胚珠单一，下垂，倒生；花柱明显，稀为不明显，柱头盘状，扩大或开裂，有时不明显，但自花柱的一侧下延而有不同颜色的组织。果为浆果或核果，花被片宿存而增大，或脱落，花被管及花梗常增大，形成杯状物承托果下，果托边缘或为全缘或为波状或具齿裂，果托本身通常肉质，常有圆形大疣点。假种皮有时存在，包被胚珠顶部。种子有大而直的胚，无胚乳。

本科约有 45 属 2500 种，产于热带及亚热带地区，分布中心在东南亚及巴西。我国约有 20 属 423 种，43 变种和 5 变型。

公安县境内的樟科植物有 3 属 4 种。

1. 花序伞形，其下承有总苞，总苞片大而常为交互对生，常宿存……………………山胡椒属 *Lindera*
1. 花序总状或圆锥状，均无明显总苞。
    2. 花排成总状或复伞房花序；花序在开花前有大而非交互对生的迟落的苞片……………………檫木属 *Sassafras*
    2. 花序圆锥状；花序在开花前有小而早落的苞片……………………樟属 *Cinnamomum*

樟属 *Cinnamomum* Trew

常绿乔木或灌木，树皮、小枝和叶极芳香。芽裸露或具鳞片，具鳞片时鳞片明显或不明显，覆瓦状排列。

叶互生、近对生或对生，有时聚生于枝顶，革质，离基三出脉或三出脉，亦有羽状脉。花小或中等大，黄色或白色，两性，稀为杂性，组成腋生或近顶生、顶生的圆锥花序；花被筒短，杯状或钟状，花被裂片 6，近等大，花后完全脱落，或上部脱落而下部留存在花被筒的边缘上，极稀宿存。能育雄蕊 9，稀较少或较多，排列成 3 轮，第一、第二轮花丝无腺体，第三轮花丝近基部有一对具柄或无柄的腺体，花药 4 室，稀第三轮为 2 室，第一、第二轮花药药室内向，第三轮花药药室外向。退化雄蕊 3，位于最内轮，心形或箭头形，具短柄。花柱与子房等长，纤细，柱头头状或盘状，有时具三圆裂。果肉质，有果托；果托杯状、钟状或圆锥状，截平或边缘波状，或有不规则小齿，有时有由花被片基部形成的平头裂片 6 枚。本属约有 250 种，产于热带、亚热带亚洲东部、澳大利亚及太平洋岛屿。我国约有 46 种，主产于南方各省（区），北达陕西及甘肃南部。公安县有 2 种。

1. 叶卵形，两面无毛；侧脉脉腋通常在下面有腺窝，上面有明显或不明显的泡状隆起……………………樟 *C. camphora*

1. 叶长椭圆形至披针形，下面有短茸毛；侧脉脉腋下面无腺窝，上面无明显泡状隆起……………………肉桂 *C. cassia*

92. 樟　*Cinnamomum camphora* (L.) Presl

【形态】常绿大乔木，高可达 30 米，直径可达 3 米；枝、叶及木材均有樟脑气味；树皮幼时绿色平滑，老则渐变为黄褐色或灰褐色，有不规则的纵裂。叶互生，薄革质，卵状椭圆形，长 6 ～ 12 厘米，宽 2.5 ～ 5.5 厘米，先端渐尖而具急尖头，基部宽楔形至近圆形，边缘全缘，有时呈微波状，具离基三出脉，上面亮绿色，下面灰绿色或粉白色，两面无毛，脉腋有明显的腺体，叶柄长 2.5 ～ 3.5 厘米。圆锥花序腋生，长 3.5 ～ 7 厘米，具梗，总梗长 2.5 ～ 4.5 厘米，与各级序轴均无毛或被灰白色至黄褐色微柔毛，被毛时往往在节上尤为明显。花绿白色或带黄色，长约 3 毫米；花梗长 1 ～ 2 毫米，无毛。花被外面无毛或被微柔毛，内面密被短柔毛，花被筒倒锥形，长约 1 毫米，花被裂片椭圆形，长约 2 毫米。能育雄蕊 9，长约 2 毫米，花丝被短柔毛。退化雄蕊 3，位于最内轮，箭头形，长约 1 毫米，被短柔毛。子房球形，无毛。核果近球形，直径 6 ～ 8 毫米，熟时紫黑色；果托杯状，长约 5 毫米，顶端截平，宽达 4 毫米，基部宽约 1 毫米，具纵向沟纹。花期 4—5 月，果期 8—11 月。

图 92　樟

【生境】常生于山坡，或栽培于道路两旁。

【分布】全县广布。

【药用部位】木材。

【采收加工】通常在冬季砍取樟树树干，锯段，劈成小块后晒干。

【化学成分】樟的主要化学成分包括挥发油、黄酮类、木脂素类、糖苷类等。

【药理作用】香樟具有抑菌、抗氧化、抗炎、杀虫、止痛、抗癌等多种药理活性。

【性味】辛，微温。

【功能主治】祛风散寒，温中理气，活血通络。主治风寒感冒、胃寒胀痛、寒湿吐泻、风湿痹痛、脚气、跌打伤痛、疥癣风痒。

93. 肉桂 *Cinnamomum cassia* Presl

图 93 肉桂

【形态】常绿乔木，高 12 ～ 17 米。树皮灰褐色，芳香，幼枝略呈四棱形。叶互生或近对生，革质；长椭圆形至近披针形，长 8 ～ 17 厘米，宽 3.5 ～ 6 厘米，先端尖，基部钝，全缘，上面绿色，有光泽，下面灰绿色，被细柔毛；具离基三出脉，于下面明显隆起，细脉横向平行；叶柄粗壮，长 1 ～ 2 厘米。圆锥花序腋生或近顶生，长 10 ～ 19 厘米，被短柔毛；花小，直径约 3 厘米；花梗长约 5 毫米；花被管长约 2 毫米，裂片 6，黄绿色，椭圆形，长约 3 毫米，内外密生短柔毛；发育雄蕊 9，三轮，花药矩圆形，4 室，瓣裂，外面 2 轮花丝上无腺体，花药内向，第三轮雄蕊外向，花丝基部有 2 腺体，最内尚有一轮退化雄蕊，花药心形；雌蕊稍短于雄蕊，子房椭圆形，1 室，胚珠 1，花柱细，与子房几等长，柱头略呈盘状。浆果椭圆形或倒卵形，先端稍平截，暗紫色，长 12 ～ 13 毫米，外有宿存花被。种子长卵形，紫色。花期 5—7 月，果期为翌年 2—3 月。

【生境】栽培。

【分布】分布于夹竹园镇。

【药用部位】干燥树皮。

【采收加工】多于秋季剥取，阴干。

【化学成分】肉桂的主要化学成分为挥发油、多糖类、多酚类、黄酮类及微量元素等。

【药理作用】肉桂具有抗炎、免疫调节、抗病原微生物、改善糖脂代谢、抗肿瘤、抗氧化、抗衰老等作用。

【性味】辛、甘，大热。

【功能主治】补火助阳，引火归元，散寒止痛，活血通经。用于阳痿、宫冷、腰膝冷痛、肾虚作喘、阳虚眩晕、目赤咽痛、心腹冷痛、虚寒吐泻、寒疝、奔豚、经闭、痛经。

山胡椒属 *Lindera* Thunb.

常绿或落叶乔木或灌木，具香气。单叶互生，全缘或三裂，羽状脉、三出脉或离基三出脉。花单性，雌雄异株，黄色或绿黄色；伞形花序在叶腋单生或在腋生缩短短枝上 2 至多数簇生，总花梗有或无；总苞片 4，交互对生；花被片 6，有时为 7 ～ 9，近等大或外轮稍大，通常脱落；雄花能育雄蕊 9，3 轮排列，花药 2 室全部内向，第三轮的花丝基部着生通常具柄的 2 腺体；雌花子房球形或椭圆形，退化雄蕊通常

9～15，细小，常呈条形或条片形，第三轮有2个通常为肾形片状无柄腺体着生于退化雄蕊两侧；有时花柱、柱头不分而仅成一小突尖。果为浆果或核果，圆形或椭圆形，幼果绿色，熟时红色，后变紫黑色，内有种子1枚。本属约有100种，分布于亚洲、北美温热带地区。我国有40种9变种2变型，分布于西南、中南、华东地区。公安县有1种。

94. 山胡椒 *Lindera glauca* (Sieb. et Zucc.) Bl.

【形态】落叶灌木或小乔木，高达8米。树皮平滑，呈灰白色。冬芽外部鳞片红色；嫩枝初被褐色毛，后期脱落。单叶互生或近对生，阔椭圆形至倒卵形，长4～9厘米，宽2～4厘米，先端短尖，基部阔楔形，全缘，上面暗绿色，仅脉间存有细毛，下面粉白色，密生灰色细毛，叶脉羽状；叶柄长约2毫米，有细毛。花单性，雌雄异株；伞形花序腋生，有毛，具明显的总梗，花梗长1.5厘米；花被黄色，6片；雄花有雄蕊9，排成3轮，内轮基部具腺体，花药2室，内向瓣裂；雌花的雌蕊单一，柱头头状，子房椭圆形。核果球形，直径约7毫米，有香气。花期3—4月，果期9—10月。

图94 山胡椒

【生境】生于山坡林缘。

【分布】分布于黄山头镇。

【药用部位】果实。

【采收加工】秋季果熟时采取。

【化学成分】果实含挥发油，主要成分为罗勒烯（约占77.99%），此外还含 α－蒎烯、β－蒎烯、樟烯、壬醛、癸醛、柠檬醛、黄樟醚、龙脑、乙酸龙脑酯、γ－广藿香烯等成分。

【药理作用】山胡椒具有抗菌、抗病毒、抗肿瘤、抗炎镇痛等作用。

【性味】辛，温。

【功能主治】温中散寒，行气止痛，平喘。主治脘腹冷痛、胸满痞闷、哮喘。

檫木属 *Sassafras* Trew

落叶乔木。顶芽大，具鳞片，鳞片近圆形，外面密被绢毛。叶互生，聚集于枝顶，坚纸质，具羽状脉或离基三出脉，异型，不分裂或2～3浅裂。花通常雌雄异株，通常单性，或明显两性但功能上为单性，具梗；总状花序（假伞形花序）顶生，少花，疏松，下垂，具梗，基部有迟落互生的总苞片；花被黄色，花被筒短，花被裂片6，排成2轮，近相等，在基部以上脱落。雄花：能育雄蕊9，着生于花被筒喉部，呈3轮排列，近相等，花丝丝状，被柔毛，长于花药，扁平，第一、第二轮花丝无腺体，第三轮花丝基部有一对具短柄的腺体；退化雄蕊3或无，存在时位于最内轮，与第三轮雄蕊互生，三角状钻形，具柄。

雌花：退化雄蕊6，排成2轮，或为12，排成4轮，后种情况类似于雄花的能育雄蕊及退化雄蕊。果为核果，卵球形，深蓝色，基部有浅杯状的果托；果梗伸长，上端渐增粗，无毛。种子长圆形，先端有尖头，种皮薄；胚近球形，直立。本属有3种，亚洲东部和北美间断分布。我国有2种，产于长江以南各省（区）及台湾。公安县有1种。

95. 檫木 *Sassafras tzumu* (Hemsl.) Hemsl.

【形态】落叶乔木，高可达35米；树皮幼时黄绿色，平滑，老时变灰褐色，呈不规则纵裂。顶芽大，椭圆形，长达1.3厘米，直径0.9厘米，芽鳞近圆形，外面密被黄色绢毛。叶互生，聚集于新枝顶端，叶形变异较大，质薄，全缘时呈卵形至椭圆形，或上部2～3裂，长10～20厘米，宽4～15厘米，顶端渐尖或急尖，基部楔形，上面深绿色，下面淡绿色，幼时有毛，后渐脱落，下方两条侧脉特大，与中脉合成亚三出脉，直达各裂片顶端，下面显著隆起；叶柄长1.5～5厘米。总状花序生于苞叶或叶腋，先于叶开放，花黄色，两性，花被6，能育雌蕊9，不育雄蕊3，与第三轮雄蕊互生，花药4室，均内向瓣裂；雌花1，子房卵形。核果近球形，直径约7毫米，上端渐增粗，淡红色。花期2—3月，果期7—8月。

图95 檫木

【生境】常生于疏林或密林中。

【分布】分布于章庄铺镇、黄山头镇。

【药用部位】根、树皮及叶。

【采收加工】秋后采集，晒干。

【化学成分】根含挥发油，主要成分为黄樟醚。树皮含黄樟醚和丁香油酚。

【性味】辛、甘，温。

【功能主治】祛风除湿，活血散瘀，止血。主治风湿痹痛、跌打损伤、腰肌劳损、半身不遂、外伤出血。

三十九、毛茛科 Ranunculaceae

多年生或一年生草本，少有灌木或木质藤本。叶通常互生或基生，少数对生，单叶或复叶，通常掌状分裂，无托叶；叶脉掌状，偶尔羽状，网状联结，少有开放的两叉状分枝。花两性，少有单性，雌雄同株或雌雄异株，辐射对称，稀为两侧对称，单生或组成各种聚伞花序或总状花序。萼片下位，4～5，或较多，或较少，绿色，或花瓣不存在或特化成分泌器官时常较大，呈花瓣状，有颜色。花瓣存在或不存在，下位，4～5，或较多，常有蜜腺并常特化成分泌器官，这时常比萼片小，呈杯状、筒状、二唇状，基部常有囊状或筒状的距。雄蕊下位，多数，有时少数，螺旋状排列，花药2室，纵裂。退化雄蕊有时存在。心皮分生，少有合生，多数、少数或1枚，在多少隆起的花托上螺旋状排列或轮生，沿花柱腹面生柱头组织，柱头不明显或明显；胚珠多数、少数至1个，倒生。果实为蓇葖或瘦果，少数为蒴果或浆果。种子有小的胚和丰富的胚乳。

本科约有50属2000种，在世界各洲广布，主要分布在北半球温带和寒温带。我国有42属约720种，在全国广布，大多数属、种分布于西南部山地。

公安县境内的毛茛科植物有5属8种。

1. 花大，直径通常在10厘米以上；雄蕊离心发育；花盘存在；果皮革质……芍药属 *Paeonia*
1. 花直径在6厘米以下；雄蕊向心发育；花盘不存在；果皮膜质、纸质或肉质。
  2. 心皮有2个以上的胚珠，成熟时形成蓇葖……天葵属 *Semiaquilegia*
  2. 心皮有1个胚珠，成熟时为瘦果。
    3. 叶基生或互生；萼片覆瓦状排列。
      4. 花瓣存在，黄色，萼片通常小，绿色……毛茛属 *Ranunculus*
      4. 花瓣不存在，萼片花瓣状，有颜色……唐松草属 *Thalictrum*
    3. 叶对生；萼片通常为镊合状排列；花柱在果期伸长呈羽毛状……铁线莲属 *Clematis*

铁线莲属 *Clematis* L.

多年生木质或草质藤本，或为直立灌木或草本。叶对生或与花簇生，偶尔茎下部叶互生，三出复叶至二回羽状复叶或二回三出复叶，少数为单叶；叶片或小叶片全缘，有锯齿或分裂；叶柄存在，有时基部扩大而连合。花两性，稀单性；聚伞花序或为总状、圆锥状聚伞花序，有时花单生或1至数朵与叶簇生；萼片4，或6～8，直立成钟状、管状，或开展，花蕾时常镊合状排列，花瓣不存在，雄蕊多数，有毛或无毛，药隔不突出或延长；退化雄蕊有时存在；心皮多数，有毛或无毛，每心皮内有1下垂胚珠。瘦果，宿存花柱伸长呈羽毛状，或不伸长而呈喙状。本属约有300种，各大洲都有分布，主要分布在热带及亚热带地区，寒带地区也有。我国约有108种，全国各地都有分布。公安县有1种。

96. 威灵仙 *Clematis chinensis* Osbeck

【形态】半常绿藤本，全体暗绿色，干后变为黑色。根丛生，条状，咀嚼时有辣味。茎圆柱形，具明显条纹，近无毛。叶对生，长达20厘米，一回羽状复叶，小叶5，略带草质，狭卵形或三角状卵形，长3～8厘米，宽1.5～3.4厘米，先端钝或渐尖，基部圆形或宽楔形，全缘，主脉3条，上面沿叶脉有细毛，下面无毛。圆锥花序长12～18厘米，顶生或腋生；总苞片窄线形，长5～7毫米，密生细白毛；

图 96 威灵仙

花直径 1.5 厘米，萼片 4，有毛，内侧光滑无毛；雄蕊多数，不等长，花丝扁平；心皮多数，离生；子房及花柱上密生白毛。瘦果扁平，略生细短毛，花柱宿存，延长成白色羽毛状。花期 5—6 月，果期 6—7 月。

【生境】生于路边。

【分布】分布于章庄铺镇、黄山头镇。

【药用部位】根和根茎。

【采收加工】立秋前后挖取根及根茎，除去叶，洗净，晒干。

【化学成分】根含白头翁素、甾醇、糖类、皂苷、内酯、酚类、氨基酸。

【药理作用】威灵仙具有抗炎、镇痛、抗肿瘤、降胆固醇和抗疟疾等作用。

【性味】辛、微苦，温。

【功能主治】祛风除湿，通络止痛。用于风湿痹痛、肢体麻木、筋脉拘挛、屈伸不利、骨鲠咽喉。

芍药属 *Paeonia* L.

灌木、亚灌木或多年生草本。根圆柱形或具纺锤形的块根。当年生分枝基部或茎基部具数枚鳞片。叶通常为二回三出复叶，小叶片不裂而全缘或分裂、裂片常全缘。单花顶生，或数朵生于枝顶，或数朵生于茎顶和茎上部叶腋，有时仅顶端一朵开放，大型，直径 4 厘米以上；苞片 2 ～ 6，披针形，叶状，大小不等，宿存；萼片 3 ～ 5，宽卵形，大小不等；花瓣 5 ～ 13（栽培者多为重瓣），倒卵形；雄蕊多数，离心发育，花丝狭线形，花药黄色，纵裂；花盘杯状或盘状，革质或肉质，完全包裹或半包裹心皮或仅包心皮基部；心皮多为 2 ～ 3，稀 4 ～ 6 或更多，离生，有毛或无毛，向上逐渐收缩成极短的花柱，柱头扁平，向外反卷，胚珠多数，沿心皮腹缝线排成 2 列。蓇葖成熟时沿心皮的腹缝线开裂；种子数颗，黑色、深褐色，光滑无毛。本属约有 35 种，分布于欧、亚大陆温带地区。我国有 11 种，主要分布在西南、西北地区。公安县有 1 种。

97. 牡丹 *Paeonia suffruticosa* Andr.

【形态】落叶灌木。茎高达 2 米，分枝短而粗。叶通常为二回三出复叶，偶尔近枝顶的叶为 3 小叶；顶生小叶宽卵形，长 7 ～ 8 厘米，宽 5.5 ～ 7 厘米，3 裂至中部，裂片不裂或 2 ～ 3 浅裂，表面绿色，无毛，背面淡绿色，有时具白粉，沿叶脉疏生短柔毛或近无毛，小叶柄长 1.2 ～ 3 厘米；侧生小叶狭卵形或长圆状卵形，长 4.5 ～ 6.5 厘米，宽 2.5 ～ 4 厘米，不等 2 裂至 3 浅裂或不裂，近无柄；叶柄长 5 ～ 11 厘米，和叶轴均无毛。花单生于枝顶，直径 10 ～ 17 厘米；花梗长 4 ～ 6 厘米；苞片 5，长椭圆形，大小不等；萼片 5，绿色，宽卵形，大小不等；花瓣 5，或为重瓣，玫瑰色、红紫色、粉红色至白色，通常变异很大，倒卵形，长 5 ～ 8 厘米，宽 4.2 ～ 6 厘米，顶端呈不规则的波状；雄蕊长 1 ～ 1.7 厘米，花丝紫红色、粉红色，上部白色，长约 1.3 厘米，花药长圆形，长 4 毫米；花盘革质，杯状，紫红色，顶端有数个锐齿或裂片，完全包住心皮，在心皮成熟时开裂；心皮 5，稀更多，密生柔毛。蓇葖长圆形，密生黄褐色硬毛。花期 5 月，果期 6 月。

【生境】多为栽培。

【分布】分布于夹竹园镇。

【药用部位】牡丹皮：干燥根皮。

【采收加工】秋季采挖根部，除去细根，剥取根皮，晒干。

【化学成分】根含牡丹酚、牡丹酚苷、牡丹酚原苷、芍药苷等成分。

【药理作用】牡丹皮具有调节心血管系统、镇痛抗炎、抗肿瘤、增强免疫功能的作用。

图 97　牡丹

【性味】苦、辛，微寒。

【功能主治】清热凉血，活血化瘀。用于温毒发斑、吐血衄血、夜热早凉、无汗骨蒸、经闭、痛经、痈肿疮毒、跌扑伤痛。

毛茛属 *Ranunculus* L.

多年生或少数一年生草本，陆生或部分水生。须根纤维状簇生，或基部粗厚呈纺锤形，少数有根状茎。茎直立、斜升或有匍匐茎。叶大多基生并茎生，单叶或三出复叶，3 浅裂至 3 深裂，或全缘及有齿；叶柄伸长，基部扩大成鞘状。花单生或成聚伞花序；花两性，整齐，萼片 5，绿色，草质，大多脱落；花瓣 5，有时 6 ～ 10，黄色，基部有爪，蜜槽呈点状或杯状袋穴，或有分离的小鳞片覆盖；雄蕊通常多数，向心发育，花药卵形或长圆形，花丝线形；心皮多数，离生，含 1 胚珠，螺旋着生于有毛或无毛的花托上；花柱腹面生有柱头组织。聚合果球形或长圆形；瘦果卵球形或两侧压扁，背腹线有纵肋，或边缘有棱至宽翼，果皮有厚壁组织而较厚，无毛或有毛，或有刺及瘤突，喙较短，直伸或外弯。本属约有 400 种，全世界的温寒地带广布，多数分布于亚洲和欧洲。我国有 78 种 9 变种，全国广布，多数种分布于西北和西南高山地区。公安县有 4 种。

1. 茎单生或数个聚生，直立，上部常有多花。
   2. 叶裂片先端钝圆；瘦果 70 ～ 130 ……………… 石龙芮 *R. sceleratus*
   2. 叶裂片或齿急尖或渐尖；瘦果少 ……………… 毛茛 *R. japonicus*
1. 茎萎软状平卧或上升，或直立，矮小，常有单花或少数花。
   3. 根簇生，常呈萝卜形 ……………… 猫爪草 *R. ternatus*
   3. 根常为线形 ……………… 扬子毛茛 *R. sieboldii*

98. 毛茛 *Ranunculus japonicus* Thunb.

【形态】多年生草本。须根多数簇生。茎直立，高 30 ～ 70 厘米，中空，有槽，具分枝，生开展或贴伏的柔毛。基生叶多数；叶片圆心形或五角形，长及宽为 3 ～ 10 厘米，基部心形或截形，通常 3 深裂不达基部，中裂片倒卵状楔形或宽卵圆形或菱形，3 浅裂，边缘有粗齿或缺刻，侧裂片不等的 2 裂，两面贴生柔毛，下面或幼时的毛较密；叶柄长达 15 厘米，生开展柔毛。下部叶与基生叶相似，渐向上叶柄变短，叶片较小，3 深裂，裂片披针形，有尖齿牙或再分裂；最上部叶线形，全缘，无柄。聚伞花序有多数花，疏散；花直径 1.5 ～ 2.2 厘米；花梗长达 8 厘米，贴生柔毛；萼片椭圆形，长 4 ～ 6 毫米，生白柔毛；花瓣 5，倒卵状圆形，长 6 ～ 11 毫米，宽 4 ～ 8 毫米，基部有长约 0.5 毫米的爪，蜜槽鳞片长 1 ～ 2 毫米；花药长约 1.5 毫米；花托短小，无毛。聚合果近球形，直径 6 ～ 8 毫米；瘦果扁平，长 2 ～ 2.5 毫米，上部最宽处与长近相等，约为厚的 5 倍以上，边缘有宽约 0.2 毫米的棱，无毛，喙短直或外弯，长约 0.5 毫米。花果期 4—9 月。

图 98　毛茛

【生境】生于林缘路边的湿草地上。

【分布】分布于章庄铺镇。

【药用部位】带根全草。

【采收加工】夏、秋季采集，切段，鲜用或晒干用。

【化学成分】全草含原白头翁素及其二聚物白头翁素。

【药理作用】毛茛具有抗炎、抗菌、抗肿瘤等药理活性。

【性味】辛、微苦，温；有毒。

【功能主治】利湿，消肿，止痛，退翳，截疟，杀虫。用于胃痛、黄疸、疟疾、淋巴结结核、翼状胬肉、角膜云翳、灭蛆、杀孑孓。

99. 石龙芮　*Ranunculus sceleratus* L.

【形态】一年生草本，须根簇生。茎直立，高 10 ～ 50 厘米，直径 2 ～ 5 毫米，有时粗达 1 厘米，上部多分枝，具多数节，下部节上有时生根，无毛或疏生柔毛。基生叶多数；叶片肾状圆形，长 1 ～ 4 厘米，宽 1.5 ～ 5 厘米，基部心形，3 深裂不达基部，裂片倒卵状楔形，不等的 2 ～ 3 裂，顶端钝圆，有粗圆齿，无毛；叶柄长 3 ～ 15 厘米，近无毛。茎生叶多数，下部叶与基生叶相似；上部叶较小，3 全裂，裂片披针形至线形，全缘，无毛，顶端钝圆，基部扩大成膜质宽鞘抱茎。聚伞花序有多数花；花小，直径 4 ～ 8 毫米；花梗长 1 ～ 2 厘米，无毛；萼片椭圆形，长 2 ～ 3.5 毫米，外面有短柔毛，花瓣 5，倒卵形，等长或稍长于花萼，基部有短爪，蜜槽呈棱状袋穴；雄蕊 10 多枚，花药卵形，长约 0.2 毫米；花托在果期伸长增大成圆柱形，长3～10毫米，直径1～3毫米，生短柔毛。聚合果长圆形，长8～12毫米，为宽的2～3倍；瘦果极多数，近百枚，紧密排列，倒卵球形，稍扁，长1～1.2毫米，无毛，喙短至近无，长0.1～0.2毫米。花果期5—8月。

图99　石龙芮

【生境】生于河沟边及平原湿地。

【分布】全县广布。

【药用部位】石龙芮子：果实。

【采收加工】夏季采收，除去杂质，晒干备用。

【化学成分】果实含毛茛苷、原白头翁素、白头翁素、胆碱、不饱和甾醇类、没食子酚型鞣质及黄酮类化合物。

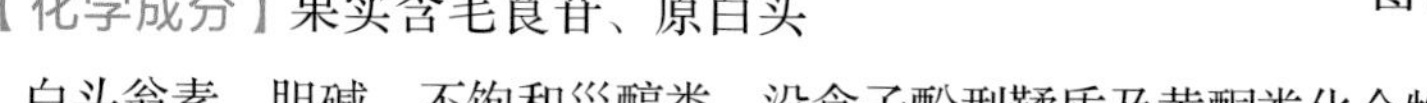

【性味】苦，平。

【功能主治】和胃，益肾，明目，祛风湿。主治心腹烦满、肾虚遗精、阳痿阴冷、风寒湿痹。

100. 扬子毛茛　*Ranunculus sieboldii* Miq.

【形态】多年生草本。茎常匍匐地上，长达30厘米，生有伸展的白色或淡黄色柔毛。叶为三出复叶，叶片宽卵形，长2～4.5厘米，宽3.2～6厘米；下面疏被柔毛，中央小叶有长柄或短柄，宽卵形、棱状卵形，3浅裂至深裂，裂片上部边缘疏生锯齿，侧生小叶有短柄，较小，2裂；叶柄长2～5厘米。花对叶单生，有长梗；萼片5，反曲，狭卵形，长约达4毫米，外面疏被柔毛；花瓣5，黄色，近椭圆形，长约达7毫米，雄蕊多数，花药黄色；雌蕊多数，子房上位，花柱钩曲。瘦果扁平，有边缘，中部突起，先端具短喙。花期5—6月。

图100　扬子毛茛

【生境】生于沟边、水边田埂上及草地上。

【分布】全县广布。

【药用部位】全草。

【采收加工】春、夏季采收，洗净，鲜用或晒干。

【性味】苦、热；有毒。

【功能主治】通经活络，活血解毒。主治跌打损伤、疮毒、蛇咬伤、哮喘、疟疾、黄疸等。

101. 猫爪草 *Ranunculus ternatus* Thunb.

【别名】小毛茛。

图 101 猫爪草

【形态】一年生草本。簇生多数肉质小块根，块根卵球形或纺锤形，顶端质硬，形似猫爪，直径 3 ～ 5 毫米。茎铺散，高 5 ～ 20 厘米，多分枝，较柔软，大多无毛。基生叶有长柄；叶片形状多变，单叶或三出复叶，宽卵形至圆肾形，长 5 ～ 40 毫米，宽 4 ～ 25 毫米，小叶 3 浅裂至 3 深裂或多次细裂，末回裂片倒卵形至线形，无毛；叶柄长 6 ～ 10 厘米。茎生叶无柄，叶片较小，全裂或细裂，裂片线形，宽 1 ～ 3 毫米。花单生于茎顶和分枝顶端，直径 1 ～ 1.5 厘米；萼片 5 ～ 7，长 3 ～ 4 毫米，外面疏生柔毛；花瓣 5 ～ 7 或更多，黄色或后变白色，倒卵形，长 6 ～ 8 毫米，基部有长约 0.8 毫米的爪，蜜槽棱形；花药长约 1 毫米；花托无毛。聚合果近球形，直径约 6 毫米；瘦果卵球形，长约 1.5 毫米，无毛，边缘有纵肋，喙细短，长约 0.5 毫米。花期早，春季 3 月开花，果期 4—7 月。

【生境】生于平原湿草地或田边荒地。

【分布】分布于章庄铺镇、黄山头镇。

【药用部位】猫爪草：干燥块根。

【采收加工】春、秋季采挖，除去须根及泥沙，晒干。

【性味】甘、辛，温。

【功能主治】散结，消肿。用于瘰疬未溃、淋巴结结核。

天葵属 *Semiaquilegia* Makino

多年生小草本，具块根。叶基生和茎生，为掌状三出复叶，基生叶具长柄，茎生叶的柄较短。花序为简单的单歧或为蝎尾状的聚伞花序；苞片小，三深裂或不裂。花小，辐射对称。萼片 5 片，白色，花瓣状，狭椭圆形。花瓣 5 瓣，匙形，基部囊状。雄蕊 8 ～ 14 枚，花药宽椭圆形，黄色，花丝丝形，中部以下微变宽；退化雄蕊约 2 枚，位于雄蕊内侧，白膜质，线状披针形，与花丝近等长。心皮 3 ～ 4（5）枚，花柱长为子房长度的 1/6 ～ 1/5。蓇葖微呈星状展开，卵状长椭圆形，先端具一小细喙，表面有横向脉纹，无毛；种子多数，小，黑褐色，有许多小瘤状突起。本属有 1 种，分布于我国长江流域亚热带地区及日本。公安县有 1 种。

102. 天葵 *Semiaquilegia adoxoides* (DC.) Makino

【形态】多年生草本，高 15 ～ 40 厘米，块根灰黑色，略呈纺锤形或椭圆形。茎丛生，纤细，直立，有分枝；表面有白色细柔毛。根生叶丛生，有长柄；一回三出复叶，小叶阔楔形，再3裂，裂片先端圆，或有2～3个小缺刻，上面绿色，下面紫色，光滑无毛，小叶有短柄，有细柔毛；茎生叶与根生叶相似，由下而上，渐次变小。花单生于叶腋，花柄果后伸长，中部有细苞片2枚，花小，白色；萼片5，花瓣状，卵形；花瓣5，楔形，较萼片稍短；雄蕊通常10枚，其中有2枚不完全发育；雌蕊3～4枚，子房狭状，向外反卷。蓇葖果3～4枚，荚果状，熟时开裂。种子细小，倒卵形。花期3—4月，果熟期5—6月。

【生境】生于疏林下、路旁较阴处。

【分布】分布于章庄铺镇、黄山头镇。

【药用部位】天葵子：干燥块根。

【采收加工】夏初采挖，洗净，干燥，除去须根。

【化学成分】根含生物碱、内酯、香豆素、酚性成分及氨基酸等。

图102 天葵

【性味】甘、苦，寒。

【功能主治】清热解毒，消肿散结。用于痈肿疔疮、乳痈、瘰疬、毒蛇咬伤。

唐松草属 *Thalictrum* L.

多年生草本植物，有须根，常无毛。茎圆柱形或有棱，通常分枝。叶基生并茎生，少有全部基生或茎生，为一至五回三出复叶；小叶通常掌状浅裂，有少数齿，少有不分裂；叶柄基部稍变宽成鞘；托叶存在或不存在。花序通常为由少数或较多花组成的单歧聚伞花序，花数目很多时呈圆锥状，少有为总状花序。花通常两性，有时单性，雌雄异株。萼片4～5，椭圆形或狭卵形，通常较小，早落，黄绿色或白色，有时较大，粉红色或紫色，呈花瓣状。花瓣不存在。雄蕊通常多数，偶尔少数；药隔顶端钝或突起成小尖头；花丝狭线形、丝形或上部变粗。心皮2～20（68），无柄或有柄；花柱短或长；在花柱腹面有不明显的柱头组织或形成明显的柱头，或柱头向两侧延长成翅而呈三角形或箭头形。瘦果椭圆球形或狭卵形，常稍两侧扁，有时扁平，有纵肋。本属约有200种，分布于亚洲、欧洲、非洲、北美洲和南美洲。我国约有67种，在全国各省（区）均有分布，多数分布于西南部。公安县有1种。

103. 短梗箭头唐松草 *Thalictrum simplex* var. *brevipes* Hara

【形态】植株全部无毛。茎高54～100厘米，不分枝或在下部分枝。茎生叶向上近直展，为二回羽状复叶；茎下部的叶片长达20厘米，小叶较大，圆菱形、菱状宽卵形或倒卵形，长2～4厘米，宽1.4～4厘米，基部圆形，三裂，裂片顶端钝或圆形，有圆齿，脉在背面隆起，脉网明显，茎上部叶渐变小，小叶多为楔形，小裂片狭三角形，顶端锐尖；茎下部叶有稍长柄，上部叶无柄。圆锥花序长 9 ～ 30 厘米，分枝与轴成 45 度角；花梗较短，长 1 ～ 4（5）毫米；萼片 4，早落，狭椭圆形，长约 2.2 毫米；雄蕊约 15，长约 5 毫米，花药狭长圆形，长约 2 毫米，顶端有短尖头，花丝丝形；心皮 3 ～ 6，无柄，柱头宽三角形。瘦果狭椭圆球形或狭卵球形，长约 2 毫米，有 8 条纵肋。7 月开花。

【生境】生于江边石缝中。

【分布】分布于斗湖堤镇。

【药用部位】根或全草。

【采收加工】5 月采收，晒干。

【化学成分】根含箭头唐松草碱、小檗碱、小唐松草碱、香唐松草碱、木兰花碱、鹤氏唐松草碱、芬氏唐松草碱等。

【性味】苦，寒。

【功能主治】清热解毒，利湿退黄，止痢。主治黄疸、痢疾、肺热咳嗽、目赤肿痛、鼻疳。

图 103　短梗箭头唐松草

四十、小檗科 Berberidaceae

灌木或多年生草本，稀小乔木，常绿或落叶，有时具根状茎或块茎。茎具刺或无。叶互生，稀对生或基生，单叶或一至三回羽状复叶；托叶存在或缺；叶脉羽状或掌状。花序顶生或腋生，花单生、簇生或组成总状花序、穗状花序、伞形花序、聚伞花序或圆锥花序；花具花梗或无；花两性，辐射对称，小苞片存在或缺，花被通常三基数，偶二基数，稀缺；萼片 6 ～ 9，常花瓣状，离生，2 ～ 3 轮；花瓣 6，扁平，盔状或呈距状，或变为蜜腺状，基部有蜜腺或缺；雄蕊与花瓣同数而对生，花药 2 室，瓣裂或纵裂；子房上位，1 室，胚珠多数或少数，稀 1 枚，基生或侧膜胎座，花柱存在或缺，有时结果时宿存。浆果、蒴果、蓇葖果或瘦果。种子 1 至多数，有时具假种皮；富含胚乳；胚大或小。

本科有 17 属约 650 种，主产于北温带和亚热带高山地区。我国有 11 属约 320 种，全国各地均有分布，但以四川、云南、西藏种类较多。

公安县境内的小檗科植物有 2 属 2 种。

1. 叶为一回羽状复叶；小叶通常具齿；花黄色，花药瓣裂，外卷；基生胎座……………………十大功劳属 *Mahonia*

1. 叶为二至三回羽状复叶；小叶全缘；花白色，花药纵裂；侧膜胎座……………………南天竹属 *Nandina*

十大功劳属 *Mahonia* Nuttall

常绿灌木或小乔木，高 0.3 ～ 8 米。枝无刺。奇数羽状复叶，互生，无叶柄或具叶柄，叶柄长达 14 厘米；侧生小叶通常无叶柄或具小叶柄；小叶边缘具粗疏或细锯齿，少有全缘。花序顶生，由 (1)3 ～ 18 个簇生的总状花序或圆锥花序组成，长 3 ～ 35 厘米，基部具芽鳞；花梗长 1.5 ～ 2.4 毫米；苞片较花梗短或长；花黄色；萼片 3 轮，9 枚；花瓣 2 轮，6 枚，基部具 2 枚腺体或无；雄蕊 6 枚，花药瓣裂；子房含基生胚珠 1 ～ 7 枚，花柱极短或无花柱，柱头盾状。浆果，深蓝色至黑色。

本属约有 60 种，分布于东亚、东南亚、北美、中美和南美西部。中国约有 35 种，主要分布于四川、云南、贵州和西藏东南部。公安县境内的十大功劳属植物有 1 种。

104. 阔叶十大功劳 *Mahonia bealei* (Fort.) Carr.

图 104 阔叶十大功劳

【形态】常绿灌木，高 1 ～ 4 米；树皮黄褐色，无毛。根圆柱形，具浅纵沟，表面浅黄色。茎节明显，顶端较密，无刺，黄褐色。叶互生，通常密集于茎顶，一回奇数羽状复叶，长 15 ～ 40 厘米；小叶革质，5 ～ 15 枚，由下向上逐渐增大，卵形至卵状椭圆形，长 3.5 ～ 10 厘米，宽 3 ～ 6 厘米，先端锐尖，基部广楔形至圆形，边缘每侧有 2 ～ 8 刺锯齿，上面蓝绿色，下面黄绿色，无毛；顶端小叶柄长 1.5 ～ 3 厘米。总状花序成簇顶生，直立；花梗长 4 ～ 6 毫米，花小，密生，黄色，基部有小苞片 1 个；萼片 3 轮，卵形至椭圆形；花瓣 6，倒卵形，长 6 ～ 7 毫米，宽约 3 毫米，有腺体；雄蕊与花瓣同数而对生；子房上位。浆果卵圆形，蓝黑色，有白粉，花柱宿存或无。花期 11 月至翌年 3 月，果期 3—4 月。

【生境】栽培于庭园。

【分布】分布于麻豪口镇。

【药用部位】阔叶十大功劳：叶。

【采收加工】全年可采，晒干。

【化学成分】阔叶十大功劳主要含生物碱类、黄酮类及挥发油类等活性成分。

【药理作用】阔叶十大功劳具有抗炎、镇痛、止泻、保肝退黄的作用。

【性味】苦，寒。

【功能主治】补肺气，退潮热，益肝肾。用于肺结核潮热、咳嗽、咯血、腰膝无力、头晕、耳鸣、肠炎腹泻、黄疸型肝炎、目赤肿痛。

南天竹属 *Nandina* Thunb.

常绿灌木，无根状茎。叶互生，二至三回羽状复叶，叶轴具关节；小叶全缘，叶脉羽状；无托叶。

大型圆锥花序顶生或腋生；花两性，3 数，具小苞片；萼片多数，螺旋状排列，由外向内逐渐增大；花瓣 6，较萼片大，基部无蜜腺；雄蕊 6，1 轮，与花瓣对生，花药纵裂，花粉长球形，具 3 孔沟，外壁具明显网状雕纹；子房倾斜椭圆形，近边缘胎座，花柱短，柱头全缘或偶有数小裂。浆果球形，红色或橙红色，顶端具宿存花柱。种子 1 ～ 3 枚，灰色或淡棕褐色，无假种皮。本属仅有 1 种，分布于中国和日本。北美东南部常有栽培。

105. 南天竹 *Nandina domestica* Thunb.

【形态】常绿灌木，高约 2 米；茎直立，少分枝，幼枝常为红色。叶对生，常集生于茎梢，革质，二至三回羽状复叶，最末的小羽片具 3 ～ 5 小叶，小叶椭圆状披针形，长 3 ～ 9 厘米，顶端渐尖，基部楔形，全缘，深绿色，冬季常变红，叶两面光滑无毛，小叶下方及叶柄基部有关节，包茎。大圆锥花序顶生，长 20 ～ 35 厘米；花白色；萼片多轮，每轮 3 片，外轮较小，卵状三角形，内轮较大，卵圆形；雄蕊 6，花瓣状，离生，子房 1 室。浆果球形，鲜红色，偶有黄色，直径 6 ～ 7 毫米，种子 2 粒，扁圆形。花期 4—6 月，果期 7—11 月。

图 105　南天竹

【生境】栽培，为庭院或房屋旁普通观赏绿化植物。

【分布】各乡镇均有分布。

【药用部位】根、茎、叶、果。

【采收加工】根、茎全年可采，切片晒干；秋、冬季摘果、晒干。叶于夏季采收。

【化学成分】南天竹含南天竹碱甲醚、原阿片碱、南天竹碱、蹄纹天竺素 -3- 木糖葡萄糖苷、翠菊苷等成分。

【药理作用】南天竹具有止咳平喘、抗菌、抗真菌、降压、抗痉挛、解毒的作用。

【性味】苦、酸，平。

【功能主治】止咳，平喘，消积，止泻。主治咳嗽、气喘、百日咳、食积、腹泻、尿血、腰肌劳损等。

四十一、木通科 Lardizabalaceae

木质藤本，很少为直立灌木。茎缠绕或攀缘，木质部有宽大的髓射线；冬芽大，有 2 至多枚覆瓦状排列的外鳞片。叶互生，掌状或三出复叶，很少为羽状复叶，无托叶；叶柄和小柄两端膨大为节状。花辐射对称，单性，雌雄同株或异株，很少杂性，通常组成总状花序或伞房状的总状花序，少为圆锥花序，萼片花瓣状，6片，排成2轮，覆瓦状或外轮的镊合状排列，很少仅有3片；花瓣6，蜜腺状，远较萼片小，有时无花瓣；雄蕊6枚，花丝离生或多少合生成管，花药外向，2室，纵裂，药隔常突出于药室顶端而成角状或凸头状的附属体；退化心皮3枚；在雌花中有6枚退化雄蕊；心皮3，很少6～9，轮生在扁平花托上或心皮多数，螺旋状排列在膨大的花托上，上位，离生，柱头显著，近无花柱，胚珠多数或仅1枚，倒生或直生，纵行排列。果为肉质的蓇葖果或浆果，不开裂或沿向轴的腹缝开裂；种子多数，或仅1枚，卵形或肾形，种皮脆壳质，有肉质、丰富的胚乳和小而直的胚。

本科有9属约50种，我国有7属42种2亚种4变种。

公安县境内的木通科植物有1属1种。

木通属 *Akebia* Decne.

落叶或半常绿木质缠绕藤本。冬芽具多枚宿存的鳞片。掌状复叶互生或在短枝上簇生，具长柄，通常有小叶3或5片，很少为6～8片；小叶全缘或边缘波状。花单性，雌雄同株同序，多朵组成腋生的总状花序，有时花序伞房状；雄花较小而多数，生于花序上部；雌花远较雄花大，1至数朵生于花序总轴基部；萼片3（偶有4～6），花瓣状，紫红色，有时为绿白色，卵圆形，近镊合状排列，开花时向外反折；花瓣缺。雄花：雄蕊6枚，离生，花丝极短或近于无花丝；花药外向，纵裂，开花时内弯；退化心皮小。雌花：心皮3～9（12）枚，圆柱形，柱头盾状，胚珠多数，着生于侧膜胎座上，胚珠间有毛状体。肉质蓇葖果长圆状圆柱形，成熟时沿腹缝开裂；种子多数，卵形，略扁平，排成多行藏于果肉中，有胚乳，胚小。本属有4种，我国有3种和2亚种。公安县有1种。

106. 木通　*Akebia quinata* (Houtt.) Decne.

【形态】落叶缠绕木质藤本。茎纤细，圆柱形，缠绕，茎皮灰褐色，嫩枝略带紫色，皮孔明显，淡棕色或棕色。小叶5，椭圆形或倒卵形，长2～4厘米，宽1～3厘米，先端圆或稍凹入，并有由中脉延伸而成的短尖头，基部楔形或圆形；小叶柄长0.8～1.5厘米。总状花序腋生，雌雄同株，雄花在上部；萼片3，紫红色；雄蕊6；雌花花被暗紫色，心皮3～12个，离生，有退化雄蕊6枚。浆果长圆形或椭圆形，长约6厘米，直径2～4厘米，成熟时暗紫色，腹缝开裂，露出白瓤和黑色种子；种子多数，卵状长圆形，略扁平，不规则的多行排列，着生于白色、多汁的果肉中，种皮褐色或黑色，有光泽。花

图106　木通

期 4—6 月，果期 7—9 月。

【生境】生于山地灌丛中。

【分布】分布于章庄铺镇、黄山头镇。

【药用部位】木质茎。

【采收加工】9 月采收，截取茎部，刮去外皮，阴干。

【性味】苦，凉。

【功能主治】清热利尿，通经下乳，镇痛，排脓。主治小便不通、关节痹痛、经闭乳少、月经不调、带下。

四十二、防己科 Menispermaceae

攀缘或缠绕藤本，稀直立灌木或小乔木，木质部常有车辐状髓线。叶螺旋状排列，无托叶，单叶，稀复叶，常具掌状脉，较少羽状脉；叶柄两端肿胀。聚伞花序，或由聚伞花序再作圆锥花序式、总状花序式或伞形花序式排列，极少退化为单花；苞片通常小，稀叶状。花通常小而不鲜艳，单性，雌雄异株，通常两被（花萼和花冠分化明显），较少单被；萼片通常轮生，每轮 3 片，较少 4 片或 2 片，极少退化至 1 片，有时螺旋状着生，分离，较少合生，覆瓦状排列或镊合状排列；花瓣通常 2 轮，较少 1 轮，每轮 3 片，很少 4 片或 2 片，有时退化至 1 片或无花瓣，通常分离，很少合生，覆瓦状排列或镊合状排列；雄蕊 2 至多数，通常 6 ～ 8，花丝分离或合生，花药 1 ～ 2 室或假 4 室，纵裂或横裂，在雌花中有或无退化雄蕊；心皮 3 ～ 6，较少 1 ～ 2 或多数，分离，子房上位，1 室，常一侧肿胀，内有胚珠 2 颗，其中 1 颗早期退化，花柱顶生，柱头分裂或条裂，较少全缘，在雄花中退化雌蕊很小，或没有。核果，外果皮革质或膜质，中果皮通常肉质，内果皮骨质或有时木质，较少革质，表面有皱纹或有各式突起，较少平坦；胎座迹半球状、球状、隔膜状或片状，有时不明显或没有；种子通常弯，种皮薄，有或无胚乳；胚通常弯，胚根小，对着花柱残迹，子叶扁平而叶状或厚而半柱状。

本科约有 65 属 350 种，我国有 19 属 78 种 1 亚种 5 变种 1 变型。

公安县境内的防己科植物有 2 属 2 种。

1. 雌花有心皮 3 或 6，雄花中雄蕊的花丝分离；花排成聚伞花序，或再作总状花序或圆锥花序式排列
……………………………………………………………………………………………………木防己属 *Cocculus*

1. 雌花有心皮 1，雄花的花丝合生为聚药雄蕊；花排成聚伞花序或再作伞形花序式排列………………千金藤属 *Stephania*

木防己属 *Cocculus* DC.

木质藤本，很少直立灌木或小乔木。叶非盾状，全缘或分裂，具掌状脉。聚伞花序或聚伞圆锥花序，腋生或顶生。雄花：萼片 6（或 9），排成 2（或 3）轮，外轮较小，内轮较大而凹，覆瓦状排列；花瓣 6，

基部两侧内折呈小耳状，顶端2裂，裂片叉开；雄蕊6或9，花丝分离，药室横裂。雌花：萼片和花瓣与雄花的相似；退化雄蕊6或没有；心皮6或3，花柱柱状，柱头外弯伸展。核果倒卵形或近圆形，稍扁，花柱残迹近基生，果核骨质，背肋两侧有小横肋状雕纹；种子马蹄形，胚乳少，子叶线形，扁平，胚根短。本属约有8种，我国有2种。公安县有1种。

107. 木防己 *Cocculus orbiculatus* (L.) DC.

【形态】缠绕藤本，茎木质化；嫩茎有黄褐色柔毛。叶通常卵形，有时为卵状长圆形，长3～14厘米，宽2～9厘米，先端尖或渐尖，基部圆形或心形，全缘，呈微波状，嫩时有柔毛，老时上面毛较少，但下面密被长毛，掌状基出脉3～5条；叶柄长1～3厘米，有长柔毛。雌雄异株，成腋生的单生聚伞花序或作圆锥花序排列，花序梗散生长柔毛；有2小苞片；萼片6，排成2轮，卵形，无毛，外轮3片，内轮3片较外轮长；花瓣6，卵状披针形，顶端2裂，子房半圆球形。核果近球形，直径6～8毫米，成熟时蓝黑色，表面带白粉；种子小，有横皱纹。花期5—7月，果期6—10月。

图107 木防己

【生境】生于山坡林缘或沟旁。

【分布】全县广布。

【药用部位】根。

【采收加工】春、秋季采挖，洗净，切片，晒干。

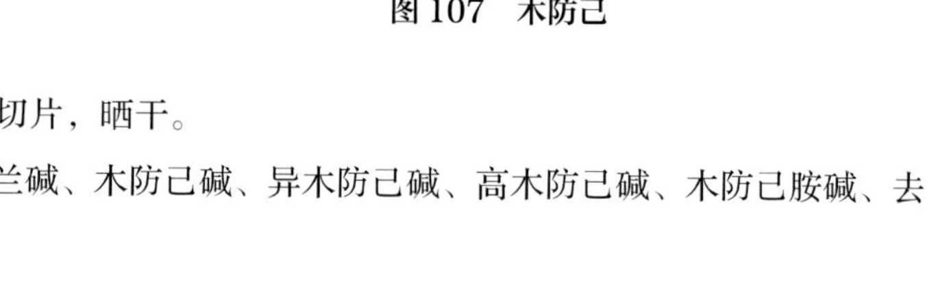

【化学成分】根含多种生物碱，如木兰碱、木防己碱、异木防己碱、高木防己碱、木防己胺碱、去甲毛木防己碱及木防己新碱。

【性味】苦、辛，寒。

【功能主治】祛风止痛，解毒。用于风湿痹痛、神经痛、肾炎水肿、尿路感染，外治跌打损伤、蛇咬伤。

千金藤属 *Stephania* Lour.

草质或木质藤本，有或无块根；枝有直线纹，稍扭曲。叶柄常很长，两端肿胀，盾状着生于叶片的近基部至近中部；叶片纸质，很少膜质或近革质，三角形、三角状近圆形或三角状近卵形；叶脉掌状，自叶柄着生处放射伸出，向上和向两侧伸的粗大，向下的常很纤细。花序腋生或生于腋生、无叶或具小型叶的短枝上，很少生于老茎上，通常为伞形聚伞花序，或有时密集成头状（具圆锥花序的种我国不产）。雄花：花被辐射对称；萼片2轮，很少1轮，每轮3～4片，分离或偶有基部合生；花瓣1轮，3～4，与内轮萼片互生，很少2轮或无花瓣；雄蕊合生成盾状聚药雄蕊，花药2～6个，通常4个，生于盾盘的边缘，横裂。雌花：花被辐射对称，萼片和花瓣各1轮，每轮3～4片，或左右对称，有1萼片和2

花瓣（偶有 2 萼片和 3 花瓣），生于花的一侧；心皮 1，近卵形。核果鲜时近球形，两侧稍扁，红色或橙红色，花柱残迹近基生；果核通常骨质，倒卵形至倒卵状近圆形，背部中肋两侧各有 1 或 2 行小横肋型或柱型雕纹，胎座迹二面微凹，穿孔或不穿孔；种子马蹄形，有肉质的胚乳；胚弯成马蹄形，子叶背倚，与胚根近等长或较短。本属约有 60 种，我国有 39 种和 1 变种。公安县有 1 种。

108. 千金藤 *Stephania japonica* (Thunb.) Miers

图 108　千金藤

【形态】缠绕木质藤本。茎细弱，有纵条纹，全体无毛；根条状，褐黄色；小枝纤细，有直线纹。叶纸质或坚纸质，通常三角状近圆形或三角状阔卵形，长 4 ～ 8 厘米，宽 3 ～ 7.5 厘米，先端短渐尖或钝尖，基部圆形或近截形，两面光滑无毛，下面被白粉，草质或近纸质，互生。掌状叶脉 7 ～ 9 条；叶柄盾状着生，长 4 ～ 8 厘米，无毛。花单性，雌雄异株；花序腋生，呈伞状至聚伞状，总花梗长 3 ～ 5 厘米。小花梗短或近无梗；雄花萼片 6 ～ 8，花瓣 3 ～ 4，倒卵形，雄蕊 6，花丝连合成柱状体；雌花萼片 3 ～ 5，卵状或倒卵状椭圆形，花瓣 3 ～ 5，近倒卵形，核果球形，直径约 6 毫米，成熟时红色。花期 5—7 月，果期 6—8 月。

【生境】生于村边或旷野灌丛中。

【分布】分布于章庄铺镇、孟家溪镇、黄山头镇。

【药用部位】根或藤茎。

【采收加工】春、秋季均可采收，洗净切片，晒干。

【化学成分】千金藤含千金藤素、表千金藤碱、次表千金藤碱、原间千金藤碱、原千金藤碱、轮环藤酚碱、岛藤碱等生物碱。

【药理作用】千金藤具有升白细胞、抗肿瘤、抗炎等作用。

【性味】苦、辛，寒。

【功能主治】清热解毒，利尿消肿，祛风止痛。用于咽喉肿痛、牙痛、胃痛、水肿、脚气、尿急尿痛、小便不利、外阴湿疹、风湿性关节痛；外用治跌打损伤、毒蛇咬伤、痈肿疮疖。

四十三、睡莲科 Nymphaeaceae

多年生，少数一年生，水生或沼泽生草本；根状茎沉水生。叶常二型：漂浮叶或出水叶互生，心形至盾形，芽时内卷，具长叶柄及托叶；沉水叶细弱，有时细裂。花两性，辐射对称，单生在花梗顶端；萼片 3 ～ 12，常 4 ～ 6，绿色至花瓣状，离生或附生于花托；花瓣 3 至多数，或渐变成雄蕊；雄蕊 6 至多数，花药内向、侧向或外向，纵裂；心皮 3 至多数，离生，或连合成一个多室子房，或嵌生在扩大的花托内，柱头离生，成辐射状或环状柱头盘，子房上位、半下位或下位，胚珠 1 至多数，直生或倒生，从子房顶端垂生或生在子房内壁上。坚果或浆果，不裂或由于种子外面胶质的膨胀成不规则开裂；种子有或无假种皮，有或无胚乳，胚有肉质子叶。

本科有 8 属约 100 种，广泛分布；我国产 5 属约 15 种。

公安县境内分布的睡莲科植物有 2 属 2 种。

1. 子房下位；花瓣 3 ～ 5 轮；花丝条形；种子无假种皮；一年生草本；叶柄、叶脉及果实有刺；叫片基部多无弯缺 ………… 芡属 *Euryale*

1. 子房半下位；花瓣多轮，有时内轮渐变成雄蕊；花丝花瓣状；种子常有假种皮；多年生草本叶柄、叶脉及果实无刺；叶片基部有弯缺 ………… 莲属 *Nelumbo*

芡属 *Euryale* Salisb. ex DC.

一年生草本，多刺；根状茎粗壮；茎不明显。叶二型：初生叶为沉水叶，次生叶为浮水叶。萼片 4，宿存，生在花托边缘，萼筒和花托基部愈合；花瓣比萼片小；花丝条形，花药矩圆形，药隔先端截状；心皮 8，8 室，子房下位，柱头盘凹入，边缘和萼筒愈合，每室有少数胚珠。浆果革质，球形，不整齐开裂，顶端有直立宿存萼片；种子 20 ～ 100，有浆质假种皮及黑色厚种皮，具粉质胚乳。本属仅有 1 种。公安县有 1 种。

109. 芡实 *Euryale ferox* Salisb.

【形态】一年生水生草本，全草多刺。叶漂浮，革质，圆形或稍带“S”形，大型直径达 130 厘米，边缘向上折，上面多皱褶，下面紫色；叶柄和花梗多刺。花单生在花梗顶端，直径约 5 厘米；萼片 4，披针形，长 1.5 ～ 2 厘米，内面紫色，外面绿色，宿存；密生钩状刺；花瓣多数，紫红色，长圆状披针形或纵状椭圆形；雄蕊多数，花药向内，子房下位，8 室，柱头扁平，圆盘状。浆果球形，直径 3 ～ 5 厘米，海绵质，紫红色，密生刺，形似鸡头；种子球形，直径 10 毫米，黑色。花期 6—7 月，果期 7—9 月。

图 109 芡实

【生境】生于池沼湖泊中。

【分布】分布于南平镇。

【药用部位】种仁。

【采收加工】秋分至霜降，割取成熟果实，取出种子，或将果实堆集数天，使果皮腐烂掉，取种子洗净晒干，将晒干的种子用碾米机碾破硬壳，取净仁，晒干。

【化学成分】种子含大量淀粉、少量蛋白质、脂肪油及微量的钙、磷、铁、核黄素、维生素 C、胡萝卜素等。

【药理作用】芡实具有抗氧化、延缓衰老、降血糖、改善心肌缺血等药理作用。

【性味】甘、涩，平。

【功能主治】固肾涩精，补脾止泻。主治脾虚泄泻、小便失禁、遗精、淋浊、带下。

莲属 *Nelumbo* Adans.

多年生水生草本；根状茎横生，粗壮。叶漂浮或高出水面，近圆形，盾状，全缘，叶脉放射状。花大，美丽，伸出水面；萼片 4 ～ 5；花瓣大，黄色、红色、粉红色或白色，内轮渐变成雄蕊；雄蕊药隔先端成 1 细长内曲附属物；花柱短，柱头顶生；花托海绵质，果期膨大。坚果矩圆形或球形；种子无胚乳，子叶肥厚。本属有 2 种。公安县有 1 种。

110. 莲 *Nelumbo nucifera* Gaertn.

【形态】多年生水生草本。根状茎横生，长而肥厚，有长节。叶圆形，高出水面，直径 25 ～ 90 厘米；叶柄常有刺。花单生在花梗顶端，直径 10 ～ 20 厘米；萼片 4 ～ 5，早落；花瓣多数，红色、粉红色或白色，有时逐渐变成雄蕊；雄蕊多数，药隔顶端伸出成 1 棒状附属物；心皮多数，离生，嵌生于花托穴内；花托于果期膨大，海绵质。坚果椭圆形或卵形，长 1.5 ～ 2.5 厘米。种子卵形或椭圆形，长 1.2 ～ 1.7 厘米。花期 7—8 月，果期 9—10 月。

图 110 莲

【生境】生于池沼湖泊或阔水沟中。

【分布】各乡镇均有分布。

【药用部位】根茎的节、雄蕊、果实、种子、胚、花托、叶、叶柄顶端、叶柄等。根状茎的节称“藕节”；雄蕊称“莲须”；老熟的果实称“石莲子”；成熟的种子称“莲子”；胚称“莲心”；去果实的成熟花托称“莲房”；叶称“荷叶”；叶柄顶端的一小块称“荷蒂”；叶柄称“荷梗”。

【采收加工】藕节：收集副食品加工后的藕节，晒干后搓去须根。

莲须：大暑前后摘取含苞待放的花蕾，将花心摘出，晒干。

石莲子：冬至前后，摘取莲房，剥取坚硬老熟果实，晒干。

莲子：秋季果实成熟时，割下莲房，取出果实，晒干。

莲心：收集莲子胚，晒干。

莲房：收集除去果实后的花托，剪除果梗，晒干。

荷叶：大暑前后剪取叶片，鲜用或晒干。

荷蒂：大暑前后剪取叶柄顶端一小块，晒干。

荷梗：剪取叶柄部顶端后剩下的下梗，截段，晒干。

【化学成分】根状茎含鞣质、天门冬酰胺、钙、磷、铁、胡萝卜素、维生素 B_1、维生素 B_2、维生素 C。种子含棉子糖、β－谷甾醇。莲心含莲心碱、异莲心碱、荷叶碱、莲碱、杏黄罂粟碱、草苷、金丝桃苷及芦丁。叶含生物碱（莲碱、荷叶碱、原荷叶碱、杏黄罂粟碱）和槲皮素。

【药理作用】莲具有抗氧化、消炎、抗菌、抗心律失常、降血糖、止泻、免疫调控等生理活性。

【性味】藕节：涩，平。

莲须：甘、涩，平。

石莲子：甘、微苦，平。

莲子：甘、涩，平。

莲心：苦，寒。

莲房：苦、涩，温。

荷叶：苦，平。

荷蒂：苦，平。

荷梗：苦，平。

【功能主治】藕节：收敛止血，活血化瘀；主治诸出血症。

莲须：止涩固精；主治遗精、遗尿、赤血带下。

石莲子：健脾止泻；主治慢性痢疾、食欲不振。

莲子：补脾，养心，涩肠，固精；主治脾虚泄泻、久痢、心悸失眠、遗精、带下。

莲心：清心，安神；主治心烦口渴、遗精、高血压。

莲房：消瘀止血；主治月经过多、尿血、便血，外治子宫脱垂。

荷叶：清暑，解热，升阳，散瘀；主治暑热头晕、暑热泄泻、止血、衄血。

荷蒂：和胃，安胎，升提；主治胎动不安、脱肛。

荷梗：宽胸，消暑；主治受暑胸闷、乳汁不通。

四十四、三白草科 Saururaceae

多年生草本。茎直立或匍匐状，具明显的节。叶互生，单叶；托叶贴生于叶柄上。花两性，聚集成稠密的穗状花序或总状花序，具总苞或无总苞，苞片显著，无花被；雄蕊 3 枚、6 枚或 8 枚，稀更少，离生或贴生于子房基部或完全上位，花药2室，纵裂；雌蕊由3～4心皮组成，离生或合生，如为离生心皮，则每心皮有胚珠2～4颗，如为合生心皮，则子房1室而具侧膜胎座，在每一胎座上有胚珠6～8颗或多数，花柱离生。果为分果爿或蒴果顶端开裂；种子有少量的内胚乳和丰富的外胚乳及小的胚。

本科有4属约7种。我国有3属4种，主产于中部以南各省（区）。

公安县境内的三白草科植物有2属2种。

1. 花聚集成稠密的穗状花序，花序基部有4片白色花瓣状的总苞片；雄蕊3枚 ……………………………… 蕺菜属 *Houttuynia*

1. 花聚集成总状花序，花序基部无总苞片；雄蕊6枚或8枚……………………………………………………… 三白草属 *Saururus*

蕺菜属 *Houttuynia* Thunb.

多年生草本。叶全缘，具柄；托叶贴生于叶柄上，膜质。花小，聚集成顶生或与叶对生的穗状花序，花序基部有4片白色花瓣状的总苞片；雄蕊3枚，花丝长，下部与子房合生，花药长圆形，纵裂；雌蕊由3个部分合生的心皮所组成，子房上位，1室，侧膜胎座3，每1侧膜胎座有胚珠6～8颗，花柱3枚，柱头侧生。蒴果近球形，顶端开裂。本属有1种，我国在长江流域及其以南各省（区）常见。公安县亦有分布。

111. 蕺菜 *Houttuynia cordata* Thunb.

【别名】鱼腥草。

【形态】多年生草本，高15～50厘米，有腥臭气。茎具明显的节，茎下部伏地，生根，上部直立。单叶互生，心形，长3～8厘米，宽4～6厘米，先端渐尖，全缘，密生细腺点，两面脉上稍被柔毛，下面紫红色；叶柄长3～5厘米；托叶条形，下半部与叶柄合生成鞘状。穗状花序生于茎顶，与叶对生，基部有白色花瓣状苞片4枚；花小，无花被，有1线状小苞；雄蕊3枚，花丝下部与子房合生；心皮3，下部合生。蒴果卵圆形，顶端开裂。花期5—8月，果期7—10月。

【生境】生于田埂、路旁或沟边湿地。

【分布】各乡镇均有分布。

【药用部位】全草。

【采收加工】夏、秋季采收，将全草连根拔起，晒干或鲜用。

【化学成分】全草主要含挥发油和黄酮类成分。挥发油主要成分为癸酰乙醛，此外还含有甲基正壬酮、月桂烯、葵酸、月桂醛。黄酮类成分主要有槲皮素、异槲皮素、槲皮苷、芸香苷等。

图111 蕺菜

【药理作用】鱼腥草具有抗菌、抗病毒、抗过敏、抗炎、抗肿瘤、抗辐射、镇咳、利尿、增强机体免疫力的作用。

【性味】辛，微寒。

【功能主治】清热解毒，消痈排脓，利尿通淋。用于肺痈吐脓、痰热咳喘、热痢、热淋、痈肿疮毒。

三白草属 *Saururus* L.

多年生草本，具根状茎。叶全缘，具柄；托叶着生在叶柄边缘上。花小，聚集成与叶对生或兼有顶生的总状花序，无总苞片；苞片小，贴生于花梗基部；雄蕊通常 6 枚，有时 8 枚，稀退化为 3 枚，花丝与花药等长；雌蕊由 3 ~ 4 心皮所组成，分离或基部合生，子房上位，每心皮有胚珠 2 ~ 4 颗，花柱 4，离生，内向具柱头面。果实分裂为 3 ~ 4 个分果爿。本属约有 3 种，我国仅有 1 种，产于黄河流域及其以南各省（区）。公安县有 1 种。

112. 三白草 *Saururus chinensis* (Lour.) Baill.

【形态】多年生草本，高 30 ~ 80 厘米。根状茎粗壮，横走，地上茎直立，有棱脊，无毛。叶纸质，卵形或披针状卵形，长 4 ~ 15 厘米，宽 2 ~ 10 厘米，顶端渐尖或短渐尖，基部耳状心形，全缘，两面无毛，有基出脉 5 条，在花序下的 2 ~ 3 片叶常为乳白色；叶柄长 1 ~ 3 厘米，基部与托叶合生成鞘状，稍抱茎，无毛。总状花序生在茎上端，与叶对生，花序轴和花梗有短柔毛；花小，两性，无花被，生于苞片腋内；苞片卵圆形，长约 0.1 厘米，边缘被细毛；雄蕊 6 枚；雌蕊 1 枚，由 4 个近完全合生的心皮组成；子房上位，柱头 4，向外卷曲。果实分裂为 4 个分果爿，分果爿近球形，表面多疣状突出，不开裂。种子球形。花期 6—7 月，果期 3—9 月。

图 112 三白草

【生境】生于水沟边。

【分布】分布于黄山头镇。

【药用部位】全草或根茎。

【采收加工】根茎于秋季采挖，夏季至冬季采集地上部分，洗净，晒干备用或鲜用。

【化学成分】全草含黄酮类化合物及挥发油，黄酮化合物主要为金丝桃苷、槲皮苷、异槲皮苷等。挥发油主要成分为甲基正壬酮。

【药理作用】三白草具有抗炎、降血糖、保肝、抗肿瘤、抗氧化活性的作用。

【性味】甘、淡，凉。

【功能主治】清热利尿，解毒消肿。主治脚气、水肿、黄疸、淋浊、带下、痈肿、疔毒。

四十五、胡椒科 Piperaceae

草本、灌木或攀缘藤本，稀为乔木，常有香气；维管束多少散生而与单子叶植物的类似。叶互生，少有对生或轮生，单叶，两侧常不对称，具掌状脉或羽状脉；托叶多少贴生于叶柄上或否，或无托叶。花小，两性、单性雌雄异株或间有杂性，密集成穗状花序或由穗状花序再排成伞形花序，极稀有呈总状花序排列，花序与叶对生或腋生，少有顶生；苞片小，通常盾状或杯状，少有勺状；花被无；雄蕊 1 ～ 10 枚，花丝通常离生，花药 2 室，分离或汇合，纵裂；雌蕊由 2 ～ 5 心皮所组成，连合，子房上位，1 室，有直生胚珠 1 颗，柱头 1 ～ 5，无或有极短的花柱。浆果小，具肉质、薄或干燥的果皮；种子具少量的内胚乳和丰富的外胚乳。

本科有 8 或 9 属，近 3100 种，我国有 4 属约 70 种。

公安县境内的胡椒科植物有 1 属 1 种。

草胡椒属 *Peperomia* Ruiz et Pavon

一年生或多年生草本，茎通常矮小，带肉质，常附生于树上或石上；维管束全部分离，散生。叶互生、对生或轮生，全缘，无托叶。花极小，两性，常与苞片同着生于花序轴的凹陷处，排成顶生、腋生或与叶对生的细弱穗状花序，花序单生、双生或簇生，直径几与总花梗相等；苞片圆形、近圆形或长圆形，盾状或否；雄蕊 2 枚，花药圆形、椭圆形或长圆形，有短花丝；子房 1 室，有胚珠 1 颗，柱头球形，顶端钝、短尖、喙状或画笔状，侧生或顶生，不分裂或稀有 2 裂。浆果小，不开裂。本属约有 1000 种，我国有 7 种和 2 变种。公安县有 1 种。

113. 草胡椒 *Peperomia pellucida* (L.) Kunth

图 113 草胡椒

【形态】一年生肉质草本，高 20 ～ 40 厘米；茎直立或基部有时平卧，分枝，无毛，下部节上常生不定根。叶互生，膜质，半透明，阔卵形或卵状三角形，长和宽近相等，为 1 ～ 3.5 厘米，顶端短尖或钝，基部心形，两面均无毛；叶脉 5 ～ 7 条，基出，网状脉不明显；叶柄长 1 ～ 2 厘米。穗状花序顶生和与叶对生，细弱，长 2 ～ 6 厘米，其与花序轴均无毛；花疏生；苞片近圆形，直径约 0.5 毫米，中央有细短柄，盾状；花药近圆形，有短花丝；子房椭圆形，柱头顶生，被短柔毛。浆果球形，顶端尖，直径约 0.5 毫米。花期 4—7 月。

【生境】生于宅舍墙脚下。

【分布】分布于斗湖堤镇。

【药用部位】全草。

【采收加工】夏、秋季采收，洗净，晒干。

【化学成分】全株含 2，4，5– 三甲氧基苏合香烯、β – 谷甾醇、菜油甾醇、豆甾醇等成分。

【性味】辛，凉。

【功能主治】散瘀止痛，清热解毒。主治痈肿疮毒、烧烫伤、跌打损伤、外伤出血。

四十六、马兜铃科 Aristolochiaceae

草质或木质藤本、灌木或多年生草本，稀乔木；根、茎和叶常有油细胞。单叶、互生，具柄，叶片全缘或 3 ～ 5 裂，基部常心形，无托叶。花两性，有花梗，单生、簇生或排成总状、聚伞状或伞房花序，顶生、腋生或生于老茎上，花色通常艳丽而有腐肉臭味；花被辐射对称或两侧对称，花瓣状，1 轮，稀 2 轮，花被管钟状、瓶状、管状、球状或其他形状；檐部圆盘状、壶状或圆柱状，具整齐或不整齐 3 裂，或为向一侧延伸成 1 ～ 2 舌片，裂片镊合状排列；雄蕊 6 至多数，1 或 2 轮；花丝短，离生或与花柱、药隔合生成合蕊柱；花药 2 室，平行，外向纵裂；子房下位，稀半下位或上位，4 ～ 6 室或为不完全的子房室，稀心皮离生或仅基部合生；花柱短而粗厚，离生或合生而顶端 3 ～ 6 裂；胚珠每室多颗，倒生，常 1 ～ 2 行叠置，中轴胎座或侧膜胎座内侵。蒴果蓇葖果状、长角果状或为浆果状；种子多数，常藏于内果皮中，通常长圆状倒卵形、倒圆锥形、椭圆形、钝三棱形，扁平或背面凸出而腹面凹入，种皮脆骨质或稍坚硬，平滑、具皱纹或疣状突起，种脊海绵状增厚或翅状，胚乳丰富，胚小。

本科约有 8 属 600 种，我国产 4 属 71 种 6 变种 4 变型。

公安县境内的马兜铃科植物有 2 属 2 种。

1. 多年生直立草本或灌木，茎攀缘；花不整齐，左右对称，花萼呈管状，通常弯曲，顶端开展呈花瓣状，全缘或 3 ～ 6 裂，雄蕊通常 6 ……………………………………………… 马兜铃属 *Aristolochia*

1. 多年生直立草本；花整齐，花萼呈钟状，顶端 3 裂，雄蕊多为 12 ……………………… 细辛属 *Asarum*

马兜铃属 *Aristolochia* L.

草质或木质藤本，稀亚灌木或小乔木，常具块状根。叶互生，全缘或 3 ～ 5 裂，基部常心形；羽状脉或掌状三至七出脉，无托叶，具叶柄。花排成总状花序，稀单生，腋生或生于老茎上；苞片着生于总花梗和花梗基部或近中部；花被 1 轮，花被管基部常膨大，形状各种，中部管状，劲直或各种弯曲，檐部展开或成各种形状，常边缘 3 裂，稀 2 ～ 6 裂，或一侧分裂成 1 或 2 个舌片，形状和大小变异极大，颜色艳丽而常有腐肉味；雄蕊6枚，稀4枚或10枚或更多，围绕合蕊柱排成1轮，常成对或逐个与合蕊柱裂片对生，花丝缺；花药外向，纵裂；子房下位，6室，稀4或5室或子房室不完整；侧膜胎座稍突起或常于子房中央靠合或连接；合蕊柱肉质，顶端3～6裂，稀多裂，裂片短而粗厚，稀线形；胚珠甚多，排成两行或在侧膜胎座两边单行叠置。蒴果室间开裂或沿侧膜处开裂；种子常多颗，扁平或背面凸起，腹面凹入，常藏于内果皮中，很少埋藏于海绵状纤维质体内，种脊有时增厚或呈翅状，种皮脆壳质或坚硬，胚乳肉质，丰富，胚小。本属约有350种，我国产39种2变种3变型。公安县有1种。

114. 寻骨风 *Aristolochia mollissima* Hance

图114 寻骨风

【形态】多年生木质藤本。根细长，圆柱形。嫩枝密被灰白色长绵毛。叶互生；叶柄长2～5厘米，密被白色长绵毛。叶片卵形、卵状心形，长3.5～10厘米，宽2.5～8厘米，先端钝圆至短尖，基部心形，两侧裂片广展，弯缺深1～2厘米，边全缘，上面被糙伏毛，下面密被灰色或白色长绵毛，基出脉5～7条。花单生于叶腋；花梗长1.5～3厘米，直立或近顶端向下弯；小苞片卵形或长卵形，两面被毛；花被管中部急剧弯曲，弯曲处至檐部较下部而狭，外面密生白色长绵毛；檐部盘状，直径2～2.5厘米，内面无毛或稍被微柔毛，浅黄色，并有紫色网纹，外面密生白色长绵毛，边缘浅3裂，裂片先端短尖或钝，喉部近圆形，稍呈菱状突起，紫色；花药成对贴生于合蕊柱近基部；子房圆柱形，密被白色长绵毛；合蕊柱近基部；子房圆柱形，密被白色长绵毛；合蕊柱裂片先端钝圆，边缘向下延伸，并具乳头状突起。蒴果长圆状或椭圆状倒卵形，具6条呈波状或扭曲的棱或翅，毛常脱落，成熟时自先端向下6瓣开裂。种子卵状三角形。花期4—6月，果期8—10月。

【生境】生于山坡、草丛、沟边和路旁等处。

【分布】分布于章庄铺镇。

【药用部位】全草。

【采收加工】夏、秋季采收，除去泥沙，干燥。

【化学成分】寻骨风含马兜铃酸A、马兜铃酸D、马兜铃内酰胺、香草酸、β-谷甾醇、尿囊素、挥发油等成分。

【药理作用】寻骨风具有抗肿瘤、抗炎、抗风湿、抗早孕等作用。

【性味】辛、苦，平。

【功能主治】祛风，活络，止痛。用于风湿痹痛、关节酸痛。

细辛属 *Asarum* L.

多年生草本。根状茎长而匍匐横生，或向上斜伸，或短而近直立；茎无或短；根常稍肉质，有芳香气和辛辣味。叶仅1～2枚或4枚，基生、互生或对生，叶片通常心形或近心形，全缘不裂；叶柄基部常具薄膜质芽苞叶。花单生于叶腋，多贴近地面，花梗直立或向下弯垂，花被整齐，1轮，紫绿色或淡绿色，基部多少与子房合生，子房以上分离或形成明显的花被管，花被裂片3，直立或平展，或外折；雄蕊通常12，2轮，稀减少，或具1～3个细小或瓣状不育雄蕊，花丝比花药长或短，花药通常外向纵裂，或外轮稍向内纵裂；子房下位或半下位，稀近上位，通常6室，中轴胎座，胚珠多数，花柱分离，顶端完整或2裂，或合生成柱状，顶端6裂，柱头顶生或侧生。蒴果浆果状，近球形，果皮革质，有时于腐烂时不规则开裂；种子多数，椭圆状或椭圆状卵形，背面凸，腹面平坦，有肉质附属物。本属约有90种，我国有30种4变种1变型。公安县有1种。

115. 杜衡 *Asarum forbesii* Maxim.

【形态】多年生草本。根状茎的节间短，下端集生多数肉质根，淡黄白色。茎端生1～2叶，叶宽心形至肾状心形，长和宽各为3～8厘米，先端钝或圆，基部深心形，上面深绿色，略有微毛，下面淡绿色，近光滑，全缘，边缘及脉上被细柔毛；叶柄长7～15厘米。单花顶生，直径1～1.2厘米，花萼钟状，顶端3裂，裂片宽卵形，暗紫色，花萼内面有隆起的网纹，雄蕊12，花柱6，柱头2裂。蒴果肉质，具多数黑褐色种子，细小。花期3—4月，果期4—5月。

图115 杜衡

【生境】生于阴湿有腐殖质的林下。

【分布】分布于章庄铺镇松林村。

【药用部位】全草。

【采收加工】夏季采收全草，除去泥土，摊放通风处阴干。

【化学成分】根含挥发油，油的主要成分为甲基丁香酚、异甲基丁香酚、黄樟醚等。

【药理作用】杜衡具有镇痛、麻醉、降温、抗过敏、松弛平滑肌、降脂等作用。

【性味】辛、微苦，温；有小毒。

【功能主治】祛风止痛，温经散寒，消痰行水，活血，平喘。主治风寒头痛、肺寒咳喘、中暑、腹痛、风湿痹痛、跌打损伤、毒蛇咬伤。

四十七、山茶科 Theaceae

乔木或灌木。叶革质，常绿或半常绿，互生，羽状脉，全缘或有锯齿，具柄，无托叶。花两性，稀雌雄异株，单生或数花簇生，有柄或无柄，苞片 2 至多片，宿存或脱落，或苞萼不分逐渐过渡；萼片 5 至多片，脱落或宿存，有时向花瓣过渡；花瓣 5 至多片，基部连生，稀分离，白色或红色及黄色；雄蕊多数，排成多列，稀为 4 ～ 5 数，花丝分离或基部合生，花药 2 室，背部或基部着生，直裂，子房上位，稀半下位，2 ～ 10 室；胚珠每室 2 至多数，垂生或侧面着生于中轴胎座，稀为基底着坐；花柱分离或连合，柱头与心皮同数。果为蒴果，或不分裂的核果及浆果状，种子圆形，多角形或扁平，有时具翅；胚乳少或缺，子叶肉质。

本科约有 36 属 700 种，分隶于 6 个亚科，我国有 15 属 480 余种。

公安县境内的山茶科植物有 1 属 1 种。

山茶属 *Camellia* L.

灌木或乔木。叶多为革质，羽状脉，有锯齿，具柄，少数抱茎叶近无柄。花两性，顶生或腋生，单花或 2 ～ 3 朵并生，有短柄；苞片 2 ～ 6 片，或更多；萼片 5 ～ 6，分离或基部连生，有时更多，苞片与萼片有时逐渐转变，组成苞被，从 6 片多至 15 片，脱落或宿存；花冠白色或红色，有时黄色，基部多少连合；花瓣 5 ～ 12 片，栽培种常为重瓣，覆瓦状排列；雄蕊多数，排成 2 ～ 6 轮，外轮花丝常于下半部连合成花丝管，并与花瓣基部合生；花药纵裂，背部着生，有时为基部着生；子房上位，3 ～ 5 室，花柱 3 ～ 5 条或 3 ～ 5 裂；每室有胚珠数个。果为蒴果，3 ～ 5 爿自上部裂开，少数从下部裂开，果爿木质或栓质；中轴存在，或因 2 室不育而无中轴；种子圆球形或半圆形，种皮角质，胚乳丰富。本属约有 20 组，共 280 种，我国有 238 种。公安县有 1 种。

116. 茶 *Camellia sinensis* (L.) O. Ktze.

【形态】常绿灌木，有时呈乔木状，高 1 ～ 6 米。叶互生，薄革质，椭圆形或倒卵状椭圆形，长 5 ～ 12 厘米，宽 1.8 ～ 4.5 厘米，顶端短尖或钝尖，基部楔形，边缘具锯齿，下面无毛或微有毛，侧脉约 8 对，明显；叶柄长 3 ～ 7 毫米。花单生或两朵生于叶腋，花梗长 6 ～ 10 毫米，向下弯曲；萼片 5 ～ 6，圆形，被微毛，边缘膜质，具毛，宿存；花瓣 5 ～ 8，白色，宽倒卵形；雄蕊多数，外轮花丝合成短管；子房上位，外被柔毛，3 室，花柱 1，柱头 3 裂。蒴果近球形或扁三角形，果皮革质，较薄，种子通常 1 颗，或 2 ～ 3 颗，近球形或微有棱角。果期翌年 10—11 月。

【生境】野生或栽培于丘陵处。

【分布】分布于章庄铺镇。

【药用部位】芽叶、根。

【采收加工】茶叶：清明至夏至分批摘取幼芽和嫩叶，摊晾三至五成干时，放热锅中揉搓至干燥，或鲜叶时烘干。根全年可采，洗净，切片，晒干。

【化学成分】茶叶含茶多酚、生物碱、茶多糖、维生素类、氨基酸、茶色素等多种成分。

【药理作用】茶具有抗氧化、抗辐射、解毒、降血糖、降血脂等作用。

【性味】茶叶：微苦、涩，凉。根：苦、涩，寒。

【功能主治】茶叶：清头目，除烦渴，止泻，调神，利尿，化痰，消食，解毒；主治精神疲倦、痢疾、肠炎、小便不利、头痛、目昏、多睡善寐、心烦口渴、食积痰滞、疟疾。根：强心；主治心脏病、口疮、牛皮癣、外痔肿痛等。

图 116　茶

四十八、藤黄科 Guttiferae

乔木或灌木，稀为草本，在裂生的空隙或小管道内含有树脂或油。叶为单叶，全缘，对生或有时轮生，一般无托叶。花序各式，聚伞状或伞状，或为单花；小苞片通常生于花萼之紧接下方，与花萼难以区分；花两性或单性，轮状排列或部分螺旋状排列，通常整齐，下位；萼片 4 ～ 5，覆瓦状排列或交互对生，内部的有时花瓣状；花瓣 4 ～ 5，离生，覆瓦状排列或旋卷；雄蕊多数，离生或成 4 ～ 5(10) 束，束离生或不同程度合生；子房上位，通常有 5 个或 3 个多少合生的心皮，1 ～ 12 室，具中轴或侧生或基生的胎座；胚珠多数，横生或倒生；花柱 3 ～ 5，分离或基部合生，线形。果为蒴果、浆果或核果；种子 1 至多颗，无胚乳。

本科约有 40 属 1000 种，主要分布在温带地区。我国有 8 属 87 种，产于全国各地。

公安县境内的藤黄科植物有 1 属 3 种。

金丝桃属 *Hypericum* L.

灌木或一年生至多年生草本，无毛或被柔毛，具透明或常为暗淡、黑色或红色的腺体。叶对生，全缘，具柄或无柄。花序为聚伞花序，1 至多花，顶生或有时腋生，常呈伞房状。花两性；萼片 5，等大或不等大，覆瓦状排列；花瓣 5，通常黄色，通常不对称，宿存或脱落；雄蕊多数，分离或连合成 3 ～ 5 束，与花瓣对生；花丝纤细，几分离至基部，花药背着或多少基着，纵向开裂，药隔上有腺体；无退化雄蕊及不育的雄蕊束；子房 3 ～ 5 室，具中轴胎座，或全然为 1 室，具侧膜胎座，每胎座具多数胚珠；花柱 3 ～ 5，离生或部分至全部合生，多少纤细；柱头小或多少呈头状。果为蒴果，室间开裂，果爿常有含树脂的条纹或囊状腺体。种子小，通常两侧或一侧有龙骨状突起或多少具翅，表面有各种雕纹。本属约有400种，分布于北半球温带及亚热带地区。我国约有55种，广布于全国，主产于西南部。公安县有3种。

1. 叶基部不合生。
  2. 茎有4棱；叶抱茎……………………………………………………………………………… 地耳草 *H. japonicum*
  2. 茎圆或稍有2棱……………………………………………………………………………… 贯叶连翘 *H. perforatum*
1. 叶基部合生 ……………………………………………………………………………………… 元宝草 *H. sampsonii*

117. 地耳草 *Hypericum japonicum* Thunb.ex Murray

【形态】一年生小草本，高15～40厘米，全体无毛。根多数呈须状。茎直立，或倾斜，纤细，具4棱，节明显，基部近节处生细根。单叶对生，卵形，长4～15毫米，先端钝尖，基部与对面的叶基相连接，全缘，叶面有微细的透明点，无柄。聚伞花序顶生，二歧分叉，花直径约6毫米；花梗长3～4厘米，基部有线形苞片1枚，萼片5，基部连合，狭卵状披针形，宿存；花瓣5，黄色，与萼片等长，长椭圆形，内曲；雄蕊多数，基部连合成3束；子房1室，为3心皮合成，狭卵形，胚珠多数，花柱3。蒴果长圆形，黄白色，长4～5毫米，室间开裂；具多数细小的种子。花期5—8月。

图117 地耳草

【生境】生于潮湿的沟边、路旁及田埂上。

【分布】分布于章庄铺镇、黄山头镇。

【药用部位】全草。

【采收加工】夏、秋季采集，洗净，晒干或鲜用。

【化学成分】地耳草含鞣质、蒽醌、内酯、氨基酸及酚类等成分。

【药理作用】地耳草具有抑菌、保肝护肝、抗肿瘤和预防心血管疾病等作用。

【性味】甘，凉。

【功能主治】清热解毒，消肿解毒。主治湿热黄疸、泻痢、肠痈、痈疮肿毒、蛇毒咬伤。

118. 贯叶连翘 *Hypericum perforatum* L.

【别名】贯叶金丝桃。

【形态】多年生草本，高20～60厘米，全体无毛。茎直立，多分枝，茎及分枝两侧各有1纵线棱。叶无柄，彼此靠近密集，椭圆形至线形，长1～2厘米，宽0.3～0.7厘米，先端钝形，基部近心形而抱茎，边缘全缘，背卷，坚纸质，上面绿色，下面白绿色，全面散布淡色但有时黑色腺点，侧脉每边约2条，自中脉基部1/3以下生出，斜升，至叶缘联结，与中脉两面明显，脉网稀疏，不明显。花序为5～7花二歧状的聚伞花序，生于茎及分枝顶端，多个再组成顶生圆锥花序；苞片及小苞片线形，长达4毫米。萼片长圆形或披针形，长3～4毫米，宽1～1.2毫米，先端渐尖至锐尖，边缘有黑色腺点，全面有2行腺条和腺斑，果时直立，略增大，长达4.5毫米。花瓣黄色，长圆形或长圆状椭圆形，两侧不相等，长约1.2毫米，宽0.5毫米，边缘及上部常有黑色腺点。雄蕊多数，3束，每束有雄蕊约15枚，花丝长短不一，长达8毫米，花药黄色，具黑腺点。子房卵珠形，长3毫米，花柱3，自基部极少开，长4.5毫米。蒴果长圆状卵珠形，长约5毫米，宽3毫米，具背生腺条及侧生黄褐色囊状腺体。种子黑褐色，圆柱形，长约1毫米，具纵向条棱，两侧无龙骨状突起，表面有细蜂窝纹。花期7—8月，果期9—10月。

图118 贯叶连翘

【生境】生于山坡路旁及河边草地等处。

【分布】分布于黄山头镇。

【药用部位】全草。

【采收加工】7—10月采收全草，洗净，晒干。

【化学成分】全草含苯并二蒽酮、间苯三酚、黄酮类化合物及挥发油等。

【药理作用】贯叶连翘具有抗抑郁、抗病毒、抗肿瘤、抗菌的作用。

【性味】苦、涩，平。

【功能主治】收敛止血，调经通乳，清热解毒，利湿。主治咯血、吐血、肠风下血、崩漏、外伤出血、月经不调、乳妇乳汁不下、黄疸、咽喉疼痛、目赤肿痛、尿路感染、口鼻生疮、痈疖肿毒、烫火伤。

119. 元宝草

***Hypericum sampsonii* Hance**

【形态】多年生草本，高0.5～1米，全株光滑无毛。须根纤细而短。茎直立，圆柱形，有分枝。单叶交互对生，长椭圆状披针形，长3～6

图119 元宝草

厘米，宽 1.5 ～ 2.5 厘米，先端钝圆，全缘，两叶基部合生一体似船形，而茎贯穿其中，上面绿色带紫红色，下面灰绿色，密生黑色斑点及透明腺点。聚伞花序顶生，花梗纤细，长 3 ～ 9 毫米，萼片 5，披针形或椭圆形，不等长，有黑点；花瓣 5，黄色，卵形或广倒卵形，约与萼片等长；雄蕊多数，3 束；子房上位，3 室，花柱 3，反曲。蒴果卵圆形，3 室，长约 7 毫米，具赤褐色腺点。种子细小。花期 6—7 月。

【生境】生于山坡、路旁。

【分布】分布于章庄铺镇、黄山头镇。

【药用部位】全草。

【采收加工】夏、秋季采集，洗净，晒干或鲜用。

【性味】辛，寒。

【功能主治】清热解毒，凉血止血，通经活络。主治咯血、吐血、衄血、小儿高热、肠炎、痢疾、月经不调、跌打损伤、腰腿冷痛、痈疮疖毒、毒蛇咬伤。

四十九、罂粟科 Papaveraceae

草本，稀灌木，极稀乔木状（但木材软）通常含有色液汁。主根明显，稀纤维状或形成块根，稀有块茎。基生叶通常莲座状，茎生叶互生，稀上部对生或近轮生状，全缘或分裂，有时具卷须，无托叶。花单生或排列成总状花序、聚伞花序或圆锥花序；花两性，规则的辐射对称至极不规则的两侧对称；萼片 2，少为 3，通常分离，覆瓦状排列，早脱；花瓣通常二倍于花萼，4 ～ 8 枚（有时 12 ～ 16 枚）排列成 2 轮，稀无，覆瓦状排列，芽时皱褶，有时花瓣外面的 2 枚或 1 枚呈囊状或成距，分离或顶端黏合，大多具鲜艳的颜色，稀无色；雄蕊多数，分离，排成数轮，源于向心系列，或 4 枚分离，或 6 枚合成 2 束，花丝通常丝状，或稀翅状或披针形或 3 深裂，花药直立，2 室，纵裂；子房上位，1 至多室，由 2 至多数合生心皮组成，侧膜胎座，胚珠多数，花柱单生，或短或长，有时近无，柱头多型，常呈盘状。果为蒴果，瓣裂或顶孔开裂，极少不开裂；种子细小，胚乳丰富，油质或肉质。

本科约有 38 属 700 种，多分布在北半球的亚热带及暖温带地区。我国有 18 属 362 种，南北各省均有分布。

公安县境内的罂粟科植物有 1 属 1 种。

紫堇属 *Corydalis* DC.

一年生或多年生草本，有时有块茎。茎分枝或不分枝，直立、上升或斜生，单轴或合轴分枝。基生叶少数或多数，早凋或残留宿存的叶鞘或叶柄基，茎生叶 1 至多数，稀无叶，互生或稀对生，叶片一至多回羽状分裂或掌状分裂或三出，全裂时裂片大多具柄，有时无柄。花排列成顶生、腋生或叶对生的总状花序；苞片分裂或全缘，长短不等，无小苞片；花梗纤细；萼片 2 枚，通常小，膜质，早落或稀宿存；

花冠两侧对称，花瓣 4，紫色、蓝色、黄色、玫瑰色，稀白色，上花瓣前端扩展成伸展的花瓣片，后部成圆筒形、圆锥形或短囊状的距，下花瓣大多具爪，基部有时呈囊状或具小囊，两侧内花瓣同型，先端黏合，明显具爪，有时具囊；雄蕊 6，合生成 2 束，中间花药 2 室，两侧花药 1 室，花丝长圆形或披针形；子房 1 室，心皮 2，胚珠少数至多数，排成 1 列或 2 列，花柱伸长，柱头各式，上端常具数目不等的乳突，乳突有时并生或具柄。果多蒴果，通常线形至卵形，2 瓣裂。种子肾形或近圆形，黑色或棕褐色，通常平滑且有光泽。本属约有 428 种，分布于欧亚大陆及非洲南部。我国有 298 种，分布于南北各地，以西南部为多。公安县有 1 种。

120. 夏天无 *Corydalis decumbens* (Thunb.) Pers.

【别名】伏生紫堇。

【形态】多年生草本，全体无毛。块茎近球形，直径达 6 毫米，表面黑色，着生少数须根。茎细弱，丛生，长 17 ～ 30 厘米，不分枝。基生叶具长柄，叶片三角形，长约 6 厘米，二回三出，全裂，末回裂片具短柄，通常狭倒卵形；茎生叶 2 ～ 3 片，生于茎下部以上或上部，形似基生叶，但较小，具稍长柄或无柄。总状花序顶生，长 1.7 ～ 4 厘米；苞片卵形或阔披针形，全缘；花淡紫红色，筒状唇形，上面花瓣长 1.4 ～ 1.7 厘米，瓣片近圆形，先端微凹，距圆筒形，长 6 ～ 8 毫米，平直或向上微弯；雄蕊 6，成两体。蒴果线形，2 瓣裂。种子细小。花期 4 月，果期 5—6 月。

图 120 夏天无

【生境】山坡或路边。

【分布】分布于黄山头镇。

【药用部位】干燥块茎。

【采收加工】春季或初夏出苗后采挖，除去茎、叶及须根，洗净，干燥。

【化学成分】块茎含多种生物碱，主要含有延胡索乙素、普鲁托品、空褐鳞碱、棕榈碱等。

【药理作用】夏天无具有降血压、抗心律失常、解痉、镇痛、保肝、促智、抗凝血、对脑和下肢循环的作用。

【性味】苦、微辛，温。

【功能主治】活血通络，行气止痛。用于中风偏瘫、跌打损伤、风湿性关节炎、坐骨神经痛、腰肌劳损等。

五十、十字花科 Cruciferae

一年生、二年生或多年生植物，很少呈亚灌木状。根有时膨大成肥厚的块根。叶有二型：基生叶呈旋叠状或莲座状；茎生叶通常互生，有柄或无柄，单叶全缘、有齿或分裂，基部有时抱茎或半抱茎，有时呈各式深浅不等的羽状分裂或羽状复叶；通常无托叶。花整齐，两性，少有退化成单性的，通常排成总状花序，顶生或腋生，偶有单生的；萼片 4 片，分离，排成 2 轮，直立或开展，有时基部呈囊状；花瓣 4，分离，呈“十”字形排列，花瓣白色、黄色、粉红色、淡紫色、淡紫红色或紫色，基部有时具爪；雄蕊通常 6 个，4 长 2 短（称四强雄蕊），也排列成 2 轮，外轮的 2 个具较短的花丝，内轮的 4 个具较长的花丝，有时雄蕊退化至 4 个或 2 个，或多至 16 个，花丝有时成对连合，有时向基部加宽或扩大呈翅状；在花丝基部常具蜜腺，在短雄蕊基部周围的，称“侧蜜腺”，在 2 个长雄蕊基部外围或中间的，称“中蜜腺”，有时无中蜜腺；雌蕊 1 个，子房上位，由于假隔膜的形成，子房 2 室，少数无假隔膜时，子房 1 室，每室有胚珠 1 至多个，排列成 1 行或 2 行，生在胎座框上，形成侧膜胎座，花柱短或缺，柱头单一或 2 裂。果实角果，开裂或不开裂。种子小，表面光滑或具纹理，有翅或无翅，无胚乳。种子内子叶与胚根的排列方式，常见的有 3 种：①子叶缘倚胚根或称子叶直叠；②子叶背倚胚根或称子叶横；③子叶对折。

本科有 300 属以上，约 3200 种，广布于全球，分布于北温带地区。我国有 95 属 425 种，全国各地均有分布。本科植物经济价值较大。

公安县境内的十字花科植物有 6 属 8 种。

1. 果成熟后不开裂。
  2. 匍匐草本；叶羽状分裂；花白色；果 2 个并生，小球形，侧扁……臭荠属 *Coronopus*
  2. 直立草本；叶形不一；花白色、淡红色、带紫色或黄色；果为长角果，圆柱形串珠状……萝卜属 *Raphanus*
1. 果成熟后开裂。
  3. 果为短角果。
    4. 植株无毛或有单毛。
      5. 花黄色；短角果椭圆形或球形……蔊菜属 *Rorippa*
      5. 花白色；短角果圆形或椭圆形……独行菜属 *Lepidium*
    4. 植株有分枝毛或无毛；短角果倒三角形至倒心形……荠属 *Capsella*
  3. 果为长角果。
    6. 花黄色……蔊菜属 *Rorippa*
    6. 花白色或淡紫色……碎米荠属 *Cardamine*

荠属 *Capsella* Medic.

一年生或二年生草本；茎直立或近直立，单一或从基部分枝，无毛、具单毛或分叉毛。基生叶莲座状，羽状分裂至全缘，有叶柄；茎上部叶无柄，叶边缘具弯缺齿至全缘，基部耳状，抱茎。总状花序伞房状，花疏生，果期延长；花梗丝状，果期上升；萼片近直立，长圆形，基部不成囊状；花瓣白色或带粉红色，匙形；花丝线形，花药卵形，蜜腺成对，半月形，常有1外生附属物，子房2室，有12～24胚珠，花柱极短。短角果倒三角形或倒心状三角形，扁平，开裂，无翅，无毛，果瓣近顶端最宽，具网状脉，隔膜窄椭圆形，膜质，无脉。种子每室6～12个，椭圆形，棕色；子叶背倚胚根。本属约有5种，主产于地中海地区、欧洲及亚洲西部。我国有1种，广布于全国各地。公安县亦有分布。

121. 荠 *Capsella bursa-pastoris* (L.) Medic.

【形态】一年生或二年生草本，高20～50厘米。主根瘦长，白色，直下，分枝。茎直立，单一或从下部分枝。基生叶丛生呈莲座状，大头羽状分裂，长可达12厘米，宽可达2.5厘米，顶裂片卵形至长圆形，长5～30毫米，宽2～20毫米，侧裂片3～8对，长圆形至卵形，长5～15毫米，顶端渐尖，浅裂或有不规则粗锯齿或近全缘，叶柄长5～40毫米；茎生叶互生，狭披针形，长1～3厘米，宽2毫米，先端钝尖，基部抱茎，边缘有缺刻或锯齿，两面有细毛或叉状毛。总状花序顶生及腋生，花白色，多数，花梗细长；萼片4，绿色而具白色边缘；花瓣4，倒卵形，有短爪。短角果倒三角形或倒心形，扁平，无毛，长6～7毫米，宽5～6毫米，顶端微凹，有宿存的短花柱；种子20～25，倒圆形，浅褐色。花期3—5月，果期4—6月。

图121 荠

【生境】生于山坡路旁及田地、屋旁、墙角边等处。

【分布】各乡镇均有分布。

【药用部位】全草。

【采收加工】3—5月拔取全草，除去杂质、泥屑，晒干或鲜用。

【化学成分】全草含荠菜酸、胆碱、乙酰胆碱、戊聚糖、半乳聚糖、皂苷及维生素A、维生素B、维生素B_6、维生素C等和黄酮苷，黄酮苷有芦丁、橙皮苷、香叶木苷。种子含脂肪油。

【药理作用】荠具有抗炎、影响凝血时间、兴奋子宫、抗肿瘤、清除自由基的作用。

【性味】甘、淡，凉。

【功能主治】清热平肝，凉血止血，止泻，利尿。主治高血压、咯血、呕血、便血、崩漏、肠炎、痢疾、肝炎、肾炎、乳糜尿，防治麻疹等。

碎米荠属 *Cardamine* L.

一年生、二年生或多年生草本，有毛或无毛。地下根状茎不明显，密被纤维状须根，或根状茎显著，直生或匍匐延伸，带肉质，有时多少具鳞片，偶有小球状的块茎；有或无匍匐茎。茎单一，分枝或不分枝。叶为单叶或为各种羽裂，或为羽状复叶，具叶柄，很少无柄。花白色、淡紫红色或紫色，倒卵形或倒心形，排列成总状花序；萼片直立或稍开展，卵形或长圆形，边缘膜质，基部等大，内轮萼片的基部多呈囊状；雄蕊花丝直立，细弱或扁平，稍扩大；侧蜜腺环状或半环状，有时成二鳞片状，中蜜腺单一，乳突状或鳞片状；雌蕊柱状。长角果线形，扁平，果瓣平坦，无脉或基部有1不明显的脉，成熟时常自下而上开裂或弹裂卷起。种子每室1行，压扁状，椭圆形或长圆形，无翅或有窄的膜质翅；子叶扁平，通常缘倚胚根。本属约有160种，分布于全球，主产于温带地区。我国约有39种和29变种，广布于南北各地。公安县有1种。

122. 弯曲碎米荠 *Cardamine flexuosa* With.

图122 弯曲碎米荠

【形态】一年生或二年生草本，高达30厘米。茎自基部多分枝，斜升呈铺散状，表面疏生柔毛。基生叶有叶柄，小叶3～7对，顶生小叶卵形、倒卵形或长圆形，长与宽各为2～5毫米，顶端3齿裂，基部宽楔形，有小叶柄，侧生小叶卵形，较顶生的形小，1～3齿裂，有小叶柄；茎生叶有小叶3～5对，小叶多为长卵形或线形，1～3裂或全缘，小叶柄有或无，全部小叶近于无毛。总状花序多数，生于枝顶，花小，花梗纤细，长2～4毫米；萼片长椭圆形，长约2.5毫米，边缘膜质；花瓣白色，倒卵状楔形，长约3.5毫米；花丝不扩大；雌蕊柱状，花柱极短，柱头扁球状。长角果线形，扁平，长12～20毫米，宽约1毫米，与果序轴近于平行排列，果序轴左右弯曲，果梗直立开展，长3～9毫米。种子长圆形而扁，长约1毫米，黄绿色，顶端有极窄的翅。花期3—5月，果期4—6月。

【生境】生于田埂、路旁及沟边潮湿地方。

【分布】各乡镇均有分布。

【药用部位】全草。

【采收加工】春、夏季采收，洗净，鲜用或晒干。

【性味】甘、淡，平。

【功能主治】清热利湿，利尿通淋。主治痢疾、淋证、带下、虚火牙痛、疔疮等。

臭荠属 *Coronopus* J. G. Zinn nom. cons.

一年生、二年生或多年生草本。茎匍匐或近直立，多分枝，无毛或有单毛，或具乳头状毛。基生叶有长柄，一回或二回羽状分裂；茎生叶有短柄，边缘有锯齿或全缘。花微小，成腋生总状花序；萼片偏斜，短倒卵形或圆形，开展，顶端圆钝；花瓣小，白色，倒卵形或匙形，早落，或无花瓣；雄蕊 6，但通常仅有 4 或 2；侧蜜腺钻形或半月形，中蜜腺点状或锥形；子房卵形或近圆形，2 裂，有 2 胚珠，花柱极短，柱头凹陷，稍 2 裂。短角果成 2 半球形室，和隔膜成垂直方向压扁，隔膜窄，成熟时分离，每室含 1 种子；果瓣强韧，近球形，皱缩或网状。种子卵形或半球形；子叶背倚胚根。本属有 10 种，世界广布。我国有 2 种。公安县有 1 种。

123. 臭荠 *Coronopus didymus* (L.) J. E. Smith

【形态】一年生或二年生匍匐草本，高 5 ～ 30 厘米，全株有臭味；主茎短且不明显，基部多分枝，无毛或有长单毛。叶为一回或二回羽状全裂，裂片 3 ～ 5 对，线形或窄长圆形，长 4 ～ 8 毫米，宽 0.5 ～ 1 毫米，顶端急尖，基部楔形，全缘，两面无毛；叶柄长 5 ～ 8 毫米。花极小，直径约 1 毫米，萼片具白色膜质边缘；花瓣白色，长圆形，比萼片稍长，或无花瓣；雄蕊通常 2。短角果肾形，长约 1.5 毫米，宽 2 ～ 2.5 毫米，2 裂，果瓣半球形，表面有粗糙皱纹，成熟时分离成 2 瓣。种子肾形，长约 1 毫米，红棕色。花期 3 月，果期 4—5 月。

图 123　臭荠

【生境】生于路旁或荒地的杂草丛中。

【分布】分布于孟家溪镇、杨家厂镇。

独行菜属 *Lepidium* L.

一年生至多年生草本或半灌木，常具单毛、腺毛、柱状毛；茎单一或多数，分枝。叶草质至纸质，线状钻形至宽椭圆形，全缘、锯齿缘至羽状深裂，有叶柄，或基部深心形抱茎。总状花序顶生及腋生；萼片长方形或线状披针形，稍凹，基部不成囊状，具白色或红色边缘；花瓣白色，少数带粉红色或微黄色，线形至匙形，比萼片短，有时退化或不存；雄蕊 6，常退化成 2 或 4，基部间具微小蜜腺；花柱短或不存，柱头头状，有时稍 2 裂；子房常有 2 胚珠。短角果卵形、倒卵形、圆形或椭圆形，扁平，开裂，有窄隔膜，果瓣有龙骨状突起，或上部稍有翅。种子卵形或椭圆形，无翅或有翅；子叶背倚胚根，很少缘倚胚根。本属约有 150 种，全世界广布。我国约有 15 种，全国各地均有分布。公安县有 1 种。

124. 北美独行菜 *Lepidium virginicum* L.

【形态】一年生或二年生草本，高 20 ～ 50 厘米；茎单一，直立，上部分枝，具柱状腺毛。基生叶倒披针形，长 1 ～ 5 厘米，羽状分裂或大头羽裂，裂片大小不等，卵形或长圆形，边缘有锯齿，两面有短伏毛；叶柄长 1 ～ 1.5 厘米；茎生叶有短柄，倒披针形或线形，长 1.5 ～ 5 厘米，宽 2 ～ 10 毫米，顶端急尖，基部渐狭，边缘有尖锯齿或全缘。总状花序顶生；萼片椭圆形，长约 1 毫米；花瓣白色，倒卵形，和萼片等长或稍长；雄蕊 2 或 4。短角果近圆形，长 2 ～ 3 毫米，宽 1 ～ 2 毫米，扁平，有窄翅，顶端微缺，花柱极短；果梗长 2 ～ 3 毫米。种子卵形，长约 1 毫米，光滑，红棕色，边缘有窄翅；子叶缘倚胚根。花期 4—5 月，果期 6—7 月。

【生境】生于田边或荒地，为田间杂草。

【分布】分布于章庄铺镇、黄山头镇。

图 124 北美独行菜

萝卜属 *Raphanus* L.

一年生或多年生草本，有时具肉质根；茎直立，常有单毛。叶大头羽状半裂，上部多具单齿。总状花序伞房状；无苞片；花大，白色或紫色；萼片直立，长圆形，近相等，内轮基部稍呈囊状；花瓣倒卵形，常有紫色脉纹，具长爪；侧蜜腺微小，凹陷，中蜜腺近球形或柄状；子房钻状，2 节，具 2 ～ 21 胚珠，柱头头状。长角果圆筒形，下节极短，无种子，上节伸长，在相当种子间处稍缢缩，顶端成 1 细喙，成熟时裂成含 1 种子的节，或裂成几个不开裂的部分。种子 1 行，球形或卵形，棕色；子叶对折。本属约有 8 种，多分布于地中海地区。我国有 2 种。公安县有 1 种。

125. 萝卜 *Raphanus sativus* L.

【形态】二年生或一年生草本，高 20 ～ 100 厘米。直根肉质，长圆形、球形或圆锥形，外皮绿色、白色或红色；茎有分枝，无毛，稍具粉霜。基生叶和下部茎生叶大头羽状半裂，长 8 ～ 30 厘米，宽 3 ～ 5 厘米，顶裂片卵形，侧裂片 4 ～ 6 对，长圆形，有钝齿，疏生粗毛，上部叶长圆形，有锯齿或近全缘。总状花序顶生及腋生；花白色或粉红色，直径 1.5 ～ 2 厘米；花梗长 5 ～ 15 毫米；萼片长圆形，长 5 ～ 7 毫米；花瓣倒卵形，长 1 ～ 1.5 厘米，具紫纹，下部有长 5 毫米的爪。长角果圆柱形，长 3 ～ 6 厘米，宽 10 ～ 12 毫米，在相当种子间处缢缩，并形成海绵质横隔；顶端喙长 1 ～ 1.5 厘米；果梗长 1 ～ 1.5 厘米。种子 1 ～ 6 个，卵形，微扁，长约 3 毫米，红棕色，有细网纹。花期 4—5 月，果期 5—6 月。

【生境】栽培。

图 125 萝卜

【分布】各乡镇均有分布。

【药用部位】种子、根、老根及叶。种子称"莱菔子",老根称"地空",幼苗称"萝卜缨"。

【采收加工】种子:夏季成熟时割取全株,晒干,搓出种子,除去杂质,晒干。根:冬、春季采挖,鲜用。老根:夏季采收种子时采挖,除去地上部分,洗净,晒干。幼苗:冬季采收。

【化学成分】莱菔子:含芥子碱、脂肪油、莱菔素,还含微量挥发油。

根:其辛辣成分为 4- 甲硫基 -3- 丁烯基异硫化氰酸盐及反式 -4- 丁烯基葡萄糖苷。

地空:含苷类、葡萄糖、树脂、氢化黏液素、蛋白质、胆碱、组氨酸、葫芦巴碱、维生素 B_1、维生素 C、碘、溴、淀粉酶、糖苷酶等。

萝卜缨:叶含挥发油,主要成分为乙醛及己烯醇。

【性味】莱菔子:辛、苦,平。根和老根:辛、甘,平。萝卜缨:辛、苦,温。

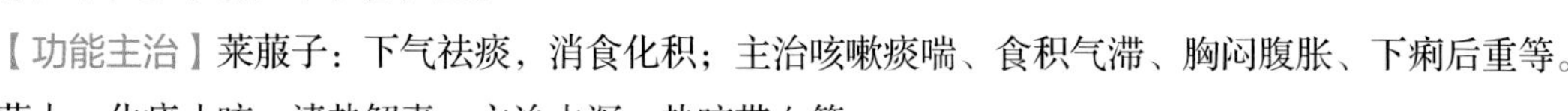

【功能主治】莱菔子:下气祛痰,消食化积;主治咳嗽痰喘、食积气滞、胸闷腹胀、下痢后重等。

萝卜:化痰止咳,清热解毒;主治水泻、热咳带血等。

地空:利水,消肿,宣肺;主治水肿尿少、胸膈饱闷、食积腹泻。

萝卜缨:清咽和胃;主治咽痛、消化不良、下痢、泄泻。

蔊菜属 *Rorippa* Scop.

一年生、二年生或多年生草本,植株无毛或具单毛。茎直立或呈铺散状,多数有分枝。叶全缘,浅裂或羽状分裂。花小,多数,黄色,总状花序顶生,有时每花生于叶状苞片腋部;萼片 4,开展,长圆形或宽披针形;花瓣 4 或有时缺,倒卵形,基部较狭,稀具爪;雄蕊 6 或较少。长角果多数呈细圆柱形,也有短角果呈椭圆形或球形的,直立或微弯,果瓣凸出,无脉或仅基部具明显的中脉,有时成 4 瓣裂;柱头全缘或 2 裂。种子细小,多数,每室 1 行或 2 行;子叶缘倚胚根。本属约有 90 种,我国有 9 种。公安县有 3 种。

1. 长角果细圆柱形或线形……………………………………蔊菜 *R. indica*

1. 短角果球形或圆柱形。

  2. 总状花序顶生,花均具叶状苞片;短角果圆柱形;叶片羽状深裂或浅裂……………广州蔊菜 *R. cantoniensis*

  2. 总状花序顶生或腋生,无苞片;短果实近球形;叶片羽状深裂至全裂、或大头羽裂……………风花菜 *R. globosa*

126. 广州蔊菜 *Rorippa cantoniensis* (Lour.) Ohwi

【形态】一年生或二年生草本。高10～30厘米，植株无毛；茎直立或呈铺散状分枝。基生叶具柄，基部扩大贴茎，叶片羽状深裂或浅裂，长4～7厘米，宽1～2厘米，裂片4～6，边缘具2～3缺刻状齿，顶端裂片较大；茎生叶渐缩小，无柄，基部呈短耳状，抱茎，叶片倒卵状长圆形或匙形，边缘常呈不规则齿裂，向上渐小。总状花序顶生，花黄色，近无柄，每花生于叶状苞片腋部；萼片4，宽披针形，长1.5～2毫米，宽约1毫米；花瓣4，倒卵形，基部渐狭成爪，稍长于萼片；雄蕊6，近等长，花丝线形。短角果圆柱形，长6～8毫米，宽1.5～2毫米，柱头短，头状。种子极多数，细小，扁卵形，红褐色，表面具网纹，一端凹缺；子叶缘倚胚根。花期3—4月，果期4—6月（有时秋季也有开花结实的）。

图126 广州蔊菜

【生境】生于田边路旁或河边潮湿地。

【分布】分布于黄山头镇、杨家厂镇。

127. 风花菜 *Rorippa globosa* (Turcz.) Hayek

【别名】球果蔊菜。

【形态】一年生或二年生直立粗壮草本，高20～80厘米，植株被白色硬毛或近无毛。茎单一，基部木质化，下部被白色长毛，上部近无毛分枝或不分枝。茎下部叶具柄，上部叶无柄，叶片长圆形至倒卵状披针形，长5～15厘米，宽1～2.5厘米，基部渐狭，下延成短耳状而半抱茎，边缘具不整齐粗齿，两面被疏毛，尤以叶脉为显。总状花序多数，呈圆锥花序式排列，果期伸长。花小，黄色，具细梗，长4～5毫米；萼片4，长卵形，长约1.5毫米，开展，基部等大，边缘膜质；花瓣4，倒卵形，与萼片等长或稍短，基部渐狭成短爪；雄蕊6，四强或近于等长。短角果实近球形，直径约2毫米，果瓣隆起，平滑无毛，有不明显网纹，顶端具宿存短花柱；果梗纤细，呈水平开展或稍向下弯，长4～6毫米。种子多数，淡褐色，极细小，扁卵形，一端微凹；子叶缘倚胚根。花期4—

图127 风花菜

6 月，果期 7—9 月。

【生境】生于河岸、湿地、路旁、沟边或草丛中，也生于干旱处。

【分布】全县广布。

【药用部位】全草。

【采收加工】7—8 月采收全草，切段，晒干备用。

【性味】苦、辛，凉。

【功能主治】清热利尿，解毒，消肿。主治黄疸、水肿、淋证、咽痛、痈肿、烫火伤。

128. 蔊菜 *Rorippa indica* (L.) Hiern

【形态】一年生草本，高 20 ～ 60 厘米，全株无毛。茎直立，柔弱，近基部分枝。基生叶辐射状，丛生，茎生叶互生，基生叶和茎下部的叶有柄，叶片通常呈大头状分裂，基生叶分裂较多，茎生叶分裂较少，茎上部的叶几乎全缘，基部楔形，叶形变化很大。总状花序顶生，花小，淡黄色；萼片 4，长圆形；花瓣 4，倒披针形。长角果窄圆柱形，长 2 ～ 2.5 厘米，宽 1 ～ 1.5 毫米，伸直或微弯曲，隔膜薄而透明，内生种子 2 列。种子多数，细小，卵形，褐色。花期 4—6 月，果期 6—8 月。

图 128 蔊菜

【生境】生于荒地、路边及田园中。

【分布】各乡镇均有分布。

【药用部位】全草。

【采收加工】夏、秋季采集全草，晒干或鲜用。

【化学成分】全草含蔊菜素、蔊菜酰胺，还含有有机酸、黄酮类、微量生物碱。种子含脂肪油。

【性味】甘、淡，凉。

【功能主治】清热利尿，活血，镇咳，祛风湿。主治感冒发热、热咳、咽喉肿痛、慢性支气管炎、风湿性关节炎、肝炎、疮疖疔痈、毒蛇咬伤、水肿、跌打损伤。

五十一、景天科 Crassulaceae

草本、半灌木或灌木，常有肥厚、肉质的茎、叶，无毛或有毛。叶不具托叶，互生、对生或轮生，常为单叶，全缘或稍有缺刻，少有为浅裂或为单数羽状复叶的。花常为聚伞花序，或为伞房状、穗状、总状或圆锥状花序，有时单生。花两性，或为单性而雌雄异株，辐射对称，花各部常为5数或其倍数，少有为3、4或6～32数或其倍数；萼片自基部分离，少有在基部以上合生，宿存；花瓣分离，或多少合生；雄蕊1轮或2轮，与萼片或花瓣同数或为其二倍，分离，或与花瓣或花冠筒部多少合生，花丝丝状或钻形，少有变宽的，花药基生，少有为背着，内向开裂；心皮常与萼片或花瓣同数，分离或基部合生，常在基部外侧有腺状鳞片1枚，花柱钻形，柱头头状或不显著，胚珠倒生，有两层珠被，常多数，排成两行沿腹缝线排列，稀少数或一个。蓇葖有膜质或革质的皮，稀为蒴果；种子小，长椭圆形，种皮有皱纹或微乳头状突起，或有沟槽，胚乳不发达或缺。

本科有34属1500种以上，分布于非洲、亚洲、欧洲、美洲。我国有10属242种。

公安县境内的景天科植物有1属5种。

景天属 *Sedum* L.

一年生或多年生草本，少有茎基部呈木质，无毛或被毛，肉质，直立或外倾的，有时丛生或藓状。叶各式，对生、互生或轮生，全缘或有锯齿，少有线形的。花序聚伞状或伞房状，腋生或顶生；花白色、黄色、红色、紫色；常为两性，稀退化为单性；常为不等5基数，少有4～9基数；花瓣分离或基部合生；雄蕊通常为花瓣数的二倍，对瓣雄蕊贴生在花瓣基部或稍上处；鳞片全缘或有微缺；心皮分离，或在基部合生，基部宽阔，无柄，花柱短。蓇葖有种子多数或少数。全属有470种左右，主要分布在北半球，一部分在南半球。我国有124种。公安县有5种。

1. 花有梗，心皮直立，基部宽，多少合生；蓇葖腹面不作浅囊状。
  2. 植株被腺状毛……繁缕景天 *S. stellariifolium*
  2. 植株不被毛……细叶景天 *S. elatinoides*
1. 花无梗或近无梗，心皮基部多少合生，在成熟时至少上部半叉开的至星芒状排列；蓇葖的腹面浅囊状。
  3. 植株直立；叶通常无距或有短距；萼无距……费菜 *S. aizoon*
  3. 植株多少为平卧的、上升的或外倾的；叶常有距；萼片有距或无距，常不等长。
    4. 叶常为3叶轮生，叶倒披针形至长圆形……垂盆草 *S. sarmentosum*
    4. 叶互生或对生，叶狭楔形，叶腋有珠芽……珠芽景天 *S. bulbiferum*

129. 繁缕景天 *Sedum stellariifolium* Franch.

【别名】火焰草。

【形态】一年生或二年生草本，植株有腺毛。茎直立，略带木质，褐色，高10～15厘米，中下部有分枝。单叶互生，倒卵状菱形，长7～15厘米，宽5～10厘米，先端急尖，基部宽楔形，全缘；叶柄长5～6毫米。聚伞状总状花序顶生和分枝的顶上，萼片5，披针形至长圆形；花瓣5，黄色，披针状长圆形；雄蕊 10，比花瓣短；鳞片宽匙形至宽楔形，顶端微缺；心皮 5，长圆形，近直立。蓇葖果，上部略叉状开裂，种子长圆状卵形，有纵纹。花期 6—7 月，果期 8—9 月。

【生境】生于瓦房上及院墙角。

【分布】分布于斗湖堤镇。

【药用部位】全草。

【采收加工】夏、秋季采收，洗净，晒干。

【性味】平，淡。

【功能主治】镇静安神，活血止血。主治头晕目眩、功能性子宫出血等症。

图 129 繁缕景天

130. 费菜 *Sedum aizoon* L.

【形态】多年生肉质草本，高 15 ～ 40 厘米，根状茎粗壮，横走，木质化。茎直立，圆柱形，无毛。叶互生，几无柄；叶片倒卵形或长椭圆形，长 3 ～ 8 厘米，宽 1.5 ～ 2 厘米，中部以上最宽，先端稍圆，基部楔形，边缘近先端处有齿。聚伞花序顶生，疏松；萼片 5，披针形，先端钝；花瓣 5，橙黄色，披针形，先端锐；雄蕊 10，几与花瓣等长，鳞片小；雌蕊 5，离生，较雄蕊稍长。蓇葖果星芒状开展，带红色或棕色。种子椭圆形，褐色。花期 6—7 月，果期 8—9 月。

图 130 费菜

【生境】栽培。

【分布】分布于斗湖堤镇、章庄铺镇。

【药用部位】全草。

【采收加工】夏季采收，鲜用或晒干。

【化学成分】地上部分含酚类化合物、黄酮醇、熊果苷、鞣质（以开花时含量最高）。

【性味】酸，平。

【功能主治】活血，止血，安神镇痛。主治跌打损伤、咯血、吐血、便血、血小板减少性紫癜、牙龈出血、消化道出血、子宫出血、心悸、烦躁失眠、痈肿。

131. 珠芽景天 *Sedum bulbiferum* Makino

【形态】一年生或二年生草本。植株被腺毛。茎直立，有多数斜上的分枝，基部呈木质，高

10～15 厘米，褐色，被腺毛。叶互生，正三角形或三角状宽卵形，长 7～15 毫米，宽 5～10 毫米，先端急尖，基部宽楔形至截形，叶柄长 4～8 毫米，全缘。总状聚伞花序，花顶生，花梗长 5～10 毫米，萼片 5，披针形至长圆形，长 1～2 毫米，先端渐尖；花瓣 5，黄色，披针状长圆形，长 3～5 毫米，先端渐尖；雄蕊 10，较花瓣短；鳞片 5，宽匙形至宽楔形，长 0.3 毫米，先端有微缺；心皮 5，近直立，长圆形，长约 4 毫米，花柱短。蓇葖下部合生，上部略叉开；种子长圆状卵形，长 0.3 毫米，有纵纹，褐色。花期 6—7 月，果期 8—9 月。

图 131　珠芽景天

【生境】生于田野阴湿处。

【分布】分布于埠河镇、斗湖堤镇、章庄铺镇、杨家厂镇、孟家溪镇。

【药用部位】珠芽半枝：全草。

【采收加工】夏季采收全草，鲜用或晒干。

【性味】酸、涩，凉。

【功能主治】清热解毒，凉血止血，截疟。主治热毒痈肿、牙龈肿痛、毒蛇咬伤、血热出血、外伤出血、疟疾。

132. 细叶景天 *Sedum elatinoides* Franch.

【形态】一年生肉质草本，高 5～30 厘米，全体无毛，根状茎细长，有疏节，节上具须根。茎单生或丛生，倾斜或直立。叶 3～5 片轮生，无柄或几无柄；叶片窄倒披针形，长 8～20 毫米，宽 2～4 毫米，先端急尖，基部渐狭，全缘。花序圆锥状或伞房状，分枝长，顶生和腋生；花稀疏，花梗细长，细弱；萼片 5，狭三角形至卵状披针形；花瓣 5，白色，矩圆状卵形；雄蕊 10；心皮 5，近直立，下部合生，有小乳状突起。蓇葖果卵形，成熟时上部斜展。种子少数，微小。花期 5—7 月，果期 8—9 月。

图 132　细叶景天

【生境】生于楼顶砖缝阴湿处。

【分布】分布于斗湖堤镇。

【药用部位】全草。

【采收加工】春、夏季采集全草，置沸水中微烫，晒干或鲜用。

【性味】酸、涩，寒。

【功能主治】清热解毒，止痢。主治小儿丹毒、细菌性痢疾、阿米巴痢疾、睾丸炎、烧伤、烫伤。

133. 垂盆草 *Sedum sarmentosum* Bunge

【形态】多年生草本。不育枝及花茎细，匍匐而节上生根，直到花序之下，长10～25厘米。3叶轮生，叶倒披针形至长圆形，长15～28毫米，宽3～7毫米，先端近急尖，基部急狭，有距。聚伞花序，有3～5分枝，花少，宽5～6厘米；花无梗，萼片5，披针形至长圆形，长3.5～5毫米，先端钝，基部无距；花瓣5，黄色，披针形至长圆形，长5～8毫米，先端有稍长的短尖；雄蕊10，较花瓣短；鳞片10，楔状四方形，长0.5毫米，先端稍有微缺；心皮5，长圆形，长5～6毫米，略叉开，有长花柱。种子卵形，长0.5毫米。花期5—7月，果期8月。

图133 垂盆草

【生境】生于路旁潮湿处或栽培于庭园。

【分布】全县广布。

【药用部位】新鲜或干燥全草。

【采收加工】四季可采，晒干或鲜用。

【化学成分】垂盆草主要含有黄酮及其苷、三萜、甾醇、生物碱、氰苷、氨基酸、糖类等。

【药理作用】垂盆草具有抗肿瘤、抗氧化、增强肌力等作用。

【性味】甘、淡，凉。

【功能主治】清热解毒，消肿散结。主治咽喉肿痛、肝炎、痈肿、疮毒、热淋、烫伤、毒蛇咬伤、癌肿等。

五十二、海桐花科 Pittosporaceae

常绿乔木或灌木，秃净或被毛，偶或有刺。叶互生或偶为对生，多数革质，全缘，稀有齿或分裂，无托叶。花通常两性，有时杂性，辐射对称，稀为左右对称，除子房外，花的各轮均为5数，单生或为伞形花序、伞房花序或圆锥花序，有苞片及小苞片；萼片常分离，或略连合；花瓣分离或连合，白色、黄色、蓝色或红色；雄蕊与萼片对生、花丝线形，花药基部或背部着生，2室，纵裂或孔开；子房上位，子房柄存在或缺，心皮2～3个，有时5个，通常1室或不完全2～5室，倒生胚珠通常多数，侧膜胎座、中轴胎座或基生胎座，花柱短，简单或2～5裂，宿存或脱落。蒴果沿腹缝裂开，或为浆果；种子通常多数，常有黏质或油质包在外面，种皮薄，胚乳发达，胚小。

本科有9属约360种，分布于旧大陆热带和亚热带地区。我国只有1属44种。

公安县境内的海桐花科植物有1属1种。

海桐花属 *Pittosporum* Banks

常绿乔木或灌木，有时呈侏儒状灌木，被毛或秃净。叶互生，常簇生于枝顶呈对生或假轮生状，全缘或有波状浅齿或皱褶，革质有时为膜质。花两性，稀为杂性，单生或排成伞形、伞房或圆锥花序，生于枝顶或枝顶叶腋；萼片5个，通常短小而离生；花瓣5个，分离或部分合生；雄蕊5个，花丝无毛，花药背部着生，多少呈箭形，直裂；子房上位，被毛或秃净，常有子房柄，心皮2～3个，稀为4～5个，1室或不完全2～5室；胚珠多数，有时1～4个；侧膜胎座与心皮同数，通常纵向分于心皮内侧中肋上，或因胚珠减少而形成基生胎座；花柱短，简单或2～5裂，常宿存。蒴果椭圆形或圆球形，有时压扁，2～5片裂开，果片木质或革质，内侧常有横条；种子有黏质或油状物包着。本属约有300种，中国有44种8变种。公安县有1种。

134. 海桐 *Pittosporum tobira* (Thunb.) Ait.

【形态】常绿灌木或小乔木，高达6米，嫩枝被褐色柔毛，有皮孔。叶聚生于枝顶，二年生，革质，嫩时上下两面有柔毛，以后变秃净，倒卵形或倒卵状披针形，长4～9厘米，宽1.5～4厘米，上面深绿色，发亮，干后晦暗无光，先端圆形或钝，常微凹入或为微心形，基部窄楔形，侧脉6～8对，在靠近边缘处相结合，有时因侧脉间的支脉较明显而呈多脉状，网脉稍明显，网眼细小，全缘，干后反卷，叶柄长达2厘米。伞形花序或伞房状伞形花序顶生或近顶生，密被黄褐色柔毛，花梗长1～2厘米；苞片披针形，长4～5毫米；小苞片长2～3毫米，均被褐色毛。花白色，芳香，后变黄色；萼片卵形，长3～4毫米，被柔毛；花瓣倒披针形，长1～1.2厘米，离生；雄蕊二型，退化雄蕊的花丝长2～3毫米，花药近于不育；正常雄蕊的花丝长5～6毫米，花药长圆形，长2毫米，黄色；子房长卵形，密被柔毛，侧膜胎座3个，胚珠多数，2列着生于胎座中段。蒴果圆球形，有棱或呈三角形，直径12毫米，多少有毛，子房柄长1～2毫米，3片裂开，果片木质，厚1.5毫米，内侧黄褐色，有光泽，具横格；种子多数，长4毫米，多角形，红色，种柄长约2毫米。

图134 海桐

【生境】多为栽培，供观赏。

【分布】分布于斗湖堤镇、甘家厂乡。

五十三、蔷薇科 Rosaceae

草本、灌木或乔木，落叶或常绿，有刺或无刺。冬芽常具数个鳞片，有时仅具 2 个。叶互生，稀对生，单叶或羽状复叶，有明显托叶，有时早落。花两性，稀单性，通常整齐，周位花或上位花，基部常合生为花托，碟状、钟状、杯状或圆筒状，在花托边缘着生萼片、花瓣和雄蕊；萼片和花瓣同数，通常 5，覆瓦状排列，稀无花瓣，萼片有时具副萼；雄蕊 5 至多数，常为 5 个一轮，花丝离生，稀合生；子房上位或下位，心皮 1 至多数，离生或合生，有时与花托连合，每心皮有 1 至数个直立的或悬垂的倒生胚珠；花柱与心皮同数，有时连合，顶生、侧生或基生。果实为蓇葖果、瘦果、梨果或核果；种子通常不含胚乳；子叶为肉质，背部隆起，稀对褶或呈席卷状。

本科约有 124 属 3300 种，分布于全世界，北温带地区较多。我国约有 51 属 1000 种，产于全国各地。

公安县境内的蔷薇科植物有 10 属 18 种。

1. 果为开裂的蓇葖或蒴果，心皮 5；无托叶……绣线菊属 *Spiraea*

1. 果不开裂；全有托叶。

  2. 子房上位，心皮 1 ～ 5。

    3. 心皮在成熟时变为坚硬骨质，果实内含有 1 ～ 5 小坚果……山楂属 *Crataegus*

    3. 心皮在成熟时变为革质或纸质，梨果 1 ～ 5 室，每室有 1 或多个种子。

      4. 复伞房花序或圆锥花序，花多数……枇杷属 *Eriobotrya*

      4. 伞形或总状花序，有时花单生……梨属 *Pyrus*

  2. 子房上位，少数下位。

    5. 瘦果，生在杯状或坛状花托里面。

      6. 雌蕊多数，花托成熟时肉质而有光泽；羽状复叶，少数单叶；枝常有刺……蔷薇属 *Rosa*

      6. 雌蕊 1 ～ 4，花托成熟时干燥坚硬。

        7. 花瓣黄色……龙芽草属 *Agrimonia*

        7. 无花瓣……地榆属 *Sanguisorba*

    5. 瘦果或小核果，着生在扁平或隆起的花托上。

      8. 心皮各有胚珠 2；小核果相互愈合成聚合果；茎常有刺……悬钩子属 *Rubus*

      8. 心皮各有胚珠 1；瘦果，相互分离。

        9. 花托在成熟时变为肉质；草本；叶基生，小叶 3……蛇莓属 *Duchesnea*

        9. 花托在成熟时干燥；草本或灌木；叶茎生或基生，小叶 3 至多数……委陵菜属 *Potentilla*

龙芽草属 *Agrimonia* L.

多年生草本。根状茎倾斜，常有地下芽。叶互生，有柄，奇数羽状复叶，有托叶。花小，两性，成顶生穗状总状花序；萼筒陀螺状，有棱，顶端有数层钩刺，花后靠合、开展或反折；萼片5，覆瓦状排列；花瓣5，黄色；花盘边缘增厚，环绕萼筒口部；雄蕊5～15或更多，成一列着生在花盘外面；雌蕊通常2枚，包藏在萼筒内，花柱顶生，丝状，伸出萼筒外，柱头微扩大；胚珠每心皮1枚，下垂。瘦果1～2，包藏在具钩刺的萼筒内。种子1枚。本属约有10种，分布在北温带和热带高山及拉丁美洲。我国有4种，分布于南北各省。公安县有1种。

135. 龙芽草 *Agrimonia pilosa* Ldb.

图135 龙芽草

【形态】多年生宿根性草本，高30～100厘米。根状茎褐色，横走，短圆柱状，表面着生细长的须根，秋、冬季地上部分枯萎时，在当年的根状茎先端生一冬芽。茎直立，绿色，老时带紫色，上部分枝，全株被柔毛。叶互生，奇数羽状复叶，小叶5～11片，下部渐小，两小叶间常有小型的附属小叶数对，上部三对小叶稍等大，椭圆形、倒卵形或卵状长椭圆形，先端急尖或稍钝，边缘有粗锯齿，叶两面被长柔毛；托叶绿色，有疏齿。总状花序顶生，长10～20厘米，花黄色，近无梗；苞片3裂；萼筒倒圆锥形，花后增大，外面有槽，并有毛，下垂，顶端具一轮直立钩刺；萼片5；花瓣5，倒卵形，先端圆，雄蕊10枚，心皮2。瘦果倒圆锥形，萼裂片宿存。花期6—8月，果期8—10月。

【生境】生于山坡、沟边、路旁。

【分布】分布于章庄铺镇、黄山头镇。

【药用部位】地上部分或地下冬芽。

【采收加工】开花前，枝叶茂盛时采收全草，晒干，根芽（冬芽）以深秋采集最好。

【化学成分】全草含仙鹤草素、仙鹤草内酯、鞣质、甾醇、有机酸、维生素K。

【药理作用】龙芽草具有抗肿瘤、止血、抗菌、杀虫等药理作用。

【性味】苦、涩，平。

【功能主治】全草收敛止血，冬芽驱虫。主治吐血、咯血、尿血、便血、崩漏下血、外伤出血、绦虫病等。

山楂属 *Crataegus* L.

落叶灌木或小乔木，通常具刺，很少无刺。单叶互生，有锯齿，深裂或浅裂，稀不裂，有叶柄与托叶。

伞房花序或伞形花序顶生，极少单生；萼筒钟状，萼片 5；花瓣 5，白色，极少数粉红色；雄蕊 5 ～ 25；心皮 1 ～ 5，大部分与花托合生，仅先端和腹面分离，子房下位至半下位，每室具 2 胚珠，其中 1 个常不发育。果为梨果，先端有宿存萼片；心皮熟时为骨质，呈小核状，各具 1 种子；种子直立，扁，子叶平凸。本属有 1000 种，广泛分布于北半球，北美种类很多。中国约产 17 种。公安县有 1 种。

136. 野山楂 *Crataegus cuneata* Sieb. & Zucc.

【形态】落叶灌木，高达 15 米，分枝密，通常具细刺，刺长 5 ～ 8 毫米；小枝细弱，圆柱形，有棱，幼时被柔毛，一年生枝紫褐色，无毛，老枝灰褐色，散生长圆形皮孔；冬芽三角状卵形，先端圆钝，无毛，紫褐色。叶片宽倒卵形至倒卵状长圆形，长 2 ～ 6 厘米，宽 1 ～ 4.5 厘米，先端急尖，基部楔形，下延连于叶柄，边缘有不规则重锯齿，顶端常有 3 或 5 ～ 7 浅裂片，上面无毛，有光泽，下面具稀疏柔毛，沿叶脉较密，以后脱落，叶脉显著；叶柄两侧有叶翼，长 4 ～ 15 毫米；托叶大型，草质，镰刀状，边缘有齿。伞房花序，直径 2 ～ 2.5 厘米，具花 5 ～ 7 朵，总花梗和花梗均被柔毛。花梗长约 1 厘米；苞片草质，披针形，条裂或有锯齿，长 8 ～ 12 毫米，脱落很迟；花直径约 1.5 厘米；萼筒钟状，外被长柔毛，萼片三角状卵形，长约 4 毫米，约与萼筒等长，先端尾状渐尖，全缘或有齿，内外两面均具柔毛；花瓣近圆形或倒卵形，长 6 ～ 7 毫米，白色，基部有短爪；雄蕊 20；花药红色；花柱 4 ～ 5，基部被茸毛。果实近球形或扁球形，直径 1 ～ 1.2 厘米，红色或黄色，常具有宿存反折萼片或 1 苞片；小核 4 ～ 5，内面两侧平滑。花期 5—6 月，果期 9—11 月。

图 136 野山楂

【生境】生于山坡灌丛中。

【分布】分布于章庄铺镇、黄山头镇。

【药用部位】果实。

【采收加工】秋季果实成熟时采收，置沸水中略烫后干燥或直接干燥。

【化学成分】果实含绿原酸、咖啡酸、山楂酸、齐墩果酸、槲皮素、金丝桃苷、苹果酸、鞣质、皂苷、熊果酸、果糖、维生素 C、蛋白质、脂肪、花青素等。

【药理作用】野山楂具有降脂、抗癌、增强免疫功能、抗氧化的作用。

【性味】酸、甘、涩，微温。

【功能主治】消食化积，行气散瘀。用于肉食积滞、消化不良、月经瘀闭、产后淤血腹痛、疝气等。

蛇莓属 *Duchesnea* J. E. Smith

多年生草本，具短根茎。匍匐茎细长，在节处生不定根。基生叶数个，茎生叶互生，皆为三出复叶，有长叶柄，小叶片边缘有锯齿；托叶宿存，贴生于叶柄。花两性，多单生于叶腋，有细梗，无苞片；副萼片 5，大型，和萼片互生，宿存，先端有 3 ～ 5 锯齿；萼片 5，宿存；花瓣 5，黄色；雄蕊 20 ～ 30；心皮多数，离生；花托半球形或陀螺形，在果期增大，海绵质，红色；花柱侧生或近顶生。瘦果微小，扁卵形；种子 1 个，肾形，光滑。本属有 5 ～ 6 种，分布于亚洲南部、欧洲及北美洲。我国产 2 种。公安县有 1 种。

137. 蛇莓 *Duchesnea indica* (Andr.) Focke

【形态】多年生草本，具长匍匐茎，长达 1 米许，绿色或带紫红色，全体被白色柔毛。叶互生，三出掌状复叶，小叶片近无柄，菱状卵形或倒卵形，长 1.5 ～ 3 厘米，宽 1.2 ～ 2 厘米，中间一片较大，两侧者较小而基部歪斜不对称，叶片先端钝，基部楔形，边缘有钝锯齿，两面散生柔毛，或上面近无毛；叶柄长 1 ～ 5 厘米，有毛，基部带紫色；托叶卵状披针形，有时 3 裂，有柔毛。花单生于叶腋，直径 1 ～ 2 厘米；花梗长 3 ～ 5.5 厘米，有柔毛；花托扁平，果期膨大成半球形，海绵质，红色，副萼片 5，先端 3 裂，稀 5 裂；萼裂片卵状披针形，比副萼片小，均有柔毛；花瓣 5 片，黄色，长圆形或倒卵形，先端微凹；雄蕊多数，心皮多数着生在大型肉质的花托上。聚合果球形，直径 1 ～ 1.5 厘米；瘦果小，多数，暗红色。花期 4—6 月，果期 6—7 月。

图 137　蛇莓

【生境】生于沟边、路旁田埂草丛中。

【分布】全县广布。

【药用部位】全草。

【采收加工】夏、秋季采收，鲜用或晒干。

【化学成分】蛇莓主要含有五环三萜类、黄酮类、酚酸、鞣花酸类、甾醇类及其他类成分。

【药理作用】蛇莓具有抗肿瘤、降压、促进免疫功能、抑菌、抑制中枢神经系统、收缩平滑肌、抗氧化、抗炎、抗诱变和抗凝作用。

【性味】甘、微苦，凉。

【功能主治】清热解毒，止痛。主治蛇咬伤、腮腺炎、带状疱疹、疔疮、无名肿毒、狗咬伤。鲜品捣烂，外敷患处。

枇杷属 *Eriobotrya* Lindl.

常绿乔木或灌木。单叶互生，边缘有锯齿或近全缘，羽状网脉明显；通常有叶柄或近无柄；托叶多早落。花成顶生圆锥花序，常有茸毛；萼筒杯状或倒圆锥状，萼片 5，宿存；花瓣 5，白色，倒卵形或圆形，无毛或有毛；雄蕊 20 ～ 40；花柱 2 ～ 5，基部合生，常有毛，子房下位，2 ～ 5 室，每室有 2 胚珠。梨果肉质或干燥，内果皮膜质，有 1 或数粒大种子。本属约有 30 种，分布在亚洲温带及亚热带地区，我国产 13 种。公安县有 1 种。

138. 枇杷 *Eriobotrya japonica* (Thunb.) Lindl.

【形态】常绿小乔木，高 3 ～ 10 米。小枝黄褐色，密生锈色灰棕色茸毛。叶革质，长椭圆形至倒卵状披针形，长 10 ～ 30 厘米，宽 3 ～ 10 厘米，先端急尖或渐尖，基部楔形或渐窄成叶柄，边缘上部有疏锯齿，下部全缘，上面深绿色多皱，下面密生锈色茸毛，侧脉 11 ～ 21 对，直达锯齿的顶端，叶柄极短或无柄，托叶 2 枚，大而硬，三角形，渐尖。圆锥花序顶生，总花序、花梗和萼筒外面均密被锈色茸毛，花萼 5 浅裂，萼管短；花瓣 5，白色，倒卵形，内面近基部有毛；雄蕊多数；花柱 5，分离。浆果状梨果球形或长圆形，黄色或橙黄色；核数粒，圆形或扁圆形。花期 9—11 月，果期翌年 4—5 月。

图 138 枇杷

【生境】多栽种于村边、平地和坡地。

【分布】全县广布。

【药用部位】叶和果实。

【采收加工】叶：全年均可采摘，晒至七八成干时，扎成小把，晒干，称“枇杷叶”。果实：初夏采摘。

【化学成分】枇杷叶含有挥发油、三萜酸类、倍半萜类、黄酮类、多酚类、有机酸类等多种化学成分。

【药理作用】枇杷具有止咳化痰、抗癌、抗病毒、抑菌、抗炎、抗氧化、调节免疫的作用。

【性味】苦，平。

【功能主治】化痰止咳，降气和胃。主治肺热咳嗽、胃热呕吐、妊娠恶阻等。

委陵菜属 *Potentilla* L.

多年生草本，稀为灌木。茎直立、上升或匍匐。叶为奇数羽状复叶或掌状复叶；托叶与叶柄不同程度合生。花通常两性，单生、聚伞花序或聚伞圆锥花序；萼筒下凹，多呈半球形，萼片 5，镊合状排列，宿存；副萼片 5，与萼片互生；花瓣 5，通常黄色，稀白色或紫红色；雄蕊 11 ～ 30，通常 20，花药 2 室；

雌蕊多数，着生在微凸起的花托上，彼此分离；花柱顶生、侧生或基生；心皮多数，每心皮有1胚珠，上升或下垂。瘦果多数，着生在干燥的花托上。种子1颗，种皮膜质。本属约有200种，大多分布于北温带、北寒带地区。我国有80多种，全国各地均产，但主要分布在东北、西北和西南各省（区）。公安县有3种。

1. 叶有5小叶的掌状复叶……蛇含委陵菜 *P. kleiniana*
1. 叶为羽状复叶，但从不为5小叶的掌状复叶。
   2. 叶下被白色或银白色毛；小叶5～7……翻白草 *P. discolor*
   2. 叶下不被银白色毛；基生叶有小叶7～13，茎生叶的较少……朝天委陵菜 *P. supina*

139. 翻白草 *Potentilla discolor* Bunge

【形态】多年生草本，茎高15～45厘米。根粗壮，纺锤形。茎基部残留有老叶柄，密生白色短茸毛。奇数羽状复叶，基生叶丛生倾斜或平展上升；小叶通常5～9，长圆形至椭圆形，长1.5～5厘米，宽6～15毫米，顶端的小叶稍大，边缘有缺刻状锯齿，上面绿色有长柔毛或近无毛，下面密生白色茸毛；叶柄长3～15厘米，密生白色茸毛；茎生叶通常为3小叶，几无柄。花排列成二歧状聚伞花序，总花梗、花梗、副萼及花萼都密生白色茸毛；花黄色，直径1～1.5厘米；花瓣5，广倒卵形；雄蕊和雌蕊多数。瘦果卵形，褐色，光滑。花期4—6月，果期7—8月。

图139 翻白草

【生境】生于低山或平地上。

【分布】分布于章庄铺镇、黄山头镇。

【药用部位】带根全草。

【采收加工】夏、秋季采挖，除去泥土，晒干。

【化学成分】根含鞣质、黄酮类成分。

【药理作用】翻白草具有降血糖、抗病毒、抗菌、抗炎镇痛、抗氧化、降血脂、调节免疫力的作用。

【性味】甘、微苦，平。

【功能主治】清热解毒，凉血止血。主治痢疾、疟疾、肺痈、咯血、吐血、下血、衄血、痈疮。

140. 蛇含委陵菜 *Potentilla kleiniana* Wight et Arn.

【别名】五爪龙。

【形态】多年生草本，高20～40厘米。主根粗短，侧根须状。茎丛生，多分枝，细长，略匍匐，有丝状柔毛。基生叶多为掌状复叶，倒卵形或披针形，长1.5～5厘米，宽0.6～1.5厘米，先端圆形或钝尖，基部楔形，边缘有粗齿，下面沿叶脉贴生柔毛；叶柄长，有柔毛；托叶膜质，贴生于叶柄；茎生叶有1～3小叶，叶柄短。伞房状聚伞花序，总花梗和小花梗有丝状柔毛；花黄色，直径约8毫米；萼片5，副萼较萼片短；花瓣5，倒心形；雌蕊多数。瘦果宽卵形，微皱，黄褐色。花期4—5月。

图140 蛇含委陵菜

【生境】生于向阳山坡草地或路旁。

【分布】全县广布。

【药用部位】全草。

【采收加工】夏、秋季采收全草，洗净，晒干，或鲜用。

【化学成分】蛇含委陵菜含有黄酮、皂苷、甾体、三萜、多酚类、鞣质和蒽醌类成分。

【药理作用】蛇含委陵菜具有止泻、抗溃疡、抗肿瘤、抗菌、抗病毒、抗高血糖、抗炎、解痉、保肝、抗氧化等药理作用。

【性味】微苦、辛，寒。

【功能主治】清热解毒，祛风止咳，消肿止痛。主治外感头痛无汗、咳嗽气喘、小儿惊风、百日咳、咽喉肿痛、疟疾、痢疾、腮腺炎、跌打损伤等。

141. 朝天委陵菜 *Potentilla supina* L.

【形态】一年生或二年生草本。主根细长，并有稀疏侧根。茎平展，上升或直立，叉状分枝，长20～50厘米，被疏柔毛或脱落几无毛。基生叶羽状复叶，有小叶2～5对，间隔0.8～1.2厘米，连叶柄长4～15厘米，叶柄被疏柔毛或脱落几无毛；小叶互生或对生，无柄，最上面1～2对小叶基部下延与叶轴合生，小叶片长圆形或倒卵状长圆形，通常长1～2.5厘米，宽0.5～1.5厘米，顶端圆钝或急尖，基部楔形或宽楔形，边缘有圆钝或缺刻状锯齿，两面绿色，被稀疏柔毛或脱落几无毛；茎生叶与基生叶相似，向上小叶对数逐渐减少；基生叶托叶膜质，褐色，外面被疏柔毛或几无毛，茎生叶托叶草质，绿色，全缘，有齿或分裂。花茎上多叶，下部花自叶腋生，顶端呈伞房状聚伞花序；花梗长

图141 朝天委陵菜

0.8 ~ 1.5 厘米，常密被短柔毛；花直径 0.6 ~ 0.8 厘米；萼片三角状卵形，顶端急尖，副萼片长椭圆形或椭圆状披针形，顶端急尖，比萼片稍长或近等长；花瓣黄色，倒卵形，顶端微凹，与萼片近等长或较短；花柱近顶生，基部乳头状膨大，花柱扩大。瘦果长圆形，先端尖，表面具脉纹，腹部鼓胀若翅或有时不明显。花果期 3—10 月。

【生境】生于河岸沙地或荒地。

【分布】全县广布。

【药用部位】全草。

【采收加工】6—9 月枝叶繁茂时割取全草。

【化学成分】朝天委陵菜含有 β－谷甾醇、齐墩果酸、野鸦椿酸、乌苏酸、七叶内酯、芹菜素、野蔷薇苷、紫云英苷等成分。

【性味】苦，寒。

【功能主治】清热解毒，凉血，止痢。治疗感冒发热、肠炎、热毒泻痢、痢疾、血热、各种出血；鲜品外用于疮毒痈肿及蛇虫咬伤。

梨属 *Pyrus* L.

落叶乔木或灌木，稀半常绿乔木，有时具刺。单叶，互生，有锯齿或全缘，稀分裂，有叶柄与托叶。花先于叶开放或同时开放，排成伞形总状花序；萼片 5，反折或开展，宿存或脱落；花瓣 5，具爪，白色，稀粉红色；雄蕊 15 ~ 30，花药通常深红色或紫色；花柱 2 ~ 5，离生，子房 2 ~ 5 室，每室有 2 胚珠。梨果，果肉多汁，富含石细胞，子房壁软骨质；种子黑色或黑褐色，种皮软骨质，子叶平凸。本属约有 25 种，分布于亚洲、欧洲至北非。中国有 14 种。公安县有 1 种。

142. 麻梨 *Pyrus serrulata* Rehd.

【形态】乔木，高达 8 ~ 10 米。小枝圆柱形，微带棱角，在幼嫩时具褐色茸毛，后脱落。叶卵形至长卵形，长 5 ~ 11 厘米，宽 3.5 ~ 7.5 厘米，先端渐尖，基部宽楔形或圆形，边缘有细锐锯齿，齿尖常向内合拢，下面在幼嫩时被褐色茸毛，后脱落，侧脉 7 ~ 13 对，网脉显明；叶柄长 3.5 ~ 7.5 厘米，嫩时有褐色茸毛，不久脱落。伞形总状花序，有花 6 ~ 11 朵，花梗长 3 ~ 5 厘米，总花梗和花梗均被褐色绵毛，逐渐脱落；花直径 2 ~ 3 厘米；萼筒外面有稀疏茸毛；萼片三角状卵形，长约 3 毫米，先端渐尖或急尖，边缘具腺齿，外面具稀疏茸毛，内面密生茸毛；花瓣宽卵形，白色；雄蕊 20，约短于花瓣之半；花柱 3，少数 4。果实近球形或倒卵形，有浅褐色果点。花期 4 月，果期 6—8 月。

图 142　麻梨

【生境】生于山坡、灌丛中。

【分布】分布于黄山头镇。

蔷薇属 *Rosa* L.

直立或攀缘灌木，通常茎上有刺，稀无刺，有毛、无毛或有腺毛。叶互生，奇数羽状复叶，稀单叶；小叶边缘有锯齿；托叶贴生或着生于叶柄上，稀无托叶。花单生或呈伞房状，稀复伞房状或圆锥状花序；萼筒球形、坛形至杯形，颈部缢缩；萼片 5，稀 4，开展，覆瓦状排列，有时呈羽状分裂；花瓣 5，稀 4，开展，覆瓦状排列，白色、黄色、粉红色至红色；花盘环绕萼筒口部；雄蕊多数分为数轮，着生在花盘周围；心皮多数，稀少数，着生在萼筒内，无柄极稀有柄，离生；花柱顶生至侧生，外伸，离生或上部合生；胚珠单生，下垂。瘦果多数，着生在肉质萼筒内形成蔷薇果；种子下垂。全属约有 200 种，广泛分布于亚、欧、北非、北美各洲寒温带至亚热带地区。我国产 82 种。公安县有 3 种 1 变种。

1. 托叶宿存，大部与叶柄贴生。
   2. 萼片先端长尾状，果时宿存……月季花 *R. chinensis*
   2. 萼片先端渐尖，不呈长尾状，果时脱落……粉团蔷薇 *R. multiflora* var. *cathayensis*
1. 托叶与叶柄分离，早落。
   3. 花大，直径 6 ～ 8 厘米，花梗与花托被刺毛，花单生……金樱子 *R. laevigata*
   3. 花小，直径 1 ～ 2.5 厘米，排成伞房花序……小果蔷薇 *R. cymosa*

143. 月季花 *Rosa chinensis* Jacq.

【形态】常绿或半常绿灌木，高 0.5 ～ 1.5 米。茎直立或披散，绿色，无毛，有钩状刺。奇数羽状复叶，互生，小叶 3 ～ 5 片，少数 7 片，宽卵形或卵状椭圆形，长 2 ～ 6 厘米，宽 1 ～ 3 厘米，先端渐尖，基部宽楔形或近圆形，边缘有锐锯齿。两面无毛，叶柄和叶轴散生皮刺和腺毛；托叶大部分附生在叶柄上，边缘有腺毛，花常数朵聚生，直径约 5 厘米；花梗长 2 ～ 3 厘米，绿色，常有腺毛；花托近球形；萼裂片三角状披针形，反曲，常羽状分裂，边缘有腺毛，花瓣多数重叠，花冠玫瑰色、红色，稀白色；雄蕊多数，花柱离生；子房被柔毛。蔷薇果卵圆形或梨形，黄红色，萼裂片宿存。春末即开始开花直至秋季，故有“月月红”之名。

图 143 月季花

【生境】各地均有栽培。

【分布】全县广布。

【药用部位】花。

【采收加工】夏、秋季分批采摘将开放的花朵，及时晾干或用微火烘干。

【化学成分】花含挥发油、槲皮苷、

鞣质、没食子酸、色素等。

【性味】甘、苦，凉。

【功能主治】活血调经，消肿散结。主治月经不调、胸腹胀痛、子宫出血、慢性出血、瘰疬、痈肿疔毒、损伤、骨折等。

144. 小果蔷薇 *Rosa cymosa* Tratt.

图 144 小果蔷薇

【形态】攀缘灌木，高 2 ～ 3 米。分枝多，表面紫红色。小枝纤细，有钩状刺。奇数羽状复叶互生，小叶 3 ～ 5 片，少数 7 片，小叶片卵状披针形，长 2 ～ 5 厘米，宽 0.8 ～ 2.5 厘米，先端渐尖，基部圆形或楔形，边缘具内弯的锐锯齿，两面无毛；叶柄和叶轴散生钩状皮刺；托叶条形与叶柄分离，早落。伞房花序，花梗被柔毛，花白色，花直径约 2 厘米，萼裂片卵状披针形；花瓣倒卵状矩圆形，先端凹，花柱稍伸出花托口外。蔷薇果近球形，果小，直径 4 ～ 6 毫米，红色。花期 5—6 月，果期 7—11 月。

【生境】生于山坡或灌丛中。

【分布】分布于黄山头镇、章庄铺镇。

【药用部位】根。

【采收加工】四季可采，洗净，晒干。

【化学成分】根皮含鞣质、有机酸、皂苷、树脂、糖类、蛋白质、无机盐等。根含挥发油。

【药理作用】小果蔷薇具有抗炎止痛、止血、促进肠蠕动的作用。

【性味】辛、涩，平。

【功能主治】行气活血，止血止痛，收敛固脱。主治月经过多、子宫脱垂、小儿遗尿、老年尿频、痔疮及脱肛、外伤出血、风湿疼痛、牙痛等。

145. 金樱子 *Rosa laevigata* Michx.

【形态】常绿攀缘灌木，高约 5 米。枝条被下弯的钩状皮刺和刺毛。奇数羽状复叶，革质；小叶 3，稀 5，椭圆状卵形或披针状卵形，长 2 ～ 5 厘米，宽 1 ～ 3 厘米，先端急尖或渐尖，基部圆形或宽楔形，边缘有锯齿状锯齿，上面光滑，下面网脉明显，两面无毛，叶柄和叶轴有小皮刺和刺毛，托叶条形，早落。花单生于侧枝的顶端，白色，直径 5 ～ 9 厘米，芳香；花梗和萼筒外面均密生刺毛；萼片先端有时扩大呈叶状，被腺毛；花瓣 5，平展，三角状阔卵形；雄蕊多数，心皮多数，分离。蔷薇果黄红色，近球形或倒卵形，有硬刺毛，顶端有长而扩展或向外的宿存萼片。花期 4—5 月，果期 9—10 月。

【生境】多生长在向阳山坡荒草和灌丛中或路旁、沟边、坡坎上。

【分布】分布于黄山头镇、章庄铺镇。

【药用部位】果实。

【采收加工】秋季采摘成熟果实，蒸后取出，晒干或炕干，除去毛刺。

【化学成分】果实含柠檬酸、苹果酸、糖类、鞣质、树脂、皂苷、树胶、维生素等。

【药理作用】金樱子具有抗氧化、抑菌消炎、抗肿瘤、抗病毒、免疫调节、降糖降脂、保护肾脏等多种药理作用。

【性味】甘、酸、微涩，平。

【功能主治】固精涩肠。主治遗精遗尿、小便频数、白浊带下、脾虚泻痢等。

图 145 金樱子

146. 粉团蔷薇 *Rosa multiflora* var. *cathayensis* Rehd. et Wils.

【形态】攀缘灌木。小枝圆柱形，通常无毛，有短、粗稍弯曲皮束。小叶 5 ～ 9，近花序的小叶有时 3，连叶柄长 5 ～ 10 厘米；小叶片倒卵形、长圆形或卵形，长 1.5 ～ 5 厘米，宽 8 ～ 28 毫米，先端急尖或圆钝，基部近圆形或楔形，边缘有尖锐单锯齿，稀混有重锯齿，上面无毛，下面有柔毛；小叶柄和叶轴有柔毛或无毛，有散生腺毛；托叶篦齿状，大部贴生于叶柄，边缘有或无腺毛。花多朵，排成圆锥状花序，花梗长 1.5 ～ 2.5 厘米，无毛或有腺毛，有时基部有篦齿状小苞片；花直径 1.5 ～ 2 厘米，萼片披针形，有时中部具 2 个线形裂片，外面无毛，内面有柔毛；花为粉红色，单瓣，宽倒卵形，先端微凹，基部楔形；花柱结合成束，无毛，比雄蕊稍长。果近球形，直径 6 ～ 8 毫米，红褐色或紫褐色，有光泽，无毛，萼片脱落。

图 146 粉团蔷薇

【生境】多生于山坡、灌丛或沟边等处。

【分布】分布于章庄铺镇、黄山头镇。

悬钩子属 *Rubus* L.

落叶稀常绿灌木、半灌木或草本；茎直立或蔓延，具刺，稀无刺。叶互生，单叶、掌状复叶或羽状复叶，边缘常具锯齿或裂片，有叶柄；托叶与叶柄合生，宿存或脱落。花两性，稀单性而雌雄异株，组成聚伞状圆锥花序、总状花序、伞房花序或数朵簇生及单生；花萼 5 裂，稀 3 ～ 7 裂；萼片直立或反折，果时宿存；花瓣5，稀缺，直立或开展，白色或红色；雄蕊多数，直立或开展，着生在花萼上部；心皮多数，有时仅数枚，分离，着生于球形或圆锥形的花托上，花柱近顶生，子房1室，每室2胚珠。果实为由小核果集生于花托上而成的聚合果，多浆或干燥，红色、黄色或黑色，无毛或被毛；种子下垂，种皮膜质，子叶平凸。本属约有700种，分布于全世界，主产于北半球温带地区，少数分布于热带地区和南半球。我国有194种。公安县有3种。

1. 单叶。
  2. 花单生……山莓 *R. corchorifolius*
  2. 圆锥花序顶生……灰白毛莓 *R. tephrodes*
1. 小叶3；伞房花序顶生……茅莓 *R. parvifolius*

147. 山莓 *Rubus corchorifolius* L. f.

【形态】落叶小灌木，高1～2米。茎直立，有刺，小枝红褐色，幼时有柔毛和少数腺毛。单叶互生，卵形或卵状披针形，长3～8厘米，宽2～5厘米，不裂或3浅裂，边缘有不整齐重锯齿；先端渐尖，基部近圆形或浅心形，上面脉上稍有柔毛，下面及叶柄有灰色柔毛，脉上散生钩状皮刺；叶柄长5～20毫米，托叶条状披针形，贴生叶柄上。花单生或数朵聚生于短枝上，花白色，直径2～3厘米；萼片5，卵状披针形，密生灰白色柔毛，花瓣5，长椭圆形，白色，较萼片长。聚合果球形，红色。花期4—5月，果期5—6月。

图147 山莓

【生境】生长在山坡灌丛中或沟边、坎边。

【分布】分布于章庄铺镇、黄山头镇。

【药用部位】果实。

【采收加工】5—6月采摘将成熟而色尚青的果实，置沸水中稍烫，及时取出晒干或烘干。

【化学成分】山莓叶中含有香豆素、茶多酚、鞣质、生物碱、黄酮、二萜等化合物。

【药理作用】山莓具抗氧化、降血脂、抑菌、镇痛、抗炎、祛痰、平喘、抗病毒、防治癌症等药理作用。

【性味】甘、酸，微温。

【功能主治】固肾涩精。主治肾虚阳痿、遗精早泄、尿频遗尿等。

148. 茅莓 *Rubus parvifolius* L.

【形态】灌木，高1～2米。枝呈弓形弯曲，被柔毛和稀疏钩状皮刺；小叶3枚，在新枝上偶有5枚，菱状圆形或倒卵形，长2.5～6厘米，宽2～6厘米，顶端圆钝或急尖，基部圆形或宽楔形，上面伏生疏柔毛，下面密被灰白色茸毛，边缘有不整齐粗锯齿或缺刻状粗重锯齿，常具浅裂片；叶柄长2.5～5厘米，顶生小叶柄长1～2厘米，均被柔毛和稀疏小皮刺；托叶线形，长5～7毫米，具柔毛。伞房花序顶生或腋生，稀顶生花序成短总状，具花数朵至多朵，被柔毛和细刺；花梗长0.5～1.5厘米，具柔毛和稀疏小皮刺；苞片线形，有柔毛；花直径约1厘米；花萼外面密被柔毛和疏密不等的针刺；萼片卵状披针形或披针形，顶端渐尖，有时条裂，在花果时均直立开展；花瓣卵圆形或长圆形，粉红色至紫红色，基部具爪；雄蕊花丝白色，稍短于花瓣；子房具柔毛。果实卵球形，直径1～1.5厘米，红色，无毛或具稀疏柔毛；核有浅皱纹。花期5—6月，果期7—8月。

图148 茅莓

【生境】生于山坡杂木林下、路旁或荒野。

【分布】分布于黄山头镇。

【药用部位】根或茎、叶。

【采收加工】秋季挖根，夏、秋季采收茎、叶，鲜用或切段晒干。

【化学成分】茅莓根含三萜及三萜皂苷、黄酮、鞣质、糖类等多种成分。

【药理作用】茅莓具有止血与活血的双向调节、抗心肌缺血、抗脑缺血、抗肿瘤、抗氧化、抗炎、抗病原微生物、保肝等多种药理作用。

【性味】根：苦，平。茎、叶：甘、苦，凉。

【功能主治】清热凉血，散结，止痛，利尿消肿，祛风利湿。用于咯血、吐血、痢疾、肠炎、肝炎等。

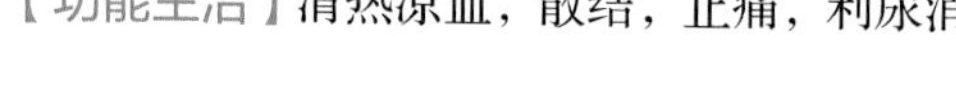

149. 灰白毛莓 *Rubus tephrodes* Hance

【形态】落叶蔓性灌木，高1～3米。小枝及老叶柄具针状刺和灰白色茸毛。单叶互生，近圆形或广卵形，长4～11厘米，宽3～11厘米，先端短尖，基部深心形，边缘有浅缺刻和不整齐的细锯齿，上面主脉上具疏短毛，下面密生灰白色茸毛；叶柄长1.5～3厘米；托叶撕裂线状至三角状。圆锥花序顶生，总花梗及花梗密被茸毛；苞片2，线状；萼片5裂，披针形，花瓣5，白色，倒卵圆形，雄蕊多数，分离；雌蕊多数。聚合果近圆球形，紫褐色。花期7—8月，果期10—11月。

【生境】生长于坡地、溪边、路边草丛中或灌丛中。

【分布】分布于黄山头镇。

【药用部位】根、叶。

【采收加工】根：夏、秋季采挖，洗净，晒干。叶：夏季采摘，鲜用。

【性味】酸、涩，平。

【功能主治】活血，止血，通经络。主治咳嗽、吐血。

图 149 灰白毛莓

地榆属 *Sanguisorba* L.

多年生直立草本，有时基部木质化，根粗壮，下部长出若干纺锤形、圆柱形或细长条形根。叶互生，奇数羽状复叶。花小，两性，稀单性，密集成穗状或头状花序；萼筒喉部缢缩，有 4 枚萼片，覆瓦状排列，紫色、红色或白色，稀带绿色，如花瓣状；花瓣无；雄蕊通常多数，稀更多，花丝通常分离，稀下部连合，插生于花盘外面，花盘贴生于萼筒喉部；心皮通常 1 ～ 2 枚，包藏在萼筒内，花柱顶生，柱头扩大呈画笔状；胚珠 1 枚，下垂。瘦果小，包藏在宿存的萼筒内；种子 1 颗，子叶平凸。全世界约有 30 种，分布于欧洲、亚洲及北美。我国有 7 种，南北各省均有分布，但种类大多集中在我国东北各省。公安县有 1 种。

150. 地榆 *Sanguisorba officinalis* L.

【形态】多年生草本，高 1 ～ 2 米。根粗壮。茎直立，有棱，无毛。奇数羽状复叶，根生叶较茎生叶大，丛生，有长柄，小叶多为卵形或椭圆形；茎生叶互生，小叶 5 ～ 11 片，条状长椭圆形或长圆形，长 2 ～ 5 厘米，宽 3 ～ 4 厘米，先端急尖或钝，基部阔楔形或截形，或近心形，边缘具尖圆锯齿、小叶柄短或几无柄，基部有小托叶，托叶包茎，近镰刀状。花小，密集成倒卵形、短圆柱形或近球形的穗状花序，长 1 ～ 2.5 厘米，直立，小苞片膜质；萼裂片 4，花瓣状，紫红色，基部有毛，无花瓣；雄蕊 4；花柱 4 裂，比雄蕊短。瘦果圆球形，褐色，有细毛，具纵棱，包藏于宿存萼内。花期 6—9 月，果期 8—10 月。

【生境】多生于林缘坡地和沟边路旁草丛中。

【分布】分布于章庄铺镇。

【药用部位】根。

【采收加工】春、秋季采挖，除去茎基和须根，洗净，晒干。

图 150 地榆

【化学成分】根及根茎含地榆皂苷（为三萜成分，水解后生成地榆皂苷元）及鞣质、糖及维生素 A 等。叶含矢车菊苷、矢车菊双苷。

【药理作用】地榆具有止血、抗肿瘤、抗氧化、免疫调节、抗过敏、抗炎消肿、抗菌、止泻、抗溃疡的作用，以及对血液系统、皮肤、α－葡萄糖苷酶的影响。

【性味】苦、涩，微寒。

【功能主治】清热凉血，收敛止血，解毒。主治便血、血痢、痔疮出血、尿血、血带、崩漏、吐血、衄血、烫火伤、痈肿疮疡、湿疹、外伤出血等。

绣线菊属 *Spiraea* L.

落叶灌木，冬芽小，具 2 ～ 8 外露的鳞片。单叶互生，边缘有锯齿或缺刻，有时分裂，稀全缘，羽状叶脉，或基部有三至五出脉，通常具短叶柄，无托叶。花两性，稀杂性，排成伞形、伞形总状、伞房或圆锥花序；萼筒钟状；萼片 5，通常稍短于萼筒；花瓣 5，通常圆形，较萼片长；雄蕊 15 ～ 60，着生在花盘和萼片之间；心皮通常 5，离生。蓇葖果 5，常沿腹缝线开裂，内具数粒细小种子；种子线形至长圆形，胚乳少或无。本属约有 100 种，分布在北半球温带至亚热带山区，我国有 50 余种。公安县有 2 种。

1. 伞形花序有总梗……麻叶绣线菊 *S. cantoniensis*
1. 伞形花序无总梗……单瓣李叶绣线菊 *S. prunifolia* var. *simpliciflora*

151. 单瓣李叶绣线菊 *Spiraea prunifolia* var. *simpliciflora* Nakai

【形态】灌木，高达 3 米；小枝细长，稍有棱角，幼时被短柔毛，以后逐渐脱落，老时近无毛；冬芽小，卵形，无毛，有数枚鳞片。叶片卵形至长圆状披针形，长 1.5 ～ 3 厘米，宽 0.7 ～ 1.4 厘米，先端急尖，基部楔形，边缘有细锐单锯齿，上面幼时微被短柔毛，老时仅下面有短柔毛，具羽状脉；叶柄长 2 ～ 4 毫米，被短柔毛。伞形花序无总梗，具花 3 ～ 6 朵，基部着生数枚小型叶片；花梗长 6 ～ 10 毫米，有短柔毛；花重瓣，直径达 1 厘米，白色。花期 3—5 月。

图 151　单瓣李叶绣线菊

【生境】栽培供观赏。

【分布】分布于黄山头镇。

152. 麻叶绣线菊 *Spiraea cantoniensis* Lour.

【形态】灌木，高达 1.5 米。小枝细瘦，圆柱形，呈拱形弯曲，幼时暗红褐色，无毛；冬芽小，卵形，先端尖，无毛，有数枚外露鳞片。叶片菱状披针形至菱状长圆形，长 3 ～ 5 厘米，宽 1.5 ～ 2 厘米，先端急尖，基部楔形，边缘自近中部以上有缺刻状锯齿，上面深绿色，下面灰蓝色，两面无毛，有羽状叶脉；叶柄长4～7毫米，无毛。伞形花序具多数花朵；花梗长8～14毫米，无毛；苞片线形，无毛；花直径5～7毫米；萼筒钟状，外面无毛，内面被短柔毛；萼片三角形或卵状三角形，先端急尖或短渐尖，内面微被短柔毛；花瓣近圆形或倒卵形，先端微凹或圆钝，长与宽各为2.5～4毫米，白色；雄蕊20～28，稍短于花瓣或几与花瓣等长；花盘由大小不等的近圆形裂片组成，裂片先端有时微凹，排列成圆环形；子房近无毛，花柱短于雄蕊。蓇葖果直立开张，无毛，花柱顶生，常倾斜开展，具直立开张萼片。花期4—5月，果期7—9月。

【生境】栽培供观赏。

【分布】分布于章庄铺镇。

图152 麻叶绣线菊

五十四、豆科 Leguminosae

草本、灌木或乔木，直立或攀缘，常有能固氮的根瘤。叶通常互生，常为一回或二回羽状复叶，少数为掌状复叶或3小叶、单小叶或单叶，罕可变为叶状柄；托叶有或无，有时叶状或变为棘刺。花两性，辐射对称或两侧对称，通常排成总状花序、聚伞花序、穗状花序、头状花序或圆锥花序；花被2轮；萼片5，分离或连合成管，有时二唇形，稀退化或消失；花瓣5，常与萼片的数目相等，稀较少或无，分离或连合成具花冠裂片的管，大小有时可不等，或有时构成蝶形花冠，近轴的1片称旗瓣，侧生的2片称翼瓣，远轴的2片常合生，称龙骨瓣，遮盖住雄蕊和雌蕊；雄蕊通常10枚，有时5枚或多数，分离或连合成管，单体或二体雄蕊，花药2室，纵裂或有时孔裂；雌蕊单一，稀较多且离生，子房上位，1室，基部常有柄或无，侧膜胎座，沿腹缝线着生，胚珠2至多数，悬垂或上升，排成互生的2列；花柱和柱头单一，顶生。果为荚果，成熟后沿缝线开裂或不裂，或断裂成含单粒种子的荚节；种子通常具革质或有时膜质的种皮，胚大，内胚乳无或极薄。

本科约有650属18000种，广布于全世界。我国有172属1485种13亚种153变种16变型，各省（区）均有分布。

公安县境内的豆科植物有26属34种。

1. 花辐射对称，花瓣镊合状排列，中下部常合生……合欢属 *Albizia*

1. 花两侧对称，花瓣覆瓦状排列。

2. 花冠不为蝶形，各瓣稍不相似，花瓣在芽中通常为上升的覆瓦状排列，即在上的 1 花瓣位于最内方。

3. 叶为羽状复叶。

4. 叶通常为二回双数羽状复叶，或少数并有一回及二回羽状复叶。

5. 花两性……云实属 *Caesalpinia*

5. 花为杂性以至雌雄异株；落叶乔木，种子含多量角质胚乳……皂荚属 *Gleditsia*

4. 叶大都一回双数羽状复叶……决明属 *Cassia*

3. 叶为单叶，全缘……紫荆属 *Cercis*

2. 花冠蝶形，各瓣极不相似，花瓣在芽内为下降的覆瓦状排列，即在上的 1 旗瓣位于最外方，少数各瓣退化，仅剩 1 旗瓣。

6. 荚果如含有 2 枚以上种子时，不在种子间裂为节荚，通常为二瓣裂开或不裂开。

7. 植株各种习性均有之，但多为草本植物；荚果含 1 至多数种子，裂开或不裂开。

8. 叶有小叶 3，少数仅小叶 1，或多至 9。

9. 叶为掌状或羽状复叶，小叶边缘通常有锯齿，托叶常与叶柄相连合；子房基部无鞘状花盘；草本。

10. 叶有 3 小叶，为羽状复叶。

11. 荚果直或微有弯曲，但从不弯作马蹄形或镰刀形……草木樨属 *Melilotus*

11. 荚果弯曲成马蹄形或卷成螺旋形，少数为镰刀形……苜蓿属 *Medicago*

10. 叶为有 3 小叶的掌状复叶……车轴草属 *Trifolium*

9. 叶为羽状或有时为掌状复叶，小叶全缘或有裂片，托叶不与叶柄相连合；子房基部常有鞘状花盘包围。

12. 花单生或簇生，常为总状花序，其花轴延续一致而无节瘤，花柱光滑无毛。

13. 叶下面无腺状斑点，通常有小托叶；苞片宿存或不宿存……大豆属 *Glycine*

13. 叶下面常具有腺状的斑点，通常无小托叶；无苞片或苞片早落……野扁豆属 *Dunbaria*

12. 花亦常为总状花序，但其花轴于花的着生处常凸出为节，或隆起如瘤，花柱有茸毛或无茸毛；通常有小托叶。

14. 花柱不具须毛，少在其下端存在……葛属 *Pueraria*

14. 花柱上部后方具纵列的须毛，或于柱头周围有毛。

15. 柱头倾斜，其下方（即花柱后方）有须毛……豇豆属 *Vigna*

15. 柱头顶生，周围或下方须毛……扁豆属 *Lablab*

8. 叶为 4 枚乃至多数小叶所成的复叶，少数仅具小叶 1 ～ 3。

16. 叶通常为双数羽状复叶，在叶轴顶端多半具卷须或变为刚毛状。

17. 花柱为圆柱形，在其上部四周被长柔毛或在其顶端外面有一丛须状毛……野豌豆属 *Vicia*

17. 花柱扁，只在其上部里面有长柔毛，像刷形……豌豆属 *Pisum*

16. 叶为单数羽状复叶，如为双数复叶时，则顶端不具卷须，仅叶的小叶轴有时延伸作刺状。

18. 植株具贴生的丁字茸毛；药隔顶端通常具腺体或延伸而成小毫毛……木蓝属 *Indigofera*

18. 植株不具上述茸毛；药隔顶端不具任何附属体，或常有近于呈腺体之物。

19. 花序总状或复总状，顶生或腋生，有时与叶对生，或生于老枝上。

20. 花萼大都 5 裂，后 2 片较短，前 3 片较长，子房稍具柄 ……………………………… 紫藤属 *Wisteria*

20. 花萼近于完整，或其前方微有 3 齿，子房无柄 ……………………………… 崖豆藤属 *Millettia*

19. 花序为圆锥或总状，也有为伞形或头状，少数花单生或簇生，但通常均为腋生。

21. 荚果扁平 ……………………………………………………………………………… 刺槐属 *Robinia*

21. 荚果通常膨大或肿胀，或为圆筒形。

22. 花萼倾斜，龙骨瓣径直，不与翼瓣相愈合，常同长于旗瓣；荚果 1 室；小叶 1 ～ 9 对，托叶不与叶柄基部相连合，为脱落性或宿存而呈刺状 …………………………… 锦鸡儿属 *Caragana*

22. 花萼不倾斜，龙骨瓣向内弯曲而与翼瓣相愈合，常较旗瓣为短；荚果以缝线向内伸入，常被纵隔为 2 室；小叶 5 对乃至 20 对，托叶常与叶柄基部相连合，但不呈刺状 ……………………………………………………………………………… 黄芪属 *Astragalus*

7. 乔木或灌木，也可为木质藤本；叶常为有 3 至多数小叶的羽状复叶；荚果通常含 1 ～ 2 种子而不开裂 ……………………………………………………………………………… 黄檀属 *Dalbergia*

6. 荚果当含 2 种子以上时，则于种子间横裂或紧缩为 2 至数节，各节荚常具网状纹，含 1 种子即不裂开，或有时荚果退化仅有 1 节。

23. 雄蕊合生为单体或分为 5 与 5 的 2 组；通常无小托叶 ……………………………… 合萌属 *Aeschynomene*

23. 雄蕊通常合生为 9 与 1 的 2 组，后方的 1 枚雄蕊完全分离，或仅基部分离，其余的仍与雄蕊管多少连合。

24. 小托叶通常存在；荚果 2 至数节，极少数仅有 1 节，含 1 种子 ……………………………… 山蚂蝗属 *Desmodium*

24. 小托叶不存在；荚果通常仅 1 节，含 1 种子。

25. 托叶细小，呈锥形，脱落；灌木或草本植物 ……………………………… 胡枝子属 *Lespedeza*

25. 托叶大，膜质，宿存；一年生草本植物 ……………………………… 鸡眼草属 *Kummerowia*

合萌属 *Aeschynomene* L.

草本或小灌木。茎直立或匍匐在地上而枝端向上。奇数羽状复叶具小叶多对，互相紧接并容易闭合；托叶早落。花小，数朵组成腋生的总状花序；苞片托叶状，成对，宿存，边缘有小齿；小苞片卵状披针形，宿存；花萼膜质，通常二唇形，上唇 2 裂，下唇 3 裂；花易脱落；旗瓣大，圆形，具瓣柄；翼瓣无耳；龙骨瓣弯曲而略有喙；雄蕊二体（5+5）或基部合生成一体，花药一式，肾形；子房具柄，线形，有胚珠多颗，花柱丝状，向内弯曲，柱头顶生。荚果线形，有果颈，扁平，具荚节 4 ～ 8，各节有种子 1 颗。本属约有 250 种，分布于全世界热带和亚热带地区。我国有 1 种。公安县有 1 种。

153. 合萌 *Aeschynomene indica* L.

【形态】一年生亚灌木状草本，高 30 ～ 100 厘米，无毛，多分枝。偶数羽状复叶，互生；小叶 20 ～ 30 对，长圆形，长 3 ～ 8 毫米，宽 1 ～ 3 毫米，先端圆钝，有短尖头，基部圆形，无小叶柄；托叶膜质，披针形，长约 1 厘米，先端锐尖。总状花序腋生，花少数，总花梗有疏刺毛，有黏质；膜质苞片 2 枚，卵状披针形，边缘有锯齿；花萼二唇形，上唇 2 裂，下唇 3 裂；花冠黄色，带紫纹，旗瓣无爪，翼瓣有爪，较旗瓣稍短，龙骨瓣较翼瓣短；雄蕊 10 枚合生，上部分裂为 2 组，每组有 5 枚，花药肾形；子房无毛，有子房柄。荚果线状长圆形，微弯，有 6 ～ 10 荚节，荚节平滑或有小瘤突。种子肾形，表面黑褐色，有光泽。花期 7—8 月，果期 9—10 月。

【生境】生于潮湿地或水边。

【分布】分布于孟家溪镇、章庄铺镇。

【药用部位】干燥叶、干燥根。

【采收加工】秋季采挖，鲜用或晒干。

【性味】叶：甘，寒。根：甘苦，寒。

【功能主治】叶：解毒，消肿，止血；主治痈肿疮疡、创伤出血、毒蛇咬伤。根：清热利湿，消积，解毒；主治血淋、泄泻、痢疾、疳积、目昏、牙痛、疮疖。

图 153 合萌

合欢属 *Albizia* Durazz.

乔木或灌木，稀为藤本，通常无刺，很少托叶变为刺状。二回羽状复叶，互生，羽片 1 至多对；总叶柄及叶轴上有腺体；小叶对生，1 至多对。花小，5 基数，两性，稀杂性，有梗或无梗，组成头状花序、聚伞花序或穗状花序，再排成腋生或顶生的圆锥花序；花萼钟状或漏斗状，具 5 齿或 5 浅裂；花瓣常在中部以下合生成漏斗状，上部具 5 裂片；雄蕊 20 ～ 50 枚，花丝突出于花冠之外，基部合生成管，花药小，无或有腺体；子房有胚珠多颗。荚果带状，扁平，果皮薄，种子间无间隔，不开裂；种子圆形或卵形，扁平，无假种皮，种皮厚，具马蹄形痕。本属约有 150 种，产于亚洲、非洲、大洋洲及美洲的热带、亚热带地区。我国有 17 种，大部分产于西南部、南部及东南部各省（区）。公安县 1 种。

154. 合欢 *Albizia julibrissin* Durazz.

【形态】落叶乔木，高可达 16 米。树皮灰褐色。叶互生，二回羽状复叶，羽片 4 ～ 12 对，每羽片有小叶 10 ～ 30 对，小叶长圆状条形，两侧极偏斜，长 6 ～ 12 毫米，宽 1 ～ 4 毫米，先端急尖，基部圆楔形，中脉偏向于上侧边缘，托叶条状披针形，早落。头状花序多数，呈伞房状排列，腋生或顶生；花淡红色，有短花梗；萼与花冠有短柔毛；雄蕊多数，花丝上部淡红色，柔细如丝，下部合生成筒状；雌蕊 1，长与雄蕊近相等，荚果条形，扁平，长 9 ～ 15 厘米，宽 1.2 ～ 2.5 厘米，幼时有毛。种子扁椭圆形，表面平滑，褐色。花期 6—7 月，果期 9—10 月。

【生境】生于山坡灌丛中或栽培为观赏绿植。

【分布】全县广布。

【药用部位】干燥树皮及花。

【采收加工】树皮：夏至前后剥取，晒干。花：5—6 月采摘，晒干。

【化学成分】合欢皮含合欢苷、皂苷、鞣质，种子含合欢氨酸及 S-(2- 羧乙基)-L-

图 154 合欢

半胱氨酸。叶含槲皮苷，嫩叶含维生素 C。

【药理作用】合欢具有镇静催眠、抗抑郁、抗生育、驱虫、抗肿瘤和细胞毒性等药理活性。

【性味】甘，平。

【功能主治】树皮：活血，消痈，安神；主治心烦失眠、肺脓痈、痈肿、筋骨折伤等。花：解郁安神；主治心神不安、忧郁失眠等。

黄芪属 *Astragalus* L.

草本或矮小灌木，通常具单毛或丁字毛，稀无毛。茎发达或短缩，稀无茎或不明显。羽状复叶，稀三出复叶或单叶；托叶与叶柄离生或贴生，相互离生或合生而与叶对生；小叶全缘，不具小托叶。总状花序或密集呈穗状、头状与伞形花序式，稀花单生；花紫红色、紫色、青紫色、淡黄色或白色；苞片通常小，膜质；小苞片极小或缺，稀大型；花萼管状或钟状，萼筒基部近偏斜，或在花期前后呈肿胀囊状，具 5 齿；花瓣近等长或翼瓣和龙骨瓣较旗瓣短，龙骨瓣向内弯，近直立，先端钝；雄蕊二体（9+1），极稀全体花丝由中上部向下合生为单体，均能育，花药同型；子房有或无柄，含胚珠多数，花柱丝形，劲直或弯曲，柱头头状，顶生。荚果形状多样，由线形至球形，一般膨胀，先端喙状，1 室或多室，有或无果颈（即果熟后的子房柄），开裂或不开裂；种子通常肾形。本属约有 2000 种，除大洋洲外，全世界均产。我国约有 278 种，产于西南、西北、华北至东北地区。公安县有 1 种。

155. 紫云英 *Astragalus sinicus* L.

图 155　紫云英

【形态】越年生草本，高 10 ～ 30 厘米，多分枝，茎直立或匍匐，绿色或紫色，被白色疏柔毛。奇数羽状复叶，具 7 ～ 13 片小叶，倒卵形或椭圆形，长 1 ～ 2 厘米，宽 5 ～ 15 毫米，先端钝圆，中央凹入，基部楔形或钝圆，全缘，两面皆略有稀疏白色长毛；托叶叶状，卵形，叶柄长 3 ～ 4 厘米。总状花序近伞形，花 5 ～ 10 朵，密集于梗端宛如伞状排列，腋生；苞片三角状卵形，被硬毛；花萼钟状，长约 6 毫米，外被长硬毛；花冠紫色或白色，旗瓣卵形，顶端圆形，微凹，基部楔形，翼瓣略短，龙骨瓣和旗瓣等长；雄蕊 10（9+1）；雌蕊 1，光滑无毛，有短柄。荚果黑色，条状矩圆形，微弯，长 1 ～ 2 厘米，光滑，无毛。花期 3—6 月，果期 4—7 月。

【生境】栽培。

【分布】全县广布。

【药用部位】全草及种子。种子名“沙苑蒺藜”。

【采收加工】全草：春、夏季采集，鲜用或晒干。种子：果实成熟时，拔起全草，打下种子，晒干。

【化学成分】全草：含葫芦巴碱、胆碱、腺嘌呤、脂肪、蛋白质、淀粉、多种维生素、组氨酸、精氨酸、丙二酸、刀豆氨酸。

种子：含油脂，油的主要成分为棕榈酸、硬脂酸、肉蔻酸、廿烷酸、廿二烷酸、廿四烷酸；不饱和脂肪酸主要为亚油酸，其次为油酸、亚麻酸。

【性味】全草：苦、辛，平。种子：辛，平。

【功能主治】全草：清热解毒，利尿消肿；主治疖疮、喉痛、肝炎、外伤出血。

种子：补肾固精，养肝明目；主治遗精早泄、虚劳腰痛、遗尿及肝肾不足的目昏等。

云实属 *Caesalpinia* L.

乔木、灌木或藤本，通常有刺。二回双数羽状复叶，托叶各式，无小托叶或变为刺。花大，通常美丽，黄色或橙黄色；排成腋生或顶生总状花序或圆锥花序，花托凹陷；萼片离生，覆瓦状排列，下方一片较大；花瓣 5，展开，其中 4 片通常圆形，有时长圆形，最上方一片较小，色泽、形状及被毛常与其余四片不同；雄蕊 10 枚，离生，2 轮排列，花丝基部加粗，被毛，花药"丁"字形着生，纵裂；子房有胚珠 1 ～ 7 颗，花柱圆柱形，柱头截平或凹入。荚果卵形、长圆形或披针形，有时呈镰刀状弯曲，扁平或膨胀，无翅或具翅，平滑或有刺，革质或木质，少数肉质，开裂或不开裂；种子卵圆形至球形，无胚乳。本属约有 100 种，分布于热带和亚热带地区。我国产 17 种，除少数种分布较广外，其余种的主要产地在南部和西南部。公安县有 1 种。

156. 云实 *Caesalpinia decapetala* (Roth) Alston

【形态】攀缘灌木。茎密生倒钩状硬刺，淡棕红色；幼枝密被棕色短柔毛。叶为二回双数羽状复叶，互生，长 20 ～ 30 厘米，羽片 3 ～ 10 对；小叶 6 ～ 12 对，膜质，长圆形，长 1 ～ 2.5 厘米，宽 6 ～ 10 毫米，先端近圆形，微缺，基部圆形，微偏斜，全缘，两面均被短柔毛，老时毛脱落；托叶阔，半边箭头状，早落或缺。总状花序顶生，长 15 ～ 30 厘米，有花约 20 朵，花梗长 2 ～ 4 厘米，具茸毛，萼下具关节，花易脱落；萼片 5，被短柔毛；花瓣 5，膜质，壳黄色，左右对称；雄蕊 10，分离，花丝以下密生茸毛，子房上位，1 室。荚果长椭圆形，扁平，长 6 ～ 12 厘米，宽 2.3 ～ 3 厘米，先端圆，有喙，沿腹缝线有宽 3 ～ 4 毫米的狭翅，种子 6 ～ 9 粒，长圆形，黑棕色。花期 4—5 月，果期 6 月。

图 156　云实

【生境】生于平原、丘陵地灌丛中。

【分布】分布于章庄铺镇、黄山头镇。

【药用部位】根及种子。

【采收加工】栽后4～5年采收，秋、冬季挖根，洗净切斜片，晒干或炕干；秋季采收果实，除去果皮，取种子晒干。

【性味】根：辛，温；有小毒。种子：辛，温。

【功能主治】根：发散风寒，消肿止痛；主治喉痛、牙痛、感冒、腮腺炎、风湿痛、乳腺炎、毒蛇咬伤等。种子：清热除湿，杀虫；主治痢疾、疟疾、消渴、小儿疳积。

锦鸡儿属 *Caragana* Fabr.

灌木，稀为小乔木。偶数羽状复叶或假掌状复叶，有2～10对小叶；叶轴顶端常硬化成针刺，刺宿存或脱落；托叶宿存并硬化成针刺，稀脱落；小叶全缘，先端常具针尖状小尖头。花单生或簇生于叶腋，花梗具关节；苞片1或2，着生在关节处，有时退化成刚毛状或不存在，小苞片缺或1至多片生于花萼下方；花萼管状或钟状，基部偏斜，稍呈浅囊状，萼齿5，常不相等；花冠黄色，少有淡紫色、浅红色，有时旗瓣带橘红色或土黄色，各瓣均具瓣柄，翼瓣和龙骨瓣常具耳；雄蕊二体（9+1）；子房无柄，稀有柄，胚珠多数。荚果筒状或稍扁。本属约有100种，主要分布于亚洲和欧洲。我国产62种9变种12变型，主产于我国东北、华北、西北、西南各省（区）。公安县有1种。

157. 锦鸡儿 *Caragana sinica* (Buc'hoz) Rehd.

图157 锦鸡儿

【形态】小灌木，高1～2米。枝条多丛生，茎皮上有黄色斑点，呈片状脱落。小枝细长有棱，无毛，黄褐色或灰褐色。托叶2枚，狭锥形，常硬化而成针刺，长7～8毫米。偶数羽状复叶，在短枝上簇生，叶轴宿存，顶端硬化呈针刺，小叶2对，羽状排列，上面1对通常较大，倒卵形或矩圆状倒卵形，长1～3.5厘米，宽0.5～1.5厘米，先端圆或微凹，有针尖，全缘，两面无毛，上面一对小叶常较下方一对为大，革质或硬纸质，上面深绿色而有光泽，下面较淡。花单生，黄色而带红色，凋谢时褐红色；花枝中部有关节，上具极细小的苞片。花萼钟状，基部偏斜，顶端5裂，裂片宽三角形，具缘毛；花冠蝶形，常带红色，旗瓣狭长卵形，向上，翼瓣顶端圆钝，基部伸长成短耳状，具长爪，龙骨瓣宽而钝，直生；雄蕊10（9+1），2组，子房近无柄，花柱稍弯曲，柱头小。荚果圆筒状，长3～3.5厘米，宽约5毫米，无毛。花期4—5月，果期7月。

【生境】生于山坡疏林下和林缘路旁。

【分布】分布于章庄铺镇。

【药用部位】花、根。

【采收加工】花：4 月中旬采收，晒干，防虫。根：全年可采，挖得后，洗净泥沙，除去须根及黑褐色皮，鲜用或晒干用；或再剖去木心，将净皮切断后晒干。

【化学成分】根含生物碱、内酯、黄酮苷、酚性物质和树脂等。

【药理作用】锦鸡儿具有抗菌、抗氧化、抗炎镇痛、抗肿瘤、抗病毒、降糖等作用。

【性味】花：甘，温。根：苦、辛，平。

【功能主治】花：滋阴，活血，健脾；主治虚劳咳嗽、头晕腰酸、妇女气虚带下、小儿疳积等。根：清热解毒，祛风活血，清热，利尿；主治风湿性关节炎、跌打损伤、乳汁不足、浮肿、痛经等。

决明属 *Cassia* L.

乔木、灌木、亚灌木或草本。叶丛生，偶数羽状复叶；叶柄和叶轴上常有腺体；小叶对生，无柄或具短柄；托叶多样，无小托叶。花近辐射对称，通常黄色，组成腋生的总状花序或顶生的圆锥花序，或有时 1 至数朵簇生于叶腋；苞片与小苞片多样；萼筒短，裂片 5，覆瓦状排列；花瓣通常 5，近相等或下面 2 片较大；雄蕊 4 ～ 10，常不相等，其中有些花药退化，花药背着或基着，孔裂或短纵裂；子房有胚珠多数，花柱内弯，柱头小。荚果形状多样，圆柱形或扁平，很少具 4 棱或有翅，2 瓣裂或不开裂，种子间常有隔膜，有胚乳。本属约有 600 种，分布于热带和温带地区。我国原产 10 余种，引种栽培的也有 10 余种，广布于南北各省（区）。公安县有 2 种。

1. 小叶 6，倒卵形 ………… 决明 *C. tora*

1. 小叶 6 ～ 10，卵形或卵状披针形 ………… 望江南 *C. occidentalis*

158. 决明 *Cassia tora* L.

【形态】直立、粗壮、一年生亚灌木状草本，高 1 ～ 2 米。叶长 4 ～ 8 厘米，叶柄上无腺体；叶轴上每对小叶间有棒状的腺体 1 枚；小叶 3 对，膜质，倒卵形或倒卵状长椭圆形，长 2 ～ 6 厘米，宽 1.5 ～ 2.5 厘米，顶端圆钝而有小尖头，基部渐狭，偏斜，上面被稀疏柔毛，下面被柔毛；小叶柄长 1.5 ～ 2 毫米；托叶线状，被柔毛，早落。花腋生，通常 2 朵聚生；总花梗长 6 ～ 10 毫米；花梗长 1 ～ 1.5 厘米，丝状；萼片稍不等大，卵形或卵状长圆形，膜质，外面被柔毛，长约 8 毫米；花瓣黄色，下面二片略长，长 12 ～ 15 毫米，宽 5 ～ 7 毫米；能育雄蕊 7，花药四方形，顶孔开裂，长约 4 毫米，花丝短于花药；子房无柄，被白色柔毛。荚果纤细，近四棱形，两端渐尖，长达 15 厘米，宽 3 ～ 4 毫米，膜质；种子约 25 颗，菱形，光亮。花果期 8—11 月。

图 158　决明

【生境】生于山坡、旷野及河滩沙地上。

【分布】各乡镇均有分布。

【药用部位】干燥成熟种子。

【采收加工】秋季采收成熟果实，晒干，打下种子，除去杂质。

【化学成分】决明子含有蒽醌类、萘并吡喃酮类、挥发性成分、脂肪酸、多糖及蛋白质等。

【药理作用】决明具有降血脂、降血压、抑菌、减肥、润肠通便、明目、抗衰老及增强记忆力等药理作用。

【性味】甘、苦、咸，微寒。

【功能主治】清热明目，润肠通便。用于目赤涩痛、羞明多泪、头痛眩晕、目暗不明、大便秘结。

159. 望江南　*Cassia occidentalis* L.

【形态】一年生灌木或半灌木，高 1 ～ 2 米，茎直立，疏被短柔毛。双数羽状复叶互生，叶柄上面近基部有一个腺体，小叶 6 ～ 10 片，对生，卵形或卵状披针形，先端尖或渐尖，基部近圆形，稍歪斜，边缘有细毛。伞房状总状花序顶生或腋生；花梗被稀疏短柔毛；苞片卵形，脱落；萼片 5 片；花瓣 5，黄色，具明显的棕色网纹，倒卵形或椭圆形，先端圆形或微凹，基部有短爪；雄蕊 10，上面 3 枚为退化雄蕊；子房线形而扁。荚果呈略扁的圆柱形，形似羊角，黄棕色，长 10 ～ 13 厘米，宽 1 厘米，近无毛，种子卵形，一端稍尖，扁平，暗绿褐色。花期 8—9 月，果期 9—10 月。

图 159　望江南

【生境】生于村边荒地。

【分布】分布于黄山头镇。

【药用部位】种子和叶。

【采收加工】叶于夏季采收，鲜用或晒干。秋季种子成熟时，摘下荚果，打出种子，除去杂质，晒干。

【化学成分】望江南含有蒽醌类、黄酮类、甾醇类、木脂素类和多糖等成分。

【药理作用】望江南具有抗菌、抗氧化、抗疟、抗炎和抗肿瘤等药理活性。

【性味】种子：甘、苦，凉；有毒。叶：苦，寒。

【功能主治】种子：清热利湿，解毒散结，缓泻；主治肝阳头痛、目赤肿痛、肝炎、下痢腹痛、习惯性便秘、消化不良、肺痈等。叶：肃肺，清肝，和胃，消肿解毒；主治咳嗽、哮喘、脘腹痞块、血淋、便秘、头痛、目赤、疔疮肿毒、虫蛇咬伤。

紫荆属　*Cercis* L.

灌木或乔木，单生或丛生，无刺。叶互生，单叶，全缘或先端微凹，具掌状叶脉；托叶小，鳞片状或薄膜状，早落。花两侧对称，两性，紫红色或粉红色，具梗，排成总状花序单生于老枝上或聚生成花束簇生于老枝或主干上，通常先于叶开放；苞片鳞片状，聚生于花序基部，覆瓦状排列，边缘常被毛；小苞片极小或缺；花萼短钟状，微歪斜，红色，喉部具一短花盘，先端不等的 5 裂，裂齿短三角状；花瓣 5，近蝶形，具柄，不等大，旗瓣最小，位于最里面；雄蕊 10，分离，花丝下部常被毛，花药背部着生，药室纵裂；子房具短柄，有胚珠 2 ～ 10 颗，花柱线形，柱头头状。荚果扁狭长圆形，两端渐尖或钝，于腹缝线一侧常有狭翅，不开裂或开裂；种子 2 至多颗，小，近圆形，扁平，无胚乳，胚直立。本属约有 8 种，分布于东亚及北美。我国有 5 种，产于西南至东北地区。公安县有 1 种。

160. 紫荆 *Cercis chinensis* Bunge

【别名】罗钱树。

【形态】落叶小乔木或灌木，高达 15 米，经栽培通常为灌木。枝条上部略作“之”字形曲折，树皮幼时暗灰色而光滑，老时粗糙而作裂片，幼枝被细柔毛。单叶互生，革质，近圆形，长 6 ～ 14 厘米，宽 5 ～ 14 厘米，顶端钝尖而具突尖，基部心形，全缘，上面深绿色，具光泽，下面灰绿色，叶脉被细柔毛，叶脉掌状三至五出，于叶下面略隆起；叶柄长 2.5 ～ 4 厘米，无毛；托叶长椭圆形，早落。花先于叶开放，4 ～ 10 朵簇生于老枝上，花紫色，长约 1 厘米；小苞片 2 个，宽卵形，长约 2.5 毫米；小苞 2 个，宽卵形，花梗细长；花萼钟状；花冠蝶形；雄蕊 10，分离；子房光滑无毛，具柄，花柱上部弯曲。荚果条形至狭长方形，扁平，近圆形，长约 4 毫米，花期 4—5 月，果期 8—10 月。

图 160　紫荆

【生境】栽培于庭园。

【分布】分布于斗湖堤镇。

【采收加工】7—8 月采收树皮，晒干。

【化学成分】紫荆皮含鞣质，种子含微量游离的赖氨酸和天冬氨酸。

【药理作用】紫荆具有抗炎镇痛、抑菌、抗氧化等药理作用。

【性味】苦，凉。

【功能主治】活血通经，消肿解毒。主治经闭腹痛、疮疖痈肿、咽喉痛、牙痛、风湿性关节炎、跌打损伤、蛇虫咬伤等。

黄檀属 *Dalbergia* L. f.

攀缘状灌木或乔木。奇数羽状复叶，托叶通常小且早落；小叶互生；无小托叶。花小，多数，组成顶生或腋生的圆锥花序或二歧聚伞花序；苞片和小苞片通常小，脱落，稀宿存；花萼钟状，萼齿5，下方1枚通常最长，上方2枚常较阔且部分合生；花冠白色、淡绿色或紫色，旗瓣卵形、长圆形或圆形，先端常凹缺，翼瓣长圆形，瓣片基部楔形、截形或箭头状，龙骨瓣钝头，前喙先端多少合生；雄蕊10，稀为9，单体或分为（5 + 5）的2组，很少为（9 + 1）的2组，花药小，直，顶端短纵裂；子房具柄，胚珠少数，花柱内弯，粗短、纤细或锥尖，柱头小。荚果不开裂，长圆形或带状，翅果状，对种子部分多少加厚且常具网纹，其余部分扁平而薄；种子1至数粒，肾形，扁平，胚根内弯。本属约有100种，分布于亚洲、非洲和美洲的热带和亚热带地区。我国有28种，产于西南部、南部至中部地区。公安县有1种。

161. 黄檀　*Dalbergia hupeana* Hance

【形态】乔木，高10～20米。枝皮暗灰色，粗糙而成薄片剥落；小枝灰绿色，平滑无毛，有皮孔。单数羽状复叶互生，小叶7～17，矩圆形或宽椭圆形，长3～5厘米，先端钝，微缺，基部圆形，表面暗绿色，有光泽，背面带蓝绿色，有网脉，两面平滑无毛，具有短柄，小叶柄和叶轴有白色疏柔毛。花黄色，蝶形较小，成顶生或腋生圆锥花序，花梗有锈色疏毛；萼钟状，萼齿5，不等，最下面一个披针形，较长，上面两个宽卵形，结合，两侧2个卵形，较短，有锈色柔毛；雄蕊10，分2组，每组5枚。荚果矩圆形，扁平，先端较尖，长达8厘米。宽1厘米以上，平滑无毛，内含肾形种子1～3颗。花期7月，果期8—9月。

图161　黄檀

【生境】生于山地林中。

【分布】分布于黄山头镇。

【药用部位】根皮。

【采收加工】夏、秋季采挖，

【性味】辛、苦，平。有小毒。

【功能主治】清热解毒，止血消肿。主治疮疥疔毒、毒蛇咬伤、细菌性痢疾、跌打损伤等。

山蚂蝗属 *Desmodium* Desv.

草本、亚灌木或灌木。叶为羽状三出复叶或退化为单小叶；具托叶和小托叶，托叶通常干膜质，有条纹，小托叶钻形或丝状；小叶全缘或浅波状。花通常较小；组成腋生或顶生的总状花序或圆锥花序；苞片宿存或早落，小苞片有或缺；花萼钟状，4～5裂，裂片较萼筒长或短，上部裂片全缘或先端2裂至微裂；花冠绿白色、黄白色、粉红色或紫堇色，旗瓣圆形至长椭圆形，翼瓣多少与龙骨瓣贴连，均有瓣柄；雄蕊二体（9+1）或少有单体；子房通常无柄，有胚珠数颗。荚果扁平，不开裂，背腹两缝线稍缢缩或腹缝线劲直；荚节数枚。本属约有350种，多分布于亚热带和热带地区。我国有27种5变种，大多分布于南方地区。公安县有1种。

162. 糙毛假地豆 *Desmodium heterocarpon* var. *strigosum* van Meeuwen

【形态】小灌木或亚灌木。茎直立或平卧，高30～150厘米，基部多分枝，多少被糙伏毛，后变无毛。叶为羽状三出复叶，小叶3；托叶宿存，狭三角形，长5～15毫米，先端长尖，基部宽，叶柄长1～2厘米，略被柔毛；小叶纸质，顶生小叶椭圆形，长椭圆形或宽倒卵形，长2.5～6厘米，宽1.3～3厘米，侧生小叶通常较小，先端圆或钝，微凹，具短尖，基部钝，上面无毛，无光泽，下面被贴伏白色短柔毛，全缘，侧脉每边5～10条，不达叶缘；小托叶丝状，长约5毫米；小叶柄长1～2毫米，密被糙伏毛。总状花序顶生或腋生，长2.5～7厘米，总花梗密被淡黄色开展的钩状毛；花极密，每2朵生于花序的节上；苞片卵状披针形，被缘毛，在花未开放时呈覆瓦状排列；花梗长3～4毫米，近无毛或疏被毛；花萼长1.5～2毫米，钟形，4裂，疏被柔毛，裂片三角形，较萼筒稍短，上部裂片先端微2裂；花冠紫红色、紫色或白色，长约5毫米，旗瓣倒卵状长圆形，先端圆至微缺，基部具短瓣柄，翼瓣倒卵形，具耳和瓣柄，龙骨瓣极弯曲，先端钝；雄蕊二体，长约5毫米；雌蕊长约6毫米，子房无毛或被毛，花柱无毛。荚果密集，狭长圆形，长12～20毫米，宽2.5～3毫米，腹缝线浅波状，腹背两缝线被钩状毛，有荚节4～7，荚节近方形。花期7—10月，果期10—11月。

图162 糙毛假地豆

【生境】生于山坡草地。

【分布】分布于章庄铺镇。

扁豆属 *Lablab* Adans.

多年生缠绕藤本。羽状复叶具3小叶，托叶反折，宿存；小托叶披针形。总状花序腋生，花序轴上有肿胀的节；花萼钟状，裂片二唇形，上唇全缘或微凹，下唇3裂；花冠紫色或白色，旗瓣圆形，常反折，具附属体及耳，龙骨瓣弯成直角；对旗瓣的1枚雄蕊离生或贴生，花药一式；子房具多数胚珠；花柱扁或三面圆一面平，内弯，近顶部内缘被毛，柱头顶生。荚果长圆形或长圆状镰形，顶冠以宿存花柱，有时上部边缘具疣状体，具海绵质隔膜；种子卵形，扁，种脐线形，具线形或半圆形假种皮。本属有1种3亚种，原产于非洲，今全世界热带地区均有栽培。公安县亦有分布。

163. 扁豆 *Lablab purpureus* (L.) Sweet

图 163 扁豆

【形态】一年生缠绕藤本。茎常呈淡紫色或淡绿色，无毛。小叶 3 片，顶生小叶宽三角状卵形，长 5 ～ 10 厘米，宽 6 ～ 10 厘米，先端急尖，基部阔楔形或近圆形，侧生小叶较大，斜卵形，两面有疏毛，托叶小，线状披针形。总状花序腋生，长 15 ～ 25 厘米，直立，花序轴粗壮；花二至数朵丛生于花序轴的节上；小苞片 2，脱落；花萼宽钟状，萼齿 5，上部 2 齿，几完全合生，其余 3 齿近相等；花冠白色或紫红色，长约 2 厘米，旗瓣宽椭圆形，基部有两个附属体，并下延为两耳，二体雄蕊，子房有绢毛，基部有腺体，花柱近顶部有白色髯毛。荚果倒卵状长圆形，微弯，扁平，长 5 ～ 8 厘米，宽约 3 厘米，先端稍宽，顶上具 1 下弯的喙，边缘粗糙。种子 2 ～ 5 粒。扁椭圆形，白色。花期 7—9 月，果期 8—10 月。

【生境】各地均有栽培。

【分布】全县广布。

【药用部位】种子和花。

【采收加工】秋季种子成熟时摘下荚果，剥出种子，晒干。花在夏、秋季不完全开放时采摘，晒干或阴干。

【化学成分】扁豆含有甾体及苷类、蛋白质、糖类、维生素和矿物质等成分。

【药理作用】扁豆具有抗菌、抗病毒、升高白细胞、影响免疫功能的作用。

【性味】种子：甘、微温。花：苦，平。

【功能主治】种子：健脾化湿，消暑解毒；主治脾胃虚弱、暑湿吐泻、带下、酒毒等。花：消暑化湿，健脾和胃；主治暑湿泄泻、痢疾、带下等。

野扁豆属 *Dunbaria* Wight et Arn.

平卧或缠绕状草质或木质藤本。叶具羽状 3 小叶，小叶下面有明显的腺点；托叶早落或缺；小托叶常缺。花单生于叶腋或组成总状花序式排列，苞片早落或缺；小苞片缺，稀存；花萼钟状，裂齿披针形或三角形，下面一齿最长；花冠多少伸出萼外，干枯后宿存或脱落，旗瓣近圆形或倒卵形，基部具耳，翼瓣亦常具耳，龙骨瓣较翼瓣短，稍弯；雄蕊二体（9+1），对旗瓣的一枚离生，其他合生，花药一式；子房具柄或无柄，有胚珠数颗，花柱丝状，内向无毛，柱头头状，顶生。荚果线形，扁平，种子间不紧缩。本属约有 25 种，分布于热带亚洲和大洋洲。我国有 8 种，分布于西南、中南及东南部各省（区）。公安县有 1 种。

164. 野扁豆 *Dunbaria villosa* (Thunb.) Makino

图 164 野扁豆

【形态】多年生缠绕草本。茎细弱，微具纵棱，略被短柔毛。叶具羽状 3 小叶，托叶细小，常早落；叶柄纤细，长 0.8 ～ 2.5 厘米，被短柔毛；小叶薄纸质，顶生小叶较大，菱形或近三角形，侧生小叶较小，偏斜，长 1.5 ～ 3.5 厘米，宽 2 ～ 3.7 厘米，先端渐尖或急尖，尖头钝，基部圆形，宽楔形或近截平，两面微被短柔毛或有时近无毛，有锈色腺点，小叶干后略带黑褐色；基出脉 3 条，侧脉每边 1 ～ 2 条；小托叶极小，小叶柄长约 1 毫米，密被极短柔毛。总状花序或复总状花序腋生，长 1.5 ～ 5 厘米，密被极短柔毛；花 2 ～ 7 朵，长约 1.5 厘米；花萼钟状，被短柔毛和锈色腺点，长 5 ～ 9 毫米，4 齿裂，裂片披针形或线状披针形，不等长，通常下面一枚最长；花冠黄色，旗瓣近圆形或横椭圆形，基部具短瓣柄；翼瓣镰状，基部具瓣柄和一侧具耳，龙骨瓣与翼瓣相仿，但极弯，先端具喙，基部具长瓣柄；子房密被短柔毛和锈色腺点。荚果线状长圆形，长 3 ～ 5 厘米，宽约 8 毫米，扁平稍弯，被短柔毛或有时近无毛，先端具喙，果无果颈或具极短果颈；种子 6 ～ 7 颗，近圆形，长约 4 毫米，宽约 3 毫米，黑色。花期 7—9 月。

【生境】常生于旷野或路旁灌丛中。

【分布】分布于章庄铺镇、黄山头镇。

【药用部位】全草或种子。

【采收加工】春季采收全草，洗净，晒干。秋季采收种子，晒干。

【性味】甘，平。

【功能主治】清热解毒，消肿止带。主治咽喉肿痛、乳痈、牙痛、肿毒、毒蛇咬伤、带下。

皂荚属 *Gleditsia* L.

落叶乔木或灌木，干和枝通常具分枝的粗刺。叶互生，常簇生，一回和二回偶数羽状复叶，常生于同一植株上；叶轴和羽轴具槽；小叶多数，近对生或互生，基部两侧稍不对称或近于对称，边缘具细锯齿或钝齿，少有全缘；托叶小，早落。花杂性或单性异株，淡绿色或绿白色，组成腋生或少有顶生的穗状花序或总状花序，稀为圆锥花序；花托钟状，外面被柔毛，里面无毛；萼裂片 3 ～ 5，近相等；花瓣 3 ～ 5，稍不等，与萼裂片等长或稍长；雄蕊 6 ～ 10，伸出，花丝中部以下稍扁宽并被长曲柔毛，花药背着；子房无柄或具短柄，花柱短，柱头顶生；胚珠 1 至多数。荚果扁，劲直、弯曲或扭转，不裂或迟开裂；种子 1 至多颗，卵形或椭圆形，扁或近柱形。全世界约有 16 种，分布于亚洲中部、东南部和南北美洲。我国产6种2变种，广布于南北各省（区）。公安县有1种。

165. 皂荚 *Gleditsia sinensis* Lam.

【形态】落叶乔木，高达15米。茎具圆锥状硬刺，粗壮，通常分枝。偶数羽状复叶，小叶4～7对，小叶片卵形、卵状披针形或长椭圆状卵形，长3～8厘米，宽1～4厘米，先端钝或渐尖，基部斜圆形至斜楔形，边缘有细锯齿，无毛。花杂生，成腋生或顶生总状花序，花各部均有细柔毛；花萼钟形，裂片4，卵状披针形；花瓣4，淡黄白色，卵形或长椭圆形，雄蕊8，4长4短，子房条形，扁平。荚果直而扁平，有光泽，紫黑色被白粉霜，长12～30厘米，直径2～4厘米。种子多数，扁平，长椭圆形，长约1厘米，红褐色，有光泽。花期5—6月，果期7—10月。

图165 皂荚

【生境】生于住宅附近。

【分布】分布于章庄铺镇。

【药用部位】果实、棘刺和受伤害或衰老的畸形果实。果实称“皂角”，刺棘称“天丁”，畸形果实称“猪牙皂”。

【采收加工】果实：秋季果实成熟时采摘，晒干。刺棘：全年可采，采收时将镰刀绑在竹竿上，将刺割下，用铡刀纵切成柳叶形薄片，晒干。

【化学成分】刺棘：含黄酮苷、酚类、氨基酸。

皂角：含数种皂苷，其中分得一种皂苷元为阔叶合欢萜酸。

【药理作用】皂荚具有免疫调节、抑制肿瘤、抗凝血、抗肝纤维化等药理作用。

【性味】皂角和猪牙皂：辛，温；有小毒。天丁：辛，温。

【功能主治】皂角：开窍，豁痰，杀虫，通便；主治猝然昏厥、口噤不开、喉中痰壅、痰盛喘咳、便秘、肠风下血、颈淋巴结结核、痈肿便毒、疮癣疥癞等。

天丁：消肿托毒，排脓，杀虫；用于痈疽初起或脓成不溃，外治疥癣麻风。

猪牙皂：祛痰涎，开窍，解痉；主治咳嗽气喘、猝然昏厥、癫痫痰盛、中风牙关紧闭。

大豆属 *Glycine* Willd.

一年生或多年生草本。茎粗壮或纤细，缠绕、攀缘、匍匐或直立。羽状复叶通常具3小叶，有时5或7；托叶小，和叶柄离生，通常脱落；小托叶存在。总状花序腋生，在植株下部的常单生或簇生；苞片小，着生于花梗的基部，小苞片成对，着生于花萼基部，在花后均不增大；花萼膜质，钟状，有毛，深裂为近二唇形，上部2裂片通常合生，下部3裂片披针形至刚毛状；花冠微伸出萼外，通常紫色、淡紫色或白色，无毛，各瓣均具长瓣柄，旗瓣大，近圆形或倒卵形，基部有不很显著的耳，翼瓣狭，与龙骨瓣稍贴连，龙骨瓣钝，比翼瓣短，先端不扭曲；雄蕊单体(10)或对旗瓣的1枚离生而成二体(9+1)；子房近无柄，有胚珠数颗，花柱微内弯，柱头顶生，头状。荚果狭，两侧扁平，直或弯镰状，具果颈，种子间有隔膜，果瓣于开裂后扭曲；种子1～5颗。本属约有10种，分布于东半球热带、亚热带至温带地区。我国产6种，南北地区均产。公安县有1种。

166. 野大豆 *Glycine soja* Sieb. et Zucc.

【形态】一年生缠绕草本，长1～4米。茎、小枝纤细，全体疏被褐色长硬毛。叶具3小叶，长可达14厘米；托叶卵状披针形，急尖，被黄色柔毛。顶生小叶卵圆形或卵状披针形，长3.5～6厘米，宽1.5～2.5厘米，先端锐尖至钝圆，基部近圆形，全缘，两面均被绢状的糙伏毛，侧生小叶斜卵状披针形。总状花序通常短，稀长可达13厘米；花小，长约5毫米；花梗密生黄色长硬毛，苞片披针形；花萼钟状，密生长毛，裂片5，三角状披针形，先端锐尖；花冠淡红紫色或白色，旗瓣近圆形，先端微凹，基部具短瓣柄，翼瓣斜倒卵形，有明显的耳，龙骨瓣比旗瓣及翼瓣短小，密被长毛；花柱短而向一侧弯曲。荚果长圆形，稍弯，两侧稍扁，长17～23毫米，宽4～5毫米，密被长硬毛，种子间稍缢缩，干时易裂；种子2～3颗，椭圆形，稍扁，长2.5～4毫米，宽1.8～2.5毫米，褐色至黑色。花期7—8月，果期8—10月。

图166 野大豆

【生境】生于山坡向阳疏林、路边、田边。

【分布】全县广布。

【药用部位】种子。

【采收加工】秋季采收果序，晒干，收取种子。

【性味】甘，温。

【功能主治】补益肝肾，祛风解毒。主治头昏、目眩、肾虚腰痛、盗汗、筋骨疼痛。

木蓝属 *Indigofera* L.

灌木或草本，稀小乔木；多少被白色或褐色平贴丁字毛。奇数羽状复叶，少数为3小叶或单叶；托叶脱落或留存，小托叶有或无；小叶通常对生，稀互生，全缘。总状花序腋生，少数呈头状、穗状或圆锥状；苞片常早落；花萼钟状或斜杯状，萼齿5，近等长或下萼齿常稍长；花冠紫红色至淡红色，偶为白色或黄色，早落或旗瓣留存稍久，旗瓣卵形或长圆形，先端钝圆，翼瓣较狭长，龙骨瓣常呈匙形，常具爪与翼瓣钩连；雄蕊二体（9+1），花药同型，背着或近基着，药隔顶端具硬尖或腺点，有时具髯毛，基部偶有鳞片；

子房无柄，花柱线形，通常无毛，柱头头状，胚珠1至多数。荚果线形或圆柱形，稀长圆形或卵形或具4棱，被毛或无毛，偶具刺，内果皮通常具红色斑点；种子多数，肾形、长圆形或近方形。本属有700余种，广布于亚热带与热带地区。我国约有100种，各省均有分布，西南、华南地区为多。公安县有1种。

167. 马棘 *Indigofera pseudotinctoria* Matsum.

【形态】小灌木或半灌木，高60～90厘米。茎直立，分枝多，被白色丁字毛。奇数羽状复叶，互生，长达5.5厘米；叶柄被毛；小叶7～11片，小叶片矩状倒卵形，长1～2.5厘米，宽0.5～1厘米，先端微凹，有短尖，基部宽楔形，全缘，幼时稍被毛，老时秃净，小叶柄甚短，小托叶锥状。总状花序腋生，开花后较叶为长，可达10厘米，花约40朵，着生紧密，几无梗；花萼钟状，5裂，蝶形花冠红紫色，长约5毫米，旗瓣大，椭圆状圆形，被白色短柔毛；二体雄蕊。荚果圆柱形，幼时密生丁字毛，熟后暗紫色，内有肾状种子数粒。花期8—9月，果期10月。

图167 马棘

【生境】生于山坡林缘、溪边及草坡。

【分布】全县广布。

【药用部位】全草。

【采收加工】秋季挖根或全草，晒干。

【性味】苦，平。

【功能主治】清热解毒，消食导滞，化痰破结。主治扁桃体炎、淋巴结核、咳嗽气喘、食积腹胀、痔疮及创伤出血等。

鸡眼草属 *Kummerowia* Schindl.

一年生草本，常多分枝。叶为三出羽状复叶，托叶膜质，大而宿存，通常比叶柄长。花通常1～2朵簇生于叶腋，稀3朵或更多组成腋生簇状假聚伞果序；小苞片4枚生于花萼下方，其中有一枚较小；花小，旗瓣与翼瓣近等长，通常均较龙骨瓣短，正常花的花冠和雄蕊管在果时脱落，闭锁花或不发达的花的花冠、雄蕊管和花柱在成果时与花托分离连在荚果上，至后期才脱落；雄蕊二体（9+1）；子房有1胚珠。荚果扁平，具1节，1种子，不开裂。本属有2种，产于西伯利亚、中国、朝鲜、日本。公安县有1种。

168. 鸡眼草 *Kummerowia striata* (Thunb.) Schindl.

【形态】一年生或多年生草本，高10～30厘米，茎平卧，多分枝，茎和小枝上有向下倒挂的白色细毛。三出羽状复叶，互生；有披针形托叶2片，宿存；小叶长椭圆形或倒卵状长椭圆形，长0.5～1.5厘米，宽3～8毫米，先端短尖，基部楔形，全缘，沿中脉及叶缘有白色长毛，叶脉羽状，呈“人”字形。花蝶形，

1～2朵，腋生；小苞片4，卵状披针形；花萼深紫色，钟状，长2.5～3毫米，5裂，裂片阔卵形；花冠浅玫瑰色，较萼长2～3倍，旗瓣近圆形，顶端微凹，具爪，基部有小耳；翼瓣长圆形，基部有耳；龙骨瓣半卵形，有短爪和耳，旗瓣和翼瓣近等长，翼瓣和龙骨瓣的末端有深红色斑点；雄蕊二体。荚果卵状圆形，顶部稍急尖，有小喙，萼宿存。种子1粒，黑色，具不规则的褐色斑点。花期7—9月，果期9—10月。

【生境】生于路旁、田边及溪边。

图168 鸡眼草

【分布】分布于章庄铺镇。

【药用部位】全草。

【采收加工】夏、秋季采集，洗净，晒干。

【化学成分】叶含木犀草素-7-O-葡萄糖苷。

【性味】甘、涩，微寒。

【功能主治】清热解毒，利尿，止泻。主治感冒、发烧、湿热黄疸、腹泻痢疾等。

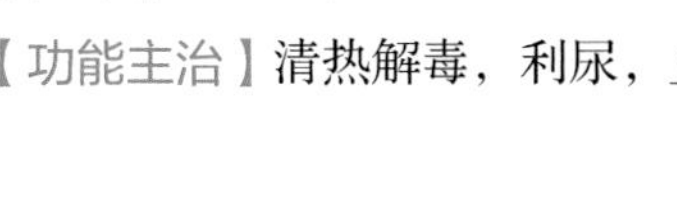

胡枝子属 *Lespedeza* Michx.

草本、半灌木或灌木。羽状复叶具3小叶；托叶小，钻形或线形，宿存或早落，无小托叶；小叶全缘，先端有小刺尖，网状脉。花通常紫色至红色，组成腋生的总状花序或头状花序；苞片小，宿存，小苞片2，着生于花基部；花萼钟形，5裂，裂片披针形或线形，上方2裂片通常下部合生，上部分离；花冠超出花萼，花瓣具瓣柄，旗瓣倒卵形或长圆形，翼瓣长圆形，与龙骨瓣稍附着或分离，龙骨瓣钝头、内弯；雄蕊10，二体（9+1）；子房上位，具1胚珠，花柱内弯，柱头顶生。荚果卵形、倒卵形或椭圆形，稀稍呈球形，双凸镜状，常有网纹；种子1颗，不开裂。本属约有60种，分布于欧洲、亚洲、北美洲及大洋洲。我国产26种，广布于全国。公安县有4种。

1. 花不具无瓣花，萼4裂……胡枝子 *L. bicolor*
1. 花具无瓣花，萼5裂。
   2. 总状花序较叶长……细梗胡枝子 *L. virgata*
   2. 花序较叶短。
      3. 枝被棕黄色长粗毛；叶卵圆形……铁马鞭 *L. pilosa*
      3. 枝被短柔毛；叶长圆状楔形……截叶铁扫帚 *L. cuneata*

169. 胡枝子 *Lespedeza bicolor* Turcz.

【形态】直立灌木，高达2米。茎多分枝，被疏柔毛。叶互生，三出复叶；托叶条形，长3～4毫米；顶生小叶较大，宽椭圆形、长圆形或卵形，长 1.5 ～ 5 厘米，宽 1 ～ 2 厘米，先端圆钝，微凹或有极小短尖，基部宽楔形或圆形，上面绿色，近无毛，下面淡绿色，疏生平伏柔毛，侧生小叶较小，具短柄。总状花序腋生，较叶长；小苞片长圆形或卵状披针形，有毛；花萼杯状，长 4 ～ 5 毫米，紫褐色，被柔毛，萼齿 4 裂；花冠蝶形，紫红色，旗瓣倒卵形，先端圆或微凹，基部有爪，翼瓣长圆形，有爪和短耳，龙骨瓣基部有爪，与旗瓣等长；雄蕊 10，二体；子房线形，有毛。荚果 1 节，扁平，倒卵形，长约 8 毫米，网脉明显，有密柔毛。种子1颗。花期 7—8 月，果期 9—10 月。

图 169　胡枝子

【生境】生于路旁灌丛及杂木林间。

【分布】分布于章庄铺镇、黄山头镇。

【药用部位】枝叶。

【采收加工】夏、秋季采收，鲜用或切断晒干。

【化学成分】枝叶含槲皮素、山柰酚、三叶豆苷、必需氨基酸、鞣质。

【性味】甘，平。

【功能主治】清热润肺，利尿通淋，止血。主治肺热咳嗽、感冒发热、百日咳、淋证、吐血、衄血、尿血、便血。

170. 截叶铁扫帚　*Lespedeza cuneata* (Dum.-Cours.) G. Don

【形态】直立小灌木，高 80 ～ 100 厘米。茎直立，圆柱形，有细棱，具短毛。枝条紧密。三出复叶互生，密集，叶柄短而细瘦；小叶片条状楔形，长 1 ～ 2.5 厘米，宽 2 ～ 4 毫米，先端平截而微凹，中央有小尖刺，基部狭楔形，全缘，上面无毛，下面有短伏贴毛或白色长柔毛，小叶柄不明显。花单生或数朵簇生于叶腋，花梗甚短，无关节，被灰色柔毛；花萼 5 裂，钟状；蝶形花冠淡白色，心部带红紫色晕。荚果卵形，稍斜，上部稍被毛，长约 3 毫米，棕色，先端有喙。花期 6—9 月，果期 10—11 月。

图 170　截叶铁扫帚

【生境】生于山坡、路旁、田边及林下。

【分布】分布于章庄铺镇、黄山头镇。

【药用部位】全株。

【采收加工】夏、秋季采挖全株，洗净，

晒干。

【化学成分】全株主要含黄酮类化合物、松醇、β－谷甾醇，另含酚性物质及酸性物质。

【药理作用】截叶铁扫帚具有抗氧化、抗溃疡性结肠炎、保肝、抗菌的药理作用。

【性味】微苦，平。

【功能主治】清热解毒，利湿消积。主治小儿疳积、消化不良、胃肠炎、细菌性痢疾、黄疸型肝炎、小儿口腔炎等。

171. 铁马鞭 *Lespedeza pilosa* (Thunb.) Sieb. et Zucc.

【形态】多年生草本。全株密被长柔毛，茎平卧，细长，长 60 ～ 80 厘米，少分枝，匍匐地面。托叶钻形，长约 3 毫米，先端渐尖；叶柄长 6 ～ 15 毫米；羽状复叶具 3 小叶；小叶宽倒卵形或倒卵圆形，长 1.5 ～ 2 厘米，宽 1 ～ 1.5 厘米，先端圆形、近截形或微凹，有小刺尖，基部圆形或近截形，两面密被长毛，顶生小叶较大。总状花序腋生，比叶短；苞片钻形，长 5 ～ 8 毫米，上部边缘具缘毛；总花梗极短，密被长毛；小苞片 2，披针状钻形，长 1.5 毫米，背部中脉具长毛，边缘具缘毛；花萼密被长毛，5 深裂，上方 2 裂片基部合生，上部分离，裂片狭披针形，长约 3 毫米，先端长渐尖，边缘具长缘毛；花冠黄白色或白色，旗瓣椭圆形，长 7 ～ 8 毫米，宽 2.5 ～ 3 毫米，先端微凹，具瓣柄，翼瓣比旗瓣与龙骨瓣短；闭锁花常 1 ～ 3 集生于茎上部叶腋，无梗或近无梗，结实。荚果广卵形，长 3 ～ 4 毫米，凸镜状，两面密被长毛，先端具尖喙。花期 7—9 月，果期 9—10 月。

图 171　铁马鞭

【生境】生于荒山坡及草地。

【分布】分布于黄山头镇。

【药用部位】全草。

【采收加工】夏、秋季采收，晒干。

【性味】苦、辛，平。

【功能主治】清热散结，活血止痛，行水消肿。用于颈淋巴结结核、冷脓肿、虚热不退、水肿、腰腿筋骨痛；外用治乳腺炎。

172. 细梗胡枝子 *Lespedeza virgata* (Thunb.) DC.

【形态】小灌木，高达 1 米，分枝无毛或疏被柔毛。小叶 3，长圆形或卵状长圆形，长 1 ～ 1.5 厘米，宽 5 ～ 10 毫米，先端圆钝，有短尖，基部圆形，上面无毛，下面有贴生柔毛，侧小叶较小；托叶线形。总状花序腋生，花疏生，总梗细长，长于叶；花梗短；无瓣花簇生于叶腋；花萼浅杯状，齿 5，狭披针形，有白色柔毛；花冠白色，旗瓣长 6 毫米，基部有紫斑，翼瓣较短，龙骨瓣长 6 毫米。荚果斜卵形，有网脉，有疏毛。花期 7—9 月，果期 9—10 月。

【生境】生于山坡草丛中。

【分布】分布于黄山头镇。

【药用部位】全草。

【采收加工】夏、秋季采收，洗净根部泥土，晒干备用。

【性味】甘、微苦，平。

【功能主治】清热解毒，利水消肿，通淋。治小儿疳积、痢疾、咳嗽、肝炎、肾炎、水肿、风湿性关节炎、刀伤出血等。

图 172 细梗胡枝子

苜蓿属 *Medicago* L.

一年生或多年生草本。茎直立或铺散。小叶 3，边缘通常具锯齿，侧脉直伸至齿尖。总状花序腋生，有时呈头状或单生，花小，一般具花梗；苞片小或无；萼钟形或筒形，萼齿 5，等长；花冠黄色或紫色，旗瓣倒卵形至长圆形，基部窄，常反折，翼瓣长圆形，一侧有齿尖突起与龙骨瓣的耳状体互相钩住，受粉后脱开，龙骨瓣钝头；雄蕊二体（9+1），花丝顶端不膨大，花药同型；花柱短，锥形或线形，两侧略扁，无毛，柱头顶生，子房线形，无柄或具短柄，胚珠 1 至多数。荚果螺旋形或多弯曲，比萼长，背缝常具棱或刺；有种子 1 至多数。种子小，通常平滑，肾形或长圆形，无种阜。本属约有 70 种，分布于欧洲、亚洲和非洲。我国有 13 种 1 变种。公安县有 2 种。

1. 荚果螺旋形，有刺；有 1 ～ 8 花；种子 2 粒以上……南苜蓿 *M. polymorpha*
1. 荚果弯曲，无刺；有 10 ～ 15 花；种子 1 粒……天蓝苜蓿 *M. lupulina*

173. 天蓝苜蓿 *Medicago lupulina* L.

【形态】一年生草本，高 20 ～ 60 厘米。茎多分枝，伏卧状或斜向上，有疏毛。三小叶互生，小叶宽倒卵形至菱形，长、宽各 0.5 ～ 2 厘米，顶端钝圆，微缺，基部楔形，上部边缘具锯齿，两面均有白色柔毛；小叶柄长 0.3 ～ 0.7 厘米，有毛；托叶斜卵形，长 0.5 ～ 1.2 厘米，宽 0.2 ～ 0.7 厘米，有柔毛。花 10 ～ 15 朵密集成头状的总状花序，生于叶腋；花梗长 1 ～ 3 厘米，被细茸毛；花萼钟状，有柔毛，萼筒短，萼齿 5，线状披针形；花冠蝶形，黄色，稍长于花萼。荚果弯，肾形，长约 0.2 厘米，成

图 173 天蓝苜蓿

熟时黑色，具纵纹，无刺，有疏柔毛。种子1粒，肾圆形，黄褐色，甚小。花期5—6月，果期7—8月。

【生境】生于山坡、路旁。

【分布】全县广布。

【药用部位】全草。

【采收加工】夏、秋季采收，洗净、晒干备用。

【性味】苦，寒；有小毒。

【功能主治】清热解毒，活血消肿。主治黄疸、痔疮出血、肠内下血、疔疮、蛇虫咬伤等。

174. 南苜蓿 *Medicago polymorpha* L.

【形态】一年生草本，高20～30厘米。茎平卧、上升或直立，基部分枝。羽状三出复叶；托叶大，卵状长圆形，长4～7毫米，先端渐尖，基部耳状，边缘具不整齐条裂，成丝状细条或深齿状缺刻，脉纹明显；叶柄柔软，细长，长1～5厘米，上面具浅沟；小叶倒卵形或三角状倒卵形，几等大，长7～20毫米，宽5～15毫米，纸质，先端钝，近截平或凹缺，具细尖，基部阔楔形，边缘在三分之一以上具浅锯齿，上面无毛，下面被疏柔毛，无斑纹。花序头状伞形，具花2～10朵；总花梗腋生，纤细无毛，长3～15毫米，通常比叶短，花序轴先端不呈芒状尖；苞片甚小，尾尖；花长3～4毫米；花梗不到1毫米；萼钟形，长约2毫米，萼齿披针形，与萼筒近等长，无毛或稀被毛；花冠黄色，旗瓣倒卵形，先端凹缺，基部阔楔形，比翼瓣和龙骨瓣长，翼瓣长圆形，基部具耳和稍阔的瓣柄，齿突甚发达，龙骨瓣比翼瓣稍短，基部具小耳，呈钩状；子房长圆形，镰状上弯，微被毛。荚果盘形，暗绿褐色，顺时针方向紧旋1.5～2.5(6)圈，螺面平坦无毛，有多条辐射状脉纹，近边缘处环结，每圈具棘刺或瘤突15枚；种子每圈1～2粒。种子长肾形，棕褐色，平滑。花期3—5月，果期5—6月。

图174　南苜蓿

【生境】生于旷野。

【分布】全县广布。

【药用部位】全草或根。

【采收加工】夏、秋季收割采挖，晒干，或鲜用。

【性味】全草：苦、微涩，平。根：苦、微涩，寒。

【功能主治】全草：清热利尿；治膀胱结石。根：清热利尿，退黄；治黄疸、尿路结石。

草木樨属 *Melilotus* Miller

一年生或二年生草本。茎直立，多分枝。叶互生，羽状三出复叶；托叶全缘或具齿裂，先端锥尖，基部与叶柄合生；顶生小叶具较长小叶柄，侧小叶几无柄，边缘具锯齿，有时不明显；无小托叶。总状花序细长，着生于叶腋，花序轴伸长，多花疏列，果期常延续伸展；苞片针刺状，无小苞片；花小，萼钟形，萼齿 5，近等长，具短梗；花冠黄色或白色，偶带淡紫色晕斑，花瓣分离，旗瓣长圆状卵形，先端钝或微凹，基部几无瓣柄，翼瓣狭长圆形，等长或稍短于旗瓣，龙骨瓣阔镰形，钝头，通常最短；雄蕊二体（9+1），上方 1 枚完全离生或中部连合于雄蕊筒，其余 9 枚花丝合生成雄蕊筒，花丝顶端不膨大，花药同型；子房具胚珠 2 ～ 8 粒，花柱细长，先端上弯，果时常宿存，柱头点状。荚果阔卵形或长圆形，伸出萼外，表面具网状或波状脉纹或皱褶；果梗在果熟时与荚果一起脱落；种子 1 ～ 2，阔卵形，光滑或具细疣点。本属有 20 余种，分布于欧洲、美洲及亚洲西部。我国有 4 种 1 亚种，分布很广，北部较多。公安县有 1 种。

175. 草木樨 *Melilotus officinalis* (L.) Pall.

【形态】一年生或二年生草本，高 60 ～ 100 厘米。茎直立，多分枝，无毛，有香气。三出复叶互生，小叶椭圆形或倒披针形，长 1 ～ 1.8 厘米，宽 0.3 ～ 0.6 厘米，先端钝圆，基部楔形，边缘具疏细齿，中脉突出呈短尖头，侧脉伸出齿缘，叶脉长 1 ～ 2 厘米；托叶线形，长约 5 毫米。总状花序腋生或顶生，花小，长 3 ～ 4 毫米；花梗短，苞片小；花萼钟状，有微毛，萼齿 5；花冠蝶形，黄色。荚果倒卵形或卵球形，长约 3 毫米，先端具宿存花柱，表面有网纹。种子 1，卵球形，棕褐色。花期 5—7 月，果期 8—9 月。

图 175　草木樨

【生境】生于山坡、草地。

【分布】全县广布。

【药用部位】全草。

【采收加工】立夏前后割取全草，晒干。

【化学成分】草木樨含挥发油、香豆精、脂肪油、果酸、木质素。

【药理作用】草木樨具有抗炎、镇痛、消肿、改善血管通透性及促进血液循环、抑菌、抗凝血、抗氧化、抗肿瘤等药理作用。

【性味】辛，平。

【功能主治】清热，解毒，化湿，杀虫。主治暑湿胸闷、口腻、口臭、疟疾、淋证、皮肤疮疡等。

【附注】“避汗草”早在《植物名实图考》已有记载：丛生，高尺余，一枝三叶，如小豆叶；夏开小黄花，如水桂花，人多摘置发中，避汗气。

崖豆藤属 *Millettia* Wight et Arn.

藤本、直立或攀缘灌木或乔木。奇数羽状复叶互生，托叶早落或宿存，小托叶有或无；小叶 2 至多对，通常对生；全缘。圆锥花序大，顶生或腋生；小苞片 2 枚，贴萼生或着生于花梗中上部；花萼阔钟状，萼齿 5，上方 1 齿较小，或为 4 齿；花冠紫色或粉红色，旗瓣内面常具色纹，翼瓣略小，龙骨瓣前缘多少黏合面稍膨大；雄蕊二体（9+1），花药同型，缝裂，中部以下背着，花丝顶端不膨大；花盘短圆筒形或不存在；子房无柄，线形，胚珠 4 ～ 10 粒；花柱向内弯曲，顶生，盘形或头状。荚果扁平或膨胀，线形或圆柱形，有种子 2 至多数；种子凸镜形、球形或肾形，肿脐周围常有一圈白色或黄色假种子，一侧延长成带状缠绕于珠柄上。本属约有 200 种，分布于热带和亚热带地区。我国有 35 种 11 变种。公安县有 1 种。

1. 旗瓣外面密生锈色毛………………………………………………………………香花崖豆藤 *M. dielsiana*

1. 花冠无毛………………………………………………………………………………网络崖豆藤 *M. reticulata*

176. 香花崖豆藤 *Millettia dielsiana* Harms

【形态】多年生攀缘灌木。根与根茎粗壮，折断时有红色汁液流出。幼枝和花序被金黄色茸毛。奇数羽状复叶，互生，小叶 5 片，长椭圆形或宽披针形，长 5 ～ 15 厘米，宽 2.5 ～ 5 厘米，顶端一片最大，先端钝尖，基部宽楔形，下面疏生短毛或无毛，叶脉在下面突出，全缘，小托叶锥形，不脱落。圆锥花序顶生，长 15 厘米，密被黄褐色茸毛，常下垂；苞片小，花着生于花序轴节上，具短梗，花萼钟形，密被锈色茸毛；花冠蝶形，红紫色，长 1.2 ～ 2 厘米，旗瓣外面带白色，密被金黄色或锈色绢状茸毛。荚果条形，长 7 ～ 12 厘米，宽 1.4 ～ 2.5 厘米，近木质，密被锈色绢毛。种子扁长圆形，3 ～ 5 粒，长约 1.5 厘米，紫棕色。花期 7—8 月，果期 9—10 月。

图 176　香花崖豆藤

【生境】多生于山坡灌丛中。

【分布】分布于黄山头镇、章庄铺镇。

【药用部位】根及藤茎。

【采收加工】10—11 月采收根及茎，洗净，切片晒干或鲜用。

【化学成分】香花崖豆藤含鸡血藤醇、无羁萜、无羁萜 -3β- 醇、豆甾醇、谷甾醇、菜油甾醇。

【性味】甘、微涩，温。

【功能主治】祛风通络，活血止痛。主治贫血、风湿性关节炎、月经不调、经闭、跌打损伤、创伤出血。

177. 网络崖豆藤 *Millettia reticulata* Benth.

【形态】藤本。小枝圆形，具细棱，初被黄褐色细柔毛，旋秃净，老枝褐色。羽状复叶长 10 ～ 20 厘米；叶柄长 2 ～ 5 厘米；叶柄无毛，上面有狭沟；托叶锥刺形，长 3 ～ 5(7) 毫米，基部向下突起成一对短而硬的距；叶腋有多数钻形的芽苞叶，宿存；小叶 3 ～ 4 对，间隔 1.5 ～ 3 厘米，硬纸质，卵状长椭圆形或长圆形，先端钝，渐尖，或微凹缺，基部圆形，两面均无毛，或被稀疏柔毛，侧脉 6 ～ 7 对，二次环结，细脉网状，两面均隆起，甚明显；小叶柄长 1 ～ 2 毫米，具毛；小托叶针刺状，长 1 ～ 3 毫米，宿存。圆锥花序顶生或着生于枝梢叶腋，长 10 ～ 20 厘米，常下垂，基部分枝，花序轴被黄褐色柔毛；花密集，单生于分枝上，苞片与托叶同型，早落，小苞片卵形，贴萼生；花梗被毛；花萼阔钟状至杯状，几无毛，萼齿短而钝圆，边缘有黄色绢毛；花冠红紫色，旗瓣无毛，卵状长圆形，基部截形，无胼胝体，瓣柄短，翼瓣和龙骨瓣均直，略长于旗瓣；雄蕊二体，对旗瓣的 1 枚离生；花盘筒状；子房线形，无毛，花柱很短，上弯，胚珠多数。荚果线形，狭长，长约 15 厘米，宽 1 ～ 1.5 厘米，扁平，瓣裂，果瓣薄而硬，近木质，有种子 3 ～ 6 粒；种子长圆形。花期 5—11 月。

【生境】栽培于庭园。

【分布】分布于夹竹园镇。

图 177　网络崖豆藤

豇豆属 *Vigna* Savi

缠绕草本或小藤本。羽状复叶具 3 小叶，托叶盾状着生或基着。总状花序或 1 至多花的花簇腋生或顶生，花序轴上花梗着生处常增厚并有腺体；苞片及小苞片早落；花萼 5 裂，二唇形，下唇 3 裂，中裂片最长，上唇中 2 裂片完全或部分合生；花冠小或中等大，白色、黄色、蓝色或紫色；旗瓣圆形，基部具附属体，翼瓣远较旗瓣为短，龙骨瓣与翼瓣近等长，无喙或有一内弯、稍旋卷的喙；雄蕊二体（9+1），对旗瓣的一枚雄蕊离生，其余合生，花药一式；子房无柄，胚珠 3 至多数，花柱线形，上部增厚，内侧具髯毛或粗毛，下部喙状，柱头侧生。荚果线形或线状长圆形、圆柱形或扁平，直或稍弯曲，二瓣裂，通常多少具隔膜；种子通常肾形或近四方形；种脐小或延长，有假种皮或无。本属约有 150 种，分布于热带地区。我国有 16 种，产于东南部、南部至西南部。公安县有 1 种。

178. 绿豆 *Vigna radiata* (L.) Wilczek

【形态】一年生草本，高约 60 厘米。茎直立，有时顶部稍为缠绕状，有淡褐色长硬毛。三出复叶互生，小叶 3，顶生小叶卵形至菱状卵形，长 6 ～ 10 厘米，顶端渐尖，侧生小叶偏斜，两面被稀长毛；叶柄长，密被长茸毛；托叶大，宽卵形，长约 1 厘米，基部于着生处下延。总状花序腋生，总花梗短于叶柄或等长，小苞片卵形或卵状长椭圆形，有长硬毛，萼斜钟状，萼齿 4，最下面 1 齿最长，近无毛；花冠蝶形，黄色，长约 1 厘米，具短柄。荚果圆柱形，长 6 ～ 8 厘米，宽约 6 毫米，散生淡褐色的长硬毛。种子绿色，有时黄褐色，花期 6—7 月，果期 8 月。

【生境】各地均有栽培。

【分布】全县广布。

【药用部位】种子和种皮。

【采收加工】秋季割取全株，晒后打下种子，再晒干。绿豆皮：当生产绿豆芽时，将生成的绿豆芽放在水中淘洗，捞起浮在水面上的种皮，晒干。

图 178 绿豆

【化学成分】绿豆含蛋白质、脂肪、碳水化合物、钙、磷、铁、胡萝卜素、维生素 B_1、维生素 B_2、烟酸。蛋白质主要为球蛋白，其组成中蛋氨酸、色氨酸和酪氨酸较少；磷脂成分中有磷脂酰胆碱、磷脂酰乙醇胺、磷脂酰肌醇、磷脂酰甘油、磷脂酰丝氨酸、磷脂酸。

【药理作用】绿豆具有抗菌、抑菌、降血脂、抗肿瘤、解毒的作用。

【性味】绿豆：甘，寒。绿豆皮：甘，凉。

【功能主治】绿豆：清热解暑，解毒利尿；主治暑热烦渴、食物和药物中毒、消化不良、小便不利、细菌性痢疾、疮疖肿毒等。绿豆皮：清热解毒，明目退翳；主治热毒疔痈疖肿、目赤翳障。

豌豆属 *Pisum* L.

一年生或多年生柔软草本，茎方形、空心、无毛。羽状复叶，小叶 2 ～ 6 片，卵形至椭圆形，全缘或多少有锯齿，下面被粉霜，托叶大，叶状；叶轴顶端具羽状分枝的卷须；花白色或颜色多样，单生或数朵排成总状花序腋生，具柄；萼钟状，偏斜或在基部为浅囊状，萼片多少呈叶片状；花冠蝶形，旗瓣扁倒卵形，翼瓣稍与龙骨瓣连生，雄蕊二体（9+1）；子房近无柄，有胚珠多颗，花柱内弯，压扁，内侧面有纵列的髯毛。荚果肿胀，长椭圆形，顶端斜急尖；种子数颗，球形。本属约有 6 种，产于欧洲及亚洲。

179. 豌豆 *Pisum sativum* L.

图 179 豌豆

【形态】一年生攀缘草本，高 1 ～ 2 米，全株光滑无毛，外被白色粉霜。羽状复叶互生，小叶 2 ～ 6，宽椭圆形或矩形，长 2 ～ 5 厘米，宽 1.2 ～ 2.5 厘米，顶端急尖，基部斜形，全缘，叶轴的顶端具羽状分枝卷须；托叶叶状，斜卵形或长椭圆形，大于小叶，中部以下外侧具细齿，基部呈耳状抱茎。花 1 ～ 3 朵腋生，单生或成总状花序，花梗较叶柄短；花萼钟形，基部偏斜，萼齿 5，披针形，上部 2 枚较宽；花冠蝶形，白色或紫色，旗瓣圆形，具阔而短的爪，翼瓣宽倒卵形，稍和龙骨瓣结合，基部一侧有耳；雄蕊 10(9+1)；花柱扁平，顶端扩大，上部侧向压扁，内侧具髯毛，子房无毛。荚果光滑，扁平，长椭圆形或矩形，背部近于伸直，里面有硬纸质皮，成熟后开裂，种子 2 ～ 10，圆形，黄色。花期 4 月，果期 5 月。

【生境】各地均有栽培。

【分布】全县广布。

【药用部位】种子。

【采收加工】春、夏季采收，去壳，晒干。

【化学成分】种子含植物凝集素、止杈素及赤霉素 A_{20}；未成熟种子含 4- 氯吲哚基 -3-2 酰 -L- 天门冬氨酸甲酯，豆荚含赤霉素 A_{20}。

【性味】甘，平。

【功能主治】健脾和胃。主治胃病吐逆、消渴、腹胀、泻痢。

葛属 *Pueraria* DC.

缠绕藤本，茎草质或基部木质。叶为具 3 小叶的羽状复叶，托叶基部着生或盾状着生，有小托叶；小叶大，卵形或菱形，全裂或具波状 3 裂片。花通常数朵簇生于花序轴的每一节上，排成腋生总状花序或圆锥花序，具延长的总花梗，或数个总状花序簇生于枝顶；苞片小或狭，极早落；小苞片小而近宿存或微小而早落；花萼钟状，上部 2 齿部分或完全合生；花冠伸出于萼外，天蓝色或紫色，旗瓣基部有附属体及内向的耳，翼瓣狭，长圆形或倒卵状镰刀形，龙骨瓣与翼瓣相等，稍直或顶端弯曲，或呈喙状；对旗瓣的 1 枚雄蕊仅中部与雄蕊管合生，基部分离，花药一式；子房无柄或近无柄，胚珠多颗，花柱丝状，上部内弯，柱头头状。荚果线形，稍扁或圆柱形，2 瓣裂；种子扁，近圆形或长圆形。本属约有 35 种，分布于亚洲东部。我国有 8 种，南北部地区都有。公安县有 1 种。

180. 野葛 *Pueraria lobata* (Willd.) Ohwi

【形态】藤本，长可达数 10 米，植株全体密生黄色粗毛，块根圆柱状，肥厚，茎基部粗壮，上部多分枝。三出复叶互生；顶生小叶菱状卵形，长 5.5 ～ 19 厘米，宽 4.5 ～ 18 厘米，顶端渐尖，基部圆形，有时浅裂，上面有粉霜，两面有毛，侧生 1 对小叶较小，斜卵形，两边不相等，有时浅裂，叶两面均被白色伏生短柔毛；托叶盾形，小托叶针状。总状花序腋生或顶生，花密，小苞片卵形或披针形；萼钟形，萼齿 5，披针形，上面 2 齿合生，下面 1 齿较长，内外均有黄色柔毛；花冠蝶形，紫红色，长约 1.5 厘米；旗瓣常圆形，顶端微缺，基部有 2 耳，翼瓣常只 1 边有耳；雄蕊 10(9+1)；花柱丝状，内弯，柱头头状。荚果条形，扁平，密生黄色长硬毛。花期 6—9 月，果期 8—10 月。

图 180 野葛

【生境】生于山坡草丛或路旁及阴湿的沟边

等处。

【分布】全县广布。

【药用部位】根、花。

【采收加工】根：春、秋、冬三季均可采挖，一般以冬季封冻前采挖为好。根挖出后，除去藤叶，洗净，置硫磺炕中熏一夜取出，刮去粗皮，切成厚块，再置硫磺炕内熏过夜，取出晒干或炕干。

花：立秋前后摘取花序，晒干，拣去梗、柄和杂质。

【化学成分】葛根中含有葛根素、大豆苷、大豆素及鹰嘴豆芽素等异黄酮类成分；此外，含有高级淀粉以及丰富的人体必需的氨基酸和矿物元素等营养成分。

【药理作用】野葛具有保护心肌、保护缺血缺氧组织、抗氧化、调控细胞凋亡、抗炎、降压、抑制动脉粥样硬化和抑制黑色素的形成等作用。

【性味】根：辛、甘，平。花：甘，平。

【功能主治】根：解肌透疹，生津止渴；主治感冒、发热恶寒、头项强痛、疹出不透、泻痢、消渴、心绞痛、突发性耳聋等。

花：醒胃，止泻，解酒毒；主治酒毒烦渴、肠风下血。

刺槐属 *Robinia* L.

乔木或灌木。无顶芽，腋芽为叶柄下芽。叶互生，奇数羽状复叶；托叶刚毛状或刺状；小叶全缘，具小叶柄及小托叶。总状花序腋生，下垂；苞片膜质，早落；花萼钟状，5 齿裂，上方 2 萼齿近合生；花冠白色、粉红色或玫瑰红色，花瓣具柄，旗瓣大，反折，翼瓣弯曲，龙骨瓣内弯，钝头；雄蕊二体，对旗瓣的 1 枚分离，其余 9 枚合生，花药同型，2 室纵裂；子房具柄，花柱钻状，顶端具毛，柱头小，顶生，胚珠多数。荚果扁平，沿腹缝线具狭翅；种子数粒，长圆形或偏斜肾形，无种阜。本属约有 20 种，分布于北美洲至中美洲。我国栽培 2 种，有 2 变种。公安县有 1 种。

181. 刺槐 *Robinia pseudoacacia* L.

【形态】落叶乔木，高 10 ～ 20 米，枝皮灰褐色，深纵裂，小枝暗褐色，具刺针，无毛或幼时微有细毛。奇数羽状复叶，互生，叶轴具浅沟，基部膨大。小叶 7 ～ 25，椭圆形、长圆形或卵形，长 2 ～ 5.5 厘米，宽 1 ～ 2 厘米，先端圆或微凹，有小尖，基部圆形，无毛或幼时疏生短毛。总状花序腋生，花序轴及花梗有柔毛；萼钟状，浅 5 裂，有毛；花冠白色，旗瓣有爪，基部有黄色斑点；子房无毛。荚果线状长圆形，扁平，长 5 ～ 10 厘米，宽 1 ～ 1.5 厘米，赤褐色，腹缝线上具窄翅，种子间不具横隔膜，种子 3 ～ 10，

图 181 刺槐

肾形，黑色。花期 4—5 月，果期 6 月。

【生境】生于路旁或栽培于房前屋后。

【分布】全县广布。

【药用部位】树皮或根皮及叶。

【采收加工】秋季采挖根皮或树皮，洗净，晒干。叶随采随用。

【化学成分】树皮含刺槐苷、蓖麻毒素。叶含黄酮苷及金合欢素。花含鞣质、黄酮类、毒蛋白和挥发油，油中含胡椒醛。种子含脂肪油，其主要为油酸、花生油酸等。

【性味】辛、微苦，寒。

【功能主治】凉血止血。主治痔疮出血、咯血、吐血、红崩及脱肛等。

车轴草属 *Trifolium* L.

一年生或多年生草本。茎直立、匍匐或上升。掌状复叶，小叶通常 3 枚，偶为 5 ～ 9 枚；托叶显著，通常全缘，部分合生于叶柄上；小叶具锯齿。花具梗或近无梗，集合成头状或短总状花序，花序腋生或假顶生，基部常具总苞或无；萼筒形或钟形，或花后增大，肿胀或膨大，萼喉张开，或具二唇状胼胝体而闭合，或具一圈环毛，萼齿等长或不等长；花冠红色、黄色、白色或紫色，也有具双色的，无毛，宿存，旗瓣离生或基部和翼瓣、龙骨瓣连合，后二者相互贴生；雄蕊二体（9+1），花药同型；子房无柄或具柄，胚珠 2 ～ 8 粒。荚果不开裂，包藏于宿存花萼或花冠中，稀伸出；果瓣多为膜质，阔卵形、长圆形至线形；通常有种子 1 ～ 2 粒。本属约有 250 种，分布于温带地区，为重要的牧草植物。我国包括引种栽培的有 13 种 1 变种。公安县有 1 种。

182. 白车轴草 *Trifolium repens* L.

【形态】多年生草本。茎匍匐，无毛。小叶 3，倒卵形至近倒心形，长 1.2 ～ 2 厘米，宽 1 ～ 1.5 厘米，先端圆或凹，基部楔形，上面无毛，下面微有毛；小叶近无柄；花托叶椭圆形，包茎。花序呈头状，有长总梗；萼筒状，萼齿三角形，较筒部短，均有微毛；花冠白色或淡红色。荚果倒卵状长圆形，长 3 毫米，膨大，藏于 1 厘米的萼内；种子 2 ～ 4，褐色，近圆形。花期 6 月。

图 182　白车轴草

【生境】栽培，并在湿润草地、河岸、路边呈半自生状态。

【分布】全县广布。

【药用部位】全草。

【采收加工】秋季采收，鲜用或晒干。

【性味】微甘，平。

【功能主治】清热，凉血，宁心。主治癫痫、痔疮。

野豌豆属 *Vicia* L.

一、二年生或多年生草本。偶数羽状复叶，叶轴末端具卷须或短尖头；托叶通常半箭头形，少数种类具腺点，无小托叶；小叶 1 ～ 12 对，长圆形、卵形、披针形至线形，先端圆、平截或渐尖，微凹，有细尖，全缘。花序腋生，总状或复总状，长于或短于叶；花多数、密集着生于长花序轴上部，稀单生或 2 ～ 4 簇生于叶腋，苞片甚小而且多数早落，大多数无小苞片；花萼近钟状，基部偏斜，上萼齿通常短于下萼齿，多少被柔毛；花冠淡蓝色、蓝紫色或紫红色；旗瓣倒卵形、长圆形或提琴形，先端微凹，下方具较大的瓣柄，翼瓣与龙骨瓣耳部相互嵌合，雄蕊二体 (9+1)，雄蕊管上部偏斜，花药同型；子房近无柄，胚珠 2 ～ 7，花柱圆柱形，顶端四周被毛；或侧向压扁于远轴端具一束髯毛。荚果略扁，两端渐尖，腹缝开裂；种子 2 ～ 7，球形、扁球形、肾形或扁圆柱形；胚乳微量，子叶扁平、不出土。本属约有 200 种，产于北温带地区和南美洲。我国有 43 种 5 变种，广布于全国各省（区）。公安县有 3 种。

1. 卷须不发达而变为针状……………………………………………………………………………………蚕豆 *V. faba*
1. 卷须发达。
    2. 花柱背面顶部有明显的一丛须状毛，花序无总梗或近无总梗………………………救荒野豌豆 *V. sativa*
    2. 花柱上部四周被短柔毛，花序有明显的总梗……………………………………………小巢菜 *V. hirsuta*

183. 蚕豆 *Vicia faba* L.

【形态】一年生草本，高 30 ～ 180 厘米。茎直立，不分枝，无毛，偶数羽状复叶，小叶 2 ～ 6，椭圆形至广椭圆形至矩形，长 4 ～ 7.5 厘米，顶端圆形或钝，少有急尖，具细尖，基部卷须，托叶大，半箭头形，两边有锯齿，无毛；叶轴顶端具退化卷须，托叶大，半箭头形，两边有锯齿，无毛，叶轴顶端具退化卷须。花单生或总状花序腋生，总花梗极短，花大，长 2.5 ～ 3.5 厘米；花萼钟状，长约 1.3 厘米，膜质，具 5 齿，萼齿卵状披针形，其中 2 个稍短；花冠蝶形，长约 1.3 厘米，膜质，斑纹，长约 3.2 厘米；子房无柄，无毛，花柱顶端背部有一丛痕状毛。荚果大而肥厚，长 5 ～ 10 厘米，宽 2 厘米或更宽，种子 2 ～ 4，椭圆形，略扁平。花期 3—4 月，果期 6 月。

【生境】各地均有栽培。

【分布】全县广布。

【药用部位】花、荚果。

【采收加工】清明前后当开花时摘取花序，晒干，分开梗叶。果实于 6 月采集，鲜用或晒干。

【化学成分】种子含巢菜碱苷 0.5%，蛋白质 28.1% ~ 28.9%，磷脂、胆碱，尚含植物凝集素。

【性味】甘、辛，平。

【功能主治】凉血，止血，止带。主治各种出血、高血压等。

图 183　蚕豆

184. 小巢菜 *Vicia hirsuta* (L.) S. F. Gray

【形态】一年生草本，高 15 ～ 90 厘米，攀缘或蔓生。茎细柔有棱，近无毛。偶数羽状复叶互生，末端卷须分枝；托叶线形，基部有 2 ～ 3 裂齿；小叶 4 ～ 8 对，线形或狭长圆形，长 0.5 ～ 1.5 厘米，宽 0.1 ～ 0.3 厘米，先端平截，微凹，具短尖头，基部渐狭呈楔形，两面无毛。总状花序腋生；花萼钟形，萼齿披针形，长约 0.2 厘米；花 2 ～ 5 朵密集于花序轴顶端，花甚小，仅长 0.3 ～ 0.5 厘米；花冠白色、淡蓝青色或紫白色，稀粉红色，子房无柄，密被褐色长硬毛。荚果长圆状菱形，长 0.5 ～ 1 厘米，宽 0.2 ～ 0.5 厘米，表皮密被棕褐色长硬毛；种子 2，扁圆形，两面凸出。花期 3—4 月，果期 4—5 月。

图 184　小巢菜

【生境】生于河滩、田边或路旁草丛。

【分布】分布于黄山头镇。

【药用部位】全草。

【采收加工】春、夏季采收全草，鲜用或晒干。

【化学成分】全草含蛋白质、脂肪、芹菜苷。叶含槲皮苷。

【性味】辛、甘，平。

【功能主治】清热利湿，调经止血。主治黄疸、疟疾、月经不调、带下、鼻衄。

185. 救荒野豌豆 *Vicia sativa* L.

【形态】一年生或二年生草本，高 15 ～ 90 厘米。茎斜升或攀缘，单一或多分枝，具棱，被微柔毛。偶数羽状复叶长 2 ～ 10 厘米，叶轴顶端卷须有 2 ～ 3 分枝；托叶戟形，通常 2 ～ 4 裂齿；小叶 2 ～ 7 对，长椭圆形或近心形，长 0.9 ～ 2.5 厘米，宽 0.3 ～ 1 厘米，先端圆或平截有凹，具短尖头，基部楔形，侧脉不甚明显，两面被贴伏黄柔毛。花 1 ～ 2 朵生于叶腋，近无梗；萼钟形，外面被柔毛，萼齿披针形或锥形；花冠紫红色或红色，旗瓣长倒卵圆形，先端圆，微凹，中部缢缩，翼瓣短于旗瓣，长于龙骨瓣；子房线形，微被柔毛，子房具柄短，花柱上部被淡黄白色髯毛。荚果线状长圆形，长 4 ～ 6 厘米，宽 0.5 ～ 0.8 厘米，表皮土黄色，种间缢缩，有毛，成熟时背腹开裂，果瓣扭曲。种子 4 ～ 8，圆球形，棕色或黑褐色。花期 4—7 月，果期 7—9 月。

图 185　救荒野豌豆

【生境】生于田边草丛及河滩。

【分布】全县广布。

【药用部位】全草。

【采收加工】夏季采收，晒干或鲜用。

【化学成分】全草含蛋白质、脂肪、无机盐。种子含胍、卵磷脂、筋骨草糖、蛋白质等，并含有氢氰酸。

【性味】甘、辛，温。

【功能主治】补肾调经，祛痰止咳。用于肾虚腰痛、遗精、月经不调、咳嗽痰多；外用治疔疮。

紫藤属 *Wisteria* Nutt.

落叶大藤本。奇数羽状复叶互生，托叶早落；小叶全缘，具小托叶。总状花序顶生，下垂；花多数，散生于花序轴上；苞片早落，无小苞片，具花梗；花萼杯状，萼齿 5，略呈二唇形，上方 2 枚短，大部分合生，最下 1 枚较长，钻形；花冠蓝紫色或白色，通常大，旗瓣圆形，基部具 2 胼胝体，花开后反折，翼瓣长圆状镰形，有耳，龙骨瓣内弯，钝头；雄蕊二体（9+1），对旗瓣的 1 枚离生或在中部与雄蕊管黏合，花丝顶端不扩大，花药同型；花盘明显被密腺环；子房具柄，花柱无毛，圆柱形，上弯，柱头小，点状，顶生，胚珠多数。荚果线形，伸长，具颈，种子间缢缩，迟裂，瓣片革质，种子大，肾形，无种阜。本属约有 10 种，分布于东亚、北美和大洋洲。我国有 5 种 1 变型，其中引进栽培 1 种。公安县有 1 种。

186. 紫藤 *Wisteria sinensis* (Sims) Sweet

【形态】攀缘灌木。根粗壮，圆柱形；藤长 3 ～ 10 米，多分枝。羽状复叶，小叶 7 ～ 13，卵形或卵状披针形，长 4.5 ～ 11 厘米，宽 2 ～ 5 厘米，先端渐尖，基部圆形或宽楔形，幼时两面有白色疏柔毛；叶轴疏生毛，小叶柄密生短柔毛。总状花序腋生，常与叶同时生出，下垂，长 15 ～ 30 厘米；花大，长 2.5 ～ 4 厘米；萼钟状，疏生柔毛；花冠紫色或深紫色，长达 2 厘米，旗瓣内面近基部有 2 个胼胝体状附属物。荚果扁，长线形，长 10 ～ 20 厘米，密生黄色茸毛；种子扁圆形。花期 4 月，果期 7 月。

图 186 紫藤

【生境】生于山林中或栽培于庭园。

【分布】分布于章庄铺镇、斗湖堤镇、黄山头镇。

【药用部位】根、茎皮、花及种子。

【采收加工】根、茎皮：春、夏季采集。花：4 月采集。种子：秋季采收。分别晒干。

【性味】苦、辛，温；有毒。

【功能主治】健脾除湿，解毒杀虫。治食物中毒、腹痛、吐泻、蛔虫病、关节疼痛。

五十五、酢浆草科 Oxalidaceae

一年生或多年生草本，极少为灌木或乔木。根茎或鳞茎状块茎，通常肉质。掌状或羽状复叶，或小叶萎缩而成单叶，基生或茎生；小叶在芽时或晚间反折而下垂，通常全缘；无托叶或有而极小。花两性，辐射对称，单个的伞形聚伞花序或总状花序；萼片 5，离生或基部合生，覆瓦状排列，少数为镊合状排列；花瓣 5，有时基部合生，旋转排列；雄蕊 10 枚，2 轮，5 长 5 短，外轮与花瓣对生，基部合生，有时 5 枚无药，花药 2 室，纵裂；雌蕊由 5 枚合生心皮组成，子房上位，5 室，每室有 1 至数颗胚珠，中轴胎座，花柱 5 枚，离生，宿存，柱头通常头状，有时浅裂。蒴果室背开裂，或少数为浆果；种子有直的胚，胚乳肉质。

本科有 7 ～ 10 属，1000 余种，主产于南美洲，次为非洲，亚洲极少。我国有 3 属约 10 种，分布于南北各地。

公安县境内的酢浆草科植物有 1 属 3 种。

酢浆草属 *Oxalis* L.

一年生或多年生草本。根具肉质鳞茎状或块茎状地下根茎。茎匍匐或披散。叶互生或基生，通常有 3 小叶，小叶在闭光时闭合下垂；无托叶或托叶极小。花 1 至数朵，顶生于叶腋总梗上；花黄色、红色、淡紫色或白色；萼片 5，覆瓦状排列；花瓣 5，覆瓦状排列，有时基部微合生；雄蕊 10，长短互间，全部具花药，花丝基部合生或分离；子房 5 室，每室具 1 至多数胚珠，花柱 5，分离。蒴果室背开裂，果瓣宿存于中轴上。种子具 2 瓣状的假种皮，种皮光滑，有横或纵肋纹；胚乳肉质，胚直立。本属约有 800 种，主要分布于南美洲及非洲的亚热带和热带地区。我国有 8 种。另外尚有多个外来种，均属庭园栽培。公安县有 3 种。

1. 叶片紫红色……………………………………三角紫叶酢浆草 *O. acetosella* subsp. *japonica*
1. 叶片淡绿色。
   2. 花黄色；茎匍匐，叶互生……………………………………酢浆草 *O. corniculata*
   2. 花淡紫色；地下部分有鳞茎，叶基生……………………………………红花酢浆草 *O. corymbosa*

187. 三角紫叶酢浆草 *Oxalis acetosella* subsp. *japonica* (Franch. & Sav.) H. Hara

【形态】多年生草本，高 8 ～ 10 厘米。根纤细，根茎横生，节间具 1 ～ 2 毫米长的褐色或白色小鳞片和细弱的不定根。茎短缩不明显，基部围以残存覆瓦状排列的鳞片状叶柄基。叶基生；托叶阔卵形，被柔毛或无毛，与叶柄茎部合生；叶柄长3～15厘米，近基部具关节；小叶3，倒心形，长5～20毫米，宽8～30毫米，先端凹陷，两侧角钝圆，基部楔形，两面被毛或背面无毛，有时两面均无毛。总花梗基生，单花，与叶柄近等长或更长；花梗长2～3厘米，被柔毛；苞片2，对生，卵形，长约3毫米，被柔毛；萼片5，卵状披针形，长3～5毫米，宽1～2毫米，先端具短尖，宿存；花瓣5，白色或稀粉红色，倒心形，长为萼片的1～2倍，先端凹陷，基部狭楔形，具白色或带紫红色脉纹；雄蕊10，长、短互间，花丝纤细，基部合生；子房5室，花柱5，细长，柱头头状。蒴果卵球形，长3～4毫米。种子卵形，褐色或红棕色，具纵肋。花期7—8月，果期8—9月。

【生境】广泛栽培于庭园。

【分布】分布于斗湖堤镇。

图187 三角紫叶酢浆草

188. 酢浆草 *Oxalis corniculata* L.

【形态】多年生草本，高15～22厘米，全草味酸。根茎细长或粗壮。茎细而柔软，下部斜卧地面呈匍匐状，多分枝，呈丛生状，上部稍直立，绿色，微带紫色，被毛，节处生有不定根。三出复叶，具长柄，小叶3，倒心形，长5～13毫米，宽6～15毫米，先端凹陷，基部楔形，全缘，背面沿叶脉及边缘有短毛；小叶无柄。伞形花序腋生，具花2～6朵，花序梗纤细，带紫色，有毛；萼片5；花瓣5，黄色；雄蕊10，5长5短，花丝基部合生成筒；子房上位，5室，柱头5裂。蒴果近圆柱形，有5纵棱，具毛，成熟时自行开裂，弹出种子。花期7—8月，果期8—9月。

【生境】喜生于路旁、田园、宅旁或沟边等处。

【分布】全县广布。

【药用部位】全草。

【采收加工】夏、秋季采挖全草，除去泥土，晒干。

【化学成分】全草含草酸盐、酒石酸、柠檬酸、苹果酸。

图188 酢浆草

【性味】酸，凉。

【功能主治】清热利尿，散瘀消肿，凉血止痛。主治尿路感染、淋证、结石、黄疸、腹泻、痢疾、肠炎、乳痈、丹毒、烧烫伤、跌打损伤、痈肿疮疖、脚癣、湿疹等。

189. 红花酢浆草 *Oxalis corymbosa* DC.

【形态】多年生直立或无茎草本，高达35厘米，地下部分有多数小鳞茎，鳞片褐色，有3纵棱。三小叶复叶，均基生，小叶阔倒卵形，长约3.5厘米，先端凹缺，被毛，两面有红棕色瘤状小腺点；叶柄长15～24厘米，被毛。伞房花序基生与叶等长或稍长，有5～10朵花；花淡紫红色；萼片5，顶端有2红色长形小腺体；花瓣5，淡紫色；雄蕊10，5长5短，花丝下部合生成筒，上部有毛；子房长椭圆形，花柱5，分离。蒴果短条形，角果状，长1.7～2厘米，有毛。熟时开裂，种子细小，椭圆形，棕褐色。花期5月，果期6—7月。

图189　红花酢浆草

【生境】生于疏林、荒坡或栽于庭园。

【分布】全县广布。

【药用部位】全草。

【采收加工】6—7月采收，晒干或鲜用。

【性味】酸，寒。

【功能主治】散瘀消肿，清热解毒。主治跌打损伤、咽喉肿痛、肾盂肾炎、淋浊、带下、水泻、痢疾、痈疮、烫伤。

五十六、牻牛儿苗科 Geraniaceae

草本，稀为亚灌木或灌木。叶互生或对生，叶片通常掌状或羽状分裂，具托叶。聚伞花序腋生或顶生，稀花单生；花两性，整齐，辐射对称或稀为两侧对称；萼片通常5或稀为4，覆瓦状排列；花瓣5或稀为4，覆瓦状排列；雄蕊10～15，2轮，外轮与花瓣对生，花丝基部合生或分离，花药“丁”字形着生，纵裂；蜜腺通常5，与花瓣互生；子房上位，心皮3～5室，每室具1～2倒生胚珠，花柱与心皮同数，通常下部合生，上部分离，柱头舌状，少数头状。果为蒴果，通常由中轴延伸成喙，稀无喙，室间开裂或稀不开裂，每果瓣具1种子，开裂的果瓣常由基部向上反卷或呈螺旋状卷曲。种子具微小胚乳或无胚乳，子叶折叠。

本科有11属约850种，广泛分布于温带、亚热带和热带山地。我国有4属约67种，各省(区)都有分布。公安县境内的牻牛儿苗科植物有1属1种。

老鹳草属 *Geranium* L.

一年生或多年生草本，通常被倒向毛。茎具明显的节。叶对生或互生，具托叶，通常具长叶柄；叶片掌状分裂或细裂。花序聚伞状或单生，每总花梗通常具2花；总花梗具腺毛或无腺毛；花整齐，花萼和花瓣5，覆瓦状排列，腺体5，每室具2胚珠。蒴果具长喙，5果瓣，每果瓣具1种子，果瓣在喙顶部合生，成熟时沿主轴从基部向上端反卷开裂，弹出种子或种子与果瓣同时脱落，附着于主轴的顶部，果瓣内无毛。种子具胚乳或无。本属约有300种，世界广布，但主要分布于温带及热带山区。我国约有60种，全国广布，但主要分布于西南、西北部地区。公安县有1种。

190. 野老鹳草 *Geranium carolinianum* L.

【形态】一年生草本，高20～60厘米，根纤细，单一或分枝，茎直立或仰卧，单一或多数，具棱角，密被倒向短柔毛。基生叶早枯，茎生叶互生或最上部对生；托叶披针形或三角状披针形，长5～7毫米，宽1.5～2.5毫米，外被短柔毛；茎下部叶具长柄，柄长为叶片的2～3倍，被倒向短柔毛，上部叶柄渐短；叶片圆肾形，长2～3厘米，宽4～6厘米，基部心形，掌状5～7裂近基部，裂片楔状倒卵形或菱形，下部楔形、全缘，上部羽状深裂，小裂片条状矩圆形，先端急尖，表面被短伏毛，背面主要沿脉被短伏毛。花序腋生和顶生，长于叶，被倒生短柔毛和开展的长腺毛，每总花梗具2花，顶生总花梗常数个集生，花序呈伞状；花梗与总花梗相似，等于或稍短于花；苞片钻状，长3～4毫米，被短柔毛；萼片长卵形或近椭圆形，长5～7毫米，宽3～4毫米，先端急尖，具长约1毫米尖头，外被短柔毛或沿脉被开展的糙柔毛和腺毛；花瓣淡紫红色，倒卵形，稍长于萼，先端圆形，基部宽楔形，雄蕊稍短于萼片，中部以下被长糙柔毛；雌蕊稍长于雄蕊，密被糙柔毛。蒴果长约2厘米，被短糙毛，果瓣由喙上部先裂向下卷曲。花期4—7月，果期5—9月。

图190 野老鹳草

【生境】生于平原杂草丛中。

【分布】全县广布。

【药用部位】干燥地上部分。

【采收加工】夏、秋季果实近成熟时采割，捆成把，晒干。

【性味】辛、苦，平。

【功能主治】祛风湿，通经络，止泻痢。用于风湿痹痛、麻木拘挛、筋骨酸痛、泄泻痢疾。

五十七、大戟科 Euphorbiaceae

草本、灌木或乔木。木质根，稀为肉质块根；通常无刺，常有乳状汁液。叶互生，少有对生或轮生，单叶，稀为复叶，或叶退化呈鳞片状，边缘全缘或有锯齿，稀为掌状深裂；具羽状脉或掌状脉；叶柄长至极短，基部或顶端有时具有 1 ～ 2 枚腺体；托叶 2，着生于叶柄的基部两侧，早落或宿存，稀托叶鞘状，脱落后具环状托叶痕。花单性，雌雄同株或异株，单花或组成各式花序，通常为聚伞或总状花序，在大戟属中为特殊化的杯状花序；萼片分离或在基部合生，覆瓦状或镊合状排列，在特化的花序中有时萼片极度退化或无；花瓣有或无；花盘环状或分裂成为腺体状，稀无花盘；雄蕊1枚至多数，花丝分离或合生成柱状，在花蕾时内弯或直立，花药 2 ～ 4 室，纵裂，稀顶孔开裂或横裂；雄花常有退化雌蕊；子房上位，3 室，稀2室或4室或更多或更少，每室有1～2颗胚珠着生于中轴胎座上，花柱与子房室同数，分离或基部连合，顶端常 2 至多裂，柱头形状多变，常呈头状、线状、流苏状、折扇形或羽状分裂。果为蒴果、核果或浆果状，常从宿存的中央轴柱分离成分果爿；种子常有显著种阜，胚乳丰富，肉质或油质，胚大而直或弯曲，子叶通常扁而宽。

本科约有 300 属 5000 种，广布于全球，但主产于热带和亚热带地区。我国连引入栽培共有 70 多属约 460 种，分布于全国各地，但主产地为西南地区至台湾地区。

公安县境内的大戟科植物有 9 属 15 种。

1. 子房每室 2 颗胚珠；植株无内生韧皮部；叶柄和叶片均无腺体；花粉粒双核。
   2. 花有花盘……叶下珠属 *Phyllanthus*
   2. 花无花盘……算盘子属 *Glochidion*
1. 子房每室 1 颗胚珠；植株通常存在内生韧皮部；叶柄上部或叶片基部通常具有腺体；花粉粒双核或三核。
   3. 植株无乳汁管组织；单叶，稀复叶；花瓣存在或退化；花粉粒双核，多数具三沟孔，外层具网状到细皱的穿孔。
      4. 花丝离生或仅基部合生，雄花在苞腋多朵簇生或排成团伞花序。
         5. 圆锥花序……假奓包叶属 *Discocleidion*
         5. 穗状花序或圆锥花序。
            6. 多年生草本或灌木……铁苋菜属 *Acalypha*
            6. 乔木或灌木……野桐属 *Mallotus*
      4. 花丝合生成多个雄蕊束……蓖麻属 *Ricinus*

3. 植株具有乳汁管组织；单叶全缘至掌状分裂，或复叶；花瓣大多数存在；花粉粒双核或三核。

5. 液汁透明至淡红色或乳白色；二歧圆锥花序至穗状花序；苞片基部通常无腺体；花瓣通常存在……油桐属 *Vernicia*

5. 乳汁白色；总状花序、穗状花序或大戟花序；苞片基部通常具 2 枚腺体；雄蕊在花蕾中通常直立；无花瓣。

6. 灌木或乔木；穗状花序，稀总状花序……乌桕属 *Sapium*

6. 草本或木本；杯状聚伞花序……大戟属 *Euphorbia*

铁苋菜属 *Acalypha* L.

一年生或多年生草本或灌木。单叶互生，通常卵形，全缘或有锯齿，具基出脉 3 ～ 5 条或为羽状脉；具叶柄；托叶 2，披针形或钻状。雌雄同株，稀异株，花序腋生或顶生成穗状花序或圆锥花序；通常雌花生于雄花的下部，苞片在花后增大，无花瓣。雄花：花萼花蕾时闭合，萼裂片 4，镊合状排列，雄蕊通常 8 枚，花丝离生，花药 2 室，药室叉开或悬垂，无不育雌蕊；雌花通常有叶状苞片，萼裂片 3 ～ 5，覆瓦状排列，近基部合生，子房 3 室或 2 室，每室具胚珠 1 粒，花柱离生或基部合生，细裂为多条线状的花柱枝。蒴果小，通常具 3 个 2 裂的分果爿，果皮具毛或软刺；种子近球形，种皮壳质，胚乳肉质，子叶宽扁。本属约有 450 种，广布于全世界热带、亚热带地区。我国约有 17 种，其中栽培 2 种，南北各地均有分布。公安县有 1 种。

191. 铁苋菜 *Acalypha australis* L.

【形态】一年生草本，高 20 ～ 50 厘米。茎直立，多分枝，有纵条纹，被毛。单叶互生，薄纸质，椭圆形或卵菱形，长 2.5 ～ 3 厘米，宽 1.5 ～ 4 厘米，先端渐尖，基部楔形或圆形，边缘有钝齿，两面略粗，被稀疏毛或无毛。花单性，雌雄同株。穗状花序腋生，花小，无花瓣，雌雄同序，花序生于苞片腋内，苞片开展时肾形，合时如蚌，边缘有锯齿，两面有毛，雄花长在花序上端，花萼 4 裂，雄蕊 8 枚，无退化子房及花盘，雌花生于花序下端，萼片 3 片，子房圆球形，被细毛，8 室，每室胚珠 1 枚，花柱 8 枚。蒴果小，三角状半圆形，直径 3 ～ 4 毫米，每室含种子 1 粒，种子卵形，灰褐色，花期 5—7 月，果期 7—10 月。

图 191 铁苋菜

【生境】生于田野、路旁。

【分布】全县广布。

【药用部位】全草。

【采收加工】夏、秋季采挖全草，晒干。

【化学成分】铁苋菜全草含铁苋菜碱，并有水解鞣质、黄酮、酚类等成分。

【药理作用】铁苋菜具有抗炎、抗氧化、抗癌、止血、止泻、平喘、抑制微生物、解痉、解蛇毒的作用。

【性味】苦、涩，平。

【功能主治】清热解毒，止血止泻。主治肠炎、痢疾、吐血、衄血、下血；外治皮炎、湿疹、外伤出血。

假奓包叶属 *Discocleidion* (Muell. Arg.) Pax et Hoffm.

灌木或小乔木。叶互生，边缘有锯齿，基出脉 3 ～ 5 条；具小托叶 2 枚。花雌雄异株，无花瓣，排列成顶生或腋生的总状花序或圆锥花序；雄花 3 ～ 5 朵簇生于苞腋，花蕾球形，花萼裂片 3 ～ 5，镊合状排列，雄蕊 25 ～ 60 枚，花丝离生，花药 4 室，内向，纵裂，药隔不突出，花盘具腺体，腺体靠近雄蕊，小，呈棒状圆锥形，无不育雌蕊；雌花 1 ～ 2 朵生于苞腋，花萼裂片 5；花盘环状，具小圆齿；子房 3 室，每室有胚珠 1 颗，花柱 3，2 裂至中部或几达基部。蒴果具 3 个分果爿，2 瓣裂；种子球形，稍具疣状突起。本属有 3 种，分布于我国和日本。我国产 2 种。公安县有 1 种。

192. 假奓包叶 *Discocleidion rufescens* (Franch.) Pax et Hoffm.

【形态】落叶灌木，高 1 ～ 2 米，单生或一蔸 3 ～ 5 簇生，树皮灰黑色；小枝、叶柄、花序均密被白色或淡黄色长柔毛。叶纸质，卵形或卵状椭圆形，长 7 ～ 14 厘米，宽 5 ～ 12 厘米，顶端渐尖，基部圆形或近截平，稀浅心形或阔楔形，边缘具锯齿，上面被糙伏毛，下面被茸毛，叶脉上被白色长柔毛；基出脉 3 ～ 5 条，侧脉 4 ～ 6 对；叶柄长 3 ～ 8 厘米，顶端具 2 枚线形小托叶，长约 3 毫米，被毛，边缘具黄色小腺体。雌雄异株，总状花序或下部多分枝呈圆锥花序，长 15 ～ 20 厘米，苞片卵形，长约 2 毫米；雄花 3 ～ 5 朵簇生于苞腋，花梗长约 3 毫米；花萼裂片 3 ～ 5，卵形，长约 2 毫米，顶端渐尖；雄蕊 35 ～ 60 枚，花丝纤细；腺体小，棒状圆锥形；雌花 1 ～ 2 朵生于苞腋，苞片披针形，长约 2 毫米，疏生长柔毛，花梗长约 3 毫米；花萼裂片卵形，长约 3 毫米；花盘具圆齿，被毛；子房被黄色糙伏毛，花柱 3，2 深裂至近基部，密生羽毛状突起。蒴果扁球形，直径 6 ～ 8 毫米，被柔毛。花期 4—8 月，果期 8—10 月。

图 192 假奓包叶

【生境】生于路边灌丛中。

【分布】分布于章庄铺镇。

大戟属 *Euphorbia* L.

草本、灌木或乔木，植物体通常含有丰富的乳状液汁。根圆柱状或纤维状，或具不规则块根。叶常互生或对生，少轮生，常全缘，少分裂或具齿或不规则；叶常无叶柄，少数具叶柄；托叶常无，少数存在或呈钻状，或呈刺状。花单性，无花被，组成杯状聚伞花序，单生或组成复花序，复花序呈单歧或二歧或多歧分枝，多生于枝顶或植株上部，少数腋生；每个杯状聚伞花序由 1 枚位于中间的雌花和多枚位于周围的雄花同生于 1 个杯状总苞内而组成，为本属所特有，故又称大戟花序；雄花仅有 1 枚雄蕊，花丝与花梗间具不明显的关节；雌花少数具退化的且不明显的花被；子房 3 室，每室 1 个胚珠；花柱 3，常分裂或基部合生；柱头 2 裂或不裂。蒴果，成熟时分裂为 3 个 2 裂的分果爿；种子每室 1 枚，深褐色或淡黄色，表面光滑或有各种疣状突起或横沟；种阜存在或否，胚乳丰富；子叶肥大。本属约有 2000 种，主要分布于亚热带和温带地区。我国约有 66 种，广布于南北各地。公安县有 5 种。

1. 匍匐状小草本，叶小。
  2. 茎和果通常无毛；叶先端钝圆，中央无紫斑；种子卵形……地锦 *E. humifusa*
  2. 茎和果有柔毛；叶先端尖锐，中央有紫斑；种子有角棱……斑地锦 *E. maculate*
1. 直立草本。
  3. 有粗大的根。
    4. 茎上被白色卷曲的柔毛；蒴果有疣状突起……大戟 *E. pekinensis*
    4. 茎无毛或仅上部稍有毛；蒴果光滑，无毛……钩腺大戟 *E. sieboldiana*
  3. 无粗大的根……泽漆 *E. helioscopia*

193. 泽漆 *Euphorbia helioscopia* L.

【形态】一年生或二年生草本。茎高 20 ～ 30 厘米，基部分枝，含白色乳汁，上部淡绿色，被疏长柔毛，下部带紫红色。叶互生，倒卵形或匙形，长 1 ～ 3 厘米，宽 6 ～ 20 毫米，先端圆或微凹，基部狭楔形或宽楔形，边缘中部以上有细锯齿；无叶柄或有极短的柄。茎顶端有 5 片轮生叶状苞，与下部叶相似而较大。多歧聚伞花序顶生，有 5 伞梗，每伞梗再生 3 小伞梗，每小伞梗又第三回分为二叉，总苞顶端 4 浅裂；裂片间有腺体 4，肾形，黄绿色；子房 3 室，花柱 3。蒴果球形，直径 3 毫米，光滑，种子卵形，褐色，有凸起的网纹。花期 4—5 月，果期 6—8 月。

图 193 泽漆

【生境】生于路旁草丛中。

【分布】全县广布。

【药用部位】全草。

【采收加工】春、夏季采集，晒干。

【化学成分】泽漆主要含二萜酯类、黄酮、三萜、甾醇、多酚类、氨基酸及天然油脂类化合物。

【药理作用】泽漆具有抗肿瘤、抑制蘑菇酪氨酸酶、平喘止咳、抑菌的作用。

【性味】辛、苦，微寒；有小毒。

【功能主治】逐水消肿，化痰散结，杀虫止痒。主治水肿、腹水、痰饮咳嗽、疳积、细菌性痢疾、瘰疬、癣疮，外用治淋巴结结核、结核性肛瘘、神经性皮炎。

194. 地锦 *Euphorbia humifusa* Willd.

【形态】一年生小草本。茎纤细，匍匐，自基部分枝，高 5 ～ 30 厘米，带紫红色，无毛或疏生柔毛，有白色乳汁。叶通常对生，长圆形或倒卵状椭圆形，长 5 ～ 10 毫米，宽 4 ～ 6 毫米，先端钝圆，基部截形或圆楔形，不对称，边缘有浅锯齿，绿色或带红色，两面无毛或有时疏生柔毛；叶柄短。杯状聚伞花序，单生于枝腋和叶腋，总苞倒圆锥形，浅红色，顶端 4 裂，裂片长三角形；腺体 4，有白色花瓣状附属物；花单性，雌雄同株，雄花数朵，雄蕊 1 枚，雌花 1 朵，位于中央；子房 3 室，花柱 3，2 裂。蒴果三棱状球形，直径约 1.3 毫米，平滑，无毛；种子卵形而有角棱，长 0.7 毫米，黑褐色，平滑。花期 8—9 月，果期 10—12 月。

图 194 地锦

【生境】生于荒野、路旁、田间。

【分布】全县广布。

【药用部位】全草。

【采收加工】夏、秋季采集，去根，晒干。

【化学成分】全草含黄酮类（槲皮素等）、没食子酸、没食子酸甲酯、内消旋肌醇。叶含鞣质。

【药理作用】地锦具有抑菌、抗真菌、止血、解毒、护肝、抗过敏、免疫调节等作用。

【性味】微辛、涩，平。

【功能主治】凉血，止血，利尿，消肿，清热解毒，通乳，健胃。主治尿血、便血、崩漏、痔疮出血、外伤出血、痢疾、腹泻、蛇咬伤、疔疖疮毒、肠炎、肝炎、尿路感染、小儿疳积、乳汁不通、乙型脑炎、吐血、咯血、子宫出血、跌打肿痛、下肢溃疡、湿疹。

195. 斑地锦 *Euphorbia maculata* L.

【形态】一年生小草本。根纤细，茎细柔，匍匐地面，长可达 25 厘米，折断后有白色乳汁，近基部分枝，分枝较密，暗红色，表面有白色细柔毛。叶小，对生。椭圆形或长椭圆形，长 5 ～ 8 毫米，宽 2 ～ 5 毫米，顶端尖，基部两侧不对称，边缘中部以上具疏锯齿，上面暗绿色，中央有暗紫色的斑纹，下面被

图 195 斑地锦

白色短柔毛。杯状聚伞花序单生于叶腋和枝腋，呈暗红色，总苞钟状，4 裂，腺体 4，横椭圆形，具花瓣状附属物；总苞中包含由 1 枚雄蕊所组成的雄花数朵，中间有雌花 1 朵；子房具柄，3 室，悬垂于总苞外，花柱 3，蒴果三棱状卵球形，表面具白色细柔毛，顶端花柱宿存，种子卵形而具角棱。花期 5—6 月，果期 8—9 月。

【生境】生于路旁和园圃内。

【分布】全县广布。

【药用部位】全草。

【采收加工】夏、秋季采收全草，洗净，晒干。

【化学成分】斑地锦主要含可水解性鞣质类和槲皮素、山柰素等黄酮类化物。

【药理作用】斑地锦具有抗菌、抗病毒、抗氧化、护肝、止血等生物活性。

【性味】辛，平。

【功能主治】止血，清湿热，通乳。主治黄疸、泄泻、疳积、血痢、尿血、血崩、外伤出血、乳汁不多、痈肿疮毒。

196. 大戟 *Euphorbia pekinensis* Rupr.

图 196 大戟

【形态】多年生草本。根圆锥状。茎直立，高 20 ～ 80 厘米，上部分枝，被白色卷曲的柔毛。叶互生，披针形至长椭圆形，长 2.5 ～ 8 厘米，宽 6 ～ 12 毫米，先端钝尖，基部狭，全缘，上面绿色，下面灰绿色，稍被白粉，无毛；几乎无叶柄。总花序通常有 5 伞梗，基部有卵形至卵状披针形的苞片 5 枚轮生，杯状花序总苞坛形，顶端 4 裂；腺体长椭圆形，直径约 1.5 毫米，暗褐紫色，无花瓣状附属物；子房球形，3 室，顶端 2 裂。蒴果三棱状球形，有疣状突起；种子卵圆形，光滑。花期 6—9 月，果期 7—9 月。

【生境】多生于山坡、路旁、田边荒草地中。

【分布】分布于章庄铺镇、黄山头镇。

【药用部位】根。

【采收加工】春、秋季采挖，除去芦头、须根和泥土，晒干。

【化学成分】根含大戟苷、大戟素及生物碱。

【药理作用】大戟具有泻下、利尿、抗炎、抗肿瘤和抗白血病等药理作用。

【性味】苦，寒；有毒。

【功能主治】泻火逐饮，解毒散结。主治痰饮积聚、肝硬化腹水、肾炎水肿，外治痈疽肿毒、瘰疬。

197. 钩腺大戟 *Euphorbia sieboldiana* Morr. et Decne.

图 197 钩腺大戟

【形态】多年生草本。根状茎较粗壮，基部具不定根，长 10 ～ 20 厘米，直径 4 ～ 15 毫米。茎单一或自基部多分枝，每个分枝向上再分枝，高 40 ～ 70 厘米，直径 4 ～ 7 毫米。叶互生，椭圆形、倒卵状披针形、长椭圆形，变异较大，长 2 ～ 5 厘米，宽 5 ～ 15 毫米，先端钝或尖或渐尖，基部渐狭或呈狭楔形，全缘；侧脉羽状；叶柄极短或无；总苞叶 3 ～ 5 枚，椭圆形或卵状椭圆形，长 1.5 ～ 2.5 厘米，宽 4 ～ 8 毫米，先端钝尖，基部近平截；伞幅 3 ～ 5，长 2 ～ 4 厘米；苞叶 2 枚，常呈肾状圆形，少为卵状三角形或半圆形，变异较大，长 8 ～ 14 毫米，宽 8 ～ 16 毫米，先端圆或略呈突尖，基部近平截或微凹或近圆形。花序单生于二歧分枝的顶端，基部无柄；总苞杯状，高 3 ～ 4 毫米，直径 3 ～ 5 毫米，边缘 4 裂，裂片三角形或卵状三角形，内侧具短柔毛或具极少的短柔毛，腺体 4，新月形，两端具角，角尖钝或长刺芒状，变化极不稳定，以黄褐色为主，少有褐色或淡黄色或黄绿色。雄花多数，伸出总苞之外；雌花 1 枚，子房柄伸出总苞边缘；子房光滑无毛；花柱 3，分离；柱头 2 裂。蒴果三棱状球形，长 3.5 ～ 4 毫米，直径 4 ～ 5 毫米，光滑，成熟时分裂为 3 个分果爿；花柱宿存，且易脱落。种子近长球状，长约 2.5 毫米，直径约 1.5 毫米，灰褐色，具不明显的纹饰；种阜无柄。花果期 4—9 月。

【生境】生于防浪林下草丛。

【分布】分布于章庄铺镇。

算盘子属 *Glochidion* T. R. et G. Forst.

乔木或灌木。单叶互生，排成 2 列，叶片全缘，羽状脉，具短柄。花单性，雌雄同株，稀异株，簇生或组成短小的聚伞花序；雌花束常位于雄花束上部或雌雄花束分生于不同的小枝叶腋内，无花瓣，通常无花盘。雄花：花梗通常纤细；萼片5～6，覆瓦状排列；雄蕊3～8，花丝合生呈圆柱状，顶端稍分离，花药2室，药室外向，线形，纵裂，无退化雌蕊。雌花：花梗粗短或几无梗，萼片与雄花的相同但稍厚；子房球形，3～15室，每室有胚珠2颗，花柱合生呈圆柱状或其他形状，顶端具裂缝或小裂齿，稀3裂分离。蒴果球形或扁球形，具多条明显或不明显的纵沟，成熟时开裂为3～15个2瓣裂的分果爿，分果爿背裂，外果皮革质或纸质，内果皮硬壳质，花柱常宿存；种子无种阜，胚乳肉质，子叶扁平。本属约有300种，主要分布于热带亚洲至波利尼西亚，少数在热带美洲和非洲。我国产28种2变种，主要分布于西南部。公安县有1种。

198. 算盘子 *Glochidion puberum* (L.) Hutch.

【形态】落叶灌木，高1～2米。小枝灰褐色，密被黄褐色短柔毛。叶片纸质或近革质，长圆形至长圆状披针形，长3～6厘米，宽1.5～2.5厘米，先端尖或钝，基部宽楔形，上面橄榄绿或粉绿色，下面稍带灰白色，密被短柔毛；叶柄长1～3毫米，托叶三角形，长约1毫米。花小，雌雄同株或异株，2～5朵簇生于叶腋内，雄花束常着生于小枝下部，雌花束则在上部，或有时雌花和雄花同生于一叶腋内。雄花：花梗长4～8毫米；萼片6，狭长圆形或长圆状倒卵形，长2.5～3.5毫米；雄蕊3，合生成圆柱状。雌花：花梗长约1毫米；萼片6，与雄花的相似，但较短而厚；子房圆球状，5～10室，每室有2颗胚珠，花柱合生成环状，长、宽与子房几相等，与子房接连处缢缩。蒴果扁球状，直径8～15毫米，边缘有8～10条纵沟，成熟时带红色，顶端具有环状而稍伸长的宿存花柱。种子近肾形，具三棱，长约4毫米，朱红色。花期4—8月，果期7—11月。

图198 算盘子

【生境】生于山坡或沟边灌丛中、田埂边及路旁。

【分布】分布于章庄铺镇。

【药用部位】果实、叶、根。

【采收加工】果实：秋季采收，晒干，备用。叶：夏、秋季采收，切碎，晒干或鲜用。根：秋季采收，洗净，晒干备用。

【性味】果实：甘、淡，凉；有小毒。叶：苦、涩，凉；有小毒。根：苦，平。

【功能主治】果实：清热利湿，解毒散结；主治疟疾、疝气、淋浊、腰痛、痢疾、肠炎、扁桃体炎、口腔炎、尿道炎、黄疸、瘰疬、盆腔炎、吐血、衄血。

叶：清热利湿，解毒消肿，祛风活络，消滞止痢；主治痢疾、黄疸、淋浊、带下、感冒、咽喉肿痛、痈疖、漆疮、皮疹湿痒、跌打损伤、毒蛇及蜈蚣咬伤、消化不良、肠炎、疟疾、风湿性关节炎、痛经、感冒发热。

根：清热利湿，活血解毒；主治痢疾、疟疾、黄疸、白浊、劳伤咳嗽、风湿痹痛、崩漏、带下、喉痛、牙痛、痈肿、瘰疬、跌打损伤等。

野桐属 *Mallotus* Lour.

灌木或乔木，通常被星状毛。叶互生或对生，全缘或有锯齿，有时具裂片，下面常有颗粒状腺体，近基部具 2 至数个斑状腺体，有时盾状着生；掌状脉或羽状脉。花雌雄异株，稀同株，无花瓣，无花盘；花序顶生或腋生，排成总状花序、穗状花序或圆锥花序；雄花在每一苞片内有多朵，花萼在花蕾时球形或卵形，开花时 3 ～ 4 裂，镊合状排列，雄蕊多数，花丝分离，花药 2 室，近基着，纵裂，无不育雌蕊；雌花在每一苞片内 1 朵，花萼 3 ～ 5 裂或佛焰苞状，裂片镊合状排列，子房 3 室，稀 2 ～ 4 室，每室具胚珠 1 颗，花柱分离或基部合生，边缘呈羽毛状或乳头状。蒴果具 2 ～ 4 个分果爿，常具软刺或颗粒状腺体；种子卵形或近球形，种皮脆壳质，胚乳肉质，子叶宽扁。本属约有 140 种，主要分布于亚洲热带和亚热带地区。我国有 40 种，主产于南部各省（区）。公安县有 1 种。

199. 白背叶 *Mallotus apelta* (Lour.) Muell. Arg.

【形态】灌木或小乔木，高 1 ～ 3 米。小枝密被白色星状毛。叶互生，圆卵形或三角状卵形，不分裂或 3 浅裂，长 5 ～ 15 厘米，宽 4 ～ 14 厘米，先端渐尖，基部截形，全缘，两面被星状毛及棕色腺体，下面的毛更密厚，基出脉 3 条，叶基与叶柄相接处具 2 腺体；叶柄长 1.5 ～ 8 厘米。花单性，雌雄异株，无花瓣；雄穗状花序顶生，长 15 ～ 20 厘米，花萼 3 ～ 6 裂，外面密被茸毛；雄蕊多数，花药 2 室；雌穗状花序顶生或侧生，长约 15 厘米，花萼 3 ～ 6 裂，外面密被茸毛；子房 3 ～ 4 室，被软刺及密生星状毛，花柱短。蒴果近球形，长约 5 毫米，直径约 7 毫米，密生软刺及星状毛；种子近球形，直径 3 毫米，黑色，光亮。花期 6—9 月，果期 8—11 月。

图 199 白背叶

【生境】生于灌丛中、路旁和村落附近。

【分布】分布于黄山头镇。

【药用部位】根、叶。

【采收加工】根：全年均可采挖，除去泥土，晒干。叶：夏季采收，鲜用。

【化学成分】根含酚类、氨基酸、鞣质、糖类。种子含脂肪油。

【药理作用】白背叶具有抗病毒、保肝、抑菌、驱虫、抗肿瘤、止血的药理作用。

【性味】甘、淡，平。

【功能主治】根：柔肝活血，健脾化湿，收敛固脱；主治慢性肝炎、肝脾肿大、子宫脱垂、脱肛、带下、妊娠水肿、扁桃体炎。叶：解毒止血；主治中耳炎、疖肿、跌打损伤、外伤出血、鹅口疮。

叶下珠属 *Phyllanthus* L.

草本或灌木，少数为乔木；无乳汁。单叶，互生，通常在侧枝上排成2列，呈羽状复叶状，全缘；羽状脉，具短柄；托叶2，小，着生于叶柄基部两侧，常早落。花通常小、单性，雌雄同株或异株，单生、簇生或组成聚伞花序、总状花序或圆锥花序；花梗纤细，无花瓣。雄花：萼片2～6，离生，1～2轮，覆瓦状排列；花盘通常分裂为离生且与萼片互生的腺体3～6枚；雄蕊2～6，花丝离生或合生成柱状，花药2室，无退化雌蕊。雌花：萼片与雄花的同数或较多；花盘腺体通常小，离生或合生成环状或坛状，围绕子房；子房通常3至多室，每室有胚珠2颗，花柱与子房室同数，分离或合生，顶端全缘或2裂。蒴果，通常基顶压扁成扁球形，成熟后常开裂成3个2裂的分果爿，中轴通常宿存；种子三棱形，种皮平滑或有网纹，无假种皮和种阜。本属约有600种，主要分布于世界热带及亚热带地区，少数为北温带地区。我国产33种，主要分布于长江以南各省（区）。公安县有3种。

1. 一年生草本；叶较小，长7～25毫米，宽2～7毫米；果为干蒴果。
    2. 雄花萼片6，雄蕊3，花丝合生，雌花花柱2裂……叶下珠 *P. urinaria*
    2. 雄花萼片4，雄蕊2，花丝合生，雌花花柱6……蜜甘草 *P. ussuriensis*
1. 灌木；叶较大，长2～5厘米，宽1～2.5厘米；果为肉质浆果状……青灰叶下珠 *P. glaucus*

200. 叶下珠 *Phyllanthus urinaria* L.

【形态】一年生草本，高10～30厘米。茎直立，分枝倾卧而后斜向上升，具翅状纵棱，通常紫红色。叶2列互生，形似羽状复叶，薄纸质，长椭圆形，长0.5～2厘米，宽0.2～0.5厘米，顶端斜或有小突尖，基部偏斜，全缘，叶缘被粗的短毛，两面无毛，上面深绿色，下面灰绿色，或带浅红晕，叶脉不明显；叶柄短或近于无柄；托叶小，披针形。花小，单性，无梗或具极短的梗，雌雄同株，无花瓣，雄花2～3朵簇生于叶腋，萼片6，2轮排列，披针形或椭圆形，红棕色，花盘腺体6，分离，与萼片互生，雄蕊3，花丝基部合生，药室直立，纵裂，雌花单生于叶腋，叶下2列着生，子房上位，3室，花柱短。蒴果扁球形，无梗，淡黄褐色，表面有鳞状小突起或小瘤体。种子三角状卵形，淡褐色，表面具环槽纹。花期7—9月，果期8—10月。

图200 叶下珠

【生境】多生于田埂边或园圃中。

【分布】全县广布。

【药用部位】全草。

【采收加工】夏、秋季采集，洗净，晒干或鲜用。

【化学成分】叶下珠主要含有黄酮类、鞣质类、香豆素类、木脂素类等多种成分。

【药理作用】叶下珠具有抗病毒、抗肿瘤、抗菌、抗内毒素、抗血栓形成、免疫调节、保肝、抗氧化、抑制 α-淀粉酶的作用。

【性味】微苦，凉。

【功能主治】清肝利尿，明目，消积，解毒，健脾止痢。主治感冒发热、风火赤眼、夜盲症、痢疾、肠炎、疳积、毒蛇咬伤、无名肿痛、肺炎、消化不良、黄疸型肝炎、结石、肾炎水肿、泌尿系感染、口疮头疮。

201. 蜜甘草 *Phyllanthus ussuriensis* Rupr. et Maxim.

【形态】一年生小草本，高 15 ～ 60 厘米。茎直立，分枝多，无毛。叶互生，条形或披针形，长 8 ～ 20 毫米，宽 2 ～ 5 毫米，先端尖，基部近圆形，全缘，稍向下反卷；有极短叶柄或近于无柄。托叶小。花小，单性，雌雄同株，单生或数朵簇生于叶腋；有短花梗，无花瓣；雄花萼片 4，花盘腺体 4 枚，分离，与萼片互生；雌花萼片 6，花盘有腺体 6 枚，子房上位，6 室，柱头 6，蒴果圆形，直径约 2 毫米，有短柄，下垂，表面平滑，褐色。花期 6—7 月，果期 7—8 月。

【生境】生于路边或林缘。

【分布】全县广布。

【药用部位】全草。

【采收加工】夏季采收全草，洗净，晒干。

【性味】苦、涩，寒。

【功能主治】清热明目，利尿通淋。主治眼结膜炎、夜盲、暑热泄泻、黄疸型肝炎、痢疾、淋证等。

图 201　蜜甘草

202. 青灰叶下珠 *Phyllanthus glaucus* Wall. ex Muell. Arg

【形态】灌木，高达 4 米；枝条圆柱形，小枝细柔；全株无毛。叶片膜质，椭圆形或长圆形，长 2.5 ～ 5 厘米，宽 1.5 ～ 2.5 厘米，顶端急尖，有小尖头，基部钝至圆，下面稍苍白色；侧脉每边 8 ～ 10 条；叶柄长 2 ～ 4 毫米；托叶卵状披针形，膜质。花直径约 3 毫米，数朵簇生于叶腋；花梗丝状，顶端稍粗。雄花：花梗长约 8 毫米；萼片 6，卵形；花盘腺体 6；雄蕊 5，花丝分离，药室纵裂；花粉粒圆球形，具 3 孔沟，沟细长，内孔圆形。雌花：通常 1 朵与数朵雄花同生于叶腋；花梗长约 9 毫米；萼片 6，卵形；花盘环状；子房卵圆形，3 室，每室 2 颗胚珠，花柱 3，基部合生。蒴果浆果状，直径约 1 厘米，紫黑色，基部有宿存的萼片；种子黄褐色。花期 4—7 月，果期 7—10 月。

【生境】生于山地灌丛中或稀疏林下。

【分布】分布于章庄铺镇、黄山头镇。

【药用部位】根。

【采收加工】夏、秋季采挖，切片，晒干。

【性味】辛、甘，温。

【功能主治】祛风除湿，健脾消积。主治风湿痹痛、小儿疳积。

图 202 青灰叶下珠

蓖麻属 *Ricinus* L.

一年生草本或草质灌木，茎常被白霜。单叶互生，纸质，掌状分裂，盾状着生，叶缘具锯齿；叶柄的基部和顶端均具腺体；托叶合生，早落。花雌雄同株，无花瓣，花盘缺；圆锥花序，顶生，后变为与叶对生，雄花生于花序下部，雌花生于花序上部，均多朵簇生于苞腋；花梗细长。雄花：花萼花蕾时近球形，萼裂片 3 ～ 5 枚，镊合状排列；雄蕊极多，花丝合生成数目众多的雄蕊束，花药 2 室，药室近球形，彼此分离，纵裂；无不育雌蕊。雌花：萼片 5 枚，镊合状排列，花后凋落，子房具软刺或无刺，3 室，每室具胚珠 1 颗，花柱 3，基部稍合生，顶端深裂成羽毛状，深红色。蒴果，具 3 个 2 瓣裂的分果爿，具软刺或平滑；种子椭圆状，微扁平，种阜大，种皮硬壳质，平滑，具斑纹，胚乳肉质，子叶扁平。本属只有 1 种，广泛分布于亚洲及世界热带地区。我国大部分省（区）均有栽培。公安县亦有分布。

203. 蓖麻 *Ricinus communis* L.

【形态】一年生草本。茎直立，高可达 5 米，无毛，常有白粉，中空。叶大而薄，叶片盾状，圆形，直径 20 ～ 40 厘米，掌状中裂，裂片 7 ～ 11，卵状披针形至长圆形，先端渐尖，边缘有不规则锯齿，齿端有腺体，主脉掌状，侧脉羽状；叶柄无毛，长 2 ～ 3 厘米。圆锥花序顶生或与叶对生，长 10 ～ 30 厘米，下部雄花，上部雌花；雄花花萼 3 ～ 5 裂，黄绿色，雄蕊多数，花丝多分枝，集成圆锥状，花药淡黄色，2 室，雌花花梗长 3 ～ 4 毫米，花萼 3 ～ 5 裂，子房 3 室，花柱 3，再 2 裂至基部，长达 5 毫米，深红色。蒴果球形，直径约 1.5 厘米，有 3 条纵槽，通常有软刺，少数平滑无刺；种子长圆形，光滑，有各式花纹，长 1 ～ 1.5 厘米。花期 5—8 月，果期 7—11 月。

图 203 蓖麻

【生境】多种植在荒地或路边隙地以及房前屋后空地上。

【分布】分布于斗湖堤镇、黄山头镇。

【药用部位】种子、脂肪油、根、叶。

【采收加工】种子：秋季果实变棕色，果实未开裂时分批采摘，晒干，除去果皮。脂肪油：将种子经压榨而得。根：全年可采，鲜用或晒干。叶：夏、秋季采收。

【化学成分】蓖麻子主要活性成分包括蓖麻毒蛋白、蓖麻油和蓖麻碱等。

【药理作用】蓖麻具有抗肿瘤、抗生育、引产、泻下、抗病毒等作用。

【性味】种子：辛、涩，平；有毒。蓖麻油：甘、辛，平；有毒。根：淡、微辛，平。叶：甘、辛，平；有毒。

【功能主治】种子：消肿，排脓，拔毒，缓泻，下胎；主治习惯性便秘、胞衣不下、胃下垂、子宫脱垂、痈疡肿毒、瘰疬。

蓖麻油：润肠通便；主治大便燥结、疮疥、烧伤、肠内积滞。

根：祛风活血，止痛镇静；主治破伤风、癫痫、风湿疼痛、跌打瘀痛、瘰疬、精神分裂症。

叶：消肿，拔毒，止痒；主治疮疡肿毒、湿疹、瘙痒、脚气、咳嗽痰喘。

乌桕属 *Sapium* P. Br.

乔木或灌木，全体无毛。单叶互生，罕有近对生，全缘或有锯齿，具羽状脉；叶柄顶端有 2 腺体；托叶小。花单性，雌雄同株或有时异株，若为雌雄同序则雌花生于雄花下部，密集成顶生的穗状花序或总状花序，稀生于上部叶腋内，无花瓣和花盘；苞片基部具 2 腺体。雄花小，黄色，或淡黄色，数朵聚生于苞腋内，花萼膜质，杯状，2 ～ 3 浅裂，雄蕊 2 ～ 3 枚，花丝离生，甚短，花药 2 室，纵裂，无退化雌蕊；雌花比雄花大，每一苞腋内仅 1 朵雌花，花萼杯状，3 深裂或管状而具 3 齿，稀为 2 ～ 3 萼片，子房 2 ～ 3 室，每室具 1 胚珠，花柱通常 3 枚，分离或下部合生，柱头外卷。蒴果球形或梨形，3 裂，稀浆果状，通常 3 室，室背弹裂、不整齐开裂或有时不裂；种子近球形，常附于三角柱状、宿存的中轴上，迟落，外面被蜡质的假种皮或否，外种皮坚硬；胚乳肉质，子叶宽而平坦。本属约有 120 种，广布于全世界，主产于热带地区。我国有 9 种，多分布于东南至西南部丘陵地区。公安县有 1 种。

204. 乌桕　*Sapium sebiferum* (L.) Roxb.

【形态】落叶乔木，高可达 15 米，具乳汁，树皮灰色而有浅纵裂，皮孔细点状。单叶互生，纸质；菱形至阔菱状卵形，长 3 ～ 9 厘米，宽 3 ～ 7 厘米，先端长渐尖，基部阔楔形至近圆形，全缘，两面均绿色，无毛，秋天变成赭红色；叶柄长 2.5 ～ 7 厘米，上部接近叶片基部有腺体 2 个。花单性，雌雄同株；穗状花序顶生，花小，绿黄色，无花瓣及花盘；雄花 7 ～ 8 朵聚生于苞腋内，苞片菱状卵形，宽约 1 毫米，先端渐尖，基部两侧各有肾形腺体 1 个，雄蕊 2，少有 3 枚者；1 ～ 4 朵雌花生于花序的基部。子房 3 室，柱头 3 裂。蒴果梨状球形，直径 1 ～ 1.5 厘米，成熟时褐色，室背开裂为 3 瓣，每瓣有种子 1 粒。种子近球形，黑色，外被白色蜡层。花期 5—6 月，果期 10—11 月。

【生境】生于低山坡地及村旁湿地。

【分布】全县广布。

【药用部位】根皮、树皮、叶、种子。

图 204 乌桕

【采收加工】根皮和树皮：全年可采，晒干。叶：夏、秋季采收，鲜用。种子：冬季采收。

【化学成分】根皮含花椒油素、甾醇、脂肪、树胶、糖、无机盐等。叶含异槲皮苷、鞣质、酚类、氨基酸。

【药理作用】乌桕具有体外抑菌、抗炎、杀虫等作用。

【性味】根皮、树皮和叶：苦，微温；有小毒。种子：甘，凉；有毒。

【功能主治】根皮和树皮：泻下，逐水，解毒，杀虫；主治肝硬化腹水、血吸虫病腹水、大小便不利、蛇毒咬伤、疖疮、鸡眼、乳腺炎、跌打损伤、湿疹、外伤出血。

叶：解毒，杀虫；主治痈肿疖疮、疮疥、脚癣、湿疹、蛇咬伤、阴道炎、乳腺炎、血吸虫病、皮炎、鸡眼、外伤出血。

种子：杀虫，利尿，通便；主治疥疮、湿疹、皮肤皲裂、水肿、便秘。

【附注】误食乌桕子会引起恶心、呕吐、腹痛、腹泻、口干、头痛、眼花、耳鸣、失眠、心慌等症。解救办法：洗胃，必要时可导泻；口服淡盐水，或者静脉注射 5% 葡萄糖盐水或对症治疗。

油桐属 *Vernicia* Lour.

落叶乔木，嫩枝被短柔毛。单叶互生，全缘或 1 ～ 4 裂；叶柄顶端有 2 枚腺体。花通常雌雄同株，由聚伞花序再组成伞房状圆锥花序；雄花花萼花蕾时卵状或近圆球状，开花时多少佛焰苞状，整齐或不整齐 2 ～ 3 裂，花瓣 5，基部爪状，有花盘，腺体 5 枚，雄蕊 8 ～ 12，2 轮，外轮花丝离生，内轮花丝较长且基部合生。雌花：萼片、花瓣与雄花同，花盘不明显或缺，子房密被柔毛，3 ～ 5 室，每室有 1 颗胚珠，花柱 3 ～ 4 枚，各 2 裂。果大，核果状，近球形，顶端有喙尖，不开裂或基部具裂缝，果皮壳质，有种子 3（8）颗；种子无种阜，种皮木质，含胚乳及油质。本属有 3 种，分布于亚洲东部地区。我国有 2 种，分布于秦岭以南各省（区）。公安县有 1 种。

205. 油桐 *Vernicia fordii* (Hemsl.) Airy Shaw

【形态】落叶乔木，高 3 ～ 9 米。枝皮灰色，皮孔疣状。枝条无毛。叶卵形或卵状圆形，长 5 ～ 15 厘米，宽 3 ～ 12 厘米，先端急尖，基部截形或心形，不裂或 3 浅裂，全缘，幼时被锈色短柔毛，后近于无毛，叶柄长可达 15 厘米，顶端有红色的扁平无柄的腺体。花大，先于叶开放，雌雄同株，排列成聚伞状圆锥花序，白色略带红色，花梗与花同长；雄花花萼长约 1 厘米，2 裂，裂片卵形，外面密被短柔毛，花瓣倒卵形，长 2 ～ 3 厘米，宽 1 ～ 1.5 厘米，顶端圆形，基部狭，爪状，花盘有腺体 5，肉质，钻形，雄蕊 8 ～ 20，2 轮排列，外轮花丝分离，内轮花丝较长而基部合生；雌花花被与雄花同，子房通常 3 ～ 4 室，被微柔毛，花柱 4，2 裂。核果近球形，直径 3 ～ 6 厘米，平滑，有短尖。种子阔卵圆形，背圆拱，腹部平，长 2 ～ 2.5 厘米。花期 4—5 月，果期 5—10 月。

【生境】生于低山坡或沟边。

【分布】分布于章庄铺镇。

【药用部位】种子、叶、根。

【采收加工】种子：秋季果实成熟时收集，将其堆积于潮湿处，泼水，覆以干草，经 10 天左右，外壳腐烂，除去外皮收集种子晒干。叶：秋季采收，鲜用。根：全年可采，洗净，鲜用或晒干。

图 205　油桐

【化学成分】油桐主要含有二萜、三萜及黄酮类化合物等。

【药理作用】油桐的种子、叶和根均具有抗炎作用。

【性味】种子：甘，寒；有大毒。叶：甘、微辛，寒。根：甘、微辛，寒；有毒。

【功能主治】种子：吐风痰，消肿毒，利二便；主治风痰喉痹、瘰疬、烫伤、脓疱疮、丹毒、食积腹胀、大小便不通。

叶：清热解毒，杀虫；主治肠炎、痢疾，外治疮疡、癣疥。

根：消积驱虫，祛风利湿；主治食积腹胀、哮喘、风湿筋骨痛、湿气水肿。

五十八、芸香科 Rutaceae

乔木或灌木，很少为草本，稀攀缘性灌木，全体含芳香油。叶互生或对生，单叶或复叶；叶片通常有油点，有或无刺，无托叶。花两性或单性，稀杂性同株，辐射对称，很少两侧对称；聚伞花序，稀总状或穗状花序，更少单花，甚或叶上生花；萼片 4 或 5，离生或部分合生；花瓣 4 或 5，很少 2 ～ 3，离生，极少下部合生，覆瓦状排列，稀镊合状排列，极少无花瓣与萼片之分，则花被片 5 ～ 8，且排列成 1 轮；雄蕊 4 或 5 枚，或为花瓣数的倍数，花丝分离或部分连生成多束或呈环状，花药纵裂，药隔顶端常有油点；雌蕊通常由 4 或 5 个，稀较少或更多心皮组成，心皮离生或合生，花盘明显，环状，有时变态成子房柄，子房上位，稀半下位，花柱分离或合生，柱头常增大，很少约与花柱同粗，中轴胎座，稀侧膜胎座，每心皮有上下叠置、稀两侧并列的胚珠 2 颗，稀 1 颗或较多，胚珠向上转，倒生或半倒生。果为蓇葖、蒴果、翅果、核果，或具革质果皮，或具翼，或果皮稍近肉质的浆果；种子有或无胚乳，子叶平凸或皱褶，常富含油点，胚直立或弯生，很少多胚。

本科约有 150 属 1600 种，全世界分布，主产于热带和亚热带地区。我国连引进栽培的共 28 属约 151 种，分布于全国各地，主产于西南地区和南部。

公安县境内的芸香科植物有 3 属 6 种。

1. 果为柑果。

  2. 常绿性；叶为单叶或单身复叶落叶性；叶为 3 小叶复叶……柑橘属 *Citrus*

  2. 落叶性；叶为 3 小叶复叶……枳属 *Poncirus*

1. 果为蓇葖果……花椒属 *Zanthoxylum*

柑橘属 *Citrus* L.

有刺常绿灌木或小乔木。叶互生，单身复叶，少数单叶，叶翅发达，少数无叶翅，叶缘有细钝裂齿，很少全缘，密生有芳香气味的透明油点。花两性，或因发育不全而趋于单性，单花腋生或数花簇生，或为少花的总状花序；花萼杯状，3～5 浅裂，很少被毛；花瓣 5 片，覆瓦状排列，盛花时常向背卷，白色或背面紫红色，芳香；雄蕊 20～25 枚，很少多达 60 枚，子房 7～15 室或更多，每室有胚珠 4～8 或更多，柱头大，花盘明显，有密腺。果为柑果，外果皮由外表皮和下表皮细胞组织构成，密生油点，油点又称为油胞，外果皮和中果皮的外层构成果皮的有色部分，内含多种色素体，中果皮的最内层为白色线网状组成，称为橘白或橘络，内果皮由多个心皮发育而成，发育成熟的心皮称为瓢囊，瓢囊内壁上的细胞发育成菱形或纺锤形半透明晶体状的肉条称为汁胞，汁胞常有纤细的柄；种子无胚乳，子叶肉质，种子萌发时子叶不出土。本属约有 20 种，原产于亚洲东南部及南部，现世界各地广泛栽培。我国约有 15 种，其中多数为栽培种。公安县有 3 种。

1. 叶柄的翅明显。

  2. 果直径不超过 10 厘米……酸橙 *C. aurantium*

  2. 果直径 10～25 厘米……柚 *C. maxima*

1. 叶柄的翅不明显，或作线形……柑橘 *C. reticulate*

206. 酸橙　*Citrus aurantium* L.

【形态】常绿小乔木，高 5～6 米。枝三棱形，有长刺。单身复叶，互生，革质；叶片卵状矩圆形或倒卵形，长 5～10 厘米，宽 2～2.5 厘米，全缘或微具波状齿，两面无毛，具半透明的腺点；叶柄有狭长形或倒心形的翅。花 1 至数朵簇生于当年新枝的顶端或叶腋；花萼杯状，5 裂，裂片宽三角形；花瓣 5，长圆形，白色，芳香；雄蕊约 20 枚或更多，花丝基部部分愈合；子房上位，约 12 室，花柱圆柱形，柱头头状。柑果近球形，直径 7～8 厘米，幼果青色，成熟时橙黄色，厚而粗糙。花期 4—5 月，果期 11 月。

图 206　酸橙

【生境】多栽培于园圃中。

【分布】全县广布。

【药用部位】幼果及未成熟的果实。幼果称“枳实”，未成熟的果实称“枳壳”。

【采收加工】枳实：小满后摘取或集取自落未熟的小果实，对半切开，切面向上，平摊晒干。枳壳：7—8 月摘取未成熟的绿色果实，自中部横向剖开为两半，晒干或烘干。

【性味】枳实：苦，寒。枳壳：苦、酸，微寒。

【功能主治】枳实：破气消积，化痰散痞；用于积滞内停、痞满胀痛、泻痢后重、大便不通、痰滞气阻胸痹、结胸、胃下垂、脱肛、子宫脱垂。

枳壳：理气宽中，行滞消胀；用于胸胁气滞、胀满疼痛、食积不化、痰饮内停、胃下垂、脱肛、子宫脱垂。

207. 柚 *Citrus maxima* (Burm.) Merr.

【形态】常绿乔木或小乔木，高 5 ～ 10 米。主干直立，多分枝，小枝扁，绿色，被短柔毛，具长而柔弱的刺，稀无刺。单身复叶互生；叶片宽卵形至卵状椭圆形，长 7 ～ 20 厘米，宽 4 ～ 12 厘米，顶端圆或微缺，幼枝上的叶顶端渐狭成钝头，基部宽楔形，有时近圆形，边缘有细钝锯齿；叶柄具宽阔的狭翅，呈倒心形。花单生或簇生于叶腋，长 1.5 ～ 2.5 厘米，花萼长约 1 厘米，4 浅裂，裂片三角形；花瓣白色，卵状椭圆形，向外反曲；雄蕊 20 ～ 25，花药大条状；子房球形，花柱圆柱形，柱头膨大。果实大，常呈梨形、球形或扁球形，直径 12 ～ 30 厘米，果皮较平滑，香味极浓，未成熟时绿色，成熟时淡黄色，内瓤 8 ～ 16 瓣，较易分离，每瓣内种子 9 粒左右。花期 4—5 月，果期 9—10 月。

图 207 柚

【生境】栽培于房前屋后及田园。

【分布】各乡镇均有分布。

【药用部位】外果皮及花、种子、根、叶。外果皮称“柚皮”，花称“柚花”，种子称“柚核”，根称“柚根”，叶称“柚叶”。

【采收加工】柚皮：寒露前后收集呈淡黄色的果皮，切成 5 裂，削去中果皮，取外果皮，对折压平，晒干。柚花：春季开花时采收，晒干。柚核：秋末冬初收集成熟果实，剖开取出种子，晒干。柚根和柚叶：全年可采。

【化学成分】柚皮含挥发油、胡萝卜素、芦丁及果胶。种仁含脂肪油，其脂肪酸由棕榈酸、硬脂酸、木蜡酸、油酸、亚油酸等组成。

【性味】柚皮：辛、苦，温。柚花：辛、甘、苦，温。柚核：苦，平。柚根：辛、甘，温。柚叶：辛，温。

【功能主治】柚皮：理气化痰，消食宽中；主治咳嗽痰多、气逆、食积、伤酒。柚花：行气，除痰，镇痛；主治胃脘胸膈间痛。柚核：主治小肠疝气。柚根：理气止痛，解毒，散寒，消积；主治疝气疼痛、胃痛、气胀、积聚、风寒咳嗽。柚叶：祛风除湿，止痛；主治头风痛、寒湿痹痛、食滞腹痛。

208. 柑橘 *Citrus reticulata* Blanco

【形态】常绿小乔木或灌木，高约 3 米，枝柔弱，通常有刺。叶互生，革质，披针形或卵状披针形，长 5.5 ～ 8 厘米，宽 3 ～ 4 厘米，顶端渐尖，基部楔形，全缘或具细钝齿，叶柄细长，翅不明显。花小，黄白色，单生或簇生于叶腋，萼片 5；花瓣 5，雄蕊 18 ～ 24，花丝常 3 ～ 5 枚合生，子房 9 ～ 15 室。柑果扁球形，直径 5 ～ 7 厘米，橙黄色或淡红黄色，果皮疏松，瓤极易分离，瓤瓣 10 瓣左右，肾形，中心柱虚空，汁少，甜而带酸。种子 20 ～ 30 粒，扁卵圆形，外种皮灰白色，内种皮淡棕色。花期 3—4 月，果期 10—12 月。

图 208　柑橘

【生境】栽培于庭院。

【分布】全县广布。

【药用部位】果皮、外层红色外果皮、果皮内层的筋络、种子、幼果或未成熟果实的青色种皮。果皮称“陈皮”或“橘皮”，外层红色外果皮称“橘红”，果皮内层筋络称“橘络”，种子称“橘核”，幼果和未成熟的青色种皮称“个青皮”和“四花青皮”。

【采收加工】橘皮：秋季果实成熟后摘下，剥取果皮。橘红：冬季采摘成熟的果实，取新鲜橘皮，除去中果皮，干燥。橘络：冬季采摘成熟的果实，撕下果皮内层白色筋络，晒干。橘核：秋季果实成熟时，摘取果实，去瓤取出种子，晒干。四花青皮：7—8 月摘取未成熟的果实，用刀由顶端作“十”字形剖成四瓣至基部，除去瓤瓣，晒干。个青皮：5—6 月摘取未成熟的幼果或拾取自然落地幼果，除去杂质，洗净，晒干。

【化学成分】果皮含挥发油（柠檬烯、柠檬醛等）、黄酮类化合物（橙皮苷、川陈皮素等）、肌醇、维生素 B_1。

【药理作用】柑橘具有抗肿瘤、抗氧化、抗炎、保肝、降压、抗菌的作用。

【性味】橘皮：苦、辛，温。橘红：苦、辛，温。橘络：甘、苦，平。橘核：苦、辛，温。四花青皮和个青皮：苦、辛，温。

【功能主治】橘皮：理气，健脾，燥湿，化痰；主治胸脘胀痛、嗳气呕吐、食欲不振、咳嗽痰多。

橘红：消痰，利气，宽中，散结；主治咳嗽、咯痰不爽、胸闷腹胀、纳差等。

橘络：通络，理气，化痰；主治痰滞经络、咳嗽胸痛或痰中带血。

橘核：理气，散结，止痛；主治疝气、睾丸肿痛、乳痈、腰痛。

四花青皮和个青皮：疏肝破气，消积化滞，散结；主治胸胁脘腹胀痛、食积不消、疝气、乳痈。

枳属 *Poncirus* Raf.

落叶或常绿小乔木，或通常灌木状。分枝多，刺多且长，枝常曲折，有二型：一为正常枝，或称长梢，其节间与叶柄近于等长或较长；另一为短枝，或称短梢，是由上年生枝的休眠芽发育而成，有正常叶 1 ～ 5 片。指状三出叶，偶有单叶或 2 小叶，幼苗期的叶常为单叶及单小叶。花单生或 2 ～ 3 朵簇生于节上，花芽于上年生的枝条形成，花两性；萼裂片及花瓣均 5 片，萼片下部合生；花瓣覆瓦状排列，很少 4 或 6 片；雄蕊为花瓣数的 4 倍或与花瓣同数，花丝分离；子房被毛，6 ～ 8 室，每室有排成二列的胚珠 4 ～ 8 颗，花柱短而粗，柱头头状。果为柑果，通常圆球形，淡黄色，密被短柔毛，油点多；种子多数，无胚乳，种子发芽时子叶不出土。本属有 2 种，自然分布于长江中游两岸各省及淮河流域一带。公安县有 1 种。

209. 枳　*Poncirus trifoliata* (L.) Raf.

图 209　枳

【形态】落叶灌木或小乔木，高 5 ～ 7 米。全株无毛，分枝多，稍扁平，具棱，老枝浑圆，密生粗大棘刺，刺长 1 ～ 7 厘米，基部扁平，青绿色。三出复叶互生；小叶纸质或近革质，具透明油腺点，顶生小叶片倒卵形或椭圆形，长 2.5 ～ 6 厘米，宽 1.5 ～ 3 厘米，顶端圆而微凹，基部楔形；侧生小叶椭圆状卵形，基部偏斜，边缘具钝齿或近全缘，叶柄长 1 ～ 3 厘米，有翅。花单生或成对腋生，常先于叶开放，黄白色，有香气，萼片 5，长 5 ～ 6 毫米；花瓣 5，长 1.8 ～ 3 厘米；雄蕊通常 20（或 8 ～ 20），花丝分离，长短不等；子房近圆形，密被短柔毛。柑果球形而略扁，直径 3 ～ 5 厘米，橙黄色，具茸毛，有香气。花期 4—5 月，果期 9—10 月。

【生境】多栽培作庭园绿篱。

【分布】分布于章庄铺镇、黄山头镇。

【药用部位】未成熟的果实。

【采收加工】立秋后当果实将成熟而色未转黄时，摘取，晒干，除去果梗。叶于夏、秋季采集，阴干或晒干。

【化学成分】果实含橙皮苷、野漆树苷、柚苷、新陈皮苷等黄酮类成分。叶含挥发油、橙皮苷等。柚苷只存在于果皮中，果肉中不含。果皮约含挥发油 0.47%，含 α－蒎烯、β－蒎烯、月桂烯、柠檬烯、莰烯、γ－松油烯、石竹烯等。

【性味】果：辛、苦，温。叶：辛、苦，温。

【功能主治】健胃理气，散结止痛。果主治胃脘胀痛、疝痛、睾丸胀痛、子宫脱垂、脱肛。叶主治反胃、呕吐、口疮。

花椒属 *Zanthoxylum* L.

乔木或灌木，或木质藤本，常绿或落叶。茎枝有皮刺，分布于夏威夷、澳大利亚及太平洋一些岛屿的属于 Sect. Blackburnia 的成员无刺。叶互生，奇数羽状复叶，稀单或 3 小叶，小叶互生或对生，全缘或通常叶缘有小裂齿，齿缝处常有较大的油点。圆锥花序或伞房状聚伞花序，顶生或腋生；花单性，若花被片排列成 1 轮，则花被片 4 ～ 8 片，无萼片与花瓣之分，若排成 2 轮，则外轮为萼片，内轮为花瓣，均 4 或 5 片；雄花的雄蕊 4 ～ 10 枚，药隔顶部常有 1 油点，退化雌蕊垫状凸起，花柱 2 ～ 4 裂，稀不裂；雌花无退化雄蕊，或有则呈鳞片或短柱状，极少有个别的雄蕊具花药，花盘细小，雌蕊由 2 ～ 5 个离生心皮组成，每心皮有并列的胚珠 2 颗，花柱靠合或彼此分离而略向背弯，柱头头状。蓇葖果，外果皮红色，有油点，内果皮干后软骨质，成熟时内外果皮彼此分离，每分果瓣有种子 1 粒，极少 2 粒，贴着于增大的珠柄上；种脐短线状，平坦，外种皮脆壳质，褐黑色，有光泽，外种皮脱离后有细点状网纹，胚乳肉质，含油丰富，胚直立或弯生，罕有多胚，子叶扁平，胚根短。本属约有 250 种，广布于亚洲、非洲、大洋洲、北美洲的热带和亚热带地区，温带地区较少，是本科分布最广的一属。我国有 39 种 14 变种，自辽东半岛至海南岛，东南部自台湾至西藏东南部均有分布。公安县有 2 种。

1. 总叶柄有宽翅；叶片披针形或椭圆状披针形……竹叶花椒 *Z. planispinum*
1. 总叶柄有狭翅；叶片卵形至卵状长圆形……花椒 *Z. bungeanum*

210. 竹叶花椒 *Zanthoxylum planispinum* Sieb. et Zucc.

【形态】常绿灌木或小乔木，高达 4 米。枝直出而扩展，有弯曲而基部扁平的皮刺，老枝上的皮刺基部木栓化，奇数羽状复叶，叶轴具翅，下面有皮刺，在上面小叶片的基部处，有托叶状的小皮刺一对；小叶 3 ～ 9，对生，革质，披针形或椭圆状披针形，长 5 ～ 9 厘米，宽 1 ～ 3 厘米，顶端渐尖或急尖，边缘具细圆锯齿，齿缝有一透明腺点。聚伞圆锥花序腋生，长 2 ～ 6 厘米，花小，单性，黄绿色，花被片 6 ～ 8，1 轮；雄花雄蕊 6 ～ 8，花丝细长，药隔顶部有一色泽较深的腺点，退化子房顶端 2 ～ 3 裂，花盘圆环形，雌花子房上位，心皮 2 ～ 4，通常 1 ～ 2 发育，蓇葖果红色，有粗大而突起的腺点。种子卵形，黑色。花期 3—5 月，果期 8—10 月。

图 210 竹叶花椒

【生境】生于低山疏林下或灌丛中。

【分布】分布于章庄铺镇、黄山头镇。

【药用部位】果实。

【采收加工】白露后，当果实呈红色初开裂时摘取，晒干，簸去椒目、杂质。

【化学成分】果实含挥发油。

【性味】辛，温；有小毒。

【功能主治】散寒，止痛，驱蛔。主治胃寒、蛔虫病、腹痛、牙痛、湿疮。

【附注】竹叶花椒的根、叶亦可供药用，其根具有祛风散寒、活血止痛的作用；治头痛感冒、咳嗽、吐泻、牙痛等。

211. 花椒 *Zanthoxylum bungeanum* Maxim.

【形态】落叶灌木或小乔木，高 3 ～ 7 米，具香气。茎、枝通常有增大的皮刺；小叶 5 ～ 11，对生，近于无柄，纸质，卵形或卵状矩圆形，长 1.5 ～ 7 厘米，宽 1 ～ 3 厘米，边缘有细钝锯齿，齿缝处有粗大透明的腺点，下面中脉基部两侧常被一簇锈褐色长柔毛。聚伞状圆锥花序顶生；单性花，雌雄同株，花被片 4 ～ 8，1 轮，子房无柄。蓇葖果球形，红色至紫红色，密生疣状突起的腺体。种子黑色，有光泽。花期 6—7 月，果期 7—10 月。

图 211　花椒

【生境】多栽培于庭院。

【分布】全县广布。

【药用部位】果皮和种子。

【采收加工】秋季果实成熟后采摘，除去枝叶，将果皮与种子分开，晒干。

【化学成分】果实含挥发油（柠檬烯、肌醇、香叶醇等）、甾醇、不饱和有机酸。

【药理作用】花椒具有抗炎镇痛、抗肿瘤、选择性抑菌、抗氧化、抗心律失常、抑制肌肉收缩、保护缺血脑组织、镇咳平喘祛痰、杀虫的作用。

【性味】辛，温；有小毒。

【功能主治】温中散寒，止痛杀虫。主治脘腹冷痛、呕吐、腹泻、阳虚痰喘、蛔虫病、蛲虫病，外用治皮肤瘙痒、疥疮等症。

五十九、苦木科 Simaroubaceae

落叶或常绿的灌木或乔木，树皮通常有苦味。叶互生，有时对生，通常成羽状复叶，少数为单叶；托叶早落或缺。花序排成腋生或顶生的总状、圆锥状或聚伞花序，很少为穗状花序；花小，辐射对称，单性、杂性或两性；萼片 3 ～ 5，镊合状或覆瓦状排列；花瓣 3 ～ 5，分离，少数退化，镊合状或覆瓦状排列；花盘环状或杯状；雄蕊与花瓣同数或为花瓣的 2 倍，花丝分离，通常在基部有一鳞片，花药长圆形，“丁”字形着生，2 室，纵向开裂；子房通常 2 ～ 5 裂，2 ～ 5 室，或者心皮分离，花柱 2 ～ 5，分离或多少结合，柱头头状，每室有胚珠 1 ～ 2 颗，倒生或弯生，中轴胎座。果为翅果、核果或蒴果，一般不开裂；种子有胚乳或无，胚直或弯曲。

本科约有 20 属 120 种，主产于热带和亚热带地区；我国有 5 属 11 种 3 变种。

公安县境内的苦木科植物有 1 属 1 种。

臭椿属 *Ailanthus* Desf.

落叶乔木或小乔木，小枝被柔毛，有髓。叶互生，羽状复叶；小叶 13 ～ 41，纸质或薄革质，对生或近于对生，基部偏斜，先端渐尖，全缘或有锯齿，有的基部两侧各有 1 ～ 2 大锯齿，锯齿尖端的背面有腺体。花小，杂性或单性异株，圆锥花序生于枝顶的叶腋；萼片 5，覆瓦状排列；花瓣 5，镊合状排列；花盘 10 裂；雄蕊 10，着生于花盘基部，但在雌花中的雄蕊不发育或退化；2 ～ 5 个心皮分离或仅基部稍结合，每室有胚珠 1 颗，弯生或倒生，花柱 2 ～ 5，分离或结合，但在雄花中仅有雌花的痕迹或退化。翅果长椭圆形，种子 1 颗生于翅的中部，扁平，圆形、倒卵形或稍带三角形，稍带胚乳或无胚乳。本属约有 10 种，分布于亚洲至大洋洲北部；我国有 5 种 2 变种，主产于西南部、南部、东南部、中部和北部各省（区）。公安县有 1 种。

212. 臭椿 *Ailanthus altissima* (Mill.) Swingle

【形态】落叶乔木，高达 20 米。树皮平滑，有臭气，有直的纵裂纹，嫩枝赤褐色，被疏柔毛。奇数羽状复叶，互生，长 45 ～ 80 厘米；小叶 13 ～ 25，揉之有臭味，卵状披针形，长 7 ～ 10 厘米，宽 2 ～ 4 厘米，近基部处具 2 大锯齿，齿顶端下有一腺体。圆锥花序顶生；花杂性，白色带绿色；雄花有雄蕊 10；雌花子房上位；心皮 5，柱头 5 裂。翅果扁平，长椭圆形，淡黄绿色或淡红褐色，长 3 ～ 5 厘米，中间有 1 种子。花期 6—7 月，果期 9—10 月。

图 212 臭椿

【生境】生于路旁或村边。

【分布】各地均有栽培。

【药用部位】根皮、果实。果实称“丹凤眼”。

【采收加工】根皮：夏季采挖，挖取树根，刮去粗皮，用棒轻轻捶打，使皮部与木部松离，然后剥取根皮，仰面晒干。果实：秋季采摘成熟果实，晒干，除去杂质。

【化学成分】臭椿根皮含苦楝素、鞣质、脂肪油等。臭椿树皮含臭椿酮、臭椿苦内酯、苦木素等。果实含臭椿内酯及酯性物质。种子含油。

【药理作用】臭椿属具有抗肿瘤、抗疟、抗菌、抗病毒等多种药理活性。

【性味】根皮：苦、涩，寒。丹凤眼：苦，凉。

【功能主治】根皮：清热燥湿，涩肠，止血，杀虫；主治久痢、久泻、肠风、崩漏、带下、遗精、白浊、蛔虫病。

丹凤眼：清热利尿，止痛止血；主治胃痛、尿血、内痔出血、滴虫性阴道炎。

六十、楝科 Meliaceae

乔木或灌木，稀为亚灌木。叶互生，很少对生，通常羽状复叶，稀 3 小叶或单叶；小叶对生或互生，全缘，很少有锯齿，基部多少偏斜。花两性或杂性异株，辐射对称，通常组成圆锥花序，有时为总状或穗状花序；花萼小，常浅杯状或短管状，4 ～ 5 齿裂或为 4 ～ 5 萼片组成，芽时覆瓦状或镊合状排列；花瓣 4 ～ 5，稀为 3 ～ 7，芽时覆瓦状、镊合状或旋转排列，分离或下部与雄蕊管合生；雄蕊 4 ～ 10，花丝合生成一短于花瓣的圆筒形、圆柱形、球形或陀螺形等不同形状的管或分离，花药无柄，直立，内向，着生于花丝管的内面或顶部，内藏或突出；花盘生于雄蕊管的内面或缺，如存在则呈环状、管状或柄状；子房上位，2 ～ 5 室，少数 1 室，每室有胚珠 1 ～ 2 颗或更多；花柱单生或缺，柱头盘状或头状。果为蒴果、浆果或核果，开裂或不开裂；果皮革质、木质或很少肉质；种子有翅或无翅，有胚乳或无。

本科约有 50 属 1400 种，分布于热带和亚热带地区。我国产 15 属 62 种 12 变种，此外尚引入栽培的有 3 属 3 种，主产于长江以南各省（区）。

公安县境内的楝科植物有 2 属 2 种。

1. 雄蕊的花丝全部或几乎全部合生成一管；果为核果……………………………………………… 楝属 *Melia*
1. 雄蕊的花丝分生或至少上半部分生；果为蒴果，种子具翅……………………………………… 香椿属 *Toona*

楝属 *Melia* L.

落叶乔木或灌木，幼嫩部分常被星状粉状毛；小枝有明显的叶痕和皮孔。叶互生，一至三回羽状复叶；小叶具柄，通常有锯齿或全缘。圆锥花序腋生，多分枝，由多个二歧聚伞花序组成；花两性；花萼 5 ～ 6 深裂，覆瓦状排列；花瓣白色或紫色，5 ～ 6 片，分离，线状匙形，开展，旋转排列；雄蕊管圆筒形，管顶有 10 ～ 12 齿裂，管部有线纹 10 ～ 12 条，口部扩展，花药 10 ～ 12 枚，着生于雄蕊管上部的裂齿间，内藏或部分突出；花盘环状；子房近球形，3 ～ 6 室，每室有叠生的胚珠 2 颗，花柱细长，柱头头状，3 ～ 6 裂。果为核果，近肉质，核骨质，每室有种子 1 颗；种子下垂，椭圆形，无翅。本属约有 3 种，产于热带和亚热带地区。我国产 2 种，黄河以南各省（区）普遍分布。公安县有 1 种。

213. 楝 *Melia azedarach* L.

【形态】落叶乔木，高可达15～20米。树皮幼时淡褐色，光滑，老则棕褐色而浅纵裂，芽圆球形，芽鳞密生灰褐色茸毛。二至三回单数羽状复叶，互生，长20～40厘米；小叶卵形、椭圆状卵形或卵状披针形，长2～8厘米，宽2～3厘米，顶端渐尖，基部楔形或圆形，边缘具粗钝锯齿，上面深绿色，下面淡绿色，初时有灰褐色星状毛，后渐脱落无毛。圆锥花序腋生，与叶等长，花紫色或淡紫色，长约1厘米；花萼5裂，裂片披针形；被短柔毛；花瓣5，倒披针形，外面被短柔毛；雄蕊10，花丝合生成筒；子房上位，近球形，5～6室，花柱细长，柱头头状。核果长圆形至近球形，淡黄色，4～5室，每室有种子1枚。花期4—5月，果期10—11月。

图213 楝

【生境】生于山坡、路边及村旁。

【分布】全县广布。

【药用部位】根皮或树皮。

【采收加工】春、夏季采收，将树砍倒，挖出树根，剥去根和干皮，除去泥土，晒干。

【化学成分】楝皮主要化学成分为萜类、香豆素、酚酸和甾体等。

【药理作用】楝具有驱虫、抗菌、抗病毒的药理作用。

【性味】苦，寒；有小毒。

【功能主治】清热燥湿，杀虫。主治蛔虫病、蛲虫病、绦虫病、滴虫性阴道炎、疥癣等。

香椿属 *Toona* Roem.

乔木，树干上树皮粗糙，鳞块状脱落；芽有鳞片。叶互生，羽状复叶；小叶全缘，很少有稀疏的小锯齿，常有各式透明的小斑点。花小，两性，组成聚伞花序，再排列成顶生或腋生的大型圆锥花序；花萼短，管状，5齿裂或分裂为5萼片；花瓣5，远长于花萼，与花萼裂片互生，分离，花芽时覆瓦状或旋转排列；雄蕊5，分离，与花瓣互生，着生于肉质具5棱的花盘上，花丝钻形，花药“丁”字形着生，基部心形，退化雄蕊5或不存在，与花瓣对生；花盘厚，肉质，成一个具5棱的短柱；子房5室，每室有2列的胚珠8～12颗，花柱单生，线形，顶端具盘状的柱头。果为蒴果，革质或木质，5室，室轴开裂为5果瓣；种子每室多数，上举，侧向压扁，有长翅，胚乳少。本属约有15种，分布于亚洲至大洋洲。我国产4种6变种，分布于南部、西南部和华北各地。公安县有1种。

214. 香椿 *Toona sinensis* (A. Juss.) Roem.

【形态】乔木，高达25米。叶痕扁圆形，有5个维管束痕，皮孔少而明显。叶有长柄，偶数羽状复叶，长 30 ～ 50 厘米或更长，有特殊的香气；小叶 8 ～ 10 对，对生或互生，卵状披针形至长椭圆形，长 5 ～ 15 厘米，宽 2.5 ～ 4.5 厘米，先端渐尖，基部偏斜，上面深绿色，下面显粉绿色，叶脉和脉间有长束毛，边缘有疏锯齿；小叶柄长 5 毫米。圆锥花序顶生，与叶等长或更长；花白色，有香气，有短柄；花萼短小，5 裂。被微毛或缘毛；花瓣长椭圆形；雄蕊 10，其中 5 枚退化且与退化雄蕊互生。蒴果椭圆形或卵圆形，长 2.5 厘米，顶端开裂为 5 瓣。种子椭圆形，有翅。花期 5—6 月，果期 9 月。

图 214　香椿

【生境】栽培作行道树。

【分布】全县广布。

【药用部位】根皮、果实。

【采收加工】根皮：全年均可采收，但以春季水分充足时最易剥离；先将树根挖出，刮去外面黑色皮，以木棒轻捶之，使皮部与木质部松开，再行剥取，仰面晒干，否则易发霉变黑。果实：秋季采收，晒干。

【化学成分】根皮含川楝素、甾醇及鞣质。种子含脂肪油。

【药理作用】香椿具有抗凝血、降血糖、保护心脏、保护局灶性脑缺血、体外抗氧化、对机体纤溶系统的影响等作用。

【性味】根皮：苦、涩，凉。果实：苦、涩，温。

【功能主治】根皮：除热，燥湿，涩肠，止血，杀虫；主治久泻、久痢、肠风便血、崩漏带下、白浊、疳积、蛔虫病、疮癣。果实：祛风，散寒，止血，止痛；主治胃溃疡、十二指肠溃疡、慢性胃炎。

六十一、远志科 Polygalaceae

草本、灌木或乔木，罕为寄生小草本。单叶互生，有时对生或轮生，叶片纸质或革质，全缘，具羽状脉，稀退化为鳞片状；通常无托叶，若有，则为棘刺状或鳞片状。花两性，两侧对称，白色、黄色或紫红色，排成腋生或顶生的总状花序、圆锥花序或穗状花序，具柄或无，基部具苞片或小苞片；花萼下位，宿存或脱落，萼片 5，分离或稀基部合生，外面 3 枚小，里面 2 枚大，常呈花瓣状，或 5 枚几相等；花瓣 5，稀全部发育，通常仅 3 枚，基部通常合生，中间 1 枚常凹入，呈龙骨瓣状，顶端背面常具 1 流苏状或蝶结状附属物，稀无；雄蕊 8，或 7、5、4，花丝通常合生成向后开放的鞘，花药基底着生，顶孔开裂；花盘通常无，若有，则为环状或腺体状；子房上位，通常 2 室，每室具 1 倒生下垂的胚珠，稀 1 室具多数胚珠，花柱 1，直立或弯曲，柱头 2，稀 1，头状。果实或为蒴果，或为翅果、坚果，开裂或不开裂，具种子2粒，或因1室败育，仅具1粒。种子卵形、球形或椭圆形，黄褐色、暗棕色或黑色，无毛或被毛，胚乳有或无。

本科有13属近1000种，广布于全世界，尤以热带和亚热带地区较多。我国有4属51种9变种，南北地区均产。

公安县境内的远志科植物有1属1种。

远志属 *Polygala* L.

草本或灌木，稀为小乔木。单叶互生，稀对生或轮生，叶片纸质或近革质，全缘，无毛或被柔毛。总状花序顶生、腋生或腋外生；花两性，左右对称，具苞片1～3枚，宿存或脱落；萼片5，不等大，宿存或脱落，排成2轮，外面3枚小，里面2枚大，常花瓣状；花瓣3，白色、黄色或紫红色，侧瓣与龙骨瓣常于中部以下合生，龙骨瓣顶端背部具鸡冠状附属物；雄蕊8，花丝下部连合，并与花瓣贴生，花药基部着生，有柄或无柄，顶孔开裂；花盘有或无；子房2室，两侧扁，每室具1下垂倒生胚珠；花柱直立或弯曲，柱头1或2。果为蒴果，两侧压扁，具翅或无，有种子2粒；种子卵形或圆形，通常黑色，被短柔毛或无毛。本属约有500种，广布于全世界。我国有42种8变种，广布于全国各地。公安县有1种。

215. 瓜子金 *Polygala japonica* Houtt.

【形态】多年生草本，高10～30厘米，在基部有分枝，有较细瘦的圆柱形宿存根。叶卵状披针形，长1～3厘米，宽3～13毫米，先端有短尖，基部稍圆，全缘，被细柔毛。总状花序腋生，最上一个花序低于茎的顶端，花少数，长1～4厘米；花紫色，长7～8毫米；外萼片披针形，长2～4毫米，内萼片花瓣状，卵形，长5～7毫米；龙骨瓣先端有附属物。蒴果扁平，心圆形，宽7～8毫米，先端微缺，具膜状翅，表面平滑无毛，萼片宿存，种子卵形而扁。花期4—5月，果期5—6月。

图215 瓜子金

【生境】生于山坡路旁草丛。

【分布】分布于章庄铺镇。

【药用部位】全草。

【采收加工】夏、秋季采集，拣去杂质，洗净，晒干。

【化学成分】根含三萜皂苷、树脂、脂肪油、远志醇、远志皂苷。

【药理作用】瓜子金具有抗炎、镇痛、抗肿瘤、保护细胞、抗抑郁的药理作用。

【性味】辛、苦，平。

【功能主治】镇咳，化痰，清热解毒，活血，止血，安神。主治咳嗽痰多、吐血、便血、怔忡、失眠、咽喉肿痛、痈疽疮毒、蛇咬伤、跌打损伤。

六十二、漆树科 Anacardiaceae

乔木或灌木，树皮中有树脂。叶互生，稀对生，单叶，掌状三小叶或奇数羽状复叶，无托叶或托叶不显。花小，辐射对称，两性或多为单性或杂性，排列成顶生或腋生的圆锥花序；花萼多少合生，3～5裂，有时呈佛焰苞状撕裂或呈帽状脱落，裂片在芽中覆瓦状或镊合状排列，花后宿存或脱落；花瓣3～5，分离或基部合生，通常下位，覆瓦状或镊合状排列，脱落或宿存，有时花后增大，雄蕊着生于花盘外面基部或花盘边缘，与花盘同数或为其2倍，常更少，极稀更多，花丝线形或钻形，分离，花药卵形或长圆形或箭形，2室，内向或侧向纵裂；花盘环状或杯状，全缘或5～10浅裂或呈柄状突起；子房上位，少有半下位或下位，通常1室，少有2～5室，每室有胚珠1颗，倒生。果多为核果，外果皮薄，中果皮通常厚，具树脂，内果皮坚硬，骨质或硬壳质或革质；胚稍大，肉质，弯曲，子叶膜质扁平或稍肥厚，无胚乳或有少量薄的胚乳。

本科约有60属600种，分布于热带、亚热带地区，少数延伸到北温带地区。我国有16属59种。

公安县境内的漆树科植物有1属1种。

盐肤木属 *Rhus* (Tourn.) L. emend. Moench

落叶灌木或乔木。叶互生，奇数羽状复叶、3小叶或单叶，叶轴具翅或无翅；小叶具柄或无柄，边缘具齿或全缘。花小，杂性或单性异株，多花，排列成顶生聚伞圆锥花序或复穗状花序，苞片宿存或脱落；花萼5裂，裂片覆瓦状排列，宿存；花瓣5，覆瓦状排列；雄蕊5，着生在花盘基部，在雄花中伸出，花药卵圆形，背着药，内向纵裂；花盘环状；子房无柄，1室，1胚珠，花柱3，基部多少合生。核果球形，略压扁，被腺毛和具节毛或单毛，成熟时红色，外果皮与中果皮连合，中果皮非蜡质。本属约有250种，分布于亚热带和暖温带地区。我国有6种，除东北、内蒙古、青海和新疆外均有分布。公安县有1种。

216. 盐肤木 *Rhus chinensis* Mill.

【形态】落叶灌木或小乔木，高达8米。树皮灰褐色，有无数皮孔和三角形的叶痕，小枝、叶轴、花序、果序密被褐色柔毛；具小叶7～13，总叶柄和叶轴有显著的翅，小叶无柄，卵形至卵状椭圆形，长8～12厘米，宽4～6厘米，先端渐尖，基部圆形或近心形，边缘有粗而圆的锯齿，上面无毛，下面具棕褐色柔毛。圆锥花序顶生，长12～20厘米，花序密被棕褐色柔毛；花小，杂性，两性花，萼片5，广卵形，先端钝；花瓣 5，乳白色，倒卵状长椭圆形，边缘内侧基部具柔毛；雄蕊 5，花药黄色，“丁”字形着生，花丝黄色；雌蕊较雄蕊短，子房上位，花柱 3，柱头头状；核果近扁圆形，横径约 5 毫米，红色，被短细柔毛。花期 6—7 月，果期 7—10 月。

图 216　盐肤木

【生境】生于山坡林中或沟边。

【分布】分布于章庄铺镇、黄山头镇。

【药用部位】根、种子、根皮、叶。

【采收加工】根：四季可采，洗净，晒干。种子：秋后采收。根皮：四季可采，洗净，剥取根皮，分别晒干。叶：夏、秋季采摘，鲜用。

【化学成分】盐肤木主要化学成分包括黄酮类、多酚类及酚酸类、多糖类、三萜类等。

【性味】根：酸、咸，凉。种子：酸，凉。根皮：咸、涩，凉。叶：酸、咸，寒。

【功能主治】根：祛风，化湿，消肿，软坚；主治感冒发热、咳嗽、腹泻、水肿、风湿痹痛、跌打损伤、乳痈、癣疮。

种子：生津润肺，降火化痰，敛汗，止痛；主治痰嗽、喉痹、黄疸、盗汗、痢疾、顽癣、痈毒。

根皮：祛风湿，散瘀血，清热解毒；主治咳嗽、风湿骨痛、水肿、跌打损伤、肿毒疮疥、蛇咬伤。

叶：化痰止咳，收敛，解毒；主治咳嗽、便血、血痢、盗汗、疮疡。

【附注】叶柄、叶上常生有不规则凸起的虫瘿，即中药“五倍子”，按外形不同分为“肚倍”与“角倍”。五倍子含鞣酸 50% ～ 70%，用于轻工业原料。用于收敛止血、敛肺止咳、涩肠止泻、解毒，对绿脓杆菌、痢疾杆菌、大肠杆菌、白喉杆菌、化脓性球菌有较好的抗菌作用，可治疗泻痢、虚汗、便血、脱肛、久咳、遗精等；还可以沉淀生物碱而制解毒药。

六十三、七叶树科 Hippocastanaceae

落叶乔木或灌木，稀常绿。冬芽大型，顶生或腋生，有树脂或否。叶对生，由 3 ～ 9 小叶组成的掌状复叶，无托叶，叶柄通常长于小叶，无小叶柄或有长达 3 厘米的小叶柄。聚伞状的圆锥花序顶生，侧生小花序系蝎尾状聚伞花序或二歧式聚伞花序。花杂性，雄花常与两性花同株；萼片 4 ～ 5，基部连合成钟形或管状抑或完全离生，排列成镊合状或覆瓦状；花瓣 4 ～ 5，与萼片互生，大小不等，基部爪状；雄蕊 5 ～ 9，着生于花盘内部，花丝长短不等；花盘全部发育成环状或仅一部分发育，全缘或稍浅裂；子房上位，卵形或长圆形，3 室，每室有 2 胚珠，花柱 1，柱头小而常扁平。蒴果 1 ～ 3 室，平滑或有刺，常于胞背 3 裂；种子球形，常仅 1 枚，稀 2 枚发育，种脐大型，淡白色，无胚乳。

本科有 2 属 30 种以上，广布于北温带地区。我国只有 1 属，即七叶树属。

公安县境内的七叶树科植物有 1 属 1 种。

七叶树属 *Aesculus* L.

落叶乔木，稀灌木。冬芽大型，顶生或腋生，外部有几对鳞片。叶对生，系 3 ～ 9 枚（通常 5 ～ 7 枚）小叶组成掌状复叶，有长叶柄，无托叶；小叶长圆形、倒卵形或披针形，边缘有锯齿，具短的小叶柄。聚伞圆锥花序顶生，直立，侧生小花序系蝎尾状聚伞花序。花杂性，雄花与两性花同株，大型，不整齐；花萼钟形或管状，上段 4 ～ 5 裂，大小不等，排列成镊合状；花瓣 4 ～ 5，倒卵形、倒披针形或匙形，基部爪状，大小不等；花盘全部发育成环状或仅一部分发育，微分裂或不分裂；雄蕊 5 ～ 8，通常 7，着生于花盘的内部；子房上位，无柄，3 室，花柱细长，不分枝，柱头扁圆形，胚珠每室 2 枚，重叠。蒴果 1 ～ 3 室，平滑稀有刺，胞背开裂；种子仅 1 ～ 2 枚发育良好，近于球形或梨形，无胚乳，种脐常较宽大。本属约有 30 种，广布于亚洲、欧洲、美洲。我国产 10 余种。公安县有 1 种。

217. 天师栗　*Aesculus wilsonii* Rehd.

图 217　天师栗

【形态】落叶乔木，高达 25 米。掌状复叶对生，叶柄长 6 ～ 15 厘米，被短柔毛；小叶片 5 ～ 7，倒卵状长椭圆形或卵状披针形，长 10 ～ 20 厘米，宽 3 ～ 8.5 厘米，先端窄尖，基部宽楔形或近圆形，边缘有细锯齿，上面主脉上疏生细柔毛，下面密生细柔毛，小叶柄有短柔毛。圆锥花序顶生，长达 35 厘米；总花梗长达 10 厘米，花梗被细柔毛；雄花和两性花同株而疏生；花白色，长 1 ～ 1.5 厘米；花萼筒形，不整齐的 5 浅裂，裂片近圆形，外面密生细柔毛；花瓣 4，椭圆形，上 2 瓣较窄长，外面和边缘密生细柔毛；雄蕊 6 ～ 8；两性花的子房上位，卵形。蒴果卵形或倒卵形，顶端突起而尖，外表密生黄褐色斑点。种子 1 ～ 2 枚，圆球状，种脐约为底部的 1/3。花期 5—7 月，果期 7—9 月。

【生境】栽培作行道树。

【分布】分布于狮子口镇。

【药用部位】果实称作“娑罗子”，可供药用。

【采收加工】霜降后摘取成熟果实，晒 7 ～ 10 天后堆焖回潮，再用文火烘干，烘前用针在皮孔上刺孔，以防爆破，且易干燥。亦有直接晒干或剥取果皮晒干者。

【化学成分】种子含脂肪油、淀粉、粗蛋白等。脂肪油主要为油酸和硬脂酸的甘油酯。

【性味】甘，温。

【功能主治】理气宽中，杀虫，截疟，止痛。主治胃寒作痛、脘腹胀、疳积虫痛、疟疾、痢疾、胸脘胀痛。

六十四、凤仙花科 Balsaminaceae

一年生或多年生草本，通常肉质，稀附生或亚灌木。单叶互生或对生，螺旋状排列，具柄或无柄，无托叶或有时叶柄基具1对托叶状腺体，羽状脉，边缘具圆齿或锯齿，齿端具小尖头，齿基部常具腺状小尖。花两性，雄蕊先熟，两侧对称，常呈180°倒置，排成腋生或近顶生总状或假伞形花序，或无总花梗，束生或单生；萼片3，稀5枚，侧生萼片离生或合生，全缘或具齿，下面倒置的1枚萼片大，花瓣状，通常呈舟状、漏斗状或囊状，基部渐狭或急收缩成具蜜腺的距；花瓣5枚，旗瓣大，扁平或兜状，背面常有鸡冠状突起，翼瓣2，常2裂，唇瓣大，常在基部延伸成距；雄蕊5枚，与花瓣互生，花丝短，扁平，内侧具鳞片状附属物，在雌蕊上部连合或贴生，环绕子房和柱头，在柱头成熟前脱落；花药2室，缝裂或孔裂；雌蕊由4或5心皮组成；子房上位，4或5室，每室具2至多数倒生胚珠；花柱1，极短或无花柱，柱头1～5。果实为假浆果或多少肉质，4～5裂爿片弹裂的蒴果。种子从开裂的裂爿中弹出，无胚乳，种皮光滑或具小瘤状突起。

本科有2属，约900种，主要分布于亚洲热带和亚热带及非洲。我国2属均产，已知约有220种。

公安县境内的凤仙花科植物有1属1种。

凤仙花属 *Impatiens* L.

本属的形态特征与凤仙花科的描述相同，但下面4枚侧生的花瓣成对合生成翼瓣；果实为多少肉质弹裂的蒴果。果实成熟时种子从裂爿中弹出。

218. 凤仙花　*Impatiens balsamina* L.

【别名】指甲花。

【形态】一年生草本，高40～100厘米。茎直立，肉质粗壮，圆柱形，上部分枝，下部茎节膨大，表面有短柔毛或近乎光滑，常带红色。叶互生，披针形，长6～15厘米，宽1.5～3厘米，顶端长渐尖，基部楔形，边缘锐锯齿；叶柄长1～3厘米，内凹，两侧有腺体数枚。花单生或数朵簇生于叶腋，大型，直径2～3厘米，花梗长1～1.5厘米，下垂；萼片3，有短柔毛，侧生两片较小，下方1枚较大而呈囊状，基部有长而弯的距；花瓣5，红色，粉红色、白色或杂色，上面1片椭圆形，顶端凹而有小尖头，两侧两对花瓣常两两连合；雄蕊5，与花瓣互生，花药及花丝上部均连合围绕雌蕊；子房椭圆形，5室，每室含胚珠数枚，花柱短，柱头分裂。蒴果纺锤形，密生茸毛，成熟时果皮裂开，弹出种子，成5枚旋转状果瓣；种子多数，扁圆形或卵圆形，褐色或棕色。花期6—9月，果期8—10月。

【生境】常栽培于房前屋后及庭院。

【分布】全县广布。

【药用部位】花、种子、干燥茎。种子称“急性子”，干燥茎称“透骨草”。

【采收加工】花：于夏、秋季花朵开放后，分批摘取。

种子：9月果实成熟前，果皮呈淡黄色并有裂纹，以手捏之能自裂、种子呈褐色时，分批摘下，摊晒至种子自行落出或打出，簸去秕子、杂屑，晒干。

透骨草：立秋后，待植株将枯萎时拔取，斩去根部，除去残叶，敲扁，晒干。

【化学成分】花含指甲花醌、2- 甲氧基 -1，4 萘醌、槲皮素等。种子含皂苷、脂肪油，油中含香脂甾醇，此外还含挥发油、蛋白质、氨基酸及多糖。

【药理作用】凤仙花具有抗真菌、抗氧化、抗炎镇痛、避孕等作用。

图 218 凤仙花

【性味】花：苦，温。种子：酸、微苦，温；有小毒。透骨草：苦、酸，温。

【功能主治】花：活血，解毒；主治胸胁隐痛、毒蛇咬伤、鹅掌风等。

种子：软坚，消积；主治经闭、噎膈、腹部肿块、痞块等。外用适量，研末调敷及熬膏贴，孕妇忌服。

透骨草：祛风湿，活血止痛；主治风湿痹痛、跌打损伤、瘀血肿痛、疮疖痈肿。

六十五、冬青科 Aquifoliaceae

乔木或灌木，常绿或落叶。单叶互生，稀对生或假轮生，叶片通常革质、纸质，稀膜质，具锯齿、腺状锯齿或具刺齿，或全缘，具柄；托叶无或小，早落。花小，辐射对称，单性，稀两性或杂性，雌雄异株，排列成腋生的聚伞花序或簇生，稀单生；花萼 4 ～ 6 片，覆瓦状排列，宿存或早落；花瓣 4 ～ 6，分离或基部合生，通常圆形，或先端具 1 内折的小尖头，覆瓦状排列，稀镊合状排列；雄蕊与花瓣同数且与之互生，花丝短，花药 2 室，内向，纵裂；花盘缺；子房上位，心皮 2 ～ 5，合生，2 至多室，每室具 1 ～ 2 枚悬垂、横生或弯生的胚珠，花柱短或无，柱头头状、盘状或浅裂（雄花中败育雌蕊存在，近球形或叶枕状）。果通常为浆果状核果，具 2 至多数分核，通常 4 枚，稀 1 枚，每分核具 1 粒种子；种子含丰富的胚乳，胚小，直立，子叶扁平。

本科有4属，400～500种，分布极广。我国产1属约204种，分布于秦岭南坡、长江流域及其以南地区，以西南地区最盛。

公安县境内的冬青科植物有1属2种。

冬青属 *Ilex* L.

常绿或落叶乔木或灌木。单叶互生，稀对生；叶片革质、纸质或膜质，长圆形、椭圆形、卵形或披针形，全缘或具锯齿或具刺，具柄或近无柄；托叶小，胼胝质，通常宿存。花序为聚伞花序或伞形花序，单生于当年生枝条的叶腋内或簇生于2年生枝条的叶腋内，稀单生；花小，白色、粉红色或红色，辐射对称，常由于败育而呈单性，雌雄异株。雄花：花萼盘状，4～6裂，覆瓦状排列；花瓣4～8枚，基部略合生；雄蕊通常与花瓣同数，且互生，花丝短，花药长圆状卵形，内向，纵裂；败育子房上位，近球形或叶枕状，具喙。雌花：花萼4～8裂；花瓣4～8，伸展，基部稍合生；败育雄蕊箭头状或心形；子房上位，卵球形，1～10室，通常4～8室，无毛或被短柔毛，花柱稀发育，柱头头状、盘状或柱状。果为浆果状核果，通常球形，成熟时红色，具2～6分核，分核表面平滑，或具条纹、棱及沟槽，或多皱及洼穴，具1种子。本属有400种以上，分布于热带、亚热带至温带地区，主产于中南美洲和亚洲热带。我国约有200种，分布于秦岭南坡、长江流域及其以南广大地区，而以西南和华南地区较多。公安县有2种。

1. 花序单生叶腋，聚伞状；分核背部具单沟；叶片通常具圆齿、锯齿……冬青 *I. chinensis*
1. 花序簇生二年生枝条的叶腋；分核具不规则的皱纹及洼点；叶具刺……枸骨 *I. cornuta*

219. 冬青 *Ilex chinensis* Sims

【形态】常绿乔木，高达12米。树皮灰色或淡灰色，无毛。叶互生，革质，通常狭长椭圆形，长6～10厘米，宽2～3.5厘米，先端渐尖，基部楔形，很少圆形，边缘疏生浅锯齿，上面深绿色而有光泽，冬季变紫红色，中脉在下面隆起；叶柄长5～15毫米。花单性，雌雄异株，聚伞花序着生于叶腋内或叶腋外；花萼4裂；花瓣4，淡紫色；雄蕊4；子房上位。核果椭圆形，长6～10毫米，红色，内含分核4枚，果柄长约5毫米。花期5月，果熟期10月。

图219 冬青

【生境】生于山坡常绿阔叶林中或林缘。

【分布】分布于章庄铺镇、黄山头镇。

【药用部位】果实。

【采收加工】冬季果实成熟时采摘，

晒干。

【性味】甘苦，凉。无毒。

【功能主治】祛风，补虚。治风湿痹痛、痔疮。

220. 枸骨 *Ilex cornuta* Lindl. et Paxt.

【形态】常绿灌木或小乔木。树皮灰白色，平滑。枝条开展而密生。单叶互生，叶厚硬革质，四方状长圆形，少数为卵形，长 5 ～ 6 厘米，宽 1.5 ～ 3 厘米，先端较宽，具 3 枚粗硬刺，基部每侧具 1 ～ 2 枚硬刺，但老树的叶先端锐尖或短渐尖，基部圆形，叶上面深绿色，具光泽，下面淡绿色，光滑无毛，中肋在叶上面凹入，在下面凸起；叶柄长约 2 毫米；花黄绿色，4 基数，花序簇生于二年生小枝叶腋内，雌雄异株，花萼杯状，4 裂，裂片三角形，外面有短柔毛；花瓣 4，倒卵形，基部愈合；雄蕊 4，着生在花冠裂片基部，与花瓣互生，花药纵列；雌蕊 1。核果椭圆形，直径 8 ～ 10 毫米，鲜红色，宿存柱头盘状，4 裂，果梗长 8 ～ 15 毫米，分核 4，具不规则的皱纹，坚硬，内果皮木质。花期 4 月，果熟期 9 月。

图 220　枸骨

【生境】生于山坡、路旁、河边、村落附近或栽培于庭院中。

【分布】全县广布。

【药用部位】叶、根、果实。

【采收加工】叶：大暑后剪取叶片，拣去细枝，晒干。根：全年可挖，洗净，晒干或鲜用。果实：大雪前后，当果实成熟呈红色时，摘取果实，晒干。

【化学成分】枸骨含咖啡酸、挥发油及鞣质。

【药理作用】枸骨具有抗菌、抗炎、降血脂、降血糖、保护心血管系统，以及清除自由基、抗氧化等作用。

【性味】叶：微苦，凉。根：苦，微寒。果实：苦、涩，微温。

【功能主治】叶：养阴清热，补益肝肾，祛风湿；主治肺痨咳嗽、劳伤、腰膝痿弱、风湿痹痛、跌打损伤、头昏耳鸣、肝肾阴虚、腰膝酸痛。

根：补肝肾，祛风；主治腰膝痿弱、关节疼痛、头风目赤、牙痛。

果实：补肝肾，止泻，补阴，益精，活络；主治阴虚身热、月经过多、带下、泄泻、淋浊、筋骨疼痛等。

六十六、卫矛科 Celastraceae

常绿或落叶乔木、灌木或藤本灌木及匍匐小灌木。单叶对生或互生；托叶细小，早落或宿存。花两性或退化为功能性不育的单性花，杂性同株，较少异株；顶生或腋生聚伞花序1至多次分枝，具有较小的苞片和小苞片；花瓣4～5，花部同数或心皮减数，花萼花冠分化明显，极少萼冠相似或花冠退化，花萼基部通常与花盘合生，花萼分为4～5萼片，花冠具4～5分离花瓣，少为基部贴合，常具明显肥厚花盘，极少花盘不明显或近无，雄蕊与花瓣同数，着生于花盘之上或花盘之下，花药2室或1室，心皮2～5，合生，子房下部常陷入花盘而与之合生或与之融合而无明显界线，或仅基部与花盘相连，大部游离，子房室与心皮同数或退化成不完全室或1室，倒生胚珠，通常每室2～6，少为1，轴生、室顶垂生，较少基生。果为蒴果，亦有核果、翅果或浆果；种子常具假种皮，胚乳肉质丰富。

本科约有60属850种。主要分布于热带、亚热带及温带地区。我国有12属201种，全国均产，其中引进栽培有1属1种。

公安县境内的卫矛科植物有1属1种。

卫矛属 *Euonymus* L.

常绿或落叶灌木或小乔木，有时匍匐或以气根攀缘。叶对生，极少为互生或3叶轮生。花为三出至多次分枝的聚伞圆锥花序；花两性，较小，直径一般5～12毫米；花部4～5数，花萼绿色，多为宽短半圆形；花瓣较花萼长大，多为白绿色或黄绿色，偶为紫红色；花盘发达，一般肥厚扁平，圆或方，有时4～5浅裂；雄蕊着生于花盘上面，多在靠近边缘处，少在靠近子房处，花药“个”字形着生或基着，2室或1室，药隔发达，托于半药之下，常使花粉囊呈皿状，花丝细长或短或仅呈突起状；子房半沉于花盘内，4～5室，胚珠每室2～12，轴生或室顶角垂生，花柱单一，明显或极短，柱头细小或小圆头状。蒴果近球状、倒锥状，不分裂或上部4～5浅凹，或4～5深裂至近基部，果皮平滑或被刺突或瘤突，心皮背部有时延长外伸呈扁翅状，成熟时胞间开裂，果皮完全裂开或内层果皮不裂而与外层分离在果内突起呈假轴状；种子每室多为1～2个成熟，稀多至6个以上，种子外被红色或黄色肉质假种皮；假种皮包围种子的全部，或仅包围一部而呈杯状、舟状或盔状。本属约有220种，分布于东、西两半球的亚热带和温暖地区。我国有111种，全国均有分布。公安县有1种。

221. 卫矛 *Euonymus alatus* (Thunb.) Sieb.

【形态】灌木，高1～3米。小枝常具2～4列宽阔木栓翅；冬芽圆形，长2毫米左右，芽鳞边缘具不整齐细坚齿。叶卵状椭圆形、窄长椭圆形，偶为倒卵形，长2～8厘米，宽1～3厘米，边缘具细锯齿，两面光滑无毛；叶柄长1～3毫米。聚伞花序1～3花；花序梗长约1厘米，小花梗长5毫米；花白绿色，直径约8毫米，4数；萼片半圆形；花瓣近圆形；雄蕊着生于花盘边缘处，花丝极短，开花后稍增长，花药宽阔长方形，2室顶裂。蒴果1～4深裂，裂瓣椭圆状，长7～8毫米；种子椭圆状或阔椭圆状，长5～6毫米，种皮褐色或浅棕色，假种皮橙红色，全包种子。花期5—6月，果期7—10月。

【生境】生于阔叶混交林中或灌丛中。

【分布】分布于章庄铺镇。

图 221 卫矛

【药用部位】具翅状物的枝条或翅状附属物。

【采收加工】全年可采，割取枝条后，除去嫩枝及叶，晒干，或立秋后，收取其木翅，理除细枝、残叶，晒干。

【化学成分】叶含表无羁萜醇、无羁萜、槲皮素、卫矛醇。种子中含饱和脂肪酸、油酸、亚油酸、乙酸和苯甲酸等。

【药理作用】卫矛具有杀虫、抗肿瘤、抗血栓、降血糖、降血脂、抗炎、镇痛、免疫抑制等药理作用。

【性味】苦，寒。

【功能主治】行血通经，散瘀止痛，杀虫。主治跌打损伤肿痛、月经不调、产后瘀血腹痛、虫积腹痛、关节酸痛。

六十七、省沽油科 Staphyleaceae

乔木或灌木。叶对生或互生，奇数羽状复叶或 3 小叶，有托叶或稀无托叶；叶有锯齿。花整齐，两性或杂性，稀为雌雄异株，成腋生或顶生的圆锥花序或总状花序；萼片 5，分离或连合，覆瓦状排列；花瓣 5，覆瓦状排列；雄蕊 5，与花瓣互生，花丝多扁平，花药背着，内向；花盘通常明显，且多少有裂片，有时缺；子房上位，3 室，稀 2 室或 4 室，连合或分离，每室有 1 至几个倒生胚珠，花柱各式分离或连合。果实为蒴果状，常为多少分离的蓇葖果或不裂的核果或浆果；种子数枚，胚乳丰富。

本科有 5 属约 60 种，产于热带亚洲和美洲及北温带地区。我国有 4 属 22 种，主产于南方各省（区）。

公安县境内的省沽油科植物有 1 属 1 种。

野鸦椿属 *Euscaphis* Sieb. et Zucc.

落叶灌木或小乔木，枝无毛，芽具二鳞片。奇数羽状复叶，叶对生，有托叶，脱落，小叶革质，有细锯齿，有小叶柄及小托叶。圆锥花序顶生，花两性，花萼宿存，5 裂，覆瓦状排列，花盘环状，具圆齿，雄蕊 5，着生于花盘基部外缘，花丝基部扩大，子房上位，心皮 2 ～ 3，裂片全裂，基部合生成为一室，无柄，花柱 2 ～ 3 枚，在基部稍连合，柱头头状，胚珠 2 列，果为蓇葖果，基部有宿存的花萼，展开，革质，沿内面腹缝线开裂，种子 1 ～ 2，黑色，具假种皮，近革质，子叶圆形。本属有 3 种，产于日本至中南半岛。我国产 2 种。公安县有 1 种。

222. 野鸦椿 *Euscaphis japonica* (Thunb.) Dippel

图 222 野鸦椿

【形态】落叶灌木或小乔木，高 3 ～ 8 米，树皮灰褐色，具纵条纹，小枝及芽红紫色，枝叶揉碎后发出恶臭气味。叶对生，奇数羽状复叶，长 10 ～ 30 厘米，叶轴淡绿色，小叶 5 ～ 9，稀 3 ～ 11，厚纸质，长卵形或椭圆形，稀为圆形，长 5 ～ 10 厘米，宽 2.5 ～ 4 厘米，先端渐尖，基部钝圆，边缘具疏短锯齿，齿尖有腺体，两面除背面沿脉有白色小柔毛外余无毛，主脉在上面明显，在背面突出，侧脉 8 ～ 11，在两面可见，小叶柄长 1 ～ 2 毫米，小托叶线形，基部较宽，先端尖，有微柔毛。圆锥花序顶生，花梗长达 21 厘米，花多，较密集，黄白色，直径 4 ～ 5 毫米，萼片与花瓣均 5，椭圆形，萼片宿存，花盘盘状，心皮 3，分离。蓇葖果长 1 ～ 2 厘米，每一花发育为 1 ～ 3 个蓇葖，果皮软革质，紫红色，有纵脉纹，种子近圆形，直径约 5 毫米，假种皮肉质，黑色，有光泽。花期 5—6 月，果期 8—9 月。

【生境】生于向阳山坡灌丛间。

【分布】分布于章庄铺镇。

【药用部位】根及果实。

【采收加工】根全年可采，8—9 月采收成熟种子，晒干。

【化学成分】种子含脂肪油及异槲皮苷、黄芪苷等。

【药理作用】野鸦椿具有抗炎镇痛、抗肝纤维化、抗细胞增殖、杀虫抑菌、抗氧化、抗脂肪堆积的药理作用。

【性味】微苦，温。

【功能主治】果实：理气止痛，温中散寒；主治胃痛、寒疝、泻痢、脱肛、子宫下垂、睾丸肿痛、月经不调等。根：祛风除湿，健脾调营；主治痢疾、泄泻、疝痛、崩漏、月经不调、膀胱疝气、风湿疼痛、跌打损伤。根的内皮除可治痢治泻外，还可治各种炎症。

六十八、鼠李科 Rhamnaceae

灌木或乔木，稀草本，通常具刺，或无刺。单叶互生或近对生，全缘或具齿，具羽状脉，或 3 ～ 5 基出脉；托叶小，早落或宿存，或有时变为刺。花小，整齐，两性或单性，稀杂性，雌雄异株，常排成聚伞花序、聚伞圆锥花序，或有时单生或数个簇生，通常 4 基数，稀 5 基数；萼钟状或筒状，淡黄绿色，萼片镊合状排列，内面中肋中部有时具喙状突起，与花瓣互生；花瓣通常较萼片小，极凹，匙形或兜状，基部常具爪，或有时无花瓣，着生于花盘边缘下的萼筒上；雄蕊与花瓣对生，为花瓣抱持；花丝着生于花药外面或基部，与花瓣爪部离生，花药2室，纵裂，花盘明显发育，周位，全缘，具圆齿或浅裂；子房上位、半下位至下位，通常3室或2室，稀4室，每室有1基生的倒生胚珠，花柱不分裂或上部3裂。核果、浆果状核果、蒴果状核果或蒴果，沿腹缝线开裂或不开裂，或有时果实顶端具纵向的翅或具平展的翅状边缘，基部常为宿存的萼筒所包围，具2～4个开裂或不开裂的分核，每分核具1种子，种子背部无沟或具沟，或基部具孔状开口，通常有少而明显分离的胚乳，胚大而直。

本科约有58属，900种以上，广泛分布于温带至热带地区。我国产14属133种32变种和1变型，全国各省（区）均有分布，以西南和华南地区的种类丰富。

公安县境内的鼠李科植物有4属6种。

1. 果实为干的或肉质的核果，核具有1～4室；花盘填塞于浅的萼筒；种皮膜质。
  2. 叶有三出脉，少数为五出；有时有托叶变成的刺。
    3. 果实周围具平展的杯状或草帽状的翅……马甲子属 *Paliurus*
    3. 果无翅，为肉质的核果……枣属 *Ziziphus*
  2. 叶多具有羽状脉；无托叶所成的刺……猫乳属 *Rhamnella*
1. 果实为浆果状核果，有2～4核，无翅；花盘衬贴于萼筒或同时附着于子房……鼠李属 *Rhamnus*

马甲子属 *Paliurus* Tourn ex Mill.

落叶乔木或灌木。单叶互生，有锯齿或近全缘，具基生三出脉，托叶常变成刺状。花两性，5基数，排成腋生或顶生聚伞花序或聚伞圆锥花序；花萼5裂，萼片有明显的网状脉，中肋在内面凸起；花瓣匙形或扇形，两侧常内卷；雄蕊基部与瓣爪离生；花盘厚、肉质，与萼筒贴生，五边形或圆形，无毛，边缘5或10齿裂或浅裂，中央下陷与子房上部分离，子房上位，大部分藏于花盘内，基部与花盘愈合，顶端伸出花盘，3室（稀2室），每室具1胚珠，花柱柱状或扁平，通常3深裂。核果杯状或草帽状，周围具木栓质或革质的翅，基部有宿存的萼筒，3室，每室有1种子。本属有6种，分布于欧洲南部和亚洲东部及南部。我国有5种和1栽培种，分布于西南、中南、华东等省（区）。公安县有1种。

223. 马甲子 *Paliurus ramosissimus* (Lour.) Poir.

【形态】灌木，高达6米；小枝褐色或深褐色，被短柔毛，稀近无毛。叶互生，纸质，卵状椭圆形或近圆形，长3～5.5 (7) 厘米，宽2.2～5厘米，顶端钝或圆形，基部宽楔形、楔形或近圆形，稍偏斜，边缘具钝细锯齿或细锯齿，稀上部近全缘，上面沿脉被棕褐色短柔毛，幼叶下面密生棕褐色细柔毛，后渐脱落仅沿脉被短柔毛或无毛，基生三出脉；叶柄长5～9毫米，被毛，基部有2个紫红色斜向直立的针刺，长0.4～1.7厘米。腋生聚伞花序，被黄色茸毛；萼片宽卵形，长2毫米，宽1.6～1.8毫米；花瓣匙形，短于萼片，长1.5～1.6毫米，宽1毫米；雄蕊与花瓣等长或略长于花瓣；花盘圆形，边缘5或10齿裂；

图 223 马甲子

子房3室，每室具1胚珠，花柱3深裂。核果杯状，被黄褐色或棕褐色茸毛，周围具木栓质3浅裂的窄翅，直径1～1.7厘米，长7～8毫米；果梗被棕褐色茸毛；种子紫红色或红褐色，扁圆形。花期5—8月，果期9—10月。

【生境】生于山地和平原，野生或栽培。

【分布】分布于黄山头镇。

【药用部位】根。

【采收加工】全年采根，晒干。

【化学成分】马甲子的主要化学成分为三萜类、黄酮类和香豆素类。

【性味】苦，平。

【功能主治】祛风散瘀，解毒消肿。主治风湿痹痛、跌打损伤、咽喉肿痛、痈疽。

猫乳属 *Rhamnella* Miq.

落叶灌木或小乔木。叶互生，具短柄，纸质或近膜质，边缘具细锯齿，羽状脉；托叶钻形，常宿存与茎离生。花小，黄绿色，两性，5基数，具梗，排成腋生聚伞花序，具短总花梗；萼片三角形，内面有喙状突起；花瓣倒卵状匙形或圆状匙形，两侧内卷；雄蕊背着药，花丝基部与爪部离生，披针状条形；子房上位，仅基部着生于花盘，1室或不完全2室，有2胚珠，花柱顶端2浅裂。花盘薄，杯状，五边形。核果圆柱状椭圆形，橘红色或红色，成熟后变黑色，顶端有残留的花柱，基部为宿存的萼筒所包围，具1或2种子。本属共7种，分布于中国、朝鲜和日本。我国均产。公安县有1种。

224. 猫乳 *Rhamnella franguloides* (Maxim.) Weberb.

图 224 猫乳

【形态】落叶灌木或小乔木，高2～9米；幼枝绿色，被短柔毛或密柔毛。叶互生，纸质，倒卵状矩圆形或长椭圆形，长4～12厘米，宽2～5厘米，顶端尾状渐尖、渐尖或骤然收缩成短渐尖，基部圆形，稀楔形，稍偏斜，边缘具细锯齿，上面绿色，无毛，下面黄绿色，被柔毛或仅沿脉被柔毛，侧脉每边5～11 (13) 条；叶柄长2～6毫米，被密柔毛；托叶披针形，长3～4毫米，基部与茎离生，宿存。花黄绿色，两性，6～18朵排成腋生聚伞花序；总花梗长1～4毫米，被疏柔毛或无毛；萼片三角状卵形，边缘被疏短毛；花瓣宽倒卵形，顶端微凹；花梗长 1.5 ～ 4 毫米，被疏毛或无毛。核果圆柱形，长 7 ～ 9 毫米，直径 3 ～ 4.5 毫米，成熟时红色或橘红色，干后变黑色或紫黑色；果梗长 3 ～ 5 毫米，被疏柔毛或无毛。花期 5—7 月，果期 7—10 月。

【生境】生于山坡、路旁或林中。

【分布】分布于章庄铺镇。

【药用部位】成熟果实或根。

【采收加工】果实成熟后采收，晒干。秋后采根，洗净，切片晒干。

【性味】苦，平。

【功能主治】补脾益肾，疗疮。主治体质虚弱、劳伤乏力、疥疮。

鼠李属 *Rhamnus* L.

灌木或乔木，常带刺；芽裸露或有鳞片。叶互生或近对生，稀对生，具羽状脉，边缘有锯齿或稀全缘；托叶小，早落，稀宿存。花小，两性，或单性而为雌雄异株，稀杂性，单生或数个簇生，排成腋生聚伞花序、聚伞总状花序，黄绿色；花萼钟状，4 ～ 5 裂，萼片卵状三角形，内面有凸起的中肋；花瓣 4 ～ 5，短于萼片，兜状，基部具短爪，顶端常 2 浅裂，稀无花瓣；雄蕊 4 ～ 5 枚，背着药，为花瓣抱持，与花瓣等长或短于花瓣；花盘薄，杯状；子房上位， 2 ～ 4 室，每室有 1 胚珠，花柱 2 ～ 4 裂。浆果状核果倒卵状球形或圆球形，基部为宿存萼筒所包围，具 2 ～ 4 分核，分核骨质或软骨质，开裂或不开裂，各有 1 种子；种子倒卵形或长圆状倒卵形，背面或背侧具纵沟，或稀无沟。本属约有 200 种，分布于温带至热带地区，主要集中于亚洲东部和北美洲的西南部。我国有 57 种 14 变种，分布于全国各省（区），其中以西南和华南地区种类多。公安县有 3 种。

1. 花单性，5 基数，花柱不分离；种子在背面基部有小沟；叶常为互生……………………长叶冻绿 *R. crenata*
1. 花常为单性而为雌雄异株，常为 4 基数，花柱 2 ～ 3 裂；种子背面有沟；叶互生，近对生或对生。
   2. 叶大，倒卵形或近圆形，长不超过宽的 2 倍，侧脉 2 ～ 5 对……………………圆叶鼠李 *R. globosa*
   2. 叶小，椭圆形或长椭圆形，先端急尖，长为宽的 2.5 ～ 4 倍，侧脉 5 对以上……………………冻绿 *R. utilis*

225. 长叶冻绿 *Rhamnus crenata* Sieb. et Zucc.

【形态】落叶无刺灌木或小乔木，高 3 ～ 4 米。冬芽无鳞片，被锈色柔毛，幼枝红褐色，有锈色短柔毛或后脱落。叶互生，常为椭圆状倒卵形、披针状椭圆形或倒卵形，长 5 ～ 10 厘米，宽 2.5 ～ 3.5 厘米；顶端短尾状渐尖或短急尖，基部楔形或钝圆，边缘有小锯齿。上面无毛，下面沿脉有锈色短毛，侧脉 7 ～ 12 对，明显隆起；叶柄长 0.1 ～ 3 厘米，有密或稀疏的锈色尘状短柔毛。聚伞花序腋生，总花梗长 1 ～ 4 毫米，密生短柔毛；花单性异株，淡绿色或紫色，花梗疏生短毛，花萼 5 裂，裂片卵形；花瓣 5，倒卵形，顶端微凹；雄蕊 5，与花瓣着生于花盘的边缘；子房上位，花柱 1，柱头 3 浅裂。核果近球形，熟时由红变黑，种子青灰色，基部淡棕色，有小横沟。花期 5—6 月，果期 8—9 月。

【生境】生于山坡草丛、路旁灌丛中、溪沟边。

【分布】分布于章庄铺镇。

【药用部位】根皮。

【采收加工】秋季采挖根皮，洗净，晒干。

【化学成分】根、茎、叶含柯桠素（驱虫豆素）、大黄酚（驱虫豆酸）等多种蒽醌类成分。

【药理作用】柯桠素无抗菌作用，对皮肤、黏膜有刺激性，能治疗牛皮癣。

【性味】苦，平。

【功能主治】祛湿解毒，杀虫。主治疥疮、癞痢头、牛皮癣、湿疹。

图 225 长叶冻绿

226. 圆叶鼠李 *Rhamnus globosa* Bunge

【形态】落叶灌木，高达 2 米。枝灰褐色，分枝多，小枝细长，具白色细柔毛，枝端锐尖成刺。叶互生或近对生，纸质，倒卵形或近圆形，长 2 ～ 4 厘米，宽 1 ～ 2.5 厘米，先端急尖至渐尖，基部阔楔形，边缘有钝锯齿，上面绿色，下面淡绿色，两面均有短茸毛，主脉及侧脉 3 ～ 5 对在下面突起，脉上着生较密茸毛；叶柄长 0.3 ～ 1 厘米，密生短茸毛，有浅沟。小花生于叶腋，聚伞花序；花瓣及雄蕊着生于花盘的边缘；子房上位，花柱 2 裂。果实近球形。种子扁圆形，黑色，有光泽，基部有黄褐色斜沟。花期 4—5 月，果期 6—10 月。

图 226 圆叶鼠李

【生境】生于防浪林下灌丛中。

【分布】分布于杨家厂镇。

【药用部位】茎叶、根皮。

【采收加工】夏、秋季采收，晒干。

【性味】苦涩，微寒。无毒。

【功能主治】杀虫，下气，祛痰，消食。

227. 冻绿 *Rhamnus utilis* Decne.

【形态】落叶灌木或小乔木，高达 3 ～ 5 米。冬芽有鳞片，小枝红褐色，互生或常近对生，顶端针刺状。叶互生，常近对生或簇生于短枝上，膜质，椭圆形或长椭圆形，少有倒披针状长椭圆形或倒披针形，长 5 ～ 12 厘米，宽 1.5 ～ 6 厘米，顶端渐尖或急尖，基部楔形，边缘有细锯齿，侧脉 5 ～ 8 对，中脉下陷，幼叶下面叶脉和脉腋有黄色短柔毛；叶柄长 0.5 ～ 1 厘米，有疏短毛或无毛，托叶线形，早落。无总梗的伞状聚伞花序生于枝端和叶腋；花单性异株，黄绿色；花萼 4 裂，裂片卵形；花瓣 4，长椭圆形，小或无；雄花雄蕊 4，花药狭长，“丁”字形着生，与花瓣一起着生于萼裂片的基部；退化雌蕊子房扁球形，花柱 2 裂；雌花的子房球形，花柱长，柱头 3 裂；退化雄蕊 4。核果近球形，直径 6 ～ 8 毫米，熟时黑色，含 2 粒具单种子的果核。种子近球形，背面有一纵沟。花期 4—5 月，果期 9—10 月。

图 227　冻绿

【生境】生于向阳山地灌丛或疏林中，溪、沟、河边灌丛中也有分布。

【分布】分布于章庄铺镇。

【药用部位】根皮及树皮。

【采收加工】秋季采集，洗净，切碎，晒干或鲜用。

【化学成分】种子含芳香苷。

【性味】苦，寒。

【功能主治】凉血，清热，解毒。主治疥疮、湿疹、发痧肚痛、跌打损伤。

枣属 *Ziziphus* Mill.

落叶或常绿灌木或乔木，枝常具皮刺。叶互生，具短柄，边缘具齿，或稀全缘，具基生三至五出脉；托叶呈刺状。花小，黄绿色，两性，5 基数，常排成腋生的聚伞花序；萼片卵状三角形或三角形，内面有凸起的中肋；花瓣具爪，倒卵圆形或匙形，有时无花瓣，与雄蕊等长；花盘厚，肉质，5 或 10 裂；子房球形，下半部或大部藏于花盘内，且部分合生，2 室，稀 3 ～ 4 室，每室有 1 胚珠，花柱通常 2 裂，稀 3 ～ 4 浅裂或半裂，稀深裂。核果圆球形或长圆形，不开裂，顶端有小尖头，基部有宿存的萼筒；种子有稀少的胚乳或无；子叶肥厚。本属约有 100 种，主要分布于亚洲和美洲的热带和亚热带地区，少数种在非洲和两半球温带地区也有分布。我国有 12 种 3 变种，除枣和无刺枣在全国各地栽培外，其他种主要产于西南和华南地区。公安县有 1 种。

228. 枣　*Ziziphus jujuba* Mill.

【形态】落叶灌木，稀为小乔木，高 1 ～ 3 米。老枝灰褐色，幼枝绿色，于分枝基部处具刺 1 对，1 枚针形直立，长达 3 厘米，另 1 枚向下弯曲，长 0.8 ～ 2 厘米。叶互生，托叶细长；叶片椭圆形至卵状披针形，长 2.5 ～ 5 厘米，宽 1.2 ～ 2 厘米，先端钝，基部圆形，稍偏斜，边缘具细锯齿，两面光滑无毛，下面有

3 条明显的纵脉。花小，2 ～ 3 朵簇生于叶腋，花梗极短；花萼 5 裂，裂片卵状三角形；花瓣 5，黄绿色，与萼片互生；雄蕊 5，与花瓣对生，比花瓣稍长；花盘明显，10 浅裂；子房椭圆形，埋于花盘中，花柱 2 裂。核果肉质，近球形，直径 0.8 ～ 1.3 厘米，成熟时暗红褐色，果皮薄，有酸味。花期 6—7 月，果期 9—10 月。

图 228 枣

【生境】栽培于房前屋后。

【分布】全县广布。

【药用部位】干燥成熟果实。

【采收加工】秋季采收成熟的果实。

【化学成分】枣主要含枣皂苷和酸枣仁皂苷 B 等达马烷型皂苷，此外，枣中还含有氨基酸、糖类及维生素等。

【药理作用】枣具有增强免疫、抑制肿瘤、抗氧化、保肝、抗过敏、抗疲劳等药理作用。

【性味】甘，温。

【功能主治】补中益气，养血安神。用于脾虚食少、乏力便溏、妇人脏躁。

六十九、葡萄科 Vitaceae

攀缘木质藤本，稀草质藤本，具有卷须。叶互生，单叶、羽状或掌状复叶；托叶通常小而脱落，稀大而宿存。花小，两性或杂性同株或异株，排列成伞房状多歧聚伞花序、复二歧聚伞花序或圆锥状多歧聚伞花序；萼呈碟形或浅杯状，萼片细小；花瓣与萼片同数，分离或凋谢时呈帽状黏合脱落；雄蕊 4 ～ 5，与花瓣对生，花药分离或合生，2 室，纵裂；花盘常明显，呈环状或分裂；子房上位，1 至多室，每室 1 胚珠，果实为浆果，有种子 1 至数颗。胚小，胚乳形状各异，呈“W”形、“T”形或呈嚼烂状。

本科有 16 属约 700 种，主要分布于热带和亚热带地区，少数种类分布于温带地区。我国有 9 属 150 余种，南北各省均产。

公安县境内的葡萄科植物有 3 属 5 种。

1. 花瓣在顶部互相黏着，花谢时整个脱落，狭圆锥花序；树皮无皮孔，髓褐色；叶多为单叶……………………葡萄属 *Vitis*

1. 花瓣分生，聚伞花序；树皮有皮孔，髓白色。

  2. 花瓣、雄蕊各 5，花序与叶对生或顶生……………………………………………………………………蛇葡萄属 *Ampelopsis*

2. 花瓣、雄蕊各 4，花序腋生；叶为掌状或鸟趾状复叶 ………………………………………… 乌蔹莓属 *Cayratia*

蛇葡萄属 *Ampelopsis* Michaux

木质藤本。卷须 2 ～ 3 分枝。叶互生，单叶、羽状复叶或掌状复叶。花两性或杂性同株，组成伞房状多歧聚伞花序或复二歧聚伞花序，与叶互生或顶生；花瓣 5，展开，各自分离脱落，雄蕊 5，花盘发达，边缘波状浅裂；花柱明显，柱头不明显扩大；子房 2 室，每室有 2 个胚珠。浆果球形，有 1 ～ 4 粒种子。种子倒卵圆形，胚乳横切面呈“W”形。本属约有 30 种，分布于亚洲、北美洲和中美洲。我国有 17 种，南北部地区均产。公安县有 3 种。

1. 单叶，不分裂或不明显 3 浅裂 ………………………………………… 蛇葡萄 *A. brevipedunculata*
1. 叶掌状全裂或为掌状复叶。
   2. 中央小叶不分裂或浅裂 ………………………………………… 三裂叶蛇葡萄 *A. delavayana*
   2. 中央小叶羽状深裂或全裂；叶轴和小叶柄有狭翅 ………………………………………… 白蔹 *A. japonica*

229. 三裂蛇葡萄 *Ampelopsis delavayana* Planch.

【形态】木质藤本，小枝圆柱形，有纵棱纹，疏生短柔毛，以后脱落。卷须 2 ～ 3 叉分枝，相隔 2 节间断与叶对生。叶为 3 小叶，中央小叶披针形或椭圆状披针形，长 5 ～ 13 厘米，宽 2 ～ 4 厘米，顶端渐尖，基部近圆形，侧生小叶卵状椭圆形或卵状披针形，长 4.5 ～ 11.5 厘米，宽 2 ～ 4 厘米，基部不对称，近截形，边缘有粗锯齿，齿端通常尖细，上面绿色，嫩时被稀疏柔毛，以后脱落几无毛，下面浅绿色，侧脉 5 ～ 7 对，网脉两面均不明显；叶柄长 3 ～ 10 厘米，中央小叶有柄或无柄，侧生小叶无柄，被稀疏柔毛。多歧聚伞花序与叶对生，花序梗长 2 ～ 4 厘米，被短柔毛；花梗长 1 ～ 2.5 毫米，伏生短柔毛；花蕾卵形，高 1.5 ～ 2.5 毫米，顶端圆形；萼碟形，边缘呈波状浅裂，无毛；花瓣 5，卵状椭圆形，高 1.3 ～ 2.3 毫米，外面无毛；雄蕊 5，花药卵圆形，长、宽近相等，花盘明显，5 浅裂；子房下部与花盘合生，花柱明显，柱头不明显扩大。果实近球形，直径 0.8 厘米，有种子 2 ～ 3 颗；种子倒卵圆形，顶端近圆形，基部有短喙，种脐在种子背面中部向上渐狭呈卵椭圆形，顶端种脊突出，腹部中棱脊突出，两侧洼穴呈沟状楔形，上部宽，斜向上展达种子中部以上。花期 6—8 月，果期 9—11 月。

图 229 三裂蛇葡萄

【生境】生于路旁灌丛。

【分布】分布于章庄铺镇。

【药用部位】根及根皮。

【采收加工】秋、冬季采挖，晒干，鲜用全年可采。

【性味】辛，凉。

【功能主治】祛风活络，消肿解毒，止血止痛，排脓生肌，祛风湿。主治跌打损伤、骨折、风湿性关节炎、风湿性腰腿痛、便血、崩漏、带下。

230. 蛇葡萄　*Ampelopsis brevipedunculata* (Maxim.) Trautv.

【形态】落叶木质藤本。根粗长，含粉质，黄白色。枝条粗壮，具皮孔，髓白色，嫩枝被柔毛；卷须及叶对生，分叉。单叶互生，广卵形，纸质，长、宽为 6 ～ 12 厘米，先端渐尖，基部心形，通常 3 浅裂，裂片三角状卵形，边缘有小锐尖的粗锯齿，上面深绿色，光滑，下面淡绿色，疏被短柔毛或变无毛；叶柄长 3 ～ 7 厘米，有毛或无毛。聚伞花序顶生或与叶对生；花序梗长 2 ～ 3.5 厘米；花多数，细小，黄绿色；萼片 5，稍裂开；花瓣 5，长圆形，镊合状排列；雄蕊 5；子房 2 室。浆果近球形，直径 0.5 ～ 0.8 厘米，成熟时鲜红色。花期 6—7 月，果期 7—8 月。

图 230　蛇葡萄

【生境】生于山坡灌丛中。

【分布】分布于章庄铺镇、黄山头镇。

【药用部位】根。

【采收加工】秋季采挖根部，洗净泥土，切片，或剥取根皮，切片，晒干。鲜用随时可采。

【化学成分】根含 β - 谷甾醇、胡萝卜苷、没食子酸、羽扇豆醇、蔗糖、棕榈酸等成分。

【性味】辛、苦，凉。

【功能主治】清热解毒，祛风除湿，散瘀破结。主治肺痈、肠痈、瘰疬、风湿痛、痈疮肿毒、跌打损伤、烫伤。

231. 白蔹　*Ampelopsis japonica* (Thunb.) Makino

【形态】攀缘木质藤本，长约 1 米。块根粗壮，肉质，卵形或矩圆形，数个相聚。茎基部木质化，多分枝，幼枝常带淡紫红色，光滑，有细条纹，卷须与叶对生。掌状复叶互生，长 6 ～ 10 厘米，宽 7 ～ 12 厘米，小叶 3 ～ 5，羽状分裂或羽状缺刻，裂片卵形至椭圆状卵形或卵状披针形，顶端渐尖，基部楔形，边缘有深锯齿或缺刻，中间裂片最长，两侧的小，叶轴有阔翅，裂片基部有关节，两面无毛；叶柄微淡紫色，长 3 ～ 5 厘米，光滑或略具毛。聚伞花序小，与叶对生，花序梗长 3 ～ 8 厘米，缠绕，花小，黄绿色，花萼 5 浅裂，花盘边缘稍分裂。浆果肾形或球形，直径约 6 毫米，熟时蓝色，有针孔状凹点。花期 5—6 月，果期 7—9 月。

【生境】生于山坡、荒地、林下。

【分布】分布于章庄铺镇。

【药用部位】块根。

【采收加工】春、秋季挖取地下块根，洗净泥沙，削去细根、芦头，纵剖两瓣，晒干。

【化学成分】块根含有黏液质、淀粉等。

【药理作用】白蔹具有抑菌、抗肿瘤、免疫调节等药理作用。

【性味】苦，寒；有小毒。

【功能主治】清热解毒，止痛，消肿，生肌。主治痈肿疮疡、瘰疬、烫伤、扭挫伤、痈疖、蜂窝组织炎、淋巴结核等。

图 231 白蔹

乌蔹莓属 *Cayratia* Juss.

木质或草质藤本。卷须通常分枝。叶互生，3 小叶或鸟趾状 5 小叶。花两性或杂性同株，4 基数，排成伞房状多歧聚伞花序或复二歧聚伞花序；花瓣展开，各自分离脱落；雄蕊 5；花盘发达，边缘 4 浅裂或波状浅裂；花柱短，柱头微扩大或不明显扩大；子房 2 室，每室有 2 个胚珠。浆果球形或近球形，有种子 1 ～ 4 颗。种子呈半球形，背面凸起，腹部平，或种子倒卵圆形，腹部中棱脊突出，两侧洼穴呈倒卵形、半月形或沟状。本属有 30 余种，分布于亚洲、大洋洲和非洲。我国有 16 种，南北部地区均有分布。公安县有 1 种。

232. 乌蔹莓 *Cayratia japonica* (Thunb.) Gagnep.

【形态】多年生草质藤本，幼时有短柔毛，老茎紫绿色，幼枝绿色，具纵棱，卷须二歧分叉，与叶对生。鸟足状复叶互生，小叶 5，膜质，椭圆形、椭圆状卵形至狭卵形，长 2.5 ～ 3 厘米，宽 2 ～ 3.5 厘米，顶端急尖至短渐尖，有小尖头，基部楔形至宽楔形，边缘具疏锯齿，两面脉上有短柔毛或近无毛；花小，黄绿色；花萼不明显；花瓣 4；雄蕊 4，与花瓣对生；子房陷于 4 裂的花盘内。浆果卵圆形，直径 6 ～ 8 毫米，成熟时黑色。花期 5—6 月，果期 8—10 月。

【生境】生于山坡、路旁的灌丛中或树林中。

【分布】全县广布。

【药用部位】根或全草。

【采收加工】夏、秋季采收，洗净，切段，晒干或鲜用。

图 232 乌蔹莓

【化学成分】全草含甾醇、氨基酸、酚性成分、黄酮类。根含树胶、硝酸钾及黏液质等。

【药理作用】乌蔹莓具有抗癌、抗菌、抗病毒、抗炎、镇痛等药理作用。

【性味】苦、酸，凉。

【功能主治】清热利尿，活血止血，解毒消肿。主治肺痨咳血、咽喉肿痛、淋巴结炎、尿血、跌打损伤、创伤感染、带状疱疹、痈疖等。

葡萄属 *Vitis* L.

木质藤本，以卷须攀缘。叶为单叶、掌状或羽状复叶；有托叶，通常早落。花 5 基数，通常杂性异株，稀两性，排成聚伞圆锥花序；萼呈碟状，萼片细小；花瓣凋谢时呈帽状黏合脱落；花盘明显，5 裂；雄蕊与花瓣对生，在雌花中不发达，败育；子房 2 室，每室有 2 颗胚珠；花柱纤细，柱头微扩大。果实为多汁浆果，有 2 ～ 4 粒种子。种子倒卵圆形或倒卵状椭圆形，基部有短喙，腹面两侧洼穴狭窄呈沟状；胚乳呈“M”形。本属有 60 余种，分布于温带或亚热带地区。我国约有 38 种。公安县有 1 种。

233. 蘡薁 *Vitis bryoniifolia* Bunge

【形态】木质藤本。幼枝有锈色或灰色茸毛，卷须有 1 分枝或不分枝。单叶互生，叶柄长 1 ～ 3 厘米；叶片宽卵形，长 4 ～ 8 厘米，宽 2.5 ～ 5 厘米，3 深裂，中央裂片菱形，再 3 裂或不裂，有少数粗齿，侧生裂片不等 2 裂或不裂，上面疏生短毛，下面被锈色或灰色茸毛。花杂性，异株，圆锥花序长 5 ～ 8 厘米，轴和分枝有锈色短柔毛；花直径约 2 毫米，无毛；花萼盘形，全缘；花瓣 5，早落；雄蕊 5。浆果球形，熟时紫色，直径 8 ～ 10 毫米。花期 4—8 月，果期 6—10 月。

图 233 蘡薁

【生境】生于灌丛、沟边或田埂。

【分布】分布于章庄铺镇、黄山头镇。

【药用部位】根、茎、叶及果。

【采收加工】全年可采，将根、茎、叶分别晒干或鲜用，果成熟时摘下，晒干。

【化学成分】果实的含糖量约为 10%，其还含酒石酸、苹果酸、柠檬酸等多种有机酸，以及鞣质、脂肪、蜡、色素、维生素等成分。

【性味】酸、甘、涩，平。

【功能主治】清热解毒，祛风除湿。用于肝炎、阑尾炎、乳腺炎、肺脓疡、多发性脓肿、风湿性关节炎；外用治疮疡肿毒、中耳炎、蛇虫咬伤。

七十、锦葵科 Malvaceae

草本、灌木至乔木，通常具星状毛。叶互生，单叶或分裂，具掌状脉，有托叶。花腋生或顶生，单生或簇生，或排成聚伞花序至圆锥花序；花多为两性，辐射对称；萼片 3 ～ 5 片，分离或合生，镊合状排列；其下面附有总苞状的小苞片 3 至多数；花瓣 5，彼此分离，但与雄蕊管的基部合生；雄蕊多数，花丝连合成单体雄蕊，花药 1 室，花粉被刺；子房上位，2 至多室，由 2 至多枚心皮环绕中轴组成，每室被胚珠 1 至多枚，花柱与心皮同数或为其 2 倍，上部分枝或者为棒状。蒴果，常几枚果爿分裂，很少浆果状，种子肾形或倒卵形，被毛至光滑无毛，有胚乳。

本科约有 50 属 1000 种，分布于热带至温带地区。我国有 16 属，共计 81 种 36 变种或变型，产于全国各地，以热带和亚热带地区种类较多。

公安县境内的锦葵科植物有 4 属 4 种。

1. 果裂成分果；子房由数个分离心皮组成。
  2. 果盘状，分果爿先端无芒……………………………………………………………………蜀葵属 *Althaea*
  2. 果近球形，分果爿先端具芒或无芒 ……………………………………………………………苘麻属 *Abutilon*
1. 果为室背开裂蒴果；子房由数个合生心皮组成。
  3. 萼佛焰苞状，一边开裂，花后脱落；果长荚形或圆柱形；种子平滑无毛 ………………………秋葵属 *Abelmoschus*
  3. 萼钟形或杯形，5 裂或 5 齿，宿存；果圆球形至长圆形；种子有毛或腺状乳突…………………木槿属 *Hibiscus*

秋葵属 *Abelmoschus* Medicus

一年生至多年生草本。叶全缘或掌状分裂。花单生于叶腋；小苞片 5 ～ 15，线形，很少为披针形；花萼佛焰苞状，一侧开裂，先端具 5 齿，早落；花黄色或红色，漏斗形，花瓣 5；雄蕊柱较花冠为短，基部具花药；子房 5 室，每室具胚珠多颗，花柱 5 裂。蒴果长尖，室背开裂，密被长硬毛；种子肾形或球形，多数，无毛。本属约有 15 种，分布于东半球热带和亚热带地区。我国包括栽培种在内有 6 种 1 变种，产于东南至西南各省（区）。公安县有 1 种。

234. 咖啡黄葵 *Abelmoschus esculentus* (L.) Moench

【形态】一年生草本，高 1 ～ 2 米；茎圆柱形，疏生散刺。叶掌状 3 ～ 7 裂，直径 10 ～ 30 厘米，裂片阔至狭，边缘具粗齿及凹缺，两面均被疏硬毛；叶柄长 7 ～ 15 厘米，被长硬毛；托叶线形，长 7 ～ 10 毫米，被疏硬毛。花单生于叶腋间，花梗长 1 ～ 2 厘米，疏被糙硬毛；小苞片 8 ～ 10，线形，长约 1.5 厘米，疏被硬毛；花萼钟形，较长于小苞片，密被星状短茸毛；花黄色，内面基部紫色，直径 5 ～ 7 厘米，花瓣倒卵形，长 4 ～ 5 厘米。蒴果筒状尖塔形，长 10 ～ 25 厘米，直径 1.5 ～ 2 厘米，顶端具长喙，疏被糙硬毛；种子球形，多数，直径 4 ～ 5 毫米，具毛脉纹。花期 5—9 月。

【生境】栽培于田园。

【分布】分布于斗湖堤镇。

【药用部位】花、根。

【采收加工】花：夏季花盛开时采收，晒干。根：秋季采挖，洗净，晒干。

【化学成分】花含花青素。根含黏液质（阿拉伯聚糖、半乳聚糖、鼠李聚糖的聚合物）、淀粉、蔗糖等。

【性味】淡，寒。

【功能主治】利咽，通淋，下乳，调经。主治咽喉肿痛、小便淋涩、产后乳汁稀少、月经不调。

图 234 咖啡黄葵

苘麻属 *Abutilon* Miller

草本、亚灌木状或灌木。叶互生，基部心形，掌状叶脉。花顶生或腋生，单生或排列成圆锥花序状；小苞片缺；花萼钟状，5 深裂；花瓣 5，花冠钟形、轮形，很少管形，基部连合，与雄蕊柱合生；雄蕊柱顶端具多数花丝；子房由 8 ～ 20 心皮组成，每室具胚珠 2 ～ 9；花柱与心皮同数，柱头头状。蒴果近球形，陀螺状或磨盘状，成熟时心皮与中轴分离；种子肾形。本属约有 150 种，分布于热带和亚热带地区。我国产 9 种，分布于南北各省（区）。公安县有 1 种。

235. 苘麻 *Abutilon theophrasti* Medicus

【形态】一年生亚灌木状草本，高达 1 ～ 2 米，茎枝被柔毛。叶互生，圆心形，长 5 ～ 10 厘米，先端长渐尖，基部心形，边缘具细圆锯齿，两面均密被星状柔毛；叶柄长 3 ～ 12 厘米，被星状细柔毛；托叶早落。花单生于叶腋，花梗长 1 ～ 13 厘米，被柔毛，近顶端具节；花萼杯状，密被短茸毛，裂片 5，卵形，长约 6 毫米；花黄色，花瓣倒卵形，长约 1 厘米；雄蕊柱平滑无毛，心皮 15 ～ 20，长 1 ～ 1.5 厘米，顶端平截，具扩展、被毛的 2 长芒，排列成轮状，密被软毛。蒴果半球形，直径约 2 厘米，长约 1.2 厘米，分果爿 15 ～ 20，被粗毛，顶端具 2 长芒；种子肾形，褐色，被星状柔毛。花期 7—8 月。

【生境】生于山坡、路旁。

【分布】全县广布。

【药用部位】种子及根。

【采收加工】秋季采果，晒干，打下种子。根于夏、秋季采挖，洗净，鲜用或晒干。

图 235 苘麻

【化学成分】种子含蛋白质、脂肪油，油中主要成分为棕榈酸、硬脂酸、花生酸、油酸、亚油酸、亚麻酸。

【性味】甘，平。

【功能主治】利水通淋，通乳，退翳。主治小便不利、淋漓涩痛、水肿、乳汁不通、角膜云翳、痢疾等。

蜀葵属 *Althaea* L.

一年生至多年生草本，直立，全体有毛。叶近圆形，多少浅裂或深裂；托叶宽卵形，先端3裂。花单生叶腋，或排列成总状花序式生于枝端；小苞片6～9，杯状，裂片三角形，基部合生，密被绵毛和刺，萼钟形，5齿裂，基部合生，密被绵毛和刺；花冠漏斗形，各色，花瓣倒卵状楔形，瓣爪被髯毛；雄蕊柱几乎至基部都着生有花药；子房室多数，每室具胚珠1个，花柱丝状。果盘状，分果爿有30枚至更多，成熟时与中轴分离。本属约有40种，分布于亚洲中部、西部温带地区。我国有3种，产于新疆和西南各省。公安县有1种。

236. 蜀葵 *Althaea rosea* (L.) Cavan.

图236 蜀葵

【形态】二年生直立草本，高达2米，茎枝密被刺毛。叶近圆心形，直径6～16厘米，掌状5～7浅裂或波状棱角，裂片三角形或圆形，中裂片长约3厘米，宽4～6厘米，上面疏被星状柔毛，粗糙，下面被星状长硬毛或茸毛；叶柄长5～15厘米，被星状长硬毛；托叶卵形，长约8毫米，先端具3尖。花腋生、单生或近簇生，排列成总状花序式，具叶状苞片，花梗长约5毫米，果时延长至1～2.5厘米，被星状长硬毛；小苞片杯状，常6～7裂，裂片卵状披针形，长10毫米，密被星状粗硬毛，基部合生；萼钟状，直径2～3厘米，5齿裂，裂片卵状三角形，长1.2～1.5厘米，密被星状粗硬毛；花大，直径6～10厘米，有红、紫、白、粉红、黄和黑紫等色，单瓣或重瓣，花瓣倒卵状三角形，长约4厘米，先端凹缺，基部狭，爪被长髯毛；雄蕊柱无毛，长约2厘米，花丝纤细，长约2毫米，花药黄色；花柱分枝多数，微被细毛。果盘状，直径约2厘米，被短柔毛，分果爿近圆形，多数，背部厚达1毫米，具纵槽。花期5—10月，果陆续成熟。

【生境】多为栽培，作观赏用。

【分布】全县广布。

【药用部位】种子、花、根。种子称“冬葵子”，花称“棋盘花”，根称“蜀葵根”。

【采收加工】种子：秋季采收，晒干。花：夏季花将开放时采摘花朵，置通风处，晾干。根：冬季采挖，洗净，晒干。

【化学成分】花含飞燕草素 -3-O- 葡萄糖苷、黄酮类、挥发油、多糖及果胶、天然色素及微量元素等成分。根含大量黏液质，一年生根的黏液质含戊糖、戊聚糖、甲基戊聚糖、糖醛酸。

【性味】种子：甘，寒。花：微苦、涩，寒。根：甘，寒。

【功能主治】种子：利水通淋，滑肠；主治水肿、大小便不畅、淋证、疮疥。

花：解毒消肿，凉血止血，活血调经，利尿润肠；主治梅核气、二便不利、痢疾、吐血、崩漏、带下、痈肿疮毒、烫火伤等。

根：清热凉血，利尿排脓；主治淋证、带下、尿血、吐血、血崩、肠痈、疮肿。

木槿属 *Hibiscus* L.

草本、灌木或小乔木，通常被星状柔毛。叶互生，掌状分裂或不分裂，具掌状脉，有托叶。花两性，单生于叶腋；小苞片 5 或多数，分离或于基部合生；萼钟状，很少浅杯状或管状，5 齿裂，宿存；花瓣 5，花冠钟形，黄色、红色、白色或紫色，基部与雄蕊柱合生；雄蕊柱顶端平截或 5 齿裂，雄蕊多数，花药肾形，生于雄蕊柱顶端；子房 5 室，每室具胚珠 3 至多数，花柱 5 裂，基部合生。蒴果室背开裂成 5 果爿；种子肾形，被毛或为腺状乳突。本属约有 200 种，分布于热带和亚热带地区。我国包括引入栽培种在内约有 24 种，产于全国各地。公安县有 1 种。

237. 木芙蓉 *Hibiscus mutabilis* L.

【形态】落叶灌木或小乔木，高 2 ～ 5 米；小枝、叶柄、花梗和花萼均密被星状毛与直毛相混的细绵毛。叶宽卵形至圆卵形或心形，直径 10 ～ 15 厘米，常 5 ～ 7 裂，裂片三角形，先端渐尖，具钝圆锯齿，上面疏被星状细毛和点，下面密被星状细茸毛；主脉 7 ～ 11 条，叶柄长 5 ～ 20 厘米；托叶披针形，长 5 ～ 8 毫米，常早落。花单生于枝端叶腋间，花梗长 5 ～ 8 厘米，近端具节；小苞片 8，线形，长 10 ～ 16 毫米，宽约 2 毫米，密被星状绵毛，基部合生；萼钟形，长 2.5 ～ 3 厘米，裂片 5，卵形，渐尖头；花初开时白色或淡红色，后变深红色，直径约 8 厘米，花瓣近圆形，直径 4 ～ 5 厘米，外面被毛，基部具髯毛；雄蕊柱长 2.5 ～ 3 厘米，无毛；花柱分枝 5，疏被毛。蒴果扁球形，直径约 2.5 厘米，被淡黄色刚毛和绵毛，果爿 5；种子肾形，背面被长柔毛。花期 8—10 月。

图 237 木芙蓉

【生境】生于阳光充足的肥沃土壤，多为栽培。

【分布】全县广布。

【药用部位】花、叶。

【采收加工】花：10 月采摘初开放的花朵，晒干。叶：夏、秋季剪下叶片，晒干，须经常复晒，存放干燥通风处。

【化学成分】花：含黄酮苷和花色苷。前者有异槲皮苷、金丝桃苷、芸香苷等；后者的含量随花的变化而不同。

叶：含黄酮苷、酚类、氨基酸、鞣质，有还原糖反应。

【药理作用】木芙蓉具有抗非特异性炎症、抗肾病、抗肝病、抗糖尿病、抗菌、抗病毒、免疫调节、抗肿瘤、抗寄生虫及抗过敏等药理作用。

【性味】花：辛、涩，平。叶：辛，平。

【功能主治】花：清热解毒，凉血止血，排脓消肿；主治肺脓痈、带下、痈肿疮疖、乳腺炎、淋巴结炎、腮腺炎、烫火伤、蛇虫咬伤、跌打损伤、吐血、崩漏。

叶：凉血，解毒，消肿，止痛；主治痈疽脓肿、带状疱疹、烫伤、目赤肿痛、跌打损伤。

七十一、椴树科 Tiliaceae

乔木或灌木，少数为草本。单叶互生，稀对生，具基出脉，全缘或有锯齿，有时浅裂；托叶早落或宿存，有时缺。花两性或单性雌雄异株，辐射对称，排成聚伞花序或聚伞圆锥花序；苞片早落，有时大而宿存；萼片通常 5，有时 4，分离或合生，镊合状排列；花瓣与萼片同数，分离，有时缺；内侧常有腺体，或有花瓣状退化雄蕊，与花瓣对生；雌雄蕊柄存在或缺；雄蕊多数，离生或基部连生成束，有时有花瓣状的退化雄蕊 5 枚，花药 2 室，纵裂或顶端孔裂；子房上位，2～10 室，每室有胚珠 1 至数颗，生于中轴胎座，花柱单生，有时分裂，柱头锥状或盾状，常有分裂。果为核果、蒴果，有时浆果状或翅果状；种子无假种皮，胚乳存在，胚直，子叶扁平。

本科约有 52 属 500 种，主要分布于热带及亚热带地区。我国有 13 属 85 种，主产于长江以南各省（区）。

公安县境内的椴树科植物有 2 属 2 种。

1. 灌木或小乔木；花瓣基部有腺体；果为核果……………………………………扁担杆属 *Grewia*
1. 草本；花瓣基部无腺体；果为蒴果……………………………………田麻属 *Corchoropsis*

田麻属 *Corchoropsis* Sieb. et Zucc.

一年生草本，茎被星状柔毛或平展柔毛。叶互生，边缘具钝齿，被星状柔毛，基出三脉；具叶柄；托叶细小，早落。花黄色，单生于叶腋；萼片 5，狭窄披针形；花瓣与萼片同数，倒卵形；雄蕊 20 枚，其中 5 枚无花药，与萼片对生，匙状条形，其余能育的 15 枚中每 3 枚连成一束；子房被短茸毛或无毛，3 室，每室有胚珠多数，花柱近棒状，柱头顶端截平，3 齿裂。蒴果角状圆筒形，3 爿裂开；种子多数。本属约有 4 种，分布于东亚地区。我国有 2 种，南北地区均产。公安县有 1 种。

238. 田麻 *Corchoropsis tomentosa* (Thunb.) Makino

【形态】一年生草本，高 40 ～ 60 厘米。基部木质化，分枝有星状短柔毛。单叶互生，卵形或椭圆形，长 2.5 ～ 6 厘米，宽 1 ～ 3 厘米，先端短尖，基部圆形至截形或稍呈心形，边缘有钝齿，两面均密生星状短柔毛，基出脉 3 条；叶柄长 0.2 ～ 2.3 厘米；托叶线形，长 2 ～ 4 毫米，脱落。花有细梗，单生于叶腋，直径 1.5 ～ 2 厘米；萼片 5，窄披针形，长约 5 毫米，外被柔毛；花瓣 5，黄色，倒卵形；发育雄蕊 15 枚，每 3 枚成一束，退化雄蕊 5 枚，与萼片对生，匙状条形，长约 1 厘米；子房被短茸毛，3 室，胚珠多数。蒴果角状圆筒形，长 1.7 ～ 3 厘米，有星状柔毛。花期 8—9 月，果期 9—10 月。

图 238　田麻

【生境】生于砾石荒地、路边。

【分布】分布于黄山头镇。

【药用部位】全草。

【采收加工】秋季采集，洗净，晒干。

【性味】甘，凉。

【功能主治】利水，通淋，解毒。主治尿路感染、膀胱炎等。

扁担杆属 *Grewia* L.

灌木或乔木，嫩枝通常被星状毛。叶互生，具基出脉，有锯齿或浅裂；叶柄短；托叶细小，早落。花两性或单性雌雄异株，通常 3 朵组成腋生的聚伞花序；苞片早落；花序柄及花柄通常被毛；萼片 5，分离，外面密被毛，内面通常无毛；花瓣 5，比萼片短；花瓣基部常着生鳞片状腺体，腺体有长毛；雌雄蕊柄短，秃净；雄蕊多数，离生；子房 2 ～ 4 室，每室有胚珠 2 ～ 8 颗，花柱单生，顶端扩大，柱头盾形，全缘或分裂。核果球形或双球形，常有纵沟，收缩成 2 ～ 4 个分核，具假隔膜；胚乳丰富，子叶扁平。本属约有 90 种，分布于东半球热带。我国有 26 种，主产于长江流域以南各地区。公安县有 1 种。

239. 扁担杆 *Grewia biloba* var. *parviflora* (Bunge) Hand. -Mazz.

【形态】灌木或小乔木，高 1 ～ 4 米，多分枝；嫩枝被粗毛。叶薄革质，椭圆形或倒卵状椭圆形，长 4 ～ 9 厘米，宽 2.5 ～ 4 厘米，先端锐尖，基部楔形或钝，两面有稀疏星状粗毛，基出脉 3 条，两侧脉上行过半，中脉有侧脉 3 ～ 5 对，边缘有细锯齿；叶柄长 4 ～ 8 毫米，被粗毛；托叶钻形，长 3 ～ 4 毫米。聚伞花序腋生，多花，花序柄长不到 1 厘米；花柄长 3 ～ 6 毫米；苞片钻形，长 3 ～ 5 毫米；萼片狭长圆形，长 4 ～ 7 毫米，外面被毛，内面无毛；花瓣长 1 ～ 1.5 毫米；雌雄蕊柄长 0.5 毫米，有毛；雄蕊长 2 毫米；子房有毛，花柱与萼片平齐，柱头扩大，盘状，有浅裂。核果红色，有 2 ～ 4 颗分核。花期 5—7 月，果期 8—9 月。

【生境】生于低山山坡、路旁灌丛中。

【分布】分布于章庄铺镇、黄山头镇。

【药用部位】全株。

【采收加工】夏、秋季采集，晒干。

【性味】甘、苦，温。

【功能主治】全株：健脾养血，主治小儿疳积及红崩带下等。叶：消肿祛瘀。

图 239 扁担杆

七十二、梧桐科 Sterculiaceae

乔木或灌木，稀为草本或藤本，幼嫩部分常有星状毛，树皮常有黏液和纤维。叶互生，单叶，稀为掌状复叶，全缘、具齿或深裂，通常有托叶。花序腋生，稀顶生，排成圆锥花序、聚伞花序、总状花序或伞房花序，稀为单生花；花单性、两性或杂性；萼片 5 枚，稀为 3 ～ 4 枚，多少连合，稀完全分离，镊合状排列；花瓣 5 或无花瓣，分离或基部与雌雄蕊柄合生，排成旋转的覆瓦状；通常有雌雄蕊柄；雄蕊的花丝常合生成管状，有 5 枚舌状或线状的退化雄蕊与萼片对生，或无退化雄蕊，花药 2 室，纵裂；雌蕊由 2 ～ 5（稀 10 ～ 12）个多少合生的心皮或单心皮组成，子房上位，室数与心皮数相同，每室有胚珠 2 个或多个，花柱 1 枚或与心皮同数。果通常为蒴果或蓇葖，开裂或不开裂，极少为浆果或核果。种子有胚乳或无胚乳。

本科有 68 属约 1100 种，分布于东、西两半球的热带和亚热带地区。我国共有 19 属 82 种 3 变种，主要分布于华南和西南各省。

公安县境内的梧桐科植物有 2 属 2 种。

1. 花无花瓣，杂性，雄蕊通常具雄蕊柱；蓇葖果，种子 1 或多个……………………梧桐属 *Firmiana*
1. 花具花瓣，两性；蒴果，种子 5 ～ 10 个……………………马松子属 *Melochia*

梧桐属 *Firmiana* Marsili

乔木或灌木。叶为单叶，全缘或掌状 3 ～ 5 裂。花通常排成腋生或顶生的圆锥花序，稀为总状花序，单性或杂性；萼5深裂几至基部，萼片向外卷曲，稀4裂；无花瓣；雄花的花药10～15个，聚集在雌雄蕊柄的顶端成头状，有退化雌蕊；雌花的子房5室，基部围绕着不育的花药，每室有胚珠2个或多个，花柱在基部连合，柱头与心皮同数而分离。果为蓇葖果，具柄，果皮膜质，在成熟前就开裂成叶状；每蓇葖有种子1个或多个，着生在叶状果皮的内缘；种子圆球形，胚乳扁平或褶合。本属约有15种，分布于亚洲和非洲东部。我国有3种，主要分布于广东、广西和云南。公安县有1种。

240. 梧桐 *Firmiana platanifolia* (L. f.) Marsili

【形态】落叶乔木，高达16米；树皮青绿色，平滑。叶心形，掌状3～5裂，直径15～30厘米，裂片三角形，顶端渐尖，基部心形，两面均无毛或略被短柔毛，基生脉7条，叶柄与叶片等长。圆锥花序顶生，长20～50厘米，下部分枝长达12厘米，花淡黄绿色；萼5深裂几至基部，萼片条形，向外卷曲，长7～9毫米，外面被淡黄色短柔毛，内面仅在基部被柔毛；花梗与花几等长；雄花的雌雄蕊柄与萼等长，下半部较粗，无毛，花药15个不规则地聚集在雌雄蕊柄的顶端，退化子房梨形且甚小；雌花的子房圆球形，被毛。蓇葖果膜质，有柄，成熟前开裂成叶状，长6～11厘米，宽1.5～2.5厘米，外面被短茸毛或几无毛，每蓇葖果有种子2～4个；种子圆球形，表面有皱纹，直径约7毫米。花期6—7月，果期9—10月。

图240 梧桐

【生境】常栽培于庭园或人行道旁。

【分布】分布于斗湖堤镇、夹竹园镇。

【药用部位】种子、叶、根。

【采收加工】种子：白露前后用竹竿击落或拾取自落的成熟种子，筛去灰屑，晒干备用。叶：夏、秋季采收，鲜用或晒干。根：全年可采，洗净，晒干。

【化学成分】种子含咖啡碱、黏液质、油酸、亚油酸、亚麻酸等。

【性味】种子：甘，平。叶：苦，寒。根：甘，凉。

【功能主治】种子：行气止痛，和胃，消食；主治伤食、胃痛、疝气、小儿口疮。

叶：祛风除湿，清热解毒；主治风湿疼痛、麻木、痈疮、肿毒、痔疮、臁疮、创伤出血、高血压病。

根：祛风湿，和血脉，通经络；主治风湿性关节炎疼痛、肠风下血、月经不调、跌打损伤。

马松子属 *Melochia* L.

草本或半灌木，稀为乔木，略被星状柔毛。叶卵形或广心形，有锯齿。花小，两性，排成聚伞花序或头状花序；萼5深裂或浅裂，钟状；花瓣5，匙形或矩圆形，宿存；雄蕊5，与花瓣对生，基部连合成管状，花药2室，外向，药室平行；退化雄蕊无，稀为细齿状；子房无柄或有短柄，5室，每室有胚珠1～2个，花柱5，分离或在基部合生，柱头略增厚。蒴果室背开裂为5个果瓣，每室有种子1个；种子倒卵形，略有胚乳，子叶扁平。本属约有54种，主要分布于热带和亚热带地区。我国产1种。公安县有1种。

241. 马松子 *Melochia corchorifolia* L.

【形态】半灌木状草本，高不及1米；枝黄褐色，略被星状短柔毛。叶薄纸质，卵形、矩圆状卵形或披针形，稀有不明显的3浅裂，长2.5～7厘米，宽1～1.3厘米，顶端急尖或钝，基部圆形或心形，边缘有锯齿，上面近于无毛，下面略被星状短柔毛，基生脉5条；叶柄长5～25毫米；托叶条形，长2～4毫米。花排成顶生或腋生的密聚伞花序或团伞花序；小苞片条形，混生在花序内；萼钟状，5浅裂，长约2.5毫米，外面被长柔毛和刚毛，内面无毛，裂片三角形；花瓣5，白色，后变为淡红色，矩圆形，长约6毫米，基部收缩；雄蕊5，下部连合成筒，与花瓣对生；子房无柄，5室，密被柔毛，花柱5，线状。蒴果圆球形，有5棱，直径5～6毫米，被长柔毛，每室有种子1～2个；种子卵圆形，略呈三角状，褐黑色，长2～3毫米。花期夏、秋季。

图241　马松子

【生境】生于田野间。

【分布】全县广布。

【药用部位】茎、叶。

【采收加工】夏、秋季采收，扎成把，晒干。

【化学成分】马松子地上部分含生物碱：马松子环肽碱、欧鼠李叶碱、欧鼠李碱、马松子碱。另含无羁萜、无羁萜醇、β－香树脂醇、硬脂酸－β－谷甾醇酯、硬脂酸乙酯等。

【性味】淡，平。

【功能主治】清热利湿，止痒。主治急性黄疸型肝炎、皮肤痒疹。

七十三、瑞香科 Thymelaeaceae

落叶或常绿灌木或小乔木，稀草本；茎通常具韧皮纤维。单叶互生或对生，全缘，基部具关节，羽状叶脉，具短叶柄，无托叶。花辐射对称，两性或单性，雌雄同株或异株，头状花序、穗状花序、总状花序、圆锥花序或伞形花序，有时单生或簇生，顶生或腋生；花萼通常为花冠状，白色、黄色或淡绿色，稀红色或紫色，常连合成钟状、漏斗状、筒状的萼筒，外面被毛或无毛，裂片 4 ～ 5，在芽中覆瓦状排列；花瓣缺，或鳞片状，与萼裂片同数；雄蕊通常为萼裂片的 2 倍或同数，稀退化为 2，多与裂片对生，或另一轮与裂片互生，花药卵形、长圆形或线形，2 室，向内直裂，稀侧裂；花盘环状、杯状或鳞片状，稀不存；子房上位，心皮 2 ～ 5 个合生，1 室，稀 2 室，每室有悬垂胚珠 1 颗，稀 2 ～ 3 颗，近室顶端倒生，花柱长或短，顶生或近顶生，有时侧生，柱头通常头状。浆果、核果或坚果，稀为 2 瓣开裂的蒴果，果皮膜质、革质、木质或肉质；种子下垂或倒生；胚乳丰富或无胚乳，胚直立。

本科约有 48 属 650 种，广布于南北两半球的热带和温带地区，多分布于非洲、大洋洲和地中海沿岸。我国有 10 属 100 种左右，主产于长江流域及以南地区。

公安县境内的瑞香科植物有 2 属 2 种。

1. 花柱甚短或无，柱头大，头状，无总苞……………………瑞香属 *Daphne*

1. 花柱甚长，柱头圆筒状，密生乳头状突起……………………结香属 *Edgeworthia*

瑞香属 *Daphne* L.

落叶或常绿灌木或亚灌木，小枝有毛或无毛；冬芽小，具数个鳞片。叶互生，很少对生，具短柄，无托叶。花通常两性，稀单性，通常组成顶生或腋生的头状花序，稀为圆锥花序、总状花序或穗状花序，通常具苞片，花白色、玫瑰色、黄色或淡绿色；花萼筒短或伸长，钟形或筒状，外面具毛或无毛，顶端 4 裂，稀 5 裂，裂片开展，覆瓦状排列，通常大小不等；无花瓣；雄蕊 8 或 10，2 轮，不外露，有时花药部分伸出于喉部，通常包藏于花萼筒的近顶部和中部；花盘杯状、环状，或一侧发达呈鳞片状；子房 1 室，有 1 颗下垂胚珠，花柱短，柱头头状。浆果肉质或干燥而革质，常为近干燥的花萼筒所包围，有时花萼筒全部脱落而裸露，通常为红色或黄色；种子 1 颗，种皮薄；胚肉质，无胚乳。本属约有 95 种，主要分布于欧、亚两洲。我国有 44 种，主产于西南和西北部。公安县有 1 种。

242. 芫花　*Daphne genkwa* Sieb. et Zucc.

【形态】落叶灌木，高 0.3 ～ 1 米，多分枝，幼枝密被淡黄色丝状柔毛。叶对生，稀互生，纸质，卵形或卵状披针形至椭圆状长圆形，长 3~4 厘米，宽 1~2 厘米，先端急尖，基部宽楔形，边缘全缘，幼叶下面密被淡黄色绢毛，老时仅叶脉基部散生绢毛；叶柄短或几无，长约 2 毫米，具灰色柔毛。花比叶先开放，紫色或淡紫蓝色，无香味，常 3~6 朵簇生于叶腋或侧生，花梗短，具灰黄色柔毛；花萼筒细瘦，筒状，外面具丝状柔毛，裂片 4，卵形或长圆形，长 5~6 毫米；雄蕊 8，2 轮，分别着生于花萼筒的上部和中部，花丝短，长约 0.5 毫米，花药黄色，卵状椭圆形，长约 1 毫米，伸出喉部，顶端钝尖；花盘环状，不发达；子房卵形，密被淡黄色柔毛，花柱短或无，柱头头状，橘红色。核果白色。花期 3 ～ 5 月，果期 6 ～ 7 月。

【生境】生于路旁、山坡。

【分布】分布于章庄铺镇。

图 242　芫花

【药用部位】干燥花蕾。

【采收加工】春季花未开放时采收，除去杂质，干燥。

【化学成分】二萜原酸酯类化合物：花含芫花酯甲、芫花酯乙、芫花酯丙及芫花瑞香宁等。黄酮类化合物：芫花素、3-羟基芫花素、芫根苷、芹菜素及木犀草素（luteolin）等。花挥发油中含大量脂肪酸，棕榈酸、油酸和亚油酸含量较高，约占总油量的 60%。

【药理作用】芫花具有抗炎镇痛、杀虫、抗肿瘤、抗真菌等作用。

【性味】苦、辛，寒。有毒。

【功能主治】泻水逐饮，解毒杀虫。用于水肿胀满、胸腹积水、痰饮积聚、气逆喘咳、二便不利；外治疥癣秃疮、冻疮。

结香属 *Edgeworthia* Meisn.

落叶灌木，多分枝；树皮强韧。叶互生，厚膜质，窄椭圆形至倒披针形，常簇生于枝顶，具短柄。花两性，组成紧密的头状花序，具短或极长的花序梗，花梗基部具关节，生于当年枝上，先叶开放或与叶同时开放；苞片数枚组成 1 总苞，小苞片早落；花萼圆柱形，常内弯，外面密被银色长柔毛；裂片 4，伸张，喉部内面裸露，宿存或凋落；雄蕊 8，着生于花萼筒喉部，排成 2 列，花药长圆形，花丝极短；子房 1 室，无柄，被长柔毛，花柱长，有时被疏柔毛，柱头棒状，具乳突，花盘杯状，浅裂。果干燥或稍肉质，基部为宿存萼所包被。本属共 5 种，主产于亚洲。我国有 4 种。公安县有 1 种。

243. 结香　*Edgeworthia chrysantha* Lindl.

图 243　结香

【形态】落叶灌木，高 1 ～ 2.5 米。全株被绢状长柔毛或长硬毛，幼嫩时更密。枝条棕红色，常呈三叉状分枝；茎皮黑褐色，有明显皮孔。单叶互生，通常簇生于枝端，纸质，长椭圆形或椭圆状倒披针形，长 7 ～ 16 厘米，宽 2 ～ 4 厘米，先端急尖或钝，基部楔形，下延，全缘，上面被疏长毛，后几无毛，绿色，下面粉绿色，被长硬毛，叶脉上尤密，后渐渐脱落；叶脉隆起，侧脉 12 ～ 14 对，有叶柄。花先叶开放，黄色，芳香，由多数小花组成头状花序着生于枝端，下垂；总花梗粗壮，密被长绢毛，总苞被柔毛，花梗无或极短；花萼圆筒形，外面被绢毛状长柔毛，裂片 4，花瓣状，卵形，平展；无花瓣；雄蕊 8，2 轮，着生于花萼筒上部，花丝极短，花药长椭圆形；子房椭圆形，无柄，顶端被毛，1 室，胚珠 1 枚，花柱细长，柱头线状圆柱形，被柔毛。核果卵形，通常包于花被基部，果皮革质，硬而脆，黑色，两端被柔毛。花期 2—3 月，果期约 8 月。

【生境】栽培于庭园。

【分布】全县广布。

【药用部位】花、根。

【采收加工】花：冬末或初春花未开放时摘取花序，晒干。根：秋季采挖，洗净泥土，鲜用或晒干。

【化学成分】茎皮含纤维素、木质素、蛋白质、果酸、多缩戊糖。

【药理作用】结香具有降血糖、抑菌、镇痛、抗炎、抗氧化等药理作用。

【性味】花：甘、温。根：甘，温。

【功能主治】花：滋养肝肾；主治青盲、翳障、多泪、羞明、梦遗、虚淋、失音。根：舒筋活络，滋养肝肾；主治风湿痹痛、跌打损伤、遗精、白崩、带下。

七十四、堇菜科 Violaceae

多年生草本，稀为木本或一年生草本。叶为单叶，通常互生，少数对生，全缘、有锯齿或分裂，有长叶柄；托叶小或叶状。花两性或单性，少有杂性，辐射对称或两侧对称，单生或组成腋生或顶生的穗状花序、总状花序或圆锥状花序，有 2 枚小苞片，有时有闭花受精花；萼片 5，同型或异型，覆瓦状，宿存；花瓣 5，覆瓦状或旋转状，通常不等大，下面 1 枚较大，基部囊状或有距；雄蕊 5，通常下位，花药直立，分离或围绕子房环状靠合，药隔延伸于药室顶端成膜质附属物，花丝很短或无，下方 2 枚雄蕊基部有距状蜜腺；子房上位，完全被雄蕊覆盖，1 室，由 3 ～ 5 心皮组成，具 3 ～ 5 侧膜胎座，花柱单一，稀分裂，柱头形状多样，胚珠 1 至多数，倒生。果实为沿室背弹裂的蒴果或为浆果状；种子无柄或具极短的种柄，种皮坚硬，有光泽，常有油质体，有时具翅，胚乳丰富。

本科约有 22 属 900 种，广布于世界各洲，温带、亚热带及热带地区均产。我国有 4 属 130 多种。

公安县境内的堇菜科植物有 1 属 4 种。

堇菜属 *Viola* L.

多年生，少数为二年生草本，稀为半灌木，具根状茎。地上茎有或无，有时具匍匐枝。单叶，互生或基生，全缘、具齿或分裂；托叶小，呈叶状，离生或不同程度地与叶柄合生。花两性，两侧对称，单生，有两种类型的花，生于春季者有花瓣，生于夏季者无花瓣，称闭花。花梗腋生，有 2 枚小苞片；萼片 5，近相等，基部延伸成明显或不明显的附属物；花瓣 5，下方 1 瓣通常稍大，基部延伸成距；雄蕊 5，花丝极短，花药环生于雌蕊周围，药隔顶端延伸成膜质附属物，下方 2 枚雄蕊的药隔背方近基部处形成距状蜜腺，伸于下方花瓣的距中；子房1室，心皮3，侧膜胎座，胚珠多数；花柱棍棒状，基部较细，通常稍膝曲，顶端浑圆、平坦或微凹，有各种不同的附属物，前方具喙或无喙，柱头孔位于喙端或在柱头面上。蒴果球形、长圆形或卵圆状，成熟时3瓣裂；果瓣舟状，有厚而硬的龙骨，当薄的部分干燥而收缩时，果瓣向外弯曲将种子弹射出。种子倒卵状，种皮坚硬，有光泽，胚乳丰富。本属有500余种，广布于温带、热带及亚热带地区。我国约有111种，南北各省（区）均有分布。公安县有4种。

1. 具地上茎和匍匐枝。
  2. 托叶披针形或卵状披针形，近全缘……………………………………堇菜 *V. verecunda*
  2. 托叶披针形，有栉状长齿……………………………………紫花堇菜 *V. grypoceras*
1. 不具地上茎和匍匐枝。
  3. 托叶分离部分钻状三角形，有毛；叶片狭披针形或卵状披针形，边缘具浅圆齿；花紫堇色，侧瓣内有毛或无毛；地上茎粗大……………………………………紫花地丁 *V. philippica*
  3. 托叶具齿；花白色，带紫色脉纹，侧瓣内有柔毛；叶片椭圆形或卵状长圆形……………白花堇菜 *V. lactiflora*

244. 紫花堇菜　*Viola grypoceras* A.Gray

【形态】多年生草本，高20厘米，全体无毛。主根长，地下茎短。地上茎1条或数条，斜上或倾斜。叶三角状心形或近圆心形，长1～6厘米，宽1～4厘米，先端钝尖或圆，基部心形或宽心形，线状披针形，边缘有栉状长齿，茎基部通常有宿存托叶，披针形；根生叶的叶柄较长，茎上叶渐向上而柄渐短。花从茎基或从茎生叶的腋部抽出，长6～10厘米；花淡紫色，花柄长可达1厘米，花直径约2厘米；萼片5，绿色，披针形，基部附器半圆形；花瓣5，狭长，有棕色或褐色腺点，矩管状，长约7毫米，直或略弯；雄蕊5，子房上位，柱头尖，稍弯曲，不分裂。蒴果椭圆形，长约1厘米，无毛，密生褐色腺点。花期4—5月，果期6—8月。

图244　紫花堇菜

【生境】生于林下或水边草丛中。

【分布】分布于章庄铺镇。

【药用部位】全草。

【采收加工】夏、秋季采集，鲜用或晒干。

【性味】微苦，凉。

【功能主治】清热解毒，止血化瘀，消肿。主治咽喉红肿、疔疮肿毒、刀伤出血、跌打损伤。

245. 白花堇菜　*Viola lactiflora* Nakai

【形态】多年生草本，无地上茎及匍匐茎，常单株或2～3株簇生一起；高10～18厘米，根数条呈簇状。叶基生，丛生状，叶片长三角形或卵状长圆形，长4～5厘米，宽1.5～2.5厘米；先端钝，基部明显浅心形或截形，边缘具钝圆齿，两面无毛或稍有短柔毛；叶柄长1～6厘米，无翅；托叶明显，淡绿色或略呈褐色，近膜质，中部以上与叶柄合生，合生部分宽约4毫米，离生部分线状披针形，边缘疏生细齿或全缘。花单生，两侧对称，花梗细长，通常长于叶片，无毛或稍带白色短毛；萼片5，披针形或宽披针形，长5～7毫米，先端渐尖，基部附属物短而明显，末端截形，具钝齿或全缘；花瓣5，白色，内面带紫色脉纹，侧瓣内有柔毛；距较短而粗，末端微向上弯或直，长1～3毫米；花柱棒状，向上渐粗，柱头内侧有薄边，前方有喙。蒴果椭圆形，长6～9毫米，无毛；种子卵球形，长约1.5毫米，呈淡褐色。花期4—5月。

图245 白花堇菜

【生境】生于草地或草坡。

【分布】分布于章庄铺镇、斗湖堤镇。

246. 堇菜 *Viola verecunda* A. Gray

【形态】多年生草本，高20～30厘米，全体无毛。根状茎短细柔弱。茎通常由基部分成数枝，上部有少数分枝，纤弱，斜上或伏卧。叶片肾状卵形或三角状肾形，长1.5～2.5厘米，宽2～2.5厘米，先端钝或三角形，基部心形或半月形，边缘有浅波状圆齿；茎生叶浅心形或三角状心形，托叶披针形或卵状披针形，长7～20厘米，全缘或有疏锯齿。花腋生，花直径约12毫米，花梗长5～8厘米，中部有条形小苞片2枚；萼片5，披针形，长4～5毫米，基部有半圆形附器；花瓣5，白色或淡紫色，长6～8毫米，下面一瓣有短圆矩，矩长2～3毫米，侧瓣稍有毛，唇瓣有紫色条纹；柱头有明显的边。蒴果椭圆形，长6～8毫米，无毛，开裂为3瓣。花果期5—10月。

图246 堇菜

【生境】生于水沟边。

【分布】分布于章庄铺镇。

【药用部位】全草。

【采收加工】夏季采集，鲜用或晒干。

【性味】微苦，凉。

【功能主治】清热解毒，止咳，止血。主治肺热咳嗽、扁桃体炎、腹泻、无名肿毒、刀伤出血。

247. 紫花地丁 *Viola philippica* Cav.

【形态】多年生草本，无毛或近无毛，根状茎短，主根粗壮，圆柱形，黄白色，支根须状。无地上茎及匍匐枝。叶基生，莲座状；叶片下部者通常较小，呈三角状卵形或狭卵形，上部者较长，呈长圆形、狭卵状披针形或长圆状卵形，长 1.5~4 厘米，宽 0.5~1 厘米，先端圆钝，基部截形或楔形，下延于叶柄，边缘具浅圆齿，两面无毛或被细短毛，有时仅下面沿叶脉被短毛；果期叶片增大，叶柄增长；托叶膜质，离生部分钻状三角形，边缘疏生具腺体的流苏状细齿或近全缘。花单生，两侧对称，紫堇色或淡紫色；花梗中部附近有 2 枚线形小苞片；萼片卵状披针形或披针形，先端渐尖，基部附属物短，末端圆或截形；侧方花瓣里面无毛或有须毛；距细管状，长 4~8 毫米，末端圆；子房卵形，无毛，花柱棍棒状，比子房稍长，基部稍膝曲，柱头三角形，两侧及后方稍增厚成微隆起的缘边，顶部略平，前方具短喙。蒴果长圆形，长 5~12 毫米，无毛；种子卵球形，淡黄色。花果期 4 月中下旬至 9 月。

图 247　紫花地丁

【生境】生于路旁或荒坡草地。

【分布】全县广布。

【药用部位】全草。

【采收加工】夏季采集，晒干或鲜用。

【药理作用】紫花地丁具有抗菌、抗炎、免疫调节、抗氧化、抗病毒、抗衣原体、抗肿瘤活性等药理作用。

【性味】微苦，寒。

【功能主治】清热解毒，凉血消肿。主治痈疖、丹毒、乳腺炎、目赤肿痛、咽炎、黄疸型肝炎、肠炎、蛇咬伤。

七十五、柽柳科 Tamaricaceae

灌木、半灌木或乔木。叶小，多呈鳞片状，互生，无托叶，通常无叶柄，多具泌盐腺体。花通常两性，排成总状花序或圆锥花序，稀单生，整齐；花萼 4 ～ 5 深裂，宿存；花瓣 4 ～ 5，分离，花后脱落或有时宿存；下位花盘常肥厚，蜜腺状；雄蕊 4、5 或多数，常分离，着生在花盘上，稀基部结合成束，或连合到中部成筒，花药 2 室，纵裂；雌蕊 1，由 2 ～ 5 心皮构成，子房上位，1 室，侧膜胎座，稀具隔，或基底胎座；胚珠多数，稀少数，花柱短，通常 3 ～ 5，分离，有时结合。蒴果，圆锥形，室背开裂。种子多数，顶端或全体有毛；有或无内胚乳，胚直生。

本科有 3 属约 110 种。主要分布于旧大陆草原和荒漠地区。我国有 3 属 32 种。

公安县境内的柽柳科植物有 1 属 1 种。

柽柳属 *Tamarix* L.

灌木或乔木，多分枝，幼枝无毛（仅个别种被毛）。枝条有两种：一种是木质化的生长枝，经冬不落；一种是绿色营养小枝，冬天脱落。叶小，鳞片状，互生，无柄，抱茎或呈鞘状，无毛，稀被毛，多具泌盐腺体；无托叶。花两性，4～6数，通常具花梗，组成总状花序或圆锥花序；苞片1枚。花萼深4～5裂，花萼裂片与花瓣同数，花后脱落或宿存；花盘有多种形状，多为4～5裂，裂片全缘或顶端凹缺以至深裂；雄蕊4～5，单轮，与花萼裂片对生，花丝常分离，着生在花盘裂片间或裂片顶端（假顶生或融生），花药心形，丁字着药，2室，纵裂；雌蕊1，由3～4心皮构成，子房上位，多呈圆锥形，1室，胚珠多数，基底侧膜胎座，花柱3～4，柱头短，头状。蒴果圆锥形，室背3瓣裂。种子多数，细小，顶端有柔毛。本属约有90种。主要分布于亚洲大陆和北非。我国约产18种1变种，主要分布于西北地区。公安县有1种。

248. 柽柳 *Tamarix chinensis* Lour.

【形态】灌木或小乔木，高2.5～6米；老枝直立，幼枝稠密细弱，常开展而下垂；嫩枝繁密纤细，悬垂。叶鲜绿色，从去年生木质化生长枝上生出的绿色营养枝上的叶长圆状披针形或长卵形，长1.5～1.8毫米，稍开展，先端尖，基部背面有龙骨状隆起，常呈薄膜质；上部绿色营养枝上的叶钻形或卵状披针形，半贴生，先端渐尖而内弯，基部变窄，长1～3毫米，背面有龙骨状突起。每年开花2～3次。春季开花：总状花序侧生在去年生木质化的小枝上，长3～6厘米，宽5～7毫米，花大而少，较稀疏而纤弱点垂，小枝亦下倾；有短总花梗，或近无梗，梗生有少数苞叶或无；苞片线状长圆形，或长圆形，渐尖，与花梗等长或稍长；花梗纤细，较萼短；花五出；萼片5，狭长卵形，具短尖头；花瓣5，粉红色，通常卵状椭圆形或椭圆状倒卵形，较花萼微长，果时宿存；花盘5裂；子房圆锥状瓶形，花柱3，棍棒状。夏、秋季开花：总状花序较春生者细，生于当年生幼枝顶端，组成顶生大型圆锥花序。蒴果圆锥形。花期4—9月。

图248 柽柳

【生境】多栽培于庭园。

【分布】分布于斗湖堤镇、章庄铺镇。

【药用部位】细嫩枝叶。

【采收加工】4—5月花未开时，折取细嫩枝叶，阴干。

【化学成分】柽柳化学成分主要有黄酮类化合物、三萜类化合物、甾体类化合物、酚酸类化合物、挥发油等。

【药理作用】柽柳具有抗炎、抗菌、镇痛、利尿等药理作用。

【性味】甘、辛，平。

【功能主治】疏风，解表，利尿，解毒。主治麻疹难透、风疹身痒、感冒、咳喘、风湿骨痛。

七十六、葫芦科 Cucurbitaceae

草质或木质藤本；一年生植物的根为须根，多年生植物常为球状或圆柱状块根。茎柔软，通常具纵沟纹和侧生螺旋状的卷须。叶互生，无托叶，具叶柄；叶片不分裂，或掌状浅裂至深裂，有时为鸟足状复叶。花单性，雌雄同株或异株，单生或簇生，或集成总状花序。雄花：花萼辐状、钟状或管状，5 裂，裂片覆瓦状排列或开放式排列；花冠插生于花萼筒的檐部，基部合生呈筒状或钟状，或完全分离，5 裂，裂片在芽中覆瓦状排列或内卷式镊合状排列，全缘或边缘呈流苏状；雄蕊 5 或 3，插生在花萼筒基部、近中部或檐部，花丝分离或合生呈柱状，花药分离或靠合，药室在 5 枚雄蕊中全部 1 室，或在具 3 枚雄蕊中，通常为 1 枚 1 室，2 枚 2 室，药室通直或扭曲；退化雌蕊有或无。雌花：花萼与花冠同雄花；退化雄蕊有或无；子房下位或稀半下位，通常由 3 心皮合生而成， 1 ～ 3 室，侧膜胎座，胚珠通常多数，在胎座上常排列成 2 列；花柱单一或在顶端 3 裂，柱头膨大，2 裂或流苏状。果实大型至小型，常为肉质浆果状或果皮木质，不开裂或在成熟后盖裂或 3 瓣纵裂。种子常多数，稀少数至 1 枚，扁压状，无胚乳。

本科约有 113 属 800 种，大多数分布于热带和亚热带地区。我国有 32 属 154 种 35 变种，主要分布于西南部和南部，多数为栽培食用植物或药用植物。

公安县境内的葫芦科植物有 8 属 8 种。

1. 花冠裂片不呈流苏状。
  2. 雄蕊 5，药室卵形而笔直。
    3. 花小，花冠裂片长不及 1 厘米；果熟时盖裂；叶狭三角状戟形……盒子草属 *Actinostemma*
    3. 花较大，花冠裂片长约 2 厘米；果实不开裂，浆果状；叶通常心形，极稀分裂……赤瓟属 *Thladiantha*
  2. 雄蕊 3，稀 5 而药室扭曲。
    4. 花及果均小型……马瓟儿属 *Zehneria*
    4. 花及果中等大或大型。
      5. 花冠辐状
        6. 花梗上有兜状苞片；果实表面有瘤状突起……苦瓜属 *Momordica*
        6. 花梗上无兜状苞片。
          7. 雄花成总状花序……丝瓜属 *Luffa*
          7. 雄花单生或簇生……冬瓜属 *Benincasa*
      5. 花冠钟状，5 中裂……南瓜属 *Cucurbita*
1. 花冠裂片呈流苏状……栝楼属 *Trichosanthes*

盒子草属 *Actinostemma* Griff.

攀缘草本。叶片心状戟形或披针状三角形，不分裂或 3 ～ 5 裂，边缘有疏锯齿，或微波状，有柄；卷须通常分二叉。花单性，雌雄同株。雄花序总状或圆锥状，稀单生或双生；花萼辐状，筒部杯状，裂片线状披针形；花冠辐状，裂片披针形，尾状渐尖；雄蕊 5，花丝离生，丝状，花药近卵形，外向，基底着生药隔在花药背面乳头状突出，1 室，纵缝开裂，无退化雌蕊。雌花单生，簇生或稀雌雄同序，花萼和花冠与雄花同型；子房近圆球形，常具疣状突起，1 室，花柱短，柱头 3，肾形；胚珠 2 ～ 4 枚，着生于室壁近顶端因而胚珠成下垂生。果实卵状，自中部以上环状盖裂，顶盖圆锥状。种子稍扁，卵形，种皮有不规则的雕纹。本属约有 6 种，分布于东亚地区。我国有 5 种，南北地区普遍分布。公安县有 1 种。

249. 盒子草 *Actinostemma tenerum* Griff.

【形态】多年生攀缘草本，具短柔毛，后变无毛。卷须单一或二叉。叶互生，膜质，狭三角状戟形或卵状心形，长 5 ～ 10 厘米，宽 2.5 ～ 5 厘米，先端短尖或长尖，基部心形，边缘具稀疏浅锯齿，有时 3 ～ 5 浅裂；叶柄长 1.5 ～ 2 厘米。雌雄同株，雄花序总状或有时圆锥状，雌花单生或稀雌雄同序；雌花少，且位于花序基部；花小，花梗中部有节；雄花花萼辐状，5 深裂，裂片条状披针形，较花冠裂片略短，被毛，花冠黄绿色，5 深裂，裂片卵状长椭圆形，长 5 ～ 6 毫米；雄蕊 5，分生；雌花的花萼和花冠与雄花相似，子房半下位，近球形，1 室，胚珠 2，花柱短，柱头 2 裂，肾形。果实椭圆形，长约 1.5 厘米，有疣状突起，果熟时盖裂，常具 2 种子；种子表面有雕纹不规则突起。花期 7—8 月，果期 9—10 月。

图 249 盒子草

【生境】多生于沟边灌丛中。

【分布】分布于章庄铺镇。

【药用部位】全草及种子。

【采收加工】全草夏、秋季采收，种子秋季采收，晒干或鲜用。

【化学成分】种子含脂肪油 25% ～ 29%。

【性味】苦，寒。

【功能主治】清热解毒，利尿消肿。主治水肿、疳积、脓疱疮、湿疹、毒蛇咬伤等。

冬瓜属 *Benincasa* Savi

一年生蔓生草本，全株密被硬毛。叶肾状圆形，基部心形，掌状 5 浅裂，叶柄无腺体。卷须二至三分叉。

花大型，黄色，单性，通常雌雄同株，单生或腋生。雄花花萼筒宽钟状，裂片5，近叶状，有锯齿，反折；花冠辐状，通常5裂，裂片倒卵形，全缘；雄蕊3，分离，着生在花萼筒上，花丝短粗，花药1枚1室，其他2室，药室扭曲；退化子房腺体状。雌花花萼和花冠同雄花；退化雄蕊3；子房卵珠状，具3胎座，胚珠多数，水平生，花柱粗肥，柱头3，膨大，2裂。果实大型，长圆柱状或近球状，具糙硬毛及白霜，不开裂，具多数种子。种子长圆形，扁平。本属有1种，栽培于热带、亚热带和温带地区。我国各地普遍栽培。公安县亦有分布。

250. 冬瓜 *Benincasa hispida* (Thunb.) Cogn.

图250　冬瓜

【形态】一年生蔓生或架生草本；茎较粗壮，密被棕黄色刺毛，茎具二至三分叉的卷须。单叶互生，5～7浅裂，呈五角状宽卵形，长10～30厘米，先端渐尖，基部心形，边缘有不整齐的锯齿，具长柄。花单性，雌雄同株；雄花的花萼广钟形，5深裂，裂片宽倒卵形，仅基部连合，长3～6厘米，雄蕊3，分生，药室弯曲呈“S”形；雌花具短梗，花萼花冠的形态同雄花；子房下位，卵形或圆筒形，密生黄褐色硬毛，柱头3，呈2裂。果实长椭圆状或圆柱状，长25～60厘米，直径20～35厘米，幼时绿色，外密被针刺状毛，成熟后有白色蜡质粉末，果肉肥厚疏松，白色多汁。种子卵形，白色或淡黄色，扁平，有窄缘。花期5—6月，果期7—8月。

【生境】栽培。

【分布】全县广布。

【药用部位】果实、果皮、种子。果实俗称“冬瓜”，外果皮称“冬瓜皮”，种子称“冬瓜子”。

【采收加工】果实：夏末、秋初果实成熟时采摘，鲜用。果皮：收集食用时削下的外层果皮，晒干。种子：食用时，挖出中间瓤子，去瓤取子，洗净，除去浮子，捞取饱满种子，晒干。

【化学成分】冬瓜：含蛋白质、糖、钙、磷、铁、胡萝卜素、硫胺素、尼克酸、维生素C等。

冬瓜皮：含树脂和蜡质等。

冬瓜子：含皂苷、脂肪、蛋白质、尿素分解酶、瓜氨酸等。

【药理作用】冬瓜具有抗氧化、解毒、降血糖、治疗荨麻疹、降压利尿等药理作用。

【性味】冬瓜和冬瓜皮：甘、淡，凉。冬瓜子：甘，凉。

【功能主治】冬瓜：清热解毒，利水消痰；主治水肿、胀满、脚气、淋证、咳喘、暑热烦闷、消渴、泻痢、痈肿、痔漏并解鱼、酒毒。

冬瓜皮：清热，利尿，消肿；主治水肿、小便不利、肾炎、肝硬化腹水、淋证、泌尿系结石、跌打损伤、口渴等。

冬瓜子：清热利湿，化痰，消痈排脓；主治肺热咳嗽、肺脓疡、肠痈、带下、阑尾炎、淋证、水肿、脚气、白浊、酒糟鼻等。

南瓜属 *Cucurbita* L.

一年生蔓生草本，具毛。叶具浅裂，基部心形。卷须二至多分叉。花大，黄色，雌雄同株，单生叶腋。雄花花萼钟状，稀伸长，5裂，裂片披针形或顶端扩大呈叶状；花冠钟状，5裂仅达中部；雄蕊3枚，花丝分离，花药靠合呈头状，1枚1室，另2枚2室，药室线形，折曲，药隔不伸长；无退化雌蕊。雌花花萼和花冠同雄花，退化雄蕊3，短三角形；子房长圆状或球状，具3胎座；花柱短，柱头3，具2浅裂，胚珠多数，水平着生。果实通常大型，肉质，不开裂，形状不一，扁圆形或长椭圆形。种子多数，扁平，光滑。本属约有30种，分布于热带及亚热带地区，在温带地区栽培。我国栽培有3种。公安县有1种。

251. 南瓜　*Cucurbita moschata* (Duch. ex Lam.) Duch. ex Poiret

【形态】一年生蔓生草质藤本，长可达10米。茎较粗壮，中空，具粗毛，卷须从近中部处分二至四叉。叶广卵形或卵状椭圆形，边缘5～7浅裂或全缘，叶脉尖端常成短钝齿，沿边缘及叶面常有白霜；叶柄有短毛。花单生于叶腋，雌雄同株；雄花的花萼裂片条形，顶端扩展呈叶状，花冠黄色，钟状，5裂至中部，裂片边缘皱曲；雄蕊3，花药靠合，药室“S”形；雌花的花萼裂片叶状；子房1室；花柱短，柱头3，膨大，2裂。果柄具棱槽，瓜蒂扩大呈喇叭状。瓠果扁圆形，亦有其他形状，常有数条纵沟。种子多数，浅黄白色，扁平，边缘薄，具棱槽。花期6—8月，果期7—10月。

图251　南瓜

【生境】栽培。

【分布】全县广布。

【药用部位】果实和种子以及果瓤、根。

【采收加工】果实于夏、秋季果实成熟时采收，晒干或鲜用。种子于烹食前将瓜切开，取出瓤子，洗出种子，晒干。果瓤于食用时，切开收集，晒干或鲜用。根于秋季采收，洗净，切断，鲜用或晒干。

【化学成分】南瓜子含南瓜子氨酸，为驱虫的主要成分，并含脂肪油及维生素A、维生素B_1、维生素B_2等。

【药理作用】南瓜具有降血糖、降血脂、预防动脉粥样硬化和冠心病、防治癌症、解毒、保肝、抗氧化、护视力、控制体重、促进胃肠蠕动等作用。

【性味】果实：甘，凉。种子：甘，平。根：淡，平。

【功能主治】果实：补中益气，消炎止痛，解毒杀虫；主治肺痈、鸦片中毒、水火烫伤。

种子：驱虫利尿；主治绦虫病、蛔虫病、血吸虫病、高血压、百日咳、产后手足水肿、痔疮等。

南瓜瓤：用于烫伤、创伤等。

南瓜根：利湿热，通乳汁；主治淋证、黄疸、痢疾、乳汁不通等。

丝瓜属 *Luffa* Mill.

一年生攀缘草本，无毛或被短柔毛。卷须稍粗糙，二至多分叉。叶片通常 5 ～ 7 裂，叶柄顶端无腺体。花单性，黄色或白色，雌雄同株。雄花成总状花序；花萼倒锥形，5 裂，裂片三角形或披针形；花冠裂片 5，离生，全缘或啮蚀状；雄蕊 3 或 5，分离，3 枚时，1 枚 1 室，2 枚 2 室，或 5 枚时各具 1 室，药室线形，多回折曲，药隔通常膨大；退化雌蕊缺或稀为腺体状。雌花单生，具长或短的花梗；花被与雄花同；退化雄蕊 3，稀 4 ～ 5；子房长筒形，有槽或棱角，花柱圆柱形，柱头 3，3 胎座，胚珠多数，水平着生。果实长圆形或圆柱状，未成熟时肉质，成熟后变干燥，内部呈网状纤维，由顶端盖裂。种子多数，长圆形，扁压。本属约有 8 种，分布于东半球热带和亚热带地区。我国常见栽培 2 种。公安县有 1 种。

252. 丝瓜 *Luffa cylindrica* (L.) Roem.

【形态】一年生攀缘藤本；茎、枝粗糙，有棱沟，幼时全株密被柔毛，卷须稍被毛，二至四分叉。叶片近圆形，通常掌状 5 裂，边缘有细锯齿；叶柄较粗壮，粗糙。花单性，雌雄同株；雄花成总状花序，具细长柄；雌花单生，花萼 5 裂，裂片卵状披针形；花冠黄色，辐状，5 裂，裂片长圆形；雄蕊 5 枚，花药多回曲折；子房下位，长圆柱状，柱头 3，膨大。果实圆柱状，长 15 ～ 50 厘米，有纵向浅槽或条纹，未成熟时肉质，成熟后干燥，里面有网状纤维。种子黑色，扁长卵形，边缘狭翼状。花期 5—6 月，果期 7—8 月。

图 252　丝瓜

【生境】栽培。

【分布】全县广布。

【药用部位】鲜嫩果实、老熟果实内的网状纤维、种子、茎、叶、花。老熟果实内的网状纤维称“丝瓜络”。

【采收加工】鲜嫩果实：夏、秋季采摘。丝瓜络：在 9—10 月采摘霜后干枯的老熟果实，除去外果皮和内部的种子即得。种子：

在采摘丝瓜络时，收集其种子，晒干。茎：在夏、秋季采收，晒干或鲜用。叶：夏、秋季采收，鲜用或晒干。花：夏季开花时采收，鲜用。

【化学成分】丝瓜：含皂苷、黏液质、脂肪、蛋白质、糖类、钙、磷、铁、胡萝卜素、维生素 B_1、维生素 B_2。种子：含脂肪油、蛋白质、糖类、皂苷。叶：含皂苷。丝瓜络：含木聚糖、纤维素、甘露聚糖、半乳聚糖及木质素等。

【药理作用】丝瓜具有抗炎、镇痛的作用。

【性味】甘，平。

【功能主治】丝瓜：清热，化痰，凉血，解毒；主治热病身热烦渴、痰喘咳嗽、肠风痔漏、崩带、血淋、疥疮、乳汁不通、痈肿等。

种子：利水，除热，化痰，润燥，驱虫；主治水肿、石淋、肠风、痔瘘、肺热咳嗽、大便不通等。

茎：舒筋，活血，健脾，杀虫，止咳化痰；用于腰痛、咳嗽、鼻炎、支气管炎、四肢麻木、月经不调、水肿等。

叶：清热解毒；主治痈疽、疔肿、疮癣、蛇咬伤、烫伤。

花：清热解毒；用于肺热咳嗽、咽痛、鼻窦炎、疖疮、痔疮等。

丝瓜络：清热解毒，活血通络，利尿消肿，化痰；主治鼻渊、胸胁痛、腰痛、痢疾、水肿、筋骨酸痛、乳汁不通、经闭、月经不调、睾丸肿痛、痔漏、外伤出血、蜈蚣咬伤、肺热咳嗽等。

苦瓜属 *Momordica* L.

攀缘草本。卷须不分叉。叶近圆形或卵状心形，全缘或掌状 3 ～ 7 浅裂或深裂。花雌雄异株或稀同株。雄花单生或成总状花序；花梗上通常具一大型的兜状苞片，苞片圆肾形；花萼短，钟状，裂片卵形或披针形；花冠黄色或白色，辐状或宽钟状，通常 5 深裂到基部，裂片倒卵形，雄蕊 3，极稀 5 或 2，着生在花萼筒喉部，花丝短，分离，花药起初靠合，后来分离，1 枚 1 室，其余 2 室，药室折曲，稀直；退化雌蕊腺体状或缺。雌花单生，花梗具一苞片或无，花萼和花冠同雄花，退化雄蕊腺体状或无，子房椭圆形或纺锤形，花柱细长，柱头 3，不分裂或 2 裂，胚珠多数，水平着生。果实长圆形或纺锤形，不开裂或 3 瓣裂，常具小瘤状突起。种子少数或多数，卵形或长圆形，平滑或有各种皱纹。本属约有 80 种，多数种分布于非洲热带地区。我国产有 4 种，主要分布于南部和西南部。公安县有 1 种。

253. 苦瓜 *Momordica charantia* L.

【形态】一年生攀缘状柔弱草本。茎多分枝，被柔毛。卷须纤细，不分叉。叶肾状圆形或近圆形，长、宽均为 5 ～ 12 厘米，5 ～ 7 深裂，裂片卵状椭圆形，具齿或再分裂，两面微被毛，脉上毛较密；叶柄被柔毛或近无毛。花雌雄同株，花梗长 5 ～ 15 厘米，中部或下部有肾形或圆形苞片；花萼裂片卵状披针形；花冠 5 裂，裂片倒卵形，长 1.5 ～ 2 厘米，黄色；雄蕊 3，离生，药室“S”形。雌花：单生，花梗被微柔毛，长 5 ～ 10 厘米，基部常具 1 苞片；子房纺锤形，密生瘤状突起，柱头 3，膨大，2 裂。果实纺锤形，有瘤状突起，长 10 ～ 20 厘米，黄白色或淡绿色，成熟后橙黄色，由顶端 3 瓣裂。种子多数，距圆形，具红色假种皮，两端各具 3 小齿，两面有雕纹，为橘红色假种皮覆盖。花期 6—7 月，果期 9—10 月。

【生境】栽培于田园。

【分布】全县广布。

【药用部位】果实、叶。

【采收加工】果实秋后采收，切片晒干或鲜用。叶夏季采收，鲜用或晒干。

【化学成分】鲜果肉含蛋白质、脂肪、糖、钙、磷、铁、胡萝卜素、烟酸、维生素 B_1、维生素 B_2、维生素 C 等。

【药理作用】苦瓜具有降血糖、抗肿瘤、抗病毒、抑菌抗炎、抗衰老、抗氧化、抗生育等作用。

【性味】苦，寒。

【功能主治】果实：清暑解暑，明目；主治热病烦渴引饮、中暑、痢疾、目赤肿痛、痈肿丹毒、恶疮、胃气痛等。

叶：清热解毒；主治胃痛、痢疾、疔疮肿毒等。

图 253　苦瓜

赤爬属 *Thladiantha* Bunge

攀缘或匍匐草本。根块状或稀须根。茎草质，具纵向棱沟。卷须不分叉或二叉；叶多为单叶，心形，边缘有锯齿，极稀分裂或呈鸟趾状 3 ～ 5 小叶。雌雄异株。雄花序总状或圆锥状，稀为单生；雄花：花萼筒短，钟状，5 裂，裂片线形或披针形；花冠钟状，黄色，5 深裂，裂片全缘，长圆形或宽卵形、倒卵形，常 5 ～ 7 条脉；雄蕊 5，插生于花萼筒部，分离，通常 4 枚两两成对，第 5 枚分离，花丝短，花药长圆形或卵形，全部 1 室，药室通直；退化子房腺体状。雌花单生、双生或 3 ～ 4 朵簇生于一短梗上，花萼和花冠同雄花；子房长圆形或纺锤形，表面平滑或有瘤状突起，花柱 3 裂，柱头 2 裂，膨大，肾形；具 3 胎座，胚珠多数，水平生。果实中等大，浆果状，不开裂，平滑或具多数瘤状突起，有明显纵肋或无。种子多数，倒卵珠形，扁平。本属有 23 种。我国有 10 余种，主要分布于我国西南部。公安县有 1 种。

254. 赤爮　*Thladiantha dubia* Bunge

【形态】多年生攀缘草质藤本，全株被黄白色的长柔毛状硬毛；根块状；茎稍粗壮，有棱沟，匍匐或攀缘，卷须分叉。叶片宽卵状心形，长 5 ～ 8 厘米，宽 4 ～ 9 厘米，边缘浅波状，有大小不等的细齿，先端急尖或短渐尖，基部心形，弯缺深，近圆形或半圆形，深 1 ～ 1.5 厘米，宽 1.5 ～ 3 厘米，两面粗糙；叶柄稍粗，长 2 ～ 6 厘米。雌雄异株；雄花单生或聚生于短枝的上端呈假总状花序，有时 2 ～ 3 花生于总梗上，花梗细长，长1.5～3.5厘米，被柔软的长柔毛；花冠黄色，裂片长圆形，长2～2.5厘米，宽0.8～1.2厘米，雄蕊 5，花丝极短，有短柔毛；雌花单生，花梗细，长 1 ～ 2 厘米，有长柔毛；子房长圆形，长 0.5 ～ 0.8 厘米，外面密被淡黄色长柔毛。果实卵状长圆形，长 4 ～ 5 厘米，直径 2.8 厘米，顶端有残留的柱基，基部稍变狭，表面橙黄色或红棕色，有光泽，被柔毛，具 10 条明显的纵纹。种子多数，卵形，黑色。花期6—8月，果期8—10月。

【生境】生于江边林缘湿处。

【分布】分布于狮子口镇。

【药用部位】果实。

【采收加工】果实成熟后连柄摘下，防止果实破裂，用线将果柄串起，挂于日光下或通风处晒干为止。

【性味】酸、苦，平。

【功能主治】理气，活血，祛痰，利湿。主治反胃吐酸、肺痨咯血、黄疸、痢疾、胸胁疼痛、跌打扭伤、筋骨疼痛、经闭。

图254 赤瓟

栝楼属 *Trichosanthes* L.

一年生或具块状根的多年生草质藤本；茎攀缘或匍匐，多分枝，具纵向棱及槽。单叶互生，具柄，叶形多变，通常卵状心形或圆心形，全缘或3～5裂，边缘具细齿。卷须不分叉或二至五叉。花单性，雌雄异株或同株。雄花通常排列成总状花序，有时有1单花与之并生；通常具苞片，稀无；花萼筒状，延长，通常自基部向顶端逐渐扩大，5裂，裂片披针形，全缘、具锯齿或条裂；花冠白色，5裂，裂片披针形或扇形，先端具流苏；雄蕊3，着生于花萼筒内，花丝短，分离，花药靠合，1枚1室，另2枚2室；花粉粒球形，无刺，具3槽，3～4孔。雌花单生；花萼与花冠同雄花；子房下位，纺锤形或卵球形，1室，具3个侧膜胎座，花柱纤细，柱头3，全缘或2裂；胚珠多数，水平生或半下垂。果实肉质，不开裂，球形或纺锤形，无毛且平滑，具多数种子。种子褐色，长圆形或卵形，扁平或具厚边缘。本属约有50种，分布于亚洲和大洋洲。我国有34种6变种，分布于全国各地。公安县有1种。

255. 栝楼 *Trichosanthes kirilowii* Maxim.

【形态】多年生草质藤本，长3～6米。块根粗壮而长，肉质肥厚，淡黄色，有多数横形瘤状突起。茎细长，多分枝，有浅纵沟，卷须二至三分叉。叶互生，叶片宽卵状心形或扁心形，长5～14厘米，宽近于长，先端钝圆，3～5浅裂或深裂至中部，裂片菱状倒卵形，边缘裂片再分裂，基部浅心形，边缘有不明显小齿，两面稍被毛；叶柄长2～6厘米。雌雄异株；雄花序总状，长10～20厘米，通常有花3～8朵，苞片菱状倒卵形，长15～20毫米；花萼5裂，裂片披针形，全缘；花冠白色，5裂，

图255 栝楼

裂片倒卵形，顶端有长流苏；雄蕊 3，花丝短，有毛。雌花单生，花梗长约 7.5 厘米；子房下位，椭圆形。果实宽卵状椭圆形至球形，长 7 ～ 11 厘米，宽 6.5 ～ 10 厘米，光滑，橙黄色。种子扁平，卵状椭圆形，长 1.1 ～ 1.6 厘米，宽 7 ～ 12 毫米，浅棕色，光滑，近边缘处有一圈棱线。花期 7—8 月，果期 9—10 月。

【生境】生于山坡、路旁或林缘，亦有栽培。

【分布】分布于章庄铺镇、黄山头镇、狮子口镇。

【药用部位】块根、种子和果实。块根称“天花粉”，种子称“瓜蒌子”，果实称“瓜蒌”。

【采收加工】天花粉：春、秋季均可采挖。春季在萌芽前，秋季在茎叶枯萎时挖起根部，除去茎藤、泥土，刮去外皮，纵剖成 2 ～ 4 瓣，粗大者横切成 10 ～ 20 厘米的块片，晒干或炕至半干，取出，置明矾水中，洗去外溢黄汁，然后再晒或炕至全干。

瓜蒌子：秋末冬初采摘成熟呈红黄色的果实，用刀切开相连的两瓣，取出其中瓤子，洗出种子，拌以草木灰或粗糠灰擦去种子的黏膜，淘洗干净，除去浮在水面上的瘪子，晒干。

瓜蒌：秋末冬初期间，果皮表面红黄色有光泽时，连果柄剪下，置阴凉通风处晒干，即为“全瓜蒌”，如将成熟的果实纵剖为 2，取出瓤子，将瓜壳置阴凉处晾干即为“瓜蒌皮”。

【化学成分】天花粉：含多量淀粉及皂苷，并含“天花粉蛋白”（花粉纱），多种氨基酸，如精氨酸、谷氨酸、丙氨酸、γ- 氨基丁酸等。

瓜蒌子：含皂苷、蛋白质、有机酸及盐类（草酸钙）、树胶、树脂、脂肪油及色素等，所含的蛋白质与根所含“天花粉蛋白”不同。

瓜蒌：含三萜皂苷、氨基酸、类生物碱、有机酸、树脂、糖类和色素。

【药理作用】栝楼具有提高冠脉血流量、保护心肌细胞、抑制 HIV 病毒、降血糖、降血压、调节血脂、增强抵抗力和免疫力等药理作用。

【性味】天花粉：甘、微苦，凉。瓜蒌子：甘、苦，微寒。瓜蒌：甘、苦，微寒。

【功能主治】天花粉：清热养胃，生津止渴，解毒引产，排脓消肿；主治热病口渴、消渴、肺热咳嗽、乳痈、糖尿病、黄疸、死胎、过期流产、宫颈糜烂、牛皮癣、急性乳腺炎、痈肿疮疡等。

瓜蒌子：清热消肿，润肺化痰，下乳滑肠；用于肺热咳嗽、伤寒结胸、肠燥便秘、乳汁不通等。

瓜蒌：宽胸散结，润肺润肠，清化热痰；主治痰热咳嗽胸闷、心绞痛、咽炎、乳腺炎、大便燥结、黄疸、消渴等。

马㼎儿属 *Zehneria* Endl.

攀缘或匍匐草本，一年生或多年生。叶三角形，全缘或 3 ～ 5 浅裂至深裂，具叶柄；叶片膜质或纸质。卷须纤细，不分叉或分二叉。花单性，雌雄同株或异株。雄花序单生或簇生或成总状花序；花萼钟状，裂片 5；花冠钟状，黄色或黄白色，裂片 5，长圆形或卵状长圆形；雄蕊 3，着生在萼筒的基部，花药 1 枚 1 室，另 2 枚 2 室，药室常通直或稍弓曲，药隔稍伸出或不伸出，退化雌蕊形状不变。雌花单生或少数几朵呈伞房状，花萼和花冠同雄花，退化雄蕊 3；子房卵球形或纺锤形，3 室，胚珠多数，水平着生，花柱柱状，基部由一环状盘围绕，柱头 3。果实小，浆果状，圆球形或长圆形，不开裂。种子多数，卵形，扁平，边缘拱起或不拱起。全世界约有 7 种，分布于非洲和亚洲热带到亚热带地区。我国有 5 种 1 变种。公安县有 1 种。

256. 钮子瓜　*Zehneria maysorensis* (Wight et Arn.) Arn.

图 256　钮子瓜

【形态】草质藤本；茎、枝细弱，伸长，有沟纹，多分枝，无毛或稍被长柔毛。叶柄细，长 2 ～ 5 厘米，无毛；叶片膜质，宽卵形或稀三角状卵形，长、宽均为 3 ～ 10 厘米，上面深绿色，粗糙，被短糙毛，背面苍绿色，近无毛，先端急尖或短渐尖，边缘有小齿或深波状锯齿，不分裂或有时 3 ～ 5 浅裂，脉掌状。卷须丝状，单一，无毛。雌雄同株。雄花：常 3 ～ 9 朵生于总梗顶端呈近头状或伞房状花序，花序梗纤细，无毛；雄花梗开展，极短，长 1 ～ 2 毫米；花萼裂片狭三角形，长 0.5 毫米；花冠白色。雌花：单生或有时数朵生于总梗顶端；子房卵形。果梗细，无毛，长 0.5 ～ 1 厘米；果实球状或卵状，直径 1 ～ 1.4 厘米，浆果状，外面光滑无毛。种子卵状长圆形，扁压，平滑，边缘稍拱起。花期 4—8 月，果期 8—11 月。

【生境】常生于林边或山坡路旁潮湿处。

【分布】分布于章庄铺镇、南平镇、狮子口镇、孟家溪镇。

【药用部位】全草或根。

【采收加工】夏、秋季采收，洗净，鲜用或晒干。

【性味】甘，平。

【功能主治】清热，镇痉，解毒，通淋。主治发热、惊厥、头痛、咽喉肿痛、疮疡肿毒、淋证。

七十七、千屈菜科 Lythraceae

草本、灌木或乔木；枝通常四棱形，有时具棘状短枝。叶对生，稀轮生或互生，全缘，叶片下面有时具黑色腺点；托叶细小或无托叶。花两性，通常辐射对称，稀左右对称，单生或簇生，或组成顶生或腋生的穗状花序、总状花序或圆锥花序；花萼筒状或钟状，平滑或有棱，有时有距，与子房分离而包围子房，3 ～ 6 裂，很少至 16 裂，镊合状排列，裂片间有或无附属体；花瓣与萼裂片同数或无花瓣，花瓣如存在，则着生萼筒边缘，在花芽时呈皱褶状，雄蕊通常为花瓣的倍数，有时较多或较少，着生于萼筒上，但位于花瓣的下方，花丝长短不在芽时常内折，花药 2 室，纵裂；子房上位，通常无柄，2 ～ 16 室，每室具倒生胚珠数颗，极少减少 1 ～ 3 颗或 2 颗，着生于中轴胎座上，其轴有时不到子房顶部，花柱单生，长短不一，柱头头状，稀 2 裂。蒴果革质或膜质，2 ～ 6 室，稀 1 室，横裂、瓣裂或不规则开裂，稀不裂；

种子多数，形状不一，有翅或无翅，无胚乳；子叶平坦，稀折叠。

本科约有 25 属 550 种，主要分布于热带和亚热带地区。我国有 11 属约 47 种，南北地区均有。

公安县境内的千屈菜科植物有 2 属 2 种。

1. 木本植物；子房全部具纵隔膜，花瓣通常 6，雄蕊多数 ……………………紫薇属 *Lagerstroemia*
1. 多为草本植物；子房的下部具纵直隔膜，花瓣 3 ～ 6 ……………………节节菜属 *Rotala*

紫薇属 *Lagerstroemia* L.

落叶或常绿灌木或乔木。叶对生、近对生或聚生于小枝的上部，全缘；托叶极小，圆锥状，脱落。花两性，辐射对称，顶生或腋生的圆锥花序；花梗在小苞片着生处具关节；花萼半球形或陀螺形，革质，常具棱或翅，5 ～ 9 裂；花瓣通常 6，或与花萼裂片同数，基部有细长的爪，边缘波状或有皱纹；雄蕊 6 至多数，着生于萼筒近基部，花丝细长，长短不一；子房无柄，3 ～ 6 室，每室有多数胚珠，花柱长，柱头头状。蒴果木质，基部有宿存的花萼包围，多少与萼黏合，成熟时室背开裂为 3 ～ 6 果瓣；种子多数，顶端有翅。本属约有 55 种，分布于热带及亚热带地区。我国有 16 种，引入栽培的有 2 种，共 18 种，主要分布于西南部。公安县有 1 种。

257. 紫薇　*Lagerstroemia indica* L.

【形态】落叶灌木或小乔木，高可达 7 米；树皮平滑，灰色或灰褐色；枝干多扭曲，小枝纤细，具 4 棱，略呈翅状。叶互生或有时对生，纸质，椭圆形、阔矩圆形或倒卵形，长 2.5 ～ 7 厘米，宽 1.5 ～ 4 厘米，顶端短尖或钝形，有时微凹，基部阔楔形或近圆形，无毛或下面沿中脉有微柔毛，侧脉 3 ～ 7 对，小脉不明显；无柄或叶柄很短。花淡红色或紫色、白色，直径 3 ～ 4 厘米，常组成 7 ～ 20 厘米的顶生圆锥花序；花梗长 3 ～ 15 毫米，中轴及花梗均被柔毛；花萼长 7 ～ 10 毫米，外面平滑无棱，但鲜时萼筒有微突起短棱，两面无毛，裂片 6，三角形，直立，无附属体；花瓣 6，皱缩，长 12 ～ 20 毫米，具长爪；雄蕊 36 ～ 42，外面 6 枚着生于花萼上，比其余的长得多；子房 3 ～ 6 室，无毛。蒴果椭圆状球形或阔椭圆形，长 1 ～ 1.3 厘米，幼时绿色至黄色，

图 257　紫薇

成熟时或干燥时呈紫黑色，室背开裂；种子有翅，长约 8 毫米。花期 6—9 月，果期 9—12 月。

【生境】多栽培于庭园。

【分布】全县广布。

【药用部位】花。

【采收加工】5—8 月采花，晒干。

【化学成分】花含紫薇碱、印车前明碱、十齿草明碱、十齿草吹碱、十齿草碱、矮牵牛素 -3- 阿拉伯糖苷、锦葵色素 -3- 阿拉伯糖苷等。

【性味】苦、微酸，寒。

【功能主治】清热解毒，凉血止血。主治疮疖痈疽、小儿胎毒、疥癣、血崩、带下、肺痨咯血、小儿惊风。

节节菜属 *Rotala* L.

一年生草本，少有多年生，无毛或近无毛。叶交互对生或轮生，稀互生，无柄或近无柄。花小，3 ～ 6 基数，辐射对称，单生叶腋，或组成顶生或腋生的穗状花序或总状花序，常无花梗；小苞片 2 枚；萼筒钟形至半球形或壶形，干膜质，稀革质，3 ～ 6 裂，裂片间无附属物，或有时呈刚毛状；花瓣 3 ～ 6，细小或无，宿存或早落；雄蕊 1 ～ 6；子房 2 ～ 5 室，花柱短或细长，柱头盘状。蒴果室间开裂成 2 ～ 5 瓣，软骨质，果壁在显微镜下可见有稠密的横纹；种子细小。本属约有 50 种，主产于亚洲及非洲热带地区，少数产于澳大利亚、欧洲及美洲。我国有 6 种，多产于南部。公安县有 1 种。

258. 圆叶节节菜 *Rotala rotundifolia* (Buch. -Ham. ex Roxb.) Koehne

图 258 圆叶节节菜

【形态】一年生草本，各部无毛；根茎细长，匍匐地上；茎单一或稍分枝，直立，丛生，高 5 ～ 30 厘米，带紫红色。叶对生，无柄或具短柄，近圆形、阔倒卵形或阔椭圆形，长 5 ～ 10 毫米，有时可达 20 毫米，宽 3.5 ～ 5 毫米，顶端圆形，基部钝形，或无柄时近心形，侧脉 4 对，纤细。花单生于苞片内，组成顶生稠密的穗状花序，花序长 1 ～ 4 厘米，每株 1 ～ 3 个，有时 5 ～ 7 个；花极小，长约 2 毫米，几无梗；苞片叶状，卵形或卵状矩圆形，约与花等长，小苞片 2 枚，披针形或钻形，约与萼筒等长；萼筒阔钟形，膜质，半透明，长 1 ～ 1.5 毫米，裂片 4，三角形，裂片间无附属体；花瓣 4，倒卵形，淡紫红色，长约为花萼裂片的 2 倍；雄蕊 4；子房近梨形，长约 2 毫米，花柱长度为子房的 1/2，柱头盘状。蒴果椭圆形，长约 2 毫米，表面有横线纹。种子多数，无翅。花期 4 月，果期 6—7 月。

【生境】生于池塘或湖边潮湿的地方。

【分布】分布于章庄铺镇、黄山头镇。

【药用部位】全草。

【采收加工】夏、秋季采收全草，洗净，鲜用，晒干或烘干。

【性味】甘、淡，凉。

【功能主治】清热利湿，消肿解毒。主治痢疾、淋证、水臌、急性肝炎、痈肿疮毒、牙龈肿痛、痔肿、乳痈、急性脑膜炎、急性咽喉炎、月经不调、痛经、烫火伤。

七十八、菱科 Trapaceae

一年生浮水或半挺水草本。根二型：着泥根细长，黑色，呈铁丝状，生水底泥中；同化根由托叶边缘演生而来，生于沉水叶叶痕两侧，对生或轮生状，呈羽状丝裂，淡绿褐色，不脱落，具不定根。茎常细长柔软，分枝，出水后节间缩短。叶二型：沉水叶互生，仅见于幼苗或幼株上，叶片小，宽圆形，边缘有锯齿，叶柄半圆柱状、肉质、早落；浮水叶互生或轮生状，先后发出多数绿叶集聚于茎的顶部，全缘；叶柄上部膨大成海绵质气囊；托叶 2 枚，生沉水叶或浮水叶的叶腋，卵形或卵状披针形，膜质，早落，着生在水下的常演生出羽状丝裂的同化根。花小，两性，单生于叶腋，水面开花，具短柄；花萼宿存或早落，裂片 4，排成 2 轮，其中 2 片或 4 片膨大形成刺角；花瓣 4，排成 1 轮，在芽内呈覆瓦状排列，白色或带淡紫色，生于上部花盘边缘；花盘常呈鸡冠状分裂或全缘；雄蕊 4，排成 2 轮，与花瓣交互对生；花丝纤细，花药背着，呈“丁”字形着生，内向；雌蕊，基部膨大为子房，花柱细，柱头头状，子房半下位或稍呈周位，2 室，每室胚珠 1 颗，下垂，仅 1 胚珠发育。果实为坚果状，有刺状角 2 个或 4 个，不开裂，果的顶端具 1 果喙；种子 1 颗，子叶 2 片，胚乳不存在。

本科仅有 1 属约 30 种，主要分布于欧亚及非洲热带、亚热带和温带地区。我国约有 5 种，产于全国各地，以长江流域亚热带地区分布与栽培最多。

公安县境内的菱科植物有 1 属 1 种。

菱属 *Trapa* L.

菱属的特征、种数、分布等与菱科同。公安县有 1 种。

259. 菱 *Trapa bispinosa* Roxb.

【形态】一年生浮水水生草本。根二型：着泥根细铁丝状，着生水底泥中；同化根，羽状细裂，裂片丝状。茎柔弱分枝。叶二型：浮水叶互生，聚生于主茎或分枝茎的顶端，呈旋叠状镶嵌排列在水面呈莲座状的菱盘，叶片菱圆形或三角状菱圆形，长 3.5 ～ 4 厘米，宽 4.2 ～ 5 厘米，表面深亮绿色，无毛，背面灰褐色或绿色，主侧脉在背面稍突起，密被淡灰色或棕褐色短毛，脉间有棕色斑块，叶边缘中上部具不整齐的圆凹齿或锯齿，边缘中下部全缘，基部楔形或近圆形；叶柄中上部膨大不明显，长 5 ～ 17 厘米，被棕色或淡灰色短毛；沉水叶小，早落。花小，单生于叶腋两性；萼筒 4 深裂，外面被淡黄色短毛；花瓣 4，白色；雄蕊 4；

雌蕊，具半下位子房，心皮 2，2 室，每室具 1 倒生胚珠，仅 1 室胚珠发育；花盘鸡冠状。果三角状菱形，高 2 厘米，宽 2.5 厘米，表面具淡灰色长毛，2 肩角直伸或斜举，肩角长约 1.5 厘米，刺角基部不明显粗大，腰角位置无刺角，丘状突起不明显，果喙不明显，果颈高 1 毫米，直径 4 ～ 5 毫米，内具 1 白种子。花期 5—10 月，果期 7—11 月。

图 259 菱

【生境】生于池塘、河湾。

【分布】全县广布。

【药用部位】果壳、果柄、果、茎及叶柄。

【采收加工】秋末采集，除果鲜用外，其余分别晒干。

【化学成分】菱的果肉中含麦角甾 -4,6,8(14),22- 四烯 -3- 酮，另含丰富的淀粉、葡萄糖、蛋白质。

【药理作用】菱具有抗氧化、抗肿瘤、降血糖、保肝、抗菌等药理作用。

【性味】甘，凉。

【功能主治】果肉生食：清暑解热，除烦止渴。果肉熟食：益气，健脾；主治脾虚泄泻、暑热烦渴、饮酒过度、痢疾。菱壳烧灰外用治黄水疮、痔疮。菱柄外用治皮肤多发性疣赘。

七十九、石榴科 Punicaceae

落叶灌木或乔木；冬芽小，有 2 对鳞片。单叶，对生或簇生，有时呈螺旋状排列，无托叶。花两性，辐射对称，顶生或近顶生，单生或几朵簇生或组成聚伞花序；萼革质，萼管与子房贴生，且高于子房，近钟形，裂片 5 ～ 9，镊合状排列，宿存；花瓣 5 ～ 9，多皱褶，蕾时覆瓦状排列；雄蕊多数，生萼筒内壁上部，花丝分离，芽中内折，花药背部着生，2 室纵裂，子房下位或半下位，心皮多数，1 轮或 2 ～ 3 轮，初呈同心环状排列，后渐成叠生（外轮移至内轮之上），最低一轮具中轴胎座，较高的 1 ～ 2 轮具侧膜胎座，胚珠多数。浆果球形，顶端有宿存花萼裂片，果皮厚；种子多数，种皮外层肉质，内层骨质；胚直，无胚乳。

本科有 1 属 2 种，分布于地中海至亚洲西部地区。我国引入栽培的有 1 种。公安县亦有分布。

石榴属 *Punica* L.

石榴属特征与石榴科特征相同。

260. 石榴 *Punica granatum* L.

【形态】落叶灌木或乔木，高 2 ～ 7 米。树皮灰褐色，幼枝圆形或略带 4 棱，枝端常呈刺状。叶多对生或近簇生，矩圆形或倒卵形，长 2 ～ 8 厘米，宽 1 ～ 2 厘米，先端圆钝或微凹，基部楔形，全缘，上面有光泽，侧脉不明显，中脉在下面突起；叶柄短。花 1 至数朵生于枝顶或腋生，两性，有短梗；花萼钟形，红色，质厚，长 2 ～ 3 厘米，顶端 5 ～ 7 裂，裂片外面有乳头状突起；花瓣与萼片同数，互生，生于萼筒内，倒卵形，稍高出花萼裂片，通常红色，少有白色；雄蕊多数，花丝细弱；子房下位，上部 6 室，为侧膜胎座，下部 3 室，为中轴胎座，花柱圆柱形，柱头头状。浆果近球形，果皮厚，顶端有 1 宿存花萼，直径约 6 厘米。种子多数，有肉质外种皮。花期 5—6 月，果期 7—8 月。

图 260　石榴

【生境】野生或栽培。

【分布】全县广布。

【药用部位】干燥果皮。

【采收加工】秋季果实后熟，顶端开裂时采摘，除去种子及隔瓤，切瓣晒干，或微火烘干。

【化学成分】石榴皮含鞣质、黏液质、没食子酸、草酸钙及异槲皮苷等。

【药理作用】石榴具有抗衰老、抗肿瘤、降血糖、抗腹泻等作用。

【性味】酸、涩，温。

【功能主治】收敛，止泻，杀虫。主治脾胃虚寒久泻、红白痢疾、肠炎、牙疳、月经过多、宫颈糜烂、子宫脱垂、脱肛、绦虫病、蛲虫病、疥癣等。

八十、柳叶菜科 Onagraceae

一年生或多年生草本，有的为水生草本，有时为半灌木、灌木稀为小乔木。叶互生或对生；托叶小或不存在。花两性，稀单性，辐射对称或两侧对称，单生于叶腋或排成顶生的穗状花序、总状花序或圆锥花序。花通常 4 数，稀 2 或 5 数；花管存在或不存在；萼片通常 4，少有 2 ～ 5；花瓣多为 4，有时 2 或缺，在芽时常旋转或覆瓦状排列，脱落；雄蕊通常与花瓣同数，或排成 2 轮而为花瓣的 2 倍；花药丁字着生，稀基部着生；花粉单一，或为四分体，花粉粒间以黏丝连接；子房下位，4 室，稀为 2 室或 5 室，每室有少数或多数胚珠，中轴胎座；花柱 1，柱头头状、棍棒状或具裂片。果为蒴果，室背开裂、室间开裂或不开裂，有时为浆果或坚果。种子为倒生胚珠，多数或少数，稀 1，无胚乳。

本科有 15 属约 650 种，广泛分布于温带与热带地区，以温带为多，大多数属分布于北美西部。我国有 7 属 68 种 8 亚种，广布于全国各地。

公安县境内的柳叶菜科植物有 3 属 3 种。

1. 花两侧对称，花瓣水平地排向一侧，雄蕊与花柱伸向花的另一侧；花丝基部有鳞片状附属物；子房每室有一枚胚珠；果实坚果状……山桃草属 *Gaura*

1. 花常辐射对称，稀两侧对称时不为上述状态；花丝基部无附属物；子房每室有多数胚珠；果实为蒴果或浆果。

  2. 种子有种缨……柳叶菜属 *Epilobium*

  2. 种子无种缨……丁香蓼属 *Ludwigia*

柳叶菜属 *Epilobium* L.

多年生草本，有时为亚灌木。茎圆柱状或近四棱形，无毛或周围被毛，常自叶柄边缘下延至茎上成棱线，其上常被毛。叶交互对生，茎上部花序上的常互生，或完全互生，边缘有细锯齿或细齿，或胼胝状齿突，稀全缘；托叶缺。花单生于茎或枝上部叶腋，排成总状或穗状花序，两性，4 数，辐射状或有时两侧对称；花管由花萼与花冠在基部合生而成，花后不久脱落；萼片 4，披针形；花瓣常紫红色，有时粉红色或白色，倒卵形或倒心形，先端有凹缺或全缘；雄蕊 8，2 轮，4 长 4 短；花柱细，柱头棍棒状或头状或深 4 裂；子房 4 室；胚珠多数，直立，着生于每室的内角。蒴果具果梗，线形或棱形，具不明显的 4 棱，熟时自顶端室背开裂为 4 片。种子多数，表面具乳突或网状，顶端具种缨。本属约有 165 种，广泛分布于寒带、温带与热带高山上。我国有 37 种，除海南外，全国各省（区）均产。公安县有 1 种。

261. 柳叶菜 *Epilobium hirsutum* L.

【形态】多年生草本，高可达 1 米。根茎粗壮。茎直立，密生开展的白色长柔毛及短腺毛，上部分枝。茎下部和中部的叶对生，上部叶互生，无柄；叶片长圆形或卵状披针形，长 3 ～ 9 厘米，宽 1 ～ 2 厘米，先端尖锐，基部狭窄，微抱茎，边缘具细锯齿，两面被长柔毛。花两性，单生于上部叶腋，淡红色或紫红色；萼 4 裂，裂片长椭圆形，外面被柔毛；花瓣 4，倒卵形，先端凹缺；雄蕊 8，2 轮，4 长 4 短；子房下位，柱头 4 裂，蒴果细，圆柱形，长 4 ～ 7 厘米，被白色短腺毛，果梗长达 2 厘米。种子矩圆形，密生小乳突，顶端具一束白色长毛。花期 8—9 月。

图 261　柳叶菜

【生境】生于路边草丛。

【分布】分布于斗湖堤镇。

【药用部位】全草。

【采收加工】夏、秋季采花，秋季采根或全草，晒干。

【化学成分】地上部分含没食子酸、原儿茶酸、山柰、槲皮素等；此外，叶和花还含有棕榈酸、硬脂酸、亚油酸、齐墩果酸、山楂酸、委陵菜酸等。

【性味】淡，平。

【功能主治】清热解毒，调经止带，止痛，活血止血。主治牙痛、急性结膜炎、咽喉炎、月经不调、白带过多、经闭、食滞饱胀、骨折、跌打损伤、疮疖痈肿、烫伤、外伤出血、飞疔等。

山桃草属 *Gaura* L.

一年生至多年生草本，有时近基部木质化。叶具基生叶与茎生叶，基生叶较大，排成莲座状，向着基部渐变狭成具翅的柄；茎生叶互生，具柄或无柄，向上逐渐变小，全缘或具齿。花序穗状或总状；花常4数，稀3数，两侧对称；花管狭长，由花萼、花冠与花丝的一部分合生而成，其内基部有蜜腺，萼片4，花期反折，花后脱落；花瓣4，通常白色，受粉后变红色，具爪；雄蕊为萼片的2倍，近等长，每一花丝基部内面有1小的鳞片状附属体；花药常带红色，2药室间具药隔；子房4室，稀3室，每室有1枚胚珠，但并不都发育；花柱线形，被毛；柱头深4裂，常高出雄蕊。蒴果坚果状，不开裂，具4条棱。种子常卵状，柔软光滑。本属有21种，分布于北美洲的墨西哥。我国栽培有3种，并逸为野生杂草。公安县有1种。

262. 小花山桃草 *Gaura parviflora* Dougl.

【形态】一年生草本，主根直径达2厘米，全株尤茎上部、花序、叶、苞片、萼片密被伸展灰白色长毛与腺毛；茎直立，不分枝，或在顶部花序之下少数分枝，高50～100厘米。基生叶宽倒披针形，长达12厘米，宽达2.5厘米，先端锐尖，基部渐狭下延至柄。茎生叶狭椭圆形、长圆状卵形，有时菱状卵形，长2～10厘米，宽0.5～2.5厘米，先端渐尖或锐尖，基部楔形下延至柄，侧脉6～12对。花序穗状，有时有少数分枝，生茎枝顶端，常下垂，长8～35厘米；苞片线形，长2.5～10毫米，宽0.3～1毫米。花傍晚开放；花管带红色，长1.5～3毫米，直径约0.3毫米；萼片绿色，线状披针形，长2～3毫米，宽0.5～0.8毫米，花期反折；花瓣白色，以后变红色，倒卵形，长1.5～3毫米，宽1～1.5毫米，先端钝，基部具爪；花丝长1.5～2.5毫米，基部具鳞片状附属物，花药黄色，长圆形，长0.5～0.8毫米，在开花时或开花前直接授粉在柱头上；花柱长3～6毫米，伸出花管部分长1.5～2.2毫米；柱头围以花药，具深4裂。蒴果坚果状，纺锤形，长5～10毫米，直径1.5～3毫米，具不明显4棱。种子4枚，或3枚（其中1室的胚珠不发育），卵状，长3～4毫米，直径1～1.5毫米，红棕色。花期7—8月，果期8—9月。

图262 小花山桃草

【生境】生于江边。

【分布】分布于斗湖堤镇。

丁香蓼属 *Ludwigia* L.

直立或匍匐草本，多为水生植物。水生植物的茎常膨胀呈海绵状；节上生根，常束生白色海绵质根状浮水器。叶互生或对生，稀轮生；常全缘；托叶存在，常早落。花单生于叶腋，或组成顶生的穗状花序或总状花序，有小苞片 2 枚；花管不存在；萼片 3 ～ 5，花后宿存；花瓣与萼片同数，稀不存在，易脱落，黄色，稀白色，先端全缘或微凹；雄蕊与萼片同数或为萼片的 2 倍；花药以单体或四合花粉授粉；花盘位于花柱基部，隆起呈锥状，在雄蕊着生基部有下陷的蜜腺；柱头头状，常浅裂，裂片数与子房室数一致；子房室数与萼片数相等，中轴胎座；胚珠每室多列或 1 列，稀上部多列而下部 1 列。蒴果线形或长圆形，顶端 4 ～ 5 裂，顶端孔状开裂或不规则四周开裂。种子多数，近球形，种脊多少明显，带形。本属约有 80 种，广布于泛热带，但多数分布于新世界，少数种可分布于温带地区。我国有 9 种，分布于华东、华南与西南热带与亚热带地区。公安县有 1 种。

263. 丁香蓼 *Ludwigia prostrata* Roxb.

【形态】一年生草本，高 20 ～ 50 厘米，全株光滑无毛。须根多数。茎基部平卧地上或斜生，节上多根，上部直立，有棱角，多分枝，枝带四方形，秋后变紫红色。单叶互生，叶柄短，长不及叶柄的一半；叶片披针形，长 4 ～ 7.5 厘米，宽 1 ～ 2 厘米，先端渐尖，基部渐狭，全缘。花 1 ～ 2 朵，腋生，无梗；花萼 4 ～ 5 裂，裂片卵形，长约 2 毫米，外面有细毛，宿存；花瓣 4 ～ 5，黄色，椭圆形，长约 3 毫米，先端钝圆，基部狭，呈短爪状，早落；雄蕊与花瓣同数；子房下位，细长如花梗状，4 室，外面密被短细毛，花柱短，柱头单一，头状。蒴果条状四棱形，直立或微弯，两端截切，长 15 ～ 20 毫米，成熟时紫色，4 室，每室有种子 1 列，种子细小，光滑，棕红色。花期 7—8 月，果期 9—10 月。

图 263 丁香蓼

【生境】生于田边、水沟边。

【分布】分布于章庄铺镇、黄山头镇。

【药用部位】全草。

【采收加工】夏、秋季采集，晒干。

【性味】苦，凉。

【功能主治】清热解毒，利尿消肿。主治肠炎、痢疾、传染性肝炎、水肿、膀胱炎、血淋、痔疮、疖疮、无名肿毒以及咽喉肿痛、口腔溃疡等。

八十一、小二仙草科 Haloragaceae

水生或陆生草本。叶互生、对生或轮生，生于水中的常为篦齿状分裂；托叶缺。花小，两性或单性，腋生，单生或簇生，或成顶生的穗状花序、圆锥花序、伞房花序；萼筒与子房合生，萼片 2 ～ 4 或缺；花瓣 2 ～ 4，早落，或缺；雄蕊 2 ～ 8，排成 2 轮，外轮对萼分离，花药基着生；子房下位，2 ～ 4 室；柱头 2 ～ 4 裂，无柄或具短柄；胚珠与花柱同数，倒垂于其顶端。果为坚果或核果状，小型，有时有翅，不开裂，或很少瓣裂。

本科有 8 属约 100 种，广布于全世界，主要分布于大洋洲。我国有 2 属 7 种 1 变种，几乎分布于全国各省（区），常生于河塘湿地环境。

公安县内小二仙草科植物有 1 属 1 种。

狐尾藻属 *Myriophyllum* L.

水生或半湿生草本，根系发达，在水底泥中蔓生。叶互生或轮生，无柄或近无柄，线形至卵形，全缘或篦齿状分裂。花小，无柄，单生叶腋或轮生，或少有穗状花序；苞片 2，全缘或分裂。花单性同株或两性，稀雌雄异株。雄花具短萼筒，先端 2 ～ 4 裂或全缘；花瓣 2 ～ 4，早落；退化雌蕊存在或缺；雄蕊 2 ～ 8，分离，花丝丝状；花药线状长圆形，基着生，纵裂。雌花：萼筒与子房合生，具 4 深槽，萼裂 4 或不裂；花瓣小，早落或缺；退化雄蕊存在或缺；子房下位，4 室，稀 2 室，每室具 1 倒生胚珠；花柱 4 裂，少 2 裂，通常弯曲，柱头羽毛状。果实成熟后分裂成 4 果瓣，每果瓣具 1 种子。种子圆柱形，种皮膜质，胚具胚乳。本属约有 45 种，广布于全世界。我国约有 5 种 1 变种，分布于南北各省（区）。公安县有 1 种。

264. 狐尾藻 *Myriophyllum verticillatum* L.

图 264 狐尾藻

【形态】多年生粗壮沉水草本。根状茎发达，在水底泥中蔓延，节部生根。茎圆柱形，长 20 ～ 40 厘米，多分枝。叶通常 4 片轮生，或 3 ～ 5 片轮生，水中叶较长，长 4 ～ 5 厘米，丝状全裂，无叶柄；裂片 8 ～ 13 对，互生，长 0.7 ～ 1.5 厘米；水上叶互生，披针形，较强壮，鲜绿色，长约 1.5 厘米，裂片较宽。秋季于叶腋中生出棍棒状冬芽而越冬。苞片羽状篦齿状分裂。花单性，雌雄同株或杂性、单生于水上叶腋内，每轮具 4 朵花，花无柄，比叶片短。雌花生于水上茎下部叶腋中：萼片与子房合生，顶端4裂，裂片较小，长不到1毫米，卵状三角形；花瓣4，舟状，早落；雌蕊1，子房广卵形，4室，柱头4裂，裂片三角形；花瓣4，椭圆形，长2～3毫米，早落。雄花：雄蕊8，花药椭圆形，长2毫米，淡黄色，花丝丝状，开花后伸出花冠外。果实广卵形，长3毫米，具4条浅槽，顶端具残存的萼片及花柱。

【生境】生于池塘、河沟、沼泽中。

【分布】各乡镇均有分布。

八十二、八角枫科 Alangiaceae

落叶乔木或灌木，有时具棘针。枝圆柱形，有时略呈“之”字形。单叶互生，有叶柄，无托叶，全缘或掌状分裂，基部两侧常不对称，羽状叶脉或由基部生出3～7条主脉呈掌状。花序腋生，聚伞状，极稀伞形或单生，小花梗有关节；苞片线形、钻形或三角形，早落；花两性，淡白色或淡黄色，通常有香气，花萼小，萼管钟形与子房合生，具4～10齿状的小裂片或近截形，花瓣4～10，线形，在花芽中彼此密接，镊合状排列，基部常互相粘合或否，花开后花瓣的上部常向外反卷；雄蕊与花瓣同数而互生或为花瓣数目的2～4倍，花丝略扁，线形，分离或其基部和花瓣微粘合，内侧常有微毛，花药线形，2室，纵裂；花盘肉质，子房下位，1～2室，花柱位于花盘的中部，柱头头状或棒状，不分裂或2～4裂，胚珠单生，下垂，有2层珠被。核果椭圆形、卵形或近球形，顶端有宿存的萼齿和花盘；种子1颗，具大型的胚和丰富的胚乳，子叶矩圆形至近于圆形。

本科仅有1属约有30种，分布于亚洲、大洋洲和非洲。我国有9种，除黑龙江、内蒙古、新疆、宁夏和青海外，其余各省（区）均有分布。

八角枫属 *Alangium* Lam.

八角枫属性状同八角枫科。公安县有1种。

265. 八角枫　*Alangium chinense* (Lour.) Harms

【形态】落叶乔木或灌木，高4～5米，有时可达15米。树皮平滑，灰褐色，小枝圆形，灰黄色，具淡黄色或褐色粗毛。皮孔不明显。单叶互生，有柄；叶形变异较大，常卵形、圆形或椭圆形，长5～20厘米，宽4～12厘米，先端长尖，基部偏斜，平截，略呈心形，全缘或有2～3裂，裂片大小不一，幼时两面均有毛，后仅脉腋处有丝毛和沿叶脉有短柔毛；主脉4～6条。聚伞花序腋生，有花8～30朵，花序梗长6～15毫米，花梗密生细毛；花白色，渐变为乳黄色；苞片1，线形，花萼钟状，口缘有纤毛，萼齿6～8；花瓣与萼齿同数互生，条形，长约12毫米，反卷；雄蕊与花瓣同数互生，等长，花丝粗短，扁形，密被茸毛，花药条形，长为花丝的3倍，花盘圆形，位于子房顶；雌蕊1，子房下位，2室，每室1胚珠，花柱细圆筒形，有稀细毛，柱头3浅裂。核果卵形，长约1厘米，黑色，顶端具宿存萼及花盘。种子1粒。花期6—7月，果期9—10月。

【生境】生于沟边灌丛中或较阴湿的杂木林中。

【分布】分布于埠河镇、斗湖堤镇。

【药用部位】根、叶。

【采收加工】根：全年可采，挖取支根或须根，晒干。叶：夏、秋季采集，多鲜用。

【化学成分】八角枫的须根和支根内含八角枫碱等生物碱及强心苷、酚类、氨基酸、有机酸、树脂。

【药理作用】八角枫具有肌松、升压、收缩平滑肌、抗炎、镇痛、抗菌等药理作用。

图 265 八角枫

【性味】根：辛，温。有大毒。叶：辛，温。

【功能主治】根：祛风除湿，舒筋活络，散瘀止痛；主治风寒湿痹、关节疼痛、四肢麻木、跌打损伤、劳伤腰痛、外伤出血，近有用于精神分裂症和中药麻醉的肌松药。叶：散结止痛，止血；主治乳结疼痛、外伤出血。

【附注】1.《本草从新》：八角金盘，其气猛悍，能开通壅塞，痛淋立止，虚人慎之。树高二三尺，叶如臭梧桐而八角，秋开白花细簇。

2.《纲目拾遗》：木八角，木高二三尺，叶如木芙蓉，八角有芒，其叶近蒂处有红色者佳。八角金盘有草木二种，木本者，其叶尖角不仰，叶背不黄，微有分别。

3.《植物名实图考》：黄叶八角，故名八角枫，五角即五角枫……能治筋骨中诸病。

八十三、山茱萸科 Cornaceae

落叶灌木或乔木，稀常绿。单叶对生，稀互生或近于轮生，通常叶脉羽状，稀为掌状叶脉，边缘全缘或有锯齿；无托叶或托叶纤毛状。花两性或单性异株，为圆锥、聚伞、伞形或头状等花序，有苞片或总苞片；花萼管状与子房合生，先端有齿状裂片 3 ～ 5；花瓣 3 ～ 5，通常白色，稀黄色、绿色及紫红色，镊合状或覆瓦状排列；雄蕊与花瓣同数而与之互生，生于花盘的基部；子房下位，通常 2 室，少数 1 ～ 5 室，每室有 1 枚下垂的倒生胚珠，花柱短或稍长，柱头头状或截形，有时有 2 ～ 3(5) 裂片。果为核果或浆果状核果；种子 1 ～ 5 枚，种皮膜质或薄革质，胚小，胚乳丰富。

本科有 15 属约 119 种，分布于热带至温带以及北半球环极地区。我国有 9 属约 60 种，除新疆外，其余各省（区）均有分布。

公安县境内的山茱萸科植物有 1 属 1 种。

山茱萸属 *Cornus* L.

落叶乔木或灌木，枝常对生。叶纸质，对生，卵形、椭圆形或卵状披针形，全缘；叶柄绿色。花序伞形，常在发叶前开放，有总花梗；总苞片 4，芽鳞状，革质或纸质，2 轮排列，外轮 2 枚较大，内轮 2 枚稍小，开花后随即脱落；花两性，花萼管陀螺形，上部有 4 枚齿状裂片；花瓣 4，黄色，近于披针形，镊合状排列；雄蕊 4，花丝钻形，花药长圆形，2 室；花盘垫状，明显；子房下位，2 室，每室有 1 枚胚珠；花柱短，圆柱形；柱头截形。核果长椭圆形；核骨质。本属全世界有 4 种，分布于欧洲中部及南部、亚洲东部及北美东部。我国有 2 种，其中"山茱萸"为我国著名的中药材。公安县亦有栽培。

266. 山茱萸 *Cornus officinalis* Sieb. et Zucc.

【形态】落叶灌木或乔木，高 4 米左右。枝灰棕色。叶对生，卵形至椭圆形，稀卵状披针形，长 5 ～ 12 厘米，顶端渐尖，基部楔形，上面疏生平贴毛，下面毛较密，叶脉明显，6 ～ 8 对，脉腋具黄褐色髯毛。花先叶开放，伞形花序腋生，下具 4 枚小型的苞片，苞片卵圆形，褐色；花瓣 4，卵形，黄色；雄蕊 4，花盘环状，肉质；子房下位。核果椭圆形，成熟时红色，种子长椭圆形，两端钝圆。花期 5—6 月，果期 8—10 月。

图 266　山茱萸

【生境】栽培于庭园。

【分布】分布于狮子口镇。

【药用部位】成熟果肉。

【采收加工】10—11 月果实成熟变红后采摘，除去枝梗和果柄，用炭火烘焙至适度，去种子，再晒干。

【化学成分】果实含山茱萸新苷、皂苷、鞣质、没食子酸、苹果酸、酒石酸、维生素 A 样物质。

【药理作用】山茱萸具有免疫调节、强心、抗休克、抗心律失常、降血糖、抗氧化和抗衰老作用。

【性味】酸、涩，微温。

【功能主治】补益肝肾，涩精止汗。主治头晕目眩、耳聋、自汗、腰膝酸软、阳痿遗精、尿频。

八十四、五加科 Araliaceae

乔木、灌木或木质藤本，稀为多年生草本，有刺或无刺。叶互生，稀轮生，单叶、掌状复叶或羽状复叶；托叶通常与叶柄基部合生呈鞘状，稀无托叶。花整齐，两性或杂性，稀单性异株，花序伞状、头状、总状或穗状，通常再组成圆锥状复花序；苞片宿存或早落；小苞片不显著；花梗无关节或有关节；萼筒与子房合生，边缘波状或有萼齿；花瓣 5 ～ 10，在花芽中镊合状排列或覆瓦状排列，通常离生，稀合生成帽状体；雄蕊与花瓣同数而互生，有时为花瓣的两倍，或无定数，着生于花盘边缘；花丝线形或舌状；花药长圆形或卵形，“丁”字状着生；子房下位，2 ～ 15 室，稀 1 室或多室至无定数；花柱与子房室同数，离生；或下部合生上部离生，或全部合生呈柱状，稀无花柱而柱头直接生于子房上；花盘上位，肉质，扁圆锥形或环形；胚珠倒生，单个悬垂于子房室的顶端。果实为浆果或核果，外果皮通常肉质，内果皮骨质、膜质或肉质，与外果皮不易区别。种子通常侧扁，胚乳匀一或呈嚼烂状。

本科约有 80 属 900 种，分布于两半球热带至温带地区。我国有 22 属 160 多种，除新疆未发现外，分布于全国各地。

公安县境内的五加科植物有 3 属 2 种 1 变种。

1. 叶为单叶。
  2. 叶片掌状分裂；植株有刺……刺楸属 *Kalopanax*
  2. 叶片不分裂，或在同一植株上有时分裂；有气生根的攀缘灌木……常春藤属 *Hedera*
1. 叶为掌状复叶；枝有刺，很少无刺……五加属 *Acanthopanax*

五加属 *Acanthopanax* Miq.

灌木，直立或蔓生，稀为乔木；枝有刺，稀无刺。叶为掌状复叶，有小叶 3 ～ 5，托叶无或不明显。花两性，稀单性异株；伞形花序或头状花序通常组成复伞形花序或圆锥花序；花梗无关节或有不明显关节；萼筒边缘有 4 ～ 5 小齿，稀全缘；花瓣 5，稀 4，在花芽中镊合状排列；雄蕊 5，花丝细长；子房 2 ～ 5 室；花柱离生、基部至中部合生，或全部合生呈柱状，宿存。果实球形或扁球形，有 2 ～ 5 棱；种子的胚乳匀一。本属约有 35 种，分布于亚洲。我国有 26 种，分布于全国各地。公安县有 1 种。

267. 五加 *Acanthopanax gracilistylus* W. W. Smith

【形态】落叶灌木，高 2 ～ 3 米。根皮黄白色，内面白色。茎直立，有时呈蔓生状，枝灰褐色，具椭圆形皮孔，无刺或在叶柄基部单生扁平的刺。叶互生或簇生于短枝上；掌状复叶，中央 1 枚最大，小叶 5，倒卵形至披针形，长 3 ～ 8 厘米，宽 1.2 ～ 4 厘米，顶端尖或短渐尖，基部楔形，边缘具钝细锯齿，两面无毛或沿脉疏生刚毛，下面脉腋有淡棕色毛；叶柄长 3 ～ 9 厘米。伞形花序通常生于叶腋或侧枝末端。总花梗长 1 ～ 3 厘米；萼筒与子房合生，

图 267　五加

顶端5齿裂；花瓣5，黄绿色，开展。果实近球形，侧向压扁，熟时紫黑色，顶端有宿存花柱2；种子2，细小，半球形而扁，淡褐色。花期5—7月，果期7—11月。

【生境】生于山坡水沟边或灌丛中。

【分布】分布于章庄铺镇。

【药用部位】根皮。

【采收加工】夏、秋季挖取根部，除去细须和泥沙，用木棒轻捶周围，使木心与皮部分离，抽去木心，晒干。

【化学成分】根皮含挥发油、鞣质、棕榈酸、亚麻酸等脂肪酸，胡萝卜素、维生素 B_1、维生素A等，挥发油主要成分为4-甲氧基水杨醛。

【药理作用】五加具有改善心脑血管系统、中枢神经系统、降血糖、抗辐射、抗肿瘤、抗疲劳等药理作用。

【性味】辛，温。

【功能主治】祛风除湿，强筋壮骨。主治风湿性关节痛、腰腿酸痛、半身不遂、跌打损伤等。

常春藤属 *Hedera* L.

常绿攀缘灌木，有气生根。叶单生，在不育枝上通常分裂或有裂齿，在花枝上的常不分裂；叶柄细长，无托叶。伞形花序单个顶生，或几个组成顶生短圆锥花序；苞片小；花梗无关节；花两性；萼筒近全缘或有5小齿；花瓣5，在花芽中镊合状排列；雄蕊5；子房5室，花柱合生呈短柱状。果实球形。种子卵圆形；胚乳呈嚼烂状。本属约有5种，分布于亚洲、欧洲和非洲北部。我国有2变种。公安县有1变种。

268. 常春藤 *Hedera nepalensis* var. *sinensis* (Tobl.) Rehd.

图268 常春藤

【形态】常绿攀缘灌木；茎长3～20米，灰棕色或黑棕色，有气生根；一年生枝疏生锈色鳞片。叶片革质，在不育枝上通常为三角状卵形或三角状长圆形，稀三角形或戟形，长5～12厘米，宽3～10厘米，先端短渐尖，基部截形，全缘或3裂；花枝上的叶片通常为椭圆状卵形至椭圆状披针形，先端长尖，基部楔形全缘或有1～3浅裂，侧脉和网脉两面均明显；叶柄细长，长2～9厘米，有锈色鳞片，无托叶。伞形花序单个顶生，或2～7个总状排列或伞房状排列成圆锥花序；花萼密生棕色鳞片，边缘近全缘或具5齿；花瓣5，淡黄白色或淡绿白色，在花蕾中镊合状排列；雄蕊5，子房下位，5室；花盘隆起，黄色；花柱全部合生呈柱状。果实圆球形，浆果状，成熟时红色或黄色。种子3～5。花期4—5月，果期9—10月。

【生境】常攀缘于房屋墙壁上，庭园中也常栽培。

【分布】全县广布。

【药用部位】全草。

【采收加工】全年可采，挖起全株，晒干或鲜用。

【化学成分】叶含常春藤苷、肌醇、胡萝卜素、糖类、芝麻酸、内酯。茎含鞣质、树脂。

【药理作用】常春藤具有抗肿瘤、抗抑郁、抗菌、抗炎、抗糖尿病等多种药理作用。

【性味】苦，平。

【功能主治】祛风除湿，活血通络，消肿止痛。主治风湿痹痛、瘫痪麻木、肝炎、吐血、咯血、衄血、湿疹、无名肿毒、蛇咬伤。

刺楸属 *Kalopanax* Miq.

有刺灌木或乔木。叶为单叶，在长枝上疏散互生，在短枝上簇生；叶柄长，无托叶。花两性，聚生为伞形花序，再组成顶生圆锥花序；花梗无关节；萼筒边缘有5小齿；花瓣5，在花芽中镊合状排列；子房2室；花柱2，合生呈柱状，柱头离生。果实近球形。种子扁平；胚乳匀一。本属仅有1种，分布于亚洲东部。公安县亦有分布。

269. 刺楸 *Kalopanax septemlobus* (Thunb.) Koidz.

【形态】落叶乔木，高可达15米以上。枝皮灰褐色，粗糙，具粗壮棘刺，枝条亦具棘刺。叶在长枝上互生，在短枝上簇生，近圆形，直径12～25厘米，掌状5～7裂，裂片三角状卵形或长椭圆状卵形，顶端渐尖，基部截形或心形，边缘有细锯齿，上面无毛，下面幼时具短柔毛；叶柄长6～30厘米。伞形花序顶生或再聚生成圆锥花序，直径12～25厘米，总梗长8～15厘米；花萼5，光滑；花瓣5，白色或淡黄绿色；雄蕊5，较花瓣长1倍以上；子房上位，2室，花柱顶端2裂，宿存。核果近圆球形，成熟时蓝黑色，种子2，扁平。花期7—8月，果期9—11月。

图269 刺楸

【生境】生于疏林中。

【分布】分布于章庄铺镇。

【药用部位】树皮。

【采收加工】全年均可采收，以春末夏初采收为宜，剥取树皮后，去净表面青苔，晒干。

【化学成分】树皮含刺楸皂苷A及刺楸皂苷B、鞣质，叶含鞣质，种子含油脂。

【性味】辛，平。

【功能主治】祛风除湿，散瘀止痛。主治风湿痛、跌打损伤、便血、脱肛、荨麻疹等。

八十五、伞形科 Umbelliferae

一年生至多年生草本。根通常肉质而粗，有时为圆锥形或有分枝自根颈斜出。茎直立或匍匐状，通常圆柱形，具纵棱和槽，空心或有髓。叶互生，通常单回或多回羽状复叶或分裂，很少为单叶；叶柄的基部有叶鞘，通常无托叶，稀为膜质。花小，两性或杂性，成顶生或腋生的复伞形花序或单伞形花序，很少为头状花序；伞形花序的基部有总苞片，全缘或齿裂，稀羽状分裂；小伞形花序的基部有小总苞片；花萼与子房贴生，萼齿 5 或无；花瓣 5，在花蕾时呈覆瓦状或镊合状排列，基部窄狭，有时成爪或内卷成小囊，顶端钝圆或有内折的小舌片或顶端延长如细线；雄蕊 5，与花瓣互生。子房下位，2 室，每室有一个倒悬的胚珠，顶部有盘状或短圆锥状的花柱基；花柱 2，直立或外曲，柱头头状。果实在大多数情况下是干果，通常裂成两个分生果，很少不裂，呈卵形、圆心形、长圆形至椭圆形，果实由 2 个背面或侧面扁压的心皮合成，成熟时 2 心皮从合生面分离，每个心皮有 1 纤细的心皮柄和果柄相连而倒悬其上，因此 2 个分生果又称双悬果，心皮柄顶端分裂或裂至基部，心皮的外面有 5 条主棱（1 条背棱，2 条中棱，2 条侧棱），外果皮表面平滑或有毛、皮刺、瘤状突起，棱和棱之间有沟槽，有时槽处发展为次棱，而主棱不发育，很少主棱和次棱均发育；中果皮层内的棱槽内和合生面通常有油管 1 至多数。胚乳软骨质，腹面平直、凸出或凹入，胚小。

全世界有 200 余属 2500 种，广布于全球温热带。我国有 90 余属。

公安县境内的伞形科植物有 12 属 14 种 1 变种。

1. 单伞形花序。
  2. 总苞片 2，卵形或近圆形，花瓣在蕾期覆瓦状排列；果实表面呈网纹状，有横脉联结……………积雪草属 *Centella*
  2. 总苞片不明显或缺，花瓣在蕾期镊合状排列；果实表面不呈网纹状……………天胡荽属 *Hydrocotyle*
1. 复伞形花序。
  3. 子房和果实有刺毛、刚毛、皮刺、小瘤、乳头状毛或硬毛。
    4. 子房或幼果具显著的海绵质瘤状突起或皱纹，但果熟后近于光滑；茎分枝呈二叉式……………防风属 *Saposhnikovia*
    4. 子房或果实无瘤状突起。
      5. 总苞片和小总苞片羽状分裂；果实有刚毛，次棱成窄翅且有刺……………胡萝卜属 *Daucus*
      5. 总苞片和小总苞片不呈羽状分裂；果实次棱不成窄翅，有刺……………窃衣属 *Torilis*
  3. 子房和果实具柔毛或无毛。
6. 果实的横切面背部圆形或两侧压扁；果棱无明显的翅。
  7. 果实圆形、卵形或心形，长与宽几相等。
    8. 小伞形花序外缘花的花瓣为辐射瓣；外果皮薄而坚硬，果棱不显，无油管……………芫荽属 *Coriandrum*
    8. 小伞形花序外缘花的花瓣少为辐射瓣；外果皮薄而软；果棱明显，有显著油管。
      9. 萼齿不显或极细小。

10. 植株具浓香气；叶细裂为线形；花金黄色；果圆球形……茴香属 *Foeniculum*

10. 植株无茴香气味；叶为羽状分裂，裂片不为线形；花白色或黄绿色；果近圆形……芹属 *Apium*

9. 萼齿大而明显；通常为水生或湿生植物……水芹属 *Oenanthe*

7. 果实长条形、长圆形或长椭圆形，一般长大于宽……柴胡属 *Bupleurum*

6. 子房与果实的横剖面背部扁平；果棱全部或部分有翅。

11. 果实的背部略扁平，果棱均具翅或背棱具翅，侧棱不具翅……蛇床属 *Cnidium*

11. 果实的背部极扁平，背棱线形或不显，不具翅，仅侧棱发展成窄或宽翅……当归属 *Angelica*

当归属 *Angelica* L.

二年生或多年生草本。通常有粗大的圆锥状直根，且有浓香气。茎直立，圆筒形，常中空。叶为羽状分裂、三出式羽状分裂或三出复叶，裂片宽或狭，有锯齿、牙齿状齿或浅齿，少为全缘；叶柄膨大成管状或囊状的叶鞘。复伞形花序，顶生和侧生；总苞片和小总苞片多数或缺；伞辐多数至少数；花白色带绿色，稀为淡红色或深紫色；萼齿通常不明显；花瓣卵形至倒卵形，顶端渐狭，内凹成小舌片；花柱基扁圆锥状至垫状，花柱短至细长，开展或弯曲。双悬果卵形至长圆形，光滑或有柔毛，背棱及中棱线形、肋状，稍隆起，侧棱呈狭翅状，成熟时两个分生果互相分开；分生果横剖面半月形，每棱槽中有油管 1 至数个，合生面有油管 2 至数个。胚乳腹面平直或稍凹入；心皮柄 2 裂至基部。本属约有 80 种，大部分分布于北温带地区和新西兰。我国约有 30 种，分布于南北各地。公安县有 1 种。

270. 白芷 *Angelica dahurica* (Fisch. ex Hoffm.) Benth. et Hook. f. ex Franch. et Sav.

【形态】多年生草本，高 1 ～ 2 米。根圆锥形，具 4 棱。茎直径 4 ～ 7 厘米，茎和叶鞘均为黄绿色，近花序处密生柔毛。叶互生；茎下部叶大，长达 30 厘米，二至三回羽状分裂、深裂或全裂，最终裂片卵形至长圆形，长 2 ～ 6 厘米，宽 1 ～ 3 厘米，先端尖，边缘密生尖锐重锯齿，基部下延成柄，柄长 3 ～ 6 厘米，无毛或脉上有毛；茎中部叶小；茎上部叶较小，叶柄全部扩大成卵状的叶鞘。复伞形花序密生短柔毛；无总苞片或 1 ～ 2 片鞘状；伞幅 10 ～ 27；小总苞片多数，狭披针形，长约 5 毫米，通常比小伞梗短，无萼齿；花瓣黄绿色；雄蕊 5，花丝比花瓣长 1.5 ～ 2 倍；花柱基部绿黄色或黄色。双悬果椭圆形或圆形，长 5 ～ 6 毫米，宽 3.5 ～ 5 毫米，被疏毛。花期 7—8 月，果期 8—9 月。

图 270　白芷

【生境】栽培。

【分布】分布于夹竹园镇。

【药用部位】根。

【采收加工】根：夏、秋季茎叶枯萎时采挖，除去须根及泥沙，晒至半干时，堆集回潮，再摊开晒至全干，干后去掉尾须即为成品。

【化学成分】白芷主要含香豆素类，

其中主要有氧化前胡素、欧前胡素、异欧前胡素；还含挥发油，主要有甲基环戊烷、1- 十四碳烯等。

【药理作用】白芷具有镇痛、抗菌、平喘、兴奋运动和呼吸中枢、光毒性等方面的药理作用。

【性味】辛，温。

【功能主治】散风除湿，通窍止痛，消肿排脓。主治感冒头痛、眉棱骨痛、鼻塞、鼻炎、牙痛、带下、疮疡肿痛、皮肤瘙痒、疥癣、蛇咬伤。

柴胡属 *Bupleurum* L.

多年生草本，有木质化的主根和须状支根。茎直立或倾斜，枝互生或上部呈叉状分枝，光滑，绿色或粉绿色，有时带紫色。单叶全缘，基生叶多有柄，叶柄有鞘，叶为一至三回羽状分裂或三出式分裂；茎生叶通常无柄，基部较狭，抱茎，心形或被茎贯穿，叶脉多条近平行呈弧形。复伞形花序顶生或腋生；总苞片 1 ～ 5，叶状，不等大；小总苞片 3 ～ 10，线状披针形、倒卵形、广卵形至圆形，短于或长于小伞形花序，绿色、黄色或带紫色；复伞形花序有少数至多数伞辐；花两性；萼齿不显；花瓣 5，黄色，有时蓝绿色或带紫色，长圆形至圆形，顶端有内折小舌片；雄蕊 5，花药黄色，很少紫色；花柱分离，很短，花柱基扁盘形。双悬果椭圆形或长圆形，两侧略扁平，果棱线形，稍有狭翅或不明显，横剖面圆形或近五边形；每棱槽内有油管 1 ～ 3，合生面 2 ～ 6，有时油管不明显；心皮柄 2 裂至基部，胚乳腹面平直或稍弯曲。本属有 100 余种，主要分布于北半球的亚热带地区。我国约有 40 种，多产于西北与西南高原地区。公安县有 1 种。

271. 北柴胡 *Bupleurum chinense* DC.

【形态】多年生草本，高 50 ～ 85 厘米。主根较粗大，棕褐色，质坚硬。茎单一或数茎，表面有细纵槽纹，实心，上部多回分枝，微作“之”字形曲折。基生叶倒披针形或狭椭圆形，长 4 ～ 7 厘米，宽 6 ～ 8 毫米，顶端渐尖，基部收缩成柄，早枯落；茎中部叶倒披针形或广线状披针形，长 4 ～ 12 厘米，宽 6 ～ 18 毫米，有时达 3 厘米，顶端渐尖或急尖，有短芒尖头，基部收缩成叶鞘抱茎，脉 7 ～ 9，叶表面鲜绿色，背面淡绿色，常有白霜；茎顶部叶同型，但更小。复伞形花序很多，花序梗细，常水平伸出，形成疏松的圆锥状；总苞片 2 ～ 3，或无，甚小，狭披针形，长 1 ～ 5 毫米，宽 0.5 ～ 1 毫米，3 脉，很少 1 或 5 脉；伞辐 3 ～ 8，纤细，不等长，长 1 ～ 3 厘米；小总苞片 5，披针形，长 3 ～ 3.5 毫米，宽 0.6 ～ 1 毫米，顶端尖锐，3 脉，向叶背凸出；小伞直径 4 ～ 6 毫米，花 5 ～ 10；花柄长 1 毫米；花直径 1.2 ～ 1.8 毫米；花瓣鲜黄色，上部向内折，中肋隆起，小舌片矩圆形，顶端 2 浅裂；花柱基深黄色，宽于子房。果广椭圆形，棕色，两侧略扁，长约 3 毫米，宽约 2 毫米，棱狭翼状，淡棕色，每棱槽油管 3，很少 4，合生面 4 条。

图 271　北柴胡

花期 9 月，果期 10 月。

【生境】栽培。

【分布】分布于狮子口镇。

【药用部位】干燥根。

【采收加工】春、秋季采挖，除去茎叶及泥沙，干燥。

【化学成分】北柴胡主要有效成分为柴胡皂苷，属三萜皂苷，为齐墩果烷衍生物。柴胡中挥发油具有 γ－庚酸内酯、棕榈酸乙酯和 γ－癸酸内酯。此外还具有柴胡多糖、黄酮类、香豆精类、有机酸及植物甾醇等。

【药理作用】北柴胡具有抗炎、抗肿瘤、免疫调节的作用，同时还可对中枢神经系统、心血管系统、消化系统进行调节。

【性味】苦，微寒。

【功能主治】和解表里，疏肝，升阳。用于感冒发热、寒热往来、胸胁胀痛、月经不调、子宫脱垂、脱肛。

芹属 *Apium* L.

一年生至多年生草本。根通常圆锥形。茎直立或匍匐，有分枝，无毛。叶膜质，一回羽状分裂至三出式羽状多裂，裂片近圆形、卵形至线形；叶柄基部有膜质叶鞘。单伞形花序或复伞形花序顶生或侧生，有些伞形花序无梗；总苞片和小总苞片缺乏或显著；伞辐上升开展；花柄不等长；花白色或稍带黄绿色；萼齿细小或退化；花瓣 5，近圆形至卵形，顶端有内折的小舌片；雄蕊 5；子房下位，花柱基幼时通常扁压，花柱 2，开展或叉状。果实近圆形或卵球形，两侧扁压，在接合处稍缢缩；果棱尖锐或圆钝，每棱槽内有油管 1，合生面油管 2；分生果横切面近圆状五角形，胚乳腹面平直，心皮柄不分裂或顶端 2 浅裂至 2 深裂。本属约有 20 种，分布于温带地区。我国有 2 种。公安县有 1 种。

272. 细叶旱芹

***Apium leptophyllum* (Pers.) F. Muell.**

图 272　细叶旱芹

【形态】一年生草本，高 25 ～ 45 厘米。主根圆锥状，长 5 ～ 6 厘米，白色，下有须根。茎直立，有分枝，绿色，无毛。茎叶揉碎有浓香。基生叶二至三回羽状多裂，裂片狭线形至丝状；叶柄细长，基部有叶鞘，叶鞘边缘为白色的膜质；茎生叶通常与基生叶相似，叶柄较短。伞形花序顶生或腋生，通常 2 ～ 3 个花序簇生于与叶对生的茎节处；总苞片和小苞片均缺；花白色或带淡紫色；萼齿 5，短小；花瓣 5，宽长圆形或宽倒卵形，先端内折；雄蕊 5；子房下位；花柱基扁平，花柱 2，短。双悬果近圆形或椭圆形，长约 1 毫米，果棱圆钝，凸起。花期 4—5 月，果期 5—6 月。

【生境】生于杂草地及水沟边。

【分布】全县广布。

积雪草属 *Centella* L.

多年生草本，有匍匐茎。叶有长柄，圆形、肾形或马蹄形，边缘有钝齿，基部心形，光滑或有柔毛；叶柄基部有鞘。单伞形花序，梗极短，单生或 2 ～ 4 个聚生于叶腋，伞形花序通常有花 3 ～ 4 朵；花近无柄，黄色、白色至紫红色；苞片 2，卵形，膜质；萼齿，细小；花瓣 5，花蕾时覆瓦状排列，卵圆形，顶端稍内卷；雄蕊 5，与花瓣互生；花柱与花丝等长，基部膨大。果实肾形或圆形，两侧扁压，合生面收缩，分果有主棱 5，棱间有小横脉，表面网纹状；种子侧扁，横剖面狭长圆形。本属约有 20 种，分布于热带与亚热带地区。我国有 1 种，广布于华东、中南及西南诸省（区）。公安县有 1 种。

273. 积雪草 *Centella asiatica* (L.) Urban

图 273 积雪草

【形态】多年生草本，茎匍匐，细长，节上生根。叶片膜质至草质，圆形、肾形或马蹄形，长 1 ～ 2.8 厘米，宽 1.5 ～ 5 厘米，边缘有钝锯齿，基部阔心形，两面无毛或在背面脉上疏生柔毛；掌状脉 5 ～ 7，两面隆起，脉上部分叉；叶柄长 1.5 ～ 27 厘米，无毛或上部有柔毛，基部叶鞘透明，膜质。伞形花序梗 2 ～ 4 个，聚生于叶腋，长 0.2 ～ 1.5 厘米，有或无毛；苞片通常 2，很少 3，卵形，膜质，长 3 ～ 4 毫米，宽 2.1 ～ 3 毫米；每一伞形花序有花 3 ～ 4 朵，聚集呈头状，花无柄或有 1 毫米长的短柄；花瓣卵形，紫红色或乳白色，膜质，长 1.2 ～ 1.5 毫米，宽 1.1 ～ 1.2 毫米；花柱长约 0.6 毫米；花丝短于花瓣，与花柱等长。果实两侧扁压，圆球形，基部心形至平截形，长 2.1 ～ 3 毫米，宽 2.2 ～ 3.6 毫米，每侧有纵棱数条，棱间有明显的小横脉，网纹状，表面有毛或平滑。花期 5—6 月，果期 7—8 月。

【生境】生于路旁、田边、沟边。

【分布】分布于章庄铺镇、黄山头镇。

【药用部位】全草。

【采收加工】全年可采，洗净，鲜用或晒干。

【化学成分】积雪草主要含三萜类、挥发油类、多炔烯类、黄酮类、甾醇类等多种成分。

【药理作用】积雪草具有神经保护、抗肿瘤、抗缺血再灌注损伤、抗支架再狭窄、保护肺脏等作用。

【性味】淡、辛，寒。

【功能主治】清热解毒，活血消肿，利尿。主治感冒、咽喉肿痛、肝炎、痢疾、尿路感染、肾炎水肿、风火眼、湿疹、疖痈肿毒、跌打损伤。

蛇床属 *Cnidium* Cuss.

一年生至多年生草本。叶通常为二至三回羽状复叶，稀为一回羽状复叶，末回裂片线形、披针形至倒卵形。复伞形花序顶生或侧生；总苞片线形至披针形；小总苞片线形、长卵形至倒卵形，常具膜质边缘；花瓣5，白色，稀带粉红色；萼齿不明显；雄蕊5；子房下位，花柱基圆锥形或短圆锥形，花柱2，花后向下反曲。双悬果卵形至长圆形，果棱翅状，常木栓化；分生果横剖面近五角形；每棱槽内油管1，合生面油管2；胚乳腹面近于平直。本属约有20种，主要分布于欧洲和亚洲。我国有4种1变种，分布几乎遍及全国。公安县有1种。

274. 蛇床 *Cnidium monnieri* (L.) Cuss.

【形态】一年生草本，高10～60厘米。根圆锥状，较细长。茎直立或斜上，多分枝，中空，表面具深条棱，粗糙。下部叶具短柄，叶鞘短宽，边缘膜质，上部叶柄全部鞘状；叶片轮廓卵形至三角状卵形，长3～8厘米，宽2～5厘米，二至三回三出式羽状全裂，羽片轮廓卵形至卵状披针形，长1～3厘米，宽0.5～1厘米，先端常略呈尾状，末回裂片线形至线状披针形，长3～10毫米，宽1～1.5毫米，具小尖头，边缘及脉上粗糙。复伞形花序直径2～3厘米；总苞片6～10，线形至线状披针形，长约5毫米，边缘膜质，具细毛；伞辐8～20，不等长，长0.5～2厘米，棱上粗糙；小总苞片多数，线形，长3～5毫米，边缘具细毛；小伞形花序具花15～20，萼齿无；花瓣白色，先端具内折小舌片；花柱基略隆起，花柱长1～1.5毫米，向下反曲。分生果长圆状，长1.5～3毫米，宽1～2毫米，横剖面近五角形，主棱5，均扩大成翅；每棱槽内油管1，合生面油管2；胚乳腹面平直。花期4—7月，果期6—10月。

图274　蛇床

【生境】生于田边、路旁、草地及河边。

【分布】全县广布。

【药用部位】果实。

【采收加工】夏、秋季果实成熟时采收，除去杂质，晒干。

【化学成分】蛇床含挥发油1.3%，挥发油中主要成分为蒎烯、莰烯、异戊酸龙脑酯、异龙脑，还含有蛇床子素、异虎耳草素、佛手柑内酯、二氢山芹醇及当归酸酯、乙酸乙酯等。

【药理作用】蛇床具有抗心律失常、免疫抑制、杀菌、局部麻醉、促激素样作用、影响呼吸系统以及抗生育作用。

【性味】辛、苦，温。有小毒。

【功能主治】温肾壮阳，燥湿，祛风，杀虫。主治阳痿、阴囊湿疹、妇女带下阴痒、子宫寒冷不孕、湿痹腰痛、疥癣湿疮、滴虫性阴道炎。

芫荽属 *Coriandrum* L.

一年生或二年生草本，直立光滑，有强烈气味。根细长，纺锤形。叶柄有鞘；叶片膜质，一回或多回羽状分裂。复伞形花序顶生或与叶对生；总苞片通常无，有时有1枚线形苞片，全缘或有分裂；小总苞片数枚，线形；伞辐少数，开展；花白色、玫瑰色或淡紫红色；萼齿小，短尖，大小不相等；花瓣5，倒卵形，顶端内凹，在伞形花序外缘的花瓣通常有辐射瓣；雄蕊5；子房下位，花柱细长而开展，花柱基圆锥形。双悬果圆球形，外果皮坚硬，光滑，背面主棱及相邻的次棱明显；胚乳腹面凹陷；油管不明显或有1个位于次棱的下方。本属有2种，分布于地中海区域。我国有1种。公安县亦有分布。

275. 芫荽 *Coriandrum sativum* L.

【形态】一年生或二年生草本，高30～100厘米，全株无毛，有强烈香气。根细长，通常纺锤形，具多数支根。茎直立，中空，有分枝，具细条棱。基生叶具长柄，一至二回羽状分裂，裂片宽卵形或扇形，基部楔形；茎生叶互生，叶柄较短，具鞘，抱茎，二至三回羽状全裂，最终裂片狭线形。复伞形花序顶生或与叶对生；伞梗3～6，长2～6厘米，无总苞片；小总苞片通常3枚，线状锥形；小花梗短，密集成团；花小，白色或淡红色；花萼先端5齿裂；花瓣5，倒卵形，在小伞形花序周边的花不整齐，具大的辐射瓣；雄蕊5，与花瓣互生，花药长卵形，背着，花丝先端略弯；雌蕊1，子房下位，2室，花柱细长，顶端二叉，柱头头状。双悬果近球形，直径3～5毫米，光滑，有10条波浪形的初生肋线和12条纵直的次生肋线。花期4—7月，果期7—9月。

图275 芫荽

【生境】栽培。

【分布】全县广布。

【药用部位】全草、果实。

【采收加工】全草：春季或冬季采集，洗净泥土，多鲜用或晒干备用。果实：在8—9月果实成熟时采摘果枝、晒干，打下果实，除净杂质，晒干。

【化学成分】挥发性物质是芫荽的主要有效成分；地上部分的挥发油主要有环已酮、月桂醛、芫荽醇等；芫荽果的挥发性成分主要有芳樟醇、橙花醇、醋酸香叶酯及橙花醛等。

【药理作用】芫荽具有降低血糖、抗氧化、抗焦虑、利尿等作用。

【性味】全草：辛，温。果实：辛、酸，平。

【功能主治】全草：发表透疹，消食健胃；主治感冒无汗、麻疹不透、食物积滞、产后缺乳。果实：发表透疹，健胃；主治麻疹透发不畅、饮食无味、食积腹胀、痢疾、痔疮、牙痛。

胡萝卜属 *Daucus* L.

一年生或二年生草本，全株被毛。根通常肉质，纺锤形或圆锥形。茎直立，有分枝。叶有柄，叶柄具鞘；叶片薄膜质，多回羽状分裂，末回裂片狭线形或线状披针形。复伞形花序顶生或腋生；总苞多数，羽状分裂或不分裂；小总苞片多数，3 裂或不裂或缺；伞辐少数至多数，开展；花白色或黄色，小伞形花序中心的花呈紫色，通常不育；花柄开展，不等长；萼齿小或不明显；花瓣 5，倒卵形，先端凹陷，有 1 内折的小舌片，靠外缘的花瓣为辐射瓣；花柱基短圆锥形，花柱 2，短。双悬果长圆形至圆卵形，背部压扁；分生果主棱 5 条，线形，次棱 4 条，具翅，棱上有刚毛或刺毛，每棱槽内有油管 1，合生面油管 2；种子腹面略凹陷或近平直；心皮柄不分裂或顶端 2 裂。本属约有 60 种，分布于欧洲、非洲、美洲和亚洲；我国有 1 种和 1 栽培变种。公安县亦有分布。

276. 野胡萝卜 *Daucus carota* L.

【形态】二年生草本，高 15 ～ 120 厘米，全株有粗硬毛。根肉质，小圆锥形，近白色。茎直立，上部多分枝。基生叶有长柄，基部鞘状；叶片长圆形，二至三回羽状分裂，最终裂片线形或披针形，长 2 ～ 14 毫米，宽 0.4 ～ 2 毫米；茎生叶的叶片较短。复伞形花序顶生或侧生，有粗硬毛，总伞梗长 10 ～ 60 厘米，伞梗 15 ～ 30 或更多；总苞片 5 ～ 8，叶状，羽状分裂，裂片线形，边缘膜质，有细柔毛；小总苞片 5 ～ 7，线形不裂或羽状分裂；小伞形花序有花 15 ～ 25 朵，花小，白色、黄色或淡紫红色，每一总伞花序中心的花通常有 1 朵为深紫红色，不孕；花萼 5，窄三角形；花瓣 5，大小不等，先端凹陷，成 1 狭窄内折的小舌片；子房下位，密生细柔毛，结果时花序外缘的伞辐向内弯折。双悬果卵圆形，分果的主棱不显著，次棱 4 条，有窄翅，翅上密生有钩刺。花期 5—7 月，果期 7—8 月。

图 276 野胡萝卜

【生境】生于荒坡、路旁、山沟、溪边。

【分布】全县广布。

【药用部位】南鹤虱：果实。

【采收加工】秋季果实成熟时采收，晒干。

【化学成分】野胡萝卜含有多种挥发油，油中具有细辛醚、红没药烯、细辛醛、巴豆酸，并含有胡萝卜醇、胡萝卜烯醇、生物碱、黄酮等。

【药理作用】野胡萝卜具有抗生育、杀虫、抑菌、抗肿瘤的作用。

【性味】苦、辛，平。有小毒。

【功能主治】杀虫消积。主治蛔虫病、绦虫病、蛲虫病、虫积腹痛、小儿疳积。

茴香属 *Foeniculum* Mill.

一年生或多年生草本，有强烈香味。茎光滑，灰绿色或苍白色带有粉霜。叶有柄，叶鞘边缘膜质；叶片多回羽状分裂，末回裂片呈线形。复伞形花序顶生和侧生；无总苞片和小总苞片；伞辐多数，直立，开展，不等长；小伞形花序有多数花，花柄纤细；萼齿退化或不明显；花瓣 5，黄色，倒卵圆形，顶端有内折的小舌片；子房下位，花柱基圆锥形，花柱 2，甚短，向外反折。双悬果长圆形，光滑，主棱 5 条，尖锐或圆钝；每棱槽内有油管 1，合生面油管 2；胚乳腹面平直或微凹；心皮柄 2 裂至基部。本属约有 4 种，分布于欧洲、美洲及亚洲西部。我国有 1 种。公安县亦有分布。

277. 茴香 *Foeniculum vulgare* Mill.

【形态】多年生草本，高 0.6 ～ 2 米，无毛，具强烈香气。根粗壮，有数条支根，淡棕黄色。茎直立，圆柱形，分枝多，绿色，具粉霜，表面有细纵纹。基生叶丛生，较大，长可达 40 厘米，有长柄；茎生叶互生，叶柄长 3.5 ～ 4.5 厘米，由下而上渐短，近基部呈鞘状，宽大抱茎，边缘有膜质波状狭翅；叶三至四回羽状全裂，最终裂片线形至丝状。复伞形花序顶生，伞辐 8 ～ 30，不等长，每一小伞形花序有花 5 ～ 30 朵，花小；花萼 5 裂，不明显；花瓣 5，金黄色，宽卵形；雄蕊 5，花药卵形，2 室；雌蕊 1，子房下位，长椭圆形，2 室，花柱 2，极短，浅裂。双悬果矩圆形，长 5 ～ 8 毫米，宽约 2 毫米，黄绿色，顶端残留黄褐色柱基，分果椭圆形，具 5 条隆起的纵棱，每棱槽内有 1 个油管，合生面有 2 个油管，每分果内含种子 1 粒。花期 6—9 月，果期 10 月。

图 277 茴香

【生境】栽培。

【分布】分布于黄山头镇。

【药用部位】果实、根、茎叶。果实药材称“小茴香”。

【采收加工】果实秋季初熟时采割全株，晒干，打下果实，除净杂质；根春季采挖，鲜用。茎叶春季采收，鲜用或晒干备用。

【化学成分】果实：含挥发油 3% ～ 8%，油中主要成分为苯甲醚、右旋小茴香酮、甲基胡椒酚、大茴香醛、右旋及左旋柠檬烯、莰烯、二戊烯、茴香酸、顺式苯甲醚、对 - 聚伞花素等。

根：含挥发油，油中含莳萝油脑、α－松油烯、γ－松油烯、异松油烯、β－月桂烯、α－水芹烯、对－聚伞花素、柠檬烯等。

【药理作用】茴香具有缓解疼痛、抗炎、抑菌、促进胃肠蠕动、保肝、抗肝纤维化的作用。

【性味】果实：辛，温。根：辛、甘，温。茎叶：辛、甘，温。

【功能主治】果实：温中散寒，行气止痛；主治寒疝腹痛、睾丸偏坠、肿痛、痛经、少腹冷痛、食少吐泻、睾丸鞘膜积液、血吸虫病。

根：温肾和中，行气止痛；主治寒疝、胃寒呕逆、风湿性关节痛。

茎叶：祛风、顺气，止痛；主治痧气、疝气。

天胡荽属 *Hydrocotyle* L.

多年生草本。茎细长，匍匐或直立。叶片心形、圆形、肾形或五角形，有裂齿或掌状分裂；叶柄细长，无叶鞘；托叶细小，膜质。花序通常为单伞形花序，细小，有多数小花，密集呈头状；花序梗通常生自叶腋，短或长过叶柄；花白色、绿色或淡黄色；无萼齿；花瓣卵形，在花蕾时镊合状排列。果实心状圆形，两侧扁压，背部圆钝，背棱和中棱显著，侧棱常藏于合生面，表面无网纹，油管不明显，内果皮有1层厚壁细胞，围绕着种子胚乳。本属约有75种，分布于热带和温带地区。我国有10余种，产于华东、中南及西南各省（区）。公安县有1种1变种。

1. 叶片不分裂或5～7浅裂至中部，裂片宽倒卵形……天胡荽 *H. sibthorpioides*

1. 叶片3～5深裂几达基部，裂片呈楔形或倒三角形，基部狭窄……破铜钱 *H. sibthorpioides* var. *batrachium*

278. 天胡荽 *Hydrocotyle sibthorpioides* Lam.

图278　天胡荽

【形态】多年生草本。根细小。茎纤弱细长而匍匐，平铺地上成片，秃净或近秃净，节上生根。单叶互生，圆形或近肾形，直径5～16毫米，基部心形，5～7浅裂，裂片短，有2～3个钝齿，上面深绿色，光滑，下面绿色或被疏毛；叶柄纤弱，长0.5～9厘米。伞形花序与叶对生，单生于节上，伞梗长0.5～3厘米，总苞片4～10，倒披针形，长约2毫米；每伞形花序具花10～15朵，无柄或有柄；花小；萼齿不明显；花瓣5，卵形，呈镊合状排列，白色、绿白色或淡红紫色；雄蕊5；子房下位，花柱2，柱头头状。双悬果圆形或椭圆形，长1～1.2毫米，宽1.5～2毫米，侧面压扁，光滑或有斑点，背棱3条，略锐，次棱不明显。花期4—6月。

【生境】生于路旁较湿润处。

【分布】全县广布。

【药用部位】全草。

【采收加工】夏、秋季采集，洗净，鲜用或晒干。

【化学成分】天胡荽含黄酮苷、酚类、氨基酸、挥发油、香豆精。

【性味】辛、微苦，寒。

【功能主治】清热解毒，利湿退黄，消肿散结。主治湿热黄疸、热淋、石淋、痢疾、小便不利、目赤云翳、咽喉肿痛、肺热咳嗽、痈肿、疮毒。

279. 破铜钱 *Hydrocotyle sibthorpioides* var. *batrachium* (Hance) Hand.-Mazz.

【形态】多年生草本，有气味。茎细长而匍匐，平铺地上成片，节上生根。叶片膜质至草质，圆形或肾圆形，长 0.5 ～ 1.5 厘米，宽 0.8 ～ 2.5 厘米，基部心形，3 ～ 5 深裂几达基部，侧面裂片间有一侧或两侧仅裂达基部 1/3 处，裂片均呈楔形。叶柄长 0.7 ～ 9 厘米，无毛或顶端有毛；托叶略呈半圆形，薄膜质，全缘或稍有浅裂。伞形花序与叶对生，单生于节上；花序梗纤细，长 0.5 ～ 3.5 厘米，短于叶柄 1 ～ 3.5 倍；小总苞片卵形至卵状披针形，长 1 ～ 1.5 毫米，膜质，有黄色透明腺点，背部有 1 条不明显的脉；小伞形花序有花 5 ～ 18 朵，花无柄或有极短的柄，花瓣卵形，长约 1.2 毫米，绿白色，有腺点；花丝与花瓣同长或稍超出，花药卵形；花柱长 0.6 ～ 1 毫米。果实略呈心形，长 1 ～ 1.4 毫米，宽 1.2 ～ 2 毫米，两侧扁压，中棱在果熟时极为隆起，幼时表面草黄色，成熟时有紫色斑点。花果期 4—9 月。

图 279 破铜钱

【生境】喜生于湿润的路旁、草地、河沟边、湖滩。

【分布】全县广布。

【药用部位】全草。

【采收加工】全年可采，鲜用或秋季采收晒干。

【性味】甘、淡、微辛，凉。

【功能主治】祛风清热，化痰止咳。用于黄疸型肝炎、肝硬化腹水、胆石症、泌尿系感染、泌尿系结石、伤风感冒、咳嗽、百日咳、咽喉炎、扁桃体炎、目翳；外用治湿疹、带状疱疹、衄血。

水芹属 *Oenanthe* L.

二年生至多年生水生或湿生草本，有成簇的须根。茎细弱或粗大，通常呈匍匐性上升或直立，下部节上常生根。叶有柄，基部有叶鞘；叶片羽状分裂至多回羽状分裂，末回裂片卵形至线形，边缘有锯齿呈羽状半裂，或叶片有时简化成线形管状的叶柄。复伞形花序顶生与侧生；总苞缺或有少数窄狭的苞片；小总苞片多数，线形；伞辐多数，开展；花白色；萼齿 5，披针形，宿存；小伞形花序外缘花的花瓣通常增大为辐射瓣；雄蕊 5；子房下位，花柱基圆锥形，花柱 2，伸长，花后挺直，很少脱落。双悬果圆卵形至长圆形，光滑，背部或两侧略扁平，果棱钝圆，木栓质，两个心皮的侧棱通常略相连，较背棱和中棱宽而大；每棱槽中有油管 1，合生面油管 2；胚乳腹面平直；无心皮柄。本属约有 30 种，分布于北半球温带和南非洲。我国产 9 种 1 变种，主产于西南及中部地区。公安县有 2 种。

1. 叶片一至二回羽状分裂，裂片卵圆形至棱状披针形……………………………………………………水芹 *O. javanica*

1. 叶片三至四回羽状分裂，稀五回羽状分裂，末回裂片线形………………………………………多裂叶水芹 *O. thomsonii*

280. 水芹 *Oenanthe javanica* (Bl.) DC.

【形态】多年生草本，高 15～80 厘米，全体光滑无毛。茎圆柱形，中空，基部匍匐，节略膨大，节上生多数白色须根，上部直立，多分枝。复叶互生，茎下部的叶柄长达 10 厘米，基部扩大成鞘，边缘膜质；叶片一至二回羽状分裂，小叶或裂片卵圆形至菱状披针形，长 2～5 厘米，宽 1～2 厘米，先端尖，基部两侧不对称，边缘具大小不等的尖齿或圆齿状锯齿；茎上部的叶近于无柄。复伞形花序顶生，通常和顶生叶对生；小伞形花序 6～20；小总苞 2～8，线形，花白色，有柄，丝状而柔；萼齿 5，短尖；花瓣 5，倒卵形，先端向内凹入，基部具短爪；雄蕊 5；子房下位，2 室。双悬果椭圆形或近圆锥形，上端有宿存的萼齿和花柱，果棱显著隆起，侧棱较其他 3 棱稍宽，木栓质。花期 4—5 月。

图 280 水芹

【生境】生于低温地方或水沟中。

【分布】全县广布。

【药用部位】地上部分。

【采收加工】夏、秋季采集，洗净，晒干或鲜用。

【化学成分】水芹含挥发油，油中有 α－蒎烯及 β－蒎烯、月桂烯、异松油烯、苯甲醇等。

【药理作用】水芹具有抗乙肝病毒、保肝退黄、降酶、降血压、抗心律失常、抗过敏的作用。

【性味】辛，凉。

【功能主治】清热，利水，止血，降压。主治感冒发热、黄疸、水肿、淋证、呕吐腹泻、崩漏、带下、高血压、瘰疬、腮腺炎。

281. 多裂叶水芹 *Oenanthe thomsonii* C. B. Clarke

【形态】多年生草本，高 20 ～ 50 厘米。植物体光滑无毛。根圆锥形或须根状。茎细弱，匍匐并分枝，下部节上生根。叶有柄，长 2 ～ 6 厘米，基部有短叶鞘；叶片轮廓三角形或长圆形，长 6 ～ 17 厘米，宽 2.5 ～ 6 厘米，三至四回羽状分裂，稀为五回羽状分裂，末回裂片线形，长 2 毫米，宽 1 毫米。复伞形花序顶生和侧生，花序梗长 2.5 ～ 7.5 厘米；无总苞；伞辐 4 ～ 8，长 1 ～ 1.5 厘米，直立，开展；小总苞片线形，长 2 ～ 2.5 毫米。小伞形花序有花 10 余朵，花柄长 2 ～ 3 毫米；萼齿卵形，长 0.3 ～ 0.4 毫米；花瓣白色，倒卵形，长 1 毫米，宽 0.6 毫米，有一长而内折的小舌片；花柱基圆锥形，花柱直立或分开，长 0.7 ～ 0.8 毫米。幼果近圆球形。花期 8 月，果期 9—10 月。

图 281　多裂叶水芹

【生境】生于溪沟旁。

【分布】分布于章庄铺镇。

防风属 *Saposhnikovia* Schischk.

多年生草本。根粗壮直立，分枝或不分枝。茎自下部有多数分枝，基部有多数纤维状叶柄残基。叶片二回或三回羽状全裂，叶柄基部有叶鞘。复伞形花序顶生，伞辐多数，不等长；无总苞片；有小总苞片数片，披针形；萼齿 5，三角状卵形；花瓣 5，白色，全缘，无毛，顶端有内折的小舌片；雄蕊 5；子房下位，子房密被横向排列的小突起，果期逐渐消失，留有突起的痕迹，花柱基圆锥形，花柱与其等长，果期伸长而下弯。双悬果狭椭圆形或椭圆形，背部扁压，分生果有明显隆起的尖背棱，侧棱呈狭翅状，在主棱下及在棱槽内各有油管 1，合生面有油管 2。胚乳腹面平坦；心皮柄 2 裂至基部。本属有 1 种，主要分布于西伯利亚东部及亚洲北部地区。我国产 1 种，分布于东北、华北等地。公安县亦有分布。

282. 防风 *Saposhnikovia divaricata* (Turcz.) Schischk.

【形态】多年生草本，高 20 ～ 80 厘米，全体无毛。根粗壮，直而长，有香气，根头密生褐色纤维状的叶柄残基。茎单生，二歧分枝。茎生叶三角状卵形，长 7 ～ 19 厘米，二至三回羽状分裂，最终裂片条形至披针形；叶柄长 2 ～ 6.5 厘米，基部扩展呈鞘状，稍抱茎；顶生叶筒状，扩展成鞘。复伞形花序顶生，常排成聚伞状圆锥花序；无总苞片；伞辐 5 ～ 9，不等长；小伞形花序有花 4 ～ 9 朵，小总苞片 4 ～ 5，条形至披针形；萼齿短三角形，较明显；花瓣 5，白色，倒卵形，先端凹，向内卷；雄蕊 5；子房下位，

2室，花柱2，基部圆锥形。双悬果卵形或长卵形，幼嫩时具瘤状突起，成熟时裂开成2分果，悬挂在2果柄的顶端，分果具5棱，每棱槽油管1，结合面油管2。花期8—9月，果期9—10月。

【生境】生于山坡草丛中。

【分布】分布于杨家厂镇。

【药用部位】根。

【采收加工】春、秋季未抽花茎时采挖，除去茎叶、须根及泥沙，晒干。

【化学成分】防风含挥发油、甘露醇、苦味苷、酚类、多糖类、有机酸等。

【药理作用】防风具有解热、镇痛、抗炎、抗菌、抗过敏、抗肿瘤、抗凝血、抗血栓、调节机体免疫功能等药理作用。

【性味】辛、甘，温。

【功能主治】解表祛风，渗湿止痛，止痉。主治感冒头痛、头痛无汗、偏头痛、风湿痹痛、四肢挛急、风疹瘙痒、破伤风。

图282 防风

窃衣属 *Torilis* Adans.

一年生或多年生草本，全体被刺毛、粗毛或柔毛。根细长，圆锥形。茎直立，单生，有分枝。叶有柄，柄有鞘；叶片近膜质，一至二回羽状分裂或多裂，第一回羽片卵状披针形，边缘羽状深裂或全缘，有短柄，末回裂片狭窄。复伞形花序顶生、腋生或与叶对生，疏松，总苞片数枚或无；小总苞片2～8，线形或钻形；伞辐2～12，直立，开展；花白色或紫红色，萼齿三角形，尖锐；花瓣倒圆卵形，有狭窄内凹的顶端，背部中间至基部有粗伏毛；花柱基圆锥形，花柱短、直立或向外反曲，心皮柄顶端2浅裂。果实圆卵形或长圆形，主棱线状，棱间有直立或呈钩状的皮刺，皮刺基部阔展、粗糙；胚乳腹面凹陷，在次棱下方有油管1，合生面油管2。本属约有20种，分布于欧洲、亚洲、南北美洲及非洲的热带和新西兰。我国有2种。公安县有1种。

283. 窃衣 *Torilis scabra* (Thunb.) DC.

【形态】一年生或多年生草本，高10～70厘米。全株有贴生短硬毛。茎单生，有分枝，有细直纹和刺毛。叶卵形，一至二回羽状分裂，小叶片披针状卵形，羽状深裂，末回裂片披针形至长圆形，长2～10毫米，宽2～5毫米，边缘有条裂状粗齿至缺刻或分裂。复伞形花序顶生和腋生，花序梗长2～8厘米；总苞片通常无，很少1，钻形或线形；伞辐2～4，长1～5厘米，粗壮，有纵棱及向上紧贴的硬毛；小总苞片 5 ～ 8，钻形或线形；小伞形花序有花 4 ～ 12 朵；萼齿细小，三角状披针形，花瓣白色，倒圆卵形，先端内折；花柱基圆锥状，花柱向外反曲。果实长圆形，长 4 ～ 7 毫米，宽 2 ～ 3 毫米，有内弯或呈钩状的皮刺，粗糙，每棱槽下方有油管 1。花果期 4—10 月。

图 283 窃衣

【生境】生于山坡、林下、路旁、河边及空旷草地上。

【分布】全县广布。

【药用部位】果实。

【采收加工】秋季果实成熟时采集，去杂质。

【化学成分】窃衣的挥发性成分中含 α – 侧柏烯、α – 蒎烯、β – 蒎烯、α – 水芹烯、柠檬烯、β – 水芹烯、γ – 松油烯、对 – 聚伞花素等。

【性味】苦、辛，微温。有小毒。

【功能主治】活血消肿，收敛杀虫。用于慢性腹泻、蛔虫病；外用治痈疮溃疡久不收口、滴虫性阴道炎。

八十六、紫金牛科 Myrsinaceae

灌木、乔木或攀缘灌木，稀藤本或近草本。单叶互生，稀对生或近轮生，通常具腺点或脉状腺条纹，稀无，全缘或具各式齿，齿间有时具边缘腺点；无托叶。花序圆锥状、总状或花簇生，腋生、侧生、顶生或生于侧生特殊花枝顶端，或生于具覆瓦状排列的苞片的小短枝顶端；具苞片，有的具小苞片；花通常两性或杂性，稀单性，有时雌雄异株或杂性异株，辐射对称，覆瓦状或镊合状排列，或螺旋状排列，4 或 5 数，稀 6 数；花萼基部连合或近分离，或与子房合生，通常具腺点，宿存；花冠通常仅基部连合或成管，稀近分离，裂片各式，通常具腺点或脉状腺条纹；雄蕊与花冠裂片同数，对生，着生于花冠上，分离或仅基部合生；花药 2 室，纵裂，稀孔裂，有时在雌花中常退化；雌蕊 1，子房上位，稀半下位，1 室，中轴胎座或特立中央胎座；胚珠多数，1 或多轮，通常埋藏于多分枝的胎座中，倒生或半弯生，常仅 1 枚发育，稀多数发育；花柱 1，长或短；柱头点状、分裂或流苏状。浆果核果状，外果皮肉质，内果皮坚脆，有种子 1 枚或多数；种子具丰富的肉质或角质胚乳。

本科约有 35 属 1000 种，主要分布于南、北半球热带和亚热带地区。我国有 6 属 129 种 18 变种，主要产于长江流域以南各省（区）。

公安县境内的紫金牛科植物有 1 属 1 种。

紫金牛属 *Ardisia* Swartz

小乔木、灌木或亚灌木状近草本。叶互生，稀对生或近轮生，通常具不透明腺点，全缘或具波状圆齿、锯齿或啮蚀状细齿，具边缘腺点或无。花序顶生或腋生，圆锥状、总状或伞状；两性花，通常为5基数；花萼通常仅基部连合，稀分离，萼片镊合状或覆瓦状排列，通常具腺点；花瓣基部微微连合，稀连合达全长的1/2，为右旋螺旋状排列，花时外反或开展，稀直立，无毛，稀里面被毛，常具腺点；雄蕊着生于花瓣基部；花丝短，基部宽，向上渐狭；花药大；雌蕊与花瓣等长或略长，子房通常为球形、卵珠形；花柱丝状，柱头点状；胚珠3～12或更多，1轮或数轮。浆果核果状，球形或扁球形，通常为红色，具腺点，有种子1枚；种子球形或扁球形，基部内凹；胚乳丰富。本属约有300种，分布于热带和亚热带地区。我国有68种12变种，分布于长江流域以南各地。公安县有1种。

284. 紫金牛 *Ardisia japonica* (Thunberg) Blume

【别名】矮地茶。

【形态】常绿亚灌木，近蔓生，高10～35厘米。根状茎细长，横走，暗红色，茎直立，不分枝，疏被柔毛。叶对生或轮生，3～7片簇生于茎顶端，近革质，椭圆形，长2～7厘米，宽1～3厘米，先端急尖，基部楔形，边缘有细锯齿，两面有腺点，集中于叶缘处，下面网脉明显，上面绿色有光泽，下面淡绿色，两面仅中脉有微毛，叶柄长0.5厘米，被微柔毛。伞形花序腋生或近于顶生，有柔毛；总花梗长0.5～1.2厘米，有花3～5朵，花梗长0.7～1厘米，常弯曲；花萼5深裂，裂片卵状披针形，有腺点；花冠5裂，裂片卵形，顶端急尖或钝，两面无毛，有腺点，密具紫红色斑点，无毛；雄蕊5，着生于花冠喉部，短于花冠裂片；雌蕊与花冠裂片近等长，无毛，子房上位，1室，花柱细长，柱头线形。核果近球形，红色。花期5—6月，果期8—10月。

图284 紫金牛

【生境】生于阴湿山坡、林下或竹林中。

【分布】分布于章庄铺镇、黄山头镇。

【药用部位】全草。

【采收加工】四季可采全草，洗净晒干。

【化学成分】紫金牛主要化学成分是香豆素类和黄酮类，尚有三萜类、酚类、多糖类、挥发油等。

【药理作用】紫金牛具有抗肿瘤、抗病原微生物、抗炎镇痛等作用。

【性味】苦、涩，平。

【功能主治】祛风活络，清热利咽，止咳平喘，利尿止痛。主治跌打损伤、筋骨疼痛、月经瘀闭、痛经、黄疸型肝炎、支气管炎、咯血、漆疮、肺结核、乏力、肾炎性水肿、脱肛、痢疾、皮肤瘙痒等。

八十七、报春花科 Primulaceae

多年生或一年生草本，稀为亚灌木。茎直立或匍匐，叶互生、对生或轮生，或无地上茎而叶全部基生，并常形成稠密的莲座丛。花两性，辐射对称，单生或组成总状花序、伞形花序或穗状花序；花萼4～9裂，通常5裂，宿存；花冠下部合生成短或长筒，上部通常5裂，稀4裂或6～9裂，稀无花冠；雄蕊多少贴生于花冠上，与花冠裂片同数而对生，极少具1轮鳞片状退化雄蕊，花丝分离或下部连合成筒；子房上位，少有半下位，1室；花柱单一；胚珠通常多数，生于特立中央胎座上。蒴果通常5齿裂或瓣裂，稀盖裂；种子小，有棱角，常为盾状。

本科共有22属近1000种，分布于全世界，主产于北半球温带。我国有13属近500种，产于全国各地，尤以西部高原和山区种类特别丰富。

公安县境内的报春花科植物有1属5种。

珍珠菜属 *Lysimachia* L.

直立或匍匐草本，极少亚灌木，无毛或被多细胞毛，通常有腺点。叶互生、对生或轮生，全缘。花单出腋生或排成顶生或腋生的总状花序或伞形花序；总状花序常缩短呈近头状或有时复出而成圆锥花序；花萼5深裂，极少6～9裂，宿存；花冠白色或黄色，稀为淡红色或淡紫红色，辐状或钟状，5深裂，稀6～9裂，裂片在花蕾中旋转状排列；雄蕊与花冠裂片同数而对生，花丝分离或基部合生成筒，多少贴生于花冠上；花药基着或中着，顶孔开裂或纵裂；花粉粒具3孔沟，圆球形至长球形，表面近于平滑或具网状纹饰；子房球形，花柱丝状或棒状，柱头钝。蒴果卵圆形或球形，通常5瓣开裂；种子具棱角或有翅。本属约有180种，主要分布于北半球温带和亚热带地区。我国有132种1亚种17变种，部分为民间常用草药和香料。公安县有5种。

1. 花黄色，单出腋生或排成总状花序或伞形花序，总状花序常缩短呈近头状。
  2. 植株无腺点或仅具透明腺点；茎直立……疏头过路黄 *L.pseudohenryi*
  2. 植株叶片边缘有棕红色腺点；花冠上有棕红色腺点；茎匍匐……临时救 *L.congestiflora*
1. 花白色或淡紫色，排成顶生的总状花序。
  3. 花柱短，内藏，通常长仅达花冠中部，果时比成熟蒴果短或近相等……矮桃 *L.clethroides*
  3. 花柱伸出花冠以外，或与花冠近等长，果时比成熟蒴果长。
    4. 茎粗壮，高达75厘米；叶卵状披针形或椭圆形，宽1～3.5厘米；花冠比花萼短或近等长……北延叶珍珠菜 *L. silvestrii*
    4. 茎到通常30～50厘米；叶片狭椭圆形、倒披针形或匙形，宽不超过1厘米；花冠明显较花萼长……小叶珍珠菜 *L. parvifolia*

285. 疏头过路黄 *Lysimachia pseudohenryi* Pamp.

【形态】草质茎，有角棱，上升，上部多少被腺毛。叶互生，宽卵形或菱形，叶长2.5～5厘米，宽

1～2.2厘米，急尖，基部短楔状渐狭，边缘反卷而稍呈波状，网脉显著；叶柄长为叶片长的1/3～1/2。花单生叶腋，花梗细，长14～40毫米，疏被腺毛；萼长2.5毫米，几裂至基部，裂片三角状披针形，边缘疏被腺毛；花冠黄色，直径12毫米，深裂，裂片宽2～3毫米，钝；花丝长约1.5毫米，分离部分长1毫米；花柱长1.5毫米。果期7月。

【生境】生于山坡林下。

【分布】分布于章庄铺镇、黄山头镇。

【药用部位】全草。

【采收加工】夏、秋季采收，洗净，晒干。

【性味】甘、微苦，凉，

图285 疏头过路黄

【功能主治】清热解毒。主治黄疸型肝炎、痢疾；外用治蛇咬伤、无名肿毒、跌打损伤等。

286. 临时救 *Lysimachia congestiflora* Hemsl.

【形态】多年生草本。茎匍匐或上部倾斜，长15～25厘米，茎深红紫色，初被黄褐色皱曲柔毛，后渐平滑，下部常生不定根。叶对生，卵形至宽卵形，长1.5～3.5厘米，宽7～20毫米，两面疏生稍紧贴的短柔毛，叶背面紫红色或绿色，叶缘具少数棕红色腺点。花通常2～4朵集生于茎端；苞片近圆形，较花长或稍短；花萼5深裂，裂片狭披针形，长约6毫米；花冠黄色，喉部紫色，裂片顶端有棕红色小腺点；雄蕊稍短于花冠裂片，花丝基部连合成筒；子房上位，被长柔毛。蒴果球形，萼宿存，种子多数。花期5—6月，果期7—10月。

【生境】生于林边、路旁、溪边的向阳处。

【分布】全县广布。

【药用部位】风寒草：全草。

【采收加工】夏、秋季采集，鲜用或晒干。

【性味】微辛、苦，平。

【功能主治】祛风散寒，化痰止咳，解毒利湿，消积排石。主治风寒头痛、咳嗽痰多、咽喉肿痛、黄疸、胆道结石、尿路结石、小儿疳积、痈疽疔疮、毒蛇咬伤。

图286 临时救

287. 矮桃 *Lysimachia clethroides* Duby

【形态】多年生草本，高40～100厘米。根状茎横走，黄棕色或淡红褐色。茎直立，不分枝，稍被黄褐色卷毛或无毛，基部常带淡红色。叶互生，卵状椭圆形或宽披针形，长 6 ～ 15 厘米，宽 2 ～ 5 厘米，顶端渐尖，基部渐狭至叶柄，全缘，两面疏生黄色卷毛，有黑色小斑点。总状花序顶生，初时花密集，后逐渐伸长，结果时长 20 ～ 40 厘米，花梗短，花后稍伸长，长 3 ～ 7 毫米，花萼 5 深裂，裂片宽披针形，边缘膜质；花冠白色，5 裂，裂片倒卵形；雄蕊 5 枚，基部连合；子房上位，花柱单一，稍短于雄蕊。蒴果球形，基部有宿存花萼，顶端有棒状宿存花柱。花期 4—5 月，果期 7—8 月。

图 287　矮桃

【生境】多生于山坡、路旁和荒坡草丛中。

【分布】分布于章庄铺镇。

【药用部位】全草或根及根茎。

【采收加工】夏、秋季采挖，除去泥土，晒干。

【性味】酸、涩，平。

【功能主治】活血调经，利水消肿，解毒。主治妇女月经不调、经闭、痛经、崩漏、带下、小儿疳积、水肿、痢疾、跌打损伤、痈肿疖疮、喉痛、乳痈。

288. 小叶珍珠菜　*Lysimachia parvifolia* Franch. ex Hemsl.

【形态】茎簇生，近直立或下部倾卧，长 30 ～ 50 厘米，常自基部发出匍匐枝，茎上部亦多分枝；匍匐枝纤细，常伸长呈鞭状。叶互生，近于无柄，叶片狭椭圆形、倒披针形或匙形，长 1 ～ 4.5 厘米，宽 5 ～ 10 毫米，先端锐尖或圆钝，基部楔形，两面均散生暗紫色或黑色腺点。总状花序顶生，初时花稍密集，后渐疏松；苞片钻形，长 5 ～ 10 毫米；最下方的花梗长达 1.5 厘米，向顶端渐次缩短；花萼长约 5 毫米，分裂近达基部，裂片狭披针形，先端渐尖，边缘膜质，背面有黑色腺点；花冠白色，狭钟形，长 8 ～ 9 毫米，合生部分长约 4 毫米，裂片长圆形，宽约 2 毫米，先端钝；雄蕊短于花冠，花丝贴生于花冠裂片的中下部，分离部分长约 2 毫米；花药狭长圆形，长 1.5 ～ 2 毫米；花粉粒具 3 孔沟，长球形（26.5 ～ 29）微米 ×（18.5 ～ 20.5）微米，表面具网状纹饰；子房球形，花柱自花蕾中伸出，长约 6 毫米。蒴果球形，直径约 3 毫米。花期 4—6 月，果期 7—9 月。

图 288　小叶珍珠菜

【生境】生于田边、溪边湿地。

【分布】全县广布。

【药用部位】全草。

【采收加工】全年可采摘嫩梢、嫩叶食用。

【性味】苦、辛，平。

【功能主治】清热利湿，活血散瘀，解毒消痈。主治水肿、热淋、黄疸、痢疾、风湿热痹、带下、经闭、跌打、骨折、外伤出血、乳痈、疔疮、蛇咬伤。

289. 北延叶珍珠菜 *Lysimachia silvestrii* (Pamp.) Hand.-Mazz.

【形态】一年生草本，全体无毛。茎直立，稍粗壮，高 30 ～ 75 厘米，圆柱形，单一或上部分枝。叶互生，卵状披针形或椭圆形，稀为卵形，长 3 ～ 7 厘米，宽 1 ～ 3.5 厘米，先端渐尖，基部渐狭，干时近膜质，上面绿色，下面淡绿色，边缘和先端有暗紫色或黑色粗腺条；叶柄长 1.5 ～ 3 厘米。总状花序顶生，疏花；花序最下方的苞片叶状，上部的渐次缩小呈钻形，长约 6 毫米；花梗长 1 ～ 2 厘米；花萼长约 6 毫米，分裂近达基部，裂片披针形，先端渐尖，常向外反曲，背面有暗紫色或黑色短腺条，先端尤密；花冠白色，长约 6 毫米，基部合生部分长约 2 毫米，裂片倒卵状长圆形，先端钝或稍锐尖，裂片间的弯缺圆钝；雄蕊比花冠略短或于花药顶端露出花冠外，花丝贴生于花冠裂片的基部，分离部分长 2.5 毫米；花药狭椭圆形，长约 1 毫米；花粉粒具 3 孔沟，长球形（25 ～ 29）微米 ×（19 ～ 20）微米，表面具网状纹饰；子房无毛，花柱长 4 毫米。蒴果球形，直径 3 ～ 4 毫米。花期 5—7 月，果期 8 月。

图 289　北延叶珍珠菜

【生境】生于山坡草地、沟边和疏林下。

【分布】分布于黄山头镇。

八十八、柿科 Ebenaceae

乔木或直立灌木，不具乳汁，少数有枝刺。叶为单叶，互生，排成 2 列，全缘，无托叶，具羽状叶脉。花多半单生，通常雌雄异株，或为杂性，雌花腋生，单生，雄花常生在小聚伞花序上或簇生，或为单生，整齐；花萼 3 ～ 7 裂，多少深裂，在雌花或两性花中宿存，常在果时增大，裂片在花蕾中镊合状或覆瓦状排列；花冠 3 ～ 7 裂，早落，裂片旋转排列，很少覆瓦状排列或镊合状排列；雄蕊离生或着生在花冠管的基部，常为花冠裂片数的2～4倍，很少和花冠裂片同数而与之互生，花丝分离或2枚连生成对，花药基着，2室，内向，纵裂，雌花常具退化雄蕊或无雄蕊；子房上位，2～16室，每室具1～2悬垂的胚珠；花柱2～8枚，分离或基部合生；柱头小，全缘或2裂；在雄花中，雌蕊退化或缺。浆果多肉质；种子有胚乳，胚乳有时为嚼烂状，胚小，子叶大，叶状；种脐小。

本科有3属500余种，主要分布于两半球热带地区，在亚洲的温带和美洲的北部种类少。我国有1属约57种。

柿属 *Diospyros* L.

乔木或灌木。叶互生，偶或有微小的透明斑点。花单性，雌雄异株或杂性；雄花常较雌花为小，组成聚伞花序，雄花序腋生在当年生枝上，或很少在较老的枝上侧生，雌花常单生叶腋；萼通常4深裂，有时顶端截平，绿色，雌花的萼结果时常增大；花冠壶形、钟形或管状，浅裂或深裂，裂片向右旋转排列，很少覆瓦状排列；雄蕊4至多数，通常16枚，常2枚连生成对而形成2列；子房2～16室，每室有胚珠1～2颗；花柱2～5枚，分离或在基部合生，通常顶端2裂；在雌花中有退化雄蕊1～16枚或无雄蕊。浆果肉质，球形至扁球形，基部通常有增大的宿存萼；种子较大，通常两侧压扁。本属约有500种，主产于热带地区。我国有57种，主要分布于西南部至东南部。公安县有1种1变种。

1. 果实直径4～8厘米……………………………………………………………………………………柿 *D. kaki*

1. 果实较柿小，直径2.5～5厘米……………………………………………………………野柿 *D. kaki* var. *silvestris*

290. 柿 *Diospyros kaki* Thunb.

【形态】落叶乔木，通常高达15米。树皮深灰色至灰黑色，鳞片状开裂，小枝深棕色，有褐色柔毛。单叶互生，叶柄长1～1.5厘米，有毛，叶片革质，椭圆状卵形或倒卵形，长6～18厘米，宽3～9厘米，先端短尖，基部阔楔形或近圆形，全缘，上面深绿色，有光泽，下面淡绿色，有短柔毛，沿叶脉密生淡褐色茸毛。花杂性，雌雄异株或同株，雄花成短聚伞花序，雌花单生于叶脉；花萼4深裂，有毛，果熟时增大，花冠钟形，黄白色，4裂，有毛；雄花有雄蕊16；雌蕊有退化雌蕊8，子房上位，8室，花柱自基部分离。浆果卵圆形或扁球形，直径4～8厘米，橙红色或深黄色，具宿存的木质花萼。花期5—6月，果期9—10月。

图290 柿

【生境】多栽培。

【分布】全县广布。

【药用部位】宿存花萼、叶以及果实加工而成的饼状物，此饼状物称“柿饼”。

【采收加工】秋季采摘成熟果实，收集柿蒂，也可利用加工柿饼霜所剩下的柿蒂，去柄，晒干。柿饼的加工：取成熟的果实，削去外皮，日晒夜露，约经1月后，放置卷席内，再经1月左右，即成柿饼，其上生有白色粉霜即“柿霜”。

【化学成分】柿含三萜类成分：主要为齐墩果酸、熊果酸。尚含β-谷甾醇及其糖苷、三叶豆苷、金丝桃苷及游离的山柰酚、槲皮素等。此外尚含单宁。

【药理作用】柿具有抗动脉硬化、预防心血管疾病、抗肿瘤、抗老化、抗微生物、抗痉挛、止血的药理作用。

【性味】柿蒂：苦、涩，平。柿饼：甘、涩，寒。叶：苦，寒。

【功能主治】柿蒂：降气止呕；主治呕吐、呃逆。

柿饼：润肺、涩肠、止血；主治吐血、咯血、血淋、肠风、痔漏、痢疾。

叶：主治咳喘、肺气肿、各种内出血。

291. 野柿 *Diospyros kaki* var. *Silvestris* Makino

【形态】落叶乔木。枝、嫩枝密被黄褐色柔毛。叶纸质，卵状椭圆形至倒卵形，长5～18厘米，宽2.8～9厘米，先端渐尖，基部楔形、圆形或微心形；老叶叶背被柔毛或被稀疏短毛；侧脉5～7；叶柄长0.8～2厘米，后变无毛。雌雄异株，但间或雄株中有少数雌花，雌株中有少数雄花。雄花：花序长1～1.5厘米，弯垂，有短柔毛；雄花长5～10毫米；花萼钟状，两面有毛，深4裂，裂片长约3毫米；花冠钟状，黄白色，4裂；雄蕊16～24枚，着生在花冠管的基部，连生成对，退化子房微小；花梗长约3毫米。雌花：单生叶腋；花萼深4裂，萼管肉质，长约5毫米；花冠淡黄白色带紫红色，壶形或近钟形，长1.2～1.5厘米，4裂，裂片长5～14毫米，上部向外弯曲；退化雄蕊8枚；花柱4深裂；花梗长6～20毫米。子房无毛或有短柔毛，8室。果无油质和毛，较小，直径2.5～5厘米，橙红色；果柄粗壮，长0.6～1.2厘米；宿存萼花后增大增厚，宽3～4厘米，4裂，方形或近圆形，外面有柔毛，后变无毛。花期5—6月，果期9—10月。

图291 野柿

【生境】生于宅旁。

【分布】分布于黄山头镇。

八十九、安息香科 Styracaceae

乔木或灌木，常被星状毛或鳞片状毛。单叶，互生，无托叶。总状花序、聚伞花序或圆锥花序，很少单花或数花丛生，顶生或腋生；小苞片小或无，常早落；花两性，稀杂性，辐射对称；花萼杯状、倒圆锥状或钟状，部分至全部与子房贴生或完全离生，通常顶端 4 ～ 5 齿裂，稀 2 或 6 齿或近全缘；花冠合瓣，极少离瓣，裂片通常 4 ～ 5，很少 6 ～ 8，花蕾时镊合状或覆瓦状排列；雄蕊常为花冠裂片数的 2 倍，稀 4 倍或为同数而与其互生，花药内向，2 室，纵裂，花丝通常基部合生成管，常贴生于花冠管上；子房上位、半下位或下位，3 ～ 5 室，每室有胚珠 1 至多颗；胚珠倒生，直立或悬垂；花柱丝状或钻状，柱头头状或不明显 3 裂。核果有一肉质外果皮或为蒴果，稀浆果，具宿存花萼；种子无翅或有翅，有一宽大种脐，常有丰富的胚乳。

本科约有 11 属 180 种，主要分布于亚洲和美洲，少数在欧洲及非洲。我国产 9 属 50 种 9 变种，南北地区均产，但以长江以南各省（区）为多。

公安县境内的安息香科植物有 1 属 1 种。

安息香属 *Styrax* L.

灌木或乔木。单叶互生，多少被星状毛或鳞片状毛，极少无毛。单生叶腋或顶生成总状花序；苞片小，早落；花萼杯状、钟状或倒圆锥状，与子房基部完全分离或稍合生，顶端常 5 齿，稀 2 ～ 6 裂或近波状；花冠白色，常 5 深裂，裂片在花蕾时镊合状或覆瓦状排列，花冠管短；雄蕊 8 ～ 13 枚，通常 10 枚，近等长，稀有 5 长 5 短，花丝基部合生成管，贴生于花冠管上，稀离生；花药长圆形，药室平行，内向，纵裂；子房上位，上部 1 室，下部 3 室，每室有胚珠 1 ～ 4 颗；花柱钻状，柱头 3 浅裂或头状。核果肉质，干燥，不开裂或不规则 3 瓣开裂，与宿存花萼完全分离或稍与其合生；种子 1 ～ 2 颗，有坚硬的种皮和大而基生的种脐。本属约有 130 种，主要分布于热带与亚热带地区。我国约有 30 种 7 变种，主产于长江流域以南各省（区）。公安县有 1 种。

292. 白花龙 *Styrax faberi* Perk.

图 292 白花龙

【形态】灌木，高 1 ～ 2 米；嫩枝纤弱，具沟槽，扁圆形，密被星状长柔毛，或被毛渐脱落至完全无毛，老枝圆柱形，紫红色，直立或有时蜿蜒状。叶互生，纸质，有时侧枝最下两叶近对生而较大，椭圆形、倒卵形或长圆状披针形，长 4 ～ 11 厘米，宽 3 ～ 3.5 厘米，顶端急渐尖或渐尖，基部宽楔形或近圆形，边缘具细锯齿；叶柄长 1 ～ 2 毫米，密被黄褐色星状柔毛。总状花序顶生，有花 3 ～ 5 朵，下部常单花腋生，长 3 ～ 4 厘米；花序梗和花梗均密被灰黄色星状短柔毛；花白色，长 1.2 ～ 2 厘米；花梗长 8 ～ 15 厘米，花后常向下弯；花萼杯状，膜质，平截或具 5 浅齿，外面密被灰黄色星状茸毛和星状短柔毛；花冠裂片膜质，披针形或长圆形，长

5～15毫米，宽2.5～3毫米，外面密被白色星状短柔毛；雄蕊10。果实倒卵形或近球形，长6～8毫米，直径5～7毫米，外面密被灰色星状短柔毛，果皮厚约0.5毫米，平滑。花期4—6月，果期8—10月。

【生境】生于丘陵地灌丛中。

【分布】分布于章庄铺镇、黄山头镇。

九十、山矾科 Symplocaceae

灌木或乔木。单叶，互生，通常具锯齿、腺质锯齿或全缘，无托叶。花两性，稀杂性，辐射对称，排成穗状花序、总状花序、圆锥花序或团伞花序，很少单生；花通常为1枚苞片和2枚小苞片所承托；萼通常5裂，裂片镊合状排列或覆瓦状排列，通常宿存；花冠通常5裂，稀为3～11裂，裂片分裂至近基部或中部，覆瓦状排列；雄蕊通常多数，很少4～5枚，着生于花冠筒上，花丝分离或合生成束，花药近球形，2室，纵裂；子房下位或半下位，顶端常具花盘和腺点，2～5室，通常3室，每室胚珠2～4颗，下垂；花柱纤细，柱头头状或2～5裂。果为核果，顶端冠有宿存的萼裂片，核光滑或具棱，1～5室，每室有种子1颗，具丰富的胚乳。

本科只有山矾属1属，约300种，广布于亚洲、大洋洲和美洲的热带和亚热带，非洲不产。我国有77种，分布于长江以南各省（区）。公安县亦有分布。

山矾属 *Symplocos* Jacq.

山矾属的特征与山矾科相同。公安县有1种。

293. 华山矾 *Symplocos chinensis* (Lour.) Druce

【形态】落叶灌木，高1～3米。嫩枝、叶柄、叶背均被灰黄色皱曲柔毛。叶纸质，椭圆形或倒卵形，长4～7厘米，宽2～5厘米，先端急尖或短尖，有时圆，基部楔形或圆形，边缘有细尖锯齿，叶面有短柔毛；中脉在叶面凹下，侧脉每边4～7条。圆锥花序顶生或腋生，长4～7厘米，花序轴、苞片、萼外面均密被灰黄色皱曲柔毛；苞片早落；花萼长2～3毫米。裂片长圆形，长于萼筒；花冠白色，芳香，长约4毫米，5深裂几达基部；雄蕊50～60枚，花丝基部合生成五体雄蕊；花盘具5突起

图293　华山矾

的腺点，无毛；子房 2 室。核果卵状圆球形，歪斜，长 5 ～ 7 毫米，被紧贴的柔毛，熟时蓝色，顶端宿萼裂片向内伏。花期 6—7 月，果期 8—9 月。

【生境】生于丘陵、山坡、杂林中。

【分布】分布于章庄铺镇、黄山头镇。

【药用部位】根、叶。

【采收加工】根全年可采；叶于夏、秋季采集，分别晒干备用。

【性味】根：甘、微苦，凉。有小毒。

【功能主治】根：解表退热，解毒除烦。用于感冒发热、心烦口渴、疟疾、腰腿痛、狂犬咬伤、毒蛇咬伤。叶：外用治外伤出血。

九十一、木犀科 Oleaceae

常绿直立或藤状灌木或小乔木。叶对生，稀互生或轮生，单叶、三出复叶或羽状复叶，稀羽状分裂，全缘或具齿；具叶柄，无托叶。花辐射对称，两性，稀单性或杂性，雌雄同株、异株或杂性异株，通常聚伞花序排列成圆锥花序，或为总状花序、伞状花序、头状花序，顶生或腋生，或聚伞花序簇生于叶腋，稀花单生；花萼 4 裂，有时多达 12 裂，稀无花萼；花冠 4 裂，有时多达 12 裂，浅裂、深裂至近离生，或有时在基部成对合生，稀无花冠，花蕾时呈覆瓦状或镊合状排列；雄蕊 2 枚，稀 4 枚，着生于花冠管上或花冠裂片基部，花药纵裂，花粉通常具 3 沟；子房上位，由 2 心皮组成 2 室，每室 2 胚珠，有时 1 或多枚，花柱单一或无，柱头 2 裂或头状。果为翅果、蒴果、核果、浆果或浆果状核果，种子具胚乳或无胚乳。

本科约有 27 属 400 种，广布于热带和温带地区，亚洲地区种类尤为丰富。我国产 12 属 178 种 6 亚种 25 变种 15 变型，其中 14 种 1 亚种 7 变型系栽培，南北各地均有分布。

公安县境内的木犀科植物有 2 属 3 种。

1. 浆果状核果或核果状而室背开裂；花序顶生，稀腋生……女贞属 *Ligustrum*
1. 浆果双生或其中 1 个不育而成单生……素馨属 *Jasminum*

女贞属 *Ligustrum* L.

落叶或常绿灌木，稀为小乔木。叶对生，单叶对生，纸质或革质，全缘，具短柄。花两性；常排列成圆锥花序，顶生于小枝顶端，稀腋生；花萼钟状，先端截形或具 4 齿；花冠白色，近辐状、漏斗状或高脚碟状，4 裂，蕾时呈镊合状排列；雄蕊 2 枚，着生于近花冠管喉部，内藏或伸出，花药椭圆形、长圆形至披针形，药室近外向开裂；子房近球形，2 室，每室具下垂胚珠 2 枚，花柱丝状，柱头肥厚，常 2 浅裂。果为浆果状核果，内果皮膜质或纸质，稀为核果状而室背开裂；种子 1 ～ 4 枚，种皮薄；胚乳肉质。本属约有 45 种，主要分布于亚洲温暖地区，向西北延伸至欧洲。我国产 29 种 1 亚种 9 变种 1 变型，其中 2 种系栽培，尤以西南地区种类最多。公安县有 2 种。

1. 果非球形，多少弯曲，肾形或倒卵状长圆形；植株无毛，叶片革质……女贞 *L. lucidum*

1. 果近球形，不弯曲；叶片常纸质，两面多少被毛……小蜡 *L. sinense*

294. 女贞　*Ligustrum lucidum* Ait.

【形态】常绿灌木或乔木，高可达 13 米。茎灰色，小枝灰绿色，皮孔黄褐色。叶对生，革质，卵形至卵状披针形，长 6 ～ 14 厘米，宽 4 ～ 6 厘米，先端急尖和渐尖，基部宽楔形或近于圆形，全缘，上面深绿色，有光泽，下面淡绿色，密布细小透明的腺点；叶柄长 1 ～ 2 厘米。圆锥花序顶生，长 5 ～ 10 厘米，直径 8 ～ 17 厘米；苞片叶状，着生在花序下部的侧生花序之基部，线状披针形，花芳香，几无梗；花萼及花冠钟状，均 4 裂，花冠白色；雄蕊 2，着生于花冠管筒部；花丝伸出花冠外；子房上位，2 室。浆果状核果长圆形，长约 1 厘米，熟时蓝黑色，表面被白粉，种子 1 ～ 2 粒。花期 6—7 月。

【生境】常栽培于庭园或田埂旁。

【分布】全县广布。

【药用部位】果实。

【采收加工】秋、冬季摘取成熟果实，拣净杂质，洗净后晒干或蒸后晒干。叶全年可采。根 9—10 月采挖，洗净，切片，晒干。

【化学成分】女贞含有环烯醚萜类、三萜类、黄酮类等化合物。

【药理作用】女贞具有降血脂、降血糖、抗氧化活性、抗肝损伤、增强免疫力的药理作用。

【性味】苦、甘，平。

【功能主治】滋补肝肾，强腰膝，明耳目。主治阴虚发热、头昏、目花、耳鸣、肝肾阴虚、腰膝酸软、须发早白、脂溢性脱发、习惯性便秘。

图 294　女贞

图 295　小蜡

295. 小蜡　*Ligustrum sinense* Lour.

【形态】落叶灌木或小乔木，高可达 7 米。枝条开张，小枝密生黄色短柔毛。单叶对生，叶柄长 3 ～ 6

毫米；叶片椭圆形至椭圆状长圆形，长 3 ～ 7 厘米，宽 1 ～ 2 厘米，先端钝或尖，基部阔楔形，全缘，叶下面中脉上有短柔毛。圆锥花序顶生或腋生，长 4 ～ 10 厘米，有短柔毛，花具细梗；萼钟形，4 齿裂，有毛；花冠漏斗状，白色，裂片 4，管较裂片短；雄蕊 2，花药伸出花冠外；子房 2 室，每室有胚珠 2 枚。核果近球形，直径 1 ～ 5 毫米。花期 6—7 月，果期 9—10 月。

【生境】生于山坡或混交林中。

【分布】分布于章庄铺镇、黄山头镇。

素馨属 *Jasminum* L.

直立或攀缘状灌木或小乔木，常绿或落叶。小枝圆柱形或具棱角和沟。叶对生或互生，稀轮生，单叶，三出复叶或为奇数羽状复叶，小叶全缘；叶柄有时具关节，无托叶。花两性，排成聚伞花序，聚伞花序再排列呈圆锥状、总状、伞房状或头状；苞片常呈锥形或线形，有时花序基部的苞片呈小叶状；花常芳香；花萼钟状，具齿 4 ～ 12 枚；花冠常呈白色或黄色，稀红色或紫色，高脚碟状或漏斗状，裂片 4 ～ 12 枚，花蕾时呈覆瓦状排列，栽培时常为重瓣；雄蕊 2 枚，内藏，着生于花冠管近中部，花丝短，花药背着，药室内向侧裂；子房 2 室，每室具直立胚珠 1 ～ 2 枚，花柱丝状，柱头头状或 2 裂。浆果双生或其中一个不育而成单生，果成熟时呈黑色或蓝黑色，果爿球形或椭圆形；种子无胚乳。本属约有 200 种，分布于非洲、亚洲、澳大利亚以及太平洋南部诸岛屿；南美洲仅有 1 种。我国产 47 种 1 亚种 4 变种 4 变型，其中 2 种系栽培，分布于秦岭山脉以南各省（区）。公安县有 1 种。

296. 迎春花　*Jasminum nudiflorum* Lindl.

【形态】落叶灌木，高达 5 米。枝条细长，直立或呈拱形，小枝绿色，平滑无毛，有 4 棱。复叶对生；小叶 3 片，卵形或长椭圆状卵形，长 1 ～ 3 厘米，先端尖，边缘有细毛，下面无毛；叶柄长 5 ～ 10 毫米；花淡黄色，先叶开放，着生于前一年的枝条上，单生或腋生，花梗长约 6 毫米，被狭长绿色的小苞；萼钟状，裂片 6，线状，绿色，与萼筒等长或较长，花冠管高脚碟形，花冠直径约 2 毫米，裂片 6，雄蕊 2，着生于花筒内，子房上位，2 室。浆果有宿存花萼。花期 2—4 月。

图 296　迎春花

【生境】多为栽培，供观赏。

【分布】分布于斗湖堤镇。

【药用部位】花、叶。

【采收加工】春、秋季采花，夏季采叶，晒干或鲜用。

【性味】花：甘、涩，平。叶：苦，平。

【功能主治】花：清热利尿，解毒。叶：解毒消肿，止血，止痛；主治风热头痛、小便热痛、跌打损伤、痈疽肿痛。

九十二、龙胆科 Gentianaceae

一年生或多年生草本；茎直立或斜升，有时缠绕。单叶对生，少有互生或轮生，全缘，基部合生，筒状抱茎或为一横线所联结；无托叶。花单生，或排列成聚伞花序或复聚伞花序；花两性，稀单性，辐射状或在个别属中为两侧对称，一般 4 ～ 5 数，稀达 6 ～ 10 数；花萼筒状、钟状或辐状；花冠筒状、漏斗状或辐状，稀有距，裂片在蕾时右向旋转排列，稀镊合状排列；雄蕊着生于冠筒上与裂片互生，花药背着或基着，雌蕊由 2 个心皮组成，子房上位，1 室，侧膜胎座，稀心皮结合处深入而形成中轴胎座，致使子房变成 2 室；柱头全缘或 2 裂；胚珠常多数；腺体或腺窝着生于子房基部或花冠上。蒴果 2 瓣裂，稀不开裂。种子小，常多数，具丰富的胚乳。

本科约有 80 属 700 种，广布于世界各洲，但主要分布于北半球温带和寒温带。我国有 22 属 427 种，绝大多数的属和种集中于西南山岳地区。

公安县境内的龙胆科植物有 1 属 1 种。

荇菜属 *Nymphoides* Seguier

多年生水生草本，具根茎。茎伸长，分枝或否，节上有时生根。叶基生或茎生，互生，稀对生，叶片浮于水面。花簇生节上，5 数；花萼深裂近基部，萼筒短；花冠常深裂近基部呈辐状，稀浅裂呈钟形，冠筒通常甚短，喉部具 5 束长柔毛，裂片在蕾中呈镊合状排列，边缘全缘或具毛，边缘宽膜质、透明（或称翅），具细条裂齿；雄蕊着生于冠筒上，与裂片互生，花药卵形或箭形；子房 1 室，胚珠多数，花柱短于或长于子房，柱头 2 裂，裂片半圆形或三角形，边缘齿裂或全缘；腺体 5，着生于子房基部。蒴果成熟时不开裂；种子多数，表面平滑、粗糙或具短毛。本属约有 20 种，广布于热带和温带。我国有 6 种，大部分省（区）均产。公安县有 1 种。

297. 荇菜　*Nymphoides peltatum* (Gmel.) O. Kuntze

【形态】多年生水生草本。茎圆柱形，多分枝，密生褐色斑点，节下生根。上部叶对生，下部叶互生，叶片飘浮，近革质，圆形或卵圆形，直径 1.5 ～ 8 厘米，基部心形，全缘，有不明显的掌状叶脉，下面紫褐色，密生腺体，粗糙，上面光滑，叶柄圆柱形，长 5 ～ 10 厘米，基部变宽，呈鞘状，半抱茎。花常多数，簇生节上，5 数；花梗圆柱形，不等长，稍短于叶柄，长 3 ～ 7 厘米；花萼长 9 ～ 11 毫米，分裂近基部，裂片椭圆形或椭圆状披针形，先端钝，全缘；花冠金黄色，长 2 ～ 3 厘米，直径 2.5 ～ 3 厘米，分裂至近基部，冠筒短，喉部具 5 束长柔毛，裂片宽倒卵形，先端圆形或凹陷，中部质厚的部分卵状长圆形，

图 297 荇菜

边缘宽膜质，近透明，具不整齐的细条裂齿；雄蕊着生于冠筒上，整齐，花丝基部疏被长毛；在短花柱的花中，雌蕊长 5 ～ 7 毫米，花柱长 1 ～ 2 毫米，柱头小，花丝长 3 ～ 4 毫米，花药常弯曲，箭形，长 4 ～ 6 毫米；在长花柱的花中，雌蕊长 7 ～ 17 毫米，花柱长达 10 毫米，柱头大，2 裂，裂片近圆形，花丝长 1 ～ 2 毫米，花药长 2 ～ 3.5 毫米；腺体 5 个，黄色，环绕子房基部。蒴果无柄，椭圆形，长 1.7 ～ 2.5 厘米，宽 0.8 ～ 1.1 厘米，宿存花柱长 1 ～ 3 毫米，成熟时不开裂；种子大，褐色，椭圆形，长 4 ～ 5 毫米，边缘密生毛。花果期 4—10 月。

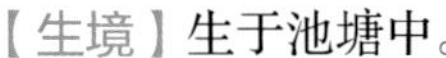

【生境】生于池塘中。

【分布】分布于闸口镇。

【药用部位】全草。

【采收加工】夏、秋季采收，晒干。

【性味】甘，寒。无毒。

【功能主治】清热解毒，利尿消肿。用于痈肿疮毒、热淋、小便涩痛。

九十三、夹竹桃科 Apocynaceae

乔木、直立灌木、木质藤木或多年生草本，具乳汁或水液；稀有刺。单叶对生或轮生，稀互生，全缘，稀有细齿；羽状脉；通常无托叶或退化成腺体。花两性，辐射对称，单生或聚伞花序，顶生或腋生；花萼裂片 5 枚，稀 4 枚，基部合生呈筒状或钟状，裂片通常双盖覆瓦状排列，基部内面通常有腺体；花冠合瓣，高脚碟状、漏斗状、坛状、钟状，稀辐状，裂片 5 枚，稀 4 枚，覆瓦状排列，其基部边缘向左或向右覆盖，稀镊合状排列，喉部通常有副花冠或附属体；雄蕊 5，着生在花冠筒上或花冠喉部，内藏或伸出，花丝分离，花药长圆形或箭头状，2 室，分离或互相粘合并贴生在柱头上；花粉颗粒状；花盘环状、杯状或呈舌状，稀无花盘；子房上位，稀半下位，1 ～ 2 室，或为 2 枚离生或合生心皮所组成；花柱 1，柱头通常环状、头状或棍棒状，顶端通常 2 裂；胚珠 1 至多颗，着生于腹面的侧膜胎座上。果为浆果、核果、蒴果或蓇葖；种子通常一端被毛。

本科约有 250 属 2000 种，分布于热带、亚热带地区，少数在温带地区。我国产 46 属 176 种 33 变种，主要分布于长江以南各省（区）及沿海岛屿，少数分布于北部及西北部。

公安县境内的夹竹桃科植物有 3 属 3 种。

1. 花冠裂片向左覆盖；种子无毛 ………………………………………… 长春花属 *Catharanthus*
1. 花冠裂片向右覆盖；种子顶部有种毛，很少早落。
   2. 直立灌木；叶轮生；种毛常早落 ………………………………………… 夹竹桃属 *Nerium*
   2. 木质藤本；叶对生；种毛宿存 ………………………………………… 络石属 *Trachelospermum*

长春花属 *Catharanthus* G. Don

草本或亚灌木，有水液。叶草质，对生；叶腋内和叶腋间有腺体。花 2 ～ 3 朵组成聚伞花序，顶生或腋生；花萼 5 深裂，无腺体；花冠高脚碟状，花冠筒圆筒状，喉部紧缩，内面具刚毛，花冠裂片向左覆盖；雄蕊着生于花冠筒中部以上，内藏，花丝圆形，比花药短，花药长圆状披针形；花盘由 2 片舌状腺体组成，与心皮互生而较长；子房由 2 离生心皮组成，胚珠多数，花柱丝状，柱头头状。蓇葖双生，直立，圆筒状具条纹；种子 15 ～ 30 粒，长圆形，两端截形，黑色，具颗粒状小瘤。本属约有 6 种，产于非洲东部及亚洲东南部。我国栽培 1 种 2 变种。公安县亦有分布。

298. 长春花 *Catharanthus roseus* (L.) G. Don

图 298　长春花

【形态】多年生草本或常绿亚灌木状，高达80厘米。茎通常上部分枝，幼枝红褐色，无毛或稍被毛，有节，节稍膨大。叶对生，膜质，倒卵状长圆形，长 3 ～ 5 厘米，宽 1.5 ～ 2 厘米，顶端圆形，有短尖头，基部渐狭，全缘或微波状，有短柄。叶上面深绿色有光泽，下面淡绿色，两面及叶缘均具短柔毛。花单生或对生于叶腋；花萼小，5 深裂；花冠红色，高脚碟状，5 裂，裂片阔倒卵形，窄长，向左旋转状覆盖；雄蕊 5 枚，着生于花冠筒中部以上；花盘由 2 片舌状腺体组成，与心皮互生而比其长；心皮 2，子房离生；花柱合生。蓇葖果通常成对着生，圆柱形，长 2 ～ 3 厘米，直立，表面具纵棱，被毛，种子多数，黑色，无种皮，具颗粒状小瘤状突起及沟槽。花期 4—9 月，果期 9—10 月。

【生境】栽培作观赏。

【分布】全县广布。

【药用部位】全草。

【采收加工】全年均可采收，拔起全草，除去泥土，晒干。

【化学成分】长春花主要含生物碱、酚酸和黄酮。生物碱包括二聚吲哚生物碱、单吲哚生物碱和其他生物碱。

【药理作用】长春花具有降血糖、降血脂、降血压、抗肿瘤、预防脑梗死、愈合伤口等药理作用。

【性味】微苦，凉。

【功能主治】抗癌，降血压。主治高血压、恶性淋巴肉芽肿、绒毛膜上皮癌、急性淋巴细胞白血病等。

夹竹桃属 *Nerium* L.

直立灌木，枝条灰绿色，含水液。叶轮生，稀对生，具柄，革质，羽状脉，侧脉密生而平行。伞房状聚伞花序顶生，具总花梗；花萼5裂，裂片披针形，双覆盖瓦状排列，内面基部具腺体；花冠漏斗状，红色，栽培演变为白色或黄色，上部5裂，或呈重瓣，花蕾时向右覆盖，筒部圆柱形，上部扩大呈钟状，喉部具5枚阔鳞片状副花冠，每片顶端撕裂；雄蕊5，着生在花冠筒中部以上，花丝短，花药箭头状，附着在柱头周围，基部具耳，顶端渐尖，药隔延长呈丝状，被长柔毛；无花盘；子房由2枚离生心皮组成，花柱丝状或中部以上加厚，柱头近球状，基部膜质环状，顶端具尖头；每心皮有胚珠多颗。蓇葖2，离生，长圆形；种子长圆形，外面被短柔毛，顶端种毛常早落。本属约有4种，分布于地中海沿岸及亚洲热带、亚热带地区。我国引入栽培有2种1栽培变种。公安县有1种。

299. 夹竹桃 *Nerium indicum* Mill.

【形态】常绿灌木，高达5米，全体无毛。茎上部呈圆柱形，上部稍有棱，叶革质，常3～4枚轮生，在枝条下部为对生，叶片条状披针形或长披针形，长5～25厘米，宽1～4厘米，顶端渐尖，基部楔形，全缘，中部于背面隆起，侧脉多数，平行；叶柄短。聚伞花序顶生；花萼5裂，紫色，外面密被柔毛，内面基部有腺体；花冠红色，重瓣，芳香，副花冠鳞片状，顶端撕裂；雄蕊5，贴生于管口。蓇葖果长柱形，长10～20厘米，直径1.5～2厘米，种子顶端具黄褐色种毛。花期6—8月，果期8—10月。

图299 夹竹桃

【生境】栽培。

【分布】全县广布。

【药用部位】叶。

【采收加工】全年可采，晒干或鲜用。

【化学成分】叶含强心苷成分，主要为欧夹竹桃苷丙、欧夹竹桃苷甲、欧夹竹桃苷乙等。叶中的强心苷在开花期含量最高。

【药理作用】夹竹桃具有强心、利尿、镇静、灭虫的药理作用。

【性味】苦、辛，温。

【功能主治】强心利尿，祛痰定喘，镇痛，祛瘀，祛风止痉，杀蝇蛆，灭孑孓。主治心力衰竭、心源性水肿、癫痫、蚊虫叮咬、喘息咳嗽、跌打损伤肿痛、经闭。

络石属 *Trachelospermum* Lem.

攀缘灌木，全株具白色乳汁，无毛或被柔毛。叶对生，具羽状脉。聚伞花序，有时呈圆锥状，顶生或腋生，花白色或紫色；花萼5裂，裂片双盖覆瓦状排列，内面基部有5～10枚腺体，腺体顶端通常呈细齿状；花冠高脚碟状，花冠筒圆柱形，5棱，在雄蕊着生处膨大，喉部缢缩，顶端5裂，裂片长圆状镰刀形或斜倒卵状长圆形，向右覆盖；雄蕊5枚，着生在花冠筒膨大之处，通常内藏，花丝短，花药箭头状，基部具耳，顶部短渐尖，腹部粘生在柱头的基部；花盘环状，5裂；子房由2枚离生心皮组成，花柱丝状、柱头圆锥状或卵圆形或倒圆锥状；每心皮有胚珠多颗。蓇葖双生，长圆状披针形；种子线状长圆形，顶端具白色绢质种毛。本属约有30种，分布于亚洲热带和亚热带地区，稀温带地区。我国产10种6变种，几乎分布于全国各省（区）。公安县有1种。

300. 络石 *Trachelospermum jasminoides* (Lindl.) Lem.

图300 络石

【形态】常绿木质攀缘灌木，长达10米，有乳汁，具气根。茎圆柱形，缠绕性，多分枝，嫩枝有柔毛，老枝褐色，散生点状皮孔，光滑。叶对生，椭圆形或卵状披针形，长2～12厘米，宽1～5厘米，革质，先端短尖或渐尖，基部楔形，全缘，上面深绿色，光滑，下面被短毛；叶柄短。伞形花序顶生或腋生，总花梗长1.5～3厘米；花萼5深裂，反卷，外面被白色柔毛；花冠白色，高脚碟状，花冠筒中部膨大，喉部有短柔毛，5裂，裂片向右扭转重叠；雄蕊5枚，着生于花冠筒中部；雌蕊有2个分离心皮，子房上位，基部有环状5裂的花盘，与子房等长。蓇葖果圆柱形，叉生，近水平展开，长约15厘米，褐色，无毛；种子多数，顶端有白色光亮种毛。花期4—6月，果期9—10月。

【生境】主要生于山坡、路旁、沟边的杂木林中，常攀缘在树、墙壁上生长。

【分布】分布于章庄铺镇、黄山头镇。

【药用部位】带叶的茎枝。

【采收加工】秋季割取，晒干。

【化学成分】茎含牛蒡子苷、罗汉松树脂酚、橡胶肌醇、β－谷甾醇葡萄糖苷等。

【药理作用】络石具有抗炎镇痛、抗疲劳、镇静催眠、抗氧化、降血脂、抗肿瘤等药理作用。

【性味】苦，微寒。

【功能主治】祛风通络，凉血消痈，止血，祛瘀。主治风湿痹痛、筋脉拘挛、咽喉肿痛、小儿麻痹、痈肿疮毒、蛇犬咬伤、外伤出血、吐血、跌打损伤、产后恶露不行等。

九十四、萝藦科 Asclepiadaceae

多年生直立或攀缘草本或木本，具乳汁；根部木质或肉质。叶对生或轮生，具柄，全缘，羽状脉；叶柄顶端通常具有丛生的腺体，稀无叶；通常无托叶。聚伞花序通常伞形，有时伞房状或总状，腋生或顶生；花两性，整齐，5数；花萼筒短，裂片5，双盖覆瓦状或镊合状排列，内面基部通常有腺体；花冠合瓣，辐状、坛状，稀高脚碟状，顶端5裂片，裂片旋转，覆瓦状或镊合状排列；副花冠通常存在，为5枚离生或基部合生的裂片或鳞片所组成，有时双轮，生在花冠筒上或雄蕊背部或合蕊冠上，稀退化成2纵列毛或瘤状突起；雄蕊5，与雌蕊粘生成中心柱，称合蕊柱；花药连生成一环而腹部贴生于柱头基部的膨大处；花丝合生成为1个有蜜腺的筒，称合蕊冠，或花丝离生，药隔顶端通常具有阔卵形而内弯的膜片；花粉粒连合包在1层软韧的薄膜内而呈块状，称花粉块，通常通过花粉块柄而系结于着粉腺上，每花药有花粉块2个或4个；或花粉器通常为匙形，直立，其上部为载粉器，内藏有四合花粉，载粉器下面有1载粉器柄，基部有1黏盘，粘于柱头上，与花药互生，稀有4个载粉器粘生呈短柱状，基部有1共同的载粉器柄和黏盘；无花盘；雌蕊1，子房上位，由2个离生心皮组成，花柱2，合生，柱头基部具5棱；胚珠多数，数排，着生于腹面的侧膜胎座上。蓇葖双生，或因1个不发育而成单生；种子多数，其顶端具有丛生绢质种毛。

本科约有180属2200种，分布于热带、亚热带地区，少数种类分布于温带地区。我国产44属245种33变种，西南及东南部为多，少数分布于西北与东北各省（区）。

公安县境内的萝藦科植物有2属2种。

1. 花粉块下垂……萝藦属 *Metaplexis*
1. 花粉块直立或平展……娃儿藤属 *Tylophora*

萝藦属 Metaplexis R. Br.

多年生草质藤本或藤状半灌木，具乳汁。叶对生，卵状心形，具柄。聚伞花序总状，腋生，花序梗长；花中型；花萼5深裂，裂片双盖覆瓦状排列，内面基部具有5个小腺体；花冠近辐状，筒短，裂片5，向左覆盖；副花冠环状，着生于合蕊冠上，5短裂，裂片兜状；雄蕊5，着生于花冠基部，腹部与雌蕊粘生，花丝合生呈短筒状，花药顶端具内弯的膜片；花粉块每室1个，下垂；子房由2枚离生心皮组成，每心皮有胚珠多数，花柱短，柱头延伸成1长喙或顶端2裂。蓇葖叉生，纺锤形或长圆形，外果皮粗糙或平滑；种子顶端具白色绢质种毛。本属约有6种，分布于亚洲东部。我国产2种，分布于西南、西北、东北和东南部。公安县有1种。

301. 萝藦 *Metaplexis japonica* (Thunb.) Makino

【形态】多年生草质藤本，长达8米。全株具乳汁；茎下部木质化，上部较柔韧，有纵条纹，幼叶密被短柔毛，老时毛渐脱落。叶对生，膜质；叶柄长3～6厘米，先端具丛生腺体；叶片卵状心形，长5～12厘米，宽4～7厘米，顶端短渐尖，基部心形，叶耳圆，长1～2厘米，上面绿色，下面粉绿色，两面无毛；侧脉10～12条，在叶背略明显。总状式聚伞花序腋生或腋外生；总花梗6～12厘米，被短柔毛；花梗长约8毫米，被短柔毛；小苞片膜质，披针形，先端渐尖；花萼裂片披针形，外面被微毛；花冠白色，有淡紫红色斑纹，近辐状；花冠短5裂，裂片兜状；雄蕊连生呈圆锥状，并包围雌蕊在其中，花粉块下垂；子房由2枚离生心皮组成，无毛，柱头延伸成1长喙，先端2裂。果叉生，纺锤形，平滑无毛，长8～9厘米，先端渐尖，基部膨大。种子扁平，褐色，有膜质边，先端具白色绢丝状毛。花期7—8月，果期9—12月。

图301　萝藦

【生境】生于林边荒地及路旁。

【分布】全县广布。

【药用部位】萝藦子：果实。

【采收加工】秋季采收成熟果实，晒干。

【化学成分】萝藦主要含有甾类、萜类、生物碱类、黄酮类等化合物。

【性味】甘、辛，温。无毒。

【功能主治】补益精气，生肌止血，解毒。主治虚劳、阳痿、金疮出血。

娃儿藤属 *Tylophora* R. Br.

缠绕或攀缘灌木，稀多年生草本或直立小灌木。叶对生，羽状脉，稀基出脉3条。伞形或短总状式的聚伞花序，腋生，稀顶生；总花梗通常曲折，单歧、二歧或多歧；花小；花萼5裂，裂片双盖覆瓦状排列，内面基部有腺体或缺；花冠5深裂，辐状或广辐状，裂片向右覆盖或近镊合状排列；副花冠由5枚肉质、膨胀的裂片组成，贴生于合蕊冠的基部，顶端通常低于合蕊柱，稀等高；花丝合生成筒状的合蕊冠，生于花冠的基部；花药直立，顶端有一片薄膜；花粉块每室1个，圆球状，稀长圆状镰刀形或长圆状，平展斜升，稀直立，花粉块柄柔弱，近直立，着粉腺小，椭圆形或长圆形；子房由2枚离生心皮组成，花柱短，柱头扁平、凹陷或凸起，通常比花药低。蓇葖双生，稀单生，通常平滑；种子顶端具白色绢质种毛。本属约有60种，分布于亚洲、非洲、澳大利亚的热带和亚热带地区。我国产32种2变种，分布于黄河以南各省（区）。公安县有1种。

302. 七层楼　*Tylophora floribunda* Miq.

【形态】多年生缠绕藤本，具乳汁；根须状，黄白色；全株无毛；茎纤细，分枝多。叶卵状披针形，

图 302 七层楼

长 3 ～ 5 厘米，宽 1 ～ 2.5 厘米，顶端渐尖或急尖，基部心形，叶面深绿色，叶背淡绿色，密被小乳头状突起；侧脉每边 3 ～ 5，叶背突起，明显；叶柄纤细，长约 5 毫米。聚伞花序广展，腋生或腋外生，比叶为长；花序梗曲折，每一曲度生有一至二回伞房式花序；花淡紫红色，小，直径约 2 毫米；花萼裂片长圆状披针形，花萼内面基有 5 个腺体；花冠辐状，裂片卵形；副花冠裂片卵形，贴生于合蕊冠基部，钝头，顶端达花药的基部，花药菱状四方形，顶端有圆形膜片；花粉块每室 1 个，近球状，平展；子房无毛；柱头盘状五角形，顶端小突起。蓇葖双生，叉开度 180° ～ 200°，线状披针形，长 5 厘米，直径 4 毫米，无毛；种子近卵形，棕褐色，无毛，顶端具白色绢质种毛；种毛长 2 厘米。花期 5—9 月，果期 8—12 月。

【生境】生于阳光充足的灌丛中或疏林中。

【分布】分布于黄山头镇。

【药用部位】根。

【采收加工】9—11 月采挖，晒干或鲜用。

【化学成分】七层楼含娃儿藤碱、异娃儿藤碱、娃儿藤宁碱。

【性味】辛，温。有小毒。

【功能主治】祛风化痰，解毒散瘀。主治小儿惊风、中暑腹痛、哮喘痰咳、咽喉肿痛、胃痛、牙痛、风湿疼痛、跌打损伤。

九十五、茜草科 Rubiaceae

乔木、灌木或草本，有时为攀缘性藤本。叶对生或轮生，通常全缘，极少有齿缺；托叶通常生叶柄间，较少生叶柄内，分离或程度不等地合生，宿存或脱落，极少退化至仅存一条连接对生叶叶柄间的横线纹，里面常有黏液毛。花序各式，均由聚伞花序复合而成，很少单花或少花的聚伞花序；花两性、单性或杂性，辐射对称，少有两侧对称或稍呈二唇形；花萼通常 4 ～ 5 裂，有时其中 1 个或几个裂片明显增大呈叶状，其色白或艳丽；花冠合瓣，管状、漏斗状、高脚碟状或辐状，通常 4 ～ 5 裂，很少 3 裂或 8 ～ 10 裂，裂片镊合状、覆瓦状或旋转状排列；雄蕊与花冠裂片同数而互生，着生在花冠管的内壁上，花药 2 室，纵裂或少有顶孔开裂；雌蕊通常由 2 心皮、极少 3 或更多个心皮组成，合生，子房下位，极罕上位或半下位，子房室数与心皮数相同，有时隔膜消失而为 1 室，或由于假隔膜的形成而为多室，通常为中轴胎座或有时为侧膜胎座，花柱顶生，具头状或分裂的柱头；胚珠每室1至多数。果为浆果、蒴果、核果或聚合果；种子有时有翅或有附属物，胚乳丰富，肉质，稀为软骨质。

本科有500属6000种，广布于热带和亚热带，少数分布于北温带。我国有98属约676种，主要分布于东南部、南部和西南部，少数分布于西北部和东北部。

公安县境内的茜草科植物有6属9种。

1. 木本。
  2. 胚珠每室2～3颗……栀子属 *Gardenia*
  2. 胚珠每室1颗。
    3. 直立灌木……白马骨属 *Serissa*
    3. 缠绕木质藤本……鸡矢藤属 *Paederia*
1. 草本。
  4. 叶对生……耳草属 *Hedyotis*
  4. 叶轮生。
    5. 花5基数；果实肉质……茜草属 *Rubia*
    5. 花4基数；果实干燥或近干燥……拉拉藤属 *Galium*

栀子属 *Gardenia* Ellis

灌木，稀为小乔木。叶对生，稀为3叶轮生；托叶生于叶柄内，三角形，基部常合生。花大，腋生或顶生，单生或簇生，稀为聚伞花序；萼管常为卵形或倒圆锥形，萼檐管状或佛焰苞状，顶部常5～8裂，裂片宿存，稀脱落；花冠高脚碟状、漏斗状或钟状，裂片5～12，扩展或外弯，旋转排列；雄蕊与花冠裂片同数，着生于花冠喉部，花丝极短或缺，花药背着，内藏；花盘通常环状或圆锥形；子房下位，1室，或因胎座沿轴粘连而为假2室，花柱粗厚，柱头棒状或纺锤状，胚珠多数，排列在侧膜胎座上。蒴果较大，平滑或具纵棱，革质或肉质；种子多数，常与肉质的胎座胶结而成一球状体，扁平，种皮膜质，胚乳常角质。本属约有250种，分布于东半球的热带和亚热带地区。我国有5种1变种，产于中部以南各省（区）。公安县有1种。

303. 栀子 *Gardenia jasminoides* Ellis

【形态】常绿灌木或小乔木，高0.5～2米。根淡黄色。茎多分枝，幼枝有细毛。叶对生或3叶轮生，革质，椭圆状倒卵形或长圆状披针形，长7～14厘米，宽2～7厘米，顶端渐尖或骤尖，全缘，基部楔形，下面脉腋内簇生短毛；托叶生于叶柄内，膜质，基部成鞘。花单生于枝顶或叶腋，大型，白色，极香；花梗极短；萼筒卵形或倒卵形，上部膨大，先端5～6裂，裂片条形或条状披针形；花冠高脚碟状，筒长3～4厘米，裂片倒卵形至倒披针形，花蕾时作旋转排列；雄蕊6枚，着生于花冠喉部，无花丝，花药条形；子房下位，1室，花柱伸出花冠筒。果实成熟时橙黄色，倒卵形或椭圆形，通常有翅状纵棱6条，长2.5～4.5厘米，顶端有宿存花萼；种子扁平，球形。花期5—7月，果期8—11月。

【生境】栽培。

【分布】全县广布。

【药用部位】果实或根、花。

【采收加工】10—11月果实成熟时摘取，除去果柄杂质，放于通风处干燥，或蒸至上汽后取出，晒干或烘干，并经常翻动至全部干燥。根四季均可采挖，除去泥土，晒干或鲜用。花夏初采摘，鲜用或晒干。

图303 栀子

【化学成分】果实含栀子苷、山栀子苷、D-甘露醇、β-谷甾醇、果胶、鞣质、藏红花素、藏红花酸等。

【药理作用】栀子具有利胆、保肝、抗炎、抗肿瘤以及改善血液循环、抗血栓、防治脑出血等作用。

【性味】果实：苦、微酸，寒。根：苦，寒。花：苦，寒。

【功能主治】果实：清热利湿，泻火除烦，凉血止血；用于热病心中懊忱、虚烦不眠、黄疸、吐血、衄血、尿血、口舌生疮、眼结膜炎、疮疡肿毒、跌打损伤、头痛、小便黄赤等。

根：清热，凉血，解毒；用于感冒高热、黄疸型肝炎、吐血、鼻衄、淋证、细菌性痢疾、肾炎性水肿、疮痈肿毒等。

花：清肺，凉血；用于肺热咳嗽、鼻衄。

白马骨属 *Serissa* Comm

小灌木，无毛或小枝梢被柔毛，揉之发出臭气。叶对生，近无柄，通常聚生于短小枝上，近革质，卵形；托叶与叶柄合生成一短鞘，有3～8条刺毛，宿存。花白色，腋生或顶生，单朵或多朵簇生，无梗；萼管倒圆锥形，萼檐4～6裂，裂片钻状披针形，宿存；花冠漏斗形，顶部4～6裂，裂片短，镊合状排列；雄蕊4～6枚，生于冠管上部，花丝线形，略与冠管连生，花药近基部背着，线状长圆形，内藏；花盘大；子房2室，每室有1颗胚珠；花柱线形，柱头2裂，全部被粗毛。核果球形。本属有2种，分布于我国和日本。公安县亦有分布。

1. 叶较大；萼檐裂片披针形，与花冠管近等长……白马骨 *S. serissoides*

1. 叶小；萼檐裂片锥形，花冠管比萼檐裂片长……六月雪 *S. japonica*

304. 六月雪 *Serissa japonica* (Thunb.) Thunb. Nov. Gen.

【形态】小灌木，高60～90厘米，有臭气。叶革质，卵形至倒披针形，长6～22毫米，宽3～6

毫米，顶端短尖至长尖，边全缘，无毛；叶柄短。花单生或数朵丛生于小枝顶部或腋生，有被毛、边缘浅波状的苞片；萼檐裂片细小，锥形，被毛；花冠淡红色或白色，长6～12毫米，裂片扩展，顶端3裂；雄蕊突出冠管喉部外；花柱长突出，柱头2，直，略分开。花期5—7月。

【生境】生于河溪边或丘陵的杂木林内。

【分布】分布于章庄铺镇、黄山头镇。

【药用部位】全株。

【采收加工】全年可采，洗净鲜用或切段晒干。

【性味】淡、微辛，凉。

【功能主治】疏风解表，清热利湿，舒筋活络。用于感冒、咳嗽、牙痛、急性扁桃体炎、咽喉炎、急慢性肝炎、肠炎、痢疾、小儿疳积、高血压头痛、偏头痛、风湿性关节痛、带下；茎烧灰点眼治眼翳。

图304 六月雪

305. 白马骨 *Serissa serissoides* (DC.) Druce

【形态】常绿小灌木，高50～100厘米。小枝灰白色，嫩枝上有短柔毛。枝叶及花揉碎后有臭味。叶对生，卵形或长圆状卵形，长15～30毫米，宽7～12毫米，顶端钝或钝尖，基部渐狭成短柄，全缘，上面中脉和下面脉上及叶柄均有白色微毛；托叶宿存。花小，通常数朵簇生，无梗；萼筒倒圆锥形，4～6裂，裂片钻状披针形；花冠白色漏斗状，长约5毫米，顶端4～6裂；雄蕊与花冠裂片同数；子房下位，2室，柱头2裂。核果球形。花期7—8月，果期10月。

【生境】多生于山坡、林边灌丛中或路旁草坡。

【分布】分布于章庄铺镇、黄山头镇。

【药用部位】地上部分或根。

【采收加工】地上部分：夏、秋季采收，鲜用或晒干。根：夏、秋季采收，洗净泥土，切片晒干。

【化学成分】根含皂苷。

图305 白马骨

【药理作用】白马骨具有抗乙肝病毒、保肝、抑菌、耐缺氧、增强机体免疫力、抗肿瘤、抑制酪氨酸酶活性等药理作用。

【性味】地上部分：苦、辛，凉。根：微辛，平。

【功能主治】地上部分：祛风，利湿，清热解毒；用于风湿腰腿痛、痢疾、水肿、目赤肿痛、喉痛、齿痛、带下、痈疽、瘰疬、跌打损伤等。根：祛风，清热，利湿，活血，止血；用于咯血、吐血、尿血、黄疸型肝炎、肾炎、肠炎、痢疾、带下、跌打损伤、偏头痛、牙痛、喉痛、目赤肿痛、疳积等。

鸡矢藤属 Paederia L.

柔弱缠绕藤本，揉之有强烈的臭味；茎圆柱形，蜿蜒状。叶对生，很少 3 叶轮生，具柄，通常膜质；托叶在叶柄内，三角形，脱落。花排成圆锥状聚伞花序，腋生或顶生，具小苞片或无；萼管陀螺形或卵形，顶端 4 ～ 5 裂，宿存；花冠管漏斗形或管形，被毛，喉部无毛或被茸毛，顶部 4 ～ 5 裂，裂片扩展，镊合状排列，边缘皱褶；雄蕊 4 ～ 5，生于花冠管喉部，内藏，花丝极短，花药背着或基着，线状长圆形，顶部钝；花盘肿胀；子房 2 室，柱头 2，纤毛状，扭曲；胚珠每室 1 颗，由基部直立，倒生。果球形或扁球形，外果皮膜质，脆而有光泽，分裂为 2 个圆形或长圆形小坚果；小坚果膜质或革质，背面压扁；种子与小坚果合生，种皮薄。本属有 20 ～ 30 种，大部分产于亚洲热带地区。我国有 11 种 1 变种，分布于西南、中南至东部。公安县有 1 种。

306. 鸡矢藤 *Paederia scandens* (Lour.) Merr.

【形态】多年生缠绕草本，全草揉碎有特殊臭味。茎基部木质，多分枝，全株均被灰色柔毛。叶对生，卵形或狭卵形，长 5 ～ 15 厘米，宽 3 ～ 9 厘米，先端稍渐尖，基部圆形至心形，全缘，嫩时表面散生粗糙毛；具长柄；托叶生于叶柄内，三角形，早落。圆锥花序顶生或腋生，花多数；花萼筒倒圆锥形，4 ～ 5 齿裂，三角形，宿存；花冠筒钟形，外面灰白色，具细茸毛，内面紫色，长约 1 厘米，5 裂，裂片在花蕾中内向镊合状排列；花药 5，近无梗，着生花冠筒内；子房下位，2 室，每室胚珠 1 颗，直立，花柱 2，丝状，基部愈合。核果球形，成熟时淡黄色，直径约 6 毫米，外果皮质薄而脆，内具 2 小核。花期 7—9 月，果期 9—11 月。

图 306 鸡矢藤

【生境】多生于山坡路边、林边、沟边等。

【分布】全县广布。

【药用部位】全株或根。

【采收加工】全株：夏、秋季采收，晒干或鲜用。根：全年可采，洗净，鲜用或晒干。

【化学成分】鸡矢藤主要含有环烯醚萜苷类、挥发油类、黄酮类、三萜类、甾体类等成分。环烯醚萜苷类是鸡矢藤的主要成分，包括车叶草苷、鸡矢藤苷酸、京尼平苷等。

【药理作用】鸡矢藤具有抗炎、保护肾脏、镇痛、降低尿酸、保肝等作用。

【性味】辛、微苦，平。

【功能主治】全株：祛风活血，解毒止痛，燥湿杀虫，消食导滞；用于风湿痹痛、外伤疼痛、胆肾绞痛、皮炎、湿疹瘙痒、骨髓炎、脘腹疼痛、肝脾肿大、无名肿毒，跌打损伤等。果汁液：治毒虫蜇伤。

耳草属 *Hedyotis* L.

草本、亚灌木或灌木，直立或铺散；茎圆柱形或方柱形。叶对生，罕有轮生或丛生状；托叶分离或基部连合呈鞘状。花序顶生或腋生，通常为聚伞花序或聚伞花序再复合成圆锥花序式、头状花序式、伞形花序式或伞房花序式，稀单生；萼管通常陀螺形，通常 4 裂，有时 5 裂，罕有 2 或 3 裂或截平；花冠管状、漏斗状或辐状，被毛或无毛，檐部 4 或 5 裂，罕有 2 或 3 裂，裂片镊合状排列；雄蕊与花冠裂片同数，花丝短，花药背着；花盘通常小，4 浅裂；子房 2 室，花柱线形，内藏或伸出，柱头 2 裂，罕有不裂，胚珠多数，极少 1 粒。蒴果小，膜质，成熟时室背开裂，稀不裂，内有种子 2 至多数，罕有 1 粒；种子小，具棱角或平凸，种皮平滑或有窝孔，胚乳肉质。本属有 400 多种，主要分布于热带和亚热带地区。我国有 60 种 3 变种，主产于长江以南各省（区），北部极少。公安县有 2 种。

1. 植株密被金黄色长毛；叶椭圆形或卵形……………………金毛耳草 *H. chrysotricha*

1. 植株不具金黄色长毛；叶披针形……………………白花蛇舌草 *H. diffusa*

307. 金毛耳草 *Hedyotis chrysotricha* (Palib.) Merr.

【形态】多年生草本，常呈铺散匍匐状，全体有金黄色长柔毛。下部茎上有须根，基部稍带木质化，茎具角棱，纤细。叶对生，卵形至椭圆状披针形或椭圆形，长 1 ～ 2.5 厘米，宽 6 ～ 12 毫米，顶端尖，基部稍圆与托叶相连，全缘，托叶连合呈鞘状，边缘有锯齿；叶柄短。花数朵簇生于叶腋，花柄长 2 ～ 3 毫米，有毛；萼筒漏斗状，与花柄等长，4 裂，裂片披针形；花冠漏斗状，淡紫红色，少数为白色，长约 6 毫米，4 深裂，裂片相等并短于花筒，幼嫩时外面稍有毛，内面有毛；雄蕊 4，着生于花冠筒喉部，与裂片互生，花丝短；子房 2 室，柱头棒状，2 裂，中部有毛。蒴果球形，直径约 2 毫米，被疏毛，成熟时不开裂。花期 6—7 月，果期 9 月。

图 307 金毛耳草

【生境】生于山坡路边或林缘灌丛中。

【分布】分布于黄山头镇。

【药用部位】全草。

【采收加工】夏、秋季采集，晒干或鲜用。

【化学成分】全草含车叶草苷、熊果酸、齐墩果酸、β–谷甾醇等。

【性味】微苦，平。

【功能主治】清热解毒，活血舒筋。用于黄疸、暑湿泄泻、急性肾炎、赤白带下、乳糜尿、跌打损伤、无名肿毒、乳腺炎。

308. 白花蛇舌草 *Hedyotis diffusa* Willd.

【形态】一年生披散草本，高 18 ～ 48 厘米。茎多分枝，纤细无毛，略具 4 棱。叶对生，近膜质，条形至条状披针形，长 1 ～ 3 厘米，宽 1 ～ 3 毫米，边缘全缘，略反卷，叶面深绿色，平滑无毛，中脉明显，下面略带紫色，顶端渐尖，基部渐狭，无柄；托叶膜质，顶端齿裂，长 1 ～ 2 毫米。花白色，单生或有时对生于叶腋；花梗长 2 ～ 4(10) 毫米；花萼顶端 4 裂，裂片长椭圆状三角形；花冠 4 裂至中部；雄蕊 4，着生于花冠喉部；子房下位，2 室。蒴果球形，稍左右压扁，长 2 ～ 3 毫米，略被小伏毛，萼齿缩存。种子细小，淡棕黄色。花期 7—8 月，果期 9—10 月。

图 308　白花蛇舌草

【生境】多生于路旁及水沟边。

【分布】分布于黄山头镇。

【药用部位】全草。

【采收加工】夏、秋季拔起全草，除去泥土，晒干。

【化学成分】全草含对香豆酸、β–谷甾醇–D–葡萄糖苷、豆甾醇、熊果酸、齐墩果酸、油酸及生物碱、β–谷甾醇、γ–谷甾醇等。

【药理作用】白花蛇舌草具有抗肿瘤、抗炎、抗衰老、治疗蛇毒、治疗阑尾炎等药理作用。

【性味】甘、淡，凉。

【功能主治】清热解毒，利尿，抗癌消肿。用于肠痈、疮疖肿毒、湿热黄疸、小便不利、阑尾炎、尿路感染、肺热咳嗽、咽喉肿痛、毒蛇咬伤、癌肿等。

茜草属 *Rubia* L.

直立、铺散或攀缘草本；茎基部有时带木质，通常有糙毛或小皮刺，茎细长，有直棱或翅。叶无柄或有柄，通常 4 ～ 6 个有时多个轮生，极罕对生而有托叶，具掌状脉或羽状脉。花小，通常两性，有花梗，腋生或顶生，排列成聚伞花序；萼管卵圆形或球形，萼檐不明显；花冠辐状或近钟状，冠檐部 5 裂，稀 4 裂，裂片镊合状排列；雄蕊 5 或有时 4，生冠管上，花丝短，花药球形或长圆形；花盘小，肿胀；子房 2 室，每室 1 颗胚珠；花柱 2 裂，柱头头状。果 2 裂，肉质浆果状；种子近直立，腹面平坦或无网纹，和果皮贴连，种皮膜质，胚乳角质。本属约有 70 种，分布于欧洲、非洲、亚洲、南美洲。我国有 36 种 2 变种，产全国各地，以云南、四川、西藏和新疆种类较多。公安县有 1 种。

309. 茜草 *Rubia cordifolia* L.

图 309 茜草

【形态】多年生攀缘草本。根茎红色或赤红色，小枝有明显的棱角，细弱，中空，棱上有倒生小刺。叶 4 片轮生，纸质，卵形至卵状披针形，长 2 ～ 6 厘米，宽 1 ～ 4 厘米，先端钝尖，基部平截至心形，全缘，基出脉 5 条，上面粗糙，下面中脉或叶柄有刺；叶柄长短不一。聚伞花序圆锥状，腋生或顶生；花小；花萼通常不明显；花冠淡黄色，5 裂，裂片披针形；雄蕊 5 枚；花柱 2 裂。浆果肉质球形，蓝黑色。花期 7—9 月，果期 9—10 月。

【生境】多生于灌丛或乱石堆中。

【分布】全县广布。

【药用部位】根及根茎和茎。

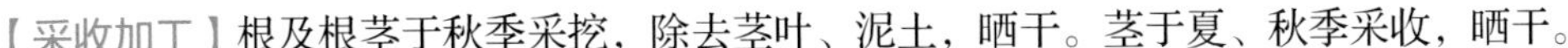

【采收加工】根及根茎于秋季采挖，除去茎叶、泥土，晒干。茎于夏、秋季采收，晒干。

【化学成分】根含蒽醌苷类茜草酸、紫色素及伪紫色素。

【药理作用】茜草具有止血化瘀、抗氧化、抗炎、抗肿瘤、抗感染、免疫调节、神经保护等作用。

【性味】苦，寒。

【功能主治】根及根茎：凉血，止血，吐血，通经活络，祛瘀；用于吐血、咯血、尿血、便血、血崩、经闭瘀阻、跌打损伤、风湿痹痛、黄疸、支气管炎等。

茎：活血消肿，祛瘀止血；用于跌打损伤、疮痈肿毒、吐血、血崩、风痹、腰痛等。

拉拉藤属 *Galium* L.

一年生或多年生草本，稀基部木质而呈灌木状；茎直立或斜升，柔弱，具 4 棱，无毛、具毛或具小皮刺。叶 3 至多片轮生，稀 2 片对生，宽或狭，无柄或具柄；托叶叶状。花小，两性，稀单性同株，4 数，稀 3 或 5 数，组成腋生或顶生的聚伞花序，或再排成圆锥花序；萼管卵形或球形，萼檐不明显；花冠辐状，稀钟状或短漏斗状，通常深 4 裂，裂片镊合状排列，冠管常很短；雄蕊与花冠裂片互生，花丝短，花药双生；花盘环状；子房下位，2 室，每室 1 颗胚珠，胚珠横生，着生在隔膜上，花柱短，2 裂，柱头头状。果为小坚果，革质或近肉质，有时膨大，不开裂，常为双生分果爿，稀单生，平滑或有小瘤状突起，无毛或有毛，毛常为钩状硬毛；种子附着在外果皮上，背面突，腹面具沟纹，外种皮膜质，胚乳角质。本属约有 300 种，广布于全世界。我国有 58 种 1 亚种 38 变种，全国均有分布。公安县有 2 种。

1. 叶 6 ～ 8 片轮生……………………………………拉拉藤 *G. aparine* var. *echinospermum*

1. 叶 4 片轮生……………………………………………………四叶葎 *G. bungei*

310. 拉拉藤 *Galium aparine* var. *echinospermum* (Wallr.) Cuf.

图 310　拉拉藤

【形态】多枝、蔓生或攀缘状草本，通常高 30 ~ 90 厘米；茎有 4 棱角；棱上、叶缘、叶脉上均有倒生的小刺毛。叶纸质或近膜质，6 ~ 8 片轮生，稀为 4 ~ 5 片，带状倒披针形或长圆状倒披针形，长 1 ~ 5.5 厘米，宽 1 ~ 7 毫米，顶端有针状突尖头，基部渐狭，两面常有紧贴的刺状毛，常萎软状，干时常卷缩，1 脉，近无柄。聚伞花序腋生或顶生，少至多花，花小，4 数，有纤细的花梗；花萼被钩毛，萼檐近截平；花冠黄绿色或白色，辐状，裂片长圆形，长不及 1 毫米，镊合状排列；子房被毛，花柱 2 裂至中部，柱头头状。果干燥，有 1 或 2 个近球状的分果爿，直径达 5.5 毫米，肿胀，密被钩毛，果柄直，长可达 2.5 厘米，较粗，每一爿有 1 颗种子。花期 3—7 月，果期 4—11 月。

【生境】常生于荒地路边或田边。

【分布】全县广布。

【药用部位】全草。

【采收加工】夏季拔起全草，除去泥沙，晒干。

【性味】甘、微苦，寒。

【功能主治】清热解毒，利尿消肿，通淋，止血。用于急性阑尾炎、尿路感染、热症出血、感冒、淋证、崩漏带下、跌打损伤、痈肿疔疮、毒蛇咬伤、癌肿、白血病、乳腺炎等。

311. 四叶葎 *Galium bungei* Steud.

图 311　四叶葎

【形态】多年生草本，高 10 ~ 50 厘米。根红色，丝状。茎细弱，上部直立，下部匍匐地面，无毛或稍有柔毛。叶 4 片轮生，卵状矩圆形或条状披针形，长 8 ~ 25 毫米，宽 1.5 ~ 7 毫米，顶端尖或钝，基部楔形，全缘，两面中脉上及边缘疏生短刺状毛；无柄或近无柄。聚伞花序顶生或腋生，有花数十朵，排列紧密，有细长总梗，花小。花萼及花冠均 4 裂。花冠辐状，黄绿色，直径 1 ~ 2 毫米，雄蕊 4，外伸；子房下位，2 室；花柱 2 枚，基部连合，柱头头状。双悬果半球形，表面具瘤状小突起，直径 1 ～ 2 毫米，具鳞片状短毛，种子 1 枚。花期 7 月，果期 8—9 月。

【生境】喜生于田野、路边、水沟边等阴湿处。

【分布】分布于章庄铺镇、黄山头镇。

【药用部位】全草。

【采收加工】春、夏季采收，晒干或鲜用。

【性味】甘，平。

【功能主治】清热解毒，利尿消肿。用于尿路感染、赤白带下、痢疾、痈肿、跌打损伤、毒蛇咬伤等。

九十六、旋花科 Convolvulaceae

草本或木本，稀为基生草本。茎缠绕、平卧或匍匐状，偶有直立。叶互生，螺旋排列，寄生种类无叶或退化成小鳞片，通常为单叶，全缘，或不同深度的掌状或羽状分裂，甚至全裂，叶基常心形或戟形；无托叶，有时有假托叶（为缩短的腋枝的叶）；通常有叶柄。花通常美丽，单生于叶腋，或少花至多花组成腋生聚伞花序，有时总状、圆锥状、伞形或头状，极少为二歧蝎尾状聚伞花序。苞片成对，通常很小，很少缺。花整齐，两性，5 数；花萼分离或仅基部连合，外萼片常比内萼片大，宿存，有时在果时增大。花冠漏斗状、钟状、高脚碟状或坛状，近全缘或 5 裂，蕾期旋转折扇状或镊合状至内向镊合状；花冠外常有 5 条明显的被毛或无毛的瓣中带。雄蕊与花冠裂片等数互生，着生花冠管基部或中部稍下，花丝丝状，有时基部稍扩大，等长或不等长；花药 2 室，内向开裂或侧向纵长开裂；花粉粒无刺或有刺；在菟丝子属中，花冠管内雄蕊之下有流苏状的鳞片。花盘环状或杯状。子房上位，由 2（稀 3 ～ 5）心皮组成，1 ～ 2 室，或因有发育的假隔膜而为 4 室，稀 3 室，心皮合生，极少深 2 裂；中轴胎座，每室有 2 枚倒生无柄胚珠，子房 4 室时每室 1 胚珠；花柱 1 ～ 2，丝状，顶生或少有着生心皮基底间，不裂或上部 2 尖裂，或几无花柱；柱头各式。通常为蒴果，室背开裂、周裂、盖裂或不规则破裂，或为不开裂的肉质浆果，或果皮干燥坚硬呈坚果状。种子和胚珠同数，或由于不育而减少，通常呈三棱形，种皮光滑或有各式毛；胚乳小，肉质至软骨质；胚大，子叶折叠或皱褶状，寄生种类则不明显或退化。

本科约有 56 属，1800 种以上，广泛分布于热带、亚热带和温带，主产美洲和亚洲的热带、亚热带。我国有 22 属大约 125 种，南北地区均有，大部分种类产于西南和华南地区。

公安县境内的旋花科植物有 5 属 6 种。

1. 寄生植物；茎缠绕，有吸器；叶退化；花小，花冠内面有 5 个流苏状鳞片……菟丝子属 *Cuscuta*

1. 非寄生植物；茎有营养叶；花通常明显。

  2. 子房分裂，花柱 2，基生于离生心皮之间……马蹄金属 *Dichondra*

  2. 子房不裂，花柱顶生。

    3. 花萼包藏在 2 大型苞片内，柱头 2，长圆形或椭圆形，扁平……打碗花属 *Calystegia*

3. 花萼不为苞片所包，柱头头状。

4. 雄蕊和花柱内藏，花冠钟状漏斗状或钟状……………………………………………………牵牛属 *Pharbitis*

4. 雄蕊和花柱外露，花冠高脚碟状……………………………………………………………………茑萝属 *Quamoclit*

打碗花属 *Calystegia* R. Br.

多年生缠绕或平卧草本，通常无毛，光滑或近光滑。叶箭形或戟形，具圆形、有角或分裂的基裂片。花腋生，单一或稀为少花的聚伞花序；苞片 2，叶状，卵形或椭圆形，包藏着花萼，宿存；萼片 5，近相等，卵形至长圆形，锐尖或钝，草质，宿存；花冠钟状或漏斗状，白色或粉红色，外面具 5 条明显的瓣中带，冠檐不明显 5 裂或近全缘；雄蕊及花柱内藏；雄蕊 5，贴生于花冠管，花丝近等长，基部扩大；花盘环状；子房 1 室或不完全的 2 室，4 胚珠；花柱 1，柱头 2，长圆形或椭圆形，扁平。蒴果卵形或球形，1 室，4 瓣裂。种子 4，光滑或具小疣。本属约有 25 种，分布于温带和亚热带。我国有 5 种，南北地区均产。公安县有 1 种。

312. 打碗花 *Calystegia hederacea* Wall.

【形态】一年生蔓生草本。根状茎细圆柱形，白色。茎纤细，缠绕或匍匐。叶互生，具长柄，基部的叶全缘，近椭圆形，叶片戟形或 3 裂，侧裂片短尖，常又 2 浅裂，中裂片三角形或披针形，长 3.5 ～ 5 厘米，宽 1 ～ 3 厘米。花单生叶腋，具长花梗；苞片 2，较大，包围花萼，宿存；花萼裂片长圆形，光滑；花冠漏斗状，淡粉红色；雄蕊 5，子房 2 室，花柱单一，柱头 2 裂。蒴果卵圆形，微尖，光滑无毛。花期 5—8 月，果期 8—10 月。

图 312 打碗花

【生境】生于田间、路旁。

【分布】全县广布。

【药用部位】全株。

【采收加工】夏、秋季挖全草或根，洗净，分别晒干或鲜用。

【化学成分】根含非洲防已碱和掌叶防已碱。

【性味】甘、淡，平。

【功能主治】健脾利湿，活血调经，止带，止痛，驱虫。主治脾虚、消化不良、月经不调、乳汁稀少、小便不利、小儿疳积、风火牙痛、龋齿疼痛。

菟丝子属 *Cuscuta* L.

寄生草本。茎缠绕，细长，线形，黄色或红色，借助吸器固着寄主。无叶，或退化成小的鳞片。花小，白色或淡红色，无梗或有短梗，成穗状、总状或簇生呈头状的花序；苞片小或无；花 4 ～ 5 基；萼片近等长，基部或多或少连合；花冠管状、壶状、球形或钟状，在花冠管内面基部雄蕊之下具边缘分裂或流苏状的鳞片；雄蕊5或4，着生于花冠喉部或花冠裂片相邻处，通常稍微伸出，花丝短，花药内向；花粉粒椭圆形，无刺；子房2室，每室2胚珠，花柱2，完全分离或多少连合，柱头球形或伸长。蒴果球形或卵形，有时稍肉质，周裂或不规则破裂。种子1～4，无毛；胚乳肉质，胚弯曲。本属约有170种，广泛分布于暖温带，主产美洲。我国有8种，南北地区均产。公安县有1种。

313. 菟丝子 *Cuscuta chinensis* Lam.

【形态】一年生寄生草本。茎缠绕，黄色，纤细，直径约1毫米，无叶。花序侧生，少花或多花簇生成小伞形或小团伞花序，近于无总花序梗；苞片及小苞片小，鳞片状；花梗稍粗壮，长仅1毫米；花萼杯状，中部以下连合，裂片三角状，长约1.5毫米，顶端钝；花冠白色，壶形，长约3毫米，裂片三角状卵形，顶端锐尖或钝，向外反折，宿存；雄蕊着生花冠裂片弯缺微下处；鳞片长圆形，边缘长流苏状；子房近球形，花柱2，等长或不等长，柱头球形。蒴果球形，直径约3毫米，几乎全为宿存的花冠所包围，成熟时整齐的周裂。种子2～4颗，淡褐色，卵形，长约1毫米，表面粗糙。花期7—9月，果期8—10月。

图313 菟丝子

【生境】生于田边、山坡阳处、路边灌丛。

【分布】全县广布。

【药用部位】干燥成熟种子。

【采收加工】秋季果实成熟时采收植株，晒干，打下种子，除去杂质。

【化学成分】菟丝子含树脂糖苷等。

【性味】甘，温。

【功能主治】滋补肝肾，固精缩尿，安胎，明目，止泻。用于阳痿遗精、尿后余沥、遗尿尿频、腰膝酸软、目昏耳鸣、肾虚胎漏、胎动不安、脾肾虚泻；外治白癜风。

马蹄金属 *Dichondra* J. R. Forst. et G. Forst.

匍匐小草本。叶小，具叶柄，肾形或圆心形，全缘。花小，单生叶腋；苞片小；萼片5，分离，近等长；通常匙形，草质；花冠宽钟形，深5裂，裂片内向镊合状，或近覆瓦状排列；雄蕊较花冠短，花丝丝状，花药小，花粉粒平滑；花盘小，杯状。子房2心皮，每心皮2室，每室2胚珠，花柱2枚，基生，丝状，柱头头状。蒴果，分离成2个直立果瓣，不裂或不整齐2裂，各具1粒种子，稀2粒。种子近球形，光滑。本属有5～8种，大多数分布于美洲，1种产于新西兰，1种广布于热带、亚热带地区。我国有1种，产于长江以南地区。公安县亦有分布。

314. 马蹄金 *Dichondra repens* Forst.

【形态】多年生丛生小草本。茎细长，匍匐地面，长可达 30 ～ 40 厘米，被黄色“丁”字形毛，节着地生不定根。叶互生，肾形或圆心形，形似马蹄形，长 5 ～ 10 毫米，宽 8 ～ 16 毫米，顶端钝圆或微凹，基部深心形，全缘；叶柄长 2 ～ 10 厘米，上面深绿色，光滑，下面被稀疏毛茸；叶脉 7 ～ 9，掌状基出。花小，单生于叶腋；花梗短于叶柄；花萼 5，倒卵状长椭圆形。长不及 2 毫米，宿存；花冠黄色，短钟状，直径约 3 毫米，5 深裂，裂片狭长椭圆形；雄蕊 5；子房上位，由 2 个分离心皮组成，花柱 2，蒴果近球形，直径约 2 毫米，疏生长毛；种子 1 ～ 2，外被毛茸。花期 4—5 月。

图 314 马蹄金

【生境】多生于田边或沟边阴湿处。

【分布】全县广布。

【药用部位】全草。

【采收加工】夏、秋季采收，除去泥土，晒干。

【药理作用】马蹄金具有镇痛、抗炎、抗菌、保肝降酶、解热、利胆、抗脂质过氧化，以及影响免疫功能等作用。

【性味】甘、淡，平。

【功能主治】活血化瘀，消肿止痛，利湿。主治跌打损伤、湿热黄疸、血浊、水肿、疔疮肿毒等。

牵牛属 *Pharbitis* Choisy

一年生或多年生缠绕草本。茎通常具糙硬毛或绵状毛，很少无毛。叶心形，全缘或 3(5) 裂。花大，鲜艳显著，腋生，单朵或数朵组成二歧聚伞花序；萼片 5，相等或偶有不等长，草质，顶端通常为或长或短的渐尖，外面常被硬毛；花冠钟状或钟状漏斗状；雄蕊和花柱内藏；雄蕊 5，不等长，花柱 1，柱头头状；子房 3 室，每室 2 胚珠。蒴果 3 室，具 6 或 4 种子。本属约有 24 种，广布于温带和亚热带。我国有 3 种，南北地区均产。公安县有 2 种。

1. 叶片通常 3 裂，裂口宽而圆；萼片线状披针形，长 2 ～ 2.5 厘米，花冠长 5 ～ 8 厘米……………………………牵牛 *P. nil*

1. 叶片通常全缘；萼片卵状披针形，长 1.2 ～ 1.5 厘米，花冠长 4 ～ 5 厘米 ……………………………圆叶牵牛 *P. purpurea*

315. 牵牛 *Pharbitis nil* (L.) Choisy

【形态】一年生缠绕草本， 茎长 2 米以上，分枝，被短毛。叶互生，阔卵形或心状卵形，长 3 ～ 8 厘米。常 3 裂至中部，呈戟形，先端急尖，基部心形，全缘，两面均被长柔毛；叶柄稍短；花萼 5 深裂，萼片线状披针形，基部被长毛，外展；花冠漏斗状，长 5 ～ 8 厘米，淡蓝色、蓝紫色或白色，边缘 5 浅裂；雄蕊 5，不等长，花丝基部有长毛；子房上位，3 室，每室有 2 胚珠。蒴果球形，顶端有宿存花柱，

图 315 牵牛

基部有宿萼；种子三棱状卵圆形，黄褐色或黑褐色。花期 6—9 月，果期 7—9 月。

【生境】生于灌丛、干燥河谷路边、园边宅旁、山地路边，或为栽培。

【分布】全县广布。

【药用部位】干燥成熟种子。

【采收加工】秋末果实成熟、果壳未开裂时采割植株，晒干，打下种子，除去杂质。

【化学成分】牵牛种子含牵牛子苷、牵牛子酸甲及没食子酸。另含麦角生物碱、裸麦角碱、喷尼棒麦角碱、异喷尼棒麦角碱和野麦碱。未成熟种子含赤霉素 A_{20}、赤霉素 A_3、赤霉素 A_5。

【药理作用】牵牛具有泻下利尿、抑菌、刺激子宫、驱虫、抗肿瘤等药理作用。

【性味】苦，寒。有毒。

【功能主治】泻水通便，消痰涤饮，杀虫攻积。用于水肿胀满、二便不通、痰饮积聚、气逆喘咳、虫积腹痛、蛔虫病、绦虫病。

316. 圆叶牵牛 *Pharbitis purpurea* (L.) Voigt

图 316 圆叶牵牛

【形态】一年生草本植物。全株有粗硬毛，茎长可达2.5米，多分枝，缠绕。叶互生，心形，长5～12厘米，有掌状脉，顶端尖，基部心形，叶柄长 4～9 厘米。花序有 1～5 朵，总花梗与叶柄近等长，小花梗伞形，结果时上部膨大，苞片 2，条形，萼片 5，卵状披针形，长 1.2～1.5 厘米，顶端锐尖，基部有粗硬毛，花喇叭状，有紫红色、白色、粉红色等多种颜色，长4～5厘米，顶端5浅裂，雄蕊5，不等长，花丝基部有毛，子房3室，柱头头状，3裂。蒴果球形，种子卵形，无毛。花期 5—10 月，果期 8—11 月。

【生境】生于田边、路边、宅旁，栽培或沦为野生。

【分布】全县广布。

【药用部位】干燥成熟种子，药用同牵牛。

茑萝属 *Quamoclit* Mill.

一年生柔弱缠绕草本，通常无毛。叶心形，或卵形，角裂或掌状 3 ～ 5 裂，稀羽状深裂。花腋生，通常组成二歧聚伞花序，稀单生。萼片 5，草质至膜质，无毛，顶端常为芒状，近等长或外萼片稍小；花冠高脚碟状，通常亮红色、稀黄色或白色，无毛，管长，上部稍扩大，冠檐平展；全缘或浅裂；雄蕊 5，外伸，花丝不等长；子房无毛，4 室，4 胚珠；花柱伸出，柱头头状。蒴果 4 室，4 瓣裂。种子 4，无毛或稀被微柔毛，暗黑色。本属约有 10 种，产于热带美洲。我国栽培有 3 种，为美丽的庭园观赏植物。公安县有 1 种。

317. 茑萝松 *Quamoclit pennata* (Desr.) Boj.

【形态】一年生柔弱缠绕草本，全体无毛，长可达 4 米。叶的轮廓卵形，羽状深裂为多数线形疏离的裂片，长 3 ～ 7 厘米；托叶与叶同型。两枚聚伞花序腋生，有花数朵，花直立；萼片 5，绿色，椭圆形，长约 5 毫米，先端钝而有小突尖；花冠高脚碟状，深红色，长 2.5 厘米，或更长，管柔弱，上部稍膨大，短 5 裂；雄蕊 5；子房 4 室，柱头头状。蒴果卵形，长 7 ～ 8 毫米。花期春至秋季。

图 317　茑萝松

【生境】栽培。

【分布】全县广布。

【药用部位】全草或根。

【采收加工】夏季采收，鲜用或晒干备用。

【性味】苦，寒。

【功能主治】清热解毒。主治耳疔、痔漏、刀伤出血。

九十七、紫草科 Boraginaceae

多数为草本，较少为灌木或乔木，通常被硬毛或刚毛。单叶互生，极少对生，全缘或有锯齿，无托叶。花序为聚伞花序或镰状聚伞花序，极少花单生，有苞片或无苞片。花两性，辐射对称，很少两侧对称；花萼具 5 个基部至中部合生的萼片，大多宿存；花冠筒状、钟状、漏斗状或高脚碟状，檐部 5 裂，裂片在蕾中覆瓦状排列，很少旋转状；雄蕊 5，着生花冠筒部，稀上升到喉部，轮状排列，极少螺旋状排列，内藏，稀伸出花冠外，花药内向，2 室，纵裂；蜜腺在花冠筒内面基部环状排列，或在子房下的花盘上；子房 2 室，每室有 2 胚珠，或由内果皮形成隔膜而成 4 室，每室含 1 胚珠，2 室子房的花柱顶生，4 室子房的花柱基生。果实为含 1 ～ 4 粒种子的核果，或为子房 4(2) 裂瓣形成的 4(2) 个小坚果，果皮多汁或大多干燥，常具各种附属物。种子直立或斜生，无胚乳，稀含少量内胚乳。

本科约有100属2000种，分布于温带和热带地区，地中海区为其分布中心。我国有48属269种，遍布全国，但以西南部最为丰富。

公安县境内的紫草科植物有3属3种。

1. 小坚果背面有突起……盾果草属 *Thyrocarpus*
1. 小坚果背面无突起。
  2. 小坚果密生细小的瘤状突起，腹面中部有凹陷……斑种草属 *Bothriospermum*
  2. 小坚果无瘤状突起，腹面无凹陷……附地菜属 *Trigonotis*

斑种草属 *Bothriospermum* Bge.

一年生或二年生草本，被伏毛及硬毛。茎直立或伏卧。叶互生，卵形、披针形或倒披针形。花小，蓝色或白色，具柄，排列为具苞片的总状花序；花萼5裂，裂片披针形，果时通常不增大；花冠辐状，筒短，喉部有5鳞片，裂片5，钝圆，在蕾时覆瓦状排列，开放时呈辐射状展开；雄蕊5，着生花冠筒部，内藏，花药卵形，圆钝，花丝极短；子房4裂，裂片分离，各具1粒倒生胚珠，花柱短，柱头头状。小坚果4，背面圆，具瘤状突起，腹面有长圆形、椭圆形或圆形的环状凹陷，种子通常不弯曲，子叶平展。本属约有5种，广布于亚洲热带及温带，在我国均产，广布于南北各省（区）。公安县有1种。

318. 柔弱斑种草 *Bothriospermum tenellum* (Hornem.) Fisch. et Mey.

图318 柔弱斑种草

【形态】一年生草本，高15～30厘米。茎细弱，丛生，直立或平卧，多分枝，被向上贴伏的糙伏毛。叶椭圆形或狭椭圆形，长1～2.5厘米，宽0.5～1厘米，先端钝，具小尖，基部宽楔形，上下两面被向上贴伏的糙伏毛或短硬毛。花序柔弱，细长，长10～20厘米；苞片椭圆形或狭卵形，长0.5～1厘米，宽3～8毫米，被伏毛或硬毛；花梗短，长1～2毫米，果期不增长或稍增长；花萼长1～1.5毫米，果期增大，长约3毫米，外面密生向上的伏毛，内面无毛或中部以上散生伏毛，裂片披针形或卵状披针形，裂至近基部；花冠蓝色或淡蓝色，长1.5～1.8毫米，基部直径1毫米，檐部直径2.5～3毫米，裂片圆形，长、宽约1毫米，喉部有5个梯形的附属物，附属物高约0.2毫米；花柱圆柱形，极短，长约0.5毫米，约为花萼1/3或不及。小坚果肾形，长1～1.2毫米，腹面具纵椭圆形的环状凹陷。花期4—6月，果期6—10月。

【生境】生于田间草丛、山坡草地及溪边阴湿处。

【分布】全县广布。

【药用部位】全草。

【采收加工】夏、秋季采收，拣净，晒干。

【性味】苦、涩，平。有小毒。

【功能主治】止咳，止血。主治咳嗽、吐血。

盾果草属 *Thyrocarpus* Hance

一年生草本。叶互生，无柄或有短柄。花小，成总状花序；苞片叶状；花萼5裂至基部，果期稍增大；花冠钟状，檐部5裂，裂片宽卵形，喉部具5个宽线形或锥形附属物；雄蕊5，着生于花冠筒中部，内藏，花丝短，花药卵形或长圆形；子房4裂，花柱短，不伸出花冠外，柱头2裂。小坚果4，卵球形，背腹稍扁，密生疣状突起，背面有2层突起，内层突起碗状，膜质，全缘，外层角质，有篦状齿，着生面在腹面顶部。种子卵形，背腹扁。本属约有3种，分布于我国和越南。公安县有1种。

319. 盾果草 *Thyrocarpus sampsonii* Hance

【形态】一年生或二年生草本，高15～50厘米，全株密被长糙毛。茎多数直立，单一者从基部分枝。基生叶丛生，莲座状，具柄，匙形，长3.5～19厘米，宽1～5厘米，两面有细糙毛；茎中部叶较小，无柄，窄矩圆形或倒披针形，长2～8厘米，宽1～2厘米。花单生叶腋或腋外，或腋生有多数小苞片的蝎尾状花序，长7～20厘米；苞片窄卵形至披针形；花萼5深裂，裂片椭圆形，先端锐尖，长2～3毫米，具糙毛；花冠紫色、蓝色或白色，檐部直径3～6毫米，裂片5，长1～2.5毫米，筒较裂片稍长，在喉部有5个附属物；雄蕊5，内藏。小坚果4，卵圆形，具突起，顶部外层边缘有一轮长齿，直立，内层不裂，呈瓶口状，内外两层紧贴。花期4—5月，果期6—7月。

图319 盾果草

【生境】生于假山草丛中。

【分布】分布于章庄铺镇。

【药用部位】全草。

【采收加工】4—6月采全草，除去泥土，鲜用或晒干备用。

【性味】苦，凉。

【功能主治】清热解毒，消肿。主治痈疖疔疮、细菌性痢疾、肠炎等。

附地菜属 *Trigonotis* Stev.

一年生或多年生草本。茎细弱或铺散，通常被糙毛或柔毛，稀无毛。单叶互生。花有柄，成疏散的总状花序，无苞片或下部的花梗具苞片；花萼5裂；花冠小型，蓝色或白色，花筒通常较萼为短，裂片5，覆瓦状排列，圆钝，开展，喉部附属物5，半月形或梯形；雄蕊5，内藏，花药长圆形或椭圆形，先端钝或尖；子房深4裂，花柱线形，通常短于花冠筒，柱头头状。小坚果4，四棱形，基生，着生面疤痕小，有短柄。本属约有57种，分布于中亚及东南亚。我国有34种6变种，全国均产。公安县有1种。

320. 附地菜 *Trigonotis peduncularis* (Trev.) Benth. ex Baker et Moore

【形态】一年生草本，高5～30厘米。茎通常自基部分枝，纤细，直立或斜升，具糙伏毛。茎生叶具长柄，匙形，椭圆形或披针形，长1～3厘米，宽5～20毫米，先端钝圆或急尖，基部楔形，全缘，两面被糙伏毛；叶柄从下而上具短柄或几无柄。花序顶生，长达20厘米；花小，长约2毫米，有花梗；花萼5深裂，裂片椭圆形或卵状披针形，外被糙伏毛；花冠短筒状，先端5裂，裂片卵圆形，紫色或蓝紫色，喉部黄色，有5个鳞片状附属物；雄蕊5枚，着生花冠管上部，内藏；子房上位，4深裂，花柱基生。小坚果4，三棱锥状四面体形，长约0.8毫米，有短柄。花期4—5月，果期6—7月。

图320 附地菜

【生境】多生于山坡、路旁及田埂边。

【分布】全县广布。

【药用部位】全草。

【采收加工】夏、秋季采挖全草，除去泥土，晒干。

【性味】苦、辛，平。

【功能主治】和中理气，消肿止痛，活血。用于胃寒疼痛、吐酸、吐血、遗尿、手足麻木、跌打损伤、骨折、痈肿疮疡等。

九十八、马鞭草科 Verbenaceae

灌木或乔木，有时为藤本，极少数为草本。叶对生，很少轮生或互生，单叶或掌状复叶，全缘或分裂，无托叶。花序顶生或腋生，多数为聚伞花序、总状花序、穗状花序、伞房状聚伞花序或圆锥花序；花两性，极少退化为杂性，两侧对称，稀为辐射对称；花萼宿存，杯状、钟状或管状，稀漏斗状，通常4～5裂；花冠管圆柱形，管口裂为二唇形或略不相等的4～5裂；雄蕊4，极少2枚或5～6枚，着生于花冠管上，花丝分离，花药通常2室，基部或背部着生于花丝上，内向纵裂或顶端先开裂而成孔裂；花盘通常不显著；子房上位，通常为2心皮组成，少为4或5，全缘或4浅裂，通常2～4室，有时为假隔膜分为4～10室，每室有2胚珠，或因假隔膜而每室有1胚珠；花柱顶生，极少数多少下陷于子房裂片中；柱头明显分裂或不裂。果实为核果、蒴果或浆果状核果，外果皮薄，中果皮干或肉质，内果皮多少质硬成核，成熟后分裂成数个小坚果。种子通常无胚乳，胚直立，有扁平、多少厚或褶皱的子叶，胚根短，通常下位。

本科约有80属3000种，主要分布于热带和亚热带地区；我国现有21属175种。

公安县境内的马鞭草科植物有5属6种。

1. 花序为穗状花序。

 2. 多年生草本；叶片深裂；穗状花序狭长，顶生；果实成熟后分裂成4个分核……马鞭草属 *Verbena*

 2. 匍匐草本；叶片不分裂；穗状花序，腋生；果实成熟后分裂成2个分核……过江藤属 *Phyla*

1. 聚伞花序或由聚伞花序再组成其他花序。

 3. 花萼在结果时增大……大青属 *Clerodendrum*

 3. 花萼在结果时稍增大。

  4. 果实成熟后不开裂……牡荆属 *Vitex*

  4. 果实成熟后开裂……莸属 *Caryopteris*

莸属 *Caryopteris* Bunge

直立或披散灌木，稀为草本。单叶对生，全缘或具齿，通常具黄色腺点。聚伞花序腋生或顶生，常再排列成伞房状或圆锥状，很少单花腋生；萼宿存，钟状，通常5裂，偶有4裂或6裂，裂片三角形或披针形，结果时略增大；花冠通常5裂，二唇形，下唇中间1裂片较大，全缘至流苏状；雄蕊4枚，2长2短，或几等长，伸出于花冠管外，花丝通常着生于花冠管喉部；子房不完全4室，每室具1胚珠，胚珠下垂或倒生；花柱线形，柱头2裂。蒴果小，通常球形，成熟后分裂成4个多少具翼或无翼的果瓣。本属约有15种，分布于亚洲中部和东部，尤以我国最多，有13种。公安县有1种。

321. 兰香草 *Caryopteris incana* (Thunb. ex Hout.) Miq.

【形态】亚灌木，高30～70厘米。茎直立，圆柱形，基部木质，多分枝，略带紫红色，密生茸毛。茎叶揉碎有薄荷香气。叶对生，长圆形、卵形或卵状披针形，长2～6厘米，宽1.5～3厘米，顶端稍尖，基部楔形或圆形，边缘有粗锯齿，两面密生短柔毛，下面灰白色，有黄色腺点。聚伞花序腋生，有多数小花；花梗短，密被短茸毛；花萼钟形，5深裂，外被茸毛；花冠淡蓝色或淡紫色，5裂，较大的一个裂片上部分裂成细条状；雄蕊4枚，花丝细长，伸出花冠外；子房上位，4室，花柱细长，柱头2裂。蒴果干后裂为 4 个小坚果，上半部有毛，被包围在宿存的花萼内。花期 8—9 月，果期 10—11 月。

【生境】生于山坡、路旁或林缘处。

【分布】分布于黄山头镇。

【药用部位】全草。

【采收加工】夏、秋季采挖全草，除去泥土，晒干。

【化学成分】全草含黄酮苷、生物碱、酚类、甾体、氨基酸、有机酸、鞣质。其中有一种抗菌有效成分为兰香草素钠。

【性味】苦、辛，温。

图 321 兰香草

【功能主治】祛风除湿，止咳，散瘀，解毒，止痛。用于风寒感冒、百日咳、支气管炎、风湿骨痛、肠胃炎、瘫痪麻木、带下、产后瘀血腹痛、跌打损伤肿痛、毒蛇咬伤、湿疹、皮肤瘙痒等。

大青属 *Clerodendrum* L.

落叶或半常绿灌木或小乔木，少为攀缘状藤本或草本。冬芽圆锥状；幼枝四棱形至近圆柱形，有浅或深棱槽。单叶对生，少为 3 ～ 5 叶轮生，全缘、波状或有各式锯齿。聚伞花序或由聚伞花序组成疏展或紧密的伞房状或圆锥状花序，或短缩近头状，顶生、假顶生（生于小枝顶叶腋）或腋生；苞片宿存或早落；花萼有色泽，钟状管状， 5 齿至 5 裂，偶见 6 齿或 6 裂，花后多少增大，宿存；花冠高脚杯状或漏斗状，花冠管通常长于花萼，顶端 5 裂，裂片近等长或有 2 片较短，多少偏斜，稀 6 裂；雄蕊通常 4，花丝等长或 2 长 2 短，稀有 5 ～ 6 雄蕊，着生花冠管上部，蕾时内卷，开花后通常伸出花冠外，谢粉后卷曲，花药卵形或长卵形，纵裂；子房 4 室，每室有 1 下垂或侧生胚珠；花柱线形，柱头 2 浅裂。浆果状核果，外面常有 4 浅槽或成熟后分裂为 4 分核，或因发育不全而为 1 ～ 3 分核；种子长圆形，无胚乳。本属约有 400 种，主产于东半球。我国有 34 种，大多数分布于西南、华南地区。公安县有 1 种。

322. 臭牡丹 *Clerodendrum bungei* Steud.

【形态】落叶灌木，高 1 ～ 2 米。嫩枝被柔毛，枝断面白色，髓坚实。叶对生，广卵形，长 10 ～ 20 厘米，宽 8 ～ 18 厘米，先端尖，基部心形或近于截形，边缘有锯齿而带波状或近于光滑，仅脉上有短柔毛，有腺点，触之有强烈臭气；叶柄长约 8 厘米。花蔷薇红色，为顶生密集的头状聚伞花序，直径约 10 厘米，花萼细小，漏斗状，先端 5 裂，先端尖，外面密被短毛及腺点；花冠直径约 1.5 厘米，下部合生呈细筒状，淡红色或紫色，长约 2.5 厘米；雄蕊 4 枚，着生于花冠筒口，花丝与花柱均伸出，花柱通常较花丝短；子房上位，卵圆形。浆果近球形，蓝紫色。花期 7—8 月，果期 9—10 月。

【生境】生于湿润的林下和沟旁。

【分布】分布于杨家厂镇、孟家溪镇、麻豪口镇。

【药用部位】根及叶。

【采收加工】夏季采叶，秋季采根，鲜用或晒干。

【化学成分】叶含生物碱。

【药理作用】臭牡丹具有镇静催眠、局部麻醉、抗肿瘤、影响免疫功能、缩宫等作用。

【性味】辛、苦，平。

【功能主治】活血补血，行气止痛，祛风化痰。根主治风湿性关节痛、跌打损伤、高血压、头晕头痛、肺脓肿。叶外用治痈疖疮疡、痔疮、湿疹、还可灭蛆。

图 322 臭牡丹

过江藤属 *Phyla* Lour.

茎草质，四方形，有时基部木质化，匍匐或斜升，节易生根。单叶对生。花序头状或穗状，在果时延长；花小，生于苞腋；花萼小，膜质，近二唇形；花冠柔弱，下部管状，上部扩展呈二唇形，上唇较小，全缘或浅 2 裂，下唇较大，3 深裂；雄蕊 4，着生于花冠管的中部，2 枚在上，2 枚在下；子房 2 室，每室有 1 胚珠；花柱短，着生于子房顶端，柱头头状。果成熟后干燥，分为 2 个分核。本属约有 10 种，分布于亚洲、非洲、美洲；我国有 1 种。公安县也产。

323. 过江藤 *Phyla nodiflora* (L.) E. L. Greene

【形态】多年生草本，有木质宿根，多分枝，全体有紧贴“丁”字状短毛。叶近无柄，匙形、倒卵形至倒披针形，长 1 ～ 3 厘米，宽 0.5 ～ 1.5 厘米，顶端钝或近圆形，基部狭楔形，中部以上的边缘有锐锯齿；穗状花序腋生，卵形或圆柱形，长 0.5 ～ 3 厘米，宽约 0.6 厘米，有长 1 ～ 7 厘米的花序梗；苞片宽倒卵形，宽约 3 毫米；花萼膜质，长约 2 毫米；花冠白色、粉红色至紫红色，内外无毛；雄蕊短小，不伸出花冠外；子房无毛。果淡黄色，长约 1.5 毫米，内藏于膜质的花萼内。花果期 6—10 月。

图 323 过江藤

【生境】生于平地、河滩等湿润地方。

【分布】分布于南平镇、埠河镇。

【药用部位】全草。

【采收加工】夏、秋季采收，鲜用或晒干。

【性味】微苦、辛，平。

【功能主治】清热解毒，散瘀消肿。用于痢疾、急性扁桃体炎、咳嗽咯血、跌打损伤；外用治痈疽疔毒、带状疱疹、慢性湿疹。

马鞭草属 *Verbena* L.

草本或亚灌木。茎直立或匍匐，无毛或有毛。叶对生，稀轮生或互生，近无柄，边缘有齿至羽状深裂。花常排成顶生穗状花序，有时为圆锥状或伞房状，稀有腋生花序，花后因穗轴延长而花疏离，穗轴无凹穴；花生于狭窄的苞片腋内，蓝色或淡红色；花萼膜质，管状，有5棱，延伸出5齿；花冠管直或弯，向上扩展成开展的5裂片，裂片长圆形，顶端钝、圆或微凹，在芽中覆瓦状排列；雄蕊4，着生于花冠管的中部，2枚在上，2枚在下，花药卵形，药室平行或微叉开；子房不分裂或顶端浅4裂，4室，每室有1直立向底部侧面着生的胚珠；花柱短，柱头2浅裂。果干燥包藏于萼内，成熟后4瓣裂为4个狭小的分核。种子无胚乳，幼根向下。本属约有250种，多产于热带至温带美洲；我国除1野生种外，另有引进栽培的花卉2～3种。公安县也产。

324. 马鞭草 *Verbena officinalis* L.

【形态】多年生草本，高达1米以上。茎直立，基部木质化，上部有分枝，四棱形，棱上及节处有白色透明的硬毛。叶对生，基生叶近无柄；叶片倒卵形或长椭圆形，长3～5厘米，宽2～3厘米，先端尖，基部楔形，羽状深裂，裂片上疏生粗锯齿，两面均有硬毛，下面网脉上尤密。穗状花序顶生或腋生，多为单生，有时分枝成圆锥花序；花轴四方形，毛疏生，花细小，紫蓝色；花萼管状，长约2毫米，先端5浅裂，外面及顶端具硬毛；花冠唇形，下唇较上唇为大，上唇2裂，下唇3裂，喉部有白色长毛；雄蕊4，着生花冠筒内，不外露；雄蕊1，子房上位，4室，花柱顶生，柱头2裂。蒴果长方形，成熟时分裂4个小坚果。花期6—8月，果期7—10月。

图324 马鞭草

【生境】生于山坡、沟边及路旁较阴湿而肥沃的地方。

【分布】全县广布。

【药用部位】干燥地上部分。

【采收加工】7—10月开花时采收，晒干。

【化学成分】全草含马鞭草苷、马鞭草烯醇、鞣质及挥发油等成分。

【药理作用】马鞭草具有抗肿瘤、抗炎镇痛、神经保护、调节免疫、抗氧化等作用。

【性味】苦，寒。

【功能主治】清热解毒，利尿消肿，通经散瘀，抗疟杀虫。主治牙痛、咽喉肿痛、乳腺炎、痢疾、痛经、经闭、小儿口疮、肝炎、阴囊湿疹、晚期血吸虫病、间日疟等。

牡荆属 *Vitex* L.

小乔木或灌木；小枝通常四棱形，无毛或有微柔毛。叶对生，有柄，掌状复叶，小叶 3 ～ 8，稀单叶，小叶片全缘或有锯齿，浅裂以至深裂。花序顶生或腋生，为有梗或无梗的聚伞花序，或为聚伞花序组成圆锥状花序、伞房状花序以至近穗状花序；苞片小；花萼钟状，稀管状或漏斗状，顶端近截平或有 5 小齿，有时略为二唇形，外面常有微柔毛和黄色腺点，宿存，果时稍增大；花冠白色、浅蓝色、淡蓝紫色或淡黄色，略长于萼，二唇形，上唇 2 裂，下唇 3 裂，中间的裂片较大；雄蕊 4，2 长 2 短或近等长，内藏或伸出花冠外；子房 2 ～ 4 室，每室有胚珠 1 ～ 2；花柱丝状，柱头 2 裂。果实球形、卵形至倒卵形，中果皮肉质，内果皮骨质；种子倒卵形、长圆形或近圆形，无胚乳。子叶通常肉质。本属约有 250 种，主要分布于热带和温带地区。我国有 14 种，主产于长江以南地区。公安县有 1 种 1 变种。

1. 叶通常全缘或有少数浅锯齿……………………………………………………黄荆 *V. negundo*

1. 小叶边缘有粗锯齿……………………………………………………牡荆 *V. negundo* var. *cannabifolia*

325. 黄荆 *Vitex negundo* L.

图 325 黄荆

【形态】落叶灌木或小乔木，高达 5 米。树皮灰褐色，小枝方形，密生灰白色茸毛，枝叶具有香气。叶对生，通常掌状五出复叶，有时为三出复叶，中间小叶最大，两侧依次渐小；小叶片椭圆状卵形至披针形，先端渐尖，基部楔形，通常全缘或有少数浅锯齿，上面淡绿色，下面灰白色，密被短柔毛。圆锥花序顶生，长 10 ～ 27 厘米；花萼钟状，顶端 5 裂；花冠淡紫色，外面有茸毛，顶端 5 裂，二唇形，上唇 2 裂，下唇 3 裂，中央裂片较大；雄蕊 4 枚，二强；子房 4 室，花柱线形，顶端短 2 裂。核果球形，黑褐色，基部有宿萼。花期 7—8 月，果期 9—10 月。

【生境】多生于山坡林下、路旁或房前屋后。

【分布】分布于章庄铺镇。

【药用部位】果实、根、枝、叶。

【采收加工】果实：秋季果实成熟时采摘，晒干。根：2 月或 8 月采挖，洗净，切片，晒干。枝：四季均可采收。叶：夏季未开花时采集净叶，堆叠踏实，使其发汗，倒出晒至半干，再堆叠踏实，待绿色变黑润，再晒至足干。

【化学成分】果实：含挥发油，油中为桧烯、少量牡荆碱、树脂，有报道显示含有黄酮苷、强心苷、氨基酸、油脂、蜡状物。

叶：含紫花牡荆素、木犀草素-7-葡萄糖苷、四羟基甲氧基黄酮 α-D-葡萄糖等。

【药理作用】黄荆具有增强免疫力、解热镇痛、抑菌、抑制肿瘤细胞生长、抗氧化的作用。

【性味】甘，苦，温。

【功能主治】果实：止咳平喘，行气，和胃止痛；主治咳嗽、哮喘、肝胃气痛、宿食停滞、腹胀满、疝气、带下、痔漏、风痹、疟疾等。

根：解表，祛风湿，理气止痛，截疟，驱虫；主治感冒、咳喘、风湿、胃痛、痧气绞痛、疟疾、蛲虫病。

枝：祛风解表，消肿解毒；主治感冒、咳嗽、喉痹肿痛、风湿骨痛、牙痛、烫伤。

叶：解表清热，利湿解毒；主治感冒、中暑、吐泻、痢疾、疟疾、黄疸、风湿、跌打肿痛、疮痈疥癣。

326. 牡荆 *Vitex negundo* var. *cannabifolia* (Sieb. et Zucc.) Hand.-Mazz.

【形态】落叶灌木或小乔木，高至5米。多分枝，有香味，新枝四方形，被细毛。叶对生，间有三叶轮生，掌状复叶，小叶5片，间有3片；小叶披针状或椭圆状披针形，顶端渐尖，基部楔形，边缘有粗锯齿，表面绿色，下面淡绿色或灰白色，无毛或有毛。圆锥花序腋生或顶生，长10～30厘米，密被粉状细毛；小苞片细小，线形，有毛；花萼钟形，5裂，花冠淡紫色，长6毫米或稍长，外密生细毛，上端裂成2唇，上唇2裂，下唇3裂；雄蕊二强，伸出花管；子房球形，柱头2裂。浆果黑色，球形，宿存花萼包蔽过半。花期7—8月，果期9—11月。

图326 牡荆

【生境】多生于山坡、路旁、沟边的灌丛中。

【分布】分布于章庄铺镇。

【药用部位】果实、叶、茎和茎压榨的汁（牡荆沥）、根。

【采收加工】果实：9—11月果实成熟时采收，晒干后，飘去灰屑杂质，藏干燥处。叶：于夏、秋季选择晴天采摘（含油量高，质量好），及时干燥。牡荆沥：夏季采收牡荆的茎，除去枝叶，将新鲜牡荆截成30～40厘米的小段，两端驾于砖上，其下以火烧之。茎汁则从两端沥出，以器接取之。茎：夏季生长茂盛时采收，除去枝、叶，鲜用或晒干。根：全年可采，洗净泥土，鲜用或晒干。

【化学成分】果实含黄酮苷、强心苷、生物碱、氨基酸、中性树脂、挥发油。叶含挥发油，主要成

分为 β－丁香烯、1，8－桉叶素、香桧烯、β－甜没药烯等。

【性味】果实：辛、微苦，温。叶：苦，寒。牡荆沥：甘，平。茎：苦、辛，温。根：苦、辛，温。

【功能主治】果实：祛风化痰，下气，止痛；主治咳嗽哮喘、中暑发痧、胃痛、疝气、带下。

叶：祛风解表，除湿，杀虫，止痛，截疟，止痢；主治流感、支气管炎、肠炎、痢疾、湿疹、蛇咬伤、痧气腹痛、吐泻、风湿痛、流火、痈肿、足癣等。

牡荆沥：除风热，化痰涎，通经络，行气血；主治中风口噤、痰热惊厥、头晕目眩、喉痹、热痢。

茎：用于感冒、风湿、喉痹、疮肿、牙痛。

根：用于感冒、头痛、疟疾、关节风湿痛。

九十九、唇形科 Labiatae

草本，稀灌木，通常含有芳香油；常具有4棱及沟槽的茎和对生或轮生的枝条。叶为单叶，全缘至具有各种锯齿，浅裂至深裂，稀为复叶，对生，稀轮生或互生。花两性，很少单性，两侧对称，稀辐射对称，通常为聚伞式轮伞花序，再由数个至许多轮伞花序聚合成顶生或腋生的总状花序、穗状花序、圆锥状花序、稀头状的复合花序；苞叶常在茎上向上逐渐过渡成苞片，每花下常又有一对纤小的小苞片（在单歧花序中则仅一片发达）；很少不具苞片及小苞片，或苞片及小苞片趋于发达而有色，具针刺，叶状或特殊形状。花萼钟状、管状或杯状，4～5裂，常为二唇形；花冠合瓣，通常有色，筒内有时有各式的毛茸或毛环，基部极稀具囊或距，内有蜜腺；冠檐4～5裂，通常二唇形，稀成假单唇形或单唇形；雄蕊4，二强，有时退化为2枚，通常不同程度地伸出花冠筒外，稀内藏；花丝有毛或否，通常直伸，稀在芽时内卷，有时较长，稀在花后伸出很长，后对花丝基部有时有各式附属器；花药通常长圆形、卵圆形至线形，稀球形，2室，常纵裂叉开，有时贯通为1室；下位花盘通常肉质，显著，全缘或分裂；雌蕊由2个心皮形成，早期即因收缩而分裂为4枚具胚珠的裂片，极稀浅裂或不裂；子房上位，无柄，稀具柄；胚珠单被，倒生，直立，基生，着生于中轴胎座上；花柱顶端具2等长，稀不等长的裂片，稀不裂或4裂。果通常裂成4枚果皮干燥的小坚果，稀核果状；种子每坚果单生，胚乳在果时无或如存在则极不发育。

本科全世界有10个亚科约220属3500种。我国有99属800余种。

公安县境内的唇形科植物有16属22种1变种。

1. 子房不裂以至深4裂，花柱着生点高于子房基部；小坚果有大而显著的果脐……………………筋骨草属 *Ajuga*

1. 子房4全裂，花柱着生于子房基部；果脐通常小。

  2. 种子多少横生；果萼2裂，上裂片通常有鳞片状盾片，早落，下裂片宿存；子房有柄……………黄芩属 *Scutellaria*

  2. 种子直生；果萼无盾片；子房通常无柄。

    3. 雄蕊上升或平展而直伸向前。

      4. 花药非球形，药室平行或叉开，顶部不贯通为1室，但当花粉散出后，药室不扁平展开。

5. 花冠二唇形。

6. 雄蕊 4，花药卵形。

7. 后对雄蕊长于前对雄蕊……活血丹属 *Glechoma*

7. 后对雄蕊短于前对雄蕊。

8. 萼齿极不相等，呈二唇形，喉部在果熟时由于下唇 2 齿向上斜伸以致闭合，上唇顶端截形，有短 3 齿，花冠上唇盔状……夏枯草属 *Prunella*

8. 萼齿多少相等，喉部在果成熟时开张。

9. 小坚果多少尖三棱形，顶不平截。

10. 花冠具膨大喉部及伸长筒部，萼齿非针刺状。

11. 花冠下唇侧裂片不发达，边缘有 1 尖齿，花药有毛……野芝麻属 *Lamium*

11. 花冠下唇侧裂片较发育，边缘无尖齿，花药无毛……小野芝麻属 *Galeobdolon*

10. 花冠喉部不膨大，花冠筒稍伸出或内藏，萼齿针刺状……益母草属 *Leonurus*

9. 小坚果卵珠形，先端钝或圆……水苏属 *Stachys*

6. 雄蕊 2，花药线形，与花丝有关节相连呈“丁”字形……鼠尾草属 *Salvia*

5. 花冠近于辐射对称；花药卵形。

12. 雄蕊上升于花冠上唇之下，花冠二唇形，花萼 13 脉，二唇形……风轮菜属 *Clinopodium*

12. 雄蕊从基部上升，如展开则直伸。

13. 能育雄蕊 4。

14. 花冠近辐射对称，4 裂……薄荷属 *Mentha*

14. 花冠 2/3 式二唇形（即上唇微 2 裂，下唇 3 裂）……紫苏属 *Perilla*

13. 能育雄蕊 2。

15. 后对雄蕊退化为棒状假雄蕊；沼泽或湿地草本；通常具肥大根茎；花序腋生……地笋属 *Lycopus*

15. 前对雄蕊退化为线形假雄蕊；一年生草本，有强烈香味；花序顶生……石荠苎属 *Mosla*

4. 花药球形，药室平叉开，顶部贯通为 1 室，当花粉散出后扁平展开……香薷属 *Elsholtzia*

3. 雄蕊下倾，平卧于花冠下唇上或包于其内……香茶菜属 *Rabdosia*

筋骨草属 *Ajuga* L.

草本，稀灌木状，常具匍匐茎。茎四棱形。单叶对生，通常为纸质，边缘具齿或缺刻，较稀近于全缘；苞叶与茎叶同型，或下部者与茎叶同型而上部者变小呈苞片状，或较少为与茎叶异型或较大。轮伞花序具 2 至多花，组成间断或密集或下部间断上部密集的穗状花序。花两性，通常近于无梗；花萼卵状或球状、钟状或漏斗状，通常具 10 脉，其中 5 副脉有时不明显，萼齿 5，近整齐。花冠通常为紫色至蓝色，稀黄色或白色，冠筒挺直或微弯，内藏或伸出，基部略呈曲膝状或微膨大，喉部稍膨大，内面常有毛环，冠檐二唇形，上唇直立，全缘或先端微凹或 2 裂，下唇宽大，伸长，3 裂，中裂片通常倒心形或近扇形，侧裂片通常为长圆形；雄蕊 4，二强，花丝挺直或微弯曲，花药 2 室，其后横裂并贯通为 1 室；花柱细长，着生于子房底部，先端近相等 2 浅裂，裂片钻形，细尖；花盘环状，裂片不明显，等大或常在前面呈指状膨大；子房 4 裂，无毛或被毛。小坚果通常为倒卵状三棱形，背部具网纹，侧腹面具宽大果脐，占腹面 1/2 或 2/3，有 1 油质体。本属有 40 ～ 50 种，广布于欧、亚大陆温带地区。我国有 18 种，变种及变型较多，大多数分布于秦岭以南。公安县有 1 种。

327. 金疮小草 *Ajuga decumbens* Thunb.

【形态】多年生草本，高 10 ～ 30 厘米。全株密被长软毛。茎方形，匍匐状。叶对生，匙形或倒卵状椭圆形，长 4 ～ 6.5 厘米，宽 2.5 ～ 4 厘米，先端钝形，基部渐窄下延，边缘呈不规则波状，两面有白色短柔毛。轮伞花序多花，排列成间断的假穗状花序；苞片叶状卵形，生于花轮下方；花萼漏斗状，5 裂，裂片长三角形，下部呈筒状，萼筒和裂片边缘均被长柔毛；花冠唇形，白色，有时为淡紫色，下部筒状，筒长 7.5 厘米，外有毛，上部展开成上下两唇，上唇极短，下唇展开，3 裂，中裂片最大；雄蕊 4 枚，二强，伸出花冠筒外，筒内近基部有毛，呈环状；子房上位，4 裂。小坚果倒卵状三棱形，背部有网状皱纹。花期 4—7 月，果期 7—10 月。

图 327　金疮小草

【生境】生于路旁及湿润的草坡上。

【分布】分布于黄山头镇。

【药用部位】全草。

【采收加工】春、夏季开花时采收，除去泥沙，晒干。

【化学成分】金疮小草含黄酮类（木犀草素）、甾体化合物，并检出生物碱、皂苷、鞣酸等酸性物质。另据报道显示，全草含微量筋骨草甾酮 C。

【性味】苦、甘，寒。

【功能主治】清热解毒，止咳化痰。主治咽喉肿痛、气管炎、肺热咳嗽、吐血、衄血、外伤出血、痈肿疮毒、赤痢、淋证、跌打损伤等。

风轮菜属 *Clinopodium* L.

多年生草本。叶具柄或无柄，具齿。轮伞花序少花或多花，稀疏或密集，偏向于一侧或不偏向于一侧，多少呈圆球状，生于主茎及分枝的上部叶腋中，聚集成紧缩圆锥花序或多头圆锥花序，或彼此远隔而分离；苞叶叶状，通常向上渐小至苞片状；苞片线形或针状，具肋或不明显具肋，与花萼等长或较之短许多。花萼管状，具 13 脉，基部常一边膨胀，直伸或微弯，喉部内面疏生毛茸，但不明显成毛环，二唇形，上唇 3 齿，较短，下唇 2 齿，较长，平伸，齿尖均为芒尖，齿缘均被毛。花冠紫红色、淡红色或白色，冠筒稍超出或十分超出花萼，外面常被微柔毛，内面在下唇片下方的喉部常具 2 列毛茸，均向上渐宽大，至喉部最宽大，冠檐二唇形，上唇直伸，先端微缺，下唇 3 裂，中裂片较大，先端微缺或全缘，侧裂片全缘。

雄蕊4，有时后对退化，内藏，或前对微露出，花药2室，室水平叉开，多少偏斜地着生于扩展的药隔上。花柱先端极不相等2裂，前裂片扁平，披针形，后裂片常不显著；花盘平顶；子房4裂，无毛。小坚果极小，卵球形或近球形，褐色，无毛，具一基生小果脐。本属约有20种，分布于欧洲、中亚及亚洲东部。我国产11种5变种。公安县有4种。

1. 轮伞花序总梗极多分枝，多花密集，常偏向于一侧……风轮菜 *C. chinense*

1. 轮伞花序总梗不明显，不为极多分枝，也不偏向于一侧。

  2. 直立草本；轮伞花序沿茎及分枝形成宽而多头的圆锥花序……灯笼草 *C. polycephalum*

  2. 柔弱草本，茎多数，铺散或自基部多分枝。

    3. 花萼短小，长4毫米以下；轮伞花序疏离或密集茎端……细风轮菜 *C. gracile*

    3. 花萼长4毫米以上；轮伞花序近球状……匍匐风轮菜 *C. repens*

328. 风轮菜 *Clinopodium chinense* (Benth.) O. Ktze.

【形态】多年生草本。茎基部匍匐生根，上部上升，多分枝，高可达1米，四棱形，具细条纹，密被短柔毛及腺柔毛。叶卵圆形，长2～4厘米，宽1.3～2.6厘米，先端急尖或钝，基部圆形，边缘具圆齿状锯齿，上面密被平伏短硬毛，下面被疏柔毛，脉上尤密；叶柄长3～8毫米，腹凹背凸，密被疏柔毛。轮伞花序多花密集，半球状；苞叶叶状，苞片针状；花萼狭管状，常染紫红色，长约6毫米，外面主要沿脉上被疏柔毛及腺微柔毛，内面在齿上被疏柔毛，上唇3齿，下唇2齿，齿稍长，直伸，先端芒尖。花冠紫红色，长约9毫米，上唇直伸，先端微缺，下唇3裂。小坚果倒卵形，长约1.2毫米，宽约0.9毫米，黄褐色。花期5—8月，果期8—10月。

图328　风轮菜

【生境】生于草丛、路边、沟边、灌丛、林下。

【分布】全县广布。

【药用部位】全草。

【采收加工】5—9月采收，鲜用或扎成小把晒干。

【性味】辛、苦，凉。

【功能主治】疏风清热，解毒止痢，止血。用于感冒、中暑、痢疾、肝炎；外用治疗疮肿毒、皮肤瘙痒、外伤出血。

329. 细风轮菜 *Clinopodium gracile* (Benth.) Matsum.

【形态】纤细草本。茎多数，自匍匐茎生出，柔弱，上升，不分枝或基部具分枝，高8～30厘米，直径约1.5毫米，四棱形，具槽，被倒向的短柔毛。最下部的叶圆卵形，细小，长约1厘米，宽0.8～0.9厘米，先端钝，基部圆形，边缘具疏圆齿，较下部或全部叶均为卵形，较大，长1.2～3.4厘米，宽1～2.4厘米，先端钝，基部圆形或楔形，边缘具疏齿或圆齿状锯齿，薄纸质，上面橄榄绿色，近无毛，下面较淡，脉上被疏短硬毛，侧脉2～3对，中肋两面微隆起但下面明显呈白绿色，叶柄长0.3～1.8厘米，腹凹背凸，基部常染紫红色，密被短柔毛；上部叶及苞叶卵状披针形，先端锐尖，边缘具锯齿。轮伞花序分离，或密集于茎端成短总状花序，疏花；苞片针状，远较花梗为短；花梗长1～3毫米，被微柔毛。花萼管状，基部圆形，花时长约3毫米，果时下倾，基部一边膨胀，长约5毫米，13脉，外面沿脉上被短硬毛，其余部分被微柔毛或几无毛，内面喉部被稀疏小疏柔毛，上唇3齿，短，三角形，果时外反，下唇2齿，略长，先端钻状，平伸，齿均被毛。花冠白色至紫红色，超过花萼长约1/2倍，外面被微柔毛，内面在喉部被微柔毛，冠筒向上渐扩大，冠檐二唇形，上唇直伸，先端微缺，下唇3裂，中裂片较大。雄蕊4，前对能育，与上唇等齐，花药2室，室略叉开。花柱先端略增粗，2浅裂，前裂片扁平，披针形，后裂片消失。花盘平顶。子房无毛。小坚果卵球形，褐色，光滑。花期6—8月，果期8—10月。

【生境】生于路旁、沟边、空旷草地、林缘。

【分布】分布于孟家溪镇、麻豪口镇、杨家厂镇。

【药用部位】全草。

【性味】辛、苦，凉。

【功能主治】清热解毒，消肿止痛。主治白喉、咽喉肿痛、肠炎、痢疾、乳腺炎、雷公藤中毒；外用治过敏性皮炎。

图329 细风轮菜

图330 灯笼草

330. 灯笼草 *Clinopodium polycephalum* (Vaniot) C. Y. Wu et Hsuan ex P. S. Hsu

【形态】多年生草本，高 20 ～ 60 厘米。茎方形，被平展糙硬毛及腺毛，绿色或带紫色。叶对生，纸质，叶片卵形，长 1 ～ 3.5 厘米，宽 1 ～ 2 厘米，先端钝，基部楔形，边缘有钝锯齿，两面均被粗硬毛，尤以下面脉上为多；叶柄长 5 ～ 12 毫米。轮伞花序圆球形，沿茎及分枝形成宽而多头的圆锥花序；小苞片条形，刺毛状，有疏长柔毛；花萼管形，基部一边肿胀，喉部略收缩，外面脉上被具节长柔毛及腺微柔毛；花冠紫红色，二唇形。小坚果倒卵球形，无毛。花期 6—7 月，果期 8—9 月。

【生境】多生于防浪林下草丛。

【分布】分布于杨家厂镇、狮子口镇。

【药用部位】全草。

【性味】微苦，凉。

【功能主治】清热解毒，散瘀消肿，凉血止血，止痢。主治感冒、白喉、各种出血、乳腺炎、急性胆囊炎、黄疸型肝炎、腮腺炎、急性结膜炎、瘰病、蛇伤等。

331. 匍匐风轮菜 *Clinopodium repens* (D. Don) Wall. ex Benth.

【形态】多年生柔弱草本。茎多数，匍匐生长，弯曲，高约 35 厘米，被疏柔毛，棱上及上部尤密。叶卵圆形，长 1 ～ 3.5 厘米，宽 1 ～ 2.5 厘米，先端锐尖或钝，基部阔楔形至近圆形，边缘在基部以上具向内弯的细锯齿，两面疏被短硬毛；叶柄长 0.5 ～ 1.4 厘米，向上渐短，近扁平，密被短硬毛。轮伞花序小，近球状，彼此远隔；苞叶与叶极相似，具短柄，均超过轮伞花序，苞片针状，被白色缘毛及腺微柔毛。花萼管状，长约 6 毫米，绿色，具 13 脉，外面被白色缘毛及腺微柔毛，内面无毛，上唇 3 齿，齿三角形，具尾尖，下唇 2 齿，先端芒尖。花冠粉红色，长约 7 毫米，略超出花萼，外面被微柔毛，冠檐二唇形，上唇直伸，先端微缺，下唇 3 裂。雄蕊及雌蕊均内藏。小坚果近球形，直径约 0.8 毫米，褐色。花期 6—9 月，果期 10—12 月。

图 331　匍匐风轮菜

【生境】生于林下、路边、沟边等处。

【分布】各乡镇均有分布。

香薷属 *Elsholtzia* Willd.

草本，半灌木或灌木。叶对生，卵形、长圆状披针形或线状披针形，边缘具锯齿。轮伞花序组成穗状或球状花序，穗状花序呈圆柱形或偏向一侧；最下部苞叶常与茎叶同型，上部苞叶呈苞片状，披针形、卵形或扇形；花梗通常较短。花萼钟形、管形或圆柱形，萼齿 5，近等长，喉部无毛，果时通常延长或膨大；花冠小，白色、淡黄色、黄色、淡紫色、玫瑰红色至玫瑰红紫色，外面常被毛及腺点，内面具毛环或无毛，冠筒等长或稍长于花萼，直立或微弯，均自基部向上渐扩展，冠檐二唇形，上唇直立，先端微缺或全缘，下唇开展，3 裂，中裂片常较大，侧裂片通常较小，全缘；雄蕊 4，通常伸出，上升，分离，花丝无毛，花药 2 室；花盘前方呈指状膨大；花柱纤细，先端或短或深 2 裂，裂片钻形或近线形；子房无毛。小坚果卵珠形或长圆形，褐色，具瘤状突起或光滑。本属约有 40 种，主产于亚洲及非洲。我国有 33 种，产于西南部、中部、东部至东北。公安县有 1 种。

332. 紫花香薷 *Elsholtzia argyi* Lévl.

【形态】草本，高 70 ～ 100 厘米。茎紫色，密被倒向短柔毛。叶卵形至宽卵形，长 2 ～ 5 厘米，宽 1.5 ～ 2.5 厘米，先端短渐尖，基部宽楔形至圆形，边缘在基部以上有锯齿，上面被疏柔毛，下面沿脉被短柔毛，密布凹陷的腺点；叶柄长 5 ～ 20 厘米，被短柔毛。穗状花序偏向一侧，长 2 ～ 7 厘米，由多花的轮伞花序组成，苞片圆形，先端芒尖，外被柔毛和黄色腺点，呈紫色，边缘有缘毛；花萼管状，外被长柔毛和黄色腺点，齿 5，钻形，先端具芒尖；花冠黄紫色，长约 6 毫米，外被柔毛和腺点，上唇直立，先端微缺，下唇 3 裂，中裂片长圆形，先端突尖。小坚果长圆形，有细疣状突起。花期 9—10 月，果期 10—11 月。

图 332 紫花香薷

【生境】生于山坡及沟边草地。

【分布】分布于黄山头镇、章庄铺镇。

【药用部位】全草。

【采收加工】夏、秋季采收，洗净泥土，鲜用或晒干。

【性味】苦、辛，平。

【功能主治】发汗解表，化湿和中，利水消肿。主治感冒发热、头痛、水肿脚气。

小野芝麻属 *Galeobdolon* Adans.

一年生或多年生草本，稀灌木状。叶各式，具柄。轮伞花序具 2 ～ 8 花；苞片比花萼短，线形，早落；花萼钟形，外面被毛，内面仅在齿上被毛，具 5 脉，脉间的副脉不明显，萼齿 5，披针形，后 3 齿略大于前 2 齿；花冠紫红色或粉红色，伸出，长为花萼 1.5 ～ 2 倍，外面被各式毛，通常在上唇上的较密，冠筒略超出花萼，内面有毛环，冠檐二唇形，上唇直伸，长圆形，先端钝或微缺，下唇平展，3 裂，中裂片大，倒心形至倒卵圆形，边缘微波状或全缘，侧裂片较小，近圆形或卵圆形；雄蕊 4，二强，花药卵圆形，2 室，室叉开；花柱丝状，先端近相等 2 浅裂；子房裂片先端截形，无毛，或稀于顶部有短硬毛；花盘环状至漏斗状。小坚果三棱状长圆形、倒卵圆形至倒锥形，无毛或顶端被短毛。本属约有 6 种 2 变种，分布于日本、欧洲西部及伊朗。我国有 5 种，产南部、西南部、中部及东部。公安县有 1 种。

333. 块根小野芝麻 *Galeobdolon tuberiferum* (Makino) C. Y. Wu

图 333 块根小野芝麻

【形态】多年生草本，其主根先端膨大成一圆形或长圆形的小块根。茎高 10 ～ 20 厘米，细弱，四棱形，具槽，被短刚毛。叶小，卵状菱形，长 1 ～ 2 厘米，宽 0.8 ～ 1.6 厘米，先端急尖或钝，基部阔楔形，边缘具圆齿状锯齿，草质，上面橄榄绿色，被贴生的白色纤毛状毛茸，下面较淡，被长短不等的贴生硬毛，叶柄长 5 ～ 15 毫米。轮伞花序 (2)4 ～ 8 花；苞片叶状，长 5 ～ 6 毫米，宽 3 ～ 4 毫米，小苞片线形，长约 3 毫米。花萼管状钟形，长约 8 毫米，直径约 2.2 毫米，外面被刚毛，萼齿三角状披针形，约为萼长之半，先端长渐尖。花冠紫红色或淡红色，长 13 毫米，冠筒基部直径 0.6 毫米，喉部宽 4 毫米，内面在中部稍下方具毛环，冠檐二唇形，上唇直立，长圆形，长 6 毫米，外面被长刚毛，下唇长 8 毫米，宽 5 毫米，染有紫色斑点，3 裂，中裂片倒心形，大，侧裂片小，近圆形。雄蕊花丝扁平，无毛，花药深色。花柱丝状，先端近相等 2 浅裂。花盘杯状。子房裂片长圆形，上部被小鳞片。小坚果褐色，三棱状倒圆锥形，长 2 毫米，宽 1 毫米，先端截形，无毛。花期 4 月，果期 4 月以后。

【生境】生于山脚阴湿处。

【分布】分布于黄山头镇。

活血丹属 *Glechoma* L.

多年生草本，通常具匍匐茎，逐节生根及分枝。茎上升或匍匐状，全部具叶。叶具长柄，对生，叶片通常为圆形、心形或肾形，薄纸质，先端钝或急尖，基部心形，边缘具圆齿或粗齿。轮伞花序 2 ～ 6 花；苞叶与茎叶同型，苞片、小苞片常为钻形；花两性，为雌花两性花异株的或雌花两性花同株的；花萼管状或钟状，近喉部微弯，具 15 脉，萼齿 5，锐三角形或卵状三角形至卵形，近二唇形，上唇 3 齿，略长，下唇 2 齿，较短；花冠管状，上部膨大，冠檐二唇形，上唇直立，顶端微凹或 2 裂，下唇平展，3 裂，中裂片卵形或心形，最大，顶端微凹，2 侧裂片长圆形或卵形，较小；雄蕊 4，前对着生于下唇侧裂片下，后对着生于上唇下近喉部，花丝纤细，无毛，在雌花中不发达，药室长圆形，平行或略叉开；花柱纤细，先端近相等 2 裂；花盘杯状，全缘或稀具微齿，前方呈指状膨大。小坚果长圆状卵形，深褐色，光滑或有小凹点。本属约有 8 种 4 变种，广布于欧、亚大陆温带地区。我国有 5 种 2 变种，南北地区均产。公安县有 1 种。

334. 活血丹 *Glechoma longituba* (Nakai) Kupr.

图 334 活血丹

【形态】多年生草本，有匍匐茎，茎高 10 ～ 20 厘米，幼枝部分被疏长柔毛。茎下部叶较小，心形或近肾形，上部叶较大，心形，长 18 ～ 26 厘米，上面被疏粗伏毛，下面常带紫色，被疏柔毛；叶柄长为叶片 1 ～ 2 倍。轮伞花序少花；苞片刺芒状；花萼筒状，长 9 ～ 11 毫米，齿 5，长披针形，顶端芒状，呈二唇形，下唇 2 齿，上唇 3 齿，较长；花冠淡蓝色至紫色，筒有长短两型，长者 1.7 ～ 2.2 厘米，短者 1 ～ 1.4 厘米，檐部二唇形，上唇较短，倒心形，顶端 2 深裂，下唇 3 裂，中裂片最大，肾形，先端凹；雄蕊 4 枚，二强。花丝顶端二歧，其中一枚着生花药；子房 4 裂，花柱光滑，柱头 2 裂。小坚果长圆状卵形，褐色。花期 3—4 月，果期 5—6 月。

【生境】多生于疏林下、路旁、溪边田埂中。

【分布】分布于黄山头镇、杨家厂镇、斗湖堤镇。

【药用部位】连钱草：为活血丹干燥地上部分。

【采收加工】全年可采，以夏季为好，拔起全草，晒干。

【化学成分】活血丹化学成分以蒽醌及苷类化合物为主，此外还含有萘醌类、萜类、多糖类等。

【药理作用】活血丹的主要药理作用包括抗癌、止血、护肝、抗菌消炎、抗氧化、免疫调节等。

【性味】辛，凉。

【功能主治】清热，利尿通淋，镇咳，消肿解毒，活血止痛。主治泌尿系和胆道结石、肾炎性水肿、跌打损伤、骨折、湿热黄疸、痈肿、毒蛇咬伤和皮肤疮疡、风湿痹痛、小儿疳积、肺痈、咳嗽、吐血、带下等。

香茶菜属 *Rabdosia* (Bl.) Hassk.

多年生草本；根茎常肥大木质，疙瘩状。叶椭圆形至卵形，具齿，叶柄通常有翅。聚伞花序 3 至多花，排列成多少疏离的总状或圆锥状花序；下部苞叶与茎叶同型，上部渐变小呈苞片状，也有苞叶全部与茎叶同型，因而聚伞花序腋生的苞片及小苞片均细小；花小或中等大，具梗；花萼钟形，果时增大，萼齿 5，近等大或呈 3/2 式二唇形；花冠筒伸出，斜向，基部上方浅囊状或呈短距，至喉部等宽或略收缩，冠檐二唇形，上唇外反，先端具 4 圆裂，下唇全缘，通常较上唇长，内凹，常呈舟状；雄蕊 4，二强，下倾，花丝无齿，分离，无毛或被毛，花药贯通，1 室，花后平展，稀药室多少明显叉开；花盘环状，近全缘或具齿，前方有时呈指状膨大；花柱丝状，先端相等 2 浅裂。小坚果近圆球形、卵球形或长圆状三棱形，无毛或顶端略具毛，光滑或具小点。本属约有 150 种，产于亚洲、非洲及澳大利亚等的热带和亚热带地区。我国产 90 种 21 变种，西南各省盛产。公安县有 1 种。

335. 香茶菜 *Rabdosia amethystoides* (Benth.) Hara

【形态】多年生草本，高 30 ～ 150 厘米。茎直立，四棱形，密生倒向柔毛，有分枝。叶对生，卵形或卵状披针形，长 0.8 ～ 11 厘米，宽 0.5 ～ 8 厘米，先端钝，具突尖，基部宽楔形，下延，边缘有疏圆锯齿，上面被疏短毛，下面脉上有柔毛和腺点；叶柄长 2 ～ 25 毫米。聚伞花序顶生，排列成疏散的圆锥花序；苞片和小苞片卵形；花萼钟状，长、宽约 2.5 毫米，外被疏短毛或密生腺点，先端 5 齿裂，裂片三角形；花冠唇形，白色，上唇带蓝紫色，花筒近基部呈浅囊状，上唇 4 浅裂，近圆形，下唇阔圆形；雄蕊 4 枚；子房上位，4 室，花柱细长，柱头 2 浅裂。小坚果卵形。花期 8—9 月，果期 9—10 月。

图 335　香茶菜

【生境】多生于路旁草丛中。

【分布】分布于黄山头镇。

【药用部位】全草。

【采收加工】夏、秋季采挖全草，除去泥土，阴干或晒干。

【性味】苦，凉。

【功能主治】清热解毒，散瘀消肿，利湿。主治牙痛、胃炎、急性黄疸型肝炎、筋骨疼痛、经闭、跌打肿痛、烧烫伤、毒蛇咬伤、疮疡等。

野芝麻属 *Lamium* L.

一年生或多年生草本。叶圆形或肾形至卵圆形或卵圆状披针形，边缘具钝齿；苞叶与茎叶同型，比花序长许多。轮伞花序 4 ～ 14 花；苞片小，披针状钻形或线形，早落。花萼管状钟形至钟形，具 5 ～ 10 脉，外面多少被毛，萼齿 5，近相等，锥尖，与萼筒等长或比萼筒长；花冠紫红色、粉红色、浅黄色至污白色，通常较花萼长 1 ～ 2 倍，外面被毛，冠檐二唇形，上唇直伸，长圆形，先端圆形或微凹，多少盔状内弯，下唇向下伸展，3 裂，中裂片较大，倒心形，先端微缺或深 2 裂，侧裂片不明显的浅半圆形或浅圆裂片状，边缘常有 1 至多个锐尖小齿；雄蕊 4，二强，花丝丝状，被毛，插生在花冠喉部，花药被毛，2 室，室水平叉开；花柱丝状，先端近相等 2 浅裂；花盘平顶，具圆齿；子房裂片先端截形；小坚果三角状倒卵形，平滑或具疣。本属约有 40 种，产于欧洲、北非及亚洲。我国有 3 种 4 变种。公安县有 1 种。

336. 野芝麻 *Lamium barbatum* Sieb. et Zucc.

【形态】多年生草本，高 30 ～ 80 厘米；几无毛，根状茎在地下长匍匐枝。叶对生，卵形或卵状心形至卵状披针形，长 3 ～ 9 厘米，宽 1 ～ 5.5 厘米，先端长尾尖，边缘具粗齿，基部心形，有时近截形，两面均被短硬毛；叶柄长1～7厘米，向上渐短。轮伞花序生于上部叶腋间；苞片线形，长1.8～5毫米，具毛；花萼钟状，长约1.5厘米，齿5，披针状钻形，具毛；花冠白色或淡黄色，长约2厘米，筒内有毛环，上唇直伸，下唇3裂，中裂片倒肾形，顶端深凹，基部急收缩，侧裂片浅圆裂片状，顶端有一针状小齿；药室平叉开，有毛。小坚果三角状倒卵形，暗褐色，长约3毫米。花期5—6月，果期6—7月。

图336 野芝麻

【生境】生于林间空地、沟边、山脚下及路旁草丛中。

【分布】分布于黄山头镇、杨家厂镇。

【药用部位】全草。

【采收加工】5—6月采花及全草，阴干。

【化学成分】花含鞣质、黏液质、挥发油、皂苷等。叶含生物碱、维生素、胡萝卜素等。根含水苏糖及葡萄糖。

【性味】全草：微甘，平。根：甘，平。

【功能主治】全草：散瘀，消积，调经，利湿；主治肺热咯血、血淋、带下、月经不调、小儿虚热、跌打损伤、疮痈肿毒、肾炎、膀胱炎。

根：清肝利湿，活血消肿；主治眩晕、肝炎、肺结核、肾炎性水肿、带下、疳积、痔疮、无名肿毒。

益母草属 *Leonurus* L.

一年生、二年生或多年生直立草本。叶3～5裂，下部叶宽大，近掌状分裂，上部茎叶及花序上的苞叶渐狭，全缘，具缺刻或3裂。轮伞花序多花密集，腋生，多数排列成长穗状花序；小苞片钻形或刺状，坚硬或柔软；花萼倒圆锥形或管状钟形，5脉，萼齿5，近等大，不明显二唇形，下唇2齿较长，靠合，开展或不甚开展，上唇3齿直立。花冠白色、粉红色至淡紫色，冠筒比萼筒长，内面有或无毛环，冠檐二唇形，上唇长圆形、倒卵形或卵状圆形，全缘，直伸，外面被柔毛或无毛，下唇直伸或开张，有斑纹，3裂，中裂片与侧裂片等大，长圆状卵圆形，或中裂片大于侧裂片，微心形，边缘膜质，而侧裂片短小，卵形；雄蕊4，前对较长，开花时卷曲或向下弯，后对平行排列于上唇片之下，花药2室，室平行；花柱先端相等2裂，裂片钻形；花盘平顶。小坚果锐三棱形，顶端截平，基部楔形。本属约有20种，分布于欧洲、亚洲及美洲各地。我国产12种2变型。公安县有1种。

337. 益母草 *Leonurus artemisia* (Lour.) S. Y. Hu

【形态】一年生或二年生草本。茎直立，高30～120厘米，四方形，具槽，密被侧向糙伏毛。叶对生，形状不一，密被细柔毛；基生叶在开花时已枯萎，具长柄，叶片圆形至卵状椭圆形，边缘有5～9浅裂，各裂片有2～3钝齿，先端钝圆，基部心形，中部叶掌状3浅裂，或裂片再2裂，长5～20厘米，裂片条形至披针形，上部叶与花序上的叶呈条形或条状披针形，全缘或具稀少齿，长 3 ～ 10 厘米，最小裂片宽约 3 毫米，叶柄长 2 ～ 3 厘米至无柄。初夏开花，淡红色或紫红色，无梗，轮伞花序密集，下有刺状小苞片；花萼筒状钟形，长 6 ～ 8 毫米，5 脉，齿 5，下唇 2 齿靠合；花冠长 1 ～ 1.2 厘米，花冠筒内有毛环，檐部二唇形，上唇舟状，下唇 3 裂，中裂片倒心形；雄蕊 4。小坚果，矩圆状三棱形，黄褐色，光滑。花期 7—9 月，果期 9—11 月。

图 337　益母草

【生境】多生于山坡、草地、田埂、路旁和房前屋后。

【分布】全县广布。

【药用部位】全草及果实。果实药材称为“茺蔚子”。

【采收加工】全草：夏季当叶生长茂盛，花初开时割取，阴干或晒干扎把或趁鲜切段，晒干。果实：秋季果实成熟时，将植株从地面割起，扎成小把，晒干，打出果实，筛尽灰屑。

【化学成分】益母草包括生物碱、二萜、黄酮、苯乙醇苷、苯丙素、香豆素、三萜、有机酸、挥发油等成分。生物碱类成分是益母草主要药效物质，包括盐酸水苏碱和盐酸益母草碱。

【药理作用】益母草具有抗炎镇痛、抗氧化、抑菌，以及双向调节子宫等作用。

【性味】全草：苦、辛，微寒。果实：辛、苦，微寒。

【功能主治】全草：活血化瘀，利尿解毒，调经；主治月经不调、痛经、崩漏、产后血晕、恶露不尽或不下、水肿、跌打瘀滞、肿毒疮痒、蛇咬伤、尿血、肾炎、高血压。

果实：活血调经，清肝明目，疏风清热，祛瘀；主治月经不调、经闭、经痛、崩漏带下、腹中包块、产后瘀血作痛、目赤肿痛或生翳膜、高血压、头晕、肝热头痛等。

地笋属 *Lycopus* L.

多年生沼泽或湿地草本，通常具肥大的根茎。叶具齿或羽状分裂，苞叶与叶同型，渐小。轮伞花序无梗，多花密集，其下承以小苞片；小苞片小，外方者长于或等于花萼；花小，无梗；花萼钟形，近整齐，萼齿 4 ～ 5，等大或有 1 枚特大，先端钝、锐尖或刺尖，内面无毛；花冠钟形，等于或稍超出花萼，内面在喉部有交错的柔毛，冠檐二唇形，上唇全缘或微凹，下唇 3 裂，中裂片稍大；雄蕊能育 2，稍超出花冠，直伸，花丝无毛，花药 2 室，室平行，其后略叉开，后对雄蕊退化消失，或呈丝状，先端棍棒形，或呈头状；花柱丝状，先端 2 裂，裂片扁平，锐尖，等大或后裂片较小；花盘平顶。小坚果背腹扁平，腹面多少具棱，先端截平，基部楔形，边缘加厚，褐色，无毛或腹面具腺点。本属约有 10 种，广布于东半球温带及北美。我国产 4 种 4 变种。公安县有 1 种。

338. 地笋 *Lycopus lucidus* Turcz.

【形态】多年生草本，高 40 ～ 100 厘米。地下根茎横走，稍肥厚，白色。茎直立，方形，有 4 棱角，中空，表面绿色、紫红色或紫绿色，光滑无毛，仅在节上疏生小硬毛。叶交互对生；披针形、狭披针形至广披针形，长 4.5 ～ 11 厘米，宽 8 ～ 8.5 毫米，先端长锐尖或渐尖，基部楔形，边缘有粗锐锯齿，有时两齿之间尚有细锯齿；近革质，上面略有光泽，无毛，下面密被腺点，无毛或脉上疏生白柔毛；叶柄短或几无柄。轮伞花序腋生，花小，多枚；苞片披针形，边缘有毛；萼钟形，长约 4 毫米，先端 5 裂，裂片狭披针形，先端长锐尖；花冠白色，钟形，稍露出于花萼，长 4.5 ～ 5 毫米，外面有腺点，上唇直立，下唇 3 裂，裂片几相等；能育雄蕊 2；子房矩形，4 深裂，着生于花盘上，花柱顶端 2 裂，伸出。小坚果扁平，长约 1 毫米，暗褐色。花期 7—9 月，果期 9—10 月。

图 338　地笋

【生境】栽培。

【分布】分布于黄山头镇、斗湖堤镇。

【药用部位】地上部分。

【采收加工】夏、秋季茎叶生长茂盛时采收，割取地上部切段，晒干。

【化学成分】全草含糖类：葡萄糖、半乳糖、泽兰多糖、水苏糖、棉子糖、蔗糖，另含虫漆蜡醇、白桦脂酸、熊果酸、β－谷甾醇。

【性味】甘、辛，微温。

【功能主治】活血化瘀，行水消肿。主治月经不调、经闭、水肿、产后淤血腹痛。

薄荷属 *Mentha* L.

多年生草本，含挥发油。茎直立或上升，不分枝或多分枝。叶具柄或无柄，叶片边缘具齿、锯齿或圆齿，先端通常锐尖或为钝形，基部楔形、圆形或心形；苞叶与叶相似，变小。轮伞花序通常为多花密集，具梗或无梗；苞片披针形或线状钻形及线形，通常不显著；花梗明显；花两性或单性，雄性花有退化子房，雌性花有退化的短雄蕊，同株或异株；花萼钟形、漏斗形或管状钟形，10 ～ 13 脉，萼齿 5，相等或近 3/2 式二唇形，内面喉部无毛或具毛；花冠漏斗形，喉部稍膨大或前方呈囊状膨大，具毛或否，冠檐具 4 裂片，上裂片大都稍宽，全缘或先端微凹或 2 浅裂，其余 3 裂片等大，全缘；雄蕊 4，近等大，叉开，直伸，后对着生稍高于前对，花丝无毛，花药 2 室，室平行；花柱伸出，先端相等 2 浅裂；花盘平顶。小坚果卵形，无毛或稍具瘤，稀于顶端被毛。本属约有 30 种，广泛分布于北温带地区。我国连栽培种在内比较确切的有 12 种，其中有 6 种为野生种。公安县有 1 种。

339. 薄荷 ***Mentha haplocalyx* Briq.**

【形态】多年生草本。茎直立，高 30 ～ 60 厘米，根状茎细长，白色、白红色或白绿色。茎直立，四棱形，上部具倒向微柔毛。叶对生，有浓厚香气，矩圆状披针形或披针状椭圆形，边缘具锯齿，叶面沿脉密生柔毛，其余部分密生微柔毛，背面有透明腺点，具柄。轮伞花序腋生，球形，具梗或无梗，花萼筒状钟形，长约 2.5 毫米，5 齿，10 脉，外被细毛或腺点；花冠淡红紫色，外被细毛，檐部 4 裂，上裂片较大，顶端微凹，其余 3 裂片较小，全缘；雄蕊 4，二强，前对较长，均伸出花冠外；花柱顶端 2 裂。小坚果长圆状卵形，平滑。花期 7—9 月，果期 10 月。

图 339 薄荷

【生境】生于水旁潮湿地或栽培。

【分布】分布于南平镇、夹竹园镇。

【药用部位】干燥地上部分。

【采收加工】夏、秋季茎叶茂盛或花开至三轮时，选晴天，分次采割，晒干或阴干。

【化学成分】新鲜叶含挥发油，包括薄荷醇、薄荷酮、乙酸薄荷酯、莰烯、柠檬烯、异薄荷酮、蒎烯、薄荷烯酮、树脂及少量鞣质、迷迭香酸。

【药理作用】薄荷具有抗病毒、抗肿瘤、抑菌、抗氧化活性、抗辐射活性等药理作用。

【性味】辛，凉。

【功能主治】疏散风热，清利头目，透疹利咽。用于外感风热、头痛、目赤、咽喉肿痛、麻疹、豆疹不透、牙痛等。

石荠苎属 ***Mosla* Buch. -Ham. ex Maxim.**

一年生草本，揉之有强烈香味。叶具柄，具齿，下面有明显凹陷腺点。轮伞花序 2 花，组成顶生或腋生的总状花序；苞片小；花梗明显。花萼钟形，10 脉，果时增大，基部一边膨胀，萼齿 5，齿近相等或二唇形，如为二唇形，则上唇 3 齿锐尖或钝，下唇 2 齿较长，披针形，内面喉部被毛；花冠白色、粉红色至紫红色，冠筒常超出萼或内藏，内面无毛或具毛环，冠檐近二唇形，上唇微缺，下唇 3 裂，侧裂片与上唇近相似，中裂片较大，常具圆齿；雄蕊 4，后对能育，花药具 2 室，室叉开，前对退化，药室常不显著；花柱先端近相等 2 浅裂；花盘前方呈指状膨大。小坚果近球形，具疏网纹或深穴状雕纹，果脐基生，点状。本属约有 22 种，分布于亚洲东部及南部。我国有 12 种 1 变种。公安县有 1 种。

340. 石荠苎 *Mosla scabra* (Thunb.) C. Y. Wu et H. W. Li

【形态】一年生直立草本，高 20 ～ 60 厘米。多分枝，茎方形，被向下的柔毛。叶对生，长椭圆形至卵状披针形，略呈紫色，有细毛，长 1.5 ～ 3.5 厘米，宽 0.8 ～ 2 厘米，先端急尖或渐尖，基部楔形而全缘，边缘有尖锯齿，两面均有金黄色腺点；叶柄长 0.3 ～ 2 厘米。花轮集成间断的总状花序，顶生于枝梢；苞片较花梗长，呈卵状披针形至卵形，先端渐尖，下面和边缘均有长柔毛；花萼钟形，有脉 10 条，长 1.9 ～ 2.5 毫米，外被长柔毛和金黄色腺点，上端呈二唇形，上唇 3 齿，下唇 2 齿；花冠淡红色或红色，亦呈二唇形，长约 4.5 毫米，外被微柔毛，花筒基部收缩，上唇较短，顶端凹入，下唇两侧的裂片近于半圆形，中裂片长而外折，倒心形，内有柔毛；雄蕊 4，二强，后对能育，前对退化为棒状；花柱 2 裂，伸出筒外。小坚果近圆形，黄褐色，具网状突起的皱纹。花期 9—10 月，果期 10—11 月。

图 340　石荠苎

【生境】生于山坡树丛下及沟旁。

【分布】分布于章庄铺镇、黄山头镇。

【药用部位】全草。

【采收加工】夏、秋季采收全草，晒干或鲜用。

【化学成分】全草含挥发油，油中主要成分为桉叶油素、甲基丁香酚、香荆芥酚、β - 石竹烯、乙酸香叶酚及 β - 蒎烯等。

【性味】苦、辛，凉。

【功能主治】除湿，祛风，解暑，止血，消肿解毒，抗疟。主治中暑、高热、慢性气管炎、外伤出血、疟疾、痱子、无名肿毒、皮肤湿疹、瘙痒、脾虚水肿、内痔出血、痈疽疮肿、蜈蚣咬伤。

紫苏属 *Perilla* L.

一年生草本，有香味。茎四棱形，具槽。叶绿色或常带紫色或紫黑色，卵形或宽卵形，具齿。轮伞花序 2 花，组成顶生和腋生偏向于一侧的总状花序；苞片卵形或近圆形。花小，具梗；花萼钟状，10 脉，具 5 齿，直立，果时增大，二唇形，上唇宽大，3 齿，中齿较小，下唇 2 齿，披针形，内面喉部有疏柔毛环；花冠白色至紫红色，冠筒短，喉部斜钟形，冠檐近二唇形，上唇微缺，下唇 3 裂，侧裂片与上唇相近，中裂片较大，常具圆齿；雄蕊 4，近相等，药室 2，由小药隔所隔开，平行，其后略叉开或极叉开；花盘环状，前面呈指状膨大；花柱不伸出，先端 2 浅裂，裂片钻形，近相等。小坚果近球形，有网纹。本属有 1 种 3 变种，产于亚洲东部。公安县有 1 种 1 变种。

1. 叶卵形或卵圆形，果萼长达 1 厘米；小坚果褐色，直径约 1.5 毫米……紫苏 *P. frutescens*

1. 叶较小，卵形；果萼小；小坚果土黄色，直径 1 毫米……野生紫苏 *P. frutescens* var. *acuta*

341. 紫苏 *Perilla frutescens* (L.) Britt.

【形态】一年生草本，有特异芳香。茎直立，高 30 ～ 100 厘米，4 棱，分枝多，有紫色或白色细毛。叶对生，卵形或卵圆形，长 4 ～ 12 厘米，宽 2.5 ～ 10 厘米，先端长尖或宽尖，基部圆形或广楔形，边缘有粗锯齿，两面紫色或绿色，或上面绿色，下面紫色，两面稀生柔毛，沿脉较密，下面有细腺点；叶柄长 2.5 ～ 7.5 厘米，紫色或绿色，密生有节的紫色或白色毛。总状花序顶生或腋生，稍偏侧，密生细毛，苞片卵形；花萼钟状，萼管有脉 10 条，密生毛，上唇 3 裂，下唇 2 裂；花冠唇形，红色或淡红色，上唇 2 裂，裂片方形，顶端微凹，下唇 3 裂，两侧裂片近圆形，中裂片椭圆形；雄蕊 4 枚，二强；子房 4 裂，花柱出自子房基部，柱头 2 裂。小坚果倒卵圆形，褐色或暗褐色，有网状皱纹，直径约 1.5 毫米。花期 7—8 月，果期 9—10 月。

图 341　紫苏

【生境】多为栽培，也有生于山坡或房前屋后。

【分布】全县广布。

【药用部位】带枝的嫩叶、果实、主茎。带枝的嫩叶称“紫苏”，果实称“苏子”，主茎称“苏梗”。

【采收加工】紫苏：夏季枝叶茂盛时，采割嫩枝叶，趁鲜切断晒干，或直接晒干，以趁鲜切段为好。苏子：秋季果实成熟时割取全株或果穗，打下果实，除去杂质，晒干。苏梗：秋季果实成熟后，将全株拔起，晒干，打出苏子，切去根兜，剔净丫枝和果穗，将净梗扎成把子，或在夏末采收苏叶时切下粗梗晒干，前者称“老苏梗”，后者称“嫩苏梗”，或趁鲜切片。

【化学成分】叶含挥发油（紫苏油），主要成分为紫苏醛、紫苏醇、二氢紫苏醇、柠檬烯、芳樟醇、薄荷脑、丁香烯、紫苏酮、榄香素、异白苏烯酮、肉豆蔻醚、莳萝醇，尚含有腺嘌呤、精氨酸及叶的花青苷及酯类。果实及种子含脂肪油（其中有亚麻油酸、亚油酸、油酸、棕榈酸）、维生素 B_1。

【药理作用】紫苏具有止咳平喘、抑菌、解热、止痛、镇静、抗氧化、抗抑郁、降血压、调节糖脂代谢等多种药理活性。

【性味】枝叶、果实及紫苏梗：辛，温。

【功能主治】紫苏：发散风寒，行气宽中，解毒；主治外感风寒、咳嗽气喘、气滞胸闷、胃气不和、呕吐、解蟹毒、胎动不安等。

苏子：降气平喘，止咳祛痰；主治痰壅喘急、上气咳逆、胸膈痞闷、便秘等。

苏梗：行气宽中、顺气安胎，止痛；主治气郁、食滞、胸膈痞闷、脘腹疼痛、胎动不安。

342. 野生紫苏 *Perilla frutescens* var. *acuta* (Thunb.) Kudo

【形态】一年生直立草本。茎高 0.3 ～ 2 米，四棱形，被长柔毛。叶较小，卵形，长 4.5 ～ 7.5 厘米，宽 2.8 ～ 5 厘米，先端短尖或突尖，基部圆形或阔楔形，边缘在基部以上有粗锯齿，两面绿色或紫色，或仅下面紫色，两面被疏柔毛，脉网明显；叶柄长 3 ～ 5 厘米，背腹扁平，密被长柔毛。轮伞花序 2 花，组成密被长柔毛、偏向一侧的顶生及腋生的假总状花序；每花有 1 苞片，花萼钟形，下部被长柔毛，夹有黄色腺点，果时增大，基部一边肿胀，上唇宽大，3 齿，下唇 2 齿，齿披针形，内面喉部有疏柔毛；花冠白色至紫红色，长 3 ～ 4 毫米，上唇微缺，下唇 3 裂。小坚果较小，近球形，土黄色，直径 1 毫米，具网纹。花期 8—11 月，果期 8—12 月。

【生境】生于村边荒地。

【分布】全县广布。

【药用部位】种子。

【化学成分】叶含挥发油，主要为紫苏酮。种子含脂肪，主要为亚麻酯和甘油三棕榈酸酯。

图 342　野生紫苏

夏枯草属 *Prunella* L.

多年生草本，具直立或上升的茎。叶椭圆形至卵形，具锯齿，或羽状分裂，或几近全缘。轮伞花序 6 花，多数聚集成卵状或卵圆状穗状花序；苞片宽大，膜质，具脉，覆瓦状排列，小苞片小或无；花梗极短或无；花萼管状钟形，不规则 10 脉，其间具网脉纹，外面上方无毛，下方具毛，内面喉部无毛，二唇形，上唇宽，具短的 3 齿，下唇 2 半裂，裂片披针形；花冠筒状，喉部稍为缢缩，常常伸出于萼，内面近基部有短毛及鳞片的毛环，冠檐二唇形，上唇直立，盔状，内凹或近龙骨状，下唇 3 裂，中裂片较大，内凹，具齿状小裂片；雄蕊 4，前对较长，均上升至上唇片之下，成对并列而离生，花丝尤其是后对先端 2 齿，下齿具花药；花柱先端相等 2 裂，裂片钻形；花盘近平顶。小坚果圆形、卵形或长圆形，光滑或具瘤，棕色，具数脉或具 2 脉及中央小沟槽，基部有一锐尖白色着生面，先端钝圆。本属约有 15 种，广布于欧亚温带及热带地区，非洲西北部及北美洲也有。我国产 4 种 3 变种，其中 1 种为引种栽培。公安县有 1 种。

343. 夏枯草 *Prunella vulgaris* L.

【形态】多年生草本，高 10 ～ 40 厘米。有匍匐茎，茎方形，直立，基部稍斜上，通常带紫红色，全体被白色柔毛。叶对生，卵形至长椭圆状披针形，长 1.5 ～ 5 厘米，先端钝，基部楔形，略不对称，边缘有疏微波状锯齿，叶面淡绿色，背面白绿色，两面有稀疏的糙伏毛，背面有腺点；基部叶有长柄，上部叶渐无柄。轮伞花序密集，排列成顶生的假穗状花序，长 2 ～ 4 厘米；苞片心形，有骤尖头；花萼钟状，二唇形，上唇扁平，顶端几平截，有 3 个不明显的短齿，下唇 2 裂，裂片披针形，果时花萼由于下唇 2 齿斜伸而闭合；花冠唇形，紫色、蓝紫色或红紫色，长约 10 毫米，上唇盔状，下唇中裂片宽大；雄蕊 4，插生于花冠管上，伸出管外；子房 4 裂，小坚果长椭圆形，平滑。花期 5—6 月，果期 7—8 月。

图 343 夏枯草

【生境】多生于荒坡、疏林下、田埂等处。

【分布】分布于章庄铺镇。

【药用部位】全草或果穗。

【采收加工】全草于 5—6 月开花时将全株拔起，抖净泥沙，晒干，名“夏枯草”。果穗于夏季果穗成熟时采摘，晒干，名“夏枯球”。

【化学成分】夏枯草含有三萜类化合物、多糖类化合物、黄酮类化合物、甾体类化合物与有机酸类化合物等。

【药理作用】夏枯草具有降血糖、降血压、调节免疫系统、抗肿瘤、抗炎、抗菌及抗病毒等药理作用。

【性味】淡，寒。

【功能主治】消瘀散结，清肝明目。主治瘰疬、瘿瘤、乳痈、肺结核、目赤肿痛、肝火头痛、高血压等。

鼠尾草属 *Salvia* L.

草本或半灌木或灌木。叶为单叶或羽状复叶。轮伞花序 2 至多花，组成总状或总状圆锥或穗状花序，稀全部花为腋生。苞片小或大，小苞片常细小。花萼卵形、筒形或钟形，上唇全缘或具 3 齿或具 3 短尖头，下唇 2 齿；花冠筒内藏或外伸，筒内有或无毛环，冠檐二唇形，上唇平伸或竖立，两侧折合，稀平展，直或弯镰形，全缘或顶端微缺，下唇平展， 3 裂，中裂片通常最宽大，全缘或微缺或流苏状或分成 2 小裂片，侧裂片长圆形或圆形，展开或反折；能育雄蕊 2，生于冠筒喉部的前方，花丝短，水平生出或竖立，药隔延长，线形，呈“丁”字形；退化雄蕊 2，生于冠筒喉部的后边，呈棍棒状或小点，或不存在；花柱直伸，先端 2 浅裂，裂片钻形、线形或圆形；花盘前面略膨大或近等大；子房 4 全裂。小坚果卵状或长圆状三棱形，无毛，光滑。本属约有 1000 种，分布于热带或温带地区。我国有 78 种，分布于全国各地，尤以西南地区最多。公安县有 3 种。

1. 单叶；花小，长约 4.5 毫米……………………………………………………………………荔枝草 *S. plebeian*

1. 叶为三出复叶或奇数羽状复叶，稀为单叶；花较大。

  2. 花冠大型，长 1.5 厘米以上……………………………………………………………………丹参 *S. miltiorrhiza*

  2. 花冠小型；茎及叶无毛或略被微柔毛……………………………………血盆草 *S. cavaleriei* var. *simplicifolia*

344. 血盆草　*Salvia cavaleriei* var. *simplicifolia* Stib.

【形态】多年生宿根草本，高 25 ～ 45 厘米。茎四棱形，基部略倾，紫红色，有短细毛。单叶，基生，叶片卵形至长圆形，长 3 ～ 10 厘米，宽 2 ～ 6 厘米，先端圆至渐尖，边缘有钝齿，叶面绿色，背面紫红色，被毛，基部心形，叶柄长 1 ～ 7 厘米。轮伞花序顶生或腋生，每轮约 5 朵小花，小花直径 4 毫米；苞片小，披针形；萼筒状，上端二唇形，下唇三角形，具 2 齿；花冠唇形，紫红色；雄蕊伸出花冠管外，花丝 2 毫米。小坚果长椭圆形。花期 5 月，果期 6—7 月。

【生境】多生于山野阴湿处。

【分布】分布于章庄铺镇。

【药用部位】全草。

【采收加工】5—6 月采收开花的全草，晒干。

【性味】微苦，凉。

【功能主治】清热解毒，止血，凉血散瘀，止咳。主治肺热咳嗽、咯血、跌打损伤、血崩、创伤出血；外用于疮肿。

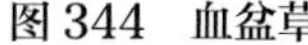

图 344　血盆草

图 345　丹参

345. 丹参　*Salvia miltiorrhiza* Bunge

【形态】多年生草本，高 30 ～ 80 厘米。全株密被柔毛。根肥厚，朱红色。茎四方形，多分枝。奇数羽状复叶，叶柄长 1 ～ 7 厘米，顶端小叶较大，小叶卵形或卵状椭圆形，长 1.5 ～ 8 厘米，宽 0.8 ～ 5

厘米，先端钝，基部宽楔形或斜圆形，边缘具圆锯齿，两面被柔毛，下面较密。花序顶生或腋生，轮伞花序有花 6 至多朵，为多数轮伞花序组成的总状花序，密被腺毛和长柔毛；小苞片披针形，被腺毛；花萼钟状，长 1 ～ 1.3 厘米，先端二唇形，长 2 ～ 2.7 厘米，花冠筒外伸，由基部向上弯曲，上唇长达 2 厘米，筒内有毛环；雄蕊 2，着生于下唇的中下部。小坚果黑色，椭圆形，包于宿萼中，花期 5—7 月，果期 8—9 月。

【生境】各地均有栽培，野生于路旁、山坡。

【分布】分布于章庄铺镇。

【药用部位】根。

【采收加工】秋季采挖，除去茎叶和泥土，晒干。

【化学成分】丹参根含结晶性呋喃并菲醌类色素：丹参酮Ⅰ、丹参酮Ⅱ A、丹参酮Ⅱ B、丹参酮Ⅲ、隐丹参酮、异丹参酮Ⅰ、异丹参酮Ⅱ、异隐丹参酮、丹参新酮以及丹参醇Ⅰ、丹参醇Ⅱ，并含有维生素 E 及鼠尾草酚。

【药理作用】丹参具有抗细胞凋亡、抗炎、抗肝纤维化、抗氧化、抑制血栓形成、抗动脉粥样硬化等药理作用。

【性味】苦，微寒。

【功能主治】活血调经，凉血清心，祛瘀消瘀，除烦安神。主治月经不调、血滞经闭、瘀血作痛、产后恶露不尽、瘀滞腹痛、癥瘕积块、痈肿疮毒、温病热入营血、心烦不寐。

346. 荔枝草 *Salvia plebeia* R. Br.

【形态】一年生或二年生草本，高 50 ～ 90 厘米。根为须根状，主根不明显。茎四棱形，多分枝，带紫色，密被向下的短柔毛。叶长圆状卵形至披针形，长 2.5 ～ 10 厘米，宽 3 ～ 25 毫米，先端急尖或钝，基部圆楔形，边缘有圆锯齿，叶面绿色，有皱缩，两面被短柔毛，下面有金黄色腺点；叶柄长 4 ～ 15 毫米。轮伞花序密集成顶生或腋生的假总状花序；苞片披针形，萼片钟形，外被长柔毛，上唇顶端具 3 个短尖头，下唇 2 裂；花冠淡红色，蓝紫色，唇形，长约 4.5 毫米，筒内有毛环，上唇全缘，下唇 3 裂，中间裂片倒心形，能育雄蕊 2，覆盖在上唇之下；花柱细长。小坚果 4，倒卵圆形，褐色。花期 4—5 月，果期 6—7 月。

图 346 荔枝草

【生境】多生于路旁或田边较阴湿处。

【分布】各乡镇均有分布。

【药用部位】全草。

【采收加工】夏季采挖全草，除去泥土，晒干。

【化学成分】荔枝草的化学成分主要有萜类、黄酮类、苯丙素类及挥发油类。

【药理作用】荔枝草具有止咳平喘、抗炎镇痛、抗氧化、保肝、抑菌等多种药理作用。

【性味】甘，凉。

【功能主治】清热解毒，利水消肿，凉血止血，化痰止咳。主治伤风咳嗽、咽喉肿痛、支气管炎、肺结核咯血、腹水肿胀、肾炎水肿、便血、血小板减少性紫癜、崩漏、阴道炎、乳腺炎、外伤出血、痔疮肿痛、痈肿疮毒等。

黄芩属 *Scutellaria* L.

草本或灌木，匍地上升或披散至直立，无香味。叶常具齿，羽状分裂或全缘，苞叶与茎叶同型或向上成苞片。花腋生，对生或上部者有时互生，组成顶生或侧生总状或穗状花序；花萼钟形，背腹压扁，二唇形，唇片短而宽，全缘，花后闭合最终沿缝合线开裂，裂片脱落或宿存，上裂片在背上有一鳞片状的盾片，或无盾片而明显呈囊状突起。冠筒极伸出，前方基部膝曲呈囊状增大或成囊状距，内无明显毛环，冠檐二唇形，上唇直伸，盔状，全缘或微凹，下唇中裂片宽而扁平，全缘或先端微凹，稀浅4裂；雄蕊4，二强，前对较长，均成对靠近延伸至上唇片之下，花丝无齿突，花药成对靠近，后对花药具2室，室分明且多少锐尖，前对花药由于败育而退化为1室，室明显或不明显，药室裂口均具髯毛。花盘前方常呈指状，后方延伸成直伸或弯曲柱状子房柄。花柱先端锥尖，不相等2浅裂，后裂片甚短。小坚果扁球形，被毛或无毛，背面具瘤而腹面具刺状突起或无，赤道面上有膜质的翅或无。本属约有300种，除非洲南部以外，世界广布。我国有100种以上，南北地区均产。公安县有2种。

1. 茎叶近无柄，常狭长；叶披针形，基部近圆形，全缘……………………黄芩 *S. baicalensis*

1. 茎叶明显具柄，较宽大；叶心状卵圆形，边缘有圆锯齿……………………韩信草 *S. indica*

347. 黄芩 *Scutellaria baicalensis* Georgi

【形态】多年生草本，高30～60厘米，全株稍有毛。根圆锥形，粗壮。断面鲜黄色。茎四棱形，自基部分枝多而细，基部稍木质化。叶交互对生，近无柄，呈披针形，长1.5～5厘米，宽0.4～12厘米，上面深绿色，下面淡绿色，被下陷的腺点。圆锥花序顶生，具叶状苞片；花萼二唇形，紫绿色，上唇背部有盾状附属物，果时增大，膜质；花冠二唇形，蓝紫色或紫红色，上唇盔状，下唇宽，中央常有浅紫色斑，花冠管细，基部骤曲，直立；雄蕊4，稍露出，药室裂口有白色髯毛；子房4深裂，生于环状花盘上。小坚果4，球形，黑褐色，有瘤。花期6—9月，果期9—10月。

图347　黄芩

【生境】栽培。

【分布】分布于夹竹园镇。

【药用部位】根。

【采收加工】夏、秋季均可采挖根部，除去地上部分及泥土晒至半干，撞去外皮，再晒至全干。

【化学成分】黄芩主要含黄酮类成分，黄芩苷、黄芩素、汉黄芩苷、汉黄芩素、黄芩新素Ⅰ、黄芩新素Ⅱ、白杨素等，还含有 β-谷甾醇、苯甲酸、葡萄糖醛酸和多种微量元素。

【药理作用】黄芩具有抗菌、抗病毒、抗过敏、解热镇痛、抗炎、抗肿瘤、清除自由基、抗氧化、抗流产、抗血小板凝聚以及调节心脑血管和免疫系统的作用。

【性味】苦，寒。

【功能主治】清热燥湿，解毒，止血安胎。主治燥热烦渴、肺热咳嗽、湿热泻痢、黄疸、热淋、吐血、衄血、崩漏、目赤肿痛、胎动不安、痈肿疖疮。

348. 韩信草 *Scutellaria indica* L.

图 348 韩信草

【形态】多年生草本。高 10 ～ 37 厘米，全体被毛。茎常从基部分枝，四棱形，常带暗紫色。叶对生，心状卵圆形至卵状椭圆形，长 1.5 ～ 3 厘米，宽 1.2 ～ 2.3 厘米，先端钝圆，基部浅心形，边缘有圆锯齿，叶面绿色，背面浅绿色；叶柄长 5 ～ 15 毫米。花排列成长 4 ～ 12 厘米且偏向一边的总状花序，着生于枝顶；苞片细小，最下一对苞片较大，叶状；花萼钟状，长约 2.5 毫米，外被微柔毛，具 2 唇，全缘，上唇紫红色，盾片高约 1.5 毫米，果时增大；花冠蓝紫色，唇形，长 1.4 ～ 1.8 厘米，基部囊状，下唇中裂片圆形，微被柔毛；雄蕊 4，二强，不伸出，药室靠合。小坚果横生，卵圆形，着生在下弯的果柄上，具瘤。花期 4—5 月，果期 6—8 月。

【生境】多生于山坡路旁向阳处及草丛中。

【分布】分布于章庄铺镇、黄山头镇。

【药用部位】全草。

【采收加工】夏季采收全草，晒干。

【化学成分】根含黄芩素；全草含黄酮类化合物、酚类化合物、氨基酸、有机酸等。

【性味】苦，微辛，凉。

【功能主治】清热解毒，活血化瘀，祛风止痛。主治热疮肿毒、咽喉肿痛、肺热咳嗽、痢疾、肠炎、跌打损伤、虫蛇咬伤、咯血、吐血、牙痛等。

水苏属 *Stachys* L.

草本，偶有横走根茎而在节上具鳞叶及须根，顶端有念珠状肥大块茎，稀为亚灌木或灌木。叶全缘或具齿。轮伞花序 2 至多花，常组成腋生或顶生的穗状花序；小苞片明显或不显著；花柄近于无或具短柄。

花红色、紫色、淡红色、灰白色、黄色或白色，通常较小。花萼管状钟形、倒圆锥形或管形，5或10脉，口等大或偏斜，5齿裂，等大或后3齿较大，先端锐尖，刚毛状，微刺尖，或无芒而钝且具胼胝体，直立或反折。花冠筒圆柱形，内藏或伸出，内面近基部有或无柔毛环，冠檐二唇形，上唇直立或近开张，全缘、微缺或浅2裂，下唇开张，常比上唇长，3裂，中裂片大。雄蕊4，二强，花药2室，室明显或平行，或常常略叉开。花盘平顶，稀在前方呈指状膨大。花柱先端2裂，裂片钻形，近等大。小坚果卵珠形或长圆形，先端钝或圆，光滑或具瘤。本属约有300种，除澳大利亚及新西兰外，全世界均产之。我国产18种11变种，南北地区均有分布。公安县有1种。

349. 水苏 *Stachys japonica* Miq.

【形态】多年生草本，高约30厘米。有在节上生须根的根茎。茎单一，直立，基部多少匍匐，四棱形，具槽。叶对生；有短柄；叶片长椭圆状披针形，长5～10厘米，宽1～2.3厘米，先端钝尖，基部圆形至微心形，边缘有圆齿状锯齿，上面皱缩，脉具刺毛。花数层轮生，多数集成轮伞花序，顶端密集成长5～13厘米的穗状花序；萼钟形，5齿裂，裂片先端锐尖刺；花冠淡紫红色，冠檐二唇形，上唇圆形，全缘，下唇向下平展，3裂，具红点；雄蕊4，二强；花柱着生子房底，顶端2裂。小坚果倒卵圆形，黑色，光滑。花期5—7月，果期7月以后。

图349 水苏

【生境】生于水沟、田边等潮湿地。

【分布】分布于斗湖堤镇。

【药用部位】全草。

【采收加工】7—8月采收，晒干。

【性味】辛，微温。

【功能主治】疏风理气，止血消炎。主治感冒、痧症、肺痿、肺痈、头风目眩、口臭、咽痛、痢疾、产后中风、吐血、衄血、血崩、血淋、跌打损伤。

一〇〇、茄科 Solanaceae

草本、半灌木、灌木或小乔木；茎直立、匍匐、上升或攀缘；有时具皮刺，极少具棘刺。单叶全缘或各式分裂，有时为羽状复叶；叶互生或在开花枝段上大小不等的二叶双生；无托叶。花单生、簇生或为蝎尾式、伞房式、伞状式、总状式、圆锥式聚伞花序，稀为总状花序；顶生、枝腋生或叶腋生，或者腋外生；两性或稀杂性，辐射对称或稍微两侧对称，通常 5 基数，稀 4 基数。花萼通常 5 裂，极稀截形，果时宿存；花冠合瓣，辐状、漏斗状、高脚碟状、钟状或坛状，檐部通常 5 裂，在花蕾中覆瓦状、镊合状、内向镊合状排列或折合而旋转；雄蕊与花冠裂片同数而互生，插生于花冠筒上，花丝丝状或在基部扩展，花药基底着生或背面着生，有时靠合或合生呈管状而围绕花柱，药室 2，纵裂或顶孔开裂；子房上位，通常 2 室，有时 1 室或有不完全的假隔膜而分隔成 4 室；中轴胎座，胚珠多数；柱细瘦，具头状或 2 浅裂的柱头。果实为浆果或蒴果；种子圆盘形或肾形，胚乳丰富、肉质，胚弯曲或直。

本科约有 80 属 3000 种，广泛分布于温带及热带地区，美洲热带种类最为丰富。中国有 24 属 105 种 35 变种。

公安县境内茄科植物有 7 属 11 种。

1. 浆果，肉质或干燥，不开裂。
  2. 花萼在花后显著增大而包围果实。
    3. 子房 2 室，花萼 5 浅裂或中裂……酸浆属 *Physalis*
    3. 子房 3 ～ 5 室，花萼 5 深裂……假酸浆属 *Nicandra*
  2. 花萼在花后不显著增大，果时不包围果实而宿存于果实基部。
    4. 花药不合生（即不围绕花柱而靠合），纵缝开裂，药背面室壁不增厚，两药室间具显著的药隔。
      5. 花紫色；浆果小，卵形至长圆形……枸杞属 *Lycium*
      5. 花绿白色或青黄色；浆果通常大，形状各式……辣椒属 *Capsicum*
    4. 花药合生成筒，若不合生必围绕花柱而相互靠合，孔裂或纵裂，药背面室壁特别增厚，两药室间无显著的药隔……茄属 *Solanum*
1. 蒴果，开裂。
  6. 蒴果有短粗刺，从顶部不规则瓣裂；花单生，花冠白色，宿萼远较果短……曼陀罗属 *Datura*
  6. 蒴果无刺，成熟时 2 瓣裂，每果瓣再作 2 齿裂；花序排成圆锥式或总状式聚伞花序，花冠桃红色，宿萼全部或几全部将果包围……烟草属 *Nicotiana*

辣椒属 *Capsicum* L.

一年生或多年生草本或灌木、半灌木；多分枝。单叶互生，全缘或浅波状。花 1 朵或 2 至数朵簇生于枝腋，或者有时因节间缩短而生于近叶腋；花梗直立或俯垂。花萼阔钟状至杯状，有 5 ～ 7 小齿，果时宿存，稍增大；花冠辐状，5 中裂，裂片在花蕾时镊合状排列；雄蕊 5，贴生于花冠筒基部，花药并行，纵缝裂开；子房 2 室，稀为 3 室；花柱细长，柱头棍棒状，胚珠多数；花盘不显著。果实俯垂或直立，浆果无汁，形状、大小及色泽变化很大。种子多数，细小，扁圆盘形。本属约有 20 种，主要分布于南美洲。我国栽培和野生有 2 种。湖北有 1 种 2 变种。公安县有 1 种。

350. 辣椒 *Capsicum frutescens* L.

【形态】一年生灌木状草本，高 50 ~ 80 厘米。叶互生，卵状披针形，先端渐尖，基部宽楔形，全缘，无毛；叶柄长 4 ~ 7 厘米。花单生于叶腋或枝腋，花梗下垂；花萼杯状，先端 5 齿；花冠白色，辐状，先端 5 ~ 7 裂；雄蕊 5 枚，着生于花冠基部；子房上位；花柱细长，柱头头状。浆果牛角状长圆形，成熟时红色。花期 5—10 月，果期 6—11 月。

图 350 辣椒

【生境】栽培。

【分布】全县广布。

【药用部位】果实或根、茎。

【采收加工】夏、秋季采摘成熟果实，晒干。根、茎于秋季采收，洗净，晒干。

【化学成分】果实含辣椒碱、6,7- 二氢辣椒碱，还含辣椒红素、辣椒玉红素、胡萝卜素、维生素 C、柠檬酸、酒石酸、苹果酸等。种子含龙葵碱等。

【药理作用】辣椒具有抗菌、杀虫等药理作用。

【性味】果实：辛，热。根、茎：辛，热。

【功能主治】果实：温中散寒，开胃消食；主治胃寒疼痛、食欲不振、呕吐、泄泻、腹痛、风湿性关节炎、冻疮、腋臭、扭伤、疥癣、犬咬伤等，还可杀灭臭虫。

根：治手足无力，肾囊水肿。

茎：除寒湿，逐冷痹，散瘀；治风湿冷痛、冻疮。

曼陀罗属 *Datura* L.

草本、半灌木、灌木或乔木状；茎直立，二歧分枝。单叶互生，全缘或深波状分裂，有叶柄。花大型，具短梗，常单生于枝分叉间或叶腋，直立、斜升或俯垂。花萼长管状，贴近花冠筒或膨大，顶端 5 浅裂，稀在一侧深裂，果时基部宿存，或者自基部全部脱落；花冠长漏斗状或高脚碟状，白色、黄色或淡紫色，筒部长，檐部具褶襞，5 浅裂，裂片顶端常渐尖，稀在 2 裂片间有 1 长尖头而呈十角形，在蕾中折合而旋转；雄蕊 5，花丝下部贴于花冠筒内而上部分离，不伸出或稍伸出花冠筒，花药纵缝裂开；子房 2 室或假 4 室，花柱丝状，柱头膨大，2 浅裂。蒴果，规则或不规则 4 瓣裂，或者浆果状，有刺或光滑。种子多数，扁肾形或近圆形，黑色或褐色。本属约有 16 种，多数分布于热带和亚热带地区，少数分布于温带。我国有 4 种，南北各省（区）均有分布，野生或栽培。公安县有 1 种。

351. 白花曼陀罗 *Datura metel* L.

【形态】一年生直立草木而呈半灌木状，高 0.5 ~ 1.5 米，全体近无毛；茎基部稍木质化。叶卵形或广卵形，顶端渐尖，基部不对称圆形、截形或楔形，长5～20厘米，宽4～15厘米，边缘有不规则的短齿或浅裂，或者全缘而波状，侧脉每边4～6条；叶柄长2～5厘米。花单生于枝杈间或叶腋，花梗长约1厘米。花萼筒状，长4～9厘米，直径2厘米，裂片狭三角形或披针形，果时宿存部分增大呈浅盘状；花冠长漏斗状，长14～20厘米，檐部直径6～10厘米，筒中部之下较细，向上扩大呈喇叭状，裂片顶端有小尖头，白色、黄色或浅紫色，单瓣，在栽培类型中有2重瓣或3重瓣；雄蕊5，在重瓣类型中常变态成15枚左右，花药长约1.2厘米；子房疏生短刺毛，花柱长11～16厘米。蒴果近球状或扁球状，疏生粗短刺，直径约3厘米，不规则4瓣裂。种子淡褐色，宽约3毫米。花果期3—12月。

图351　白花曼陀罗

【生境】栽培于住宅旁。

【分布】分布于黄山头镇。

【药用部位】花或根、叶、果实、种子。

【采收加工】花：夏季6—7月采摘初开放的花朵，晾晒至七八成干后扎成小把，晒干或微火烘干。根：秋季采挖，洗净，晒干或鲜用。叶：夏、秋季采摘。果实：夏、秋季果实成熟时采收。

【化学成分】花：含生物碱或莨菪碱及东莨菪碱。

叶：含东莨菪碱、莨菪碱及阿托品。

根：含莨菪碱、天仙子胺等。

果实：含有天仙子胺，少量阿托品。

【性味】花：苦、辛，温。有大毒。根：辛、涩，微温。果实或种子：苦、辛，温。有毒。

【功能主治】花：祛风平喘，麻醉止痛；主治支气管哮喘、慢性喘息性支气管炎、胃痛、牙痛、风湿痛、损伤疼痛、痈疽肿痛等，还可用于手术麻醉。

根：解毒敛疮，祛湿止痛；主治狂犬咬伤、恶疮肿毒、筋骨疼痛。

叶：祛风止痛，止咳平喘；主治哮喘、痹痛、脚气、脱肛等。

果实或种子：平喘，祛风，止痛；主治喘咳、惊厥、风寒湿痹、关节肿痛、泻痢、脱肛、跌打损伤。

枸杞属 *Lycium* L.

灌木，通常有棘刺。单叶互生或因侧枝极度缩短而数枚簇生，全缘，具短柄。花有梗，单生于叶腋或簇生于极度缩短的侧枝上；花萼钟状，具不等大的2～5齿裂，在花蕾中镊合状排列，花后不甚增大，宿存；花冠漏斗状，稀筒状或近钟状，檐部5裂，稀4裂，裂片在花蕾中覆瓦状排列，筒常在喉部扩大；雄蕊5，着生于花冠筒的中部或中部之下，花丝基部通常有一圈毛茸，花药长椭圆形，药室平行，纵缝裂开；子房2室，花柱丝状，柱头2浅裂，胚珠多数或少数。浆果，具肉质的果皮。种子数颗至多颗，扁平，密布网纹状凹穴。本属约有 80 种，主要分布于南美洲，少数种类分布于欧亚大陆温带。我国有 7 种 3 变种，主要分布于北部。公安县有 1 种。

352. 枸杞 *Lycium chinense* Mill.

【形态】蔓生灌木。枝条长达 1 ～ 2 米，纤弱，弯曲下垂，侧生短枝多为短刺，小枝淡黄色，有棱，或为狭翅状，无毛。叶互生，或在枝的下半部有 2 或 3 叶簇生，无毛；叶柄短，长达 8 毫米；叶片卵状披针形，长 2 ～ 5 厘米，宽 1 ～ 2 厘米，先端尖或钝，基部楔形，全缘。花单生或 2 ～ 6 朵簇生于叶腋；花柄细，长约 7 毫米，花萼钟形，绿色，3 ～ 5 裂，裂片宽卵形，尖头；花冠漏斗状，紫色，5 裂，裂片基部有紫色条纹，边缘有纤毛；雄蕊 5 枚，着生筒内，伸出花冠外；花盘 5 裂，围于子房下部；子房长卵形，2 室，无毛。浆果鲜红色，卵形或长椭圆状卵形；种子肾形，黄色。花期 8—9 月，果期 9—10 月。

图 352 枸杞

【生境】多生于荒地路边、沟边或灌丛中。

【分布】分布于章庄铺镇、麻豪口镇、埠河镇、黄山头镇。

【药用部位】果实或叶、根皮。果实俗称“枸杞”，根皮称“地骨皮”。

【采收加工】果实：秋季果实成熟时采摘，除去果柄，及时薄层摊放晾干或烘干。叶：春、夏季采收鲜用或晒干。根皮：夏、秋季均可采挖，挖出根后，除去地上部分和细须根，洗净，用木棒敲根部，使皮部与木心分离，剥取根皮，除去木心，晒干。

【化学成分】果实：主要含甜菜碱，约 1%。此外，尚含微量胡萝卜素、硫胺素、核黄素、烟酸、抗坏血酸等。

叶：含维生素 C、甜菜碱、肌苷、6- 氨嘌呤、尿苷酸等。

根皮：含甜菜碱、蜂王酸及亚油酸。此外，还含桂枝酸、多种酚类物质及皂苷等。

【药理作用】枸杞具有调节免疫与抗肿瘤、调节神经系统、降糖、退热、增强肌体造血功能、保护肝脏、延缓衰老、抗辐射等药理作用。

【性味】果实：甘，平。叶：苦、甘，凉。地骨皮：甘、淡，寒。

【功能主治】果实：滋养肝肾，益精明目；主治肾虚腰痛、阳痿、遗精早泄、头晕目眩、青光眼、视力减退、夜盲、消渴、虚劳咳嗽等。

叶：补虚益精，清热，止渴，祛风明目；主治虚劳发热、烦渴、目赤昏痛、障翳夜盲、崩漏带下、热毒疮肿、安胎宽中、五劳七伤。

根皮：清热凉血，退骨蒸；主治肺热咳嗽、烦热消渴、阴虚发热、骨蒸有汗、高血压、糖尿病、吐血、衄血、血淋、痈肿、恶疮。

假酸浆属 *Nicandra* Adans.

一年生直立草本，多分枝。叶互生，具叶柄，叶片边缘有具圆缺的大齿或浅裂。花单独腋生，因花梗下弯而呈俯垂状；花萼球状，5深裂至近基部，裂片基部心状箭形、具2尖锐的耳片，在花蕾中外向镊合状排列，果时极度增大成五棱状，干膜质，有明显网脉；花冠钟状，檐部有褶襞，不明显5浅裂，裂片阔而短，在花蕾中成不明显的覆瓦状排列；雄蕊5，不伸出于花冠，插生在花冠筒近基部，花丝丝状，基部扩张，花药椭圆形，药室平行，纵缝裂开；子房3～5室，具极多数胚珠，花柱略粗，丝状，柱头近头状，3～5浅裂。浆果球状，较宿存花萼小。种子扁平，肾状圆盘形，具多数小凹穴；胚极弯曲，近周边生，子叶半圆棒形。本属有1种，原产南美洲；我国有栽培或逸出而成野生。公安县境内亦有分布。

353. 假酸浆 *Nicandra physalodes* (L.) Gaertn.

【形态】茎直立，有棱条，无毛，高0.4～1.5米，上部交互不等的二歧分枝。叶卵形或椭圆形，草质，长4～12厘米，宽2～8厘米，顶端急尖或短渐尖，基部楔形，边缘有具圆缺的粗齿或浅裂，两面有稀疏毛；叶柄长为叶片长的1/4～1/3。花单生于枝腋而与叶对生，通常具较叶柄长的花梗，俯垂；花萼5深裂，裂片顶端尖锐，基部心状箭形，有2尖锐的耳片，果时包围果实，直径2.5～4厘米；花冠钟状，浅蓝色，直径达4厘米，檐部有褶襞，5浅裂。浆果球状，直径1.5～2厘米，黄色。种子淡褐色，直径约1毫米。花果期夏、秋季。

图353 假酸浆

【生境】生于田边、荒地或住宅区。

【分布】分布于斗湖堤镇。

【药用部位】种子或果实。

【采收加工】秋季采收。

【化学成分】假酸浆含生物碱类化合物、多糖类化合物、醉茄内酯类化合物。假酸浆果籽油含有甾醇类化合物及亚油酸类。

【性味】微甘，平。

【功能主治】清热退火，利尿。

烟草属 *Nicotiana* L.

一年生草本、亚灌木或灌木，常有腺毛。单叶互生，叶片不分裂，全缘，稀为波状，无柄或基部渐狭而近无柄。花序排成顶生的圆锥式或总状式聚伞花序，或者单生于叶腋。花萼卵状或筒状钟形，5裂，果时常宿存并稍增大，不完全或完全包围果实；花冠筒状、漏斗状或高脚碟状，筒部伸长或稍宽，冠檐5

裂，在花蕾中卷折状，稀覆瓦状，开花时直立、开展或外弯；雄蕊5，着生于花冠筒中部以下，不伸出或伸出花冠，花丝丝状，花药纵裂；花盘环状；子房2室，花柱2裂。蒴果2裂至中部或近基部。种子多数，略扁。全世界约有60种，分布于南美洲、北美洲和大洋洲。我国栽培有4种。公安县有1种。

354. 烟草 *Nicotiana tabacum* L.

【形态】一年生草本，高1～2米。茎直立，粗壮。基部木质，全体具黏毛，有强烈气味，多分枝。叶较大，长圆状披针形，长30厘米以上，宽8～15厘米，先端渐尖，基部半抱茎，稍呈耳状，全缘或微波状；无柄或叶基稍下延成翅状柄。圆锥花序顶生，花长3～5厘米，淡红色；花萼长圆状，裂片披针形，顶端尖锐，不相等；花冠漏斗状，具长管，外部具柔毛，较萼长2～3倍，喉部稍膨大，顶端5裂，裂片顶端尖锐；雄蕊5，生于花冠管的下部；子房2室，花柱线形，柱头2裂。蒴果卵圆形，长约15厘米。花期7—8月，果期9—10月。

图354 烟草

【生境】栽培。

【分布】分布于章庄铺镇。

【药用部位】叶。

【采收加工】夏、秋季，待叶由深绿色变为淡黄色，叶尖下垂时采收。一般多分次采收，晒干和晾干。

【化学成分】全草含生物碱（烟碱、新烟碱、去氢新烟碱等）、芸香苷、苹果酸、柠檬酸等。

【性味】辛，温。有毒。

【功能主治】行气止痛，解毒杀虫，消肿。主治食滞饱胀、气结疼痛、痢疾、疔疮、蛇犬咬伤、无名肿毒等。

【附注】陈旧旱烟杆内存积的黑色膏油入药名“烟油”。用于蛇虫咬伤，恶疮，顽藓。本品有大毒，内服过量令人烦乱、呕吐、头痛，甚者人事不省等，故内服应严格掌握剂量。

酸浆属 *Physalis* L.

一年生或多年生草本，基部略木质，无毛或被柔毛，稀有星芒状柔毛。叶全缘或深波状，稀为羽状深裂，单叶互生或在枝上端大小不等2叶双生。花单独生于叶腋或枝腋，具梗。花萼钟状，5齿裂，裂片在花蕾中镊合状排列，果时增大呈膀胱状，完全包围浆果，有10纵肋，顶端闭合基部常凹陷；花冠白色或黄色，辐状或辐状钟形，有褶襞，5浅裂或仅五角形，裂片在花蕾中内向镊合状，后来折合而旋转；雄蕊5，较花冠短，插生于花冠近基部，花丝丝状，基部扩大，花药椭圆形，纵缝裂开；子房2室；花柱丝状，柱头不显著，2浅裂；胚珠多数。浆果球状，多汁。种子多数，扁平，盘形或肾形，有网纹状凹穴。

本属约有120种，大多数分布于美洲热带及温带地区，少数分布于欧亚大陆及东南亚。我国有5种2变种。公安县有3种1变种。

1. 花冠白色，辐状，花药淡黄绿色；果成熟时果萼变橙色至火红色，近革质。
 2. 叶明显呈三裂状，中裂片及侧裂片都有锯齿；种子表面有清晰的六角形细洼；花被裂片镊合状闭合……酸浆 *P. alkekengi*
 2. 叶非三裂状，叶两侧边缘显然不平行，先端急尖或渐尖；种子表面有浅沟纹；花被裂片覆瓦状闭合或展开……挂金灯 *P. alkekengi* var. *franchetii*
1. 花冠淡黄色或黄色，辐状钟形，花药常紫色或稀黄色；果成熟时果萼绿色，薄纸质。
 3. 叶基部歪斜，楔形或宽楔形；花较小，花冠长4～6毫米，直径6～8毫米……苦蘵 *P. angulata*
 3. 叶基部歪斜心形，花较大，长8～15毫米，直径6～10毫米……毛酸浆 *P. pubescens*

355. 酸浆 *Physalis alkekengi* L.

图355 酸浆

【形态】一年生或多年生草本，高可达1米。根茎横走，茎直立而曲折，多单一，有纵棱。全株光滑无毛或有细柔毛。叶在茎下部者互生，上部者假对生，叶片卵状椭圆形，长5～12厘米，宽3～9厘米，先端短锐尖，基部阔楔形，全缘、波状或有锯齿，有柔毛；叶柄长1.5～3厘米。花近叶腋处着生，单一，有长柄，长约1厘米；花萼钟状，绿色，顶端5浅裂，裂片三角形，花后增大呈囊状，变成橙红色或深红色，有柔毛；花冠辐状，直径1.5～2厘米，黄白色，稍带绿色，喉部带黄绿色，有细点，顶端5浅裂，裂片宽而短尖，外面有短柔毛；雄蕊5枚，伸出花冠外，花药呈淡黄绿色；子房圆球形，2室，柱头小球形，不明显2裂。浆果球形，为膨大的花萼包被，宿萼橙红色，灯笼状，脉纹明显，长可达5厘米。花期6—8月，果期9—10月。

【生境】多生于路旁或荒地，或栽培。

【分布】全县广布。

【药用部位】全草及果实、根。

【采收加工】夏季采挖全草，晒干。果实在秋季由绿变红时采收，晒干。根于秋季采挖，洗净晒干。

【化学成分】全草含酸浆苦味素，并含黏液质。果实含有酸浆甾醇、钝叶醇、玉蜀黍黄素、维生素C及酸浆果红素等。酸浆根中含有巴豆酰莨菪碱、托品碱、假托品碱及红古豆碱等多种生物碱。

【药理作用】酸浆具有抗氧化、抗癌、抗过敏、抗菌、抗炎、降血糖及降血脂等作用。

【性味】酸、苦，寒。

【功能主治】全草：清热解毒，利尿；主治热咳、咽痛、黄疸、痢疾、水肿、疔疮、丹毒。果实：清热解毒，利尿，化痰；主治骨蒸劳热、咳嗽、咽喉肿痛、黄疸、水肿、天疱湿疹、牙龈肿痛等。根：清热利湿；主治肝气不舒、肝炎、坏血病。

356. 挂金灯 ***Physalis alkekengi* var. *franchetii* (Masters) Makino**

【别名】酸浆。

【形态】多年生草本，基部常匍匐生根。茎高 40 ～ 80 厘米，基部略带木质，分枝稀疏或不分枝，茎节不甚膨大，常被柔毛，尤其以幼嫩部分较密。叶长 5 ～ 15 厘米，宽 2 ～ 8 厘米，长卵形至阔卵形，有时菱状卵形，顶端渐尖，基部不对称狭楔形、下延至叶柄，全缘波状或者有粗齿，有时每边具少数不等大的三角形大齿，两面被柔毛，沿叶脉较密，上面的毛常不脱落，沿叶脉亦有短硬毛；叶柄长 1 ～ 3 厘米。花梗长 6 ～ 16 毫米，开花时直立，后来向下弯曲，密生柔毛且果时也不脱落；花萼阔钟状，长约 6 毫米，密生柔毛，萼齿三角形，边缘有硬毛；花冠辐状，白色，直径 15 ～ 20 毫米，裂片开展，阔而短，顶端骤然狭窄成三角形尖头，外面有短柔毛，边缘有缘毛；雄蕊及花柱均较花冠短。果梗长 2 ～ 3 厘米，多少被宿存柔毛；果萼卵状，长 2.5 ～ 4 厘米，直径 2 ～ 3.5 厘米，薄革质，网脉显著，有 10 纵肋，橙色或火红色，被宿存的柔毛，顶端闭合，基部凹陷；浆果球状，橙红色，直径 10 ～ 15 毫米，柔软多汁。种子肾形，淡黄色，长约 2 毫米。花期 5—9 月，果期 6—10 月。

图 356　挂金灯

【生境】常生长于空旷地或山坡。

【分布】分布于孟家溪镇。

【药用部位】根。

【采收加工】夏、秋季采挖，洗净，鲜用或晒干。

【性味】苦，寒。

【功能主治】清热，利湿。主治黄疸、疟疾、疝气。

357. 苦蘵 ***Physalis angulata* L.**

【形态】一年生草本，高 25 ～ 60 厘米。茎斜卧或直立。多分枝，全株密被短柔毛。叶互生，薄纸质，卵形或卵状心形，长 3 ～ 8 厘米，宽 2 ～ 6 厘米，先端急尖，基部偏斜，边缘全缘或有不整齐的锯齿，上面疏生短毛；叶柄长 3 ～ 8 厘米。花单生于叶腋；花梗长 5 ～ 10 毫米，下垂；花萼钟状，长约 5 毫米，

5裂近中部，外被短柔毛；花冠浅黄色，钟状，直径5～7毫米，5裂，裂片基部有紫色斑纹，有缘毛；雄蕊5枚，花药黄色；子房2室；柱头条形。浆果球形，直径1.2厘米，为膨大的宿萼所包围，宿萼绿色，卵形或宽卵形，基部稍凹入，似灯笼状，长2～3厘米，直径2～2.5厘米，被毛，外面有明显而突出的棱角5条；种子多数。花期7—9月，果期8—10月。

图357　苦蘵

【生境】多生于山坡、路旁、宅旁或菜园边。

【分布】分布于章庄铺镇、藕池镇、黄山头镇、狮子口镇。

【药用部位】全草。

【采收加工】夏、秋季挖起全草，除去泥土、晒干。

【化学成分】苦蘵化学成分为甾体类、甾醇类、有机酸类、多糖类、黄酮类等。

【药理作用】苦蘵具有抗癌、免疫调节、抗炎、抗氧化、抗菌等药理作用。

【性味】苦，寒。

【功能主治】清热解毒，利尿消肿。主治肺热咳嗽、咽喉肿痛、牙龈肿痛或出血、肺脓肿、痢疾、水肿、热淋、天疱疮、疔疮、睾丸炎、小便不利、血尿等。

358. 毛酸浆　*Physalis pubescens* L.

【形态】一年生草本；茎生柔毛，常多分枝，分枝毛较密。叶阔卵形，长3～8厘米，宽2～6厘米，顶端急尖，基部歪斜心形，边缘通常有不等大的尖齿，两面疏生毛但脉上毛较密；叶柄长3～8厘米，密生短柔毛。花单独腋生，花梗长5～10毫米，密生短柔毛。花萼钟状，密生柔毛，5中裂，裂片披针形，急尖，边缘有缘毛；花冠淡黄色，喉部具紫色斑纹，直径6～10毫米；雄蕊短于花冠，花药淡紫色，长1～2毫米。果萼卵状，长2～3厘米，直径2～2.5厘米，具5棱角和10纵肋，顶端萼齿闭合，基部稍凹陷；浆果球状，直径约1.2厘米，黄色或有时带紫色。种子近圆盘状，直径约2毫米。花果期5—11月。

图358　毛酸浆

【生境】多生于草地或田边路旁。

【分布】分布于章庄铺镇。

茄属 *Solanum* L.

草本，亚灌木、灌木至小乔木，有时为藤本。无刺或有刺，常被星状毛。单叶互生，全缘，波状或分裂，稀为复叶。花组成顶生或侧生的聚伞花序或聚伞式圆锥花序；少数为单生。花两性，全部能孕或仅在花序下部的花能孕，上部的雌蕊退化而趋于雄性；萼通常 4 ～ 5 裂，稀在果时增大，但不包被果实；花冠通常辐形，多为白色，有时为青紫色，稀红紫色或黄色；花冠筒短；雄蕊 4 ～ 5 枚，着生于花冠筒喉部，花药内向，通常贴合成一圆筒，顶孔开裂，花柱单一，柱头钝圆，稀 2 浅裂；子房 2 室，胚珠多数。浆果，近球状或椭圆状，黑色、黄色、橙色至红色；种子近卵形至肾形，通常两侧压扁，外面具网纹状凹穴。本属约有 2000 种，分布于热带及亚热带，少数在温带地区，主要分布于南美洲的热带。我国有 39 种 14 变种。公安县有 3 种。

1. 草本至亚灌木或小灌木，直立或攀缘；浆果小，直径最大不超过 1 厘米。

  2. 一年生直立草本；蝎尾状花序腋外生，通常有 4 ～ 10 朵花……龙葵 *S. nigrum*

  2. 草质藤本；聚伞花序顶生或腋外生，极少为聚伞式圆锥花序……白英 *S. lyratum*

1. 直立灌木；浆果较大，直径 1 ～ 1.5 厘米；全株光滑无毛……珊瑚樱 *S. pseudo-capsicum*

359. 白英 *Solanum lyratum* Thunb.

图 359 白英

【形态】多年生草质藤本，长 0.5 ～ 1 米，茎及小枝均密被具节长柔毛。叶互生，多数为琴形，长 3.5 ～ 5.5 厘米，宽 2.5 ～ 4.8 厘米，基部常 3 ～ 5 深裂，裂片全缘，侧裂片愈近基部愈小，端钝，中裂片较大，通常卵形，先端渐尖，两面均被白色发亮的长柔毛，中脉明显，侧脉在下面较清晰，通常每边 5 ～ 7 条；少数在小枝上部的裂片为心形，小，长 1 ～ 2 厘米；叶柄长 1 ～ 3 厘米，被与茎枝相同的毛被。聚伞花序顶生或腋外生，疏花，总花梗长 2 ～ 2.5 厘米，被具节的长柔毛，花梗长 0.8 ～ 1.5 厘米，无毛，顶端稍膨大，基部具关节；萼环状，直径约 3 毫米，无毛，萼齿 5 枚，圆形，顶端具短尖头；花冠蓝紫色或白色，直径约 1.1 厘米，花冠筒隐于萼内，长约 1 毫米，冠檐长约 6.5 毫米，5 深裂，裂片椭圆状披针形，长约 4.5 毫米，先端被微柔毛；花丝长约 1 毫米，花药长圆形，长约 3 毫米，顶孔略向上；子房卵形，直径不及 1 毫米，花柱丝状，长约 6 毫米，柱头小，头状。浆果球状，成熟时红黑色，直径约 8 毫米；种子近盘状，扁平，直径约 1.5 毫米。花期 7—9 月，果期 9—10 月。

【生境】生于草地或路旁、田边。

【分布】全县广布。

【药用部位】全草或根。

【采收加工】夏、秋季采收，洗净，晒干或鲜用。

【化学成分】茎皮和果实含龙葵碱。果皮含花青素。

【药理作用】白英具有抗肿瘤、抗氧化、提高细胞免疫功能、抗病毒、抑菌、抗炎、抗过敏以及护肝等药理作用。

【性味】苦，微寒。

【功能主治】清热解毒，利水消肿，退黄，祛风止痛。主治感冒发热、黄疸型肝炎、痢疾、水肿、胆囊炎、胆结石、淋巴结核、带下阴痒、风湿性关节痛、小儿高烧惊搐、食道癌、胃癌、肠癌、痈疖肿痛、湿疹等。

360. 龙葵　*Solanum nigrum* L.

【形态】一年生直立草本，高 60 厘米，茎无棱或棱不明显，绿色或紫色，近无毛或被微柔毛。叶卵形，长 2.5 ～ 10 厘米，宽 1.5 ～ 5.5 厘米，先端短尖，基部楔形至阔楔形而下延至叶柄，全缘或每边具不规则的波状粗齿，光滑或两面均被稀疏短柔毛，叶脉每边 5 ～ 6 条，叶柄长 1 ～ 2 厘米。蝎尾状花序腋外生，由 4 ～ 10 朵花组成，总花梗长 1 ～ 2.5 厘米，花梗长约 5 毫米，近无毛或具短柔毛；萼小，浅杯状，直径 1.5 ～ 2 毫米，齿卵圆形，先端圆，基部两齿间连接处成角度；花冠白色，筒部隐于萼内，长不及 1 毫米，冠檐长约 2.5 毫米，5 深裂，裂片卵圆形，长约 2 毫米；花丝短，花药黄色，长约 1.2 毫米，约为花丝长度的 4 倍，顶孔向内；子房卵形，直径约 0.5 毫米，花柱长约 1.5 毫米，中部以下被白色茸毛，柱头小，头状。浆果球形，直径约 8 毫米，熟时黑色。种子多数，近卵形，直径 1.5 ～ 2 毫米，两侧压扁。花期 6—7 月，果期 8—9 月。

图 360　龙葵

【生境】多生于路旁、灌丛或林下。

【分布】全县广布。

【药用部位】全草。

【采收加工】夏、秋季割取，晒干。

【化学成分】龙葵含皂苷和多种生物碱：龙葵碱、澳洲茄碱（由澳洲茄铵和鼠李糖、半乳糖、葡萄糖组成）、澳洲茄边碱（由澳洲茄铵和 2 分子鼠李糖、1 分子葡萄糖组成）及阿托品等。

【药理作用】龙葵具有抗肿瘤、抗感染、降脂、扩血管、保护肝细胞等多种药理作用。

【性味】苦，微寒。有小毒。

【功能主治】清热解毒，活血，利尿消肿，抗癌。主治各种癌症、急性肾炎、尿道炎、带下、疖疮、丹毒、跌打扭伤、咽喉肿痛、慢性支气管炎、牙痛、目赤肿痛、湿疹等。

361. 珊瑚樱 *Solanum pseudo-capsicum* L.

图 361 珊瑚樱

【形态】直立分枝小灌木，高达 2 米，全株光滑无毛。叶互生，狭长圆形至披针形，长 1 ～ 6 厘米，宽 0.5 ～ 1.5 厘米，先端尖或钝，基部狭楔形下延成叶柄，边全缘或波状，两面均光滑无毛，中脉在下面凸出，侧脉 6 ～ 7 对，在下面更明显；叶柄长 2 ～ 5 毫米，与叶片不能截然分开。花多单生，很少成蝎尾状花序，无总花梗或近于无总花梗，腋外生或近对叶生，花梗长 3 ～ 4 毫米；花小，白色，直径 0.8 ～ 1 厘米；萼绿色，直径约 4 毫米，5 裂，裂片长约 1.5 毫米；花冠筒隐于萼内，长不及 1 毫米，冠檐长约 5 毫米，裂片 5，卵形，长约 3.5 毫米，宽约 2 毫米；花丝长不及 1 毫米，花药黄色，矩圆形，长约 2 毫米；子房近圆形，直径约 1 毫米，花柱短，长约 2 毫米，柱头截形。浆果橙红色，直径 1 ～ 1.5 厘米，萼宿存，果柄长约 1 厘米，顶端膨大。种子盘状，扁平，直径 2 ～ 3 毫米。花期初夏，果期秋末。

【生境】多为栽培。

【分布】分布于埠河镇、章庄铺镇。

【药用部位】根。

【采收加工】秋季采挖，晒干。

【化学成分】全株含龙葵碱、玉珊瑚碱和玉珊瑚啶等。

【性味】辛、微苦，温。有毒。

【功能主治】活血止痛。主治腰肌劳损、闪挫扭伤。

一〇一、玄参科 Scrophulariaceae

草本、灌木或少有乔木。叶互生、下部对生而上部互生，或全对生，或轮生，无托叶。花序总状、穗状或聚伞状，常合成圆锥花序，向心或更多离心。花常不整齐；萼下位，常宿存，5 基数，少有 4 基数；花冠 4 ～ 5 裂，裂片多少不等或作二唇形；雄蕊常 4 枚，而有 1 枚退化，少有 2 ～ 5 枚或更多，药室 1 ～ 2，药室分离或多少汇合；花盘常存在，环状、杯状或小而似腺；子房 2 室，极少仅有 1 室；花柱简单，柱头头状或 2 裂；胚珠多数，少有各室 2 枚，倒生或横生。果为蒴果，少有浆果状，具生于 1 游离的中轴上或着生于果爿边缘的胎座上；种子细小，有时具翅或有网状种皮，脐点侧生或在腹面，胚乳肉质或缺少；胚伸直或弯曲。

本科约有 200 属 3000 种，广布于全球各地。我国有 56 属约 600 种。

公安县境内的玄参科植物有 6 属 12 种。

1. 能育雄蕊 4，有 1 枚退化雄蕊位于上唇中央，花药汇合成 1 室，横生，花丝顶端膨大，花序基本单位为聚伞花序 ………… 玄参属 *Scrophularia*
1. 能育雄蕊 2 或 4，退化雄蕊如存在，则为 2 枚且位于花冠前方，花药 2 室，不横生，花丝顶端不膨大，花序基本单位为总状或穗状花序或花单生。
  2. 雄蕊 2 枚，无退化雄蕊，花冠裂片 4 ～ 5，辐射对称。
    3. 花萼裂片 5 枚，花冠筒明显，雄蕊伸出花冠 ………… 腹水草属 *Veronicastrum*
    3. 花萼裂片 4 枚，如 5 枚则后方 1 枚较短，花冠筒极短，雄蕊伸出或短于花冠 ………… 婆婆纳属 *Veronica*
  2. 雄蕊 4 枚，如 2 枚则在花冠前方有 2 枚退化雄蕊，花冠明显唇形或 5 裂片几乎辐射对称。
    4. 花萼具 5 翅或明显的棱，5 齿裂。
      5. 萼无翅，亦无明显之棱；花冠小，不超过 10 毫米；子房上部无粗毛 ………… 母草属 *Lindernia*
      5. 萼有明显之翅或棱；花冠大，超过 10 毫米；子房上部生有粗毛 ………… 蝴蝶草属 *Torenia*
    4. 花萼无翅亦无明显的棱，5 深裂 ………… 通泉草属 *Mazus*

母草属 *Lindernia* All.

一年生矮小草本，直立、倾卧或匍匐。叶对生，有柄或无，形状多变，常有齿，稀全缘。花常对生，稀单生，生于叶腋或在茎枝之顶形成疏总状花序，有时短缩而成假伞形花序；常具花梗，无小苞片；萼具 5 齿，齿相等或微不等，有深裂、半裂或萼有管而多少单面开裂，其开裂不及一半；花冠紫色、蓝色或白色，二唇形，上唇直立，2 裂，下唇大，3 裂；雄蕊 4 枚，前面 2 枚雄蕊通常能育，后面 2 枚雄蕊能育或萎缩至退化；花柱顶端常膨大，多为二片状。蒴果球形、矩圆形或条形；种子小，多数。本属约有 70 种，主要分布于亚洲的热带和亚热带，美洲和欧洲也有少数种类。我国约有 26 种。公安县有 2 种。

1. 花萼仅开裂 1/3，萼齿三角形 ………… 母草 *L. crustacea*
1. 花萼深裂几达基部 ………… 泥花草 *L. antipoda*

362. 泥花草 *Lindernia antipoda* (L.) Alston

【形态】一年生草本。多分枝，茎下部匍匐，下部节上生根，弯曲上升，高 30 厘米，茎有纵沟，无毛。叶片矩圆形、矩圆状披针形，长 0.8 ～ 4 厘米，宽 0.6 ～ 1.2 厘米，顶端急尖或圆钝，基部下延有宽短叶柄，边缘有少数不明显的锯齿至有明显的锐锯齿，两面无毛。花生于枝顶成总状花序，长可达 15 厘米，有花 2 ～ 20 朵；苞片钻形，长 1.5 厘米；花萼 5 齿裂，仅基部连合，条状披针形，沿中脉和边缘略有短硬毛；

花冠紫色、紫白色或白色，长可达1厘米，上唇2裂，下唇3裂，近等长；雄蕊4，前方一对退化。蒴果圆柱形，顶端渐尖，长为宿萼的2倍或更多；种子为不规则的三棱状卵形，褐色。花期6—7月，果期7—8月。

【生境】多生于田边及潮湿的草丛中。

【分布】分布于章庄铺镇。

【药用部位】全草及根。

【采收加工】夏、秋季采收，晒干。

【性味】辛、苦，平。

【功能主治】清热利湿，活血化瘀，消肿。主治咽喉肿痛、黄疸、泻痢、跌打损伤。

图362 泥花草

363. 母草 *Lindernia crustacea* (L.) F. Muell

【形态】一年生草本，高10～20厘米。茎四方形，无毛或疏被短毛，多分枝，披散。叶柄短，叶片卵形至卵状三角形，长10～20毫米，顶端钝或短尖，基部广楔形或圆形，边缘有三角形锯齿。花单生叶腋，在茎顶端的聚成少花的总状花序，花柄长1～3厘米；花萼坛状，膜质，长约5毫米，有不明显的5棱，裂片齿状，果期呈不规则深裂；花冠紫色，圆筒状，长约7毫米，上唇直立，2浅裂，下唇3裂；雄蕊4，前2枚雄蕊的花丝附属物丝状。蒴果卵圆形，与宿存花萼等长；种子有纵横排列整齐的瘤突。花期7—8月，果期8—10月。

图363 母草

【生境】生于低山的水沟和稻田中。

【分布】分布于章庄铺镇、黄山头镇。

【药用部位】全草。

【采收加工】夏、秋季采收，晒干。

【性味】微苦，凉。

【功能主治】清热解毒，利湿。主治感冒、慢急性细菌性痢疾、肠炎、痈肿疖毒等。

通泉草属 *Mazus* Lour.

矮小草本，茎圆柱形，少为四方形，直立或倾卧，着地部分节上常生不定根。下部叶多为莲座状或对生，上部叶多为互生，叶匙形、倒卵状匙形或圆形，少为披针形，基部渐狭下延成带翅的叶柄，边缘有锯齿，少全缘或羽裂。花小，排成顶生稍偏向一边的总状花序；苞片小，小苞片有或无；花萼漏斗状或钟形，萼齿 5 枚；花冠二唇形，紫白色，筒部短，上部稍扩大，上唇直立，2 裂，下唇较大，扩展，3 裂，喉部有 2 条纵皱褶；雄蕊 4，二强，着生在花冠筒上，药室极叉开；子房有毛或无毛，花柱无毛，柱头 2 片状。蒴果被包于宿存的花萼内，球形或压扁，室背开裂；种子小，极多数。本属约有 35 种，分布于东亚和澳洲。我国约有 22 种，南北地区均有分布。公安县有 2 种。

1. 子房无毛，萼齿卵形，钝头或急尖；植株无毛或疏生短柔毛……………………………………通泉草 *M. japonicas*
1. 子房被毛，萼齿披针状三角形，锐尖；植株被多细胞白色长柔毛……………………………弹刀子菜 *M. stachydifolius*

364. 通泉草 *Mazus japonicas* (Thunb.) O. Kuntze

【形态】一年生草本，高 5 ～ 20 厘米，被疏生的短柔毛或无毛。茎直立或倾斜，基部多分枝。叶在下部对生，上部互生，倒卵状矩圆形，长 2 ～ 6 厘米，宽 1 ～ 1.5 厘米，先端圆钝，基部渐狭成具翅的叶柄，边缘具不规则锯齿。花散生，排列成总状，互生，淡紫色，苞片线形，细小，长 1.5 ～ 2 毫米；花梗长约 2 毫米，与花萼都具短柔毛；花萼广钟形，5 深裂，裂片矩圆形，长约 7 毫米；花冠唇形，上唇直立，2 浅裂，下唇 3 裂，长约为花萼的 1 倍，喉部有黄色斑块；雄蕊 4，2 长 2 短；子房上位，2 室。蒴果球形，胞背开裂，种子细小，淡黄色。花期 7—9 月，果期 8—10 月。

图 364　通泉草

【生境】多生于田边、溪边、埂边等潮湿处。

【分布】全县广布。

【药用部位】全草。

【采收加工】夏、秋季采收全草，晒干或鲜用。

【性味】苦，寒。

【功能主治】清热解毒，消痈肿。主治热毒疮肿、乳痈、疖疮肿毒等。

365. 弹刀子菜 *Mazus stachydifolius* (Turcz.) Maxim.

【形态】多年生草本，高 10 ～ 50 厘米，粗壮，全体被多细胞白色长柔毛。根状茎短。茎直立，稀上升，圆柱形，不分枝或在基部分 2 ～ 5 枝，老时基部木质化。基生叶匙形，有短柄，常早枯萎；茎生叶对生，上部的常互生，无柄，长椭圆形至倒卵状披针形，纸质，长 2 ～ 4(7) 厘米，以茎中部的较大，边缘具不规则锯齿。总状花序顶生，长2～20厘米，有时稍短于茎，花稀疏；苞片三角状卵形，长约1毫米；花萼漏斗状，长5～10毫米，果时增长达16毫米，直径超过1厘米，比花梗长或近等长，萼齿略长于筒部，披针状三角形，顶端长锐尖，10条脉纹明显；花冠蓝紫色，长15～20毫米，花冠筒与唇部近等长，上部稍扩大，上唇短，顶端2裂，裂片狭长三角状，端锐尖，下唇宽大，开展，3裂，中裂较侧裂约小1倍，近圆形，稍突出，褶襞两条从喉部直通至上下唇裂口，被黄色斑点同稠密的乳头状腺毛；雄蕊4枚，二强，着生在花冠筒的近基部；子房上部被长硬毛。蒴果扁卵球形，长2～3.5毫米。花期4—6月，果期7—9月。

图365 弹刀子菜

【生境】生于较湿润的路旁、草坡及林缘。

【分布】分布于章庄铺镇。

【药用部位】全草。

【采收加工】花果期采收全草，鲜用或晒干。

【性味】微辛，凉。

【功能主治】解蛇毒。用于毒蛇咬伤。

玄参属 *Scrophularia* L.

多年生草本或半灌木状草本，少一年生草本。叶对生或上部的叶互生。花先组成聚伞花序，后单生叶腋或可再组成顶生聚伞圆锥花序、穗状花序或近头状花序。花萼5裂，花冠通常二唇形，上唇2裂，长于下唇，下唇3裂，除中裂片向外开展，其余4裂片均近直立；能育雄蕊4，二强，内藏或伸出于花冠之外，花丝基部贴生于花冠筒，花药汇合成1室，横生于花丝顶端，退化雄蕊1枚，微小，位于上唇中央；子房周围有花盘，花柱与子房等长或过之，柱头通常很小，子房2室，中轴胎座，胚珠多数。蒴果室间开裂，种子多数。本属有200种以上，分布于北温带。我国有29种，南北地区均有分布。公安县有1种。

366. 玄参 *Scrophularia ningpoensis* Hemsl.

【形态】多年生草本，高60～150厘米。支根数条，纺锤形或圆柱形，长5～15厘米，直径可达3厘米以上，外皮灰黄褐色。茎直立，四棱形，有沟纹，常分枝，光滑或有腺状柔毛。叶对生，卵形或卵状椭圆形，长7～30厘米，宽4～19厘米，先端渐尖，基部圆形或近于截形，边缘有细锯齿，下面有稀疏细毛；叶柄长达4.5厘米。花序生于茎稍的叶腋，聚伞花序疏散开展，呈圆锥状，花梗细长有腺毛；花萼钟状，5裂，外被腺状毛；花冠暗紫色，花冠筒多少球形，上唇明显长于下唇；雄蕊4，二强，有1

枚退化雄蕊呈鳞片状；子房上位，2室。蒴果卵圆形，连同短喙长3～9毫米。花期7—10月，果期9—11月。

【生境】栽培。

【分布】分布于夹竹园镇、狮子口镇。

【药用部位】根。

【采收加工】秋末冬初挖取，除去茎叶、须根及泥土，暴晒，经常翻动。夜晚加盖杂草，保温防冻，晒至半干使内色发黑时，除去芦头，室内堆放3～4天后再晒，如此反复几次，直至全干，若遇雨天可用火炕。温度不宜过高，经常翻动，炕至七成干时，取出堆放发汗至内部变黑，再炕至全干。

【化学成分】玄参主要含有环烯醚萜类、苯丙素类等成分。此外尚含有生物碱、挥发油、植物甾醇、L-天冬酰胺、糖类、脂肪酸等。

【药理作用】玄参具有镇痛、保肝、抗氧化、抗疲劳、保护心肌、抗血小板聚集、抗动脉粥样硬化、抗脑缺血损伤等药理作用。

图366 玄参

【性味】甘、苦、咸，微寒。

【功能主治】凉血滋阴，消痈散结。主治热病伤阴、舌绛烦渴、津伤便秘、骨蒸劳咳、目赤、咽喉肿痛、瘰疬、白喉、温毒发斑、痈肿疮毒等。

蝴蝶草属 *Torenia* L.

草本，无毛或被柔毛，稀被硬毛。叶对生，具齿。花具梗，排列成总状或伞形花序，抑或单朵腋生或顶生，稀由于总状花序顶端的一朵花不发育而成二歧状，无小苞片；花萼具棱或翅，萼齿通常5枚；花冠筒状，上部常扩大，5裂，二唇形，上唇直立，先端微凹或2裂；下唇开展，3裂，彼此近于相等；雄蕊4，后方2枚内藏，花丝丝状；前方2枚着生喉部，花丝长而弓曲；花药成对紧密靠合，药室顶部常汇合；通常子房上部被短粗毛，花柱先端二片状；胚珠多数。蒴果矩圆形，为宿萼所包藏，室间开裂；种子多数，具蜂窝状皱纹。本属约有30种，主要分布于亚、非热带地区。我国现有11种，分布于我国长江以南各省(区)，大多供观赏。公安县有1种。

367. 紫萼蝴蝶草 *Torenia violacea* (Azaola) Pennell

【形态】直立或多少外倾，高8～35厘米，自近基部起分枝。叶具长5～20毫米之柄；叶片卵形或长卵形，先端渐尖，基部楔形或多少截形，长2～4厘米，宽1～2厘米，向上逐渐变小，边缘具略带短尖的锯齿，两面疏被柔毛。花具长约1.5厘米之梗，果期梗长可达3厘米，在分枝顶部排成伞形花序或单生叶腋，稀可同时有总状排列的存在；萼矩圆状纺锤形，具5翅，长1.3～1.7厘米，宽0.6～0.8厘米，果期长达2厘米，宽1厘米，翅宽达2.5毫米而略带紫红色，基部圆形，翅几不延，顶部裂成5小齿；花冠长1.5～2.2厘米，其超出萼齿部分仅2～7毫米，淡黄色或白色；上唇多少直立，近于圆形，直径约6毫米；下唇三裂片彼此近于相等，长约3毫米，宽约4毫米，各有1蓝紫色斑块，中裂片中央有1黄色斑块，花丝不具附属物。花果期8—11月。

图367　紫萼蝴蝶草

【生境】生于路旁潮湿处。

【分布】分布于埠河镇。

婆婆纳属 *Veronica* L.

草本，有时基部木质化。叶对生，少轮生和互生。总状花序顶生或腋生，或花密集呈穗状，有的很短而呈头状。花萼4或5裂，若5裂则后方1裂片小得多；花冠具很短的筒部，近于辐状，或花冠筒部明显，长至占总长的1/2～2/3，裂片4枚，常开展，不等宽，后方1枚最宽，前方1枚最窄，有时稍稍二唇形；雄蕊2，花丝下部贴生于花冠筒后方，药室叉开或并行，顶端贴连；花柱宿存，柱头头状。蒴果形状各式，稍稍侧扁至明显侧扁几乎如片状，两面各有一条沟槽，顶端微凹或明显凹缺，室背2裂。种子每室1至多颗，圆形、瓜子形或为卵形，扁平而两面稍膨，或为舟状。本属约有250种，广布于全球，主产欧亚大陆。我国产61种，各省（区）均有，但多数种类产西南山地。公安县有5种。

1. 陆生草本。
  2. 种子两面稍鼓，平滑；花梗远较苞片为短。
    3. 茎无毛或疏被毛；叶倒披针形至线状披针形，全缘或具浅齿；花冠白色或浅蓝色……………蚊母草 *V. peregrina*
    3. 茎密被两列长柔毛；叶卵圆形，边缘有圆齿或钝齿；花冠蓝紫色或蓝色……………直立婆婆纳 *V. arvensis*
  2. 种子舟状，一面鼓胀，一面具深沟或多皱纹；花梗与苞片等长或过之。
    4. 花梗明显长于苞片；蒴果具明显网纹，两裂片叉开大于90°角，裂片顶端钝；花柱明显伸出凹口……………阿拉婆婆纳 *V. persica*
    4. 花梗与苞片近等长；蒴果无明显网纹，密被柔毛，两裂片叉开近于直角，裂片顶端圆；花柱与凹口齐或略超出……………婆婆纳 *V. didyma*
1. 水生或沼生草本；蒴果几为圆形；叶长圆状披针形……………水苦荬 *V. undulata*

368. 蚊母草 *Veronica peregrina* L.

【形态】一年生或二年生草本，无毛或有腺毛，高10～25厘米。基部多分枝，主茎直立，侧枝分散。叶无柄，下部的倒披针形，上部的长矩圆形，长1.5～2厘米，全缘或有锯齿。总状花序顶生，苞片比叶略小，全缘或有疏齿，苞片条状倒披针形，花梗长不超过 2 毫米，远短于苞片和萼片，花萼 4 裂，裂片长矩圆形至卵形，长 3 ～ 4 毫米，先端钝；花冠白色或浅蓝色，4 深裂，辐状排列；雄蕊 2 枚；子房上位，花柱粗短。蒴果倒心形，长为萼片的一半或 2/3 以上，无毛，先端微凹，宽大于长，果内常有小虫寄生，熟时微红色。种子长圆形，扁平。花期 4—5 月，果期 5—6 月。

图 368　蚊母草

【生境】多生于潮湿的荒地、路旁及田中。

【分布】全县广布。

【药用部位】带虫瘿的全草。

【采收加工】5 月中旬至 6 月上旬花后采集带虫瘿的全草（小虫未逸出前），立即蒸后晒干或直接晒干。

【性味】甘，温。

【功能主治】活血止血，祛瘀止痛，和肝益脾。主治咯血、吐血、便血、胃痛、经来腹痛、咽喉肿痛、跌打损伤等。

369. 直立婆婆纳　*Veronica arvensis* L.

【形态】小草本，茎直立或上升，不分枝或铺散分枝，高 5 ～ 30 厘米，有两列多细胞白色长柔毛。叶常 3 ～ 5 对，下部的有短柄，中上部的无柄，卵形至卵圆形，长 5 ～ 15 毫米，宽 4 ～ 10 毫米，具 3 ～ 5 脉，边缘具圆齿或钝齿，两面被硬毛。总状花序长而多花，长可达 20 厘米，各部分被多细胞白色腺毛；苞片下部的长卵形而疏具圆齿，上部的长椭圆形而全缘；花梗极短；花萼长 3 ～ 4 毫米，裂片条状椭圆形，前方 2 枚长于后方 2 枚；花冠蓝紫色或蓝色，长约 2 毫米，裂片圆形至长矩圆形；雄蕊短于花冠。蒴果倒心形，强烈侧扁，长 2.5 ～ 3.5 毫米，宽略过之，边缘有腺毛，凹口很深，几乎为果半长，裂片圆钝，宿存的花柱不伸出凹口。种子矩圆形，长近 1 毫米。花期 4—5 月。

图 369　直立婆婆纳

【生境】生于路边及荒野草地。

【分布】分布于章庄铺镇、黄山头镇。

【药用部位】全草。

【功能主治】清热，除疟。主治疟疾。

370. 婆婆纳 *Veronica didyma* Tenore

图 370 婆婆纳

【形态】一年生草本，茎基部多分枝成丛。纤细，下面匍匐地面，斜上，高 5 ～ 25 厘米。叶对生，具短柄，叶片三角状卵形，长 5 ～ 10 厘米，通常有 7 ～ 9 个钝锯齿。总状花序顶生；苞片叶状，互生；花梗略比苞片短，花后向下反折；花萼 4 深裂几达基部，裂片卵形，果期长达 5 厘米，被柔毛；花冠蓝紫色，辐状，直径 4 ～ 8 毫米，筒部极短；雄蕊 2，子房上位，2 室。蒴果近肾形，稍扁，密被柔毛，尤其在脊处混有腺毛，略比萼短，宽 4 ～ 5 毫米，凹口呈直角，裂片顶端圆，花柱与凹口齐或略过之；种子长圆形或卵形。花期 3—4 月，果期 4—5 月。

【生境】多生于路旁、墙脚、荒坡或菜园中。

【分布】全县广布。

【药用部位】全草。

【采收加工】4—5 月采收，晒干或鲜用。

【性味】辛、甘，凉。

【功能主治】理气止痛，散瘀消肿。主治疝气、腰痛、带下、烫火伤等。

371. 阿拉伯婆婆纳 *Veronica persica* Poir.

图 371 阿拉伯婆婆纳

【形态】铺散多分枝草本，高 10 ～ 50 厘米。茎密生两列多细胞柔毛。叶在茎下部对生，上部互生，卵圆形或圆形，长 6 ～ 20 毫米，宽 5 ～ 18 毫米，边缘具粗锯齿，基部圆形，无柄或上部叶有短柄。花单生于叶状苞腋，花梗长 15 ～ 25 厘米，远超出苞叶之外，花萼 4 裂，裂片狭卵形，长 6 ～ 8 毫米；花冠淡红蓝色，具放射状深蓝色条纹，长 4 ～ 6 毫米，裂片卵形至圆形，喉部疏被毛；雄蕊 2 枚，短于花冠；子房上位，2 室。蒴果 2 深裂，倒扁心形，宽大于长，具网纹。种子舟形，腹面凹入，具皱纹。花期 3—5 月，果期 4—6 月。

【生境】多生于路旁荒野杂草中。

【分布】全县广布。

【药用部位】全草。

【采收加工】4—5 月采收全草，晒干。

【性味】辛、淡，温。

【功能主治】温肝肾，益气，除湿。主治睾丸肿痛、腰痛、带下、小便频数、风湿性关节炎。

372. 水苦荬 *Veronica undulata* Wall.

【形态】多年生草本，高 30 ～ 60 厘米，通常全体无毛。根茎横走。茎直立或基部倾斜，多少肉质。叶对生，无柄，上部的叶半抱茎，叶片为长圆状披针形，长 2 ～ 8 厘米，宽 1 ～ 1.5 厘米，叶缘有尖锯齿。总状花序腋生及顶生，多花，长 5 ～ 12 厘米，宽 1 厘米以上，花梗多横生，与花序轴成直角；苞片线形，长 1.5 ～ 2 厘米；花萼 4 深裂，裂片狭椭圆形，长约 3 毫米，急尖；花冠淡蓝紫色，直径约 4 毫米。花柱长 1 ～ 1.5 毫米。蒴果几为圆形，长约 3 毫米。种子微细。花梗、花萼和蒴果上多少有毛。花期 4—5 月，果期 6 月。

图 372　水苦荬

【生境】多生于水边及沼泽地区。

【分布】全县广布。

【药用部位】带虫瘿的全草。

【采收加工】夏季采集有虫瘿的全草，洗净，切片，晒干或鲜用。

【性味】苦，寒。

【功能主治】活血止血，消肿止痛。主治咽喉肿痛、肺结核咯血、风湿疼痛、月经不调、血小板减少、跌打损伤、痈疖肿毒。

腹水草属 *Veronicastrum* Heist. ex Farbic.

多年生草本，具根状茎。根幼嫩时通常密被黄色茸毛，茎直立或弓曲而顶端着地生根。叶互生、对生或轮生。花通常密集成穗状花序，顶生或腋生；花萼 5 深裂，后方（近轴面）一枚稍小；花冠筒管状，伸直或稍稍弓曲，内面常密生一圈柔毛，少近无毛，檐部 4 裂，辐射对称，或二唇形，裂片不等宽，后方一枚最宽，前方一枚最窄；雄蕊 2，着生于花冠筒后方，伸出花冠，花丝下部通常被柔毛，少无毛，药室并连而不汇合；柱头小，几乎不扩大。蒴果卵圆状至卵状，稍稍侧扁，有两条沟纹，4 爿裂。种子多数，椭圆状或矩圆状，具网纹。本属近有 20 种，分布于亚洲东部和北美。我国有 14 种，除新疆、青海外，各省（区）均有分布。公安县有 1 种。

373. 腹水草 *Veronicastrum stenostachyum* (Hemsl.) Yamazaki

【形态】多年生宿根草本，根茎短而横走。茎圆柱状，有条棱，多弓曲，顶端着地生根，少近直立而顶端生花序，长可达 1 米余，无毛。叶互生，具短柄，叶片纸质至厚纸质，长卵形至披针形，长 7 ～ 20 厘米，宽 2 ～ 7 厘米，顶端长渐尖，边缘为具突尖的细锯齿，下面无毛，上面仅主脉上有短毛，少全面具短毛。花序腋生，有时顶生于侧枝上，也有兼生于茎顶端的，长 2 ～ 8 厘米，花序轴多少被短毛；苞片和花萼裂片通常短于花冠，少有近等长的，多少有短毛；花冠白色、紫色或紫红色，长 5 ～ 6 毫米，裂片近于正三角形，长不及 1 毫米。蒴果卵状。种子小，具网纹。花期 6—9 月，果期 10 月。

图 373　腹水草

【生境】常见于灌丛中、林下及阴湿处。

【分布】分布于章庄铺镇。

【药用部位】全草。

【采收加工】夏、秋季采收，晒干。

【性味】苦、辛，凉。有小毒。

【功能主治】利尿消肿，散瘀解毒。用于腹水、水肿、小便不利、月经不调、经闭、跌打损伤；外用治腮腺炎、疔疮、烧烫伤、毒蛇咬伤。

一〇二、紫葳科 Bignoniaceae

乔木、灌木或木质藤本，稀为草本；常具有各式卷须及气生根。叶对生、互生或轮生，单叶或羽状复叶，稀掌状复叶；顶生小叶或叶轴有时呈卷须状，卷须顶端有时变为钩状或为吸盘而攀缘他物；无托叶或具叶状假托叶；叶柄基部或脉腋处常有腺体。花两性，左右对称，通常大而美丽，组成顶生、腋生的聚伞花序、圆锥花序或总状花序或总状式簇生，稀老茎生花；苞片及小苞片存在或早落。花萼钟状、筒状，平截，或具 2 ～ 5 齿，或具钻状腺齿。花冠合瓣，钟状或漏斗状，常二唇形，5 裂，裂片覆瓦状或镊合状排列。能育雄蕊通常4枚，具1枚后方退化雄蕊，有时能育雄蕊2枚，具或不具3枚退化雄蕊，稀5枚雄蕊均能育，着生于花冠筒上。花盘存在，环状，肉质。子房上位，2室，稀1室，或因隔膜发达而成4室；中轴胎座或侧膜胎座；胚珠多数，叠生；花柱丝状，柱头二唇形。蒴果，室间或室背开裂，形状各异，光滑或具刺，通常下垂，稀为肉质不开裂；隔膜各式，圆柱状、板状增厚，稀为“十”字形（横切面），与果瓣平行或垂直。种子通常具翅或两端有束毛，薄膜质，极多数，无胚乳。

本科约有120属650种，广布于热带、亚热带，少数种类延伸到温带，但欧洲、新西兰不产。我国有12属约35种，南北地区均产，但大部分种类集中于南方各省（区）；引进栽培的有16属19种。

公安县境内的紫葳科植物有1属1种。

凌霄属 Campsis Lour.

攀缘木质藤本，以气生根攀缘，落叶。叶对生，为奇数一回羽状复叶，小叶有粗锯齿。花大，红色或橙红色，组成顶生花束或短圆锥花序。花萼钟状，近革质，不等的5裂。花冠钟状漏斗形，檐部微呈二唇形，裂片5，大而开展，半圆形。雄蕊4，二强，弯曲，内藏。子房2室，基部围以一大花盘。蒴果，室背开裂，由隔膜上分裂为2果瓣。种子多数，扁平，有半透明的膜质翅。本属有2种，1种分布于北美洲，另1种分布于我国和日本。公安县有1种。

374. 凌霄 *Campsis grandiflora* (Thunb.) Schum.

【形态】落叶木质藤本，高1～10米。叶对生，奇数羽状复叶，小叶7～9枚，卵形至卵状披针形，长2～9厘米，宽2～4厘米，先端渐尖，基部不对称，边缘有锯齿，叶柄腹面有沟槽。圆锥花序顶生，花梗呈“十”字对生，花下垂；花萼5裂至中部，裂片披针形，背面有棱脊；花冠漏斗状钟形，裂片5，直径6～7厘米，橙红色，内面有红色脉纹，合生处深黄色，花冠中脉扩大；雄蕊4枚，二强；子房上位，2室，基部有一大花盘。蒴果长形，2瓣裂，革质，先端钝。花期8—9月，果期11月。

图374 凌霄

【生境】栽培于庭园。

【分布】分布于斗湖堤镇、夹竹园镇。

【药用部位】花或根、茎、叶。

【采收加工】7—10月选择晴天采摘刚开的花，摊放晒干。根全年均可采挖，除去泥土，切片晒干。叶春、夏季采收。茎全年可采，鲜用或晒干。

【性味】花：微苦、酸，微寒。根：甘、酸、苦，寒。茎、叶：苦，平。

【功能主治】花：活血化瘀，通经；主治血滞经闭、癥瘕积块、酒糟鼻、风疹瘙痒等。

根：活血化瘀，解毒消肿，祛风；主治风湿痹痛、跌打损伤、脱臼、骨折、急性胃肠炎、血热生风、风疹、痛风等。

茎、叶：活血散瘀；主治血热生风、身癣、风疹、手脚酸软麻木、咽喉肿痛等。

一〇三、爵床科 Acanthaceae

多年生草本或灌木，稀为小乔木。叶对生，全缘或近全缘，很少分裂，叶片、小枝和花萼上常有条形或针形的钟乳体。花两性，左右对称，无梗或有梗，通常组成总状花序、穗状花序、聚伞花序，伸长或头状，有时单生或簇生而不组成花序；苞片通常大，有时有鲜艳色彩；小苞片 2 枚或有时退化；花萼通常 4～5 深裂，稀多裂或环状而平截，裂片镊合状或覆瓦状排列；花冠合瓣，具长或短的冠管，直或不同程度扭弯，冠管逐渐扩大成喉部，或在不同高度骤然扩大，有高脚碟形、漏斗形，不同长度的多种钟形，冠檐通常 5 裂，整齐或二唇形，冠檐裂片旋转状或覆瓦状排列；发育雄蕊 4 或 2，通常为二强，着生于冠管或喉部，花丝分离或基部成对连合，花药背着，稀基着，2 室或 1 室，有距或无，纵向开裂；子房上位，其下常有花盘，2 室，中轴胎座，每室倒生胚珠 1 至多粒，1 至 2 列；花柱纤细，柱头 2 裂。蒴果棒状，纵裂，每室有 1 至多粒胚珠，果裂时常弯曲半裂状，将种子弹出。种子扁或透镜形，光滑无毛或被毛，有皱纹或瘤状突起。

本科约有 250 属 3450 种，分布于热带或暖温带，长期以来，被认为是研究难度较大的科之一。我国约有 68 属 311 种，分布于长江流域以南各省（区）。

公安县境内的爵床科植物有 3 属 3 种。

1. 蒴果有种子 6～10 粒……………………………………………………………………水蓑衣属 *Hygrophila*
1. 蒴果有种子 4 粒。
    2. 花萼通常 4 裂，稀不等大 5 裂……………………………………………………………爵床属 *Rostellularia*
    2. 花萼 5 裂近相等……………………………………………………………………杜根藤属 *Calophanoides*

水蓑衣属 *Hygrophila* R. Br.

湿生草本。叶对生，披针形或倒卵形，全缘或具不明显小齿。花无柄，2 至多朵簇生于叶腋；花萼圆筒状，萼管中部 5 深裂，裂片披针形或线形；冠管筒状，喉部常一侧膨大，冠檐二唇形，上唇直立，2 浅裂，下唇近直立或略伸展，有喉凸，浅 3 裂，裂片旋转状排列；雄蕊 4，2 长 2 短，花丝基部常有下沿的膜相连，花药 2 室等大，平行，中下部常分开，基部无附属物或有时具不明显短尖；子房每室有 4 至多数胚珠，花柱线状，柱头2裂，后裂片常消失。蒴果圆线形或长圆形，2室，每室有种子4至多粒。种子宽卵形或近圆形，两侧压扁，被紧贴长白毛，遇水胀起有弹性。全属约有40种，广布于热带和亚热带的水湿或沼泽地区。我国有6种，分布于东部至西南部。公安县有1种。

375. 水蓑衣 *Hygrophila salicifolia* (Vahl) Nees

图375 水蓑衣

【形态】一年生至二年生草本，茎直立，高30～60厘米，节稍膨大，基部节上生有不定根。叶对生，具短柄或内无柄；叶片通常为披针形或长圆状披针形，长3～14厘米，宽8～20毫米，先端尖至渐尖，基部楔形，全缘。花无柄，3～7朵簇生于叶腋；苞片卵状椭圆形或狭圆形，长4～6毫米；小苞片披针形或条形，长约为花萼的一半；花萼长6～8毫米，被短糙毛，5裂达中部，裂片三角状披针形；花冠淡红紫色，长约1厘米，外有微毛，二唇形，上唇2浅裂，下唇3裂，裂片圆形；雄蕊4，二强；子房无毛，具长花柱，柱头钩曲。蒴果条形，长约10毫米。种子细小，四方状圆形而扁，淡褐色，遇水或浸湿后有白色密茸毛。花期9—10月，果期10月。

【生境】生于沟边或洼地等潮湿处。

【分布】分布于章庄铺镇。

【药用部位】全草。

【采收加工】全年可采，鲜用，或洗净晒干。

【功能主治】清热解毒，化瘀止痛。用于咽喉炎、乳腺炎、吐血、衄血、百日咳；外用治骨折、跌打损伤、毒蛇咬伤。

爵床属 *Rostellularia* Reichenb.

草本。叶对生，全缘，表面散布粗大、通常横列的钟乳体。花无梗，组成顶生穗状花序；苞片交互对生，每苞片中有花1朵；小苞片和萼裂片与苞片相似，均被缘毛；花萼不等大5裂或等大4裂，后裂片小或消失；花冠短，二唇形，上唇平展，浅2裂，具花柱槽，槽的2缘被缘毛，下唇有隆起的喉凸，裂片覆瓦状排列；雄蕊2枚，花丝扁平，无毛，花药2室，药隔狭而斜，药室一上一下，下方一室有尾状附属物；花盘坛状，每侧有方形附属物；子房上位，2室，被丛毛；花柱细长，柱头2裂，裂片不等长。蒴果小，基部具坚实的柄状部分；种子每室2粒，两侧呈压扁状，种皮皱缩，珠柄钩短，顶部明显扩大。本属约有10种，分布于亚洲热带和亚热带。我国有5～6种，大部分产于云南、海南、台湾。公安县有1种。

376. 爵床　*Rostellularia procumbens* (L.) Nees

【形态】一年生草本，高 10 ～ 40 厘米，基部常呈匍匐状。茎多有 6 条纵棱，分枝，绿色，被疏柔毛，节稍膨大。叶对生，卵形或广披针形，长 1 ～ 5 厘米，宽 5 ～ 20 毫米，全缘先端尖，两面有短柔毛。穗状花序顶生或腋生，长约 2.5 厘米；花小，萼片 5，条状披针形或条形，有膜质边缘和毛；外有苞片 2，形状与萼同；花冠淡红色或带紫红色，仅檐部露出萼外，二唇形，上唇直立，不裂，下唇较大，3 浅裂；雄蕊 2，花丝细长，药 2 室，不等长，较短的 1 室有矩；子房有毛。蒴果条状倒披针形，被白色短柔毛，种子卵圆形而扁，黑褐色，有网状突起物。花期 7—9 月，果期 10—11 月。

图 376　爵床

【生境】多生于低山旷野草地或路边阴湿处。

【分布】全县广布。

【药用部位】全草。

【采收加工】夏、秋季割取，晒干。

【化学成分】爵床含木脂素、芹菜素、山柰酚、积雪草酸等成分。

【药理作用】爵床具有抗肿瘤、抗病毒、抗血小板聚集等药理作用。

【性味】微苦、辛，凉。

【功能主治】清热，解毒，止咳化痰，利尿，消积，止痛。主治感冒、咳嗽、喉痛、疟疾、痢疾、黄疸、肾炎性水肿、筋骨疼痛、小儿疳积、痈疽疖疮、跌打损伤、毒蛇咬伤等。

杜根藤属　*Calophanoides* Ridl.

草本或亚灌木。叶对生，通常全缘或有时稍带浅波状。花具短梗，单生、簇生或有时组成少花的聚伞花序，腋生；苞片通常圆形或匙形，小苞片小或无；萼 5 深裂，裂片等大，狭窄，急尖；花冠白色或稍带绿色，冠管短，漏斗状，喉部扩大，冠檐与冠管近等长，二唇形，上唇三角形，顶端微缺，具花柱槽，下唇 3 裂，有喉凸，冠檐裂片覆瓦状排列；雄蕊 2 枚，花丝无毛或基部稍被毛，花药 2 室，药室一上一下，下方一室基部有尾状的矩；子房上位，每室有胚珠 2 粒；花柱线状，无毛或被硬毛，柱头比花柱稍粗，2 浅裂。蒴果棒状；种子每室 2 粒，两侧呈压扁状，表面有小瘤状突起，珠柄钩扁平，钝头。本属约有 7 种，分布于印度、中南半岛和印度尼西亚。我国约有 5 种，大部分种产于我国南部和西南部。公安县有 1 种。

377. 杜根藤　*Calophanoides quadrifaria* (Ness) Ridl.

【形态】多年生草本，茎直立或披散状，高达 50 厘米。叶对生，长椭圆状披针形或卵形，长 2 ～ 12

厘米，顶端略钝至渐尖。紧缩的聚伞花序具1至少数花，生于上部叶腋；苞片倒卵状匙形，长6～8毫米；花萼裂片5，条状披针形，长约7毫米，生微毛或小糙毛；花冠白色，外被微毛，长8～12毫米，二唇形，下唇3齿裂；雄蕊2，2药室不等高，低者具白色小距。蒴果长约8毫米，上部具4颗种子，下部实心，种子有小瘤状突起。花期8月。

【生境】生于林缘阴湿处。

【分布】分布于黄山头镇。

【药用部位】全草。

【采收加工】夏、秋季采集，晒干或鲜用。

【性味】微咸，温。

【功能主治】活血通络，理气祛瘀，解毒。主治跌打损伤、吐血、衄血。

图377 杜根藤

一〇四、车前科 Plantaginaceae

草本，稀为小灌木。根为直根系或须根系。叶螺旋状互生，通常排成莲座状，或于地上茎上互生、对生或轮生；单叶，全缘或具齿，稀羽状或掌状分裂，弧形脉3～11条，少数仅有1中脉；叶柄基部常扩大呈鞘状；无托叶。穗状花序狭圆柱状、圆柱状至头状，偶尔简化为单花，稀为总状花序；花茎腋生；每花具1苞片。花小，两性，稀杂性或单性，雌雄同株或异株，风媒，少数为虫媒，或闭花受粉。花萼4裂，裂片分生或后对合生，宿存。花冠干膜质，高脚碟状或筒状，裂片覆瓦状排列，开展或直立，多数于花后反折，宿存。雄蕊4，稀1或2；花丝线状，外伸或内藏；花药背着，丁字药；花粉粒球形，表面具网状纹饰。花盘不存在。雌蕊由背腹向2心皮合生而成；子房上位，2室，中轴胎座，稀为1室基底胎座；胚珠1～40个，横生至倒生；花柱1，丝状，被毛。果通常为周裂的蒴果，内含1～40个种子，极少为含1种子的骨质坚果。种子盾状着生，卵形、椭圆形、长圆形或纺锤形，腹面隆起、平坦或内凹呈船形，无毛；胚乳丰富。

本科有3属约200种，广布于全世界。中国有1属20种，分布于南北各地。

公安县境内的车前科植物有1属1种。

车前属 *Plantago* L.

草本，稀为小灌木（中国不产），陆生或沼生。根为直根系或须根系。叶螺旋状互生，紧缩呈莲座状，或在茎上互生、对生或轮生；叶片宽卵形、椭圆形、长圆形、披针形、线形至钻形，全缘或具齿；叶柄长，少数不明显，基部常扩大呈鞘状。花序 1 至多数，出自莲座丛或茎生叶的腋部；花序梗细圆柱状；穗状花序细圆柱状、圆柱状至头状，有时简化至单花。花冠高脚碟状或筒状，至果期宿存，檐部 4 裂；雄蕊 4，着生于冠筒内面，外伸，少数内藏，花药卵形、近圆形、椭圆形或长圆形，开裂后明显增宽，先端骤缩成三角形小突起。子房 2 ～ 4 室，中轴胎座，具 2 ～ 40 个胚珠。蒴果椭圆球形、圆锥状卵形至近球形，果皮膜质，周裂。种子 1 ～ 40 个；种皮具网状或疣状突起，含黏液质。本属有 190 余种，广布于温带及热带地区。中国有 20 种。公安县有 1 种。

378. 车前 *Plantago asiatica* L.

【形态】多年生草本，高 20 ～ 30 厘米。根状茎短而肥厚，有多数须根。全体近无毛或有短毛。叶丛生根茎顶端，贴近地面，叶柄长 5 ～ 22 厘米，上面有槽，基部扩展成鞘，叶片宽卵状椭圆形，长 5 ～ 15 厘米，宽 3 ～ 9 厘米，先端钝或短尖，基部渐狭成柄，全缘或有不明显钝齿。花茎自叶丛中抽出，长 10 ～ 30 厘米，穗状花序长可达 20 厘米；花绿白色，每花有苞片 1 枚，三角形，花萼 4 深裂，花冠筒状，膜质，顶端 4 裂，裂片三角形，干膜质；雄蕊 4，伸出花冠外；雌蕊 1，子房 2 室；花柱有毛。蒴果卵状圆锥形，近中部周裂，种子 6 ～ 8，长 1.5 ～ 1.8 毫米，黑褐色。花期 5—7 月，果期 8—9 月。

图 378 车前

【生境】生于路旁、山坡草地和田边地角等处。

【分布】全县广布。

【药用部位】全草、种子。全草称“车前草”，种子称“车前仁”。

【采收加工】夏季将全株拔起，去净泥沙，晒干。种子于秋季果实成熟时剪取果穗，晒干，搓出种子，除去杂质。

【化学成分】车前草主要有生物碱类、黄酮及黄酮苷类、环烯醚萜苷类、甾体类、三萜类及有机酸类成分。

【药理作用】车前具有抗癌、抗肿瘤、抗心脑血管疾病、抗炎镇痛、免疫调节、降血糖、治疗骨质疏松、抑菌抗病毒、抗氧化、抗衰老、抗辐射等作用。

【性味】全草：微苦，寒。种子：甘，寒。

【功能主治】全草：清热利尿，止咳，止血；主治小便短赤、热淋、血淋、肺热咳嗽、湿热黄疸、水肿、暑湿泄泻、痢疾、鼻衄、疮疔肿毒等。

种子：利尿通淋，清热明目，止咳化痰，湿热泄泻；主治膀胱湿热、小便淋漓、暑湿泄泻、目赤涩痛、白浊、带下、肺热咳喘、痰多、高血压等。

一〇五、忍冬科 Caprifoliaceae

灌木或木质藤本，有时为小乔木或小灌木，落叶或常绿，很少为多年生草本。常有松软木质部和发达的髓部。叶对生，稀轮生，多为单叶，全缘、具齿或有时羽状或掌状分裂，具羽状脉，稀为单数羽状复叶；叶柄短，有时两叶柄基部连合，通常无托叶，有时托叶小而不显著或退化成腺体。聚伞或轮伞花序，或由聚伞花序集合成伞房式或圆锥式复花序，有时因聚伞花序中央的花退化而仅具 2 朵花，排成总状或穗状花序，极少花单生。花两性，极少杂性；苞片和小苞片存在或否，极少小苞片增大成膜质的翅；萼筒贴生于子房，萼裂片或萼齿（2）4～5，宿存或脱落，较少于花开后增大；花冠合瓣，辐状、钟状、筒状、高脚碟状或漏斗状，裂片（3）4～5，覆瓦状排列，稀镊合状排列，有时二唇形，上唇 2 裂，下唇 3 裂，或上唇 4 裂，下唇单一；花盘不存在，或呈环状或为一侧生的腺体；雄蕊 5，或 4 枚而二强，着生于花冠筒，花药背着，2 室，纵裂；子房下位，2～5(7～10) 室，中轴胎座，每室含 1 至多数胚珠，部分子房室常不发育。果实为浆果、核果或蒴果，具 1 至多数种子；种子具胚乳。

本科有 13 属约 500 种，主要分布于北温带和热带高海拔山地，东亚和北美东部种类较多，个别属分布在大洋洲和南美洲。中国有 12 属 200 余种，多分布于华中和西南各省（区）。

公安县境内的忍冬科植物有 3 属 4 种。

1. 叶为单叶。
    2. 花两侧对称；灌木或藤本；浆果……忍冬属 *Lonicera*
    2. 花辐射对称，灌木或小乔木；浆果状核果……荚蒾属 *Viburnum*
1. 叶为奇数羽状复叶……接骨木属 *Sambucus*

忍冬属 *Lonicera* L.

灌木或木质藤本，落叶或常绿；小枝髓部白色或黑褐色，枝有时中空，老枝树皮常作条状剥落。冬芽具 1 至多对鳞片。叶对生，很少 3 (4) 枚轮生，纸质、厚纸质至革质，全缘，极少具齿或分裂，无托叶或很少具叶柄间托叶或线状突起，有时花序下的 1～2 对叶相连呈盘状。花通常成对生于腋生的总花梗顶端，简称“双花”，或花无柄而呈轮状排列于小枝顶，每轮 3～6 朵；每双花有苞片和小苞片各 1 对，苞片小或大而呈叶状，小苞片有时连合成杯状或坛状壳斗而包被萼筒，稀缺失；相邻两萼筒分离或部分至全部连合，萼檐 5 裂或有时口缘浅波状或环状，很少向下延伸成帽边状突起；花冠白色（或由白色转为黄色）、黄色、淡红色或紫红色，钟状、筒状或漏斗状，花冠筒长短不一，基部常一侧膨大呈浅或深囊状，很少有长距，上部二唇形或近于 5 等瓣裂；雄蕊 5，花药“丁”字着生；子房 2～3 室，稀 5 室；

花柱纤细，柱头头状。果实为浆果，红色、蓝黑色或黑色，具少数至多数种子；种子具浑圆的胚。本属约有 200 种，产于北美洲、欧洲、亚洲和非洲北部的温带和亚热带地区。我国有 98 种，广布于全国各省（区）。公安县有 2 种。

1. 花冠白色，有时基部向阳面呈微红，后变黄色……忍冬 *L. japonica*
1. 花冠外面紫红色，内面白色……红白忍冬 *L. japonica* var. *chinensis*

379. 忍冬 *Lonicera japonica* Thunb.

图 379 忍冬

【形态】常绿缠绕木质藤本，长达 8 米。茎细长圆柱形，中空，多分枝，褐色至赤褐色，外皮常呈条状剥裂，幼枝密生柔毛和腺毛。叶对生，宽披针形至长椭圆形，长 3 ～ 4 厘米，宽 1.5 ～ 5 厘米，顶端渐尖或钝，基部圆形至心形。幼时两面有毛，后渐无毛，全缘，边缘密被长柔毛，上面深绿色，下面淡绿色，叶柄短。花成对腋生，具单一总柄，与叶柄近等长；苞片 2 枚，叶状，长达 2 厘米，卵形或阔卵形，小苞片离生，长约 1 毫米；花萼短，具 5 齿，无毛；花冠筒细，长 3 ～ 4 厘米，上部分成二唇形，上唇宽，4 裂，下唇狭，不裂，外被柔毛，花初开时白色，后变黄色；雄蕊 5，伸出花冠外；子房下位，花柱细长。浆果球形，熟时黑色，果直径 0.5 厘米。种子数粒。花期 5—7 月，果期 8—9 月。

【生境】多生于山坡、田边、沟边、林缘灌丛中。

【分布】全县广布。

【药用部位】含苞未放的花蕾及藤茎。花蕾称“金银花”，藤茎称“忍冬藤”“二花藤”。

【采收加工】金银花于芒种过后，选晴天分批摘取含苞未开的花蕾或半开的花朵，薄摊烘箱中，用文火缓缓烘干或晒干，晒时不能翻动，以免颜色变黑；当天晒不干，第二天不能再晒，要阴干，以保证色泽不变。忍冬藤于霜降前后，砍取匀条蔓茎，除去细枝残叶，扎成小把晒干。

【化学成分】金银花含绿原酸、异绿原酸、肌醇、皂苷、挥发油等。忍冬藤含生物碱及鞣质。

【药用部位】忍冬具有解热抗炎、抗菌、抗病毒、保肝利胆、抗氧化、抗肿瘤、抗凝血等作用。

【性味】甘，寒。

【功能主治】金银花：清热解毒；主治温病发热、热毒血痢、痈疡、肿毒、瘰疬、痔漏。

忍冬藤：清热解毒，通经活络；主治风湿性关节炎、荨麻疹、腮腺炎、上呼吸道感染、肺炎、流行性感冒、疔疮肿毒。

380. 红白忍冬（变种） *Lonicera japonica* var. *chinensis* (Wats.) Bak.

【形态】与原种主要区别：幼枝紫黑色，幼叶带紫红色，小苞片比萼筒狭。花冠外面紫红色，内面白色，上唇裂片较长，裂隙深超过唇瓣的1/2。

【生境】栽培于庭园中。

【分布】分布于夹竹园镇。

图380　红白忍冬（变种）

接骨木属 *Sambucus* L.

落叶小乔木或灌木，很少多年生高大草本；茎干常有皮孔，具发达的髓。奇数羽状复叶，对生，小叶边缘有锯齿或分裂；托叶叶状或退化成腺体。花序由聚伞合成顶生的复伞式或圆锥式；花小，白色或黄白色，整齐；萼筒短，萼齿5枚；花冠辐状，5裂；雄蕊5，开展，很少直立，花丝短，花药外向；子房3～5室，花柱短或几无，柱头2～3裂。浆果状核果红黄色或紫黑色，具3～5枚核，小核内含三棱形或椭圆形种子1颗；胚与胚乳等长。本属有20余种，分布极广，几遍布于北半球温带和亚热带地区。我国有4～5种，另从国外引种栽培1～2种。公安县有1种。

381. 接骨草 *Sambucus chinensis* Lindl.

【形态】灌木状草本，高1～3米。根状茎圆柱形，横走，黄白色，节膨大。茎直立，多分枝，具纵棱，有白色髓部。奇数羽状复叶，小叶5～9，无柄或有短柄；小叶片披针形，长5～12厘米，宽3～7厘米，先端渐尖，基部近圆形稍偏斜，边缘有细锯齿，无毛。大复伞房花序顶生，各级总梗和花梗无毛至多少有毛，具由不孕花变成的黄色杯状腺体；花小，白色；花萼5裂，裂片三角形，长约0.5毫米；花冠辐状，裂片5，椭圆形，长约15毫米；雄蕊5枚，着生于花冠喉部；花柱短，柱头头状，3浅裂。浆果状核果近球形，红色或橙黄色，核2～3颗，卵形，表面有小瘤状突起。花期8月，果期10月。

【生境】多生于林下、山坡和沟边。

【分布】全县广布。

【药用部位】全草或根。

【采收加工】全年可采，根茎挖出后，除去泥土，截取地上部分，分别晒干。

图381　接骨草

【化学成分】接骨草含有黄酮类、三萜类、甾体类和苯丙素类等多种化合物。

【药理作用】接骨草具有抗肝炎、抗菌消炎、活血化瘀、镇痛等广泛的药理活性。

【性味】淡、微苦，微温。

【功能主治】祛风通络，消肿，解毒，活血，止痛。用于跌打损伤、风湿痹痛、肾炎性水肿、风疹、痈肿疖疮等。

荚蒾属 *Viburnum* L.

灌木或小乔木，落叶或常绿，常被簇状毛，茎干有皮孔。冬芽裸露或有鳞片。单叶，对生，稀 3 枚轮生，全缘或有锯齿或牙齿状齿，有时掌状分裂状齿，有柄；托叶通常微小，或不存在。花小，两性，整齐；花序由聚伞合成顶生或侧生的伞形式、圆锥式或伞房式，很少紧缩成簇状，有时具白色大型的不孕边花或全部由大型不孕花组成；苞片和小苞片通常微小而早落；萼齿 5，宿存；花冠白色，较少淡红色，辐状、钟状、漏斗状或高脚碟状，裂片 5，蕾时覆瓦状排列；雄蕊 5，着生于花冠筒内，与花冠裂片互生，花药内向，宽椭圆形或近圆形；子房 1 室，花柱粗短，柱头头状或浅 (2)3 裂；胚珠 1 颗，自子房顶端下垂。果实为核果，卵圆形或圆形，冠以宿存的萼齿和花柱；核扁平，较少圆形，骨质，有背沟、腹沟或无沟，内含 1 颗种子。本属约有 200 种，分布于温带和亚热带地区，亚洲和南美洲种类较多。我国约有 74 种，广泛分布于全国各省（区）。公安县有 1 种。

382. 荚蒾 *Viburnum dilatatum* Thunb.

【形态】落叶灌木，高 1 ～ 3 米，幼枝、叶柄及花序均密被黄褐色或黄绿色小刚毛状粗毛及簇状短毛，二年生枝暗紫色。叶宽倒卵形，长 3 ～ 13 厘米，宽 2 ～ 8 厘米，先端急尖，基部圆形至宽楔形，边缘基部上有粗锯齿，齿端突尖，上面被叉状或单伏毛，下面被带黄色叉状或簇伏毛，脉上毛尤密，有黄褐色腺点，近基部两侧有少数腺体，侧脉直达齿端；叶柄长 5 ～ 15 毫米。复伞形聚伞花序稠密，生于有 1 对叶的短枝顶端，辐射枝 5 ～ 6 条，总花梗长 1 ～ 3 毫米；萼筒长约 1 毫米，萼齿卵形，均被粗毛；花冠白色，辐状，外面被簇伏糙毛，裂片卵圆形；雄蕊远高出花冠；花柱高出萼齿。核果红色，长 5 ～ 8 毫米。花期 4—6 月，果期 5—10 月。

图 382 荚蒾

【生境】生于山坡林缘或沟边。

【分布】分布于章庄铺镇。

【药用部位】根或枝叶。

【采收加工】根全年可采，洗净，切片，晒干。枝叶夏、秋季采收，鲜用或晒干。

【功能主治】根治跌打损伤。枝叶外用治过敏性皮炎。

一〇六、桔梗科 Campanulaceae

一年生或多年生草本，稀为灌木、小乔木或草质藤本；大多数种类具乳汁管，分泌乳汁。单叶，互生，少对生或轮生。花常常集成聚伞花序，有时聚伞花序演变为假总状花序，或集成圆锥花序，或缩成头状花序，有时花单生。花两性，大多5数，辐射对称或两侧对称。花萼5裂，筒部与子房贴生，有的贴生至子房顶端，有的仅贴生于子房下部，也有花萼无筒，5全裂，完全不与子房贴生，裂片大多离生，常宿存，镊合状排列。花冠为合瓣的，浅裂或深裂至基部而成为5个花瓣状的裂片，或后方纵缝开裂至基部，裂片镊合状排列，极少为覆瓦状排列；雄蕊5，分离或合生；花丝基部常扩大呈片状，无毛或边缘密生茸毛；花药内向，极少侧向，在两侧对称的花中，花药常不等大，常有两个或更多个花药有顶生刚毛，别处有或无毛。花盘有或无，如有则为上位，分离或为筒状（或环状）。子房下位，或半上位，少完全上位的，2～5(6)室；花柱单一，柱头与子房室同数，胚珠多数，大多着生于中轴胎座上。果通常为蒴果，顶裂或周裂，或盖裂，或为不规则撕裂的干果，少为浆果。种子多数，胚直立，具胚乳。

全科有60～70属约2000种，世界广布。我国产16属约170种。

公安县境内的桔梗科植物有3属3种。

1. 花冠辐射对称；雄蕊分离。
   2. 花冠大；有一个环状或筒状花盘围绕花柱基部；蒴果在基部孔裂……沙参属 *Adenophora*
   2. 花冠小；蒴果由顶端整齐的瓣裂开裂……蓝花参属 *Wahlenbergia*
1. 花冠两侧对称；雄蕊合生；蒴果在顶端室背2瓣裂……半边莲属 *Lobelia*

沙参属 *Adenophora* Fisch.

多年生草本，有白色乳汁。根胡萝卜状。植株具茎基，这种茎基一般极短，分不出节间，直立而不分枝，但有时具短的分枝，有时具长而横走的分枝，其上有膜质鳞片，像横走根状茎。茎直立或上升。叶大多互生，稀为轮生。花序的基本单位为聚伞花序，常称为花序分枝，这种聚伞花序有时退化为单花，轴上留下数枚苞片，好像小苞片，因而整个花序呈假总状花序（顶生花先开），但常常仅上部的聚伞花序退化，因而集成圆锥花序，有时聚伞花序又有分枝，整个花序为大型的复圆锥花序。花萼筒部的形状（即子房的形状）各式：圆球状、倒卵状、倒卵状圆锥形、倒圆锥状。花萼裂片5枚，全缘或具齿；花冠钟状、漏斗状、漏斗状钟形或几乎为筒状，常紫色或蓝色，5浅裂，最深裂达中部；雄蕊5，花丝下部扩大呈片状、镊合状排列，围成筒状，包着花盘，花药细长；花盘杯状至管状，环绕花柱下部；花柱细，柱头3裂，裂片狭长而卷曲，子房下位，3室，胚珠多数。蒴果在基部3孔裂。种子椭圆状，有一条狭棱或带翅的棱。本属约有50种，主产于亚洲东部，尤其是中国东部。我国约有40种，四川至东北一带较多；常见于草地、灌丛中，喜生于岩石上，或多石的环境中。公安县有1种。

383. 沙参　*Adenophora stricta* Miq.

图 383　沙参

【形态】茎高 40 ～ 80 厘米，不分枝，常被短硬毛或长柔毛，少无毛的。基生叶心形，大而具长柄；茎生叶无柄，或仅下部的叶有极短而带翅的柄，叶片椭圆形、狭卵形，基部楔形，少近于圆钝的，顶端急尖或短渐尖，边缘有不整齐的锯齿，两面疏生短毛或长硬毛，或近于无毛，长 3 ～ 11 厘米，宽 1.5 ～ 5 厘米。花序常不分枝而成假总状花序，或有短分枝而成极狭的圆锥花序，极少具长分枝而为圆锥花序的。花梗常极短，长不足 5 毫米；花萼常被短柔毛或粒状毛，少完全无毛的，筒部常倒卵状，少为倒卵状圆锥形，裂片狭长，多为钻形，少为条状披针形，长 6 ～ 8 毫米，宽 1.5 毫米；花冠宽钟状，蓝色或紫色，外面无毛或有硬毛，特别是在脉上，长 1.5 ～ 2.3 厘米，裂片长为全长的 1/3，三角状卵形；花盘短筒状，长 1 ～ 1.8 毫米，无毛；花柱常略长于花冠，少较短的。蒴果椭圆状球形，极少为椭圆状，长 6 ～ 10 毫米。种子棕黄色，稍扁，有一条棱，长约 1.5 毫米。花期 8—10 月。

【生境】生于田埂边草丛和林缘草丛中。

【分布】分布于黄山头镇、章庄铺镇。

【药用部位】根。

【采收加工】秋季刨采，除去地上部分及须根，刮去粗皮，及时晒干。

【性味】甘，凉。

【功能主治】清热养阴，润肺止咳。主治气管炎、百日咳、肺热咳嗽。

半边莲属 *Lobelia* L.

草本，有的种下部木质化。叶互生，排成两行或螺旋状。花单生叶腋（苞腋），或总状花序顶生，或由总状花序再组成圆锥花序。花两性，稀单性；小苞片有或无；花萼筒卵状、半球状或浅钟状，裂片等长或近等长，极少二唇形，全缘或有小齿，果期宿存；花冠两侧对称，檐部二唇形或近二唇形，上唇裂片 2，下唇裂片 3，裂片形状及结合程度因种而异；雄蕊筒包围花柱，我国种类均自花冠背面裂缝伸出，花药管多灰蓝色，顶端或仅下方 2 枚顶端生髯毛；柱头 2 裂；子房下位、半下位，极少数种为上位，2 室，胎座半球状，胚珠多数。蒴果，成熟后顶端 2 裂。种子多数，小，长圆状或三棱状，有时具翅，表面平滑或有蜂窝状网纹、条纹和瘤状突起。全属有 350 余种，我国有 19 种，均产长江流域以南各省（区）。公安县有 1 种。

384. 半边莲 *Lobelia chinensis* Lour.

图 384 半边莲

【形态】多年生草本，高 10～30 厘米，全体光滑无毛，有乳汁。根细圆柱形，淡黄白色，茎细弱，直立或匍匐，基部横卧地上。节上生根，分枝直立，高 6～15 厘米，无毛。叶互生，条形或条状披针形，长 8～25 毫米，宽 2～7 毫米，先端急尖，基部渐狭，全缘或有微锯齿；叶柄短或近于无柄。花单生于叶腋，花梗长 12～18 厘米；萼筒倒三角状圆锥形，萼齿 5，披针形；花冠粉红色，花冠筒有一侧深裂至基部，先端 5 裂，裂片披针形，均偏向于一方，内面稍具短柔毛；雄蕊 5 枚，长约 8 毫米，花丝着生于花冠筒内，基部分离，花药聚合，围绕柱头；子房下位，2 室，花柱细，线形，柱头膨大，2 浅裂。蒴果顶端开放，种子多数，细小。花期 5—8 月，果期 8—10 月。

【生境】多生于田边、沟边或较潮湿处。

【分布】全县广布。

【药用部位】全草。

【采收加工】夏季开花时拔起全草，去净杂质，晒干或阴干。

【化学成分】半边莲含山梗菜碱等多种生物碱。

【药理作用】半边莲具有抗肿瘤、利胆、保护血管内皮细胞、抑菌、增加静脉张力、改善微循环、抗炎、抗氧化等多种药理作用。

【性味】辛，平。

【功能主治】清热解毒，利尿消肿。主治痈疖肿毒、蛇虫咬伤、跌打损伤、水肿、腹水、湿疹、脚气、肾炎、扁桃体炎、阑尾炎等。

蓝花参属 *Wahlenbergia* Schrad. ex Roth

一年生或多年生草本，叶互生，稀对生，线形，稍有齿。花与叶对生，集成疏散的圆锥花序。花蓝色，生于一纤细的花序柄上；花萼贴生至子房顶端，3～5 裂（国产种 5 裂）；花冠钟状，3～5 浅裂，有时裂至近基部（国产种 5 裂过半）；雄蕊与花冠分离，花丝基部常扩大，花药长圆状；子房下位，2～5 室，柱头 2～5 裂，裂片窄。蒴果 2～5 室，在宿存的花萼以上的顶端部分 2～5 室背开裂（国产种 3 室 3 瓣裂）。种子多数。本属约有 100 种，主产于南半球，几个种产于热带，我国仅有 1 种。公安县也产。

385. 蓝花参 *Wahlenbergia marginata* (Thunb.) A. DC.

【形态】多年生草本，高 20～40 厘米。植株含有白色乳汁。根肉质，细长，分枝或不分枝。茎直立和斜升，基部多分枝，无毛或下部疏生短毛。叶互生，条状披针形或倒披针形，长 1 ～ 2.5 厘米，宽 2 ～ 6 毫米，先端钝或有短尖头，基部楔形至圆形，边缘微波状，疏生浅锯齿或全缘，上面近于无毛，下面疏生柔毛，侧脉不明显，无叶柄。花 1 至数朵生于茎和分枝的顶端，有细长花梗；花萼 5 齿裂，裂片狭三角形；花冠蓝色，钟状，先端 5 裂，裂片卵形；雄蕊 5 枚，花丝丝状，边缘有毛；子房下位，3 室，花柱 3 裂。蒴果倒圆锥形，花萼宿存。花期 6—7 月，果期 8—9 月。

图 385　蓝花参

【生境】多生于丘陵的山坡草丛中。

【分布】分布于黄山头镇、章庄铺镇。

【药用部位】全草及根茎。

【采收加工】秋季采挖，除去泥土，晒干。

【性味】甘，平。

【功能主治】益气固表，止咳，止血。主治感冒咳嗽、中气不足、自汗、盗汗、咯血、衄血、高血压、痢疾、疟疾、带下、疳积、跌打损伤、创伤等。

一〇七、菊科 Compositae

草本、亚灌木或灌木，稀为乔木。有时有乳汁管或树脂道。叶通常互生，稀对生或轮生，全缘或具齿或分裂，无托叶，或有时叶柄基部扩大呈托叶状。花两性或单性，极少有单性异株，整齐或左右对称，5 基数，少数或多数密集成头状花序或为短穗状花序，为 1 层或多层总苞片组成的总苞所围绕；头状花序单生或数个至多数排列呈总状、聚伞状、伞房状或圆锥状；花序托平或突起，具窝孔或无窝孔，无毛或有毛；具托片或无托片；萼片不发育，通常形成鳞片状、刚毛状或毛状的冠毛；花冠常辐射对称，管状，或左右对称，二唇形，或舌状，头状花序盘状或辐射状，有同型的小花，全部为管状花或舌状花，或有异型小花，即外围为雌花，舌状，中央为两性的管状花；雄蕊 4 ～ 5 个，着生于花冠管上，花药内向，合生呈筒状，基部钝，锐尖，戟形或具尾；花柱上端两裂，花柱分枝上端有附器或无附器；子房下位，1 室，具 1 个直立的胚珠。果为不开裂的瘦果；种子无胚乳，具 2 个，稀 1 个子叶。

本科约有 1000 属，25000 ～ 30000 种，广布于全世界，热带较少。我国约有 200 属 2000 种，产于全国各地。

公安县境内的菊科植物有 35 属 43 种 2 变种。

1. 头状花序有同型或异型的小花，中央的花非舌状；植株无胚乳。

2. 花药基部钝或微尖。

3. 花柱分枝圆柱形，上端有棒槌状或稍扁而钝的附器；头状花序盘状，有同型的筒状花；叶通常对生。

4. 冠毛膜片状，下部宽，上部细长；总苞片 2 ～ 3 层，稍不相等……藿香蓟属 *Ageratum*

4. 冠毛毛状，多数，分离……泽兰属 *Eupatorium*

3. 花柱上端分枝非棒槌状，或稍扁而钝；头状花序辐射状，边缘常有舌状花，或盘状而无舌状花。

5. 花柱分枝通常一面平一面凸，上端有尖或三角形附器，有时上端钝；叶互生。

6. 头状花序辐射状，舌状花黄色；冠毛有多数长毛……一枝黄花属 *Solidago*

6. 头状花序辐射状，舌状花白色、红色或紫色，或头状花序盘状，无舌状花。

7. 头状花序有显著展开的舌状雌花，或有时无雌花。

8. 冠毛短，膜片状或芒状……马兰属 *Kalimeris*

8. 冠毛长，毛状，有或无外层的膜片。

9. 总苞片多层，覆瓦状排列，叶质或边缘干膜质，或 2 层，近等长；舌状花通常 1 层；花柱分枝顶端披针形……紫菀属 *Aster*

9. 总苞片 2 层，狭窄；等长；花柱分枝短三角形；雌花 1 层或多层……飞蓬属 *Erigeron*

7. 头状花序有细筒状的雌花，有时雌花的花冠有直立的小舌片，或雌花无花冠，但无明显的开展的舌状花，雌花通常多层；冠毛毛状……白酒草属 *Conyza*

5. 花柱分枝通常截形，无或有尖或三角形附器，有时分枝钻形。

10. 冠毛不存在，或鳞片状、芒状或冠状。

11. 总苞片叶质。

12. 花序托通常有托片；头状花序通常辐射状，极少冠状；叶通常对生。

13. 头状花序单性，有同型花；雌花无花冠；花药分离或贴合，花序托在两性花之间有毛状托片；雄头状花序总状或穗状排列；雌头状花序无柄；内层总苞片结合成囊状，有喙及钩刺……苍耳属 *Xanthium*

13. 头状花序有异型花；雄花花冠舌状或筒状，或有时雌花不存在而头状花序具同型花，花药贴合。

14. 冠毛不存在或为芒状或短冠状或具倒刺的芒，或小鳞片状。

15. 瘦果全部肥厚，圆柱形，或舌状花瘦果有棱，筒状花瘦果侧面扁压；草本。

16. 瘦果为内层总苞片所包被，无冠毛或有微鳞片；叶对生……豨莶属 *Siegesbeckia*

16. 内层总苞片平，不包被瘦果。

17. 托片平，狭长；舌片小，近 2 层；无冠毛或有 2 短芒；叶对生……鳢肠属 *Eclipta*

17. 托片内凹或对折，多少包被小花……向日葵属 *Helianthus*

15. 瘦果多少背面扁压……鬼针草属 *Bidens*

14. 冠毛有多数分离栉状、繸状、羽状大鳞片或芒；瘦果倒卵圆状三角形，或有棱，或外部瘦果在背面扁压；草本，叶对生；有舌状……牛膝菊属 *Galinsoga*

12. 花序托无托片；头状花序辐射状；叶互生……万寿菊属 *Tagetes*

11. 总苞片全部或边缘干膜质；头状花序盘状或辐射状。

18. 头状花序单生或排成伞房状或头状，或有时头状花序单生于叶腋而形似总状。

19. 雌花 1 层或不存在，有舌片或仅有少数齿；两性花的花冠通常有 5 齿。

20. 一年生草本；舌状花的瘦果三翅形（栽培）……………………………………茼蒿属 *Chrysanthemum*

20. 多年生草本或半灌木……………………………………………………………………………………菊属 *Dendranthema*

19. 雌花 2 至多层，或有时 1 至多层；头状花序盘状………………………………………石胡荽属 *Centipeda*

18. 头状花序排列成总状花序或复总状花序，或排成簇生的伞房状或总状花序……………… 蒿属 *Artemisia*

10. 冠毛通常毛状；头状花序辐射状或盘状；叶互生。

21. 花柱分枝直立，顶端具钻状乳头状的长附器 …………………………………………………菊三七属 *Gynura*

21. 花柱分枝外弯，顶端无钻状长乳头状的附器。

22. 边缘小花雌性，舌状 ……………………………………………………………………………大吴风草属 *Farfugium*

22. 边缘小花雌性，辐射状，或无边缘花。

23. 花柱分枝顶端无合并的乳头状毛的中央附器………………………………………………千里光属 *Senecio*

23. 花柱分枝顶端具合并的乳头状毛的中央附器………………………………………野茼蒿属 *Crassocephalum*

2. 花药基部锐尖，戟形或尾形；叶互生。

24. 花柱分枝细长，圆柱状钻形，先端渐尖，无附器；头状花序盘状，有同型的筒状花…………斑鸠菊属 *Vernonia*

24. 花柱分枝不为细长钻形；头状花序盘状，无舌状花，或辐射状而有舌状花。

25. 花柱上端无被毛的节，分枝上端截形，无附器，或有三角形附器。

26. 雌花花冠细管状或丝状；头状花序盘状，有异型小花，雌雄同株，或有同型小花而雌雄异株或近异株；雌花花柱较花冠长…………………………………………………………………………………鼠麴草属 *Gnaphalium*

26. 雌花花冠舌状或管状；头状花花序辐射状或盘状，有异型小花，或仅有同型的两性花，雌雄同株；总苞片草质或革质，有时叶状；雌花花柱较花冠短，两性花花柱有线状分枝。

27. 有冠毛……………………………………………………………………………………………………旋覆花属 *Inula*

27. 无冠毛；头状花序盘状；雌花花冠筒状 ………………………………………………………天名精属 *Carpesium*

25. 花柱上端有稍膨大而被毛的节，节以上分枝或不分枝；头状花序有同型筒状花，有时有不结果的辐射状花。

28. 瘦果常被丝状密毛，顶端无边缘；冠毛毛状或膜片状，基部多少结合而宿存……………苍术属 *Atractylodes*

28. 瘦果无毛，顶端有边缘。

29. 总苞片有刺；叶有刺。

30. 冠毛有糙毛…………………………………………………………………………………………………飞廉属 *Carduus*

30. 冠毛有羽状毛……………………………………………………………………………………………………蓟属 *Cirsium*

29. 总苞片无刺；叶通常无刺或有短刺……………………………………………………………泥胡菜属 *Hemistepta*

1. 头状花序全为同型的舌状花；花柱分枝细长线形，无附器；叶互生；植株有乳汁。

30. 冠毛鳞片状，或同时为鳞片状及毛状，或无冠毛 ………………………………………………稻槎菜属 *Lapsana*

30. 冠毛有羽状毛或简单的毛。

31. 瘦果至少在上部有小瘤状、短刺状或鳞片状突起，或极粗糙，有喙部 …………………………蒲公英属 *Taraxacum*

31. 果平滑，无喙部，或有喙部而上端无小瘤、短刺或鳞。

32. 头状花序有 80 个以上至极多数的小花；冠毛有极细的柔毛杂以较粗的直毛；果极扁压，上端较狭窄，无喙部 ……………………………………………………………………………………………………苦苣菜属 *Sonchus*

32. 头状花序有较少的小花；冠毛仅有较粗的直毛或糙毛。

33. 果有不等形的纵肋，通常无明显的喙部……黄鹌菜属 *Youngia*

33. 果有等形的锐纵肋……小苦荬属 *Ixeridium*

藿香蓟属 *Ageratum* L.

一年生或多年生草本或亚灌木。叶对生或上部叶互生。头状花序小，同型，有多数小花，在茎枝顶端排成紧密伞房状花序，少有排成疏散圆锥花序的；总苞钟状，总苞片2～3层，线形，稍不等长；花托平坦或稍突起，无托片或有尾状托片；花全部管状，檐部顶端有5齿裂；花药基部钝，顶端有附片；花柱分枝细长，顶端钝。瘦果有5纵棱；冠毛膜片状或鳞片状，5～20枚，急尖或长芒状渐尖，分离或连合成短冠状。本属有30余种，主要分布于中美洲。我国有2种，产于西南、华南、华东各地。公安县有1种。

386. 藿香蓟 *Ageratum conyzoides* L.

【形态】一年生草本，有特殊气味，高50～100厘米。茎直立，多分枝，较粗壮，茎枝淡红色，通常上部绿色，具白色尖状短柔毛或长茸毛。叶对生，上部互生，叶柄长1～3厘米，生白色短柔毛及黄色腺点；叶片卵形，长5～13厘米，宽2～5厘米，上部叶片及下部叶片渐小，多为卵形或长圆形，叶先端急尖，基部钝或宽楔形，边缘钝齿。头状花序小，于茎顶排成伞房状花序；花梗长0.5～1.5厘米，具尖状短柔毛；总苞钟状或半球形，突尖；总苞片2层，长圆形或披针状长圆形，长3～4毫米，边缘撕裂；花冠淡紫色，长1.5～2.5厘米，全部管状，先端5裂。瘦果黑褐色，5棱，冠毛膜片5或6个，长1.5～3毫米，通常先端急狭或渐狭呈长或短芒状。花期夏季。

图386 藿香蓟

【生境】生于山坡林缘、田边或荒地上。

【分布】分布于章庄铺镇、黄山头镇。

【药用部位】全草。

【采收加工】夏、秋季采收，除去根部，晒干。

【性味】辛、微苦，凉。

【功能主治】祛风清热，止痛，止血，排石。用于上呼吸道感染、扁桃体炎、咽喉炎、急性胃肠炎、胃痛、腹痛、崩漏、肾结石、膀胱结石；外用治湿疹、鹅口疮、痈疮肿毒、蜂窝织炎、下肢溃疡、中耳炎、外伤出血。

蒿属 *Artemisia* L.

一、二年生或多年生草本，少数为半灌木或小灌木；常有浓烈的挥发性香气。叶互生，基部叶花后脱落，中部叶一至三回，稀四回羽状分裂，或不分裂，稀近掌状分裂，叶缘或裂片边缘有裂齿或锯齿，稀全缘；叶柄长或短，或无柄，常有假托叶。头状花序小，多数，常排列成总状花序，或再集成圆锥花序；总苞片 3 ～ 5 层，卵形或椭圆状倒卵形，覆瓦状排列，有透明膜质边缘，背部有毛，绿色，外层苞片最短，向内渐长；花序托半球形或圆锥形，具托毛或无托毛；花异型：边缘花雌性，能育，1 ～ 2 层，数朵至 10 余朵，花冠狭圆锥状或狭管状，檐部具 2 ～ 4 裂齿，花柱线形，伸出花冠外子房下位，心皮 2，1 室，具 1 枚胚珠；中央花两性，数层，能育或否，多朵或少数，花冠管状，檐部具 5 裂齿，雄蕊 5 枚，花药椭圆形或线形，侧边聚合，2 室，纵裂，顶端附属物长三角形，基部圆钝，先端尖锐，花柱极短，先端不叉开，附片钝或钻形。瘦果小，卵形或长圆状倒卵形，无冠毛，果壁外具明显或不明显的纵纹，无毛，稀微被疏毛，种子 1 枚。本属有 300 多种，主产于亚洲、欧洲及北美洲的温带、寒温带及亚热带地区。我国有 200 种，南北地区均产。公安县有 4 种。

1. 雌花有成熟的果实，两性花不育……………………………………………………牡蒿 *A. japonica*
1. 雌花及两性花都有成熟的果实。
    2. 一或二年生草本；叶三回羽状分裂……………………………………………黄花蒿 *A. annua*
    2. 多年生草本；叶一或二回羽状浅裂或深裂。
        3. 叶裂片楔形……………………………………………………………………艾 *A. argyi*
        3. 叶裂片线形或线状披针形………………………………………………蒌蒿 *A. selengensis*

387. 艾 *Artemisia argyi* Lévl. et Van.

【形态】多年生草本，高 50 ～ 140 厘米，全株被茸毛。茎直立，有纵沟槽，分枝或不分枝。叶互生；茎下部叶花期凋萎，中部以上叶片卵状椭圆形，长 6 ～ 9 厘米，宽 4 ～ 8 厘米，羽状深裂，侧裂 1 ～ 2 对，顶端常又 3 裂，裂片条状披针形或披针形，先端渐尖，边缘全缘，叶片基部楔形，上面绿色，有稀疏蛛丝状毛和腺点，下面密被白色茸毛，有短柄，茎上部叶渐小，长椭圆形或狭披针形，有浅裂或不裂，无柄。头状花序多数，排列成总状，无梗；总苞卵形，密被茸毛；总苞片 4 ～ 5 层，边缘膜质；花红色，全为管状花；外围花雌性，不育；位于中央的花能育，雄蕊 5 枚，聚药，基部 2 裂，尖锐；子房下位，柱头 2 裂，裂片先端呈画笔状。瘦果长圆形，长约 1 毫米，无毛。花期 7—9 月，果期 9—11 月。

图 387 艾

【生境】多生于路旁或为栽培。

【分布】全县广布。

【药用部位】叶。

【采收加工】夏季开花前，割取地上部分，摘下叶片，阴干或晒干。

【化学成分】艾叶中含挥发油类、黄酮类、三萜类、微量元素等化学成分。

【药理作用】艾具有抗菌、抗肿瘤、保肝利胆等作用，还对呼吸系统、血液系统、免疫系统具有调节作用。

【性味】辛、苦，温。有小毒。

【功能主治】散寒止痛，温经止血，安胎。用于小儿咳嗽、哮喘、支气管炎、少腹冷痛、经寒不调、宫冷不孕、吐血衄血、崩漏经多、妊娠下血、湿疹、皮肤瘙痒等。

388. 黄花蒿 *Artemisia annua* L.

【别名】青蒿、臭蒿、草蒿。

【形态】一年生草本，高可达 1.5 米，植株有浓烈的挥发性香气。茎直立，具纵条纹，无毛。叶纸质，绿色，通常三回栉齿状的羽状深裂，裂片短而细，宽 0.5 ～ 1 毫米，两面具极细粉末状腺点或细毛，叶轴两侧具狭翅，茎上部叶逐渐细小，常一回栉齿状的羽状细裂，无柄；基生叶花时凋谢。头状花序极多数，球形，细小，直径约 1.5 毫米，具细短梗，排列成圆锥花序；总苞片 3 ～ 4 层，平滑无毛，外层总苞片狭椭圆形，绿色，中层和内层的苞片均椭圆形，背面中央绿色，边缘膜质；小花全部管状，黄色，均能结实，着生在矩圆形花托上；外雌花，花冠狭管状，花柱线形，伸出花冠外，先端二叉；中央为两性花，花冠管状，花药线形，花柱近与花冠等长，先端二叉，叉端截形。瘦果椭圆形。花期 8—10 月，果期 10—11 月。

图 388 黄花蒿

【生境】生于路边草丛。

【分布】全县广布。

【药用部位】干燥地上部分。

【采收加工】秋季花盛开时采割，除去老茎，阴干。

【化学成分】黄花蒿主要有倍半萜类、黄酮类、香豆素类、生物碱和挥发油类。倍半萜类成分为青蒿的主要化学成分，主要有青蒿素类化合物，包括青蒿酸等；黄酮类化合物甲氧基化程度很高，有槲皮素、木犀草素等；香豆素类化合物的含量较低，有七叶内酯、刺五加苷、东莨菪内酯、东莨菪苷；生物碱主要为玉米素；挥发油类成分有 α－蒎烯、桉油精等。

【性味】苦、辛，寒。

【功能主治】清热解暑，除蒸，截疟。用于暑邪发热、阴虚发热、夜热早凉、骨蒸劳热、疟疾寒热、湿热黄疸。

389. 牡蒿 *Artemisia japonica* Thunb.

【形态】多年生草本，高 40 ～ 150 厘米。茎直立，下部木质化，上部多分枝，稍具纵棱，被细柔毛或无毛。叶形多种，营养枝上的叶匙形，长 3 ～ 5 厘米，宽 2.5 ～ 5 厘米，顶端齿裂或羽状 3 裂，中间裂片较宽，两面有柔毛和极细腺点，有时无毛；基部叶常羽状 3 深裂，中间裂片较宽，各裂片又可作齿裂或 3 羽裂，柄可长达 10 厘米，基部扩大稍抱茎；花枝上叶楔状匙形，长 4 ～ 8 厘米，基部有假托叶，顶端齿裂或羽状分裂，裂片宽 1.5 ～ 2 毫米，具绢质柔毛或无毛；花梗最上部的叶条形；较小。头状花序多数，排列成复总状，有短梗和条状苞片，总苞球形，直径 1 ～ 2 毫米，总苞片 3 ～ 4 层，绿色，无毛，边缘膜质，花淡黄绿色，全为管状花；外围花雄性，能育，约 10 朵；中央花两性，不育雄蕊 5 枚，聚药，基部圆钝，子房下位。瘦果椭圆形，无冠毛。花期 7—8 月，果期 9—10 月。

【生境】多生于山坡、路旁、林缘和住宅附近。

【分布】分布于章庄铺镇。

【药用部位】地上部分。

【采收加工】夏、秋季割取未开花的地上部分。

【化学成分】牡蒿含挥发油、黄酮类、炔类、多酚类及皂苷类等成分。

【药理作用】牡蒿具有活血、止血、抗炎及抗氧化等作用。

【性味】苦，平。

【功能主治】清热解暑，凉血止血。用于暑热感冒、牙痛、中暑、肺结核潮热、风湿骨痛、疟疾、便血、外伤出血、狗咬伤、疔疖肿痛、疖疮等。

图 389 牡蒿

图 390 蒌蒿

390. 蒌蒿 *Artemisia selengensis* Turcz. ex Bess.

【形态】多年生草本，高 60 ～ 150 厘米。根茎稍粗，直立或斜向上，有匍匐地下茎。茎少数或单一，初时绿褐色，后为紫红色，无毛，有明显纵棱。叶互生；下部叶在花期枯萎，中部叶密集，羽状深裂，侧裂片 1 ～ 2 对，线状披针形或线形，边缘有疏尖齿，先端渐尖，基部渐狭成柄，无假托叶；上部叶 3 裂或线形而全缘，上面绿色，无毛，背面被白色蛛丝状平贴的绵毛。头状花序近球形，直径 3 ～ 3.5 毫米，具细梗，小苞片小或无，在分枝上排成总状或复总状花序，并在茎上组成稍开展的圆锥花序，花后头状花序下垂；总苞片 3 ～ 4 层，外层卵形，黄褐色，被短绵毛，中层广卵形，内层椭圆形，有宽膜质边缘；花黄色，外层雌性，内层两性，均结实。瘦果卵状椭圆形，略压扁，无毛。花果期 8—11 月。

【生境】生于路边荒野、河岸等处。

【分布】全县广布。

【药用部位】全草。

【采收加工】春季采收嫩根苗，鲜用。

【性味】苦、辛，温。

【功能主治】利膈开胃。主治食欲不振。

紫菀属 *Aster* L.

多年生草本，亚灌木或灌木。茎直立，上部分枝。叶互生，有齿或全缘。头状花序作伞房状或圆锥伞房状排列，或单生，各有多数异型花，放射状；总苞半球状，钟状或倒锥状，总苞片 2 至多层，外层渐短，覆瓦状排列或近等长，草质或革质，边缘常膜质；花托蜂窝状，平坦或稍突起；外围有 1 ～ 2 层雌花，能育，花冠舌状，舌片狭长，白色、浅红色、紫色或蓝色，顶端有 2 ～ 3 个不明显的齿；中央有多数两性花，能育，少有无雌花而呈盘状，花冠管状，黄色或顶端紫褐色，通常 5 裂；花药基部钝，通常全缘；花柱分枝附片披针形或三角形。瘦果长圆形或倒卵圆形，扁或两面稍突，有 2 边肋，通常被毛或有腺；冠毛宿存，白色或红褐色，等长或不等长，粗糙或有刺毛。本属约有 250 种，分布于亚洲、欧洲及北美洲温带地区。中国有近 100 种，南北各地都有。公安县有 2 种 1 变种。

1. 总苞片上部或外层全部草质，边缘有时狭膜质。
  2. 头状花序大，直径 2.5 ～ 4.5 厘米；叶较大，长 25 ～ 45 厘米……紫菀 *A. tataricus*
  2. 头状花序小，直径 1 ～ 2.5 厘米；叶较小，长 5 ～ 10 厘米……钻叶紫菀 *A. subulatus*
1. 总苞干膜质或边缘宽膜质……卵叶三脉紫菀 *A. ageratoides* var. *oophyllus*

391. 卵叶三脉紫菀 *Aster ageratoides* var. *oophyllus* Ling

【形态】多年生草本。茎直立，高 50 ～ 100 厘米，被柔毛或粗毛，上部有分枝。下部叶在花期枯落，叶片卵圆形及卵圆披针形，有浅锯齿，基部渐狭成短柄，质稍厚，上面被糙毛，下面被疏毛；中部叶椭圆形或长圆状披针形，长 5 ～ 15 厘米，宽 1 ～ 5 厘米，中部以上急狭成楔形具宽翅的柄，顶端渐尖，边缘有 3 ～ 7 对浅或深锯齿；上部叶渐小，有浅齿或全缘，全部叶纸质，上面被短糙毛，下面有短柔毛，或两面被短茸毛，下面沿脉有粗毛，有离基三出脉，侧脉 3 ～ 4 对。头状花序直径 1.5 ～ 2 厘米，排列呈伞房状或圆锥伞房状，花序梗长 0.5 ～ 3 厘米。总苞倒锥状或半球状，直径 4 ～ 10 毫米，总苞片 3 层，覆瓦状排列，线状长圆形，下部干膜质，上部绿色或紫褐色；舌状花约 10 个，舌片浅红色或白色，管状花黄色。冠毛浅红褐色或污白色。瘦果倒卵状长圆形，灰褐色，长 2 ～ 2.5 毫米。花果期 7—12 月。

【生境】生于林下、林缘、灌丛及山谷湿地。

【分布】分布于章庄铺镇、黄山头镇。

图 391　卵叶三脉紫菀

392. 钻叶紫菀　*Aster subulatus* Michx.

【形态】多年生草本，高 25 ～ 80 厘米。茎基部略带红色，上部有分枝。叶互生，无柄；基部叶倒披针形，花期凋落；中部叶线状披针形，长 6 ～ 10 厘米，宽 0.5 ～ 1 厘米，先端尖或钝，全缘，上部叶渐狭线形。头状花序顶生，排成圆锥花序；总苞钟状；总苞片 3 ～ 4 层，外层较短，内层较长，线状钻形，无毛，背面绿色，先端略带红色；舌状花细狭、小，红色；管状花多数，短于冠毛。瘦果略有毛。花期 9—11 月。

【生境】生于沟边、田间及路边。

【分布】全县广布。

【药用部位】全草。

【采收加工】秋季采收，切段，鲜用或晒干。

【性味】苦、酸，凉。

【功能主治】清热解毒。主治痈肿、湿疹。

图 392　钻叶紫菀

393. 紫菀　*Aster tataricus* L. f.

【形态】多年生草本，高 40 ～ 150 厘米。根茎短，密生多数须根。茎直立，粗壮，通常不分枝，有纵棱数条，被糙毛。基生叶丛生，有长柄，叶片椭圆状匙形，长达 45 厘米，基部下延；茎生叶互生，无柄，叶片长椭圆形或披针形，长 18 ～ 35 厘米，宽 5 ～ 10 厘米，表面粗糙，先端急尖，边缘有不整齐的粗锯齿，基部楔形下延。头状花序多数，伞房状排列，花序直径2.5～4.5厘米，有长柄；总苞半球形，总苞片 3 列，长圆状披针形，绿色微带紫色，先端及边缘膜质，3 ～ 4 层覆瓦状排列；边缘为舌状花，蓝紫色，舌片长15～18毫米，宽3～4毫米，先端 3 齿裂；管状花两性，黄色，长 6 ～ 7 毫米，先端 5 齿裂；雄蕊 5，花药细长，聚药包围花柱；子房下位，柱头二叉，冠毛白色。瘦果扁平，上部具短伏毛，顶端具宿存冠毛。花期 7—9 月，果期 8—10 月。

图 393　紫菀

【生境】栽培。

【分布】分布于斑竹垱镇。

【药用部位】根。

【采收加工】春、秋季采挖，除去有节的根茎（习称“母根”）和泥沙，编成辫状晒干，或直接晒干。

【化学成分】紫菀的化学成分有萜类、肽类、黄酮类、蒽醌类、香豆素类、甾醇类及有机酸类等。

【药理作用】紫菀具有抗菌、抗肿瘤、镇咳、祛痰、平喘、抗病毒、抗氧化活性等作用。

【性味】辛、苦，温。

【功能主治】润肺下气，消痰止咳。用于百日咳、咳嗽气喘、支气管炎、肺结核痰中带血等。

苍术属 *Atractylodes* DC.

多年生草本，有地下根状茎，结节状。叶互生，全缘或羽状分裂，边缘有刺状缘毛或三角形刺齿。头状花序的小花雌雄异株，单生茎枝顶端，不形成明显的花序式排列，植株的全部头状花序或全部为两性花，有发育的雌蕊和雄蕊，或全部为雌花，雄蕊退化，不发育；小花管状，黄色或紫红色，檐部 5 深裂；总苞钟状或圆柱状，苞叶近 2 层，羽状全裂、深裂或半裂，总苞片多层，覆瓦状排列，全缘，但通常有缘毛，顶端钝或圆形；花托平坦，有多数刺毛；花丝无毛，分离，花药基部附属物箭形；花柱分枝短，三角形，外面被短柔毛。瘦果倒卵圆形或卵圆形，压扁，顶端截形，密被长柔毛；冠毛 1 层，羽毛状，基部连合成环。本属约有 7 种，分布于亚洲东部地区。我国有 5 种。公安县有 1 种。

394. 白术　*Atractylodes macrocephala* Koidz.

【形态】多年生草本，高 30 ～ 70 厘米。根状茎肥厚，略呈拳状。茎直立，上部分枝，无毛。叶互生，3 裂或羽状 5 深裂，边缘不裂，顶端裂片较大，裂片椭圆形或卵状披针形，长 5 ～ 8 厘米，宽 1.5 ～ 3 厘米，先端渐尖，基部渐狭，边缘有细刺状齿，两面无毛；有明显叶柄，茎下部叶柄较长。头状花序顶生；总苞钟状，总苞基部有几片羽状分裂的叶状苞片，总苞片 7 ～ 8 层，外面稍被短毛；花紫红色，全为管状花，花冠长约 1.5 厘米，先端 5 裂；雄蕊 5 枚，聚药，基部箭头状；子房下位，密被茸毛，花柱细长，柱头头状，先端有一浅裂缝。瘦果椭圆形，扁平，被茸毛，冠毛长约 13 毫米，羽状分裂，基部连合。花期 8—9 月，果期 10—11 月。

图 394　白术

【生境】栽培。

【分布】分布于狮子口镇。

【药用部位】根茎。

【采收加工】在栽种后的第二年，秋末冬初，茎叶已现枯萎时采收，选择晴天，挖起全株，除去茎、叶及泥土，文火炕干或晒干。炕干习称“烘术”，晒干习称“生晒术”。

1. 火炕　①初炕：将新鲜白术放入烘箱内，进行烘炕，注意经常翻动，炕到半干外部须根已脱落时停炕，堆放 2 ～ 3 天后使其反潮。②复炕：将反潮的白术按大小分开，大个放底层，小个放上层，经 12 小时炕至八成干时，取出装入筐内堆放 7 ～ 10 天后再复炕一次，此时只需文火烘干即可，最后将白术放入撞笼内，撞至外皮光滑为度。

2. 生晒　①将新鲜白术日晒 12 ～ 15 天（早晒晚收）后，放撞笼内撞去须根并至外皮光滑，再晒至全干。②如遇雨天须堆放通风处，不宜堆积，也可用小火进行烘炕，但不得连续烘炕。待晴天仍需晒至全干，撞至光滑。

【化学成分】白术主要化学成分有挥发油、多糖、氨基酸、维生素、树脂、内酯类成分等。

【药理作用】白术具有抗肿瘤、修复胃黏膜、抗炎镇痛、保肝、改善记忆力、调节脂代谢、降血糖、抗血小板、抑菌、免疫调节等多种药理作用。

【性味】甘、苦，温。

【功能主治】益气健脾，燥湿和中。用于脾虚食少、消化不良、慢性腹泻、痰饮水肿、表虚自汗、小儿流涎、胎动不安、带下等。

鬼针草属 *Bidens* L.

一年生或多年生草本。茎直立或匍匐，通常有纵条纹。叶对生或有时在茎上部互生，很少 3 枚轮生，全缘或有缺刻，或一至三回三出或羽状分裂。头状花序单生茎枝端，或排成不规则的伞房状圆锥花序丛。总苞钟状或近半球形，苞片通常 1 ～ 2 层，基部常合生，外层草质，短或伸长为叶状，内层通常膜质，具透明或黄色的边缘；托片狭，近扁平，干膜质；花杂性，外围一层为舌状花，或无舌状花而全为筒状花，舌状花中性，稀为雌性，通常白色或黄色，稀为红色，舌片全缘或有齿；盘花筒状，两性，可育，冠檐壶状，整齐，4 ～ 5 裂；花药基部钝或近箭形；花柱分枝扁，顶端有三角形锐尖或渐尖的附器，被细硬毛。瘦果扁平或具 4 棱，倒卵状椭圆形、楔形或条形，顶端截形或渐狭，无明显的喙，有芒刺 2 ～ 4 枚，其上有倒刺状刚毛。果体褐色或黑色，光滑或有刚毛。本属有 230 余种，广布于热带及温带地区。我国有 9 种 2 变种，几遍布全国各地，多为荒野杂草。公安县有 1 种 1 变种。

1. 无舌状花……………………………………………………………………………………鬼针草 *B. pilosa*

1. 舌状花 5 ～ 7 枚，舌片白色……………………………………………………白花鬼针草 *B. pilosa* var. *radiata*

395. 鬼针草 *Bidens pilosa* L.

【形态】一年生草本，高 30 ～ 100 厘米。茎直立，钝四棱形。叶对生，小叶通常 3，少有 5，顶生小叶较大，叶片卵形或卵状披针形，先端尖或渐尖，基部楔形或近圆形，边缘有锯齿，茎上部叶 3 裂或不裂。头状花序顶生或腋生，直径约 8 毫米，花序梗在果期长 3 ～ 10 厘米，总苞基部被毛，总苞片 7 ～ 8 枚，外层总苞片匙形，绿色，边缘具毛。无舌状花，管状花筒状，长约 4.5 毫米，冠檐 5 齿裂，黄色。瘦果条形，近黑色，有光泽，具 4 棱，稍被硬毛；顶端芒刺 3 ～ 4 枚，具倒生钩刺。花期 9—10 月，果期 10—11 月。

图 395　鬼针草

【生境】多生于低山山坡、路旁、宅旁较阴湿处。

【分布】全县广布。

【药用部位】全草。

【采收加工】夏、秋季采挖，除去泥土，晒干。

【化学成分】全草含蒽醌苷。

【药理作用】鬼针草具有抗癌、降糖、抗氧化、保肝、抑菌、降压、抗炎、预防感冒等作用。

【性味】苦，平。

【功能主治】疏表，清热，解毒，散瘀。用于流感、乙脑、咽喉肿痛、肠炎、痢疾、黄疸、肠痈、疳积、疮疡疥痔等。

396. 白花鬼针草 *Bidens pilosa* var. *radiata* Sch. -Bip.

【形态】一年生直立草本，高 30 ～ 100 厘米，钝四棱形，无毛或上部被极稀的柔毛。茎下部叶较小，3 裂或不分裂，通常在开花前枯萎，中部叶具长 1.5 ～ 5 厘米无翅的柄，三出；小叶常为 3 枚，很少为具 5 (7) 小叶的羽状复叶，两侧小叶椭圆形或卵状椭圆形，长 2 ～ 4.5 厘米，宽 1.5 ～ 2.5 厘米，先端锐尖，基部近圆形或阔楔形，有时偏斜，不对称，边缘有锯齿，顶生小叶较大，长椭圆形或卵状长圆形，长 3.5 ～ 7 厘米，先端渐尖，基部渐狭或近圆形，具长 1 ～ 2 厘米的柄，边缘有锯齿，上部叶小，3 裂或不分裂，条状披针形。头状花序有长 1 ～ 6（果时长 3 ～ 10）厘米的花序梗。总苞片 7 ～ 8 枚，条状匙形，上部稍宽，开花时长 3 ～ 4 毫米，果时长至 5 毫米，草质，边缘疏被短柔毛或几无毛，外层托片披针形，内层条状披针形；舌状花 5 ～ 7 枚，舌片椭圆状倒卵形，白色，长 5 ～ 8 毫米，宽 3.5 ～ 5 毫米，先端钝或有缺刻；盘花筒状，长约 4.5 毫米，冠檐 5 齿裂。瘦果黑色，条形，略扁，具棱，长 7 ～ 13 毫米，顶端芒刺 3 ～ 4 枚，长 1.5 ～ 2.5 毫米，具倒刺毛。

图 396　白花鬼针草

【生境】生于路边。

【分布】分布于夹竹园镇。

【药用部位】全草。

【采收加工】夏、秋季采收，切段晒干。

【性味】甘、微苦，平。

【功能主治】清热解毒，利湿退黄。主治感冒发热、风湿痹痛、湿热黄疸、痈肿疮疖。

飞廉属 *Carduus* L.

一年生或二年生草本，很少为多年生草本，茎有翼。叶互生，羽状浅裂、深裂以至全裂，边缘及顶端有针刺。头状花序同型同色，全部小花两性，结实；总苞钟状或球形，总苞片多层，先端刺状，覆瓦状排列，直立，紧贴，向内层渐长，最内层苞片膜质；花托平或稍突起，密被长托毛；小花红色、紫色或白色，花冠管状或钟状，檐部 5 深裂，花冠裂片线形或披针形，其中 1 裂片较其他 4 裂片为长；花丝分离，中部有卷毛，花药基部附属物撕裂；花柱分枝短，通常贴合。瘦果长椭圆形，稍扁平，具多数纵细线纹及横皱纹，顶端截形或斜截形；冠毛多层，糙毛状或锯齿状，基部连合成环，整体脱落。本属约有 95 种，分布于亚洲、欧洲及北非。我国有 3 种，广布。公安县有 1 种。

397. 飞廉　*Carduus nutans* L.

【形态】二年生草本，高 50 ～ 100 厘米。主根肥壮，圆锥形。茎直立，具纵条纹，有绿色翅，翅有刺齿，通常分枝，有卷曲的毛。叶互生，中下部的叶椭圆状披针形，长 5 ～ 20 厘米，宽 1 ～ 5 厘米，羽状深裂，裂片边缘具锯齿及刺，刺长 3 ～ 10 毫米，上面具细毛或近于光滑无毛，下面具白色蛛丝状毛，后渐脱落，叶无柄，而有下延绿色的翅；上部叶渐小。头状花序 2 ～ 3 个簇生于枝顶，直径 15 ～ 25 厘米；总苞钟状，总苞片多层，内层短，中层至外层

图 397　飞廉

渐长，总苞片条状披针形，顶端长尖呈刺状，向外反曲，内层条形，膜质，带紫色；花紫红色，全为管状花，花冠长约 15 毫米，先端 5 裂；雄蕊 5 枚，聚药，基部箭头状或耳廓状，尾端细长，花丝有毛；子房下位，柱头 2 裂。瘦果长椭圆形，顶端平截，冠毛白色或灰白色，刺毛状。花期 6—8 月，果期 8—9 月。

【生境】多生于山坡、路旁、田边、林缘及住宅附近。

【分布】全县广布。

【药用部位】全草。

【采收加工】地上部分于夏、秋季割取，晒干。秋季挖根，除去泥土，晒干或鲜用。

【化学成分】飞廉主要含生物碱、黄酮类、酸类、微量元素等成分。

【药理作用】飞廉具有抗菌、抗病毒、降血压、保肝等作用。

【性味】苦、微涩，平。

【功能主治】清热解毒，祛风利湿，止血。用于吐血、鼻衄、尿血、风湿性关节炎、膏淋、小便涩痛、小儿疳积、乳汁不足、功能性子宫出血、带下、外伤出血、痈疖疔疹、无名肿毒等。

天名精属 *Carpesium* L.

多年生草本。茎直立，多有分枝；叶互生，全缘或具不规整的齿。头状花序顶生或腋生，有梗或无梗，通常下垂；总苞盘状、钟状或半球形，苞片 3 ～ 4 层，干膜质或外层的草质，呈叶状；花托扁平，秃裸而有细点；花黄色，异型，外围的雌性，1 至多列，结实，花冠筒状，顶端 3 ～ 5 齿裂；盘花两性，花冠筒状或上部扩大呈漏斗状，通常较大，5 齿裂；花药基部箭形，尾细长；柱头 2 深裂，裂片线形，扁平，先端钝。瘦果细长，有纵条纹，先端收缩呈喙状，顶端具软骨质环状物，无冠毛。本属共约有 21 种，大部分分布于亚洲中部，特别是我国西南山区。我国有 17 种，全国各地均产。公安县有 1 种。

398. 天名精 *Carpesium abrotanoides* L.

【形态】多年生草本，高 30 ～ 100 厘米，有臭气。茎直立，上部多分枝，幼时被柔毛。叶互生，基生叶莲座状，宽椭圆形至长椭圆形，长 8 ～ 15 厘米，宽 4 ～ 8 厘米，顶端尖或钝，基部下延呈狭翅状，全缘或有不规则的锯齿，下面有细软毛或腺点；上部叶渐小，矩圆形，顶端尖头，近无柄。头状花序直径 6 ～ 8 毫米，沿茎、枝腋生，有短花梗或近于无梗，平展或稍下垂；总苞钟状或圆球状；总苞片 3 层，淡黄白色，外层较短，卵形，中层和内层较长，长椭圆形，花黄色，全为管状花；外围的雌花花冠细长呈丝状，先端 5 齿裂；中央花冠筒状，先端 5 裂，两性；柱头 2 裂，伸出花冠外。瘦果条形，长 3 ～ 4 毫米，有细纵条纹，顶端有短喙，黑褐色，有黏液，无冠毛。花期 7—9 月，果期 10—11 月。

图 398　天名精

【生境】生于山坡、路旁或草地上。

【分布】全县广布。

【药用部位】全草及果实。果实习称“北鹤虱”。

【采收加工】夏、秋季采挖全草，除去泥土，晒干。果实于秋季果实成熟时采收，晒干，除去杂质。

【化学成分】主要含倍半萜内酯类、单帖类及黄酮类成分。

【药理作用】天名精中含有的倍半萜具有多种药理活性，包括抗肿瘤、抗炎、抗菌、抗寄生虫、杀虫、抗病毒等。

【性味】全草：微涩，寒。有小毒。果实：苦，平。有小毒。

【功能主治】全草：清热解毒，散瘀止痛，止血，杀虫；用于咽喉肿痛、牙痛、鼻衄、吐血、支气管炎、胃痛、风湿性关节炎、虫积、急性肝炎、急慢惊风、疔肿疮毒、皮肤瘙痒等。

果实：杀虫消积；用于蛔虫病、蛲虫病、绦虫病、虫积腹痛、小儿疳积。

石胡荽属 *Centipeda* Lour.

一年生匍匐状小草本，微被蛛丝状毛或无毛。叶互生，楔状倒卵形，有锯齿。头状花序小，单生叶腋，无梗或有短梗，异型，盘状；总苞半球形，苞片 2 层，平展矩圆形，近等长，具狭的透明边缘；边缘花雌性能育，多层，花冠细管状，顶端 2 ～ 3 齿裂；中央花两性，能育，花冠宽管状，冠檐 4 浅裂；花药短，基部钝，顶端无附片；花柱分枝短，顶端钝或截形；花托半球形，蜂窝状。瘦果四棱形，棱上有毛，无冠毛。本属有 6 种，分布于亚洲、大洋洲及南美洲。我国有 1 种。公安县亦有分布。

399. 石胡荽 *Centipeda minima* (L.) A.Br. et Aschers.

【形态】一年生草本，高 5 ～ 20 厘米，有辛辣味。分枝多而扩展，着土生有不定根，无毛或稍被长柔毛。叶互生，倒披针形至倒卵状椭圆形，长 7 ～ 20 毫米，宽 3 ～ 5 毫米，顶端钝，基部楔形，上部边缘稍有锯齿，上面无毛，下面被柔毛，有短柄。头状花序腋生，扁球形，直径约 3 毫米；总苞片 2 层，苞片边缘干膜质；花全为管状花，边缘为雌花，中央为两性花；花冠黄色，钟状，先端 4 裂，裂片椭圆形；雄蕊 4 枚，聚药，花药基部钝；子房下位，柱头 2 裂，裂片短。瘦果四棱形，棱上有毛；无冠毛。花期 9—11 月，果期 11—12 月。

图 399 石胡荽

【生境】多生于田边荒地或路旁较阴湿处。

【分布】分布于章庄铺镇、甘家厂乡。

【药用部位】全草。

【采收加工】夏、秋季花开放时拔起全草，除去泥土，晒干。

【化学成分】全草含蒲公英甾醇、豆甾醇、β－谷甾醇、黄酮类、挥发油、氨基酸、有机酸等。

【性味】辛、微苦，平。

【功能主治】通窍祛痰，活血解毒，散瘀消肿。用于窍闭昏迷、鼻渊、疟疾、百日咳、痢疾、跌打损伤、蛇虫咬伤、痈肿疮毒等。

茼蒿属 *Chrysanthemum* L.

一年生草本，直根系。叶互生，叶羽状分裂或边缘锯齿。头状花序异型，单生茎顶，或少数生茎枝顶端，但不形成明显伞房花序。总苞宽杯状，总苞片4层，硬草质；花托突起，半球形，无托毛；边缘雌花舌状，1层，能育，舌片黄色，长椭圆形或线形；中央盘花两性，能育，黄色，下半部狭筒状，上半部扩大呈宽钟状，顶端5齿；花药基部钝，顶端附片卵状椭圆形；花柱分枝线形，顶端截形。边缘舌状花瘦果三翅状，明显或不明显的2～6条间肋，两性花瘦果纺锤形，有6～12条纵肋；无冠状冠毛。本属约有5种，主要原产于地中海地区。其中4种各地引种栽培，供蔬菜及观赏用。我国引种栽培1种及1变种，栽培茼蒿已有千余年的历史。公安县有1种。

400. 茼蒿 *Chrysanthemum coronarium* L.

【形态】一年生草本，茎高达70厘米，光滑无毛或几光滑无毛，不分枝或自中上部分枝。基生叶花期枯萎。中下部茎叶长椭圆形或长椭圆状倒卵形，长8～10厘米，无柄，二回羽状分裂。一回为深裂或几全裂，侧裂片4～10对。二回为浅裂、半裂或深裂，裂片卵形或线形。上部叶小。头状花序单生茎顶或少数生茎枝顶端，但并不形成明显的伞房花序，花梗长15～20厘米。总苞直径1.5～3厘米。总苞片4层，内层长1厘米，顶端膜质扩大呈附片状。舌片长1.5～2.5厘米。舌状花瘦果有3条突起的狭翅肋，肋间有1～2条明显的间肋。管状花瘦果有1～2条椭圆形突起的肋及不明显的间肋。花果期6—8月。

图400 茼蒿

【生境】多栽培供食用。

【分布】全县广布。

【药用部位】茎叶。

【采收加工】春、夏季均可采收，鲜用。

【性味】辛、甘，凉。

【功能主治】和脾胃，消痰饮，安心神。主治脾胃不和、二便不通、咳嗽痰多、烦热不安。

菊属 *Dendranthema* (DC.) Des Moul.

多年生草本。叶互生，不分裂或一回或二回掌状或羽状分裂。头状花序异型，单生茎顶，或数个在茎枝顶端排成伞房或复伞房花序；总苞浅碟状，极少为钟状，总苞片 4 ～ 5 层，边缘白色、褐色、黑褐色或棕黑色膜质，或中外层苞片叶质化而边缘羽状浅裂或半裂；花托突起，半球形，或圆锥状，无托毛；边缘花雌性，能育，舌状，1 层（栽培种常多层），舌片黄色、白色或红色，中央盘花两性管状，能育，黄色，顶端 5 齿裂，裂片披针形或三角形；花柱分枝线形，顶端截形；花药基部钝，顶端附片披针状卵形或长椭圆形。瘦果同型，近圆柱状而向下部收窄，有 5 ～ 8 条纵脉纹，无冠状冠毛。本属近 30 种，主要分布于我国以及日本、朝鲜。我国有 17 种。公安县有 2 种。

1. 头状花序小，直径 1.5 ～ 2.5 厘米，排列成伞房状圆锥花序，舌状花黄色……野菊 *D. indicum*

1. 头状花序较大，直径 2.5 ～ 20 厘米，单生或数个集生于茎枝顶端，舌状花颜色多种，有白色、红色、紫色或黄色……菊花 *D. morifolium*

401. 野菊 *Dendranthema indicum* (L.) Des Moul.

【形态】多年生草本，高可达 1 米。根状茎粗厚分枝。茎上部直立，基部通常呈匍匐状。基生叶脱落；茎生叶互生，卵状椭圆形或矩圆状卵形，长 4 ～ 8 厘米，宽 1 ～ 3 厘米，羽状深裂，顶端裂片较大，侧裂片通常 2 对，卵形或矩圆形，边缘有浅裂或锯齿，上面深绿色，具腺体，下面淡绿色，两面均有细毛，基部渐狭成具翅的叶柄；托叶有锯齿。头状花序直径 1.5 ～ 2.5 厘米，有长梗，在茎枝顶端排列成伞房状圆锥花序或不规则伞房花序；总苞半球形，总苞片 4 层，外层较小，边缘干膜质，背面中肋有柔毛，内层较大，薄膜状，边缘一层为舌状花，淡黄色，中央为管状花，两性，深黄色，先端 5 齿裂；雄蕊 5 枚，聚药；柱头 2 裂。瘦果有 5 条纵纹，基部狭窄，无冠毛。花期 9—10 月，果期 11—12 月。

图 401 野菊

【生境】多生于山坡草地、灌丛、田边及路旁。

【分布】全县广布。

【药用部位】全草。

【采收加工】全草于夏、秋季采收，晒干。于秋季花开时采摘花序，晒干。

【化学成分】全草主要含挥发油、黄酮、倍半萜等成分。挥发油组成有樟脑、α－蒎酮、葛缕酮、柠檬烯及桉油精等。黄酮主要有刺槐苷、蒙花苷、木犀草素及刺槐素等。倍半萜主要有野菊花内酯等。

【药理作用】野菊具有抗炎、护肝、抗菌、抗氧化、抗微生物等药理作用。

【性味】全草：苦、辛，寒。花：苦、辛，凉。

【功能主治】全草：清热解毒；用于痈肿、疔疮、目赤、瘰疬、天疱疮、湿疹、上呼吸道感染等。

花：清热解毒，疏风明目；用于痈肿疔疖、丹毒、蛇虫咬伤、风疹块、风火眼、感冒、脑膜炎、慢性鼻炎、高血压、咽喉肿痛、湿热黄疸等。

402. 菊花 *Dendranthema morifolium* (Ramat.) Tzvel.

【形态】多年生草本，高 60 ～ 120 厘米。茎直立，多分枝，稍被细毛。叶对生，卵形至披针形，长 3.5 ～ 5 厘米，宽 3 ～ 4 厘米，边缘有缺刻或锯齿，基部楔形，有时为心形，上面无毛，下面有白色茸毛；有叶柄。头状花序大小不等，单生枝端和叶腋，排列呈伞房状，外层总苞片绿色，条形，边缘膜质，有白色茸毛；外围舌状花，雌性，白色、红色、紫色或黄色，中央管状花，两性，黄色，也有全为舌状花；雄蕊 5 枚，聚药，子房下位。瘦果柱状，一般不发育，无冠毛。花期 10—11 月。

图 402　菊花

【生境】栽培。

【分布】分布于甘家厂乡。

【药用部位】头状花序。

【采收加工】秋末冬初于晴天采摘盛开花朵，按仰覆层次铺在蒸笼内，厚约 3 厘米，放沸水锅内蒸 3 ～ 5 分钟取出，倒在席上晒至六七成干时，再翻面晒干。或者秋季选择晴天，于中午露水干后，分批采摘已开放的花朵置太阳下晒至半干，待花体变软再移至通风处阴干。

【化学成分】花含挥发油，主要成分为龙脑、乙酸龙脑酯和樟脑等，并含菊苷、腺嘌呤、胆碱、水苏碱、氨基酸、黄酮类及微量维生素 B_1 等。

【药理作用】菊花具有抗氧化、抑菌、抗肿瘤、抗炎、抗病毒、抗诱变、驱铅、抗衰老、耐疲劳、护肝、抗基因毒性、抗黑色素沉着、抗溃疡、抗疟原虫、免疫调节和促进胆固醇代谢等药理作用。

【性味】苦、甘，凉。

【功能主治】疏风清热，明目，解毒。用于目赤、咽喉肿痛、耳鸣、风热感冒、头痛、眩晕、疖疮等。

蓟属 *Cirsium* Mill.

二年生或多年生植物，无茎至高大草本，雌雄同株，极少异株。茎分枝或不分枝，叶互生，分裂或不分裂，无毛至有毛，边缘有针刺。头状花序同型，或全部为两性花或全部为雌花，直立，下垂或下倾，小、中等大小或更大，在茎枝顶端排成伞房花序、伞房圆锥花序、总状花序或集成复头状花序，少有单生茎端。总苞卵状、卵圆状、钟状或球形，无毛或被稀疏的蛛丝毛或蛛丝毛极稠密且蓬松，或被多细胞的长节毛。总苞片多层，覆瓦状排列或镊合状排列，边缘全缘，无针刺或有缘毛状针刺。花托被稠密的长托毛。

小花红色、红紫色，极少为黄色或白色，檐部与细管部几等长或细管部短，5 裂，有时深裂几达檐部的基部。花丝分离，有毛或乳突，极少无毛；花药基部附属物撕裂。花柱分枝基部有毛环。瘦果光滑，压扁，通常有纵条纹，顶端截形或斜截形，有果缘，基底着生面，平；冠毛多层，向内层渐长，长的有羽毛状，基部连合成环，整体脱落。本属有 250 ～ 300 种，广布于欧、亚、北非、北美和中美大陆。我国有 50 余种，广布。公安县有 3 种。

1. 叶羽状深裂或浅裂……………………………………………………………………………………………… 蓟 *C. japonicum*

1. 叶全缘或有齿，或有不整齐的浅裂。

  2. 叶线形或线状披针形；叶两面异色，叶下面白色 ……………………………………………………湖北蓟 *C. hupehense*

  2. 叶长圆形或椭圆状披针形；叶两面同色，绿色 ………………………………………………………… 刺儿菜 *C. segetum*

403. 蓟 *Cirsium japonicum* Fisch. ex DC.

【形态】多年生草本，高 50 ～ 100 厘米，具多数纺锤形肉质根。茎直立，表面有纵条纹，密生白色绵柔毛。基生叶有柄，莲座状，叶片长圆形或披针状长椭圆形，长 15 ～ 30 厘米，宽 5 ～ 8 厘米，羽状深裂，边缘有大小不等的尖齿，齿端呈尖刺状，上面无毛或疏生丝状毛。头状花序单生或数个聚生于枝端，总苞钟状，长 1.5 ～ 2 厘米，宽 2.5 ～ 4 厘米，有蛛丝状毛；总苞片多层，条状披针形，外层较小，顶端有短刺，最内层较小，无刺；花紫红色，全为管状花，两性，花冠长 1.5 ～ 2 厘米，先端 5 裂；雄蕊 5 枚，聚药，花药顶端有附片，基部有尾; 冠毛羽毛状，暗灰色。花期 6—8 月，果期 8—10 月。

图 403 蓟

【生境】多生于山坡、路旁、林缘和草丛中。

【分布】分布于章庄铺镇、黄山头镇。

【药用部位】全草及根。

【采收加工】根：秋后植株枯萎时，挖取根部，或集合全草割取，除去泥土及细根，晒干。

全草：立夏前后，待开花时，割取地上部分，除去杂质，晒干。

【化学成分】根含豆甾醇、α – 香树脂醇、β – 香树脂醇、β – 谷甾醇等。叶含大蓟苷等。

【药理作用】蓟具有止血凝血、抗菌、抗炎、抗肿瘤、降血压、抗糖尿病、抗骨质疏松等作用。

【性味】甘，凉。

【功能主治】凉血止血，散瘀消肿。用于衄血、咯血、吐血、尿血、支气管扩张、功能性子宫出血、外伤出血、月经不调。

404. 湖北蓟　*Cirsium hupehense* Pamp.

【形态】多年生草本，根肉质，长纺锤形，茎直立，高 50 ～ 150 厘米，具纵条纹，被白色蛛丝毛，上部多分枝。叶互生，基生叶花期枯萎；中部叶线形或线状披针形，长 3 ～ 15 厘米，宽 0.5 ～ 2.5 厘米，先端钝，具短刺尖，基部楔形，全缘或有齿或不整齐裂片，边缘有细刺，表面绿色，具短糙毛或蛛丝状毛，背面密被灰白色茸毛，上部叶渐小，无柄。头状花序单生枝端；总苞球形，长 2 ～ 2.5 厘米，宽 1.5 ～ 2 厘米，被蛛丝毛，总苞片多层，外层较小，内层线形，较长，先端具干膜质附片。花两性，紫色或红紫色，花冠筒状，长 1.8 ～ 2 厘米，花丝纤细，花药连合呈筒状，子房下位，花柱丝状，细长，上部淡紫色，伸出花冠筒外。果长圆形，光滑，具黑褐色条斑。冠毛浅褐色，羽毛状，基部连合呈环状。花期 8—9 月，果期 9—10 月。

【生境】生于田间灌丛。

【分布】分布于章庄铺镇。

图 404　湖北蓟

405. 刺儿菜　*Cirsium arvense* var. *integrifolium* C. Wimm. et Grabowski

【别名】小蓟。

【形态】多年生草本，高 30 ～ 80 厘米。根状茎细长，茎直立，绿色带紫色，被白色茸毛。叶互生，长圆形或椭圆状披针形，长 6 ～ 12 厘米，宽 15 ～ 25 厘米，先端尖，具刺尖头，基部狭或钝；全缘或有齿或缺刻，具刺尖头，两面被疏或密的蛛丝状毛，无柄或近无柄。头状花序单生于分枝顶端，雌雄同株，花淡紫色或紫红色，雌株头状花序较大，总苞长约 2.3 厘米；总苞片多层，外面的较短；全为管状花。雄花长 17 ～ 20 毫米，雄蕊 5 枚，聚药，基部箭头状，有不育雌蕊。瘦果椭圆形或长卵形，冠毛羽毛状，先端稍肥厚而弯曲。花期 5—7 月，果期 7—8 月。

【生境】生于山坡、路旁、林缘及田中。

【分布】全县广布。

【药用部位】地上干燥部分。

【采收加工】夏季采挖全草，除去泥土，晒干。

图 405　刺儿菜

【化学成分】刺儿菜主要含黄酮类、萜类、苯丙素类、苯乙醇苷类、生物碱类、植物甾醇类等多种化学成分。

【药理作用】小蓟具有止血、凝血、抗菌、抗炎等多种药理活性。

【性味】苦，凉。

【功能主治】凉血止血，活血，利胆除黄。用于吐血、衄血、咯血、尿血、咯血、牙龈肿痛等。

白酒草属 *Conyza* Less.

一年生或二年生或多年生草本。茎直立或斜升，不分枝或上部多分枝；叶互生，全缘、具齿深裂；头状花序异型，盘状，通常排列成顶生或腋生的伞房状或圆锥状花序，少有单生；总苞半球形至圆柱形，总苞片 3 ～ 4 层，或不明显的 2 ～ 3 层，披针形或线状披针形，通常草质，具膜质边缘；花托半球状，具窝孔或具锯屑状缘毛，边缘的窝孔常缩小；花全部结实，外围的雌花多数，花冠丝状，无舌或具短舌，常短于花柱或舌片短于管部且几不超出冠毛，中央两性花，少数，花冠管状，顶端 5 齿裂；花药基部钝，全缘；花柱分枝具短披针形附器，具乳头状突起；瘦果小，极扁，两端缩小，边缘脉状，无肋，被短微毛或杂有腺；冠毛 1 层，污白色或变红色，细刚毛状。本属有 80 ～ 100 种，主要分布于热带和亚热带。我国有 10 种，分布于南部和西南部。公安县有 1 种。

406. 小蓬草　*Conyza canadensis* (L.) Cronq.

【别名】小飞蓬。

【形态】一年生草本，高 50 ～ 100 厘米，全体具脱落性毛。主根粗壮。茎直立，有细纵条纹，上部多分枝。叶互生，基生叶近匙形，茎生叶渐狭短，条形至条状披针形，长 5 ～ 10 厘米，宽 1 ～ 1.5 厘米，顶端尖，基部狭，全缘或微齿裂，有缘毛；无明显叶柄。头状花序具短梗，直径约 4 毫米，多数排列成圆锥状或伞房状圆锥花序，总苞半球形，长 2.5 ～ 4 毫米，直径约 3 毫米；总苞片 2 ～ 3 层，条状披针形，长短不等，近无毛；花序外围具不明显舌状花，中部全为管状花；舌状花雌性，白色微紫，舌片直立，短于管部；管状花两性，黄色或白色，刚毛状。花期 7—9 月，果期 8—11 月。

图 406　小蓬草

【生境】常生于田野路旁，为一种常见的杂草。

【分布】全县广布。

【药用部位】全草。

【采收加工】秋季采挖全草，除去泥土，晒干。

【化学成分】全草含挥发油，其中含柠檬烯、芳樟醇、母菊酯、脱氢母菊酯等。

【性味】微苦，凉。

【功能主治】清热解毒，祛风止痒，利湿，散瘀消肿。用于痢疾、肠炎、中耳炎、口腔炎、结膜炎、风火牙痛、跌打损伤、外伤出血、牛皮癣等。

野茼蒿属 *Crassocephalum* Moench.

一年生或多年生草本。叶互生，头状花序盘状或辐射状，中等大，在花期常下垂；小花同型，多数，全部为管状，两性，总苞片1层，近等长，线状披针形，边缘狭膜质，花期直立，粘合呈圆筒状，后开展而反折，基部有数枚不等长的外苞片；花序托扁平，无毛，具蜂窝状小孔，窝孔具膜质边缘；花冠细管状，上部逐渐扩大成短檐部，裂片5；花药全缘，或基部具小耳；花柱分枝细长，线形，被乳头状毛。瘦果狭圆柱形，具棱条，顶端和基部具灰白色环带；冠毛多数，白色，绢毛状，易脱落。全属约有21种，主要分布于热带非洲。我国仅1种。公安县亦有分布。

407. 野茼蒿 *Crassocephalum crepidioides* (Benth.) S. Moore

【形态】多年生直立草本，高20～120厘米，茎有纵条棱，无毛叶膜质，椭圆形或长圆状椭圆形，长7～12厘米，宽4～5厘米，顶端渐尖，基部楔形，边缘有不规则锯齿或重锯齿，或有时基部羽状裂，两面无毛或近无毛；叶柄长2～2.5厘米。头状花序数个在茎端排成伞房状，直径约3厘米，总苞钟状，长1～1.2厘米，基部截形，有数枚不等长的线形小苞片；总苞片1层，线状披针形，等长，宽约1.5毫米，具狭膜质边缘，顶端有簇状毛，小花全部管状，两性，花冠红褐色或橙红色，檐部5齿裂，花柱基部呈小球状，分枝，顶端尖，被乳头状毛。瘦果狭圆柱形，赤红色，有肋，被毛；冠毛极多数，白色，绢毛状，易脱落。花期7—12月。

图407 野茼蒿

【生境】常见于山坡路旁、沟边。

【分布】分布于章庄铺镇。

【药用部位】全草。

【采收加工】夏季采收，鲜用或晒干。

【性味】微苦、辛，平。

【功能主治】清热解毒，调和脾胃。主治感冒、肠炎、痢疾、口腔炎、乳腺炎、消化不良。

鳢肠属 *Eclipta* L.

一年生草本，有分枝，被糙毛。叶对生，全缘或具齿。头状花序小，常生于枝端或叶腋，具花序梗；总苞钟状，总苞片2层，草质，内层稍短；花托突起，托片膜质，披针形或线形；外围的雌花2层，结实，舌状花，白色，开展，舌片短而狭，全缘或2齿裂中央的两性花多数；管状花，白色，结实，顶端具4齿裂，花药基部具极短2浅裂；花柱分枝扁，顶端钝，有乳头状突起。瘦果三角形或扁四角形，顶端截形，有1～3个刚毛状细齿，两面有粗糙的瘤状突起。本属有4种，主要分布于南美洲和大洋洲。我国有1种，广布。公安县亦有分布。

408. 鳢肠 *Eclipta prostrata* (L.) L.

【别名】旱莲草。

【形态】一年生草本，高50～60厘米。全株被白色粗毛，茎直立或匍匐状，通常有不定根，多分枝。茎叶揉碎时，汁液变黑。叶对生，椭圆状披针形，长2～6厘米，宽4～20毫米，先端尖或渐尖，基部渐狭，全缘或有疏锯齿，两面均被白色硬毛；无柄或有短柄。头状花序顶生或腋生，直径约8毫米，总梗长12～20毫米；总苞片2层，每层4～5片，苞片外面均被白色硬毛；花杂性，舌状花雌性，白色，舌片小，多数发育，子房扁椭圆形，被白毛，花柱伸出，柱头呈叉状；中央为管状花，两性，全部发育，花冠白色，先端4浅裂，雄蕊4枚。瘦果狭倒卵形，表面具瘤状突起，无冠毛。花期7—9月，果期9—10月。

图408 鳢肠

【生境】多生于低山平地的溪边、沟边或田边路旁较潮湿处。

【分布】全县广布。

【药用部位】地上部分。

【采收加工】夏、秋季枝叶茂盛时割取，晒干。

【化学成分】全草含蟛蜞菊内酯、去甲蟛蜞菊内酯、α－三联噻吩、醴肠素，此外还含有挥发油、鞣质、苦味质、皂苷以及烟碱、维生素A等。

【性味】微苦、咸，凉。

【功能主治】滋养肝肾，凉血止血。用于头晕目眩、须发早白、牙齿不固、血热吐衄、便血、尿血、崩漏等；外用可治脚癣、湿疹、疱疹。

飞蓬属 *Erigeron* L.

多年生，稀一年生或二年生草本。叶互生，全缘或具锯齿。头状花序辐射状，单生，排成伞房状或圆锥状花序；总苞半球形或钟形，总苞片数层，草质，边缘和顶端干膜质，具1红褐色中脉，狭长，有时外层较短而稍呈覆瓦状，超出或短于花盘；花托扁平或稍突起，具窝孔；雌雄同株；花多数，异型；雌花多层，舌状，或内层无舌片，舌片狭小，少有稍宽大，紫色，蓝色或白色，少有黄色；两性花管状，檐部狭，管状至漏斗状，常5齿裂，花药线状长圆形，基部钝，顶端具卵状披针形附片；花柱分枝，宽三角形，通常钝或稍尖；花全部结实。瘦果长圆状披针形，扁压，常有边脉，少有多脉，被疏或密短毛；冠毛通常2层，丝状。全属约有200种，广布于全世界，以北温带为多。我国有35种，各地均有。公安县有1种。

409. 一年蓬 *Erigeron annuus* (L.) Pers.

图409 一年蓬

【形态】二年生草本。茎直立，高30～100厘米，全株具短柔毛。基生叶丛生，有长柄，卵形或卵状披针形，长4～15厘米，宽2～7厘米，边缘具粗锯齿，基部渐狭成翅柄；茎生叶互生，近无柄，倒卵形、矩圆形以至披针形，长3～9厘米，宽1～3厘米，顶端尖，边缘疏生锯齿；中部以下渐狭而全缘；枝上方的叶呈条形或条状披针形，通常全缘。头状花序排列呈伞房状或圆锥状；总苞半圆形，总苞片条形；2～3层，不等长，边缘为舌状花，2层或2层以上，雌性，白色或淡紫色，花檐部条形，比管部长，超出冠毛；子房下位，柱头分裂；管状花多数，黄色，两性，聚药，柱头2裂，不伸出管外。瘦果扁平，边缘有棱。花期7—8月，果期9—10月。

【生境】多生于山坡路旁、宅旁或杂草丛中。

【分布】全县广布。

【药用部位】全草。

【采收加工】夏、秋季采挖全草，除去泥土，晒干。

【化学成分】全草含焦迈康酸，花含槲皮素、芹菜素-7-O-葡萄糖醛酸苷、橡胶。

【药理作用】一年蓬提取物有降血糖作用。

【性味】苦，凉。

【功能主治】清热解毒，散结抗疟。用于齿龈炎、急性胃肠炎、传染性肝炎、淋巴结炎、疟疾、蛇咬伤、痈毒等。

泽兰属 *Eupatorium* L.

多年生草本或半灌木。叶对生，少有互生的，全缘、锯齿或3裂。头状花序有5至多数小花，在茎枝顶端排成复伞房花序，花两性，管状，结实；总苞长圆形、卵形、钟形或半球形，总苞片多数，1～2

层，覆瓦状排列，外层渐小或全部苞片近等长；花托平坦而有小凹点，无托片；花紫色、红色或白色，花冠等长，辐射对称，檐部扩大，钟状，顶端5裂或5齿；花药基部钝，顶端有附片；花柱分枝伸长，线状半圆柱形，顶端钝或微钝。瘦果圆筒形，具5棱，顶端截形；冠毛多数，刚毛状，1层。全属有600余种，主要分布于中南美洲的温带及热带地区。我国有14种，南北均产。公安县有1种。

410. 白头婆 *Eupatorium japonicum* Thunb.

【别名】山佩兰。

【形态】多年生草本，高1～2米。根茎短，有多数细长侧根。茎直立，中部以下淡紫红色，基部直径达1.5厘米，上部仅伞房花序分枝，茎枝被白色短柔毛。叶对生，中部茎生叶椭圆形或长椭圆形或卵状长椭圆形或披针形，长6～20厘米，宽2～6.5厘米，基部宽或狭楔形，自中部向上及向下部的叶渐小，两面被柔毛及黄色腺点，边缘有粗齿或重锯齿。头状花序在茎顶或枝端排列成紧密的伞房花序，直径3～6厘米，总苞钟状，长5～6毫米，含5个小花，总苞片3层，覆瓦状排列，绿色或带紫红色，花白色或带红紫色或粉红色，花冠长5毫米，被多数腺点，冠毛白色。花果期6—11月。

图410 白头婆

【生境】生于山坡草地、灌丛中、水湿地。

【分布】分布于章庄铺镇、黄山头镇。

【药用部位】全草或根。

【采收加工】夏、秋季采收，洗净，鲜用或晒干。

【性味】辛、苦，平。

【功能主治】发表散寒，透疹。用于脱肛、麻疹不透、寒湿腰痛、风寒咳嗽。

大吴风草属 *Farfugium* Lindl.

多年生草本，有极长的根状茎，颈部略膨大，被一圈密的长毛。茎花葶状，无叶或有少数苞片状叶。叶全部基生，幼时内卷呈拳状，被密毛，莲座状，叶柄基部膨大呈鞘状，叶片肾形或近圆肾形，叶脉掌状。头状花序辐射状，排列成疏的伞房状花序；总苞钟形，基部有少数小苞片，总苞片2层，覆瓦状排列，外层狭，内层宽，有白色膜质边缘，近等长。花托浅蜂窝状，小孔边缘有齿；边花雌性，舌状，1层；中央花两性，管状，多数，先端5裂；花药钝圆，基部有尾，花丝光滑；花柱分枝先端圆形，有短毛。瘦果圆柱形，被成行的短毛；冠毛白色，糙毛状，多数。全属有3种，产于我国和日本。我国有1种。公安县亦有分布。

411. 大吴风草 *Farfugium japonicum* (L. f.) Kitam.

图 411 大吴风草

【形态】常绿多年生草本，高 30 ～ 70 厘米。根状茎粗壮，且生条状枝根。基生叶有长柄，丛生，叶片肾形，长 4 ～ 15 厘米，宽 6 ～ 30 厘米，厚而有光泽，边缘波状，具突头状细齿。花葶直立，高 30 ～ 75 厘米，幼时具密毛，渐脱落，有疏生苞叶，苞叶长椭圆形或长椭圆状披针形，无柄，基部多抱茎。头状花序呈疏生的伞房状，直径 4 ～ 6 厘米，有梗，长 1.5 ～ 7 厘米。总苞筒形，苞片长椭圆形，先端尖锐，稍有细毛；缘花舌状，长 3 ～ 4 厘米，宽 5 ～ 6 毫米，中央花管状，黄色。瘦果圆筒形，长 5 ～ 6.5 毫米，具有纹和短毛，冠毛长 8 ～ 11 毫米，棕褐色。花果期 8 月至翌年 3 月。

【生境】栽培。

【分布】分布于斗湖堤镇、黄山头镇。

【药用部位】全草。

【采收加工】夏、秋季采收，鲜用或晒干。

【化学成分】叶含挥发油约 1%，挥发油中主成分为己烯醛，具有臭气，并有较强的抗菌作用。

【性味】辛、甘、微苦，凉。

【功能主治】活血止血，散结消肿。用于咳嗽咯血、便血、月经不调、跌打损伤、乳腺炎、痈疖肿毒。

牛膝菊属 *Galinsoga* Ruiz et Pav.

一年生草本。叶对生，全缘或有锯齿。头状花序小，异型，放射状，顶生或腋生，在茎枝顶端排成疏松的伞房花序，有长花梗。总苞宽钟状或半球形，苞片 1 ～ 2 层，约 5 枚，卵形或卵圆形，膜质，或外层较短而薄草质；花托圆锥状或伸长，托片质薄，顶端分裂或不裂；舌状花 4 ～ 5 个，雌性，舌片白色开展，全缘或 2 ～ 3 齿裂；两性花管状，黄色，檐部稍扩大或狭钟状，顶端短或极短的 5 齿，全部结实；花药基部箭形，有小耳；两性花花柱分枝微尖或顶端短急尖。瘦果有棱，倒卵圆状三角形，通常背腹压扁，被微毛；冠毛膜片状，膜质，长圆形，流苏状，顶端芒尖或钝；雌花无冠毛或冠毛短毛状。本属约有 5 种，主要分布于美洲。我国有 2 种，分布于西南各地。公安县有 1 种。

412. 牛膝菊 *Galinsoga parviflora* Cav.

【形态】一年生直立，高 70 ～ 80 厘米。茎圆形，有细条纹，节膨大，有分枝，略被毛或无毛。单叶对生，卵圆形至披针形，长 3 ～ 6 厘米，宽 1 ～ 4 厘米，顶端渐尖，基部圆形至宽楔形，边缘有浅圆齿或近全缘，基生三出脉，稍被毛；叶柄长 3 ～ 15 毫米。头状花序小，直径 3 ～ 4 毫米，有细长的梗；

总苞半球形；苞片2层，宽卵形，绿色，近膜质；花异性，全部结实；舌状花4～5个，舌片白色，1层，雌性；筒状花黄色，两性，顶端5齿裂；花托突起，托片披针形。瘦果有棱角，顶端具睫毛状鳞片。花果期7—10月。

图412 牛膝菊

【生境】生于田间路旁。

【分布】分布于章庄铺镇。

【药用部位】全草及花。

【采收加工】全草夏、秋季采收，晒干。花于开放时采集，晒干。

【性味】全草：淡，平。花：微苦、涩，平。

【功能主治】全草：消炎，止血；主治扁桃体炎、咽喉炎、急性黄疸型肝炎、外伤出血。

花：清肝明目；主治夜盲、视物模糊及其他眼疾。

鼠麴草属 *Gnaphalium* L.

一年生，稀多年生草本。茎直立或斜升，草质或基部稍带木质，被白色绵毛或茸毛。叶互生，全缘，无或具短柄。头状花序小，排列成聚伞花序或开展的圆锥状伞房花序，稀穗状、总状或紧缩而呈球状，顶生或腋生，异型，盘状，外围雌花多数，中央两性花少数，全部结实；总苞卵形或钟形，总苞片2～4层，覆瓦状排列，金黄色、淡黄色或黄褐色，稀红褐色，顶端膜质或几全部膜质，背面被绵毛；花托扁平、凸起或凹入，无毛或蜂巢状；花冠黄色或淡黄色，雌花花冠丝状，顶端3～4齿裂；两性花花冠管状，檐部稍扩大，5浅裂；花药5个，顶端尖或略钝，基部箭头形，有尾部；两性花花柱分枝近圆柱形，顶端截平或头状，有乳头状突起。瘦果无毛或罕有疏短毛或有腺体；冠毛1层，分离或基部连合成环，易脱落，白色或污白色。本属有近200种，广布于全球。我国有19种，南北地区均产。公安县有2种。

1. 头状花序在茎枝顶端排列成伞房花序；总苞片金黄色或柠檬黄色……………………鼠麴草 *G. affine*
1. 头状花序排列成具叶的穗状花序，有时单生；总苞片麦秆黄色或污黄色……………………匙叶鼠麴草 *G. pensylvanicum*

413. 鼠麴草 *Gnaphalium affine* D. Don

【形态】一年生或二年生草本，高10～50厘米，全株密被白色茸毛。主根细长，圆锥状，有多数侧根。茎直立，通常仅基部分枝呈丛生状。基部叶丛生，条状匙形，长2～6厘米，宽3～10毫米，先端圆钝或具尖头，基部渐狭，全缘，两面均有白色绵毛，无柄；茎生叶互生，与基生叶同型。头状花序多数，序梗极短，密集呈伞房状；总苞球状钟形；总苞片3层，金黄色，干膜质，外层较短，宽卵形，内层较长，长椭圆形，花金黄色，全为管状花；外围花花冠细长呈丝状，先端3～4裂，雌性，中央花花冠筒状，先端5裂，两性，雄蕊5枚，聚药基部箭形有细尾；子房下位，柱头2裂。瘦果椭圆形，长约0.5毫米，有乳头状突起；冠毛黄白色。花期4—6月，果期8—9月。

【生境】多生于山坡路旁、田边等处。

【分布】全县广布。

【药用部位】全草。

【采收加工】春末夏初采挖全草，除去泥土，晒干。

【化学成分】鼠麴草主要化学成分有黄酮类、三萜类、植物甾醇和咖啡酸衍生物等。

【药理作用】鼠麴草有显著的抗组胺、抗细菌和真菌、抗氧化、抗心衰、平喘、抗黄嘌呤氧化酶、抗补体和保肝等活性。

图 413 鼠麴草

【性味】甘，平。

【功能主治】止咳平喘，降血压，祛风湿。主治感冒咳嗽、支气管炎、哮喘、高血压、胃气痛、风湿筋骨痛、蚕豆病、跌打损伤、外伤出血、毒蛇咬伤等。

414. 匙叶鼠麴草 *Gnaphalium pensylvanicum* Willd.

【形态】一年生草本。茎直立或斜升，高 30 ～ 45 厘米，基部斜倾分枝或不分枝，有沟纹，被白色绵毛，节间长 2 ～ 3 厘米。下部叶无柄，倒披针形或匙形，长 6 ～ 10 厘米，宽 1 ～ 2 厘米，基部长渐狭，下延，顶端钝、圆，或有时中脉延伸呈刺尖状，全缘或微波状，上面被疏毛，下面密被灰白色绵毛，侧脉 2 ～ 3 对，细弱，有时不明显；中部叶倒卵状长圆形或匙状长圆形，长 2.5 ～ 3.5 厘米，叶片于中上部向下渐狭而下延，顶端钝、圆或中脉延伸呈刺尖状；上部叶小，与中部叶同型。头状花序多数，长 3 ～ 4 毫米，宽约 3 毫米，数个成束簇生，再排列成顶生或腋生、紧密的穗状花序；总苞卵形，直径约 3 毫米；总苞片 2 层，污黄色或麦秆黄色，膜质，外层卵状长圆形，长约 3 毫米，顶端钝或略尖，背面被绵毛；内层与外层近等长，稍狭，线形，顶端钝、圆、背面疏被绵毛；花托干时除四周边缘外几完全凹入，无毛。雌花多数，花冠丝状，长约 3 毫米，顶端 3 齿裂，花柱分枝较两性花的长。两性花少数，花冠管状，向上渐扩大，檐部 5 浅裂，裂片三角形或有时顶端近浑圆，无毛。瘦果长圆形，长约 0.5 毫米，有乳头状突起。冠毛绢毛状，污白色，易脱落，长约 2.5 毫米，基部连合成环。花期 12 月至翌年 5 月。

图 414 匙叶鼠麴草

【生境】常见于篱园或耕地上，耐旱性强。

【分布】分布于章庄铺镇、斗湖堤镇。

【药用部位】全草。

【性味】甘，平。

【功能主治】清热解毒，宣肺平喘。用于感冒、风湿性关节痛。

菊三七属 *Gynura* Cass.

多年生草本，稀亚灌木，无毛或有硬毛。叶互生，具齿或羽状分裂，有柄或无叶柄。头状花序同型，单生或数个至多数排成伞房状；总苞钟状或圆柱形，基部有多数线形小苞片，总苞片1层，9～13个，披针形，等长，覆瓦状，具干膜质的边缘；花序托平坦，有窝孔或短流苏状；小花全部两性，结实；花冠黄色或橙黄色，稀淡紫色，管状，檐部5裂，管部细长；花药基部全缘或近具小耳；花柱分枝细，顶端有钻形的附器，被乳头状微毛。瘦果圆柱形，具10条肋，两端截平；冠毛丰富，细弱，白色绢毛状。本属约有40种，分布于亚洲、非洲及澳大利亚。中国有10种，主要产于南部、西南部及东南部。公安县有1种。

415. 菊三七 *Gynura japonica* (Thunb.) Juel.

【形态】多年生草本，高1～1.5米。根肉质肥大或呈块状，具疣状突起及须根。茎直立，多分枝，嫩枝常带紫红色，有纵棱，无毛或稍具细毛。基生叶丛生，匙形，全缘，有锯齿或羽状分裂；茎生叶互生，长椭圆形，长10～25厘米，宽5～10厘米，羽状分裂，顶端裂片卵形、倒卵状披针形，裂片边缘再浅裂或有锯齿，上面绿色，下面紫红色；托叶2枚。头状花序多数，顶生，排列成伞房状，总苞片2层，外层线形，较短，内层较大，条状披针形，长约16毫米，宽约2毫米，边缘膜质；花全为管状花，花冠橙黄色，5裂；雄蕊5枚，聚药；子房下位，柱头2裂。瘦果条形，光滑；冠毛白色，柔软。花期6—7月，果期7—8月。

图415 菊三七

【生境】栽培。

【分布】分布于埠河镇、斗湖堤镇。

【药用部位】全草或根。

【采收加工】全草于7—8月生长旺盛时采收，或随采鲜用。根于秋后地上部分枯萎时挖取，除尽残存的茎、叶及泥土，晒干或鲜用。

【化学成分】菊三七含有生物碱类、色原酮类、黄酮类、香豆素类、萜类、甾体、皂苷类及酚酸类等成分。

【药理作用】菊三七具有止血、抗炎、降血糖和抗肿瘤等多种生物活性。

【性味】全草：甘，平。根：甘、微苦，温。有小毒。

【功能主治】全草：活血，止血，解毒；主治跌打损伤、衄血、咯血、吐血、乳痈、无名肿毒、毒虫蜇伤。

根：消瘀，止血，解毒消肿；主治吐血、咯血、衄血、便血、外伤出血、产后腹痛、跌打损伤、痈肿疔疮、蛇虫咬伤等。

向日葵属 *Helianthus* L.

一年生或多年生草本，通常高大，被短糙毛或白色硬毛。叶对生，或上部或全部互生，有柄，常有离基三出脉。头状花序大或较大，单生或排列成伞房状，各有多数异型的小花，外围有一层无性的舌状花，中央有极多数结果实的两性花；总苞盘形或半球形；总苞片2至多层，膜质或叶质；花托平或稍突起；托片折叠，包围两性花；舌状花的舌片开展，黄色；管状花的管部短，上部钟状，上端黄色、紫色或褐色，有5裂片。瘦果长圆形或倒卵圆形，稍扁或具4厚棱；冠毛膜片状，具2芒，有时附有2～4个较短的芒刺，脱落。本属约有100种，主要分布于美洲北部。我国常见的栽培种有4～5种。公安县有1种。

416. 菊芋 *Helianthus tuberosus* L.

【形态】多年生草本，高1.5～3米。地下茎块状。茎直立，上部分枝，具粗毛。基生叶对生，上部叶互生，具柄，叶柄顶端具狭翅；叶片长卵形至卵状椭圆形，长10～15厘米，宽3～9厘米，顶端短尖或渐尖，基部阔楔形，边缘具不规则的微波状齿或近全缘，上面粗糙，下面有柔毛，具3脉。头状花序数个生于枝端，直径5～9厘米；总苞片披针形或条状披针形，开展，被长毛；舌状花12～21枚，黄色，无性，长1.5～2厘米，管状花黄色，两性，长约1厘米，裂片5，略具白色细毛，花冠基部较密，子房上端具长的刚毛，聚药雄蕊5，附片卵形，基部箭形，花柱细长，柱头2裂，线形。瘦果椭圆形，长约7毫米，淡棕黄色，冠毛具芒状鳞片2，早落。花期8—10月，果期9—11月。

图416　菊芋

【生境】栽培。

【分布】全县广布。

【药用部位】茎、块茎及叶。

【采收加工】块茎于秋、冬季采集。茎、叶于夏、秋季采集，晒干或鲜用。

【化学成分】块茎、茎含蛋白质、脂肪、烟酸、维生素B_1、维生素B_2、维生素C等。瘦果含脂肪油，其脂肪油为亚油酸、油酸及亚麻油酸等。

【性味】甘，寒。

【功能主治】清热凉血，祛瘀消肿。主治热病、肠热泻血、跌打损伤。

泥胡菜属 *Hemistepta* Bunge

一年生草本。茎单生，直立，上部有长花序分枝。叶互生，提琴状羽状分裂，上面绿色，无毛，下面灰白色，被密厚茸毛。头状花序同型，多数，在茎枝顶端排列成疏松伞房花序，或植株含少数头状花序在茎顶密集排列；总苞宽钟状或半球形，总苞片多层，覆瓦状排列，质地薄，外层与中层外面上方近顶端直立鸡冠状突起的附属物；花托平坦，密被托毛；全部小花两性，管状，结实，花冠红色或紫色，檐部短，5 深裂；花药基部附属物尾状，有细裂，花丝分离，无毛；花柱分枝短，顶端截形。瘦果长椭圆形，稍扁，有 13 ～ 16 个粗细不等的尖细纵肋，顶端斜截形，基底着生面平或稍见偏斜；冠毛 2 层，外层冠毛羽毛状，基部连合成环，整体脱落，内层冠毛鳞片状，极短，着生一侧，宿存。全属有 1 种，分布于东亚、南亚及澳大利亚。公安县亦有分布。

417. 泥胡菜 *Hemistepta lyrata* (Bunge) Bunge

【形态】一年生草本，高 30 ～ 80 厘米。主根圆柱形，伸长，须根纤细。茎直立，具纵条纹，光滑或有白色蛛丝状毛。基生叶莲座状，有柄，倒披针形或到披针状椭圆形，长 7 ～ 21 厘米，提琴状羽状分裂，顶端裂片较大，三角形，有时 3 裂，两侧裂片 7 ～ 8 对，长椭圆状倒披针形，上面绿色，下面有白色蛛丝状毛；中部叶互生，椭圆形，顶端渐尖，基部无柄，羽状分裂；上部叶条状披针形至条形。头状花序多数有梗，着生于茎端或枝端，总苞球形，长 12 ～ 14 毫米，宽 18 ～ 22 毫米，总苞片 5 ～ 8 层，外层总苞片较短，卵形，顶端尖锐，内层条状披针形，总苞片背面尖端下具紫红色鸡冠状的小片 1 枚；花两性，全部为管状花，紫红色，长 13 ～ 14 毫米，花冠细长，顶端 5 裂；聚药雄蕊 5。瘦果椭圆形，长约 2.5 毫米，宽约 1 毫米，具细纵棱 15 条，光滑，冠毛 2 层，白色，羽毛状。花期 5—6 月，果期 7—9 月。

图 417 泥湖菜

【生境】生于旱地、路旁、荒地或水塘边。

【分布】全县广布。

【药用部位】全草。

【采收加工】夏、秋季采集，洗净，晒干。

【性味】辛，平。

【功能主治】清热解毒，消肿祛瘀，散结。主治颈淋巴结炎、痈肿疔疮、痔漏、外伤出血、骨折等。

旋覆花属 *Inula* L.

多年生草本或亚灌木，稀一年生或二年生草本。茎直立或无茎，常有腺，被糙毛、柔毛或茸毛。叶互生或仅生于茎基部，全缘或有齿。头状花序大或稍小，排成伞房状或圆锥伞房状，或单生，异型，雌雄同株，外缘有1至数层雌花，中央有多数两性花；总苞半球状、倒卵圆状或宽钟状，总苞片多层，覆瓦状排列，内层常狭窄，干膜质，外层叶质、革质或干膜质，狭窄或宽阔，渐短或与内层同长；最外层有时较长大，叶质；花托平或稍突起，有蜂窝状孔或浅窝孔，无托片；雌花花冠舌状，黄色，稀白色；舌片长，开展，顶端有3齿，或短小直立而有2～3齿；两性花花冠管状，黄色，上部狭漏斗状，有5个裂片；花药上端圆形或稍尖，基部戟形，有细长渐尖的尾部；花柱分枝稍扁，雌花花柱顶端近圆形，两性花花柱顶端较宽，钝或截形；冠毛1～2层，稀多层，有稍不等长而微糙的细毛。瘦果近圆柱形，有4～5个多少明显的棱或更多的纵肋或细沟，无毛或有短毛或绢毛。本属约有100种，分布于欧洲、非洲及亚洲，以地中海地区为主。我国有20余种，以西部和西南地区较多。公安县有1种。

418. 旋覆花 *Inula japonica* Thunb.

图418 旋覆花

【形态】多年生草本，高20～70厘米，全体被白色绵毛。茎直立，分枝，有纵棱，基部稍带紫红色。叶互生，基部叶花后凋落，中部以上叶长椭圆状披针形或披针形，长4～10厘米，宽1～2.5厘米，先端渐尖，基部渐狭，略抱茎，全缘或有不明显细锯齿，上面有毛，下面密被毛和腺点，无叶柄。头状花序直径2.5～4厘米，5～20朵排列呈伞房状，梗细；总苞半圆形，长约1厘米，宽1.5～1.8厘米，苞片数层，外层苞片披针形，绿色，外层以内数层为条状披针形，干膜质，有细缘毛；舌状花排列在边缘1列，黄色，雌性，花冠先端3齿裂，中央为管状花，黄色，两性，花冠先端5裂；雄蕊5枚，聚药；子房下位，柱头2深裂。瘦果长椭圆形，疏生细毛；冠毛白色，长4～5毫米。花期7—10月，果期8—11月。

【生境】生于山坡路旁或湿润草地。

【分布】分布于章庄铺镇、斗湖堤镇。

【药用部位】头状花序及全草。全草称“金佛草”。

【采收加工】花于夏、秋季刚开放时采收，除去茎、叶，晒干。全草于夏、秋季割取，晒干。

【化学成分】旋覆花化学成分为倍半萜、黄酮、甾醇、百里酚以及多糖类化合物，倍半萜类为其特征成分。

【药理作用】旋覆花属植物倍半萜类成分在抗肿瘤、抗炎和治疗糖尿病方面均具有良好的生物活性。

【性味】花：苦，辛，咸，微温。全草：苦、咸，温。有小毒。

【功能主治】花：降气止呕，消痰软坚；用于胸膈痰结、两胁胀痛、咳喘气逆、痰涎黏稠、心下痞硬、噫气不除等。

全草：散风寒，化痰饮，消肿毒，利水软坚；用于痰多咳嗽、水肿、痈疮疖毒、胁下胀痛、跌打损伤等。

小苦荬属 *Ixeridium* (A. Gray) Tzvel.

多年生草本，通常带白粉，有时有长根状茎。茎直立，上部伞房花序状分枝，或有时自基部分枝。叶根生或茎生，羽状分裂或不分裂，基生叶花期生存，极少枯萎脱落，茎生叶互生。头状花序多数或少数，在茎枝顶端排成伞房状花序，同型，舌状；总苞圆柱状，总苞片 2 ～ 4 层，外层及最外层短，内层长；舌状小花多数，黄色，极少白色或紫红色；花柱分枝细，花药基部附属物箭头形。瘦果扁平，褐色，少黑色，有 8 ～ 10 条高起的钝肋，上部通常有上指的小硬毛，顶端急尖成细丝状的喙；冠毛白色或褐色，不等长，糙毛状。本属约有 20 种，分布于东亚及东南亚地区。我国有 13 种，广布。公安县有 1 种。

419. 中华小苦荬 *Ixeridium chinense* (Thunb.) Tzvel.

【形态】多年生草本，高 20 ～ 40 厘米，无毛，有乳汁。根粗大直伸。茎直立，自基部分枝。基生叶莲座状，条状披针形或倒披针形，长 7 ～ 15 厘米，宽 1 ～ 2 厘米，顶端钝或急尖，基部下延成叶柄，全缘或具疏小齿或不规则羽裂；茎生叶 1 ～ 2 枚，无叶柄，稍抱茎。头状花序排列成疏伞房状聚伞花序；总苞长 7 ～ 9 毫米；外层总苞片卵形，长约 1 毫米，内层总苞片条状披针形，排成 1 轮，长约 8 毫米，具膜质边缘；花托平；小花全部为能育的舌状花，花冠黄色或白色，长约 11 毫米，舌片长约 8 毫米，宽约 12 毫米，顶端 5 齿裂；花药黑色，基部箭形；花柱细长。瘦果纺锤形，长 5 ～ 6 毫米，成熟后棕色，顶端渐狭成 2.5 ～ 3 毫米的喙，冠毛白色。花期 4—5 月。

图 419 中华小苦荬

【生境】多生于田边、路旁。

【分布】分布于章庄铺镇。

【药用部位】根及全草。

【采收加工】根于秋季采挖；全草于春、夏季采收，晒干或鲜用。

【化学成分】中华小苦荬主要含有二萜、黄酮、木脂素、鞣质和有机酸类。

【药理作用】中华小苦荬具有抗炎保肝、抗氧化、抗菌等生物活性。

【性味】苦、微甘，微寒。

【功能主治】清热利胆，排脓解毒，凉血，止血，止痛。用于胆囊炎、阑尾炎、疮疖、血崩、带下、痧气腹痛等。

马兰属 *Kalimeris* Cass.

多年生草本。叶互生，全缘、有齿或羽状分裂。头状花序较小，单生于枝端或疏散伞房状排列，辐射状，外围有 1 ～ 2 层雌花，中央有多数两性花，都结果实；总苞半球形，苞片 2 ～ 3 层，近等长或外层较短而覆瓦状排列，草质或边缘膜质或革质；花托突起，如圆锥状，具细凹点；雌花花冠舌状，舌片白色或紫色，顶端有微齿或全缘；两性花花冠钟状，有分裂片；花药基部钝，全缘；花柱分枝先端三角形或披针形。瘦果稍扁，倒卵圆形，边缘有肋，两面无肋或一面有肋，无毛或被疏毛；冠毛极短或膜片状，分离或基部结合呈杯状。本属约有 20 种，分布于亚洲南部及东部。我国有 7 种，各地均产。公安县有 1 种。

420. 马兰 *Kalimeris indica*（L.）Sch. -Bip.

【形态】多年生草本，高 30 ～ 80 厘米。根状茎匍匐状。茎直立，多分枝，绿色，光滑无毛。叶互生，倒披针形，倒卵状椭圆形至披针形，长 7 ～ 10 厘米，宽 1.5 ～ 2.5 厘米，先端急尖或钝，基部楔状下延，边缘有疏锯齿或羽状浅裂，并有糙毛，上部减小，全缘；无叶柄。头状花序，直径约 2.5 厘米，着生于分枝的顶端；总苞半球形，总苞片 2 ～ 3 层，披针形或倒披针状长圆形，有疏短毛，边缘膜质，有短缘毛，外围为一层舌状花，淡蓝紫色，雌性；中央为管状花，黄色，两性，筒部被短毛，先端 5 浅裂；雄蕊 5 枚，聚药，基部钝圆；子房下位，柱头 2 裂。瘦果倒卵状长圆形，扁平，有毛，冠毛白色，长 1 ～ 2 毫米，易脱落，不等长。花期 8—10 月。

图 420　马兰

【生境】多生于田野、路旁和山坡上。

【分布】全县广布。

【药用部位】全草。

【采收加工】夏、秋季采挖全草，除去泥土，晒干。

【化学成分】马兰含挥发油，油中含乙酸龙脑酯、甲酸龙脑酯、酚类、辛酸、倍半萜烯、倍半萜醇等。

【药理作用】马兰具有抗菌、抗炎镇痛、抗肿瘤、抗氧化、保肝、镇咳、抑制中枢等药理作用。

【性味】淡，凉。

【功能主治】清热解毒，凉血止血，消积利尿。用于吐血、衄血、尿血、肠炎、痢疾、紫斑、小儿疳积、小儿消化不良、崩漏、月经不调、痔疮、疱疖肿毒等。

稻槎菜属 *Lapsana* L.

一年生或多年生草本。叶边缘有锯齿或羽状深裂或全裂。头状花序同型，含 8 ～ 15 枚舌状小花，排列成疏松的伞房状花序或圆锥状花序；总苞圆柱状钟形或钟形，总苞片 2 层，外层小，3 ～ 5 枚，卵形，内层长，线形或线状披针形；花托平，无托毛；舌状小花黄色，两性，先端 5 齿裂。瘦果稍压扁，长椭圆形或长椭圆状披针形，但稍弯曲，有 12 ～ 20 条细小纵肋，顶端无冠毛。本属约有 10 种，分布于欧亚大陆温带地区及非洲西北部。我国记载 4 种，其中 2 种情况不详。公安县有 1 种。

421. 稻槎菜 *Lapsana apogonoides* Maxim.

【形态】一年生矮小草本，高 10 ～ 20 厘米。茎细，自基部发出多数或少数的簇生分枝及莲座状叶丛；全部茎枝柔软，被细柔毛或无毛。基生叶椭圆形、长椭圆状匙形或长匙形，长 3 ～ 7 厘米，宽 1 ～ 2.5 厘米，大头羽状全裂或几全裂，有长 1 ～ 4 厘米的叶柄，顶裂片卵形、菱形或椭圆形，边缘有极稀疏的小尖头，或长椭圆形而边缘大锯齿，齿顶有小尖头，侧裂片 2 ～ 3 对，椭圆形，边缘全缘或有极稀疏针刺状小尖头；茎生叶少数，与基生叶同型并等样分裂，向上茎叶渐小，不裂。头状花序小，排列成疏伞房状圆锥花序，有细梗，果时常下垂，总苞椭圆形，外层总苞片小，卵状披针形，长约 1 毫米，内层总苞片 5 ～ 6，长椭圆状披针形，长约 4.5 毫米，花托平坦，无毛；全部为舌状花，黄色。瘦果淡黄褐色，椭圆状披针形，扁平，长约 4 毫米，顶端具细刺突起或两侧各有 1 个外弯的钩刺，果棱数条，无冠毛。花期 4—5 月。

图 421 稻槎菜

【生境】生于田野、荒地及路边。

【分布】全县广布。

【药用部位】全草。

【采收加工】春、夏季采收，洗净，鲜用或晒干。

【性味】苦，平。

【功能主治】清热解毒，透疹。主治咽喉肿痛、痢疾、疮疡肿毒、蛇咬伤、麻疹透发不畅。

千里光属 *Senecio* L.

多年生草本或直立一年生草本。叶互生或根生，基生叶通常具柄，无耳，三角形、提琴形，或羽状分裂；茎生叶通常无柄，大头羽状或羽状分裂，稀不分裂，边缘多少具齿，基部常具耳，羽状脉。头状花序大型或小型，排列成复伞房花序或圆锥聚伞花序，稀单生于叶腋，小花同型或具舌状花，通常具花序梗；总苞半球形、钟状或圆柱形，总苞片 1 层，通常离生；花托平坦；舌状花 1 层，雌性，舌片黄色，通常明显，顶端通常具 3 细齿；管状花 3 至多数，两性；花药长圆形至线形，基部通常钝；花药颈部柱状，向基部稍至明显膨大，两侧具增大基生细胞；花药内壁组织细胞壁增厚多数，辐射状排列，细胞常伸长；花柱分枝截形或多少突起，边缘具较钝的乳头状毛。瘦果圆柱形，具肋；冠毛毛状，顶端具叉状毛，白色，禾秆色或变红色，有时舌状花或稀全部小花无冠毛。本属约有 1000 种，除南极洲外遍布全世界。中国有

160 余种，主要分布于西南部山区。公安县有 1 种。

422. 千里光 *Senecio scandens* Buch. -Ham. ex D. Don

图 422 千里光

【形态】多年生草本。茎曲折，攀缘，长 2 ～ 5 米，多分枝，有纵棱，初被密柔毛，后脱落，直径 2 ～ 3 毫米。叶互生，卵状披针形或椭圆状三角形，长 7 ～ 10 厘米，宽 3.5 ～ 4.5 厘米，先端渐尖，基部楔形，边缘有不规则的浅齿或呈微波状，有时基部稍有深裂，两面均被细毛。头状花序顶生，排列成圆锥状伞房花序，总苞圆筒形，苞片披针形或狭椭圆形；先端尖，无毛或有细毛，边缘膜质，外边一层为舌状花，黄色，先端 3 齿裂；中央为管状花，两性，先端 5 裂；聚药雄蕊 5 枚；子房下位，柱头 2 裂。瘦果圆筒形，有细毛；冠毛长约 7 毫米，白色。花期 9—12 月，果期 11—12 月。

【生境】生于山坡路旁。

【分布】分布于黄山头镇。

【药用部位】地上部分。

【采收加工】夏、秋季花刚开放时割取，晒干。

【化学成分】全草含对苯二酚、对羟基苯乙酸、香草酸、水杨酸、氯化胆碱及鞣质。花含毛茛黄素、菊黄素、类胡萝卜素。

【药理作用】千里光具有抗菌、抗炎、抗病毒及抗肿瘤、抗氧化及清除自由基等作用。

【性味】甘，凉。

【功能主治】清热，明目，解毒。主治风热感冒、咽喉肿痛、扁桃体炎、风火眼、肺炎、肠炎、痢疾、阑尾炎、痈肿疮疖、蛇虫咬伤、皮炎、湿疹、痔疮等。

豨莶属 *Siegesbeckia* L.

一年生草本。茎直立，有二叉状分枝，多少有腺毛。叶对生，边缘有锯齿。头状花序小，排列成疏散的圆锥花序，有多数异型小花，外围有 1 ～ 2 层雌性舌状花，中央有多数两性管状花，全结实或有时中心的两性花不育；总苞钟状或半球形。总苞片 2 层，背面被头状具柄的腺毛，外层总苞片草质，通常 5 个，匙形或线状匙形，开展，内层苞片与花托外层托片相对，半包瘦果；花托小，有膜质半包瘦果的托片；雌花花冠舌状，舌片顶端 3 浅裂；两性花花冠管状，顶端 5 裂；花柱分枝短，稍扁，顶端尖或稍钝；花药基部全缘。瘦果倒卵状四棱形或长圆状四棱形，顶端截形，黑褐色，无冠毛，外层瘦果通常内弯。本属约有 4 种，分布于热带、亚热带及温带地区。我国有 3 种，全国均产。公安县有 1 种。

423. 腺梗豨莶 *Siegesbeckia pubescens* Makino

图 423 腺梗豨莶

【形态】一年生草本。茎直立，粗壮，高 30 ～ 110 厘米，上部多分枝，被开展的灰白色长柔毛和糙毛。基部叶卵状披针形，花期枯萎；中部叶卵圆形或卵形，开展，长 3.5 ～ 12 厘米，宽 1.8 ～ 6 厘米，基部宽楔形，下延成具翼而长 1 ～ 3 厘米的柄，先端渐尖，边缘有尖头状规则或不规则的粗齿；上部叶渐小，披针形或卵状披针形；全部叶上面深绿色，下面淡绿色，基出三脉，侧脉和网脉明显，两面被平伏短柔毛，沿脉有长柔毛。头状花序直径 18 ～ 22 毫米，多数生于枝端，排列成松散的圆锥花序；花梗较长，密生紫褐色头状具柄腺毛和长柔毛；总苞宽钟状；总苞片 2 层，叶质，背面密生紫褐色头状具柄腺毛，外层线状匙形或宽线形，长 7 ～ 14 毫米，内层卵状长圆形，长 3.5 毫米。舌状花花冠管部长 1 ～ 1.2 毫米，舌片先端 2 ～ 3 齿裂，有时 5 齿裂；两性管状花长约 2.5 毫米，冠檐钟状，先端 4 ～ 5 裂。瘦果倒卵圆形，4 棱，顶端有灰褐色环状突起。花期 5—8 月，果期 6—10 月。

【生境】生于河槽潮湿地、旷野、路边等处。

【分布】分布于孟家溪镇、藕池镇、黄山头镇。

【药用部位】干燥地上部分。

【采收加工】夏季开花前割取全草，除去杂质，晒至半干后，再置通风处晾干。

【化学成分】腺梗豨莶主要含二萜类化合物，包括贝壳杉烷等。

【药理作用】腺梗豨莶具有抗肿瘤、抗动脉粥样硬化、抗炎、抗血栓形成、抗菌、抗病毒、调节免疫系统的作用。

【性味】辛、苦，寒。

【功能主治】祛风湿，利筋骨，解毒。用于风湿痹痛、筋骨无力、腰膝酸软、四肢麻痹、半身不遂、风疹湿疹。

一枝黄花属 *Solidago* L.

多年生草本，少有半灌木。叶互生，边缘齿裂或全缘。头状花序小，异型，辐射状，多数在茎上部排列成穗状或蝎尾状聚伞花序；总苞狭钟状或椭圆状，苞片多层，覆瓦状，外层较短；花托小，通常蜂窝状；边花雌性，舌状 1 层，黄色，或边缘雌花退化而头状花序同型；盘花两性，管状，檐部稍扩大或狭钟状，顶端 5 齿裂；全部小花结实；花药基部钝；两性花花柱分枝扁平，顶端有披针形的附片。瘦果近圆柱形，有 8 ～ 12 个纵肋；冠毛多数，细毛状，1 ～ 2 层，白色。全属约有 120 种，主要集中于美洲。我国有 4 种。公安县有 1 种。

424. 一枝黄花 *Solidago decurrens* Lour.

图 424 一枝黄花

【形态】多年生草本，高 30 ～ 90 厘米。根状茎粗短，有多数侧根。茎直立，基部通常木质化，光滑，略带暗红色，上部少分枝。茎上叶互生，卵形至长圆形，长 3 ～ 9 厘米，宽 1.2 ～ 4 厘米，顶端尖，基部下延成柄，边缘有疏浅锐锯齿或全缘，有短缘毛；叶无柄。头状花序排列呈总状或总苞钟状，苞片 4 ～ 6 裂，披针形，边缘膜质，花黄色，周围一层舌状花，雌性，结实；中央为管状花，两性；聚药雄蕊 5 枚；子房下位，柱头 2 裂。瘦果圆筒形，无毛，有时顶端略具疏毛。花期 8—10 月，果期 11—12 月。

【生境】生于路旁草丛中。

【分布】分布于章庄铺镇。

【药用部位】全草。

【采收加工】夏、秋季挖取全草，除去泥土，晒干。

【化学成分】全草含酚性成分、鞣质、挥发油、皂苷、黄酮类物质等。

【药理作用】一枝黄花具有平喘祛痰、抗菌、降压、保护胃黏膜等作用。

【性味】辛、苦，微寒。有小毒。

【功能主治】疏风清热，解毒消肿。主治上呼吸道感染、扁桃体炎、咽喉肿痛、支气管炎、肺炎、肺结核、咯血、急性或慢性肾炎、白喉、小儿疳积、脐风、口腔糜烂、乳腺炎、跌打损伤、毒蛇咬伤、创伤出血、疮疖肿毒、鹅掌风、灰指甲等。

苦苣菜属 *Sonchus* L.

一年生、二年生或多年生草本。叶根生或互生，茎生叶通常抱茎，边缘往往有硬毛或刺毛。头状花序稍大型，舌状，含多数舌状小花，通常 80 朵以上，在茎枝顶端排成伞房花序或伞房圆锥花序；总苞卵状或钟状，花后常下垂，总苞片 3 ～ 5 层，覆瓦状排列，草质，内层总苞片披针形、长椭圆形或长三角形，边缘常膜质；花托平坦，无托毛；舌状小花黄色，两性，结实，舌状顶端截形，5 齿裂；花药基部短箭头状；花柱分枝纤细。瘦果卵形或椭圆形，极少倒圆锥形，多少扁平，有 10 ～ 20 条纵肋，顶端较狭窄，无喙，不具毛；冠毛多层多数，细密、柔软且彼此纠缠，白色，单毛状，基部整体连合成环，脱落。全属约有 50 种，分布于欧洲、亚洲与非洲。我国有 8 种，广布。公安县有 1 种。

425. 苦苣菜 *Sonchus oleraceus* L.

【形态】一年生至二年生草本，高 50 ～ 100 厘米，有乳汁。根纺锤状。茎直立，不分枝或上部分枝，中部以上具稀疏深褐色腺毛。叶互生，椭圆状广披针形，长 15 ～ 28 厘米，宽 2 ～ 6 厘米，琴状羽裂，边缘有不整齐短刺状齿，基生叶有短柄，茎生叶无柄，基部耳状抱茎。头状花序在茎顶排列呈伞房状，梗或总苞下部初期有蛛丝状毛，有时有疏腺毛；总苞钟状，长 10 ～ 12 毫米，宽 6 ～ 25 毫米，暗绿色，总苞片 2 ～ 3 层，内层总苞片最大，条状披针形，先端尖，外被疏长毛；花黄色，全部为舌状花，两性，舌片长约 5 毫米；聚药雄蕊 5 枚，子房下位，柱头 2 裂。瘦果倒卵状椭圆形，扁平，具明显 3 纵肋，成熟后褐红色，冠毛白色。花期 7—8 月，果期 8—9 月。

图 425 苦苣菜

【生境】多生于路旁、沟边或住宅附近。

【分布】全县广布。

【药用部位】全草。

【采收加工】夏季采挖全草，除去泥土，阴干或晒干。

【化学成分】苦苣菜主要含有萜类、黄酮、甾体、皂苷、香豆素、甘油酸酯、木脂素等成分。

【药理作用】苦苣菜具有保肝、抗肿瘤、利尿、降血糖、降血压、降胆固醇、抗炎、抗氧化、抗凝血、抗菌、解毒、防止脑缺血缺氧等药理作用。

【性味】苦，寒。

【功能主治】清热，凉血，解毒，消肿。主治痢疾、黄疸、血淋、痔瘘、产后瘀血腹痛、肠风下血、阑尾炎、烧烫伤、痈肿疖毒等。

万寿菊属 *Tagetes* L.

一年生草本。茎直立，有分枝，无毛。叶通常对生，少有互生，羽状分裂，具油腺点。头状花序通常单生或簇生；总苞片 1 层，几全部连合呈管状或杯状，有透明腺点；花托扁平，无毛；舌状花 1 层，雌性，金黄色、橙黄色或褐色；管状花两性，金黄色、橙黄色或褐色；全部结实；花药基部钝；花柱先端浅裂，舌状花的略叉开，管状花的较长。瘦果线形或线状长圆形，基部缩小，具棱；冠毛有具 3 ～ 10 个不等长的鳞片或刚毛。本属约有 30 种，产于美洲中部及南部。我国常见栽培的有 2 种。公安县有 1 种。

426. 万寿菊 *Tagetes erecta* L.

【形态】一年生草本，高 50 ～ 150 厘米。茎直立，粗壮，具纵细条棱，分枝向上平展。叶羽状分裂，长 5 ～ 10 厘米，宽 4 ～ 8 厘米，裂片长椭圆形或披针形，边缘具锐锯齿，上部叶裂片的齿端有长细芒；沿叶缘有少数腺体。头状花序单生，直径 5 ～ 8 厘米，花序梗顶端棍棒状膨大；总苞长 1.8 ～ 2 厘米，宽

1～1.5 厘米，杯状，顶端具齿尖；舌状花黄色或暗橙色，长 2.9 厘米；舌片倒卵形，长 1.4 厘米，宽 1.2 厘米，基部收缩成长爪，顶端微弯缺；管状花花冠黄色，长约 9 毫米，顶端具 5 齿裂。瘦果线形，基部缩小，黑色或褐色，长 8～11 毫米，被短微毛；冠毛有 1～2 个长芒和 2～3 个短而钝的鳞片。花期 7—9 月。

图 426　万寿菊

【生境】栽培。

【分布】全县广布。

【药用部位】花序。

【采收加工】秋季花刚开放时采摘，晒干或鲜用。

【化学成分】花含黄酮苷、β - 胡萝卜素、毛茛黄素等。

【药理作用】万寿菊具有抗氧化、抗肿瘤等药理作用。

【性味】甘、微辛，凉。

【功能主治】清热平肝，祛风，化痰；主治头晕目眩、风火眼痛、小儿惊风、感冒咳嗽、乳痈、腮腺炎等。

蒲公英属 *Taraxacum* F. H. Wigg.

多年生葶状草本，具白色乳状汁液。叶基生，密集呈莲座状，具柄或无柄，叶片匙形、倒披针形或披针形，羽状深裂、浅裂或具波状齿，稀全缘。花葶 1 至数个，直立、中空，不具叶，上部被蛛丝状柔毛或无毛。头状花序单生花葶顶端；总苞钟状或狭钟状，总苞片数层，有时先端背部增厚或有小角，外层总苞片短于内层总苞片，通常稍宽，常有浅色边缘，线状披针形至卵圆形，内层总苞片较长，多少呈线形，直立；花序托多少平坦，有小窝孔；全为舌状花，两性，结实，舌片通常黄色，先端截平，具 5 齿；雄蕊 5，花药聚合，呈筒状，包于花柱周围，基部具尾，戟形，先端有三角形的附属物，花丝离生，着生于花冠筒上；花柱细长，伸出聚药雄蕊外，柱头 2 裂，裂瓣线形。瘦果纺锤形或倒锥形，有纵沟，果体上部或几全部有刺状或瘤状突起，稀光滑，上端有细长喙，稀无喙；冠毛多层，白色或有淡的颜色，毛状，易脱落。全属约有 2000 种，主产于北温带至亚热带地区，少数产于热带南美洲。我国有 70 种，广布于各省（区），西南和西北地区较多。公安县有 1 种。

427. 蒲公英　*Taraxacum mongolicum* Hand. -Mazz.

【形态】多年生草本，含白色乳汁，全株被白色疏软毛。主根粗长，肉质。基生叶丛生，或呈莲座状；叶柄基部两侧扩大呈鞘状，叶片长椭圆状披针形或倒披针形，长 7～15 厘米，宽 3～4 厘米，先端钝或急尖，基部渐狭下延至叶柄，边缘有不规则疏齿，或羽状浅裂或撕裂，两面均疏生短柔毛，有短叶柄。头状花序单一，生于花茎顶端，花茎密被白色蛛丝状毛或疏生柔毛；总苞钟状，苞片多层，外层较短，狭披针形，先端钝，边缘带白色或粉红色，内层较长，条状披针形或长卵状披针形，带紫色；全部为舌状花，花冠黄色，顶端平截，有5齿；雄蕊5枚，聚药；子房下位，花柱细长，柱头2深裂。瘦果倒披针形至纺锤形，有棱，有多数刺状突起，先端延长成喙，冠毛白色。花期4—6月，果期6—8月。

【生境】多生于山坡、路旁、沟边。

【分布】全县广布。

【药用部位】全草。

【采收加工】春、夏、秋三季开花时连根挖起，除去泥土，晒干。

图427 蒲公英

【化学成分】根含多种三萜醇，为蒲公英甾醇、蒲公英素、蒲公英赛醇、蒲公英苦素及咖啡酸。全草含肌醇、天冬酰胺、苦味质、皂苷、树脂、菊糖。此外，尚含果胶、胆碱等。花含叶黄呋喃素、维生素 B_2。

【药理作用】蒲公英具有抑菌、抗炎、利胆保肝、利尿、抗氧化、抗肿瘤、抗血栓等作用。

【性味】苦、甘，寒。

【功能主治】清热解毒，利尿散结。主治急性乳腺炎、淋巴腺炎、瘰疬、疔毒疮肿、急性结膜炎、感冒发热、急性扁桃体炎、急性支气管炎、肝炎、胃炎、胆囊炎、尿路感染。

斑鸠菊属 *Vernonia* Schreb.

草本，直立或攀缘灌木。叶互生，全缘或具齿，羽状脉，稀具近基三出脉，两面或下面常具腺；头状花序小或中等大，排列成顶生或腋生的圆锥状、伞房状或总状，稀单生，具同型的两性花，花少数至多数，稀1个，全部结实；总苞钟状，卵形或近圆球形；总苞片疏松或紧贴，数层至多层，覆瓦状排列；花托平，无毛或稀具短毛；花粉红色或淡紫色，花冠管状，常具腺，管部细，檐部钟状或钟状漏斗状，上端具5裂片；花药顶端尖，基部箭形或钝，具小耳；花柱分枝细，钻形，顶端稍尖，被微毛。瘦果圆柱状或陀螺状，具棱，或具肋，顶端截形，基部常具胼胝质，被短毛或无毛，常具腺；冠毛糙毛状，脱落或宿存，外层极短，多数或少数，刚毛状或鳞片状，或有时无冠毛。本属约有1000种，分布于热带地区。我国有27种，主要分布于西南、华南各地。公安县有1种。

428. 南漳斑鸠菊 *Vernonia nantcianensis* (Pamp.) Hand. -Mazz.

【形态】一年生草本，高50～80厘米。茎直立，上部分枝，有明显的条纹，被疏短柔毛和腺毛。叶互生，薄纸质，卵状椭圆形或披针状椭圆形，长3～10厘米，宽1～5厘米，顶端长渐尖，基部狭成较长的叶柄，边缘中部以上有疏锯齿，上面有疏贴毛或近于无毛，下面沿叶脉有短柔毛；侧脉5～7对，在下面明显；叶柄长约1厘米。头状花序较大，单生于枝顶或叶腋，直径1.3～1.5厘米，梗粗壮，密生短柔毛和腺毛，总苞宽钟状，总苞片4～5层，带紫色，卵形至卵状矩圆形，顶端锐尖，外面密生柔毛；

花筒状，紫色，长12毫米，檐部钟状，5裂，筒部细长。瘦果圆柱形，长约4毫米，有10条纵肋，被微毛；冠毛污褐色，外层短。花果期8—10月。

【生境】多生于山坡林缘。

【分布】分布于章庄铺镇。

【药用部位】全草。

【采收加工】夏、秋季采收，晒干。

【性味】淡，凉。

【功能主治】清热利湿，止血。主治肠炎痢疾、吐血、衄血、便血、牙龈肿痛、黄疸。

图428 南漳斑鸠菊

苍耳属 *Xanthium* L.

一年生草本，粗壮。茎直立，具糙伏毛，柔毛或近无毛，有时具刺，多分枝。叶互生，全缘或多少分裂。有柄。头状花序单性，雌雄同株，在叶腋单生或密集呈穗状，或成束聚生于茎枝的顶端。雄头状花序着生于茎枝的上端，球形，具多数不结果实的两性花；总苞宽半球形，总苞片1～2层，分离，椭圆状披针形，革质；花托柱状，托片披针形，无色，包围管状花；花冠管部上端有5宽裂片；花药分离，上端内弯，花丝结合呈管状，包围花柱；花柱细小，不分裂，上端稍膨大。雌头状花序单生或密集于茎枝的下部，卵圆形，各有2结果实的小花；总苞片两层，外层小，椭圆状披针形，分离；内层总苞片结合呈囊状，卵形，果熟时硬，上端具1～2个坚硬的喙，外面具钩状的刺；雌花无花冠；柱头2深裂，裂片线形，伸出总苞的喙外。瘦果2，倒卵形，藏于总苞内，无冠毛。本属约有25种，主要分布于美洲的北部和中部、欧洲、亚洲及非洲北部。我国有3种，全国均产。公安县有1种。

429. 苍耳 *Xanthium sibiricum* Patrin ex Widder

【形态】一年生草本，高30～90厘米。茎直立，有时基部分枝，绿色或微带紫色，上部间有紫色斑点，被短毛。叶互生，卵状三角形，长4～10厘米，宽3～10厘米，顶端短尖，基部浅心形，边缘具不规则锯齿或3齿裂，裂片边缘再有齿牙状，两面均有贴伏的短粗毛，叶质粗糙，基出3脉明显。花单性，雌雄同株；头状花序顶生或腋生，上部为雄性，下部为雌性；雄性花序球形，有多数不孕的花，苞片1～2层，椭圆状披针形，花托圆管状，有披针形透明膜质鳞片，包于花冠外，花冠管状，先端5齿裂，雄蕊5，花药分离，花丝合成单体，花柱细小，柱头不分裂，发育不完全；雌性花序总苞卵

图429 苍耳

圆形或椭圆形，长 10 ～ 18 毫米，宽 6 ～ 12 毫米，苞片 2 层，外层苞片椭圆状披针形，内层苞片呈囊状，外面密被细毛，有钩刺，长 1.5 ～ 2 毫米，先端有 2 喙，直立，苞内有 2 朵花发育，无花冠，柱头 2 深裂，伸出喙外。瘦果椭圆形，包于囊状苞内；无冠毛。花期 8—9 月，果期 9—10 月。

【生境】多生于荒地、草地或路旁。

【分布】全县广布。

【药用部位】果实及全草。

【采收加工】秋季果实成熟时采摘，晒干。全草于夏季割取，鲜用或晒干。

【化学成分】苍耳子的主要化学成分包括挥发油、脂肪酸类、酚酸及其衍生物、噻嗪类化合物、蒽醌类、黄酮类、生物碱、苍术苷及其衍生物。毒性成分主要为苍术苷、羧基苍术苷。

【药理作用】苍耳具有降血压、抗过敏、抑菌、抗炎、镇痛、抗肿瘤和降血脂等药理作用。

【性味】甘、微苦，温。有小毒。

【功能主治】散风除湿，通鼻窍；主治风寒头痛、鼻渊流涕、风寒湿痹、风疹瘙痒等。

黄鹌菜属 *Youngia* Cass.

一年生或多年生草本。叶羽状分裂或不分裂。头状花序小，极少中等大小，同型，舌状，具少数（5 枚）或多数（25 枚）舌状小花，在茎枝顶端或沿茎排成总状花序、伞房花序或圆锥状伞房花序。总苞钟状或宽圆柱状，总苞 3 ～ 4 层，外层及最外层短，顶端急尖，内层及最内层长，外面顶端无鸡冠状附属物或有鸡冠状附属物。花托平，蜂窝状，无托毛。舌状小花两性，黄色，1 层，舌片顶端截形，5 齿裂；花柱分枝细，花药基部附属物箭头形。瘦果纺锤形，有 10 ～ 15 条纵肋，两端细，不具喙，平滑或有小细点。冠毛 1 列，白色或灰色，宿存。全属约有 40 种，分布于印度、澳大利亚至东亚各地。我国有 37 种，广布。公安县有 1 种。

430. 黄鹌菜 *Youngia japonica* (L.) DC.

【形态】一年生草本，高 20 ～ 90 厘米。茎直立。基生叶丛生，倒披针形，琴状或羽状半裂，长 8 ～ 14 厘米，宽 1.3 ～ 3 厘米，顶裂片较侧裂片稍大，侧裂片向下减小，有深波状齿，无毛或有细软毛，叶柄具翅或有不明显的翅；茎生叶少数，通常 1 ～ 2 片。头状花序小，有 10 ～ 20 朵小花，排列成聚伞状圆锥花序；总花梗细，长 2 ～ 20 毫米；总苞果期钟状，长 4 ～ 7 毫米，外层总苞片 5，极小，三角形或卵形，内层总苞片 8，披针形；舌状花黄色，长 4.5 ～ 10 毫米。瘦果红褐色或褐色，纺锤形，长 2 毫米左右，稍扁平，有 11 ～ 13 条粗细不等的纵肋，冠毛白色。花期 5—7 月。

图 430 黄鹌菜

【生境】生于林间草地及潮湿地、田间与荒地上。

【分布】全县广布。

【药用部位】全草或根。

【采收加工】秋季采收，晒干。

【性味】甘、微苦，凉。

【功能主治】清热解毒，消肿止痛。主治感冒、咽痛、乳腺炎、结膜炎、疮疖、尿路感染、带下、风湿性关节炎。

单子叶植物纲 Monocotyledoneae

一〇八、泽泻科 Alismataceae

多年生，稀一年生，沼生或水生草本；具乳汁或无；具根状茎、匍匐茎、球茎、珠芽。叶基生，直立，挺水、浮水或沉水；叶片条形、披针形、卵形、椭圆形、箭形等，全缘；叶脉平行；叶柄长短随水位深浅有明显变化，基部具鞘，边缘膜质或否。花序总状、圆锥状或圆锥状聚伞花序，稀 1 ~ 3 花单生或散生。花两性、单性或杂性，辐射对称；花被片 6 枚，排成 2 轮，覆瓦状，外轮花被片宿存，内轮花被片易枯萎、凋落；雄蕊 6 枚或多数，花药 2 室，外向，纵裂，花丝分离，向下逐渐增宽，或上下等宽；心皮多数，轮生，或螺旋状排列，分离，花柱宿存，胚珠通常 1 枚，着生于子房基部。瘦果两侧压扁，或为小坚果，多少胀圆。种子通常褐色、深紫色或紫色；胚马蹄形，无胚乳。

本科有 11 属约 100 种，主要产于北半球温带至热带地区，大洋洲、非洲亦有分布。我国有 4 属 20 种。

公安县境内的泽泻科植物有 1 属 1 种。

慈姑属 *Sagittaria* L.

草本，具根状茎、匍匐茎、球茎、珠芽。叶沉水、浮水、挺水；叶片条形、披针形、深心形、箭形，箭形叶有顶裂片与侧裂片之分。花序总状、圆锥状；花和分枝轮生，每轮 (1) 3 数，2 至多轮，基部具 3 枚苞片，分离或基部合生；花两性，或单性；雄花生于上部，花梗细长；雌花位于下部，花梗短粗，或无；雌雄花被片相近似，通常花被片 6 枚，外轮 3 枚绿色，反折或包果；内轮花被片花瓣状，白色，稀粉红色，或基部具紫色斑点，花后脱落，稀枯萎宿存；雄蕊 9 至多数，花丝不等长，长于或短于花药，花药黄色，稀紫色；心皮离生，多数，螺旋状排列。瘦果两侧压扁，通常具翅，或无。种子发育或否，马蹄形，褐色。全属约有 30 种，广布于世界各地，多数种类集中于北温带，少数种类分布于热带或近于北极圈。我国已知有 9 种。公安县有 1 种。

431. 野慈姑 *Sagittaria trifolia* L.

图 431 野慈姑

【形态】多年生水生草本，有纤匐枝，枝端大而成球茎，第二年春由此而长出新植株。叶具长柄，长达 20 ～ 50 厘米，三棱形，基部扩大对折；叶片变化极大，沉水的狭带形，浮水的常为卵形或近戟形，突出水面的戟形，长 5 ～ 20 厘米，阔或狭，先端钝或短尖，基部裂片多少向两侧开展呈燕尾状，裂片先端细长尾尖，主脉 5 ～ 7 条。总状花序或圆锥花序顶生，3 ～ 5 轮，每轮有花 3 ～ 5 朵，下轮的为雌花，具短梗；上轮的为雄花，有较长的梗；苞片短，披针形，短尖或钝，基部连合，花直径约 18 厘米；萼片 3，卵形，钝；花瓣 3，白色，基部带紫色，近圆形，较萼片大；雄蕊多数，花药紫堇色；心皮多数，聚集于花托上，离生。瘦果斜倒卵形，先端短锐尖，扁平，两面有薄翅。花果期 5—10 月。

【生境】生于小河沟边。

【分布】分布于埠河镇。

【药用部位】球茎。

【采收加工】秋季初霜后，茎叶黄枯，球茎充分成熟，自此至翌春发芽前，可随时采收。采收后，洗净，鲜用或晒干。

【性味】苦、甘，凉。

【功能主治】清热止血，解毒消肿，通淋。主治咯血、吐血、难产、胎衣不下、崩漏带下、小儿丹毒、瘤肿疱毒、毒蛇咬伤、淋证。

一〇九、水鳖科 Hydrocharitaceae

一年生或多年生淡水和海水草本，沉水或漂浮水面。根扎于泥里或浮于水中。茎短缩，直立，少有匍匐。叶基生或茎生，基生叶多密集，茎生叶对生、互生或轮生；叶形、大小多变；叶柄有或无；托叶有或无。佛焰苞合生，稀离生，无梗或有梗，常具肋或翅，先端多为 2 裂，其内含 1 至数朵花。花辐射对称，稀为左右对称；单性，稀两性，常具退化雌蕊或雄蕊。花被片离生，3 枚或 6 枚，有花萼花瓣之分，或无花萼花瓣之分；雄蕊 1 至多枚，花药底部着生，2 ～ 4 室，纵裂；子房下位，由 2 ～ 15 枚心皮合生，1 室，侧膜胎座，有时向子房中央突出，但从不相连；花柱 2 ～ 5 枚，常分裂为 2；胚珠多数，倒生或直生，珠被2层。果实肉果状，果皮腐烂开裂。种子多数，形状多样；种皮光滑或有毛，有时具细刺瘤状突起；胚直立，胚芽极不明显，海生种类有发达的胚芽，无胚乳。

本科有17属约80种，广泛分布于热带、亚热带，少数分布于温带。我国有9属20种4变种，主要分布于长江以南各省（区），东北、华北、西北地区亦有少数种类。

公安县境内的水鳖科植物有1属1种。

水鳖属 *Hydrocharis* L.

浮水草本。匍匐茎横走，先端有芽。叶漂浮或沉水，稀挺水；叶片卵形、圆形或肾形，先端圆或急尖，基部心形或肾形，全缘，有的种在远轴面中部具有广卵形的垫状储气组织；叶脉弧形，5条或5条以上；具叶柄和托叶。花单性，雌雄同株；雄花序具梗，佛焰苞2枚，内含雄花数朵；萼片3，花瓣3，白色；雄蕊6～12枚，花药2室，纵裂；雌佛焰苞内生花1朵；萼片3，花瓣3，白色，较大；子房椭圆形，不完全6室，花柱6，柱头扁平，2裂。果实椭圆形至圆形，有6肋，在顶端呈不规则开裂。种子多数，椭圆形。本属有3种，均属地区隔离种。我国产1种。公安县有1种。

432. 水鳖 *Hydrocharis dubia* (Bl.) Backer

【形态】浮水草本，须根长可达30厘米。匍匐茎发达，节间长3～15厘米，先端产生越冬芽。叶簇生；叶柄长1～8厘米；叶片圆形或心形，长4.5～5厘米，宽5～5.5厘米，全缘，叶背面有蜂窝状储气组织，并具气孔。花单性，雌雄同株，生于叶腋；雄花序腋生，花序梗长0.5～3.5厘米，叶状佛焰苞2，具红紫色条纹，苞内雄花5～6朵，花梗长5～6.5厘米，萼片3，具红色斑点，花瓣3，黄色，雄蕊12枚；雌花白色，单生于佛焰苞内，花被和雄花同数，具成对的6枚退化雄蕊，子房下位，卵形，6室，柱头6，线形，先端2裂。果实浆果状，倒卵形，内具种子多枚。花果期8—10月。

图432 水鳖

【生境】生于静水池沼中。

【分布】全县广布。

【药用部位】全草。

【采收加工】春、夏季采收，鲜用或晒干。

【性味】苦，寒。

【功能主治】清热利湿。主治湿热带下。

一一〇、百合科 Liliaceae

通常为具根状茎、块茎或鳞茎的多年生草本，很少为亚灌木、灌木或乔木状。叶基生或茎生，后者多为互生，较少为对生或轮生，通常具弧形平行脉，极少具网状脉。花两性，很少为单性异株或杂性，通常辐射对称，极少稍两侧对称；花被片6，少有4或多数，离生或不同程度合生（成筒），一般为花冠状；雄蕊通常与花被片同数，花丝离生或贴生于花被筒上；花药基着或丁字状着生；药室2，纵裂，较少汇合成一室而为横缝开裂；心皮合生或不同程度离生；子房上位，极少半下位，一般3室（很少为2室、4室、5室），具中轴胎座，少有1室而具侧膜胎座；每室具1至多数倒生胚珠。果实为蒴果或浆果，较少为坚果。种子具丰富的胚乳，胚小。

本科约有230属3500种，广布于全世界，特别是温带和亚热带地区。我国产60属约560种，分布遍及全国。

公安县境内的百合科植物有9属13种。

1. 植株具长或短的根状茎，不具鳞茎。

  2. 叶退化为鳞片状；枝条变为小而狭长的绿色叶状枝；花或花序生于叶状枝腋内……………………天门冬属 *Asparagus*

  2. 叶不退化为鳞片状；枝条不变为叶状枝。

    3. 通常为多分枝的或攀缘的灌木，极少为草本；叶具网状脉；花单性，雌雄异株，通常排成伞形花序……………………………………………………菝葜属 *Smilax*

    3. 通常为草本，很少茎木质化；叶具平行脉；花两性，通常排成总状花序或圆锥花序。

      4. 果实在未成熟前即已作不整齐开裂，露出幼嫩的种子……………………………………山麦冬属 *Liriope*

      4. 果实为浆果或蒴果，成熟前不开裂，成熟种子不为核果状。

        5. 叶多枚，基生或近基生；茎极短，茎生叶不发达……………………………………萱草属 *Hemerocallis*

        5. 植株有明显直立的茎，茎上有互生、对生或轮生的叶，无基生叶……………………………黄精属 *Polygonatum*

1. 植株具鳞茎，鳞茎膨大成球形或卵形，或呈近圆柱状。

  6. 植株通常有葱蒜气味；花排成伞形花序，在未开放前花序为总苞所包……………………………………葱属 *Allium*

  6. 植株一般无葱蒜气味；花单生或排成花序，通常是总状花序。

    7. 花药基着或背着。

      8. 花较大，少数，花被片脱落……………………………………………………郁金香属 *Tulipa*

      8. 花小，多数，排成密集的总状花序，花被片宿存……………………………………绵枣儿属 *Scilla*

    7. 花药“丁”字形着生……………………………………………………………百合属 *Lilium*

葱属 *Allium* L.

多年生草本，绝大部分的种具特殊的葱蒜气味；具根状茎或根状茎不甚明显；地下部分的肥厚叶鞘形成鳞茎，鳞茎形态多样，从圆柱状直到球状，最外面的为鳞茎外皮，质地多样，可为膜质、革质或纤维质；须根从鳞茎基部或根状茎上长出，通常细长，在有的种中则增粗，肉质化，甚至呈块根状。叶形多样，从扁平的狭条形至卵圆形，从实心到空心的圆柱状，基部直接与闭合的叶鞘相连，无叶柄或少数种类叶片基部收狭为叶柄，叶柄再与闭合的叶鞘相连。花葶从鳞茎基部长出，有的生于中央，有的侧生，露出地面的部分被叶鞘或裸露；伞形花序生于花葶的顶端，开放前为一闭合的总苞所包，开放时总苞单侧开裂或2至数裂，早落或宿存；小花梗无关节，基部有或无小苞片；花两性，极少退化为单性（但仍可见到退化的雌蕊、雄蕊）；花被片6，排成2轮，分离或基部靠合呈管状；雄蕊6枚，排成2轮，花丝全缘或基部扩大而每侧具齿，通常基部彼此合生并与花被片贴生，有时合生部位较高而呈筒状；子房3室，每室一至数胚珠，沿腹缝线的部位具蜜腺，蜜腺的位置多在腹缝线基部，蜜腺的形状多样，有的平坦，有的凹陷，有的具帘，有的隆起，等等，花柱单一；柱头全缘或3裂。蒴果室背开裂。种子黑色，多棱形或近球状。本属植物花葶上不具叶或叶状苞片；伞形花序生于花葶顶端，花序开放前为一闭合的总苞所包，开放时总苞破裂。很容易与本科其他各属区分。本属约有500种，分布于北半球。我国有110种。公安县有4种。

1. 叶狭线形至线状披针形，扁平；雄蕊比花被片短或长。
    2. 鳞茎近球形，由数个肉质瓣状的小鳞茎（蒜瓣）紧密排列组成；伞形花序密生珠芽，花常为粉红色 ······ 蒜 *A. sativum*
    2. 鳞茎狭卵形、长圆形或圆柱状，不分成蒜瓣；花序无珠芽，花白色或微带红色 ······ 韭 *A. tuberosum*
1. 叶狭线形、线形或线状披针形，或为圆管状，无叶柄。
    3. 叶中下部膨大，向上渐狭；花白色；鳞茎圆柱状或不显著膨大 ······ 葱 *A. fistulosum*
    3. 叶中下部不膨大；花红色至粉红色；鳞茎近球形 ······ 薤白 *A. macrostemon*

433. 葱 *Allium fistulosum* L.

【形态】多年生草本，高可达50厘米，全株具强烈辛辣味。鳞茎圆柱状，先端稍肥大，鳞片成层，白色，上具白色纵纹，须根多数，白色，丛生。叶基生，圆柱形，中空，长达50厘米，直径1.5～2厘米，先端尖，中部最粗，绿色，具纵纹，基部稍细；叶鞘浅绿色。花茎从叶丛中抽出，通常单一，长可达50厘米，中下部膨大，中空，绿色，有纵纹；伞形花序顶生，环状，花多而密集，初生时包以白色膜质囊状苞片，卵形或卵状披针形；小花梗与花被近等长；花被片6枚，披针形，白色，外轮3枚较短小，内

图433　葱

轮3枚较大，花被片中央有一条纵脉；雄蕊6，花丝伸出花被外，花药黄色，丁字着生；子房上位，3浅裂，球形，3室，花柱超出花被外，柱头小。蒴果三棱形，种子黑色，三角状半圆形。花期7—9月，果期8—10月。

【生境】栽培。

【分布】全县广布。

【药用部位】鳞茎及全株捣取的汁液。鳞茎入药称“葱白”。

【采收加工】采挖后切去须根及叶，剥取外膜。汁液经压榨鳞茎、叶而取得。

【化学成分】葱含挥发油（主要成分为蒜素）、二烯丙基硫醚、维生素C、维生素B_1、维生素B_2、维生素A、烟碱、脂肪油（含棕榈酸、硬脂酸、亚油酸）、黏液质（主要成分为纤维素、半纤维素、原果胶、水溶性果胶）。

【药理作用】葱具有抗真菌、抗肿瘤、解痉、降血糖、降血脂等多种生物活性。

【性味】辛，温。

【功能主治】鳞茎：发表，通阳，解毒，利尿；主治感冒头痛、鼻塞、阴寒腹痛、痈肿、痢疾、小便不利。汁液：散瘀，解毒，驱虫；主治头痛、衄血、尿血、蛔虫病、痈肿、跌打损伤。

434. 薤白 *Allium macrostemon* Bunge

【别名】小根葱。

【形态】多年生草本，高达70厘米。鳞茎卵圆形或近球形，外有白色膜质鳞皮，后变黑色。叶3～5枚，半圆柱状，或因背部纵棱发达而为三棱状半圆柱形，中空，上面具沟槽，先端渐尖，基部鞘状抱茎，长达40厘米，宽约4毫米，无毛。花茎从叶丛中抽出，单一，直立，平滑无毛；总苞2列，比花序短；伞形花序顶生，多数小花密集而近球形，间或有珠芽或有时全为珠芽；小花梗近等长，长约2厘米。基部具小苞片，珠芽暗紫色，基部亦有小苞片，花被6，长圆状披针形，淡紫粉红色或淡紫色，长4～5.5厘米，宽1.2～2毫米，内轮的常较狭；雄蕊6，长于花被，花丝细长，在基部合生花并与花被片贴生，分离部分的基部呈狭三角形扩大，向上渐狭呈锥形，内轮的基部约为外轮基部宽的1.5倍；雌蕊1，子房上位，近球状，腹缝线基部具有窄的凹陷蜜穴，3室，花柱线形，伸出花被外。蒴果倒卵形，先端凹入，果梗通常1.5厘米左右。花期6—8月，果期7—9月。

图434 薤白

【生境】生于田间、荒土中，尤喜生于刚荒的土中。

【分布】分布于甘家厂乡、杨家厂镇、章庄铺镇、埠河镇、毛家港镇。

【药用部位】干燥鳞茎。

【采收加工】春、夏季采集，除去茎叶及须根，洗净，用沸水煮透，晒干或烘干。

【化学成分】薤白含挥发油，其中有多种含硫化合物。鳞茎含蒜氨酸、甲基蒜氨酸、大蒜糖。

【药理作用】薤白具有抑制血小板凝聚、抑菌及干扰花生四烯酸代谢的作用等。

【性味】辛、苦，温。

【功能主治】理气，宽胸，导滞，通阳，散结。主治胸痹疼痛、脘痞不舒、痰饮咳嗽、泻痢后重、干呕、疮疖。

435. 蒜 *Allium sativum* L.

【形态】多年生草本，全株具强烈臭辣味。鳞茎多为球形，具6～10瓣外包灰白色或淡棕色干膜质鳞被，有10～20条须根，白色。叶数片基生，线状披针形，长可达50厘米，宽可达2.5厘米，灰绿色，基部鞘状。花茎高约60厘米，直立，圆柱形；佛焰苞有长喙，长7～10厘米；伞形花序顶生，具膜质苞片1～3枚，长8～10厘米，浅绿色，花小而密集，花间杂以淡红色珠芽，长4厘米，或无珠芽；花梗细，长于花，花被片6，粉红色，椭圆状披针形；雄蕊6，白色，花药突出；雌蕊1，子房上位，长椭圆状卵形，先端凹入，花柱突出。蒴果白色，1室开裂，种子黑色。花期夏季。

图435 蒜

【生境】栽培。

【分布】全县广布。

【药用部位】鳞茎。

【采收加工】5月叶枯时采挖，悬通风处晾干或鲜用。

【化学成分】蒜含挥发油（主要成分为大蒜辣素）、蒜氨酸、环蒜氨酸、蛋白质、脂肪、粗纤维、钙、磷、铁、维生素 B_1、维生素 B_2、维生素 B_3、维生素 C。

【药理作用】蒜具有抗心肌缺血、降血脂、抗氧化、清除自由基、抗肿瘤、抗病原微生物的药理作用。

【性味】辛，温。

【功能主治】健胃，止痢，解毒，杀虫。主治下气、消谷、除风、止痢、散痈等。

436. 韭 *Allium tuberosum* Rottler ex Sprengel

【形态】多年生草本，高20～45厘米，有较强烈类葱蒜香气。鳞茎圆柱状，3～5个丛生于根茎；鳞被灰色网状纤维质。根茎横卧，生多数须根。叶基生，4～5片一束，长线形，扁平，长10～27厘米，宽1.5～9毫米，先端锐尖，边缘粗糙，全缘，光滑无毛，深绿色。花茎从叶丛中抽出，长30～50厘米，三棱形，基部具少数叶；伞形花序顶生，有花20～40朵，总苞膜质，白色，1～3片，基部合生，先端锐尖；花梗较花长；花被基部稍合生，裂片6，白色，长圆形，排列为2轮，互生；雄蕊6，花丝较花被为短，中部以下扩大，花药黄色；雌蕊1，子房上位，3室，三棱状。蒴果倒心形，有3条钝圆状浅裂，基部有宿存花被，绿色，长4～5毫米，直径约4毫米，种子黑色，扁平，略呈半卵圆形，边缘具棱。花期6—7月，果期7—9月。

【生境】栽培。

【分布】全县广布。

【药用部位】种子、根及根茎、叶。

【采收加工】秋季果实成熟后采收，将果实摘下，晒干，搓出种子，筛尽果皮及杂质。根、根茎、叶冬季采收，洗净泥土，鲜用。

图436 韭

【化学成分】种子含生物碱，皂苷。根、根茎、叶含硫化物、苷类、苦味质。

【性味】甘，温。

【功能主治】种子：补肝肾，暖腰膝，壮阳固精；主治阳痿遗精、腰膝酸痛、遗尿、尿频、泻痢、白浊带下。

根、根茎、叶：温中，行气，散瘀；主治胸痹、食积腹胀、赤白带下、吐血、衄血、癣疮、跌打损伤。

天门冬属 *Asparagus* L.

多年生草本或半灌木，直立或攀缘，常具粗厚的根状茎和稍肉质的根，有时有纺锤状的块根。小枝近叶状，称叶状枝，扁平、锐三棱形或近圆柱形而有几条棱或槽，常多枚成簇；在茎、分枝和叶状枝上有时有透明的乳突状细齿，称软骨质齿。叶退化呈鳞片状，基部多少延伸成距或刺。花小，每1～4朵腋生或多朵排成总状花序或伞形花序，两性或单性，有时杂性，在单性花中雄花具退化雌蕊，雌花具6枚退化雄蕊；花梗一般有关节；花被钟形、宽圆筒形或近球形；花被片离生，少有基部稍合生；雄蕊着生于花被片基部，通常内藏，花丝全部离生或部分贴生于花被片上；花药矩圆形、卵形或圆形，基部2裂，背着或近背着，内向纵裂；花柱明显，柱头3裂；子房3室，每室2至多个胚珠。浆果较小，球形，基部有宿存的花被片，有1至几粒种子。本属约有300种，除美洲外，全世界温带至热带地区都有分布。我国有24种和一些外来栽培种，广布于全国各地。公安县有1种。

437. 天门冬 *Asparagus cochinchinensis* (Lour.) Merr.

【别名】天冬。

【形态】多年生攀缘草本，全株光滑无毛。块根多数，肉质，丛生，长椭圆形或纺锤形，长4～10厘米，外皮灰黄色。茎常扭曲，长1～2米，多分枝，有纵槽纹。叶状枝2～4束生于叶腋，扁平，具棱，长1～2.5厘米，少数可达3厘米，宽1毫米左右；条形或狭条形，稍弯曲，先端锐尖。叶退化呈鳞片状，主茎上的鳞状叶变为下弯的短刺。花 1 ～ 3 朵簇生叶腋，下垂，黄白色或白色；花梗中部有关节；花被片 6，排列 2 轮，长卵形或卵状椭圆形，长约 2 毫米；雄蕊 6，着生于花被管基部，花药呈“丁”字形；雌蕊 1，子房 3 室，柱头 3 歧。浆果球形，直径约 6 毫米，成熟后红色；种子 1 粒。花期 5 月。

【生境】生于林中较深的草丛中或田边灌丛中。

【分布】分布于章庄铺镇、黄山头镇。

【药用部位】块根。

【采收加工】秋、冬季采挖，除去茎基和须根，置沸水中煮或蒸至透心，趁热除去外皮，洗净，烘干。

图 437 天门冬

【化学成分】天门冬含天冬酰胺、黏液质、β－谷甾醇、甾体皂苷等。所含苦味成分为甾体皂苷，由菝葜皂苷元、鼠李糖、木糖、葡萄糖组成。

【药理作用】天门冬具有镇咳、祛痰、平喘、抗炎、免疫调节等作用。

【性味】甘、苦，寒。

【功能主治】养阴清热，润肺生津。主治肺燥干咳、虚劳咳嗽、咳嗽吐血、津伤口渴、心烦失眠、消渴、肠燥便秘、白喉、疮疡肿毒等。

萱草属 *Hemerocallis* L.

多年生草本，具很短的根状茎；根常多少肉质，中下部有时有纺锤状膨大。叶基生，2 列，带状。花葶从叶丛中央抽出，顶端具总状或假二歧状的圆锥花序，较少花序缩短或只具单花；苞片存在，花梗一般较短；花直立或平展，近漏斗状，下部具花被管；花被裂片 6，明显长于花被管，内 3 片常比外 3 片宽大；雄蕊 6，着生于花被管上端；花药背着或近基着；子房 3 室，每室具多数胚珠；花柱细长，柱头小。蒴果钝三棱状椭圆形或倒卵形，表面常略具横皱纹，室背开裂。种子黑色，约十几个，有棱角。本属约有 14 种，主要分布于亚洲温带至亚热带地区，少数也见于欧洲。我国有 11 种，有些种类被广泛栽培，供食用和观赏。公安县有 1 种。

438. 萱草 *Hemerocallis fulva* (L.) L.

【形态】多年生草本，高 30 ～ 100 厘米。根茎粗短，丛生多数肉质纤维根，多数膨大呈纺锤形。叶基生成丛，线形，长 60 ～ 100 厘米，宽 2.5 ～ 4 厘米，先端渐尖，基部抱茎，全缘，主脉明显，在背面隆起，背面被白粉。花茎自叶丛中抽出，高出叶面，圆柱状；花 6 ～ 12 朵顶生，集成伞房花序，两歧；花梗长约 2 厘米，苞片短卵状三角形或披针形，花橘红色或黄红色，长 7 ～ 12 厘米，花被下部管状，长达 2.5 厘米，上部钟状，先端 6 裂，裂片长椭圆形，开展，向外反卷，排成 2 轮，外轮 3 片，宽 1 ～ 2 厘米，内轮 3 片，宽约 2.5 厘米，边缘稍呈波状；雄蕊 6，伸出花被外，着生于花被喉部，花丝线形，花药多少呈“丁”字形；

子房上位，花柱伸出，上弯，比雄蕊长。蒴果长圆形，长 5 ～ 10 厘米，具钝棱，成熟时开裂，种子有棱，黑色，光亮。花期 6—8 月。

【生境】生于阴凉、潮湿处，多为栽培。

【分布】全县广布。

【药用部位】根及花蕾。

【采收加工】根于夏、秋季采挖，除去茎叶，洗净，晒干或鲜用。花蕾在夏初生长茂盛、花蕾出现时采摘，晒干。

【药理作用】萱草具有抗氧化、抗肿瘤、抗抑郁、肝保护、抗寄生虫、分解脂肪等作用。

图 438 萱草

【性味】甘，凉。

【功能主治】根：清热解毒，利湿，利尿，通乳；主治乳痈、无名肿毒、腮腺炎、黄疸、水肿、淋证、缺乳。

花蕾：利湿热，宽胸膈；用于小便赤涩、黄疸、胸膈烦热、失眠、痔疮便血。

百合属 *Lilium* L.

鳞茎卵形或近球形；鳞片多数，肉质，卵形或披针形，无节或有节，白色，少有黄色。茎圆柱形，具小乳头状突起或无，有的带紫色条纹。叶通常散生，较少轮生，披针形、矩圆状披针形、矩圆状倒披针形、椭圆形或条形，无柄或具短柄，全缘或边缘有小乳头状突起。花单生或排成总状花序，少有近伞形或伞房状排列；苞片叶状，但较小；花常有鲜艳色彩，有时有香气；花被片 6，2 轮，离生，常多少靠合而呈喇叭形或钟形，较少强烈反卷，通常披针形或匙形，基部有蜜腺，蜜腺两边有乳头状突起或无，有的还有鸡冠状突起或流苏状突起；雄蕊 6，花丝钻形，有毛或无毛，花药椭圆形，背着，“丁”字形；子房圆柱形，花柱一般较细长；柱头膨大，3 裂。蒴果矩圆形，室背开裂。种子多数，扁平，周围有翅。本属约有 80 种，分布于北温带。我国有 39 种，其中 3 个种原变种不产我国，南北地区均有分布，尤以西南和华中地区较多。公安县有 1 种。

439. 百合 *Lilium brownii* var.*viridulum* Baker

【形态】多年生草本。鳞茎球形，白色，暴露部分带紫色，肉质，先端鳞片常开放如荷花状，长 3.5 ～ 5 厘米，直径 3 ～ 4 厘米，下面着生多数须根。茎直立，圆柱形，不分枝，光滑无毛，常带褐紫色斑点。叶互生，无柄；叶片倒披针形至倒卵形，长 4.5 ～ 15 厘米，宽 8 ～ 20 毫米，先端渐尖，基部渐狭，全缘或微波状，具平行脉 5 条。花大，单生于茎顶，少有 1 朵以上者；花梗长 3 ～ 10 厘米；花被漏斗状，乳白色或带淡棕色，裂片 6，倒卵形，向外张开或稍反卷，长 13 ～ 20 厘米，宽 2.5 ～ 3.5 厘米。蜜腺两边具小乳头状突起；雄蕊 6，花丝细长，花药线形，“丁”字形着生；雌蕊 1，子房圆柱形，上位，3 室，每室有胚珠多数，花柱细长，柱头膨大，盾状。蒴果长卵圆形，室间开裂，绿色，种子多数扁平，围以三角形翅。花期6—8月，果期9月。

【生境】栽培。

【分布】分布于狮子口镇。

【药用部位】鳞茎。

【采收加工】秋季采挖，除去地上部分，洗净，剥取鳞片，置沸水中略烫，晒干或烘干。

【化学成分】百合鳞茎含秋水仙碱等多种生物碱、蛋白质、脂肪和多种糖。

【药理作用】百合具有止咳祛痰、镇静催眠、免疫调节、抗肿瘤、抗氧化、抗炎、抗应激损伤、抗抑郁、降血糖及抑菌等药理作用。

【性味】甘、微苦，平。

【功能主治】润肺止咳，清心安神。主治阴虚久嗽、咳唾脓血、热病后余热未清、虚烦惊悸、神志恍惚等。

图439　百合

山麦冬属 *Liriope* Lour.

多年生草本。根状茎很短，有的具地下匍匐茎；根细长，有时近末端呈纺锤状膨大。茎很短。叶基生，密集成丛，禾叶状，基部常为具膜质边缘的鞘所包裹。花葶从叶丛中央抽出，通常较长，总状花序具多数花；花通常较小，几朵簇生于苞片腋内；苞片小，干膜质；小苞片很小，位于花梗基部；花梗直立，具关节；花被片6，分离，2轮排列，淡紫色或白色；雄蕊6枚，着生于花被片基部；花丝稍长，狭条形；花药基着，2室，近于内向开裂；子房上位，3室，每室具2胚珠；花柱三棱柱形，柱头小，略具3齿裂。果实在发育的早期外果皮即破裂，露出种子。种子1粒或几粒同时发育，浆果状，球形或椭圆形，早期绿色，成熟后常呈暗蓝色。本属约有8种，分布于亚洲东部。我国有6种，主要产于秦岭以南各省（区），华北地区也有。公安县有1种。

440. 山麦冬 *Liriope spicata* (Thunb.) Lour.

【别名】土麦冬。

【形态】多年生草本，植株有时丛生。根状茎短，有地下走茎；根稍粗，直径1～2毫米，有时分枝多，近末端处常膨大成矩圆形、椭圆形或纺锤形的肉质小块根。密集丛生，禾叶状，长25～60厘米，宽4～8毫米，先端急尖或钝，基部常包以褐色的叶鞘，上面深绿色，背面粉绿色，具5条脉，中脉比较明显，边缘具细锯齿。花葶通常长于或几等长于叶，少数稍短于叶，长25～65厘米；总状花序长6～15厘米，具多数花；花通常（2）3～5朵簇生于苞片腋内；苞片小，披针形，最下面的长4～5毫米，干膜质；花梗长约4毫米，关节位于中部以上或近顶端；花被片矩圆形、矩圆状披针形，长4～5

毫米，先端钝圆，淡紫色或淡蓝色；花丝长约2毫米；花药狭矩圆形，长约2毫米；子房近球形，花柱长约2毫米，稍弯，柱头不明显。种子近球形，直径约5毫米。花期5—8月，果期8—11月。

【生境】生于水沟、山坡阴湿处、路旁。

【分布】全县广布。

【药用部位】块根。

【采收加工】夏初采挖，洗净，反复暴晒、堆置，至近干，除去须根，干燥。

【性味】甘、微苦，微寒。

图440 山麦冬

【功能主治】养阴生津，润肺清心。主治肺燥干咳、阴虚痨嗽、喉痹咽痛、津伤口渴、内热消渴、心烦失眠、肠燥便秘等。

黄精属 *Polygonatum* Mill.

具根状茎草本。茎不分枝，基部具膜质的鞘，直立，或上端向一侧弯拱而叶偏向另一侧（某些具互生叶的种类），或上部有时为攀缘状（某些具轮生叶的种类）。叶互生、对生或轮生，全缘。花生叶腋间，通常集生似伞形、伞房或总状花序；花被片6，下部合生成筒，裂片顶端外面通常具乳突状毛，花被筒基部与子房贴生，呈小柄状，并与花梗间有一关节；雄蕊6，内藏；花丝下部贴生于花被筒，上部离生，似着生于花被筒中部上下，丝状或两侧扁，花药矩圆形至条形，基部2裂，内向开裂；子房3室，每室有2～6颗胚珠，花柱丝状，多数不伸出花被之外，很少有稍稍伸出的，柱头小。浆果近球形，具几粒至10余粒种子。本属约有40种，广布于北温带。我国有31种。公安县有1种。

441. 玉竹 *Polygonatum odoratum* (Mill.) Druce

【形态】多年生草本，高40～50厘米，根茎横走，黄白色，长圆柱形，直径5～15毫米，肥厚多节，节间长，密生多数细小须根。茎单一，向一边倾斜，具纵棱，光滑无毛，绿色，有时稍带紫红色。单叶互生于茎的中部以上，叶2列，叶柄极短或无柄，叶片略带革质，椭圆形或狭椭圆形，长6～12厘米，宽3～6厘米，先端钝尖或急尖，基部楔形，全缘，上面绿色，下面淡粉白色；叶脉隆起。花腋生，花梗长1～1.4厘米，俯垂，着生花1～2朵；无苞片；花被筒状，长1.4～1.8厘米，白色，先端6裂，裂片卵圆形或广卵形，带淡绿色；雄蕊6，着生于花被筒的中央，花丝扁平，白色，花药狭长圆形，黄色不外露；子房上位，3室，花柱细长，柱头头状。浆果球形，直径7～10毫米，成熟后紫黑色。花期4—5月，果期8—9月。

【生境】生于林中阴凉处或栽培。

【分布】分布于章庄铺镇、甘家厂乡。

【药用部位】根状茎。

【采收加工】秋季采挖，除去须根，洗净，晒至柔软后，反复搓揉至无硬心，晒干。

【化学成分】根茎含铃兰毒苷、槲皮苷、维生素 A、淀粉及黏液质等。

【药理作用】玉竹具有抗氧化、降血糖、抗肿瘤、调节免疫、抑菌、护肝、抗疲劳、抗炎等药理作用。

【性味】甘，微寒。

【功能主治】养阴润燥，生津止渴。主治热病伤阴、燥热咳嗽、咽干口渴、虚劳发热、内热消渴、小便频数等。

图 441　玉竹

绵枣儿属 *Scilla* L.

鳞茎具膜质鳞茎皮。叶基生，条形或卵形。花葶不分枝，直立，具总状花序；花小或中等大，花梗有关节（有时由于关节位于顶端而不明显），苞片小；花被片 6，离生或基部稍合生；雄蕊 6，着生于花被片基部或中部，花药卵形至矩圆形，背着，内向开裂；子房 3 室，通常每室具 1 ～ 2 个胚珠，较少达 8 ～ 10 个胚珠，花柱丝状，柱头很小。蒴果室背开裂，近球形或倒卵形，通常具少数黑色种子。本属约有 90 种，广布于欧洲、亚洲和非洲的温带地区，少数也见于热带山地。我国产 1 种 1 变种。公安县有 1 种。

442. 绵枣儿　*Scilla scilloides* (Lindl.) Druce

【形态】多年生草本，高 10 ～ 30 厘米。鳞茎卵圆形或近球形，直立，长 2 ～ 5 厘米，宽 1 ～ 3 厘米，外被黑褐色或棕黄色的鳞片叶，内包数层白色肉质鳞叶，下生多数白色须根。叶基生，通常 2 ～ 5 片，窄条形，长 15 ～ 20 厘米，宽 5 ～ 8 毫米，质柔软，有黏液。花茎从叶丛中抽出，通常比叶长，长 30 ～ 45 厘米；总状花序长 2 ～ 20 厘米，花多数，粉红色至白色，直径 4 ～ 5 毫米，在花梗顶端脱落；花梗长 5 ～ 12 毫米，基部有 1 ～ 2 枚小苞片，线形，长约为花梗一半；花被 6 裂，裂片长圆形、倒卵形或狭椭圆形，长 2.5 ～ 4 毫米，宽约 1.2 毫米，基部稍合生呈盘状，先端增厚；雄蕊 6；比花被片稍短，着生于花被片基部，花丝近披针形，基部扁平扩大稍合生，中部以上骤然变窄；子房近球形，上位，3 室，每室有 1 个胚珠。蒴果倒卵形，长 3 ～ 6 毫米，宽 2 ～ 4 毫米，种子多数，黑色，矩圆状狭倒卵形。花果期 7—11 月。

图 442　绵枣儿

【生境】生于草地、路旁或林缘。

【分布】分布于章庄铺镇。

【药用部位】鳞茎及全草。

【化学成分】绵枣儿具有三萜皂苷、高异黄酮、生物碱、二苯乙烯等多种化合物。

【药理作用】绵枣儿具有抗菌、抗炎、抗氧化、抗肿瘤等作用。

【性味】甘、苦，寒。有小毒。

【功能主治】清热解毒，消肿止痛。主治痈疮肿毒、乳腺炎、毒蛇咬伤、跌打损伤、腰腿疼痛、牙痛、筋骨痛、心源性水肿。

菝葜属 *Smilax* L.

攀缘或直立小灌木，常绿或有时落叶，极少为草本，常具坚硬的根状茎。枝条圆柱形或有时四棱形，常有刺，有时有疣状突起或刚毛。叶为 2 列的互生，全缘，具 3 ～ 7 主脉和网状细脉；叶柄两侧边缘常具或长或短的翅状鞘，鞘的上方有一对卷须或无卷须，向上至叶片基部一段有一色泽较暗的脱落点，由于脱落点位置不同，在叶片脱落时或带着一段叶柄，或几乎不带叶柄。花小，单性异株，通常排成单个腋生的伞形花序，较少若干个伞形花序又排成圆锥花序或穗状花序；腋生花序的基部有时有一枚和叶柄相对的鳞片（先出叶）；花序托常膨大，有时稍伸长，而使伞形花序多少呈总状；花被片 6，离生，有时靠合；雄花通常具 6 枚雄蕊，极少为 3 枚或多达 18 枚（中国不产）；花药基着，2 室，内向，通常在靠近药隔的一侧开裂；雌花具（1）3 ～ 6 枚丝状或条形的退化雄蕊，极少无退化雄蕊；子房 3 室，每室具 1 ～ 2 个胚珠，花柱较短，柱头 3 裂。浆果通常球形，具少数种子。本属约有 300 种，广布于热带地区，也见于东亚和北美的温暖地区，少数种类产地中海一带。我国有 60 种和一些变种，大多数分布于长江以南各省（区）。公安县有 2 种。

1. 灌木；茎木质，实心，无髓，干后不凹瘪；茎疏生刺，小枝条几无刺；果熟时红色……………………………菝葜 *S.china*
1. 草本；茎中空而有髓，干后凹瘪并有槽；茎和枝条无刺；果熟时黑色……………………………………………牛尾菜 *S. riparia*

443. 菝葜　*Smilax china* L.

【形态】落叶攀缘灌木。根茎横走，呈不规则的棱角状或结节状，木质，肥厚坚硬，棕色，疏生须根。茎圆形，坚硬，长可达 2 米以上，有倒生或平出的疏硬刺，具少数分枝。叶互生，叶柄长 4 ～ 20 毫米，近中部有卷须 2 条，下半部具鞘；叶片革质，有光泽，圆形、卵形至广椭圆形，长 5 ～ 12 厘米，宽 2.5 ～ 10 厘米，先端突尖和浑圆，基部近圆形、心形或宽楔形，全缘，两面无毛，下面微苍白，有 3 ～ 5 条明显的主脉。花单性，雌雄异株；伞形花序腋生，总花

图 443　菝葜

梗长 1 ～ 3 厘米，苞片卵状披针形；花被裂片 6，排列成 2 轮，矩圆形，黄绿色；雄花直径约 6 毫米，雄蕊 6，花丝短，长约 4 毫米，花药黄色；雌花较雄花小，直径约 3 毫米，退化雄蕊呈丝状，子房上位，长卵形，3 室，柱头 3 裂，稍反曲。浆果球形，红色，直径约 8 毫米，有种子 1 ～ 3 粒。花期 4—5 月。

【生境】生于荒坡草丛、灌丛、路旁、水沟边。

【分布】分布于章庄铺镇、黄山头镇。

【药用部位】根茎。

【采收加工】夏、秋季采挖，除去须根，洗净，晒干，或切片晒干。

【化学成分】菝葜含菝葜皂苷等多种皂苷，还含鞣质、生物碱、氨基酸、有机酸、糖类等。

【药理作用】菝葜具有抗炎、抗肿瘤、免疫抑制、抗高尿酸血症、神经保护以及治疗便秘型肠易激综合征作用。

【性味】甘、淡，平。

【功能主治】解毒消肿，祛风除湿。主治风湿性关节痛、跌打损伤、腹泻、痢疾、癌肿、疮毒、烧伤烫伤。

444. 牛尾菜 *Smilax riparia* A. DC.

【形态】多年生攀缘草质藤本，长达 1 米，具纵沟，无毛。根茎横走，粗而坚硬，密生多数细长须根。叶互生；叶柄长 1 ～ 3 厘米，基部具卷须状托叶 1 对；叶片薄膜质，卵状披针形至披针状长椭圆形，长 3 ～ 15 厘米，宽达 10 厘米，先端尖或渐尖，基部截形、圆形至浅心形，上面光亮，幼时下面生白色小刺毛，后渐疏少，基出脉 3 ～ 5 条，脉间网状。花单性，雌雄异株；伞形花序腋生；花序梗粗硬，长 6 ～ 10 厘米，小花梗细弱，长约 1 厘米，花被披针形，花淡黄绿色；花被片 6，长约 5 毫米，披针形，开后反曲，雄花有雄蕊 6，较花被稍短；雌花较雄花小，子房上位，球形，花柱 3 裂。浆果黑色，直径约 6 毫米，种子 1 ～ 3 粒。花期 6—7 月，果期 10 月。

图 444　牛尾菜

【生境】生于荒坡、路旁灌丛中。

【分布】分布于章庄铺镇、黄山头镇。

【药用部位】根茎及根。

【采收加工】夏、秋季采挖，洗净晒干。

【化学成分】牛尾菜中含有酚类、甾体皂苷等活性成分。

【药理作用】牛尾菜中的甾体皂苷类成分具有显著的抗炎活性，牛尾菜 95% 乙醇提取物有显著的抗肿瘤活性作用。

【性味】甘、苦，平。

【功能主治】补气活血，舒筋通络，祛痰止咳。用于气虚水肿、风湿性关节炎、筋骨疼痛、腰肌劳损、跌打损伤、支气管炎、肺结核咳嗽咯血、头晕头痛、带下。

郁金香属 *Tulipa* L.

具鳞茎的多年生草本。鳞茎外有多层干的薄革质或纸质的鳞茎皮，外层的色深，褐色或暗褐色，内层色浅，淡褐色或褐色，上端有时上延抱茎，内面有伏贴毛或柔毛，较少无毛。茎极少分枝，直立，无毛或有毛，往往下部埋于地下。叶通常 2 ～ 4 枚，少有 5 ～ 6 枚，有的种最下面一枚基部有抱茎的鞘状长柄，其余的在茎上互生，彼此疏离或紧靠，极少 2 叶对生，条形、长披针形或长卵形，伸展或反曲，边缘平展或波状。花较大，通常单朵顶生而多少呈花葶状，直立，少数花蕾俯垂，无苞片或少数种有苞片；花被钟状或漏斗形钟状；花被片 6，离生，易脱落；雄蕊 6 枚，等长或 3 长 3 短，生于花被片基部；花药基着，内向开裂；花丝常在中部或基部扩大，无毛或有毛；子房长椭圆形，3 室；胚珠多数，两纵列生于胎座上；花柱明显或不明显，柱头 3 裂。蒴果椭圆形或近球形，室背开裂。种子扁平，近三角形。本属约有 150 种，产于亚洲、欧洲及北非，以地中海至中亚地区较为丰富。我国有 14 种，除 1 种为引种栽培，另 2 种产于东北和长江下游各省（区）以外，其余 11 种均产于新疆。公安县有 1 种。

445. 老鸦瓣 *Tulipa edulis* (Miq.) Baker

【形态】多年生草本，地下鳞茎卵圆形，长 1.5 ～ 2.5 厘米，外包多层赤色膜质鳞片，每片内有多数细长金褐色的茸毛。叶通常为 2 枚，线形，长可达 30 厘米，通常宽 5 ～ 9 毫米，少数可窄到 2 毫米或宽达 12 毫米，平展斜升或呈反卷状，先端尖，全缘，基部下延呈鞘状，具平行脉，两面平滑无毛，上面绿色，近基部略带淡红色。花茎 1 ～ 3，柔弱；花单朵顶生，钟状，直立，开展；靠近花的基部具 2 枚对生（较少 3 枚轮生）的苞片，苞片狭条形，长 2 ～ 3 厘米；花被 6，狭长椭圆状披针形，白色，背面有赤紫色纵条纹；雄蕊 6，3 长 3 短，雌蕊 1，子房椭圆形。蒴果，三角状倒卵圆形，长 5 ～ 7 毫米。花期 2—3 月，果期 3—4 月。

图 445 老鸦瓣

【生境】生于山坡草地及路旁。

【分布】分布于黄山头镇。

【药用部位】光慈姑：鳞茎。

【采收加工】春、秋、冬三季均可采收。挖取鳞茎，洗净，除去须根及外皮，晒干。放置干燥处保存。

【化学成分】老鸦瓣含秋水仙碱等多种生物碱及淀粉。

【性味】甘，寒。有毒。

【功能主治】散结，化瘀。主治咽喉肿痛、瘰疬、痈疽、疮肿、产后瘀滞。

一一一、石蒜科 Amaryllidaceae

多年生草本，极少数为半灌木、灌木以至乔木状；具鳞茎、根状茎或块茎。叶多数基生，多少呈线形，全缘或有刺状锯齿。花单生或排列成伞形花序、总状花序、穗状花序、圆锥花序，通常具佛焰苞状总苞，总苞片1至数枚，膜质；花两性，辐射对称或左右对称；花被片6，2轮；花被管和副花冠存在或不存在；雄蕊通常6，着生于花被管喉部或基生，花药背着或基着，通常内向开裂；子房下位，3室，中轴胎座，每室具有胚珠多数或少数，花柱细长，柱头头状或3裂。蒴果多数背裂或不整齐开裂，很少为浆果状；种子含有胚乳。

本科约有100属1200种，分布于热带、亚热带及温带。我国约有17属44种4变种，野生或引种栽培。

公安县境内的石蒜科植物有2属3种。

1. 花丝间有鳞片……石蒜属 *Lycoris*

1. 花丝间无鳞片……葱莲属 *Zephyranthes*

石蒜属 *Lycoris* Herb.

多年生草本，具地下鳞茎；鳞茎近球形或卵形，鳞茎皮褐色或黑褐色。叶于花前或花后抽出，带状。花茎单一，直立，实心；总苞片2枚，膜质；顶生一伞形花序，有花4～8朵；花白色、乳白色、奶黄色、金黄色、粉红色至鲜红色；花被漏斗状，上部6裂，基部合生呈筒状，花被裂片倒披针形或长椭圆形，边缘皱缩或不皱缩；雄蕊6枚，着生于喉部，花丝丝状，花丝间有6枚极微小的齿状鳞片，花药丁字形着生；雌蕊1枚，花柱细长，柱头极小，头状，子房下位，3室，每室胚珠少数。蒴果通常具3棱，室背开裂；种子近球形，黑色。本属有20余种，主产于我国和日本，少数产于缅甸和朝鲜；我国约有15种，主要分布于长江以南，尤以温暖地区种类较多。公安县有1种。

446. 石蒜 *Lycoris radiata* (L'Her.) Herb.

【形态】多年生草本。鳞茎肥大，阔椭圆形或近球形，外被紫褐色薄膜状鳞茎皮，内为肉白色，直径1.4～4厘米，其下生多数须根。叶丛生，带形或线形，长14～30厘米，宽1～2厘米，肉质，先端钝，全缘，上面深绿色，下面粉绿色。花茎先叶抽出，高约30厘米，单一，中空，伞形花序有花4～7朵；苞片膜质，披针形，棕褐色；花两性，常红色或具白色边缘；花被下部呈短管状，长3～5毫米，上部6裂，排成2轮，裂片狭倒披针形，长2.5～4厘米，向后反卷；雄蕊6，着生于花被管的近喉部，长为花被的2倍，花药线形，2室，纵裂；雌蕊1，子房下位，3室，花柱细长，柱头头状。蒴果背裂，种子多数。花期9—10月，果期10—11月。

【生境】生于水沟边、河边、宅旁阴湿的石缝中。

【分布】分布于章庄铺镇、黄山头镇。

【药用部位】鳞茎。

【采收加工】秋季采挖，洗净，晒干或鲜用。

【化学成分】石蒜含石蒜碱、多花水仙碱、高石蒜碱、伪石蒜碱、加兰他敏、表加兰他敏、二氢石蒜碱、石蒜西丁、石蒜醇等多种生物碱。

【药理作用】石蒜具有抗老年痴呆、抗肿瘤、抗病毒、抗炎以及作用于心血管系统等作用。

图 446 石蒜

【性味】辛、甘，温。有毒。

【功能主治】解毒，消肿，催吐，祛痰。主治痈肿疮毒、牛皮癣、小便不利、食物中毒、水肿。

葱莲属 *Zephyranthes* Herb.

多年生矮小禾草状草本，具有皮鳞茎。叶数枚，线形，簇生，常与花同时开放。花茎纤细，中空；花单生于花茎顶端，佛焰苞状总苞片下部管状，顶端 2 裂；花漏斗状，直立或略下垂；花被管长或极短；花被裂片 6，各片近等长；雄蕊 6，着生于花被管喉部或管内，3 长 3 短，花药背着；子房每室胚珠多数，柱头 3 裂或凹陷。蒴果近球形，室背 3 瓣开裂；种子黑色，多少扁平。本属约有 40 种，分布于西半球温暖地区。我国引种栽培的有 2 种。公安县有 2 种。

1. 花白色，几无花被管；叶狭线形，宽 2 ～ 4 毫米……葱莲 *Z.candida*

1. 花玫瑰红色或粉红色，花被管长 1 ～ 2.5 厘米；叶线形，宽 6 ～ 8 毫米……韭莲 *Z.carinata*

447. 葱莲 *Zephyranthes candida* (Lindl.) Herb.

【形态】多年生草本。鳞茎卵形，直径约 2.5 厘米，具有明显的颈部，颈长 2.5 ～ 5 厘米。叶狭线形，肥厚，亮绿色，长 20 ～ 30 厘米，宽 2 ～ 4 毫米。花茎中空；花单生于花茎顶端，下有带褐红色的佛焰苞状总苞，总苞片顶端 2 裂；花梗长约 1 厘米；花白色，外面常带淡红色；几无花被管，花被片 6，长 3 ～ 5 厘米，顶端钝或具短尖头，宽约 1 厘米，近喉部常有很小的鳞片；雄蕊 6，长约为花被的 1/2；花柱细长，柱头不明显 3 裂。蒴果近球形，

图 447 葱莲

直径约 1.2 厘米，3 瓣开裂；种子黑色，扁平。花期秋季。

【生境】多栽培供观赏。

【分布】全县广布。

【药用部位】全草。

【采收加工】全年可采，多鲜用。

【化学成分】全草含石蒜碱、多花水仙碱、尼润碱等生物碱。花瓣中含芦丁。

【性味】甘，平。

【功能主治】平肝熄风。主治小儿急惊风等。

448. 韭莲 *Zephyranthes carinata* Herbert

【形态】多年生草本。鳞茎卵形或卵状球形，直径 2 ～ 3 厘米，表面膜质，褐色，下生多数须根。基生叶常数枚簇生，线形，扁平，长 15 ～ 30 厘米，宽 6 ～ 8 毫米。花单生于花茎顶端，下有佛焰苞状总苞，总苞片常带淡紫红色，长 4 ～ 5 厘米，下部合生成管；花梗长 2 ～ 3 厘米；花玫瑰红色或粉红色；花被管长 1 ～ 2.5 厘米，花被裂片 6，裂片倒卵形，顶端略尖，长 3 ～ 6 厘米；雄蕊 6，长为花被的 2/3 ～ 4/5，花药“丁”字形着生；花柱丝状突出，柱头深 3 裂，子房下位，3 室，胚珠多数。蒴果近球形，成熟时背部 3 爿裂；种子黑色，近扁平。花期 6—9 月。

图 448 韭莲

【生境】多栽培供观赏。

【分布】分布于斗湖堤镇、章庄铺镇。

【药用部位】全草。

【采收加工】夏、秋季可采收全草，晒干。

【性味】苦，寒。

【功能主治】活血凉血，解毒消肿。主治吐血、便血、崩漏、跌伤红肿、疮痈红肿、毒蛇咬伤。

一一二、薯蓣科 Dioscoreaceae

缠绕草质或木质藤本，少数为矮小草本。地下部分为根状茎或块茎，形状多样。茎左旋或右旋，有毛或无毛，有刺或无刺。叶互生，有时中部以上对生，单叶或掌状复叶，单叶常为心形或卵形、椭圆形，掌状复叶的小叶常为披针形或卵圆形，基出脉 3 ～ 9，侧脉网状；叶柄扭转，有时基部有关节。花单性或两性，雌雄异株，很少同株。花单生、簇生或排列成穗状花序、总状花序或圆锥花序；雄花花被片（或花被裂片）6，2 轮排列，基部合生或离生；雄蕊 6 枚，有时其中 3 枚退化，花丝着生于花被的基部或花托上；退化子房有或无。雌花花被片和雄花相似；退化雄蕊 3 ～ 6 枚或无；子房下位，3 室，每室通常有胚珠 2，少数属多数，胚珠着生于中轴胎座上，花柱 3，分离。果实为蒴果、浆果或翅果，蒴果三棱形，每棱翅状，成熟后顶端开裂；种子有翅或无翅，有胚乳，胚细小。

本科约有 9 属 650 种，广布于热带和温带地区，尤以美洲热带地区种类较多。我国薯蓣属约有 49 种。

公安县境内的薯蓣科植物有 1 属 1 种。

薯蓣属 *Dioscorea* L.

缠绕藤本。地下有根状茎或块茎，其形状、颜色、入土的深度、化学成分因种类而不同。单叶或掌状复叶，互生，有时中部以上对生，基出脉 3 ～ 9，侧脉网状。叶腋内有珠芽（或称零余子）或无。花单性，雌雄异株，很少同株。雄花有雄蕊 6 枚，有时其中 3 枚退化；雌花有退化雄蕊 3 ～ 6 枚或无。蒴果三棱形，每棱翅状，成熟后顶端开裂；种子有膜质翅。细胞染色体基数为 10，因种类不同染色体有四倍体、六倍体、八倍体、十倍体。花粉粒的形态基本上可分为两种类型，根状茎组为单沟型，而其他各组为双沟型。本属约有 600 种，广布于热带及温带地区；我国约有 49 种，主产于西南部和东南部，西北部和北部较少。公安县有 1 种。

449. 薯蓣 *Dioscorea opposita* Thunb.

图 449 薯蓣

【形态】多年生缠绕草本。块根肉质肥厚，呈圆柱状棍棒形，垂直生长，长可达 1 米，直径 2 ～ 7 厘米，外皮灰褐色，生有多数须根。茎细长，通常带紫色，具棱，光滑无毛。叶对生或 3 叶轮生，叶腋间常生珠芽，叶片形状变化较大，三角状卵形至三角状宽卵形，长 3.5 ～ 7 厘米，宽 2 ～ 4.5 厘米，通常耳状 3 裂，中央裂片先端渐尖，两侧裂片圆耳状，两面光滑无毛；叶脉 7 ～ 9 条基出，叶柄长 1.5 ～ 3.5 厘米。花单性，雌雄异株；花极小，黄绿色，均成穗状花序；雄花序直立，2 至数个聚生于叶腋，花轴多数曲折，花近无柄；苞片三角状卵形，花被片 6，椭圆形，先端钝；雄蕊 6，花丝极短；雌花序下垂，每花有 2 枚大小不等的苞片，广卵形，先端长渐尖，子房下位，3 室，长椭圆形，花柱 3，柱头二歧。蒴果有 3 棱，翅状，长、宽几相等；

种子扁卵圆形，有宽翅。花期 7—8 月，果期 9—10 月。

【生境】生于灌木林、草丛中，有栽培。

【分布】分布于章庄铺镇、狮子口镇。

【药用部位】根茎及零余子。

【采收加工】冬季茎叶枯萎后采挖，切去根头。洗净，刮去外皮及须根，晒干或烘干，即为“毛山药”；选择粗大的毛山药，置清水中浸至无干心，闷透，然后放在木板上搓揉成圆柱状，切齐两端，晒干打光，习称“光山药”。

【化学成分】根茎含皂苷、黏液质、尿囊素、胆碱、山药碱、淀粉酶、蛋白质、脂肪、维生素 C 等。

【药理作用】薯蓣具有对心血管系统的调节、抗炎、抗肿瘤等作用。

【性味】根茎：甘，平。零余子：甘，温。

【功能主治】根茎：补脾养胃，益肺生津，固肾涩精；主治脾虚泄泻、久痢不止、肺虚喘咳、肾虚遗精、带下、虚热消渴、小便频数。

零余子：补虚，强腰脚；主治病后体虚、耳聋。

一一三、雨久花科 Pontederiaceae

多年生或一年生的水生或沼泽生草本，直立或飘浮；具根状茎或匍匐茎，通常有分枝，富于海绵质和通气组织。叶通常 2 列，大多数具有叶鞘和明显的叶柄；叶片宽线形至披针形、卵形或宽心形，具平行脉，浮水、沉水或露出水面。某些属的叶鞘顶部具耳（舌）状膜片。有的种类叶柄充满通气组织，膨大呈葫芦状，如凤眼蓝。气孔为平列型。花序为顶生总状花序、穗状花序或聚伞圆锥花序，生于佛焰苞状叶鞘的腋部；花大至小型，虫媒花或自花受精，两性，辐射对称或两侧对称；花被片 6 枚，排成 2 轮，花瓣状，蓝色、淡紫色、白色，很少黄色，分离或下部连合成筒，花后脱落或宿存；雄蕊多数为 6 枚，2 轮，稀为 3 枚或 1 枚，1 枚雄蕊则位于内轮的近轴面，且伴有 2 枚退化雄蕊；二型雄蕊存在于 *Monochoria*、*Heteranthera* 和 *Scholleropsis* 中；花丝细长，分离，贴生于花被筒上，有时具腺毛；花药内向，底着或盾状，2 室，纵裂或稀为顶孔开裂；花粉粒具 2（3）核，1 或 2（3）沟；雌蕊由 3 心皮组成；子房上位，3 室，中轴胎座，或 1 室具 3 个侧膜胎座；花柱 1，细长；柱头头状或 3 裂；胚珠少数或多数，倒生，具厚珠心，稀有 1 下垂胚珠。蒴果，室背开裂，或小坚果。种子卵球形，具纵肋，胚乳含丰富淀粉粒，胚为线形直胚。

本科有 9 属约 39 种，广布于热带和亚热带地区。我国有 2 属 4 种。

公安县境内的雨久花科植物有 2 属 2 种。

1. 花被片 6 枚，深裂几达基部；叶柄无囊状气室……雨久花属 *Monochoria*
1. 花被中、下部连合成花被筒；叶柄下部膨胀成囊状，内有气室……凤眼蓝属 *Eichhornia*

雨久花属 *Monochoria* Presl

多年生沼泽或水生草本，在不利的环境下为假一年生。茎直立或斜上，从根状茎发出。叶基生或单生于茎枝上，具长柄；叶片形状多变化，具弧状脉。花序排列成总状或近伞形状花序，从最上部的叶鞘内抽出，基部托以鞘状总苞片；花近无梗或具短梗；花被片 6 枚，深裂几达基部，白色、淡紫色或蓝色，中脉绿色，开花时展开，后来螺旋状扭曲，内轮 3 枚较宽；雄蕊 6 枚，着生于花被片的基部，较花被片短，其中有 1 枚较大，其花丝的一侧具斜伸的裂齿，花药较大，蓝色，其余 5 枚相等，具较小的黄色花药；花药基部着生，顶孔开裂，最后裂缝延长；子房 3 室，每室有胚珠多颗；花柱线形；柱头近全缘或微 3 裂。蒴果室背开裂成 3 瓣。种子小，多数。本属约有 5 种，分布于非洲东北部、亚洲东南部至澳大利亚南部。我国产 3 种。公安县有 1 种。

450. 鸭舌草 *Monochoria vaginalis* (Burm. f.) Presl ex Kunth

图 450 鸭舌草

【形态】水生草本；根状茎极短，具柔软须根。茎直立或斜上，高 6 ～ 50 厘米，全株光滑无毛。叶基生和茎生；叶形变异较大，由心状宽卵形、长卵形至披针形，长 2 ～ 7 厘米，宽 0.8 ～ 5 厘米，先端渐尖，基部圆形或浅心形，全缘，具弧状脉；叶柄长达 20 厘米，基部扩大成开裂的鞘。总状花序从叶柄中部抽出，花通常 3 ～ 5 朵（稀有 10 余朵），蓝色；花梗长 1 ～ 1.5 厘米，基部有 1 披针形苞片；花被片 6，披针形至卵形，长 10 ～ 15 毫米；花梗长不及 1 厘米；雄蕊 6，其中 1 枚较大；花丝丝状。蒴果卵形，长约 1 厘米。种子多数，椭圆形，具纵条纹。花期 7—9 月，果期 9—10 月。

【生境】生于水田、水沟中。

【分布】各乡镇均有分布。

【药用部位】全草或根。

【采收加工】夏、秋季采集，晒干或鲜用。

【化学成分】鲜叶：含胡萝卜素。

【性味】辛、微涩，微寒。

【功能主治】清热解毒，除湿。主治瘀血、水肿、水泻、喘息、热疮等。

凤眼蓝属 *Eichhornia* Kunth

一年生或多年生浮水草本，节上生根。叶基生，莲座状或互生；叶片宽卵状菱形或线状披针形，通常具长柄；叶柄常膨大，基部具鞘。花序顶生，由 2 至多朵花组成，穗状；花两侧对称或近辐射对称；

花被漏斗状，中、下部连合成或长或短的花被筒，裂片6个，淡紫蓝色，有的裂片常具1黄色斑点，花后凋存；雄蕊6枚，着生于花被筒上，常3长3短，长者伸出筒外，短的藏于筒内；花丝丝状或基部扩大，常有毛；花药长圆形；子房无柄，3室，胚珠多数；花柱线形，弯曲；柱头稍扩大或3～6浅裂。蒴果卵形、长圆形至线形，包藏于凋存的花被筒内，室背开裂；果皮膜质。种子多数，卵形，有棱。本属约有7种，分布于美洲和非洲的热带和暖温带地区。我国有1种。公安县有1种。

451. 凤眼蓝 *Eichhornia crassipes* (Mart.) Solms

【别名】水葫芦。

【形态】浮水草本或根生于泥中，高30～50厘米。茎极短，具长匍匐枝，和母株分离后，生出新植株。叶基生，直立，莲座状，宽卵形或菱形，大小不等，长和宽均2.5～12厘米，先端圆钝，基部浅心形、截形、圆形或宽楔形，全缘，无毛，光亮，叶脉呈弧状；叶柄长短不等，可达30厘米，中部肿胀囊状，内有气室，基生叶基部有鞘状苞片。穗状花序有花6～12朵，花葶多棱角；花被筒长1.5～1.7厘米，花被裂片6，长约5厘米，卵形、矩圆形或倒卵形，青紫色，稍弯曲，外面近基部有腺毛，上面1片较大，蓝色而有黄色斑点；雄蕊6，3个花丝具腺毛，子房无柄，花柱线形。蒴果包藏于凋萎的花被筒内。种子多数，卵形，有棱。花期7—10月，果期8—11月。

图451　凤眼蓝

【生境】生于水塘中。

【分布】全县广布。

【药用部位】全草或根。

【采收加工】夏季采集，晒干或鲜用。

【化学成分】鲜叶：含胡萝卜素。

【性味】辛、微涩，微寒。

【功能主治】清热解毒，除湿。主治瘀血、水肿、水泻、喘息、热疮等。

一一四、鸢尾科 Iridaceae

多年生，稀一年生草本。地下部分通常具根状茎、球茎或鳞茎。叶多基生，少为互生，条形、剑形或为丝状，基部鞘状，互相套叠，具平行脉。大多数种类只有花茎，少数种类有分枝或不分枝的地上茎。花两性，色泽鲜艳美丽，辐射对称，少为左右对称，单生、数朵簇生或多花排列成总状、穗状、聚伞及圆锥花序；花或几花序下有1至多个草质或膜质的苞片，簇生、对生、互生或单一；花被裂片6，2轮排列，内轮裂片与外轮裂片同型，等大或不等大，花被管通常为丝状或喇叭形；雄蕊3，花药多外向开裂；花柱1，上部多有3个分枝，分枝圆柱形或扁平呈花瓣状，柱头3～6，子房下位，3室，中轴胎座，胚珠多数。蒴果，成熟时室背开裂；种子多数，半圆形或为不规则的多面体，少为圆形，扁平，表面光滑或皱缩，常有附属物或小翅。

本科约有60属800种，广泛分布于热带、亚热带及温带地区。我国产11属71种，其中野生的有3属，引种栽培的有8属。

公安县境内的鸢尾科植物有2属2种。

1. 根状茎为不规则的块状；花橙红色，花柱圆柱形，柱头3浅裂，不为花瓣状；种子球形，着生在果实的中轴上 …… 射干属 *Belamcanda*

1. 根状茎圆柱形，很少为块状；花紫色、蓝紫色、黄色或白色，花柱分枝扁平，花瓣状；种子不为球形，不着生在中轴上 …… 鸢尾属 *Iris*

射干属 *Belamcanda* Adans.

多年生直立草本。根状茎为不规则的块状。茎直立，实心。叶剑形，扁平，互生，嵌迭状2列。二歧状伞房花序顶生；苞片小，膜质；花橙红色；花被管甚短，花被裂片6，2轮排列，外轮的略宽大；雄蕊3，着生于外轮花被的基部；花柱圆柱形，柱头3浅裂，子房下位，3室，中轴胎座，胚珠多数。蒴果倒卵形，黄绿色，成熟时3瓣裂；种子球形，黑紫色，有光泽，着生在果实的中轴上。本属有2种，分布于亚洲东部。我国有1种。公安县有1种。

452. 射干 *Belamcanda chinensis* (L.) DC.

【形态】多年生草本。根茎鲜黄色，呈不规则结节状，生有多数须根。茎直立。叶互生，常聚生于茎基，排成2列，互相嵌叠而抱茎，叶片剑形至广剑形，革质，长25～70厘米，宽2～4厘米，先端渐尖，绿色，常带白粉，叶脉多条平行。总状花序顶生，二歧状分枝，花梗基部具膜质苞片，卵圆形至卵状披针形，长约1厘米，花直径3～5厘米；花被片6，2轮排列，内轮3片较小，花被片椭圆形，长2～2.5厘米，宽约1厘米，先端钝圆，基部狭，橙黄色而有暗红色斑点；雄蕊3，短于花被，花丝红色，花药外向；子房下位，3室，有3纵槽，花柱棒状，柱头膨大，浅3裂。蒴果椭圆形至三角状倒卵形，长2.5～3.5厘米，成熟时3瓣裂，每室有种子3～8粒。种子黑色，近球形，有光泽。花期7—9月，果期8—10月。

【生境】栽培。

【分布】分布于夹竹园镇。

【药用部位】根茎。

【采收加工】春、秋季采挖，除去地上部分及须根，晒干。

【化学成分】射干含射干苷、鸢尾苷、芒果苷、鸢尾黄酮。

【药理作用】射干具有抗炎、抗菌、抗病毒、利胆、抗过敏等作用。

【性味】苦，寒。

【功能主治】清热解毒，消痰，散血，利咽。用于热毒痰火郁结、咽喉肿痛、痰涎壅塞、咳逆上气、瘰疬、经闭、痈肿疮毒。

图 452 射干

鸢尾属 *Iris* L.

多年生草本。根状茎长条形或块状，横走或斜伸，纤细或肥厚。叶多基生，相互套叠，排成2列，叶剑形、条形或丝状，叶脉平行，中脉明显或无，基部鞘状，顶端渐尖。大多数的种类只有花茎而无明显的地上茎，花茎自叶丛中抽出，多数种类伸出地面，少数短缩而不伸出，顶端分枝或不分枝；花序生于分枝的顶端或仅在花茎顶端生1朵花；花及花序基部着生数枚苞片，膜质或草质；花较大，蓝紫色、紫色、红紫色、黄色、白色；花被管喇叭形、丝状或甚短而不明显，花被裂片6，2轮排列，外轮花被裂片3，常较内轮的大，上部常反折下垂，基部爪状，多数呈沟状，平滑，无附属物或具有鸡冠状及须毛状的附属物，内轮花被裂片3枚，直立或向外倾斜；雄蕊3，着生于外轮花被裂片的基部，花药外向开裂，花丝与花柱基部离生；雌蕊的花柱单一，上部3分枝，分枝扁平，拱形弯曲，有鲜艳的色彩，呈花瓣状，顶端再2裂，裂片半圆形、三角形或狭披针形，柱头生于花柱顶端裂片的基部，多为半圆形，舌状，子房下位，3室，中轴胎座，胚珠多数。蒴果椭圆形、卵圆形或圆球形，顶端有喙或无，成熟时室背开裂；种子梨形、扁平半圆形或为不规则的多面体，有附属物或无。本属约有300种，分布于北温带。我国约产60种，主要分布于西南、西北及东北地区。公安县有1种。

453. 蝴蝶花 *Iris japonica* Thunb.

【形态】多年生草本，高40～60厘米。根茎入地浅，横生，粗厚，黄褐色，结节较密，生有须根。茎直立，有纵条棱。叶互生，2列，剑形，长30～60厘米，宽15～40毫米，革质，鲜绿色，有光泽，先端渐尖。花茎高出叶外，花数朵组成疏松的聚伞花序；花淡紫色，直径5～6厘米，花被片6，排成2轮，外轮倒宽卵形，先端稍凹陷，边缘微齿裂，下部淡黄色，中部有鸡冠状突起，

图 453 蝴蝶花

内轮狭倒卵形，先端2裂，边缘略有齿裂；雄蕊3，着生于外轮花被的基部；雌蕊1，子房下位，3室，花柱1，光滑，柱头3裂。蒴果倒卵状，有6棱，种子多数，圆球形。花期4—5月。

【生境】栽培于庭园。

【分布】分布于埠河镇、黄山头镇。

【药用部位】根茎。

【采收加工】全年可采，洗净，晒干或鲜用。

【化学成分】蝴蝶花含多量维生素C。

【性味】苦、辛，寒。

【功能主治】清热解毒，散瘀，消肿止痛，通便。主治食积腹胀、牙痛、蛇咬伤、跌打损伤。

一一五、灯心草科 Juncaceae

多年生或稀为一年生草本，极少为灌木状（如灌木蔺属）。根状茎直立或横走，须根纤维状。茎多丛生，圆柱形或压扁，表面常具纵沟棱，内部具充满或间断的髓心或中空，常不分枝，绿色。在某些种类茎秆常行光合作用。叶全部基生成丛而无茎生叶，或具茎生叶数片，常排成3列，稀为2列（*Distichia* 和 *Oxychloe*）；有些多年生种类茎基部常具数枚低出叶（芽苞叶），呈鞘状或鳞片状；叶片线形、圆筒形、披针形、扁平或稀为毛鬃状，具横隔膜或无，有时退化呈芒刺状或仅存叶鞘；叶鞘开放或闭合（*Prionium* 和 *Luzula*），在叶鞘与叶片连接处常形成一对叶耳或无叶耳。花序圆锥状、聚伞状或头状，顶生、腋生或有时假侧生（即由一直立的总苞片将花序推向一侧，此总苞片圆柱形，似茎的直接延伸）；花单生或集生成穗状或头状，头状花序往往再组成圆锥、总状、伞状或伞房状等各式复花序；头状花序下通常有数枚苞片，最下面1枚常比花长；花序分枝基部各具2枚膜质苞片；整个花序下常有1～2枚叶状总苞片；花小型，两性，稀为单性异株，多为风媒花，有花梗或无，花下常具2枚膜质小苞片；花被片6，排成2轮，稀内轮缺如，颖状，狭卵形至披针形、长圆形或钻形，绿色、白色、褐色、淡紫褐色乃至黑色，常透明，顶端锐尖或钝；雄蕊6枚，分离，与花被片对生，有时内轮退化而只有3枚；花丝线形或圆柱形，常比花药长；花药长圆形、线形或卵形，基着，内向或侧向，药室纵裂；花粉粒为四面体形的四合花粉，每粒花粉具一远极孔；雌蕊由3心皮结合而成；子房上位，1室或3室，有时为不完全3隔膜（胎座延伸但不及中部）；花柱1，常较短；柱头三分叉，线形，多扭曲；胚珠多数，着生于侧膜胎座或中轴胎座上，或仅3枚（地杨梅属），基生胎座；倒生胚珠具双珠被和厚珠心。果实通常为室背开裂的蒴果，稀不开裂。种子卵球形、纺锤形或倒卵形，有时两端（或一端）具尾状附属物（常称为锯屑状，在地杨梅属则常称为种阜）；种皮常具纵沟或网纹；胚乳富于淀粉，胚小，直立，位于胚乳的基部中心，具一大而顶生的子叶。

本科约有8属300种，广布于温带和寒带地区，热带山地也有。我国有2属93种，全国各地都产。

公安县境内的灯心草科植物有1属1种。

灯心草属 *Juncus* L.

多年生，稀为一年生草本。根状茎横走或直伸。茎直立或斜上，圆柱形或压扁，具纵沟棱。叶基生和茎生，或仅具基生叶，有些种类具有低出叶；叶片扁平或圆柱形、披针形、线形或毛发状，有明显或不明显的横隔膜或无横隔，有时叶片退化为刺芒状而仅存叶鞘；叶鞘开放，偶有闭合，顶部常延伸成 2 个叶耳，有时叶耳不明显或无叶耳。复聚伞花序或由数朵小花集成头状花序；头状花序单生茎顶或由多个小头状花序组成聚伞、圆锥状等复花序；花序有时为假侧生，花序下常具叶状总苞片，有时总苞片圆柱状，似茎的延伸；花雌蕊先熟，花下具小苞片或缺如；花被片 6，2 轮，颖状，常淡绿色或褐色，少数黄白色、红褐色至黑褐色，顶端尖或钝，边缘常膜质，外轮常有明显背脊；雄蕊 6 枚，稀 3 枚；花药长圆形或线形；花丝丝状；子房 3 室或 1 室，或具 3 个隔膜；花柱圆柱状或线形；柱头 3；胚珠多数。蒴果常为三棱状卵形或长圆形，顶端常有小尖头，3 室或 1 室或具 3 个不完全隔膜。种子多数，表面常具条纹，有些种类具尾状附属物。本属约有 240 种，广泛分布于世界各地。我国有 77 种。公安县有 1 种。

454. 野灯心草 *Juncus setchuensis* Buchen. ex Diels

【形态】多年生草本，高 40 ～ 50 厘米。根状茎横走或短缩，有多数须根。茎簇生，直立，直径 0.8 ～ 1.5 毫米，有纵条纹。芽孢叶鞘状或鳞片状，围生于茎的基部，下部红褐色或暗褐色，长 1 ～ 10 厘米，叶片退化呈刺芒状。聚伞花序假侧生，多花，由 7 ～ 40 朵组成；总苞片似茎的延伸，直或稍弯曲；先出叶卵状披针形；花被片 6，近等长，长 2.5 ～ 3 毫米，卵状披针形，先端急尖，边缘膜质；雄蕊 3，稍短于花被片，花药较花丝短。蒴果卵形或近球形，长于花被，不完全 3 室。种子偏斜倒卵形，长约 0.5 毫米。花期 5—7 月，果期 6—9 月。

图 454 野灯心草

【生境】生于路旁潮湿地。

【分布】分布于黄山头镇、章庄铺镇。

【药用部位】茎髓。

【采收加工】夏、秋季采集茎，晒干，取出茎髓，扎成小把。

【性味】甘、淡，凉。

【功能主治】清肺降火，利尿通淋。主治尿路感染、小便不利、感冒、疟疾等。

一一六、鸭跖草科 Commelinaceae

一年生或多年生草本，有的茎下部木质化。茎有明显的节和节间。叶互生，有明显的叶鞘；叶鞘开口或闭合。花通常在蝎尾状聚伞花序上，聚伞花序单生或集成圆锥花序，有的伸长而很典型，有的缩短为头状，有的无花序梗而花簇生，甚至有的退化为单花，顶生或腋生；花两性，极少单性；萼片3枚，分离或仅在基部连合，常为舟状或龙骨状，有的顶端盔状；花瓣3，分离或中部连合而两端分离；雄蕊6，全育或仅2～3枚能育而有1～3枚退化雄蕊；花丝有念珠状长毛或无毛；花药并行或稍稍叉开，纵缝开裂，罕见顶孔开裂；子房3室，或退化为2室，每室有1至数颗直生胚珠。果实大多为室背开裂的蒴果，稀为浆果状而不裂。种子有角棱，种皮通常有皱纹或凸凹不平，富含胚乳。

本科约有40属600种，主产于温热带地区。我国有13属53种，主产于长江以南各地。

公安县境内的鸭跖草科植物有1属3种。

鸭跖草属 *Commelina* L.

一年生或多年生草本。茎上升或匍匐生根，通常多分枝。蝎尾状聚伞花序藏于佛焰苞状总苞片内；总苞片基部开口或合缝呈漏斗状或折叠状；苞片不呈镰刀状弯曲，通常极小或缺失；生于聚伞花序下部分枝的花较小，早落；生于上部分枝的花正常发育；萼片3枚，膜质，内方2枚基部常合生；花瓣3枚，蓝色，其中内面2枚较大，明显具爪；能育雄蕊3，位于一侧，两枚对萼，一枚对瓣，退化雄蕊2～3枚，顶端4裂，裂片排成蝴蝶状，花丝均长而无毛；子房无柄，无毛，3室或2室，背面1室含1颗胚珠，有时这个胚珠败育或完全缺失；腹面2室每室含1～2胚珠。蒴果藏于总苞片内，2～3室（有时仅1室），通常2～3爿裂至基部，最常2爿裂，背面1室常不裂，腹面2室每室有种子1～2颗，但有时也不含种子。种子椭圆状或金字塔状，黑色或褐色，具网纹或近于平滑。本属约有100种，主产于热带、亚热带地区。我国有7种，其中鸭跖草一种广布。公安县有3种。

1. 佛焰苞边缘分离，基部心形或浑圆……………………………………鸭跖草 *C. communis*
1. 佛焰苞因下缘连合呈漏头状或风帽状。
    2. 蒴果3爿裂，叶有明显的柄，叶片卵形至宽卵形，长不超过7厘米……………………饭包草 *C. bengalensis*
    2. 蒴果3爿裂，叶无柄，叶片披针形，最大的叶子长6厘米以上……………………波缘鸭跖草 *C. undulata*

455. 饭包草 *Commelina bengalensis* L.

【形态】多年生披散草本。茎大部分匍匐，节上生根，上部及分枝上部上升，长可达70厘米，被疏柔毛。叶有明显的叶柄；叶片卵形，长3～7厘米，宽1.5～3.5厘米，顶端钝或急尖，近无毛；叶鞘口沿有疏而长的毛。总苞片漏斗状，与叶对生，常数个集于枝顶，下部边缘合生，长8～12毫米，被疏毛，顶端短急尖或钝，柄极短；花序下面一枝具细长梗，具1～3朵不孕的花，伸出佛焰苞，上面一枝有花数朵，结实，不伸出佛焰苞；萼片膜质，披针形，长2毫米，无毛；花瓣蓝色，圆形，长3～5毫米；内面2枚具长爪。蒴果椭圆状，长4～6毫米，3室，腹面2室，每室具2颗种子，开裂，后面1室仅有1颗种子，或无种子，不裂。种子长近2毫米，多皱并有不规则网纹，黑色。花期夏、秋季。

图455 饭包草

【生境】多生于湿地。性喜高温潮湿，耐阴。

【分布】分布于埠河镇、斗湖堤镇。

【药用部位】全草。

【性味】苦，寒。

【功能主治】清热解毒，利湿消肿。主治小便短赤涩痛、赤痢、疔疮。

456. 鸭跖草 *Commelina communis* L.

【形态】一年生草本，高30～60厘米。茎圆柱形，肉质，多分枝，下部匍匐，有明显的节，节常生根，节间较长，上部近直立，节稍膨大，表面绿色或暗绿色，具细纵纹。叶互生，卵状披针形，带肉质，长4～9厘米，宽1～2厘米，先端渐尖或短尖，基部狭圆成膜质鞘，全缘，边缘及鞘口有纤毛。花3～4朵，深蓝色，着生于二叉状聚伞花序柄上的佛焰苞内；佛焰苞心状卵形，长约2厘米，褶状，稍弯，先端渐尖，基部浑圆，绿色，全缘，花被片6，排列成2列，萼片状，绿白色，内列3片中的前1片白色，卵状披针形，基部有爪，后2片深蓝色，花瓣状，卵圆形，基部具爪；雄蕊6，后3枚退化，前3枚发育；雌蕊1，柱头头状。蒴果椭圆形，稍扁平，成熟时裂开；种子4颗，三棱状半圆形，长2～3毫米，暗褐色，有皱纹而具窝点。花期夏季。

图456 鸭跖草

【生境】生于田边、水沟旁的阴湿处。

【分布】全县广布。

【药用部位】全草。

【采收加工】秋季采集全草，晒干或鲜用。

【化学成分】鸭跖草主要化学成分为黄酮及其苷类、生物碱类和酚酸类。

【药理作用】鸭跖草具有抑菌、抗炎、镇痛、抗高血糖、止咳、抗氧化、抗流感病毒等药理作用。

【性味】甘，寒。

【功能主治】清热解毒，利尿消肿。主治流行性感冒、咽喉肿痛、肠炎、痢疾、蛇咬伤、疮疖肿毒。

457. 波缘鸭跖草 *Commelina undulata* R. Br.

【形态】披散草本。茎多分枝，无毛。叶披针形，顶端渐尖，基部钝或短，楔状渐狭，无柄，无毛或两面多少被硬毛，常常分枝下部的叶子很小，甚至只有叶鞘而无叶片，最大的叶子在分枝顶端，但最顶端又有数片小得多的叶子，它们因节间极短而聚生，最大的叶子长6～9厘米，宽1.2～2.8厘米。总苞片僧帽状，下缘合生，但不全合生，留下2～3毫米的一段分离，无柄，每分枝顶端2～4枚，均与最顶端小叶对生，但因小叶聚生而呈簇生状，无毛或多少被硬毛，顶端镰刀状向后弯曲并渐尖，长2～2.5厘米。花序下面一分枝常不发育，但有时有长达2厘米的梗而无花；上面一枝具数朵花，有长达1厘米而被毛的梗。花梗折曲；萼片膜质，具红色条状斑纹，长3.5～4毫米，无毛；花瓣大，长达1厘米。蒴果2～3室，每室1籽，其中1室不裂，有时仅1室1籽而开裂。种子褐黑色，长圆状，腹面平，长4毫米，表面几乎平滑。花果期7—12月。

图457 波缘鸭跖草

【生境】生于低海拔的湿润山坡。

【分布】分布于斗湖堤镇。

一一七、禾本科 Gramineae

一年生至多年生草本或木本植物。根的类型极大多数为须根。茎多为直立，但亦有匍匐蔓延乃至如藤状，通常在其基部容易生出分蘖条，一般明显具有节与节间两部分（茎在本科中常特称为秆；在竹类中称为竿，以示与禾草者相区别）；节间中空，常为圆筒形，或稍扁，髓部贴生于空腔之内壁，但亦有充满空腔而使节间为实心者；节处之内有横隔板存在，故是闭塞的，从外表可看出鞘环和在鞘上方的秆环两部分，同一节的这两环间的上下距离可称为节内，秆芽即生于此处。叶为单叶互生，常以1/2叶序交互排列为 2 行，一般可分 3 部分：① 叶鞘，它包裹着主秆和枝条的各节间，通常是开缝的，以其两边缘重叠覆盖，或两边缘愈合而成为封闭的圆筒，鞘的基部稍可膨大；②叶舌，位于叶鞘顶端和叶片相连接处的近轴面，通常为低矮的膜质薄片，或由鞘口縫毛来代替，稀为不明显乃至无叶舌，在叶鞘顶端之两边还可各伸出一突出体，即叶耳，其边缘常生纤毛或縫毛；③叶片，常为窄长的带形，亦有长圆形、卵圆形、卵形或披针形等形状，其基部直接着生在叶鞘顶端，无柄（少数禾草及竹类的营养叶则可具叶柄），叶片有近轴（上表面）与远轴（下表面）的两个平面，在未开展或干燥时可作席卷状，有 1 条明显的中脉和若干条与之平行的纵长次脉，小横脉有时亦存在。

本科约有 700 属近 10000 种，全世界均有分布。我国约 200 属 1500 种以上，可归隶于 7 亚科约 45 族。本科为种子植物的大科之一，经济价值大，对人类非常重要。

公安县境内的禾本科植物有 10 属 10 种。

1. 小穗含多数小花，稀仅有 1 小花，通常两侧压扁，小穗轴脱节于颖之上，通常延伸至小花之后，而呈芒针状或刚毛状。

2. 小穗无柄或几无柄，排列成穗状花序或穗形总状花序。

3. 小穗仅有 1 枚两性小花，稀可 2 枚……狗牙根属 *Cynodon*

3. 小穗有 2 至数枚两性小花……穇属 *Eleusine*

2. 小穗具柄，稀可无柄或近于无柄，排列成紧缩的圆锥花序。

4. 小穗通常仅含 1 枚小花；外稃有 1 ～ 5 脉……看麦娘属 *Alopecurus*

4. 小穗含 2 至多数小花，如为 1 小花时，外稃具数脉至多脉 .

5. 高大多年生草本；外稃基盘细长，且有长丝状毛……芦苇属 *Phragmites*

5. 一般为中型或小型草本；外稃无毛；须常膨大呈块状……淡竹叶属 *Lophatherum*

1. 小穗含 2 小花，稀仅有 1 小花，背腹压扁或成圆筒形，很少为两性压扁，脱节于颖之下，在顶生小花之后，均无延伸的小穗轴。

6. 第二小花的外稃及内稃通常质地坚硬，较其颖为厚。

7. 花序中有不育小枝形成的刚毛……狗尾草属 *Setaria*

7. 花序中无不育小枝，穗轴也不延伸至顶生小穗之后……求米草属 *Oplismenus*

6. 第二小花的外稃及内稃透明膜质，较其颖为薄。

8. 小穗通常两性，或成熟小穗与不孕小穗同时混生在 1 穗轴上。

9. 植株中等高大，具长匍匐茎；圆锥花序密集成圆柱状，小穗基部围有丝状柔毛……白茅属 *Imperata*

9. 秆细弱，基部常横卧；总状花序在秆顶作指状排列……荩草属 *Arthraxon*

8. 小穗单性，雌雄小穗位于在同一花序的相异部分……薏苡属 *Coix*

狗牙根属 *Cynodon* Rich.

多年生草本，常具根茎及匍匐枝。秆常纤细，一长节间与一极短节间交互生长，致使叶鞘近似对生；

叶舌短或仅具一轮纤毛；叶片较短而平展。穗状花序2至数枚指状着生，覆瓦状排列于穗轴之一侧，无芒，含1～2小花；颖狭窄，先端渐尖，近等长，均为1脉或第二颖具3脉，全部或仅第一颖宿存；小穗轴脱节于颖之上并延伸至小花之后呈芒针状或其上端具退化小花；第一小花外稃舟形，纸质兼膜质，具3脉，侧脉靠近边缘，内稃膜质，具2脉，与外稃等长；鳞被甚小；花药黄色或紫色；子房无毛，柱头红紫色。颖果长圆柱形或稍两侧压扁，外果皮潮湿后易剥离，种脐线形，胚微小。本属约有10种，分布于欧洲、亚洲的亚热带及热带。我国产2种1变种。公安县有1种。

458. 狗牙根 *Cynodon dactylon* (L.) Pers.

【形态】多年生草本，高10～30厘米。根茎细长横走，竹鞭状，须根细而柔韧。秆匍匐地面，长达1米。叶互生，线形，长1～6厘米，宽1～3毫米；叶鞘具脊，无毛或疏生柔毛，鞘口通常具柔毛；叶舌短，具小纤毛。穗状花序长1～1.5厘米，3～6枚指状簇生于茎顶；小穗通常1花，颖灰绿色或带紫色，长2～2.5毫米；颖具中脉1条，突起成脊，两侧膜质，长1.5～2毫米；外稃草质，与小穗等长。具3条脉脊，脊上有毛；内稃约与外稃等长，具2脊；雄蕊3，花药黄色或紫色，长1～1.5毫米；子房上位，有2条羽状长花柱。花期5—10月。

图458 狗牙根

【生境】生于路旁、田间。

【分布】全县广布。

【药用部位】全草。

【采收加工】夏季采集，晒干。

【化学成分】全草含粗蛋白质、粗纤维、木质素、钙、磷、镁。尚分离出β-谷甾醇、β-谷甾醇-D-葡萄糖苷、棕榈酸、β-谷甾醇。

【性味】甘、淡，凉。

【功能主治】祛风活络，散瘀止血，生肌。主治风湿痿痹拘挛、半身不遂、跌打损伤、臁疮。

䅟属 *Eleusine* Gaertn.

一年生或多年生草本。秆硬，簇生或具匍匐茎，通常1长节间与几个短节间交互排列，因而叶于秆上似对生；叶片平展或卷折。穗状花序较粗壮，常数个成指状或近指状排列于秆顶，偶有单一顶生；穗轴不延伸于顶生小穗之外；小穗无柄，两侧压扁，无芒，覆瓦状排列于穗轴的一侧；小穗轴脱节于颖上或小花之间；小花数朵紧密地覆瓦状排列于小穗轴上；颖不等长，颖和外稃背部都具强压扁的脊；外稃顶端尖，具3～5脉，2侧脉若存在则极靠近中脉，形成宽而凸起的脊；内稃较外稃短，具2脊。鳞被2，折叠，具3～5脉；雄蕊3。囊果果皮膜质或透明膜质，宽椭圆形，胚基生，近圆形，种脐基生，点状。本属有9种，全产于热带和亚热带。我国有2种。公安县有1种。

459. 牛筋草 *Eleusine indica* (L.) Gaertn.

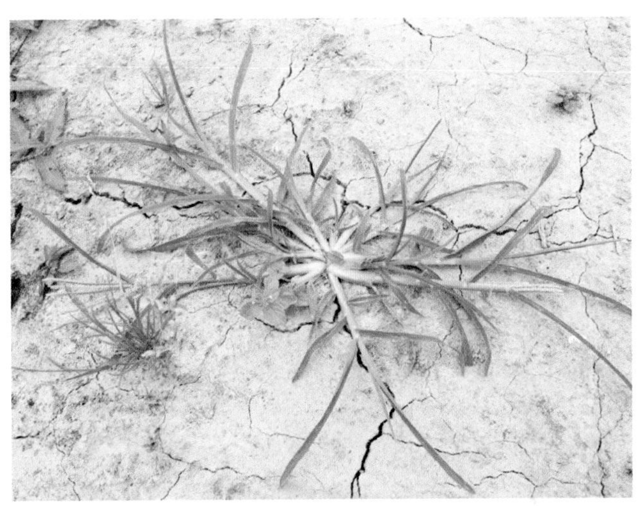

图459 牛筋草

【形态】一年生草本，高15～90厘米。须根多数，细小。秆丛生，直立或基部膝曲，节膨大，扁圆形。叶片条形，扁平或卷折。长达15厘米，宽2.5～5毫米，无毛或表面具疣状柔毛；叶鞘压扁，有脊，边缘近膜质。无毛或鞘口疏生柔毛；叶舌长约1毫米。穗状花序纤细，淡绿色；长3～10厘米，宽3～5毫米，2～5花（少为2花）呈指状排列于茎顶，有时其中之一单生于其他花序之下，小穗有花3～6朵，长4～7毫米，宽2～3毫米，颖披针形，第一颖长1.5～2毫米，第二颖长2～3毫米，脊上有狭翼。种子卵形或近三角形，长1.5毫米，有明显的波状皱纹。花期6—12月。

【生境】生于田边、路旁、荒坡。

【分布】全县广布。

【药用部位】全草。

【采收加工】秋季采集全草，晒干或鲜用。

【性味】甘，平。

【功能主治】祛风清热，活血止痛。主治伤暑发热、黄疸、痢疾、鼻衄、跌打损伤、预防乙型脑炎。

看麦娘属 *Alopecurus* L.

一年生或多年生草本。秆直立，丛生或单生。圆锥花序圆柱形；小穗含1小花，两侧压扁，脱节于颖之下；颖等长，具3脉，常于基部连合；外稃膜质，具不明显5脉，中部以下有芒，其边缘于下部连合；内稃缺；子房光滑。颖果与稃分离。本属约有50种，分布于北半球寒温带。我国有9种，多数种类为优良牧草。公安县有1种。

460. 看麦娘 *Alopecurus aequalis* Sobol.

【形态】一年生。秆少数丛生，细瘦，光滑，节处常膝曲，高15～40厘米。叶鞘光滑，短于节间；叶舌膜质，长2～5毫米；叶片扁平，长3～10厘米，宽2～6毫米。圆锥花序圆柱状，灰绿色，长2～7厘米，宽3～6毫米；小穗椭圆形或卵状长圆形，长2～3毫米；颖膜质，基部互相连合，具3脉，脊上有细纤毛，侧脉下部有短毛；外稃膜质，先端钝，等大或稍长于颖，下部边缘互相连合，芒长1.5～3.5毫米，约于稃体下部1/4处伸出，隐藏或稍外露；花药橙黄色，长0.5～0.8毫米。颖果长约1毫米。花果期4—8月。

【生境】生于海拔较低的田边及潮湿处。

【分布】全县广布。

【药用部位】全草。

【采收加工】待茎、叶繁茂时采集，切段晒干。

【性味】淡，凉。

【功能主治】清热利湿，止泻，解毒。主治水肿、水痘、泄泻、黄疸型肝炎、赤眼、毒蛇咬伤。

图460 看麦娘

芦苇属 *Phragmites* Adans.

多年生，具发达根状茎的苇状沼生草本。茎直立，具多数节；叶鞘常无毛；叶舌厚膜质，边缘具毛；叶片宽大，披针形，大多无毛。圆锥花序大型密集，具多数粗糙分枝；小穗含3～7小花，小穗轴节间短而无毛，脱节于第一外稃与成熟花之间；颖不等长，具3～5脉，顶端尖或渐尖，均短于其小花；第一外稃通常不孕，含雄蕊或中性，小花外稃向上逐渐变小，狭披针形，具3脉，顶端渐尖或呈芒状，无毛，外稃基盘延长具丝状柔毛，内稃狭小，甚短于其外稃；鳞被2，雄蕊3，花药长1～3毫米。颖果与其稃体相分离，胚小型。本属有10余种，分布于热带、大洋洲、非洲、亚洲。芦苇是唯一的世界种。我国有3种。公安县有1种。

461. 芦苇 *Phragmites communis* Trin.

【形态】多年生高大草本，高2～5米。地下匍匐茎粗壮，节间中空，节上具芽，须根多数。秆直立，直径2～10毫米，表面光滑，富有纤维，质坚韧，每节具1腋芽，节下通常具白粉。叶2列式排列，叶片广披针形至宽条形，长15～60厘米，宽2～5厘米，先端渐尖，灰绿色或蓝绿色，全缘，两面粗糙，叶鞘抱茎，无毛或有细毛，叶舌长1～2毫米，成1轮毛状。圆锥花序顶生，直立，有时稍弯曲，分枝纤细，稠密，呈毛帚状，长15～45厘米，基部常有白色丝状毛，小穗长9～16厘米，有花3～7朵，颖披针形，

图461 芦苇

第一颖较第二颖为短，暗紫色或褐紫色，稀淡黄色；颖披针形，内颖比外稃长约1倍，第一花通常为雄性，其他花为两性，外稃长8～15毫米，内稃长3～4毫米，脊上粗糙，第二外稃长9～16毫米，先端长渐尖，基盘具柔毛，两性花有雄蕊3，雌蕊1，花柱2，柱头羽状。颖果椭圆形至长圆形，与内外稃分离。花期5—7月，果期9—11月。

【生境】生于河岸、池塘浅水中。

【分布】全县广布。

【药用部位】根茎。

【采收加工】根全年均可采挖，除去芽、须根及膜质叶，晒干或鲜用。

【化学成分】根茎含天冬酰胺、还原糖、蔗糖、蛋白质、淀粉、薏苡素。

【药理作用】芦苇根具有抗菌及镇吐等作用。

【性味】甘，寒。

【功能主治】清热生津，除烦，止呕，利尿。主治热病烦渴、胃热呕吐、肺热咳嗽、热淋涩痛。

淡竹叶属 *Lophatherum* Brongn.

多年生草本。须根中下部膨大呈纺锤形。秆直立，平滑。叶鞘长于其节间，边缘生纤毛；叶舌短小，质硬；叶片披针形，宽大，具明显小横脉，基部收缩呈柄状。圆锥花序由数枚穗状花序组成；小穗圆柱形，含数小花，第一小花两性，其他均为中性小花；小穗轴脱节于颖之下；两颖不相等，均短于第一小花，具5～7脉，顶端钝；第一外稃硬纸质，具7～9脉，顶端钝或具短尖头；内稃较其外稃窄小，脊上部具狭翼；不育外稃数枚互相紧密包卷，顶端具短芒；内稃小或不存在；雄蕊2枚，自小花顶端伸出。颖果与内、外分离。本属有2种，分布于东南亚及东亚。我国有2种。公安县有1种。

462. 淡竹叶 *Lophatherum gracile* Brongn.

【形态】多年生直立草本，高40～100厘米。根茎粗短，坚硬，轻度木质化，须根中部常膨大成纺锤形的块根。茎丛生，多少木质化，细长直立，中空，表面有细微的纵纹。叶互生，叶片披针形至广披针形，长5～25厘米，宽1～3.5厘米，先端渐尖，基部楔形渐狭缩呈柄状，全缘，两面无毛或具小刺毛，脉平行多条，小横脉明显，呈小长方格状，中脉在背面明显隆起；叶鞘光滑或一边有纤毛；叶舌截形，长0.5～1毫米，质硬，边缘有毛。圆锥花序顶生，长10～30厘米，分枝较少，疏散，斜升或展升；基部光滑或具刺毛，呈绿色，具极短的柄，颖片矩圆形，具5脉，边缘膜质，先端钝，第一颖较第二颖短；外稃较颖长，披针形，具7～9脉，顶端的数枚外稃中空，先端具短芒，内稃较外稃短，

图462 淡竹叶

膜质透明；子房卵形，花柱 2 枚，柱头羽状。颖果纺锤形。花期 7—9 月，果期 10 月。

【生境】生于山坡林下或路旁阴湿处。

【分布】分布于黄山头镇。

【药用部位】全草。

【采收加工】夏末抽花穗前采收，晒干。

【化学成分】淡竹叶的化学成分以三萜类、黄酮类为主，此外还包括挥发油类、酚酸、多糖、氨基酸等。

【药理作用】淡竹叶具有抑菌、抗氧化、保肝、收缩血管、抗病毒、降血脂、保护心肌等作用。

【性味】甘、淡，寒。

【功能主治】清心火，除烦热，利小便。主治热病烦渴、小便赤涩淋痛、口舌生疮、牙龈肿痛。

狗尾草属 *Setaria* P. Beauv.

一年生或多年生草本，有或无根茎。秆直立或基部膝曲。叶片线形、披针形或长披针形，扁平或具褶皱，基部钝圆或窄狭呈柄状。圆锥花序通常呈穗状或总状圆柱形，少数疏散而开展至塔状；小穗含 1 ～ 2 小花，椭圆形或披针形，全部或部分小穗下托以 1 至数枚由不发育小枝而成的芒状刚毛，脱节于极短且呈杯状的小穗柄上，并与宿存的刚毛分离；颖不等长，第一颖宽卵形、卵形或三角形，具 3 ～ 5 脉或无脉，第二颖与第一外稃等长或较短，具 5 ～ 7 脉；第一小花雄性或中性，第一外稃与第二颖同质，通常包着纸质或膜质的内稃；第二小花两性，第二外稃软骨质或革质，成熟时背部隆起或否，平滑或具点状、横条状皱纹，等长或稍长或短于第一外稃，包着同质的内稃；鳞被 2，楔形；雄蕊 3，成熟时由谷粒顶端伸出；花柱 2，基部连合或少数种类分离。颖果椭圆状球形或卵状球形，稍扁，种脐点状；胚长为颖果的 1/5 ～ 1/3。本属约有 130 种，广布于热带和温带地区。我国有 15 种 3 亚种 5 变种。公安县有 1 种。

463. 狗尾草 *Setaria viridis* (L.) Beauv.

【形态】一年生草本，高 60 ～ 80 厘米。根须状。秆直立或基部膝曲，通常较细弱，基部直径 4 毫米。叶互生，叶鞘较松弛，无毛或具柔毛；叶舌白色，边缘具 1 ～ 2 毫米的长纤毛；叶片扁平，长 15 ～ 30 厘米，宽 2 ～ 15 毫米，先端渐尖，基部略呈圆形或渐窄，通常无毛。夏季开花，圆锥花序紧密呈圆柱形，长 3 ～ 15 厘米，微弯曲或直立，绿色、黄色或变紫色，周围有较长的刚毛；小穗椭圆形，长 2 ～ 2.5 毫米，先端钝；基部有粗糙、绿色、黄色或变紫色的刚毛数条；第一颖卵形，具 3 脉，长约为小穗的 1/3，第二颖几与小穗等长，具 5 ～ 7 脉，第二外稃有细点状皱纹，成熟时背部稍隆起，边缘卷抱内稃。颖果长

图 463 狗尾草

圆形，顶端钝，具细点状皱纹。

【生境】生于荒坡、路旁。

【分布】全县广布。

【药用部位】全草。

【采收加工】夏、秋季采收，晒干。

【性味】淡，平。

【功能主治】祛风明目，清热利尿。主治风热感冒、目赤肿痛、黄疸型肝炎；外用治瘰疬。

求米草属 *Oplismenus* Beauv.

一年生或多年生草本。秆基部通常平卧地面而分枝。叶片薄，扁平，卵形至披针形，稀线状披针形。圆锥花序狭窄，分枝或不分枝而使小穗数枚聚生于主轴之一侧；小穗卵圆形或卵状披针形，多少两侧压扁，近无柄，孪生、簇生，少单生，含 2 小花；颖近等长，第一颖具长芒，第二颖具短芒或无芒；第一小花中性，外稃等长于小穗，无芒或具小尖头，内稃存在或缺；第二小花两性，外稃纸质后变坚硬，平滑光亮，顶端具微尖头，边缘质薄，内卷，包着同质的内稃；鳞被 2，薄膜质，折叠，3 脉；花柱基分离；种脐椭圆形。本属约有 20 种，我国有 4 种 11 变种。公安县有 1 种。

464. 求米草 *Oplismenus undulatifolius* (Arduino) Beauv.

【形态】秆细弱，基部横卧地面，节处生根，向上斜升部分高 15 ～ 50 厘米。叶片披针形，稍皱，有横脉，长 3 ～ 8 厘米，宽 8 ～ 15 毫米，基部钝圆而不对称，两面及边缘有毛，边缘具纤毛。花序狭窄，主轴长 2 ～ 8 厘米，密生柔毛，分枝短缩，有时下部的分枝长可达 1 厘米；小穗簇生，或近顶端者孪生；第一颖具 3 脉，长约为小穗之半，顶端有长 7 ～ 10 毫米的直芒；第二颖具 5 脉，顶端有长 2 ～ 5 毫米的直芒；第一外稃与小穗等长，具 7 ～ 9 脉，顶端无芒或有短尖；内稃存在或缺。谷粒椭圆形，长 2 毫米，光滑无毛。花果期 7—10 月。

【生境】生于疏林下阴湿处。

【分布】分布于章庄铺镇、黄山头镇。

图 464　求米草

白茅属 *Imperata* Cyrillo

多年生草本，具发达多节的长根状茎。秆直立，常不分枝。叶片多数基生，线形；叶舌膜质。圆锥花序顶生，狭窄，紧缩呈穗状。小穗含 1 两性小花，基部围以丝状柔毛，具长短不一的小穗柄，孪生于细长延续的总状花序轴上，两颖近相等，披针形，膜质或下部草质，具数脉，背部被长柔毛；外稃透明膜质，无脉，具裂齿和纤毛，顶端无芒；第一内稃不存在；第二内稃较宽，透明膜质，包围着雌蕊、雄蕊；鳞被不存在；雄蕊 2 枚或 1 枚；花柱细长，下部多少连合；柱头 2 枚，线形，自小穗之顶端伸出。颖果椭圆形，胚大型，种脐点状。本属约有 10 种，分布于热带和亚热带。我国有 4 种。公安县有 1 种。

465. 白茅 *Imperata cylindrical* (L.) Beauv.

【形态】多年生草本，高 20 ～ 80 厘米，根茎白色，横走，密生鳞片，先端尖锐，有甜味。秆丛生，直立，具 2 ～ 3 节，节上有 4 ～ 10 毫米的白色柔毛。单叶互生，集于基部；叶鞘破碎呈纤维状，无毛；叶舌干膜质，钝头，长约 1 毫米，先端渐尖，基部渐狭，边缘及背面较粗糙；主脉明显；根生叶几与植株相等，茎生叶较短。圆锥花序柱状，长 5 ～ 20 厘米，宽 1 ～ 3 厘米，具柄，基部密生白色的丝状柔毛，两颖片相等或第一颖片稍短，除背面下部略呈草质外，其他均膜质，边缘具纤毛，背面疏生丝状柔毛，第一颖较狭，具 3 ～ 4 脉，第二颖较宽，具 4 ～ 6 脉；第一外稃卵状长圆形，长约 15 毫米，先端钝，内稃缺如；第二外稃披针形，长 1.2 毫米，先端尖，两侧微呈齿状，内稃长约 1.2 毫米，宽约 1.5 毫米，先端截平，具尖钝大小不等的数齿；雄蕊 2，花药黄色，长约 3 毫米；柱头 2 枚，深紫色。颖果。花期夏、秋季。

图 465 白茅

【生境】生于山坡、草地、路旁。

【分布】全县广布。

【药用部位】根茎。

【采收加工】春、秋季采挖，除去地上部分及鳞片、泥土，洗净晒干，捆成小把。

【化学成分】根含三萜类化合物：芦竹素、白茅素、薏苡素、豆甾醇、菜油甾醇、β－谷甾醇。此外尚含多量蔗糖、葡萄糖，少量果糖、木糖、柠檬酸、苹果酸、草酸、钾盐等。

【药理作用】白茅具有止血、免疫调节、利尿降压、抑菌、抗炎镇痛、抗肿瘤、降血糖、降血脂、抗氧化、改善肾功能等作用。

【性味】甘，寒。

【功能主治】凉血止血，清热利尿。主治血热吐血、衄血、尿血、热病烦渴、黄疸、水肿、热淋涩痛。

荩草属 *Arthraxon* Beauv.

一年生或多年生的纤细草本。叶片披针形或卵状披针形，基部心形，抱茎。总状花序 1 至数枚在秆顶常呈指状排列；小穗成对着生于总状花序轴的各节，一无柄，一有柄。有柄小穗雄性或中性，有时完全退化仅剩一针状柄或柄的痕迹而使小穗单生于各节；无柄小穗两侧压扁或第一颖背腹压扁，含一两性小花，有芒或无芒，随同节间脱落；第一颖厚纸质或近革质，具多脉或脉不显，脉上粗糙或具小刚毛，有时在边缘内折或具篦齿状疣基钩毛或不呈龙骨而边缘内折或稍内折；第二颖具 3 脉，对折而使主脉成 2 脊，先端尖或具小尖头；第一小花退化仅剩一透明膜质的外稃；第二小花两性，其外稃透明膜质或基部稍厚，全缘或顶端具 2 微齿；内稃微小或不存在；雄蕊 2 或 3；柱头 2，花柱基部分离；鳞被 2，折叠，具多脉。颖果细长而近线形。本属约有 20 种，分布于东半球的热带与亚热带地区。我国有 10 种 6 变种。公安县境内的荩草属植物有 1 种。

466. 矛叶荩草 *Arthraxon lanceolatus* (Roxb.) Hochst.

【形态】多年生草本，常丛生。秆较坚硬，直立或基部横卧，高 40 ~ 60 厘米，常分枝，具多节；节着地易生根，节上无毛或疏被短毛。叶片披针形至卵状披针形，长 2 ~ 7 厘米，宽 3 ~ 15 毫米，先端渐尖，基部心形抱茎，两面生有短毛，边缘通常具疣基纤毛。总状花序长 2 ~ 7 厘米，2 至数枚呈指状排列于枝顶，稀单性；穗轴节间密被白色纤毛；无柄小穗长圆状披针形，长 6 ~ 7 毫米，常带紫色；第一颖背部光滑或有小瘤点状粗糙，边缘有锯齿状疣基纤毛；第二颖与第一颖等长，质较薄；第一外稃长圆形，长 2 ~ 2.5 毫米；第二外稃长 3 ~ 4 毫米，背面近基部处生一膝曲的芒；芒长 12 ~ 14 毫米；有柄小穗披针形，长 4.5 ~ 5.5 毫米，无芒；雄蕊 3，花药长 2 ~ 2.5 毫米。花果期 7—10 月。

图 466 矛叶荩草

【生境】多生于山坡、旷野及沟边阴湿处。

【分布】全县广布。

【附注】嫩枝多，叶量大，为优质牧草。民间有用嫩梢茎叶嚼烂敷患处治外伤出血，有较好的止血抗感染作用。

薏苡属 *Coix* L.

一年生或多年生草本。秆直立，常实心。叶片扁平宽大。总状花序腋生成束，通常具较长的总梗。小穗单性，雌雄小穗位于同一花序之不同部位；雄小穗含 2 小花，2 ~ 3 枚生于一节，一无柄，一或二枚有柄，排列于一细弱而连续的总状花序上部而伸出念珠状总苞外；雌小穗常生于总状花序的基部而被包于一骨质或近骨质念珠状总苞（系变形的叶鞘）内，雌小穗 2 ~ 3 枚生于一节，常仅 1 枚发育，孕性小穗之第一颖宽，下部膜质，上部质厚渐尖；第二颖与第一外稃较窄；第二外稃及内稃膜质；柱头细长，自总苞顶端伸出。颖果大，近圆球形。本属约有 10 种，分布于热带亚洲；我国有 5 种 2 变种。公安县有 1 种。

467. 薏苡　*Coix lacryma-jobi* L.

图 467　薏苡

【形态】多年生草本，秆高 1 ～ 2 米。须根较粗，黄白色，秆粗壮，直立丛生，绿色，多分枝，基部节上生根。叶互生，叶片条形或线状披针形，长 10 ～ 40 厘米，宽 1 ～ 3.5 厘米，先端渐尖，基部宽心形，中脉粗而明显，两面秃净，边缘粗糙，叶鞘光滑，鞘口无毛，叶舌质硬，长约 1 毫米。总状花序腋生成束，从上部叶鞘内抽出，长 3 ～ 8 毫米，雄小穗覆瓦状排列于穗轴之每节上，雌小穗包于卵形硬质的总苞中，总苞卵形或近球形，长 8 ～ 10 毫米，宽 6 ～ 8 毫米，成熟时光亮而坚硬，近白色、灰白色或蓝紫色。花期 7—8 月，果期 9—10 月。

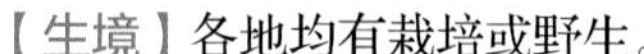

【生境】各地均有栽培或野生。

【分布】全县广布。

【药用部位】干燥种仁。

【采收加工】秋季果实成熟后，割取全株，打下果实，除去外壳、外皮及杂质，收集种仁。

【化学成分】薏苡含有脂肪酸及其脂类、黄酮类、酰胺类、甾醇类、萜类、多糖和生物碱等多种化合物。

【药理作用】薏苡具有抗肿瘤、增强免疫、降血糖、抗炎、镇痛、抗菌和抗氧化等作用。

【性味】甘、淡，凉。

【功能主治】健脾化湿，除痹止泻，清热排脓。用于水肿、脚气、小便不利、湿痹拘挛、脾虚泄泻、肺痈、肠痈、扁平疣。

一一八、棕榈科 Palmae

灌木、藤本或乔木，茎通常不分枝，单生或几丛生，表面平滑或粗糙，或有刺，或被残存老叶柄的基部或叶痕，稀被短柔毛。叶互生，在芽时折叠，羽状或掌状分裂，稀为全缘或近全缘；叶柄基部通常扩大成具纤维的鞘。花小，单性或两性，雌雄同株或异株，有时杂性，组成分枝或不分枝的佛焰花序（或肉穗花序），花序通常大型多分枝，被一个或多个鞘状或管状的佛焰苞所包围；花萼和花瓣各 3 片，离生或合生，覆瓦状或镊合状排列；雄蕊通常 6 枚，2 轮排列，稀多数或更少，花药 2 室，纵裂，基着或背着；退化雄蕊通常存在或稀缺；子房 1 ～ 3 室或 3 个心皮离生或于基部合生，柱头 3 枚，通常无柄；每个心皮内有 1 ～ 2 个胚珠。果实为核果或硬浆果，1 ～ 3 室或具 1 ～ 3 个心皮；果皮光滑或有毛、有刺、粗糙或被以覆瓦状鳞片。种子通常 1 个，有时 2 ～ 3 个，多者 10 个，与外果皮分离或粘合，被薄的或有时肉质的外种皮，胚乳均匀或嚼烂状，胚顶生、侧生或基生。

本科约有 210 属 2800 种，分布于热带、亚热带地区，主产于热带亚洲及美洲。我国约有 28 属 100 种，产西南至东南部各省（区）。

公安县境内的棕榈科植物有 1 属 1 种。

棕榈属 *Trachycarpus* H. Wendl.

乔木状或灌木状，树干被覆永久性的下悬的枯叶或部分裸露；叶鞘解体成网状的粗纤维，环抱树干并在顶端延伸成一个细长的干膜质的褐色舌状附属物。叶片呈半圆形或近圆形，掌状分裂成许多具单折的裂片，内向折叠，叶柄两侧具微粗糙的瘤突或细圆齿状的齿，顶端有明显的戟突。花雌雄异株，偶为雌雄同株或杂性；花序粗壮，生于叶间，雌雄花序相似，多次分枝或二次分枝；佛焰苞数个，包着花序梗和分枝；雄花花萼 3 深裂或几分离，花冠大于花萼，雄蕊 6 枚，花丝分离，花药背着；雌花的花萼与花冠如雄花，雄蕊 6 枚，花药不育，箭头形，心皮 3，分离，有毛，卵形，顶端变狭成一个短圆锥状的花柱，胚珠基生。果实阔肾形或长圆状椭圆形；种子形如果实，胚乳均匀，角质，在种脊面有一个稍大的珠被侵入，胚侧生或背生。本属约有 8 种，分布于印度、中南半岛至中国和日本。我国约有 3 种，其中 1 种普遍栽培于南部各省（区），2 种产于云南西部至西北部。公安县有 1 种。

468. 棕榈 *Trachycarpus fortunei* (Hook.) H. Wendl.

图 468 棕榈

【形态】多年生常绿乔木，高达 15 米。茎圆柱形，不分枝，有残留不易脱落的老叶柄基部。叶簇生于茎顶，圆扇形，革质，长约 70 厘米，有皱褶，掌状深裂至叶片的中部以上；裂片具隆起的主脉；裂片条形，宽 1.5 ～ 4 厘米，先端 2 尖裂，钝头，不下垂，有多数纤细的纵裂纹，两面均光滑无毛；叶柄长可不超过 1 米，质坚硬，上面平坦，下面隆起呈棱形，有时两面隆起，两侧边缘具小戟突的刺；叶柄基部有抱茎的叶鞘，网状纤维质，暗棕色，叶鞘脱落后，在茎上留下呈环状痕迹的节。肉穗花序排列成圆锥花序，自叶丛中抽出，下部有多数大型鞘状苞，革质，被锈色茸毛；花小，多数，密集，黄白色，单性，雌雄同株，花被 6 片，卵形，排成 2 轮，外轮小于内轮，镊合状；雄蕊 6，花药背着生，花丝极短；子房上位，雌蕊 3，基部合生，1 室，1 胚珠。核果肾状球形，暗灰色或浅黑色。花期 5—6 月，果期 11—12 月。

【生境】多为栽培，林下少有野生。

【分布】全县广布。

【药用部位】叶鞘纤维、根。前者习称“棕皮”。

【采收加工】全年可采，除去残片，晒干。

【性味】苦、涩，平。

【功能主治】叶鞘纤维：收敛止血；主治吐血、衄血、便血、下痢、血崩、带下、疥癣。根：止血、祛湿、消肿解毒；用于吐血、便血、血淋、血崩、带下、痢疾、水肿、跌打损伤。

一一九、天南星科 Araceae

草本植物，具块茎或伸长的根茎；稀为攀缘灌木或附生藤本，富含苦味水汁或乳汁。叶单一或少数，有时花后出现，通常基生，如茎生则为互生，2 列或螺旋状排列，叶柄基部或一部分鞘状；叶片全缘时多为箭形、戟形，或为掌状、鸟足状、羽状或放射状分裂。花小或微小，常极臭，排列为肉穗花序；花序外面有佛焰苞包围。花两性或单性。花单性时雌雄同株或异株。雌雄同序者雌花居于花序的下部，雄花居于雌花群之上。两性花有花被或否。花被如存在则为 2 轮，花被片 2 枚或 3 枚，整齐或不整齐的覆瓦状排列，常倒卵形，先端拱形内弯；稀合生呈坛状。雄蕊通常与花被片同数且与之对生、分离；在无花被的花中；雄蕊 2 ～ 8 或多数，分离或合生为雄蕊柱；花药 2 室，药室对生或近对生，室孔纵长。假雄蕊（不育雄蕊）常存在；在雌花序中围绕雌蕊（泉七属的一些种），有时单一、位于雌蕊下部（千年健属）；在雌雄同序的情况下，有时多数位于雌花群之上（犁头尖属），或常合生呈假雄蕊柱（如海芋属），但经常完全退废，这时全部假雄蕊合生且与肉穗花序轴的上部形成海绵质的附属器。子房上位或稀陷入肉穗花序轴内，1 至多室，基底胎座、顶生胎座、中轴胎座或侧膜胎座，胚珠直生、横生或倒生，1 至多数，内珠被之外常有外珠被，后者常于珠孔附近作流苏状（菖蒲属），珠柄长或短；花柱不明显，或伸长呈线形或圆锥形，宿存或脱落；柱头各式，全缘或分裂。果为浆果，极稀紧密结合而为聚合果（隐棒花属）；种子 1 至多数，圆形、椭圆形、肾形或伸长，外种皮肉质，有的上部流苏状；内种皮光滑，有窝孔，具疣或肋状条纹，种脐扁平或隆起，短或长。胚乳厚，肉质，贫乏或不存在。

本科有 115 属 2000 余种，分布于热带和亚热带。我国有 35 属 205 种，其中有 4 属 20 种系引种栽培。

公安县境内的天南星科植物有 5 属 6 种。

1. 花两性，花被存在……………………………………………………………………………………………菖蒲属 *Acorus*

1. 花单性，花被不存在。

  2. 雌雄同株。

    3. 叶片盾状着生……………………………………………………………………………………………芋属 *Colocasia*

    3. 叶柄着生叶片基部。

4. 肉穗花序的雌花部分与佛焰苞分离……………………………………………………………犁头尖属 *Typhonium*

4. 肉穗花序的雌花部分与佛焰苞贴生……………………………………………………………半夏属 *Pinellia*

2. 雌雄异株，稀同株……………………………………………………………………………天南星属 *Arisaema*

菖蒲属 *Acorus* L.

多年生常绿草本。根茎匍匐，肉质，分枝，细胞含芳香油。叶 2 列，基生，箭形，具叶鞘。佛焰苞很长部分与花序柄合生，在肉穗花序着生点之上分离，叶状，箭形，直立，宿存。花序生于当年生叶腋，柄长，全部贴生于佛焰苞鞘上，常为三棱形。肉穗花序指状圆锥形或纤细几为鼠尾状；花密，自下而上开放。花两性：花被片 6，长胜于宽，拱形，靠合，近截平，外轮 3 片；雄蕊 6，花丝长线形，与花被片等长，先端渐狭为药隔，花药短；药室长圆状椭圆形，近对生，超出药隔，室缝纵长，全裂，药室内壁前方的瓣片向前卷，后方的边缘反折；子房倒圆锥状长圆形，与花被片等长，先端近截平，2 ～ 3 室；每室胚珠多数，直立；花柱极短；柱头小，无柄。浆果长圆形，顶端渐狭为近圆锥状的尖头，红色，藏于宿存花被之下。种子长圆形。本属有 4 种，分布于北温带至亚洲热带。我国各地都有。公安县有 1 种。

469. 石菖蒲 *Acorus tatarinowii* Schott

图 469 石菖蒲

【形态】多年生草本，全株有香气。根茎匍匐，直径 4 ～ 8 毫米，外皮黄褐色，细长而弯曲，分枝，密生环节，节上有破碎的叶基残留物和多数须根。叶基生，长 10 ～ 30 厘米，宽 4 ～ 8 毫米，剑状条形，先端渐尖，暗绿色，有光泽，基部稍扩大对折，边缘膜质，叶脉平行，中脉不明显。花茎高 10 ～ 30 厘米，扁三棱形，佛焰苞叶状，长 7 ～ 20 厘米，宽 2 ～ 4 毫米；肉穗花序自佛焰苞中部旁侧裸露而出，无梗，斜上或稍直立，柔弱，呈狭圆柱形，长 5 ～ 12 厘米，宽 2 ～ 4 毫米；花两性，密生，淡黄绿色；花被 6，2 轮，倒卵形，先端钝；雄蕊 6，稍长于花被，花药黄色，花丝扁线形；子房长圆形，2 ～ 4 室。浆果肉质，倒卵形，长、宽均约 2 毫米。花期 5—7 月，果期 7—8 月。

【生境】栽培。

【分布】分布于黄山头镇、狮子口镇。

【药用部位】根茎。

【采收加工】秋、冬季采挖，除去须根及泥沙，晒干。

【化学成分】本品含挥发油、糖类、氨基酸及有机酸。挥发油中主要成分为 β – 细辛醚、细辛醚、α – 葎草烯、石竹烯、黄樟醚、丁香酚等。

【药理作用】石菖蒲具有镇静、抗惊厥、抗抑郁、抗心律失常、抗菌、抗肿瘤、降血脂、抗血栓、抗氧化、抗阿尔茨海默病等作用。

【性味】辛、苦，温。

【功能主治】化湿开胃，开窍豁痰，醒神益智。主治胸腹胀闷、噤口下痢、痰湿内阻、神昏癫痫、健忘耳聋及跌打损伤。

天南星属 *Arisaema* Mart.

多年生草本，具块茎。叶柄多少具长鞘，常与花序柄具同样的斑纹；叶片 3 浅裂、3 全裂或 3 深裂，有时鸟足状或放射状全裂，裂片 5 ~ 11 或更多，卵形、卵状披针形、披针形，全缘或有时呈啮齿状，无柄或具柄。佛焰苞管部席卷，圆筒形或喉部开阔，喉部边缘有时具宽耳，檐部拱形、盔状，常长渐尖；肉穗花序单性或两性，雌花序花密；雄花序大都花疏，在两性花序中接于雌花序之上；附属器仅达佛焰苞喉部，或多少伸出喉外，有时为长线形，裸秃或稀具不育中性花残余；花单性，雄花有雄蕊 2 ~ 5，无柄或有柄；残遗中性花系不育雄花，钻形或线形；雌花密集，子房 1 室，内面有从室顶下垂的突起（毛），卵圆形或长圆状卵形，渐狭为花柱；胚珠 1 ~ 9，直生，着生于基底胎座上。浆果倒卵圆形、倒圆锥形，1 室；种子球状卵圆形，具锥尖；胚乳丰富。本属约有 150 种，大都分布于亚洲热带、亚热带和温带。我国南北各省（区）有 82 种，以云南最为丰富。公安县有 1 种。

470. 天南星 *Arisaema heterophyllum* Blume

【形态】多年生草本，高 60 ~ 80 厘米。块茎近球状或扁球状，直径 1.5 厘米左右。叶 1 片，鸟趾状全裂，裂片 9 ~ 17 枚，通常 13 枚左右，长圆形、倒披针形或长圆状倒卵形，长 4 ~ 12 厘米，宽 1.3 ~ 3 厘米，先端渐尖，基部楔形，中央裂片最小。花序柄长 50 ~ 80 厘米；佛焰苞绿色，下部筒状，花序轴先端附属物鼠尾状，延伸于佛焰苞外甚多。浆果红色。花期 7—8 月。

【生境】生于阴湿林下。

【分布】分布于章庄铺镇。

【药用部位】块茎。

【采收加工】7—9 月茎叶枯萎时，挖出地下茎，除去苗茎及须根。洗净泥沙，刮去粗皮，晒干或阴干。也有采挖除去茎叶及须根后，堆放室内 2 ~ 3 天使其发汗，每日上下翻一次，待外皮起皱纹而易于用手指推脱时，即放入竹篓中置流水处，用木棒捆上绳类进行擦洗，待外皮全部擦掉，沥干，摊放通风处晾干表皮水分，晒干。

图 470 天南星

【化学成分】块茎：含三萜皂苷、安息香酸、黏液质、生物碱（有毒成分）。

【药理作用】天南星具有抗肿瘤、镇静、镇痛、抗惊厥、抗凝血等药理作用。

【性味】苦、辛，温。有毒。

【功能主治】祛风定惊，燥湿化痰，消肿散结。主治湿痰壅盛、痰热咳嗽、跌打损伤、关节肿痛等。

芋属 *Colocasia* Schott

多年生草本，具块茎、根茎或直立的茎。叶柄延长，下部鞘状；叶片盾状着生，卵状心形或箭状心形，后裂片浑圆，连合部分短或达 1/2，稀完全合生。花序柄通常多数，于叶腋抽出；佛焰苞管部短，为檐部长的 1/5 ～ 1/2，卵圆形或长圆形，边缘内卷，宿存，果期增大，然后不规则地撕裂；檐部长圆形或狭披针形，果时脱落；肉穗花序短于佛焰苞，雌花序短，不育雄花序（中性花序）短而细，能育雄花序长圆柱形，不育附属器直立；花单性、无花被；能育雄花为合生雄蕊，每花有雄蕊 3 ～ 6，倒金字塔形，向上扩大，顶部几截平，不规则的多边形；药室线形或线状长圆形，纵裂；不育雄花合生假雄蕊扁平、倒圆锥形，顶部截平，侧向压扁状；雌花心皮 3 ～ 4，子房卵圆形或长圆形，花柱不存在，柱头扁头状，有 3 ～ 5 浅槽，子房 1 室；胚珠多数或少数，半直立或近直立。浆果绿色，倒圆锥形或长圆形，冠以残存柱头，1 室。种子多数，长圆形。本属有 13 种，分布于亚洲热带及亚热带地区。我国有 8 种，大都产江南各省。公安县有 1 种。

471. 芋 *Colocasia esculenta* (L.) Schott.

【形态】多年生草本。地下块茎肉质，近圆形或椭圆形，表面褐黄色，周围和下面有丛生须根。叶 2 ～ 3 枚或更多，卵形盾状，长 20 ～ 50 厘米，先端急尖，基部 2 裂；叶柄淡紫色或绿色，长 25 ～ 80 厘米。花茎单生，短于叶柄，佛焰苞长约 20 厘米，筒部绿色，长约 4 厘米，片部披针形，内卷，向上渐尖，淡黄色。肉穗花序椭圆形，短于佛焰苞，雌花序约与中性花序等长，雄花序约为其 2 倍，附属体长约为雄花序之半。花期 9 月。

图 471 芋

【生境】栽培。

【分布】全县广布。

【药用部位】块茎。

【采收加工】秋季采挖，除去地上部分和须根，洗净，鲜用。

【性味】辛，平。有小毒。

【功能主治】消积破气，除烦止痒，解毒止痛。主治瘰疬、乳腺炎、疖疮、牛皮癣、狗咬伤、消渴等。

半夏属 *Pinellia* Tenore

多年生草本，具块茎。叶和花序同时抽出。叶柄下部或上部，叶片基部常有珠芽；叶片全缘，3 深裂、3 全裂或鸟足状分裂，裂片长圆椭圆形或卵状长圆形，侧脉纤细，近边缘有集合脉 3 条。花序柄单生，与叶柄等长或超过；佛焰苞宿存，管部席卷，有增厚的横隔膜，喉部几乎闭合；檐部长圆形，长约为管部的 2 倍，舟形；肉穗花序下部雌花序与佛焰苞合生达隔膜（在喉部），单侧着花，内藏于佛焰苞管部；雄花序位于隔膜之上，圆柱形，短，附属器延长的线状圆锥形，超出佛焰苞很长；花单性，无花被，雄花有雄蕊 2，雄蕊短，纵向压扁状；子房卵圆形，1 室，1 胚珠；胚珠直生或几为半倒生，直立，珠柄短。浆果长圆状卵形、略锐尖，有不规则的疣皱；胚乳丰富，胚具轴。本属有 6 种产于亚洲东部。我国南北地区有 5 种。公安县有 2 种。

1. 叶片鸟足状分裂 ………………………………………… 虎掌 *P. pedatisecta*
1. 叶片 3 全裂 ………………………………………… 半夏 *P. ternata*

472. 虎掌 *Pinellia pedatisecta* Schott

图 472 虎掌

【形态】多年生草本。块茎近球形，直径可达 4 厘米；根密集，肉质，四周常生数个小球茎。叶 1 ～ 3 或更多，叶柄纤细柔软，长 2 ～ 7 厘米，下部具鞘；叶片掌状分裂，呈鸟足状，裂片 6 ～ 11，披针形，先端渐尖，基部渐狭，楔形，中裂片长 15 ～ 18 厘米，宽 3 厘米，两侧裂片依次渐短小；侧脉 6 ～ 7 对，在边缘 3 ～ 4 毫米处连合。花序柄与叶柄等长或稍长，直立；佛焰苞淡绿色，披针形，长 8 ～ 15 厘米，先端锐尖，下部筒状，长圆形；花单性，无花被，雌雄同株；雄花序在上，长 5 ～ 7 毫米，雄花密集圆筒状；雌花序在下，长 1.5 ～ 3 厘米，贴生于苞片上；花序先端附属物细线形，黄绿色，长 10 厘米，直立或稍弯曲。浆果卵圆形，绿色至黄白色，长 4 ～ 5 毫米，直径 2 ～ 3 毫米，藏于宿存的佛焰苞管部内，种子 1 粒。花期 7—8 月，果期 9—11 月。

【生境】生于房前屋后、路边石墙缝隙中。

【分布】分布于斗湖堤镇、毛家港镇。

【药用部位】块茎。

【采收加工】夏季采挖，除去须根，洗净，浸入水中，搓去外皮，晒干。

【性味】辛，平。有毒。

【功能主治】消肿解毒。主治无名肿毒、毒蛇咬伤。

473. 半夏 *Pinellia ternate* (Thunb.) Breit.

图 473 半夏

【形态】多年生草本，高 15 ～ 30 厘米。块茎球形至扁球形，直径 1 ～ 2 厘米，下部生有多数须根。叶从块茎顶端伸出，叶柄长 6 ～ 24 厘米，在下部内侧面生有一白色珠芽，有时叶端也有 1 枚，卵形；一年生的叶为单叶，卵状心形；2—4 年后，为三出复叶，小叶椭圆形至披针形，中间小叶较大，长 5 ～ 8 厘米，宽 3 ～ 4 厘米，两侧 2 小叶较小，具短柄，先端锐尖，基部楔形，全缘。花葶高出于叶，长约 30 厘米，佛焰苞长 6 ～ 7 厘米，上部绿色，内部黑紫色，细管状，上部片状，椭圆形；肉穗花序顶生，一侧与佛焰苞贴生，花单性，无花被，雌雄同株，雄花着生上部，白色，雄蕊密集呈圆筒状；雌花着生下部，绿色，两者相距 5 ～ 8 毫米；花序先端附属物延伸呈鼠尾状，直立，长 7 ～ 10 厘米，伸出佛焰苞外。浆果卵状椭圆形，长 4 ～ 5 毫米，绿色，成熟时红色。花期 5—7 月，果期 8—9 月。

【生境】生于田间地头、房前屋后、路边石墙缝隙中。

【分布】全县广布。

【药用部位】块茎。

【采收加工】夏季采集块茎，放入筐内，浸入水中，除去外层及须根，晒干。

【化学成分】半夏含有生物碱、β-谷甾醇、多糖、氨基酸、挥发油、半夏蛋白及无机元素等多种成分。

【药理作用】半夏具有抗肿瘤、抗氧化、抗惊厥、抗衰老、镇静催眠、抗心律失常等药理作用。

【性味】辛，温。有毒。

【功能主治】燥湿化痰，降逆止呕，消痞散结。主治痰多咳嗽、风痰眩晕、痰厥头痛、呕吐反胃、胸脘痞闷、梅核气；外用消痈肿。

犁头尖属 *Typhonium* Schott

多年生草本。块茎小。叶多数，和花序柄同时出现。叶柄稍长，稀于顶部生珠芽；叶片箭状戟形或 3 ～ 5 浅裂、3 裂或鸟足状分裂。花序柄短，稀伸长。佛焰苞管部席卷，喉部多少收缩。檐部后期后仰，卵状披针形或披针形，多少渐尖，常紫红色，稀白色。肉穗花序两性：雌花序短，与雄花序之间有一段较长的间隔；附属器各式，大都具短柄，基部近截形、圆锥形、线状圆锥形、棒状或纺锤形；花单性，无花被。雄花：雄蕊 1 ～ 3，花药近无柄，压扁状，药隔薄，有时稍突出于药室之上，药室卵圆形，对生或近对生，由顶部向下开裂或顶孔开裂。雌花：子房卵圆形或长圆状卵圆形，1 室，胚珠 1 ～ 2，无花柱；中性花存在。

浆果卵圆形，种子 1 ～ 2，球形，顶部锐尖，有皱纹。本属有 35 种，分布于印度至马来西亚一带。我国有 13 种，南北地区均有。公安县有 1 种。

474. 犁头尖 *Typhonium divaricatum* (L.) Decne.

【形态】多年生草本，高 10 ～ 25 厘米。块茎近球形，直径约 1 厘米，外皮暗褐色，内白色，粉质，嚼之有麻舌灼喉感。叶基生，有叶 2 ～ 8 片，具长柄；叶片戟形或深心状戟形，长 4 ～ 12 厘米，先端渐尖，基部裂片卵状披针形至矩圆形，边缘微波状或浅裂或近二裂。花序柄长 2.5 ～ 5 厘米或更长；佛焰苞下部绿色，管状，管长 1.5 ～ 2 厘米，上部扩大成卵状披针形的苞片，深紫色，长 12 ～ 18 厘米，下部宽 4 ～ 5 厘米，上部极狭，有时旋曲；肉穗花序深紫色，子房数列，在花序的基部，接着有短的锥尖，直立的中性花，再隔 6 ～ 8 毫米，为数列无柄花药；顶端延伸成长 10 ～ 13 厘米形似鼠尾的附属体。浆果倒卵形，长约 6 毫米。花期 5—7 月。

图 474 犁头尖

【生境】生于学校花园的杂草湿地中。

【分布】分布于斗湖堤镇。

【药用部位】块茎或全草。

【采收加工】秋季采收，晒干或鲜用。

【化学成分】犁头尖含生物碱、甾醇。

【性味】辛、苦，温。有毒。

【功能主治】解毒、消肿、散结、止血。主治跌打损伤、毒蛇咬伤、乳痈、疖疮。

一二〇、香蒲科 Typhaceae

多年生沼生、水生或湿生草本。根状茎横走，须根多。地上茎直立、粗壮或细弱。叶 2 列，互生；鞘状叶很短，基生，先端尖；条形叶直立，或斜上，全缘，边缘微向上隆起，先端钝圆至渐尖，中部以下腹面渐凹，背面平突至龙骨状突起，横切面呈新月形、半圆形或三角形；叶脉平行，中脉背面隆起或否；叶鞘长，边缘膜质，抱茎，或松散。花单性，雌雄同株，花序穗状；雄花序生于上部至顶端，花期时比雌花序粗壮，花序轴具柔毛，或无毛；雌花序位于下部，与雄花序紧密相接，或相互远离；苞片叶状，着生于雌雄花序基部，亦见于雄花序中；雄花无被，通常由 1 ～ 3 枚雄蕊组成，花药矩圆形或条形，2 室，纵裂，花粉粒单体，或四合体，纹饰多样；雌花无被，具小苞片或无，子房柄基部至下部具白色丝状毛；孕性雌花柱头单侧，条形、披针形、匙形，子房上位，1室，胚珠1枚，倒生；不孕雌花柱头不发育，无花柱，子房柄不等长，果实纺锤形、椭圆形。果为小坚果，果皮膜质，透明或灰褐色，具条形或圆形斑点。种子椭圆形，褐色或黄褐色。

本科有1属约16种，分布于热带和温带地区。我国有11种，南北地区广泛分布，以温带地区种类较多。

公安县境内的香蒲科植物有1属1种。

香蒲属 *Typha* L.

香蒲属的特征与香蒲科同。

475. 水烛 *Typha angustifolia* L.

图475 水烛

【形态】多年生沼生草本。根状茎匍匐，有很多须根。茎直立出水面，高1.5～2.5米。叶质厚，狭线形，长70～110厘米，先端渐尖，基部具鞘，无柄。穗状花序顶生，圆柱形，长30～60厘米；雄花序和雌花序不连接，间隔长2～15厘米；雄花序在上，长10～30厘米，具早落的似佛焰苞片状的苞片，花被鳞片状或茸毛状，雄蕊2～3，花药较毛短，花粉粒单生；雌花序在下，长10～30厘米，成熟时直径为10～25毫米，雌花的小苞片比柱头短，柱头线状长圆形，毛与小苞片近等长而比柱头短。小坚果椭圆形，无沟。花果期6—8月。

【生境】生于池塘或沟渠浅水处。

【分布】全县广布。

【药用部位】花粉。

【采收加工】夏季采收蒲棒上部的黄色雄花序，晒干后碾轧，筛取花粉。剪取雄花后，晒干，成为带有雄花的花粉，即为草蒲黄。

【化学成分】花粉主要含黄酮类成分：香蒲新苷、槲皮素、山柰酚、异鼠李素、柚皮素。还含甾醇类成分：β－谷甾醇、β－谷甾醇葡萄糖苷、β－谷甾醇棕榈酸酯。另含天冬氨酸、苏氨酸、丝氨酸、谷氨酸、缬氨酸、精氨酸、脯氨酸，胱氨酸等氨基酸和钛、铝、硼、铬、铜、汞、铁、碘、钼、硒、锌等微量元素。

【性味】甘，平。

【功能主治】止血，化瘀，通淋。用于吐血、衄血、咯血、崩漏、外伤出血、经闭痛经、脘腹刺痛、跌扑肿痛、血淋涩痛。

一二一、莎草科 Cyperaceae

多年生草本，较少为一年生。根簇生，纤维状，多数具根状茎少有兼具块茎。大多数具有三棱形的秆。叶基生和秆生，一般具闭合的叶鞘和狭长的叶片，或有时仅有鞘而无叶片。花序多种多样，有穗状花序、总状花序、圆锥花序、头状花序或长侧枝聚伞花序；小穗单生，簇生或排列呈穗状或头状，具2至多数花，或退化至仅具1花；花两性或单性，雌雄同株，少有雌雄异株，着生于鳞片（颖片）腋间，鳞片覆瓦状螺旋排列或2列，无花被或花被退化成下位鳞片或下位刚毛，有时雌花为先出叶所形成的果囊所包裹；雄蕊3个，少有2个或1个，花丝线形，花药底着；子房1室，具1个胚珠，花柱单一，柱头2～3个。果实为小坚果，三棱形、双突状、平突状或球形。

全世界约有80属4000种。中国有28属500余种，产于全国各地。

公安县境内的莎草科植物有3属4种。

1. 鳞片螺旋状排列，有下位刚毛，很少缺……孛荠属 *Heleocharis*

1. 鳞片2列；无下位刚毛。

  2. 小穗轴无关节，因而小穗不脱落；鳞片从基部向顶端逐渐脱落……莎草属 *Cyperus*

  2. 小穗轴有关节，因而后期小穗脱落；鳞片宿存于小穗轴上……水蜈蚣属 *Kyllinga*

莎草属 *Cyperus* L.

一年生或多年生草本。秆直立，丛生或散生，粗壮或细弱，仅于基部生叶。叶具鞘。长侧枝聚伞花序简单或复出，或有时短缩呈头状，基部具叶状苞片数枚；小穗2至多数，呈穗状、指状、头状排列于辐射枝上端，小穗轴宿存，通常具翅；鳞片2列，极少为螺旋状排列，最下面1～2枚鳞片为空的，其余均具1朵两性花，有时最上面1～3朵花不结实；无下位刚毛；雄蕊3，少数1～2；花柱基部不增大，柱头3，极少2个，成熟时脱落。小坚果三棱形。本属约有380种，分布于温带及热带。我国约有30种，大多数分布于华南、华东、西南各省，东北、华北、西北地区较少。公安县有2种。

1. 具长匍匐根状茎和块茎；鳞片或多或少紧密地覆瓦状排列，小穗长条形……香附子 *C. rotundus*

1. 无长匍匐根状茎和块茎；鳞片排列疏松，穗状花序近长圆形……头状穗莎草 *C. glomeratus*

476. 头状穗莎草 *Cyperus glomeratus* L.

【形态】一年生草本，具须根。秆散生，粗壮，高50～95厘米，钝三棱形，平滑，基部稍膨大，具少数叶。叶短于秆，宽 4 ～ 8 毫米，边缘不粗糙；叶鞘长，红棕色。叶状苞片 3 ～ 4 枚，较花序长，边缘粗糙；复出长侧枝聚伞花序具 3 ～ 8 个辐射枝，辐射枝长短不等，最长达 12 厘米；穗状花序无总花梗，近于圆形、椭圆形或长圆形，长 1 ～ 3 厘米，宽 6 ～ 17 毫米，具极多数小穗；小穗多列，排列极密，线状披针形或线形，稍扁平，长 5 ～ 10 毫米，宽 1.5 ～ 2 毫米，具 8 ～ 16 朵花；小穗轴具白色透明的翅；鳞片排列疏松，膜质，近长圆形，顶端钝，长约 2 毫米，棕红色，背面无龙骨状突起，脉极不明显，边缘内卷；雄蕊 3，花药短，长圆形，暗血红色，药隔突出于花药顶端；花柱长，柱头 3，较短。小坚果长圆形、三棱形，长为鳞片的 1/2，灰色，具明显的网纹。花果期 6—10 月。

图 476　头状穗莎草

【生境】多生于水边沙土上或路旁阴湿的草丛中。

【分布】全县广布。

【药用部位】全草。

【性味】辛、苦，平。

【功能主治】止咳化痰。主治慢性支气管炎。

477. 香附子　*Cyperus rotundus* L.

【形态】多年生草本，高 15 ～ 90 厘米。根状茎匍匐而长，先端肥大呈纺锤形。外皮紫褐色，有棕色或黑色的毛状物，有时数个连生。茎直立，上部锐三棱形，基部呈块茎状。叶基部丛生，三行排列，叶片线形，短于秆，宽 2 ～ 5 毫米，基部抱茎，全缘，脉平行；叶鞘棕色，常裂呈纤维状。长侧枝聚伞花序复出，辐射枝 3 ～ 10；叶状苞片 2 ～ 5；小穗 3 ～ 10，条形，长 1 ～ 3 厘米，稍扁平，茶褐色，具花 8 ～ 28 朵；小穗具较宽、白色透明的翅；鳞片排列紧密，2 列，膜质，卵形或长圆状卵形，长约 3 毫米，中间绿色，两侧紫红色或红棕色，具脉 5 ～ 7 条；花两性，无花被；雄蕊 3，花药线形；花柱长，椭圆形，柱头 3 裂。小坚果长圆状倒卵形。花果期 5—11 月。

图 477　香附子

【生境】生于田土中、路旁草丛中。

【分布】全县广布。

【药用部位】块茎。

【采收加工】秋季采挖，用火燎去须根及鳞叶，置沸水中略煮，放蒸笼中蒸透取出晒干。

【化学成分】香附子含有的成分包括挥发油类、黄酮类、生物碱类、三萜与甾醇类及蒽醌类。

【药理作用】香附子具有降血糖、抗肿瘤、抑菌消炎，影响中枢神经系统、心血管系统、消化系统以及子宫的作用。

【性味】辛、微苦、微甘，平。

【功能主治】理气解郁，止痛调经。用于肝胃不和、气郁不舒、胸腹胁肋胀痛、痰饮痞满、月经不调、崩漏带下、经闭腹痛、寒疝腹痛、乳房胀痛、消化不良。

荸荠属 *Heleocharis* R. Br.

多年生或一年生草本。根状茎不发育或很短，通常具匍匐根状茎。秆丛生或单生，除基部外裸露。叶退化后只有叶鞘而无叶片。苞片缺如；单个小穗顶生，直立，极少从小穗基部生嫩枝，通常有多数两性花或有时仅有少数两性花；鳞片螺旋状排列，极少在下部近 2 列，最下的 1 ～ 2 片鳞片中空无花，很少有花；下位刚毛一般存在，4 ～ 8 条，其上有或多或少倒刺，很少无下位刚毛；雄蕊 1 ～ 3 个；花柱细，花柱基膨大，不脱落，同时形成各种形状，很少不膨大；柱头 2 ～ 3 个，丝状。小坚果倒卵形或圆倒卵形，三棱状或双突状，平滑或有网纹，很少有洼穴。本属约有 150 种，分布于南北温带地区。我国产 20 多种，遍布全国。公安县有 1 种。

478. 渐尖穗荸荠 *Heleocharis attenuata* (Franch. et Savat.) Palla

图 478　渐尖穗荸荠

【形态】多年生草本。根状茎斜生或垂直向下，多细须根。秆少数或多数，丛生或密丛生，有少数肋条和纵槽，细弱，高 20 ～ 50 厘米，直径 0.5 ～ 0.8 毫米。秆的基部有 2 个长的叶鞘，鞘下部血红色或淡血红色，鞘口截形，顶端有短尖。小穗卵形或长卵形，长 6 ～ 10 毫米，直径约 3 毫米，黄色，顶端微锈色，有多数密集的花，花密生；在小穗基部的一片鳞片中空无花，抱小穗基部一周；其余鳞片全有花，紧密排列，长圆形或近长圆形，顶端圆，长约 2.2 毫米，两侧苍白色或微染淡锈色，中脉一条淡绿色，边缘干膜质；下位刚毛 6 条，与小坚果等长，锈色，有密而短的倒刺，不外展；柱头 3。小坚果倒卵形，三棱状，长 1.2 毫米，宽 0.7 毫米，平滑，蜡黄色，三面突起，呈膨胀状；花柱基三角形，顶端急尖或渐尖，基部下延如蕈盖，长等于小坚果的 1/4 ～ 1/3，微狭于小坚果，甚至宽等于小坚果。花果期 5—9 月。

【生境】生于水田中和水塘边。

【分布】分布于章庄铺镇。

水蜈蚣属 *Kyllinga* Rottb.

多年生草本，少一年生草本，具匍匐根状茎或无。秆丛生或散生，通常稍细，基部具叶。苞片叶状，展开；穗状花序1～3个，头状，无总花梗，具多数密聚的小穗；小穗小，压扁，通常具1～2朵两性花，极少多至5朵花；小穗轴基部上面具关节，于最下面两枚空鳞片以上脱落；鳞片2列，宿存于小穗轴上，后期与小穗轴一齐脱落。最上面1枚鳞片内亦无花，极少具1雄花；无下位刚毛或鳞片状花被；雄蕊1～3个；花柱基部不膨大，脱落，柱头2。小坚果扁双突状，棱向小穗轴。本属约有40种，分布于热带和温带地区。我国有6种，多分布于华南、西南、华中、东北各省。公安县有1种。

479. 短叶水蜈蚣 *Kyllinga brevifolia* Rottb.

图479 短叶水蜈蚣

【形态】根状茎长而匍匐，外被膜质、褐色的鳞片，具多数节间，节间长约1.5厘米，每一节上长一秆。秆成列地散生，细弱，高7～20厘米，扁三棱形，平滑，基部不膨大，具4～5个圆筒状叶鞘，最下面2个叶鞘常为干膜质，棕色，鞘口斜截形，顶端渐尖，上面2～3个叶鞘顶端具叶片。叶柔弱，短于或稍长于秆，宽2～4毫米，平张，上部边缘和背面中肋上具细刺。叶状苞片3枚，极展开，后期常向下反折；穗状花序单个，极少2个或3个，球形或卵球形，长5～11毫米，宽4.5～10毫米，具极多数密生的小穗。小穗长圆状披针形或披针形，压扁，长约3毫米，宽0.8～1毫米，具1朵花；鳞片膜质，长2.8～3毫米，下面鳞片短于上面的鳞片，白色，具锈斑，少为麦秆黄色，背面的龙骨状突起绿色，具刺，顶端延伸成外弯的短尖，脉5～7条；雄蕊1～3个，花药线形；花柱细长，柱头2，长不及花柱的1/2。小坚果倒卵状长圆形，扁双凸状，长约为鳞片的1/2，表面具密的细点。花果期5—9月。

【生境】生于水沟边、水田边。

【分布】全县广布。

【药用部位】水蜈蚣：全草。

【采收加工】全年可采，洗净，晒干用。

【性味】辛，平。

【功能主治】疏风解表，清热利湿，止咳化痰，祛瘀消肿。用于伤风感冒、支气管炎、百日咳、疟疾、痢疾、肝炎、乳糜尿、跌打损伤、风湿性关节炎；外用治蛇咬伤、皮肤瘙痒、疖肿。

一二二、姜科 Zingiberaceae

多年生草本，通常具有芳香、匍匐或块状的根状茎。叶基生或茎生，通常 2 列，少数螺旋状排列，叶片较大，通常为披针形或椭圆形，有多数致密、平行的羽状脉自中脉斜出，有叶柄或无，具有开放或闭合的叶鞘，叶鞘的顶端有明显的叶舌。花通常组成穗状、总状或圆锥花序，生于具叶的茎上或单独由根茎发出，而生于花葶上；花两性，通常两侧对称，具苞片；花被片 6，2 轮，外轮萼状，通常合生成管，一侧开裂及顶端齿裂，内轮花冠状，基部合生呈管状，上部具 3 裂片，通常位于后方的一枚花被裂片较两侧的为大；退化雄蕊 2 或 4 枚，其中外轮的 2 枚称侧生退化雄蕊，呈花瓣状，齿状或不存在，内轮的 2 枚连合成一唇瓣，常十分显著而美丽，极稀无；发育雄蕊 1 枚，花丝具槽，花药 2 室，具药隔附属体或无；子房下位，3 室，中轴胎座，或 1 室，侧膜胎座；胚珠通常多数，倒生或弯生；花柱 1 枚，丝状，柱头漏斗状，具缘毛；子房顶部有形状各式的腺体 1 对。果为室背开裂或不规则开裂的蒴果，或肉质不开裂，呈浆果状；种子圆形或有棱角，有假种皮，胚直，胚乳丰富。

本科约有 49 属 1500 种，分布于热带、亚热带地区，主产地为热带亚洲。我国有 19 属 150 余种，产东南部至西南部各省（区）。

公安县境内的姜科植物有 1 属 1 种。

姜属 *Zingiber* Boehm.

多年生草本；根茎块状，平生，分枝，具芳香或辛辣味；地上茎直立。叶通常 2 列，叶片披针形至椭圆形，鞘长，抱茎。穗状花序球果状，通常生于由根茎发出的总花梗上，或无总花梗，花序贴近地面，罕花序顶生于具叶的茎上；总花梗被鳞片状鞘；苞片绿色或其他颜色，覆瓦状排列，宿存，每一苞片内通常有花 1 朵；小苞片佛焰苞状；花萼管状，具 3 齿，通常一侧开裂；花冠管顶部常扩大，裂片中后方的一片常较大，内凹，直立，白色或淡黄色；侧生退化雄蕊常与唇瓣相连合，形成具有 3 裂片的唇瓣，罕无侧裂片，唇瓣外翻，全缘，微凹或短 2 裂，皱波状；花丝短，花药 2 室，药隔附属体延伸呈长喙状，并包裹住花柱；子房 3 室；中轴胎座，胚珠多数，2 列；花柱细弱，柱头近球形。蒴果 3 瓣裂或不整齐开裂，种皮薄；种子黑色，被假种皮。本属约有 80 种，分布于亚洲的热带、亚热带地区。我国有 14 种，产于西南部至东南部。公安县有 1 种。

480. 姜 *Zingiber officinale* Rosc.

【形态】多年生草本，株高 40 ～ 100 厘米；根茎横走，肉质肥厚，扁圆形，多分枝，表面淡黄色，有芳香辛辣气味。叶 2 列，互生，有抱茎的长鞘；叶片线状披针形，长 15 ～ 30 厘米，宽 2 ～ 2.5 厘米，先端渐尖，基部狭，光滑无毛；叶舌膜质，长 1 ～ 3 毫米。花茎自根茎抽出，长 15 ～ 25 厘米，被覆瓦状疏离的鳞片；穗状花序椭圆形至卵形，花稠密，长约 5 厘米，宽约 2.5 厘米；苞片卵形，长约 2.5 厘米，淡绿色或边缘淡黄色，顶端有小尖头；花萼管长约1厘米；花冠黄绿色，管长2～2.5厘米，裂片3，披针形，略等长，唇瓣较花冠裂片短，长圆状倒卵形，有紫色条纹及淡黄色斑点；雄蕊暗紫色，与唇瓣等长，花药长约9毫米，子房无毛，3室，花柱单生，为药隔的附属体所包裹。蒴果3瓣裂。种子黑色。花期7—8月（栽培者很少开花），果期12月至翌年1月。

图480　姜

【生境】栽培。

【分布】全县广布。

【药用部位】根茎。

【采收加工】夏、秋季采挖，除去茎叶和须根，洗净，或晒干，微火烘干。

【化学成分】姜含挥发油0.25%～3%，挥发油中主要成分为姜醇、姜烯、水芹烯、莰烯、枸橼醛、芳樟醇、甲基庚烯酮、壬醛、桉油精等，辣味成分为姜辣素，油状辣味成分姜烯酮和结晶性辣味成分姜酮、姜萜酮的混合物。

【药理作用】姜具有杀菌抗炎、抗氧化、抗肿瘤、降血糖、改善心脑血管系统、保肝利胆等作用。

【性味】生姜：辛，温。干姜：辛，热。

【功能主治】生姜：发表散寒，温中止呕，止咳，解毒；主治风寒感冒、胃寒呕吐、寒痰咳嗽。

干姜：温中散寒，回阳通脉，燥湿化痰；主治胸腹冷痛、呕吐腹泻、肢冷脉微、寒饮喘咳、风寒湿痹等。

一二三、美人蕉科 Cannaceae

多年生、直立、粗壮草本，有块状的地下茎。叶大，互生，有明显的羽状平行脉，具叶鞘。花两性，大而美丽，不对称，排成顶生的穗状花序、总状花序或狭圆锥花序，有苞片；萼片3枚，绿色，宿存；花瓣3枚，萼状，通常披针形，绿色或其他颜色，下部合生成一管并常和退化雄蕊群连合；退化雄蕊花瓣状，基部连合，为花中最美丽、最显著的部分，红色或黄色，3～4枚，外轮的3枚（有时2枚或无）较大，内轮的1枚较狭，外反，称为唇瓣；发育雄蕊的花丝亦增大呈花瓣状，多少旋卷，边缘有1枚1室的花药室，基部或一半和增大的花柱连合；子房下位，3室，每室有胚珠多颗；花柱扁平或棒状。果为一蒴果，3瓣裂，多少具3棱，有小瘤体或柔刺；种子球形。

全科有1属约55种，产于美洲的热带和亚热带地区。中国常见引入栽培的约6种。

公安县境内的美人蕉科植物有1属1种1变种。

美人蕉属 *Canna* L.

美人蕉属的特征和分布与美人蕉科同。

1. 花冠、退化雄蕊红色……………………………………………………………………………………美人蕉 *C. indica*
1. 花冠、退化雄蕊杏黄色……………………………………………………………………黄花美人蕉 *C. indica* var. *flava*

481. 美人蕉 *Canna indica* L.

【形态】多年生草本，全株绿色无毛，高可达 1.5 米。叶片卵状长圆形，长 10 ～ 30 厘米，宽达 10 厘米。总状花序疏花；略超出于叶片之上；花红色，单生；苞片卵形，绿色，长约 1.2 厘米；萼片 3，披针形，长约 1 厘米，绿色而有时染红；花冠管长不及 1 厘米，花冠裂片披针形，长 3 ～ 3.5 厘米，绿色或红色；外轮退化雄蕊 2 ～ 3 枚，鲜红色，其中 2 枚倒披针形，长 3.5 ～ 4 厘米，宽 5 ～ 7 毫米，另一枚如存在则特别小，长 1.5 厘米，宽仅 1 毫米；唇瓣披针形，长 3 厘米，弯曲；发育雄蕊长 2.5 厘米，花药室长 6 毫米；花柱扁平，长 3 厘米，一半和发育雄蕊的花丝连合。蒴果绿色，长卵形，有软刺，长 1.2 ～ 1.8 厘米。花果期 3—12 月。

【生境】栽培，为常见园林绿化花卉植物。

【分布】全县广布。

【药用部位】根及根状茎。

【采收加工】四季可采，鲜用或晒干。

【性味】甘、淡，寒。

【功能主治】清热利湿，凉血止血。用于急性黄疸型肝炎、久痢、红崩、带下、月经不调、外伤出血、痈疽、吐血。

图 481 美人蕉

图 482 黄花美人蕉

482. 黄花美人蕉 *Canna indica* var. *flava* Roxb.

【形态】多年生草本植物，高 80 ～ 150 厘米，全株绿色无毛，被蜡质白粉，具粗壮的肉质块状根茎。地上枝丛生，直立。单叶宽大互生，具鞘状的叶柄；下部叶和上部叶大小悬殊较大，卵状长圆形，长 10 ～ 30 厘米，宽 8 ～ 15 厘米，先端尖，基部宽楔形，全缘或微波状，中脉明显，侧脉羽状。总状花序顶生，花单生或对生；萼片 3，绿白色；花冠、退化雄蕊杏黄色。唇瓣披针形，弯曲；蒴果，长卵形，绿色，花果期 6—12 月。

【生境】栽培，为常见园林绿化花卉植物。

【分布】全县广布。

【药用部位】根茎。

【采收加工】四季可采，鲜用或晒干。

【性味】甘、淡，寒。

【功能主治】清热解毒，调经，利水。主治月经不调、带下、黄疸、痢疾、疮疡肿毒。

一二四、兰科 Orchidaceae

地生、附生或较少为腐生草本，极罕为攀缘藤本；地生与腐生种类常有块茎或肥厚的根状茎，附生种类常有由茎的一部分膨大而成的肉质假鳞茎。叶基生或茎生，后者通常互生或生于假鳞茎顶端或近顶端处，扁平或有时圆柱形或两侧压扁，基部具或不具关节。花葶或花序顶生或侧生；花常排列成总状花序或圆锥花序，少有为缩短的头状花序或减退为单花，两性，通常两侧对称；花被片 6，2 轮；萼片离生或不同程度合生；中央 1 枚花瓣的形态常有较大的特化，明显不同于 2 枚侧生花瓣，称唇瓣，唇瓣由于花（花梗和子房）做 180° 扭转或 90° 弯曲，常处于下方（远轴的一方）；子房下位，1 室，侧膜胎座，较少 3 室而具中轴胎座；除子房外整个雌雄蕊器官完全融合呈柱状体，称蕊柱；蕊柱顶端一般具药床和 1 个花药，腹面有 1 个柱头穴，柱头与花药之间有 1 个舌状器官，称蕊喙（源自柱头上裂片），极罕具 2 ～ 3 枚花药（雄蕊）、2 个隆起的柱头或不具蕊喙；蕊柱基部有时向前下方延伸呈足状，称蕊柱足，此时 2 枚侧萼片基部常着生于蕊柱足上，形成囊状结构，称萼囊；花粉通常黏合成团块，称花粉团，花粉团的一端常变成柄状物，称花粉团柄；花粉团柄连接于由蕊喙的一部分变成固态黏块即黏盘上，有时黏盘还有柄状附属物，称黏盘柄；花粉团、花粉团柄、黏盘柄和黏盘连接在一起，称花粉块，但有的花粉块不具花粉团柄或黏盘柄，有的不具黏盘而只有黏质团。果实通常为蒴果，较少呈荚果状，具极多种子。种子细小，无胚乳，种皮常在两端延长呈翅状。

全科约有 700 属 20000 种，产于热带、亚热带与温带地区。我国有 171 属 1247 种，主要产于长江流域及以南各省（区）。

公安县境内的兰科植物有 2 属 2 种。

1. 根束状，根状茎不存在；穗状花序为偏向一侧的或螺旋状扭转……………………………………………………………绶草属 *Spiranthes*

1. 茎基部变为假鳞茎；总状花序顶生 ……………………………………………………………………………………羊耳蒜属 *Liparis*

羊耳蒜属 *Liparis* L. C. Rich.

地生或附生草本，通常具假鳞茎或有时具多节的肉质茎。假鳞茎密集或疏离，外面常被膜质鞘。叶 1 至数枚，基生或茎生，或生于假鳞茎顶端或近顶端的节上，草质、纸质至厚纸质，多脉，基部多少具柄，具或不具关节。花葶顶生，直立、外弯或下垂，常稍呈扁圆柱形并在两侧具狭翅；总状花序疏生或密生多花；花苞片小，宿存；花小或中等大，扭转；萼片相似，离生或极少两枚侧萼片合生，平展，反折或外卷；花瓣通常比萼片狭，线形至丝状；唇瓣不裂或偶见 3 裂，有时在中部或下部缢缩，上部或上端常反折，基部或中部常有胼胝体，无距；蕊柱一般较长，多少向前弓曲，罕有短而近直立的，上部两侧常多少具翅，极少具 4 翅或无翅，无蕊柱足；花药俯倾，极少直立；花粉团 4 个，成 2 对，蜡质，无明显的花粉团柄和黏盘。蒴果球形至其他形状，常多少具 3 钝棱。全属约有 250 种，广泛分布于热带与亚热带地区，少数种类也见于北温带。我国有 52 种。公安县有 1 种。

483. 见血青 *Liparis nervosa* (Thunb. ex A. Murray) Lindl.

【形态】地生草本。茎（或假鳞茎）圆柱状，肥厚，肉质，有数节，长 2 ～ 8(10) 厘米，直径 5 ～ 7(10) 毫米，通常包藏于叶鞘之内，上部有时裸露。叶 (2)3 ～ 5 枚，卵形至卵状椭圆形，膜质或草质，长 5 ～ 11(16) 厘米，宽 3 ～ 5(8) 厘米，先端近渐尖，全缘，基部收狭并下延成鞘状柄，无关节；鞘状柄长 2 ～ 3(5) 厘米，大部分抱茎。花葶发自茎顶端，长 10 ～ 20(25) 厘米；总状花序通常具数朵至 10 余朵花，罕有花更多；花序轴有时具很狭的翅；花苞片很小，三角形，长约 1 毫米，极少能达 2 毫米；花梗和子房长 8 ～ 16 毫米；花紫色；中萼片线形或宽线形，长 8 ～ 10 毫米，宽 1.5 ～ 2 毫米，先端钝，边缘外卷，具不明显的 3 脉；侧萼片狭卵状长圆形，稍斜歪，长 6 ～ 7 毫米，宽 3 ～ 3.5 毫米，先端钝，亦具 3 脉；花瓣丝状，长 7 ～ 8 毫米，宽约 0.5 毫米，亦具 3 脉；唇瓣长圆状倒卵形，长约 6 毫米，宽 4.5 ～ 5 毫米，先端截形并微凹，基部收狭并具 2 个近长圆形的胼胝体；蕊柱较粗壮，长 4 ～ 5 毫米，上部两侧有狭翅。蒴果倒卵状长圆形或狭椭圆形，长约 1.5 厘米，宽约 6 毫米；果梗长 4 ～ 7 毫米。花期 2—7 月，果期 10 月。

图 483　见血青

【生境】生于竹林下草丛阴处。

【分布】分布于黄山头镇。

【药用部位】全草。

【性味】苦，寒。

【功能主治】凉血止血，清热解毒。治疗肺热咯血、胃热吐血、肠风下血、崩漏、创伤出血等各种出血性疾病及毒蛇咬伤、疮疡肿毒、跌打损伤等。

绶草属 *Spiranthes* L. C. Rich.

地生草本。根数条，指状，肉质，簇生。叶基生，多少肉质，叶片线形、椭圆形或宽卵形，罕为半圆柱形，基部下延成柄状鞘。花小，排列为偏向一侧或螺旋状旋扭的穗状花序；萼片离生，近相似；中萼片直立，常与花瓣靠合呈兜状；侧萼片基部常下延而胀大，有时呈囊状；唇瓣基部凹陷，常有2枚胼胝体，有时具短爪，多少围抱蕊柱，不裂或3裂，边缘常呈皱波状；蕊柱短或长，圆柱形或棒状，无蕊柱足或具长的蕊柱足；花药直立，2室，位于蕊柱的背侧；花粉团2个，粒粉质，具短的花粉团柄和狭的黏盘；蕊喙直立，2裂；柱头2个，位于蕊喙的下方两侧。本属约有50种，主要分布于北美洲，少数种类见于南美洲、欧洲、亚洲、非洲和澳大利亚。我国产1种，广布于全国各省（区）。公安县亦有分布。

484. 绶草　*Spiranthes sinensis* (Pers.) Ames

【形态】多年生草本。根茎短，根簇生，粗厚肉质，绳状。茎直立，高15～45厘米，叶数枚，着生于茎的基部，线形至线状披针形，长、宽变化大，最长的可达15厘米，宽约1厘米，先端钝尖，基部微抱茎，全缘，两面无毛，上部的叶退化为鞘状苞片。穗状花序顶生，螺旋状扭卷，长10～20厘米，总轴秃净，花序密生腺毛；苞片卵状矩圆形，比子房略短，先端渐尖；花小，白色而带粉红色，生于总轴的一侧；花被片线状披针形，长3～4毫米；唇瓣矩圆形，有皱纹；花柱短，下部拱形，斜着生于子房的顶端，前面有一卵形的柱头，背面有一直立的花药；花粉粉状；子房下位，1室。蒴果椭圆形，有细毛，长约5毫米。花期夏季。

图484　绶草

【生境】生于向阳荒坡、路旁、江边草丛。

【分布】分布于杨家厂镇、埠河镇。

【药用部位】根或全草。

【采收加工】春、夏季采集，洗净，晒干或鲜用。

【性味】甘、微苦，凉。

【功能主治】滋阴凉血，解热利咽，解毒。主治喉蛾、扁桃体炎、神经衰弱、咳嗽吐血、头晕、腰痛、遗精、带下、痈疽疖疮、毒蛇咬伤。

中文名索引

K

L

M

N

P

Q

拉丁名索引

A

B

M

N

O

P

Q

R

S

T

V

W

X

Y

Z

参考文献

[1] 国家药典委员会 . 中华人民共和国药典 [M]. 北京：中国医药科技出版社，2015.

[2] 中国科学院中国植物志编辑委员会 . 中国植物志 [M]. 北京：科学出版社，1978.

[3] 傅书遐 . 湖北植物志 [M]. 武汉：湖北科学技术出版社，2002.

[4]《全国中草药汇编》编写组 . 全国中草药汇编 [M]. 北京：人民卫生出版社，1975.

[5] 湖北省中药资源普查办公室，湖北省中药材公司 . 湖北中药资源名录 [M]. 北京：科学出版社，1990.

[6] 南京中医药大学 . 中药大辞典 [M]. 上海：上海科学技术出版社，2006.

[7] 国家中医药管理局《中华本草》编委会 . 中华本草 [M]. 上海：上海科学技术出版社，1999.

[8] 中国科学院植物研究所 . 中国高等植物图鉴 [M]. 北京：科学出版社，2001.

[9] 公安县志编纂委员会 . 公安县志 [M]. 上海：汉语大辞典出版社，1990.

[10] 赵遵田，曹同 . 山东苔藓植物志 [M]. 山东：山东科学技术出版社，1998.